苜蓿宝典之二

中国苜蓿传统文化

孙启忠 林克剑 陶 雅 李 峰 著

中国农业科学技术出版社

内 容 简 介

本书是作者长期研究苜蓿历史、文化和科技的系列研究成果《苜蓿宝典》的第二册，是继《苜蓿宝典》第一册《中国苜蓿科技历程》之后的又一研究力著。全书共分为十章。第一章主要介绍了丝绸之路上四大明珠的缘分与结缘，第二章叙述千年苜蓿发展中沉淀下来的农艺技术、植物生态学知识及苜蓿本草理论乃至千年苜蓿持续发展的基础，第三章至第六章阐述了历朝历代与苜蓿相关的诗词歌赋、成语掌故、楹联谚语以及小说杂谈等，第七章介绍了包括苜蓿传统手绘图、书法字画及苜蓿青花瓷等艺术，第八章介绍了与宗教文化相关的寺院、宗教典籍和僧诗等苜蓿相关内容，第九章重点介绍我国科技文化中的苜蓿符号及苜蓿元素，第十章叙述了自近代以来不同学者对苜蓿历史文化乃至科技文化的研究成果及研究进展。

本书适合从事苜蓿或牧草研究的科技工作者，关心我国牧草乃至草业发展的人士，对草业史、畜牧史及农业史研究和我国苜蓿文化乃至草业文化感兴趣的爱好者阅读，适合大中型图书馆作为基础资料收藏。

图书在版编目（CIP）数据

中国苜蓿传统文化 / 孙启忠等著 . -- 北京：中国农业科学技术出版社，2024.12

ISBN 978-7-5116-6532-4

Ⅰ.①中… Ⅱ.①孙… Ⅲ.①紫花苜蓿—农业史—中国—古代 Ⅳ.① S551-092

中国国家版本馆 CIP 数据核字（2023）第 223600 号

责任编辑	陶 莲
责任校对	李向荣
责任印制	姜义伟　王思文

出 版 者	中国农业科学技术出版社
	北京市中关村南大街 12 号　　邮编：100081
电　　话	（010）82109705（编辑室）　（010）82106624（发行部）
	（010）82109709（读者服务部）
网　　址	https://castp.caas.cn
经 销 者	各地新华书店
印 刷 者	北京建宏印刷有限公司
开　　本	210mm×285mm　1/16
印　　张	57.75
字　　数	1 000 千字
版　　次	2024 年 12 月第 1 版　2024 年 12 月第 1 次印刷
定　　价	798.00 元

◆版权所有·翻印必究▶

苜蓿宝典之二

《中国苜蓿传统文化》

作者名单

主 著

孙启忠　　林克剑

陶　雅　　李　峰

副主著

柳　茜　　李文龙　　那　亚

肖燕子　　魏晓斌　　王云峰

前　言

苜蓿是一种最古老、最优美、最经济和最有价值的牧草。苜蓿不仅是牧草，还是科学，也是历史，更是文化。她承载着我国2 000多年的牧草栽培史和草业文明史，有着深厚的历史底蕴、丰富的文化内涵和精深的科学技术。苜蓿在我国古代农业科技文化发展史中有着辉煌的成就，也作出过重大贡献，是中华农业科技文化和农耕文明宝库中的重要组成部分。

苜蓿传统文化是人们在长期的苜蓿生产和认识过程中形成的一种思想文化、农耕文化、风俗文化、艺术文化和科技文化，是我国农耕文化中的重要元素，是我国乃至世界上最早的草业文化，亦是世界上举世无双的文化遗产。我国苜蓿传统文化集结了各地各民俗文化，形成了独特的文化内容和特征，呈现各式各样的文化形态和文明形式，包括凿空西域、农事习俗、诗词歌赋、采集饮食、天马传奇、典故传说、文学艺术等。苜蓿自张骞通西域被引入我国以来，以其独特的文化形式和内涵，成为中西科技文化交流的象征，成为丝绸之路上一颗耀眼的明珠，成为千年不朽的科技文化符号或文化元素，成为我国一张靓丽的科技名片和文化名片。悠久的苜蓿科技文化是中华民族的瑰宝，她承载着历史、传承着文明，更凝聚着民族的智慧和情感，她犹如一棵参天大树，根深叶茂，千姿百态，蕴含着强大的生命力和创新力。

回望遥远的过去，我国苜蓿文化也曾欣欣向荣过，上至皇帝下至黎民百姓无不歌颂苜蓿、赞美苜蓿和感怀苜蓿。明代皇帝朱元璋曾有"马渡沙头苜蓿香，片云片雨过潇湘。东风吹醒英雄梦，不是咸阳是洛阳。"的诗句，再往远看，汉武帝大力提倡种植苜蓿，使苜蓿种植呈现一派生机勃勃的景象，据《史记·大宛列传》记载"（大宛）俗嗜酒，马嗜苜蓿，汉使取其实来，于是天子始种苜蓿、蒲陶肥饶地。及天马多，外国使来众，则离宫别馆旁尽种蒲陶、苜蓿极望。"除皇帝热爱苜蓿外，文人墨客对苜蓿也是情有独钟，唐代岑参有诗曰："胡地苜蓿美，轮台征马肥。"还有王维的"苜蓿随天马，蒲桃逐汉臣。"唐代李商隐："汉家天马出蒲梢，苜蓿榴花遍近郊。"宋代陆游《凉州词》："垆头酒熟葡萄香，马足春深苜蓿长。"明代谢榛《赋得老骥伏枥》："关山犹识路，苜蓿几开花。"明代郑真《苜蓿园》："青青苜蓿园，浩渺苍云重。"1805年谪戍伊犁的祁韵士在他的万里行程中写到了日暮时分的苜蓿之美："欲随青草斗芳菲，求牧偏宜野龁肥。几处嘶风声不断，沙原日暮马群归。"

古代的文人雅士除赞美苜蓿的淡雅清新和美景外，苜蓿还是很好的食材，形成了独特的苜蓿饮食文化。北魏贾思勰《齐民要术》记载的30种蔬菜中就有苜蓿，曰苜蓿"春初既中生啖，为羹甚香"。唐代薛令之《自悼》："朝日上团团，照见先生盘，盘中何所有？苜蓿上阑干。"开创了我国苜蓿饮食诗词的先河，形成了苜蓿盘、苜蓿堆盘、苜蓿阑干等耳熟能详的俗语或成语，出现在许多脍炙人口的诗词歌赋中。宋代唐庚《除凤州教授》："绛纱谅无有，苜蓿聊可嚼。"苏辙："手植天随菊，晨添苜蓿盘。"苏轼："久陪方丈曼陀雨，羞对先生苜蓿盘。"于石《薄薄酒》："高谈雄辩，不如静坐忘言。八珍犀箸，不如一饱苜蓿盘。"元末明初王翰《食苜蓿》："东皋雨过土膏润，采撷登厨露未晞。"等等。

此外，苜蓿还是重要的科技文化符号和地理物产的象征。在众多历史文化典籍中无不留存着苜蓿的印记，如二十四史《史记》《汉书》《后汉书》《新唐书》《旧五代史》《元史》《明史》等，辞书《说文解字》《尔雅注疏》《广韵》《康熙字典》《辞源》等，唐宋四大类书及明《永乐大典》等均有苜蓿记载。许多方志中的物产也有苜蓿的记载，如《陕西通志》《西安府志》《甘肃新通志》《平凉府志》。不少地标性诗词中也可看到苜蓿的影子，如唐李商隐《茂陵》："汉家天马出蒲梢，苜蓿榴花遍近郊。"杜甫《寓目》："一县葡萄熟，秋山苜蓿多。"岑参《北庭西郊候封大夫受降回军献上》："胡地苜蓿美，轮台征马肥。"元马祖常《庆阳》："苜蓿春原塞马肥，庆阳三月柳依依。"《灵州》："葡萄怜酒美，苜蓿趁田居。"

文化是社会的真实写照，苜蓿科技文化反映了其在我国社会发展中的作用和地位。我国不仅有辉煌的苜蓿生产发展史，而且也有灿烂的苜蓿文化繁荣史，对促进社会文明发展，苜蓿曾发挥过重要的作用。在过去，人们在重视苜蓿生产发展的同时，对苜蓿文化的建设和发展也给予了足够的重视。因此，才有了今天我国悠久的苜蓿历史和灿烂的苜蓿文化。站在新的历史发展起点，用新思想、新理念和新技术，审视学习我国苜蓿传统文化，发现我国苜蓿能延续 2 000 多年的发展，必定是苜蓿文化与科技交融的结果，必定是苜蓿历史与现实融合的结果。随着苜蓿科技与文化的深度交融，苜蓿历史与现实的有机融合，我国苜蓿的栽培、管理、加工和消费形态也在发生着深刻变化。现代新技术、新设备和智能化的广泛应用和普及，乃至苜蓿科技创新与产业创新的深度融合，使苜蓿的生产效率得到了很大的提高，苜蓿产业正在向高质量多元化发展。深入研究我国苜蓿传统文化，将有助于弘扬我国苜蓿传统文化，有助于提高苜蓿文化自信，有助于坚持苜蓿科技自主创新，有助于形成苜蓿新业态、新理论和新文化，为我国苜蓿产业、苜蓿科技和苜蓿文化带来更多的发展机遇。

然而，迄今为止，人们对我国苜蓿传统文化研究尚少，了解得还不够深入，理解得还不够透彻。鉴于此，很有必要对我国苜蓿传统文化进行研究，加以介绍。该研究只能算是一个初浅的尝试性研究，由于经验不足，学力浅肤，水平所限，疏漏和错误还有不少，恳请读者不吝批评指正。

目 录

第一章　丝绸之路上的明珠 …… 1

第一节　丝绸路上的缘分 …… 2
一、西域结缘　2
二、苜蓿随天马葡萄逐博望　5

第二节　张　骞 …… 10
一、张骞出使西域　10
二、中国苜蓿之父　12
三、咏张骞与苜蓿　14

第三节　苜　蓿 …… 17
一、苜蓿的引进　17
二、苜蓿在丝绸之路上的传播　19
三、咏苜蓿　21

第四节　天　马 …… 30
一、引进天马　30
二、天马赋　33
三、咏马与苜蓿　50

第五节　葡　萄 …… 96
一、葡萄赋　96
二、咏葡萄与苜蓿　104

第二章　千古苜蓿事 …… 113

第一节　苜蓿溯源 …… 114
一、"苜蓿"词的追溯　114
二、"目宿"词考证　114
三、"苜蓿"词的出现　116
四、苜蓿名称的演变　117

第二节　苜蓿农艺技术 …… 120
一、最早记载苜蓿农艺的农书　120
二、最早的苜蓿农艺全面总结　121
三、最早苜蓿农艺技术改进与提高　123
四、最早官修农书中的苜蓿　123

第三节　苜蓿植物生态学发展 …… 125
一、最早与苜蓿相关的植物学记载　125
二、早期苜蓿零散的植物生物学记载　126
三、最早的苜蓿花色记载　126
四、最早的苜蓿植物生态学系统研究　127
五、最早的苜蓿试验考证与农艺生物学研究　128
六、最早的苜蓿分类研究　129

第四节　苜蓿本草学 …… 130
一、苜蓿本草的最早记载　130
二、最早国家药典中的苜蓿　130

三、本草种植专书中的苜蓿 ………… 131
四、《本草纲目》中的苜蓿 …………… 131

第五节　苜蓿种植发展基础 ………… 133
一、苜蓿引种成功的意义 …………… 133
二、苜蓿的国家需求 ………………… 133
三、苜蓿种植基地 …………………… 135
四、苜蓿官田 ………………………… 136
五、苜蓿种植令 ……………………… 138
六、苜蓿管理机构或官职 …………… 140

第三章　苜蓿诗词 …………………… 143

第一节　苜蓿诗词文化的形成与发展 …… 144
一、苜蓿诗词文化萌芽期 …………… 144
二、苜蓿诗词文化的奠基人 ………… 147
三、苜蓿诗词文化的进一步发展 …… 152
四、苜蓿诗词文化发展的盛期（高峰期）… 159

第二节　苜蓿佳肴 …………………… 168
一、苜蓿蔬食 ………………………… 168
二、苜蓿盘 …………………………… 184
三、苜蓿阑干 ………………………… 211

第三节　苜蓿潇洒酒 ………………… 216
一、酒醉苜蓿盘 ……………………… 216
二、苜蓿蒲萄共饮酒 ………………… 230
三、苜蓿祭酒 ………………………… 244

第四节　苜蓿友人 …………………… 246
一、送友人 …………………………… 246
二、和友人 …………………………… 279
三、忆友人 …………………………… 303

第五节　苜蓿广文先生教授 ………… 308
一、苜蓿秀才广文先生 ……………… 308

二、苜蓿先生/广文 …………………… 330
三、苜蓿教授/教谕夫子/博士桃李 …… 343

第六节　苜蓿冷官/斋 ……………… 350
一、苜蓿微官冷官闲官 ……………… 350
二、苜蓿教官儒官 …………………… 372
三、苜蓿斋/轩 ………………………… 375

第七节　苜蓿冷暖人生 ……………… 385
一、苜蓿生涯 ………………………… 385
二、苜蓿清风 ………………………… 388
三、苜蓿人生 ………………………… 389
四、苜蓿潇洒君 ……………………… 393

第八节　春夏秋冬苜蓿情 …………… 401
一、春日苜蓿早 ……………………… 401
二、夏日甘苜蓿 ……………………… 404
三、秋思苜蓿 ………………………… 405
四、冬盘苜蓿 ………………………… 408
五、苜蓿寒食 ………………………… 409
六、端午苜蓿 ………………………… 410
七、立春苜蓿 ………………………… 411
八、立秋苜蓿 ………………………… 411
九、中秋苜蓿 ………………………… 412
十、白露苜蓿 ………………………… 414
十一、霜降苜蓿 ……………………… 415
十二、冬至苜蓿 ……………………… 415

第九节　离宫别馆中的苜蓿 ………… 416
一、上林苑苜蓿 ……………………… 416
二、离宫别馆苜蓿 …………………… 417

第十节　边塞田苑苜蓿 ……………… 424
一、田野苜蓿 ………………………… 424
二、沙苑 ……………………………… 446

三、苑囿苜蓿 ·········· 451

四、驿站苜蓿 ·········· 454

第十一节　苜蓿与植物 ·········· 455

一、石榴竹梅 ·········· 455

二、桃李桑榆杏 ·········· 461

三、樱桃玫瑰 ·········· 465

四、栗梨木兰 ·········· 467

五、松乔树木 ·········· 469

六、枇杷芭蕉 ·········· 471

七、荔枝槟榔 ·········· 473

八、梧桐茱萸旃檀 ·········· 475

九、菊花缨花 ·········· 479

十、紫藤苦荬 ·········· 483

十一、荞麦大麦苘麦 ·········· 484

十二、灵芝藜藿青藜 ·········· 486

十三、（西）瓜 ·········· 489

十四、决明子莴苣 ·········· 490

十五、芙蓉芙蕖荷花 ·········· 491

十六、芫菁草蒌蒿 ·········· 496

十七、蔷薇杨柳 ·········· 499

十八、茼香泽菖蒲茨菰 ·········· 500

十九、蔬菜圃山菜 ·········· 502

二十、麹米 ·········· 509

二十一、芸香蒺藜 ·········· 509

二十二、蒹葭枣 ·········· 510

二十三、其他植物 ·········· 511

第十二节　苜蓿与动物 ·········· 519

一、牛羊 ·········· 519

二、驴与驼麒麟 ·········· 520

三、鸡与虎 ·········· 521

四、鼠兔 ·········· 522

五、鹧鹕 ·········· 522

六、鸳鸯鹦鹉 ·········· 523

七、燕（雁） ·········· 524

八、鲈鱼 ·········· 525

九、獐猿 ·········· 525

十、白鹭鹤 ·········· 525

第十三节　苜蓿其余 ·········· 527

第四章　苜蓿成语典故 ·········· 531

第一节　苜蓿掌故 ·········· 532

一、皇帝的苜蓿情怀 ·········· 532

二、苜蓿官 ·········· 540

三、诸葛亮种苜蓿 ·········· 544

四、待友厚薄 ·········· 546

五、苜蓿笑话 ·········· 547

六、苜蓿美食 ·········· 548

七、军事中的苜蓿 ·········· 552

第二节　苜蓿俗语或成语 ·········· 553

一、苜蓿成语典故 ·········· 553

二、苜蓿典故的应用 ·········· 554

第三节　苜蓿故实 ·········· 567

一、天马 ·········· 567

二、乐游苑 ·········· 567

三、长乐厩丞 ·········· 569

四、驿站 ·········· 569

五、城蠕苜蓿地 ·········· 570

六、苜蓿园 ·········· 571

七、驾部郎中 ·········· 571

八、西北屯田 ·········· 572

九、地名中的苜蓿 ·········· 572

十、苜蓿斋记 ·········· 573

十一、荒斋苜蓿具 …………………… 574

第五章　苜蓿楹联谚语 …………… 575

第一节　苜蓿楹联 ………………… 576
　　一、楹联 ……………………………… 576
　　二、挽联 ……………………………… 578
　　三、祠联 ……………………………… 580
　　四、桥联 ……………………………… 581
　　五、诗联 ……………………………… 581

第二节　苜蓿集词韵典 …………… 582
　　一、集词 ……………………………… 582
　　二、韵典 ……………………………… 582

第三节　谚语歌谣中的苜蓿 ……… 584
　　一、苜蓿谚语 ………………………… 584
　　二、苜蓿歌谣 ………………………… 585

第六章　小说杂谈中的苜蓿 ……… 587

第一节　章回小说中的苜蓿 ……… 588
　　一、儒林外史 ………………………… 588
　　二、醒世姻缘传 ……………………… 589
　　三、雍正剑侠图 ……………………… 589
　　四、二刻醒世恒言 …………………… 590
　　五、镜花缘 …………………………… 591
　　六、铁花仙史 ………………………… 591
　　七、花月痕 …………………………… 592
　　八、孽海花 …………………………… 592
　　九、洞冥宝记 ………………………… 593

第二节　古今诗词话中的苜蓿 …… 595
　　一、赤城杂诗 ………………………… 595
　　二、后村诗话 ………………………… 595
　　三、苕溪渔隐丛话 …………………… 596
　　四、诗话总龟 ………………………… 597
　　五、诗学禁脔 ………………………… 598
　　六、尧山堂外纪 ……………………… 598
　　七、杜诗捃 …………………………… 599
　　八、归田诗话 ………………………… 600
　　九、损斋备忘录 ……………………… 601
　　十、小仓山房文集 …………………… 602
　　十一、明诗纪事 ……………………… 602
　　十二、冬青馆古宫词 ………………… 605
　　十三、听秋声馆词话 ………………… 605
　　十四、窥园留草 ……………………… 606
　　十五、人境庐诗草 …………………… 606
　　十六、古今词话 ……………………… 607
　　十七、全史宫词 ……………………… 608
　　十八、晚晴簃诗汇 …………………… 608
　　十九、金粟山房诗抄 ………………… 609

第三节　杂谈杂抄随笔中的苜蓿 … 609
　　一、封氏闻见记 ……………………… 609
　　二、鹤山集 …………………………… 610
　　三、龟巢稿 …………………………… 610
　　四、析津志辑佚 ……………………… 611
　　五、与孙男毓仁书 …………………… 611
　　六、见只编 …………………………… 612
　　七、艺苑卮言 ………………………… 612
　　八、弇州四部稿 ……………………… 612
　　九、伐檀斋集 ………………………… 613
　　十、蜀都杂抄 ………………………… 614
　　十一、二刻拍案惊奇 ………………… 614
　　十二、茶余客话 ……………………… 615
　　十三、烟屿楼笔记 …………………… 616
　　十四、香艳丛书 ……………………… 616

十五、藤阴杂记 617
十六、邵氏闻见后录 617
十七、订讹类编 617
十八、香祖笔记 618
十九、初学晬盘 619
二十、澎湖纪略 620
二十一、燕山外史 620
二十二、江宁两校官传 621
二十三、林蕙堂全集 621
二十四、大清见闻录 622
二十五、冷庐杂识 623
二十六、悔逸斋笔乘 624
二十七、停琴余牍 625
二十八、淞隐漫录 625
二十九、寄园寄所寄 626
三十、幼学琼林 626
三十一、山家清供 627
三十二、随园随笔 628
三十三、坚瓠秘集 628
三十四、开卷一笑 629
三十五、煮药漫抄 629
三十六、藏书纪事诗 630
三十七、谭嗣同全集 630
三十八、金壁故事 632
三十九、清稗类钞 632
四十、民权素诗话 633
四十一、客座偶谈 633
四十二、楹联丛话 633
四十三、近代笔记过眼录 634
四十四、民国武胜县志 634
四十五、苜蓿生涯过廿年 634

第七章　艺术中的苜蓿 637

第一节　苜蓿手绘图 638
一、古代苜蓿手绘图 638
二、民国时期苜蓿手绘图 642
三、现代植物志苜蓿手绘图 643
四、苜蓿或牧草专书中的手绘图 647
五、国外苜蓿手绘图 662

第二节　苜蓿墨迹 672
一、宋元苜蓿书法 672
二、明清苜蓿书法 673
三、近现代苜蓿书法 674

第三节　苜蓿画香 679
一、元代苜蓿字画 679
二、清代苜蓿字画 682
三、近现代苜蓿字画 682

第四节　苜蓿青花瓷 695
一、元明苜蓿青花瓷 695
二、清苜蓿青花瓷 696

第八章　宗教中的苜蓿 701

第一节　寺院中的苜蓿 702
一、禅虚寺 702
二、开元寺 702
三、水西寺 702
四、塔寺 703
五、古寺 704
六、法住寺 704
七、吴寺 704
八、鸡鸣寺 705
九、胜因寺 705

- 十、大理寺 706
- 十一、览山川佛火 706
- 十二、兴善寺 707
- 十三、忠显寺 707
- 十四、慈华寺 707
- 十五、月河寺 708
- 十六、广慧寺 708
- 十七、大明寺 708
- 十八、转左寺 708
- 十九、囧寺 709
- 二十、天庆寺 709
- 二十一、长椿寺 709
- 二十二、城西废寺 710
- 二十三、萧寺 710
- 二十四、玉佛寺 710
- 二十五、城西古寺 710
- 二十六、六和塔 711

第二节　宗教典籍中的苜蓿 711

- 一、金光明最胜王经 711
- 二、最胜心明王经一卷 712
- 三、文镜秘府论 712
- 四、法苑珠林 713
- 五、沙海古卷 714
- 六、龙龛手鉴 714
- 七、翻译名义集 715
- 八、云笈七签 716
- 九、续藏经法界圣凡水陆大斋法轮宝忏 717
- 十、牟梨曼陀罗咒经 717
- 十一、大毗卢遮那成佛神变加持经 717
- 十二、大宝广博楼阁善住秘密陀罗尼经 718
- 十三、佛学大辞典 718
- 十四、古今禅藻集 718
- 十五、五千五百佛名 718
- 十六、五叶弘传 719
- 十七、清凉痴山禅师语录 719

第三节　僧诗苜蓿 720

- 一、贯休 720
- 二、释宝昙 721
- 三、释居简 722
- 四、释善珍 723
- 五、释道璨 723
- 六、释道举 724
- 七、吕量 724
- 八、释圆至 725
- 九、虞集 725
- 十、宗衍 728
- 十一、释宗泐 729
- 十二、释妙声 730
- 十三、释函可 731
- 十四、释今沼 732
- 十五、梵琦 732
- 十六、成鹫 733
- 十七、憨休 737
- 十八、宗鉴 738
- 十九、释善住 738

第九章　科技文化符号中的苜蓿元素 739

第一节　丝绸之路上的科技文化符号 740

- 一、中西科技文化交流的象征 740
- 二、历史悠久文化底蕴深厚 740
- 三、中华科技文化符号中的重要元素 740
- 四、中华农耕文明的承载者 741

第二节　苜蓿集文史科技为一体 741

- 一、载有苜蓿的典籍概述 741

二、苜蓿最早的国家记忆 …… 743
三、辞书中的苜蓿 …… 743
四、植物学类书中的苜蓿 …… 747

第三节　重要类书中的苜蓿 …… 752
一、唐四大类书中的苜蓿 …… 752
二、宋四大类书中的苜蓿 …… 754
三、《永乐大典》中的苜蓿 …… 760
四、《古今图书集成》中的苜蓿 …… 764
五、其他类书中的苜蓿 …… 765

第四节　重要农书中的苜蓿 …… 768
一、农书概述 …… 768
二、《氾胜之书》中的苜蓿 …… 769
三、《齐民要术》中的苜蓿 …… 770
四、《农桑辑要》中的苜蓿 …… 771
五、《王祯农书》中的苜蓿 …… 772
六、《农政全书》中的苜蓿 …… 773
七、《授时通考》中的苜蓿 …… 774
八、其他农书中的苜蓿 …… 774

第五节　重要地理物产标志 …… 776
一、方志中的苜蓿 …… 777
二、西域/绝域与苜蓿 …… 782
三、甘肃诸州苜蓿 …… 784
四、陕西诸地苜蓿 …… 799
五、新疆诸地苜蓿 …… 809
六、五原阴山苜蓿 …… 821
七、晋阳/雁门关苜蓿 …… 824
八、忻州邢州苜蓿 …… 825
九、中州苜蓿 …… 826
十、燕山苜蓿 …… 829
十一、金陵及毗邻地区苜蓿 …… 831
十二、西宁苜蓿 …… 833

十三、五河县开原县利城苜蓿 …… 833
十四、长城苜蓿 …… 834
十五、九江苜蓿 …… 835
十六、泗州淮泗苜蓿 …… 835
十七、滁阳苜蓿 …… 835

第十章　苜蓿文史研究进展 …… 837

第一节　近代对古代苜蓿的研究考证 …… 838
一、国内对我国苜蓿的研究考证 …… 838
二、国外对我国苜蓿起源传播史的研究 …… 841

第二节　苜蓿文史的启航新研究 …… 845
一、对"苜蓿"与"目宿"的考证 …… 845
二、对古代苜蓿的起源物种栽培新考证 …… 845
三、以诗证史 …… 849

第三节　苜蓿文史成为热点研究 …… 849
一、张骞与苜蓿的关系 …… 849
二、"苜蓿"溯源 …… 850
三、具有中国文化特色的"苜蓿"名称 …… 850
四、苜蓿诗词歌赋的研究 …… 856
五、汉代苜蓿的引进与适应性及明清分布 …… 857

第四节　苜蓿文史创新性系统研究 …… 858
一、对古代苜蓿的创新研究 …… 858
二、苜蓿文史专著 …… 860

参考文献 …… 864

人名索引 …… 877

词汇索引 …… 888

典籍索引 …… 903

后记 …… 909

第一章 丝绸之路上的明珠

2023年5月19日，习近平在中国——中亚峰会上的主旨讲话中指出："2 100多年前，中国汉代使者张骞自长安出发，出使西域，打开了中国同中亚友好交往的大门。千百年来，中国同中亚各族人民一道推动了丝绸之路的兴起和繁荣，为世界文明交流交融、丰富发展作出了历史性贡献。"

每当我们提起丝绸之路的时候，总会联想到张骞、汗血马、苜蓿和葡萄，她们已成为中西科技文化交流中的靓丽名片。

《史记·大宛列传》曰："天子既闻大宛及大夏、安息之属皆大国，多奇物，土著，颇与中国同业，而兵弱，贵汉财物；……诚得而以义属之，则广地万里，重九译，致殊俗，威德遍于四海。天子欣然，以骞言为然。"由此张骞出使西域后，汉王朝除了引进西域天马（汗血马）外，还带回了苜蓿、葡萄等农作物。唐王维在诗中说："苜蓿随天马，蒲桃逐汉臣。"鲍防曰："天马常衔苜蓿花，胡人岁献葡萄酒。"元祖教诗曰："不如汉使传奇种，苜蓿葡萄满世间。"清李希圣曰："西来宛马镇相寻，苜蓿葡萄极望深。"从此，张骞、天马、苜蓿和葡萄就结下了不解之缘，也成为丝绸之路上的四大耀眼明珠，永远镶嵌在丝绸之路上，闪烁着绚丽的光彩。

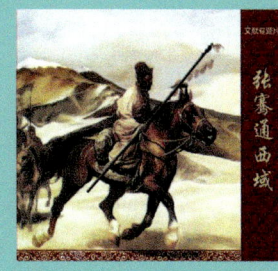

第一节 丝绸路上的缘分

一、西域结缘

汉司马迁《史记·大宛列传》记述了张骞出使西域与苜蓿、汗血马（天马）、葡萄的不解之缘，也记载了苜蓿与汗血马、葡萄的传奇缘分。苜蓿向来被视为马最好的牧草，中国的马饲料，分为谷物与草料两种，前者是精细的粟和豆等，称为秣；苜蓿是后者，属于粗糙的饲料，又称作刍。

《史记·大宛列传》[1]曰：

> 大宛之迹，见自张骞。张骞，汉中人，建元中为郎。是时天子问匈奴降者，皆言匈奴破月氏王，以其头为饮器，月氏遁逃而常怨仇匈奴，无与共击之。汉方欲事灭胡，闻此言，因欲通使。道必更匈奴中，乃募能使者。骞以郎应募，使月氏，与堂邑氏胡奴甘父俱出陇西。经匈奴，匈奴得之，传诣单于。单于留之，曰："月氏在吾北，汉何以得往使？吾欲使越，汉肯听我乎？"留骞十余岁，与妻，有子，然骞持汉节不失。

> 骞身所至者大宛、大月氏、大夏、康居，而传闻其旁大国五六，具为天子言之。曰：

> 大宛在匈奴西南，在汉正西，去汉可万里。其俗土著，耕田，田稻麦。有蒲陶酒。多善马，马汗血，其先天马子也。……

> 自博望侯骞死后，匈奴闻汉通乌孙，怒，欲击之。及汉使乌孙，若出其南，抵大宛、大月氏相属，乌孙乃恐，使使献马，愿得尚汉女翁主为昆弟。天子问群臣议计，皆曰"必先纳聘，然后乃遣女"。初，天子发书易，云"神马当从西北来"。得乌孙马好，名曰"天马"。及得大宛汗血马，益壮，更名乌孙马曰"西极"，名大宛马曰"天马"云。

汉武帝时，随着张骞与后来的中国使节出使西域，得知大宛产良马，这种良驹是山地马种、抗疲劳、蹄坚硬，每天可以跑好几百公里，因为流出的汗看起来像血，因此称作汗血马。大宛的汗血马，被汉武帝称作"天马"；而乌孙的马被称作"西极"。

特别值得注意的是，中国古代文献记载汗血马吃的牧草是苜蓿。中国的苜蓿种子从西域大宛传入。因为汉武帝喜欢马，又为了养汗血马，汉使在引进汗血马的同时，也从大宛引进了苜蓿，因为种植苜蓿是国家大事，因此被《史记·大宛列传》记载：

> 宛左右以蒲陶为酒，富人藏酒至万余石，久者数十岁不败。俗嗜酒，马嗜苜蓿。汉使取其实来，于是天子始种苜蓿、蒲陶肥饶地。及天马多，外国使来众，则离宫别观旁尽种蒲萄、苜蓿极望。

汗血马与苜蓿

---

[1] [汉]司马迁. 史记[M]. 中华书局, 2006. 以下类同。

苜蓿被引进中国后，除被司马迁《史记·大宛列传》记载外，班固《汉书》[②]也有记载。曰：汉使采蒲陶、目宿种归。天子以天马多，又外国使来众，益种蒲陶、目宿离宫馆旁，极望焉。

汉武帝经营西域所获得标志性物种就是汗血马、苜蓿和葡萄。汉武帝取乌孙国的西极马和大宛国的天马是基于军事和交通装备的实际需要的，种植苜蓿则是用来满足大宛马和西极马的需要，种植葡萄则更多地体现着炫耀的意味。汉唐帝王遥相呼应，唐太宗则更胜汉武帝，把苜蓿种植在陇右、敦煌、玉门等西域地区，在许多唐诗或后世的诗词中都有体现，如唐岑参《苜蓿烽》："苜蓿烽边逢立春，葫芦河上泪沾巾。"杜甫《寓目》："一县葡萄熟，秋山苜蓿多。"鲍防《杂感》："天马常衔苜蓿花，胡人特献葡萄酒。"

送刘司直赴安西（738 年）

唐·王维

绝域阳关道，胡沙与塞尘。
三春时有雁，万里少行人。
苜蓿随天马，葡萄逐汉臣。
当令外国惧，不敢觅和亲。

司直：《唐书·百官志》：大理寺有司直六人，从六品上。

安西：《杜氏通典》：安西都护府，本龟兹国也，大唐明庆中置。东接马耆，西连疏勒，南邻吐蕃北拒突厥。

绝域：《汉书·陈汤传》：讨绝域不羁之君，系万里难制之虏。

苜蓿：《史记》：大宛左右以蒲桃为酒，富人藏酒至万余石，久者十数岁不败。俗嗜酒，马嗜苜蓿。汉使取其实来，于是天子始种苜蓿、蒲桃肥饶地。及天马多，外国使来众，则离宫别馆旁尽种蒲桃、苜蓿，极望。

天马：《史记》：初天子发：书易云神马当从西北来。得乌孙马好，名曰天马。及得大宛汗血马，益壮，更名乌孙马曰西极，名大宛马曰天马云。

《王右丞集笺注》

---

②[汉]班固, 汉书[M]. 中华书局, 2007. 以下类同。

东墙下作小圃。种草七八丛（其一）
明·金时习

苜蓿随汉使，来种东汉宫。
盘上长阑干，美哉摇光风。
东西风土异，未辨真赝形。
名字世相传，好古栽前庭。

送王敬美使秦
明·欧大任

张骞西去赋皇华，朱邸筵开帝子家。
汉使简书惟笔札，秦城楼阁半烟霞。
明星夜照芙蓉锷，白马秋嘶苜蓿花。
计日郊迎携斗酒，莫令相忆滞天涯。

吐鲁番
清·王曾翼

古郡传唐代，寻碑访旧城。
花门瓜作饭，屯地马能耕。
苜蓿经霜翠，葡萄入市盈。
初冬偏觉暖，应有火州名。

由此可见，苜蓿进入中国后，汉朝对其是十分重视的。同时也见证了引进苜蓿对国家的重要性。汉朝使者引进苜蓿种子，起初试着在肥沃的土壤上种植。当来自中亚与西亚的外国使节越来越多，以及从大宛过来的马匹越来越多后，苜蓿需求量大增，皇帝命令在离宫别苑旁边种植苜蓿，一望无际的苜蓿园，着实壮观。这段文字说明汗血马到了中国，吃的不是野生的苜蓿，而是人工刻意栽培的苜蓿。苜蓿种子的传入，同时影响中国农业和牧业。汉代很重视苜蓿，还设有专官掌管种植苜蓿。从此以后，苜蓿就与张骞、汗血马和葡萄结下了不解之缘，成为丝绸之路上的四大明珠。

二、苜蓿随天马葡萄逐博望

杂感

唐·鲍防

汉家海内承平久，万国戎王皆稽首。
天马常衔苜蓿花，胡人岁献葡萄酒。
五月荔枝初破颜，朝离象郡夕函关。
雁飞不到桂阳岭，马走先过林邑山。
甘泉御果垂仙阁，日暮无人香自落。
远物皆重近皆轻，鸡虽有德不如鹤。

蒲萄

宋·岳珂

当年博望奏边功，异种曾携苜蓿同。
摘乳那烦挏马令，引须聊惬好龙公。
颇怜汉地离宫在，未许凉州酒瓮空。
回纥只今重喂肉，清阴弥望满关中。

汉宫词

宋·司马光

苜蓿花犹短，葡萄叶未齐。
更衣过柏谷，走马宿棠梨。
逆旅聊怀玺，田间共斗鸡。
犹思饮云露，高举出虹霓。

赠田九判官（天宝十四载（公元755年）作）

补注（鹤曰诗云：崆峒使节上青霄，河陇降王款圣朝。谓哥舒翰天宝十四载，春入朝师云：哥舒翰为安西都护，辟田梁丘为判官是也。河陇谓翰为陇右节度又兼河西节度也。此诗当是十四载春作。）

崆峒使节上青霄，河陇降王款圣朝。（赵曰此诗乃哥舒翰献捷之事，何以明之崆峒陇右之山名也，翰于天宝八载为陇右节度使，与吐蕃战于石堡城败之，拔其城更号神武军。上青霄言领吐蕃降王以朝也）

宛马总肥（洙曰一作飞）**春苜蓿**（洙曰大宛国汉时通。人嗜蒲桃酒，马嗜苜蓿。后二师至宛取善马，遂采蒲桃、苜蓿种而归。师与赵曰：苜蓿所以饲马。）

补注（鹤曰：按唐《百官志》驾部郎中员外郎掌按马，凡驿马给地四顷，莳以苜蓿。闽中名士传薛令之诗云：初日上团团，照见先生盘，盘中何所有？苜蓿长阑干。谓苜蓿之穗如阑干，星之长春生，而秋成。今云：总肥春苜蓿，谓去年所收者非食其苗也。）

将军只数汉（洙曰一云霍）**嫖姚**（洙曰：霍去病为嫖姚校尉。注：嫖姚，皆劲疾之貌。今读音飘飖者，非。赵曰：指言哥舒也。汉霍去病为嫖姚校尉。姚在汉书音作去声，而公作平声，沈存中笔谈尝论之矣，以为无害于义。）

陈留阮瑀谁争长（洙曰：王粲传，始文帝为五官将，及平原侯植与北海徐干，广陵陈琳、陈留阮瑀、汝南应瑒、东平刘桢并相友善。曹洪欲使瑀掌书记，瑀终不为屈。太祖辟为军谋祭酒。）**京兆田郎早见招。**（洙曰：田凤为郎端正，入奏事，灵帝目送之曰：堂堂乎京兆田郎。）

麾下赖君才并入，独能无意向渔樵。（苏曰：阮瑀语叔曰：今涉仕路者，如跃骏马于薄冰，何苦恋，恋独无意向渔樵乎？赵曰：此言主将麾下赖田君之才、与诸俊并入可，独能无意而甘心于渔樵乎？）

> 黄希原本 黄鹤补注
>
> **赠田九判官** 天宝十四载作
>
> 补注 鹤曰诗云崆峒使节上青霄河陇降王款圣朝谓哥舒翰 天宝
>
> 十四载春入朝师云哥舒翰为安西都护辟田梁丘为判官是也河陇谓翰为陇右节度又兼河西节度也此诗当是十四载作崆峒使节上青霄河陇降王款圣朝赵曰此诗乃哥舒翰献捷之事何以明之崆峒陇右之山名也翰于天宝八载为陇右节度又兼河西节度也此诗当是十四载作崆峒使节上青霄河陇降王款圣朝赵曰此诗乃哥舒翰献捷之事何以明之崆峒陇右之山名也翰于天宝八载为陇右节度使与吐蕃战于石堡城败之拔其城更号神武军上青霄言领吐蕃降王以朝也
>
> 宛马总肥秣洙曰一作飞春首蓿洙曰大宛国汉时通人嗜蒲桃酒马嗜首蓿后二师至宛取善马遂采蒲桃首蓿种而归师与赵曰首蓿所以饲马补
>
> 注 鹤曰按唐百官志驾部郎中员外郎掌焉凡驿马给地四顷莳以首蓿
>
> 闽中名士传薛令之诗云初日上团团照见先生盘盘中何所有首蓿长阑干
>
> 谓首蓿之穗如阑干星之长春生而秋成今云总肥春首蓿谓去年所收者非食其苗也将军只数汉洙曰一云霍嫖姚洙曰将军只数汉嫖姚校尉注嫖姚皆劲疾之貌今读为嫖姚者非赵曰指言哥舒也汉霍去病为嫖姚校尉姚在汉书音作去声而公作平声沈存中笔谈尝论之矣以为无害于义陈留阮瑀谁争长洙曰王粲传始文帝为五官将及平原侯植与北海徐干广陵陈琳陈留阮瑀汝南应玚东平刘桢并友善曹洪欲使瑀掌书记瑀终不为屈太祖辟为军谋祭酒京兆田郎早见招洙曰田凤为郎端正入奏事灵帝目送之曰堂堂乎京兆田郎麾下赖君才并入独能无意向渔樵苏曰阮瑀语叔曰今涉仕路者如跃骏马于薄冰何苦恋恋独无意向渔樵乎赵曰此言主将麾下赖田君之才与诸俊并入可独能无意而甘心于渔樵乎

——宋·黄希原本 黄鹤补注《补注杜诗·卷十八》

题博望驿

明·邓云霄

驿，故汉臣张骞侯封地。骞使外国，获葡萄、天马以归。因感近日广宁、辽阳之败，求如昔人开边柔远，何可再得。漫赋志愤。

驿楼明月影徘徊，应照沙城骨变灰。
叛将半随胡虏去，寻源谁似汉臣回？
龙媒何日随天仗？苜蓿空看饲老骀。
试听鼓鼙思壮士，始知博望是边材。

送潘以正宪副赴陕西固原兵备二首（其二）

明·蒋冕

河陇诸都护，壶浆候马前。
毡车齐款塞，玉节正临边。
豸对氍毹月，骢嘶苜蓿烟。
匈奴断右臂，还忆汉张骞。

雪航侍御还朝（其一）

明·龚鼎孳

青霜一夕起鸳班，有客乘骢万里还。
苜蓿夜肥西极马，葡萄秋入玉门关。
盛名博望槎同远，往事朱游槛独攀。
长为膺滂生意气，盈廷卿相已摧颜。

留车扯秃候国主出征回二首（其一）

明·陈诚

使车几日驻荒郊，编户征求馈饷劳。
宛马秋肥收苜蓿，香醪夜熟压葡萄。
匈奴远去惊烽火，鸿雁高飞避节旄。
为客那堪良夜永，隔林转听晓鸡号。

苜蓿

明·陈子龙

荒云连苜蓿，已傍战场开。
不向宛城闭，偏宜汉苑栽。
边愁生马邑，春色断龙堆。
何日嫖姚将，亲驱汗血来。

无题

明·陈彝训

前旌遥度玉门西，万里山河入马蹄。
紫塞寒沙云漠漠，赤亭斜日草萋萋。
晨吹筚栗霜华重，夜醉葡萄月影低。
宛马归时秋正早，西风苜蓿满郊齐。

关山
清·陶廷珍

秦中门户瞰临洮，万仞崇冈压巨鳌。
凿险路分鹑首隘，盘空人俯陇头高。
云移绝壁开熊馆，雪满长沟设虎牢。
此去凉州风土近，马肥苜蓿酒蒲桃。

赠郑两为备兵西宁南归里门
清·于琳

建牙开府黑山东，此日声名在五戎。
苜蓿花浓宛马健，蒲萄酒熟戍楼空。
风高吐鲁惊传箭，雪满蓬婆竞挽弓。
生入玉门班定远，何人重报月氏功。

送刘给事兵备临巩
佚名

共怜新命下明光，遣镇秦关万里长。
自是西军须范老，岂同内史卧淮阳。
蒲萄夜泛美人醉，苜蓿秋高宛马强。
定远功成金印在，状猷及早系名王。

洞仙歌（其二）
近现代·张克家

夜阑人静，有妖姬同梦。分隔形骸只香送。
口脂轻褪后，吹气如兰，曾告我、侬喜赢床空洞。

忆蒲桃苜蓿，旧日芳邻，宝马驮来几家种。
秋雨下秋风，秋士含毫，省识幽情为花颂。
待和了、新词寄还君，恨纸帐低迷，胆瓶冰冻。

【丝绸之路小史】

古代的中西交通线本来没有概括的总体名称，"丝绸之路"一称只是在19世纪末叶才开始出现。这个名称最早见德国地理学家李希霍芬（F.von Richthofen）的《中国》（1877年出版）一书，他在书中将前114年至127年间连接中国与河中（阿姆河与锡尔河之间，又称"河间"）以及印度的丝绸贸易路线称为"Seidenstrassen"。英文将其译成"Silk Road"，中文译为"丝绸之路"。后来德国学者阿尔巴特·赫尔曼（A.Hermann）在《中国和叙利亚间的古代丝绸之路》（1910年出版）一书中又作了进一步的阐述，并将丝绸之路向西延伸至叙利亚。在这以后"丝绸之路"一称逐渐被学术界所接受，现在成为古代中国、中亚、西亚之间，以及通过地中海（包括沿岸陆路）连接欧洲和北非的交通线之总称。现在丝绸之路已经成为约定俗称。

——《丝绸之路史话》孟凡人，2011

第二节 张 骞

一、张骞出使西域

建元元年（前140年），汉武帝刘彻即位，张骞任皇宫中的郎官。建元三年（前138年），汉武帝招募使者出使大月氏欲联合共击匈奴，张骞应募任使者，于长安出发，经匈奴被俘，被困十年，后逃脱。西行至大宛，经康居，抵达大月氏，再至大夏，停留了一年多才返回。在归途中，张骞改从南道，依傍南山，企图避免被匈奴发现，但仍被匈奴所俘获，又被扣押一年多。元朔三年（前126年），匈奴内乱，张骞趁机逃回汉朝，向汉武帝详细报告了西域情况，武帝授以太中大夫。因张骞在西域有威信，后来汉所遣使者多称博望侯以取信于诸国。

张骞虽然没有达到汉武帝联合大月氏夹击匈奴的目的，但却打通了西域，开辟了从长安经过宁夏、甘肃、新疆，到达中亚细亚各地的内陆大通道，是中外交流史上的一件大事。

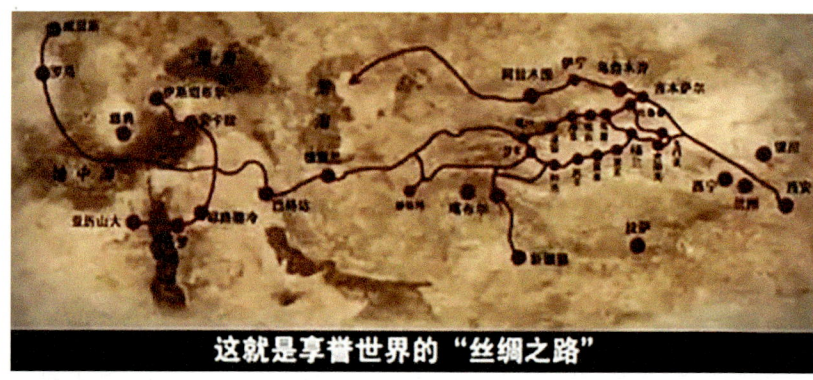

张骞出使西域图（敦煌壁画）

张骞出使西域

张骞取经

臣笑曰：《汉书》云：张陵者，后汉顺帝时人，客学于蜀，入鹄鸣山，为蛇所吞。计顺帝乃明帝七世孙，理不在明帝之前百余年也。又云：明年遣张骞寻河源者，此亦妄作。案《汉书》，张骞为前汉武帝寻河源，云何后汉明帝复遣寻邪？不知骞是何长寿仙乎？代代受使，一何苦哉！可笑其妄引也。

——《全后周文·卷二十》

学古诗三首（其三）

南梁·何逊

昔随张博望，辞帝长杨宫。
独好西山勇，思为北地雄。
十年事河外，雪鬓别关中。
季月边秋重，岩野散寒蓬。
日隐龙城雾，尘起玉关风。
全狐君已复，半菽我犹空。
欲因上林雁，一见平陵桐。

又赓张翼韵

明·朱元璋

腊前三白旷无涯，应是天公降六花。
九曲河深凝底冻，张骞无处再乘槎。

朱碧山银槎歌（乾隆丙戌，1766年）

清·弘历

彝尊长歌咏双觯，一成壬寅一乙酉。
凿落银器谁所为，乃出朱氏碧山手。
酉者展转入孙家，寅者宋氏所珍守。
一时豪客醉流霞，快写牢骚斗吟口。
率征故事称张骞，汉书不识曾读否。
渔洋居易辨颇精，先得我心是此叟。
有救之槎格实奇，乃自孙藏非宋有。
雕镂绝艺不重儓，诸人丽句早精剖。
偶因博古一致评，置之弗用戒旨酒。

咏史一百三十首（其五十四 张骞）

民国初·连横

汉威宣外域，博望乘槎通。
进取堪模范，谁人继凿空。

二、中国苜蓿之父

张骞出使西域本为贯彻汉武帝联合大月氏抗击匈奴之战略意图，但出使西域后汉夷文化交往频繁，中原文明通过"丝绸之路"迅速向四周传播。同时，苜蓿、葡萄等西域文化科技成果也传入我国。

因而，张骞出使西域这一历史事件便具有了特殊的历史意义。张骞对开辟从中国通往西域的丝绸之路有卓越贡献，举世称道，被称为凿空西域。

苜蓿自张骞时代进入中原，《史记·大宛列传》已有明确记载。唐代诗人王维曾有过"苜蓿随天马，葡萄逐汉臣"的诗句。宋代诗人苏轼乌台诗案被贬黄州时，诗人同乡老友巢谷来到黄州看望苏轼，并在苏轼家作馆教授苏轼子苏迈、苏过。巢谷从故乡带来自己爱吃的一种小菜野豌豆种子，苏轼也好这一口，十分高兴，将这种菜称之为"元修菜"。并作《元修菜》一诗以纪此事。在这首诗中，苏轼用张骞将苜蓿引进到中原的故事来比喻巢谷把野豌豆带到黄州，"张骞移苜蓿，适用如葵菘。"苏轼时代张骞引进的苜蓿已广泛种植在中国内地。南宋乾道八年（1172 年）春，诗人陆游从戎南郑时在张骞故乡看到了与今天遍地是金黄的油菜花海不一样的春天景象："苜蓿连云马蹄健，杨柳夹道车声高。"从苜蓿的大面积种植可见汉中当时重要的军事地位。

今天苜蓿在我国仍然发挥着重要作用，续写着千年辉煌。张骞是中国走向世界的第一人，他凿空西域，开拓丝路，为东西文明的对话打开了通道，促进了人类文明的进步与发展。张骞既是丝绸之路上的科技文化符号，也是我国苜蓿之父。

《史记·大宛列传》对张骞的描写采用的是作者惯用的互见法，从不同的篇目中记录张骞的不同事迹。班固的《汉书·张骞传》综合司马迁《史记》各篇的记载，较为系统、完整地记录了张骞的生平。唐宋时期人们对张骞的研究并不很深入，对张骞凿空西域、开拓丝绸之路的价值和意义并没有像今天人们认识得这么深刻，张骞的影响也很有限，专门吟咏张骞的诗词并不多，只是将张骞的故事和传说作为典故引用。所以诗词中，张骞形象不同于历史中的张骞形象，是具有多重意涵的形象。

《汲冢周书》有《王会图》，周官有象胥、环人之职。汉蒟酱、邛竹、蒲萄、苜蓿、安石榴皆自外国至。远人慕化而来，使人将命而出，以柔以抚，其事不一，形诸赋咏，诡异谲觚，于唐为多，宋亦不无也。

——元·方回《编远外类》

法国学者布尔努瓦（1997）研究指出，张骞于公元前 126 年左右归国时，或者是于第二次出使回国时携回了某些植物种子和中国人所陌生的两种植物，即苜蓿和葡萄。张骞知道苜蓿是马匹的最佳饲料，它可以使马匹变得健壮。正如张骞所获知的那样，苜蓿确实是马匹的最佳饲料，它可以使马匹变得强壮。然而，马匹当时是战争的神经中枢，也是一个国家军事实力的支柱之一。中国中原北方和西北方边境的所有游牧民族，都是养马的民族；中国中原却相反，那里是一个缺乏饲草的地区，经营饲养业并不太容易。在数世纪间，马匹的需要是中国天朝政府对其游牧和饲养牲畜的近邻政策中的一项重要因素，由此而诞生了某些交换方法：首先是用丝绸，其次是用茶叶来交换马匹（即丝马贸易和茶马贸易）。这种做法一直持续到 18 世纪。但在汉武帝时代，其近邻为一敌对者。武帝希望于其国土上发展种马场。正是为此目的，张骞带来苜蓿后，于是便在御花园中播种和培植，其种植后来又从那里传播开了。

布尔努瓦（1997）进一步指出，张骞在为汉武帝带来西域的大宛国存在一个特殊马种消息的同时，还为他带来了那里有关这种马的一种基本饲草的消息，这就是苜蓿。张骞携回苜蓿种子，并未遇到困难，但将用这种饲草喂养的马匹运往中国，却不大容易。众所周知，经过在匈奴的长期囚禁之后，这位中国使节到达了大宛国并在那里滞留了很长时间。他在那里发现了一个很漂亮的地方性马种，被称之为"天马"，也叫"千里马"（或者是"汗血马"，但它是另一种故事了）。人称它们出自驯养母马和生活在该地区高山中的野公马杂交的结果。它们比中国军队中所拥有战马更漂亮、更强壮、更有耐力、奔驰得更快，其蹄磨损较慢，更适应于山地。当时中国与大宛国的关系并不坏。张骞回国之后，一直不停地相继互相遣使。中国人输送丝绸，可能还有军械，大宛人却以马匹相赠。

三、咏张骞与苜蓿

送陈郎中重使西域三首（其一）

明·曾棨

重宣恩诏向穷边，蕃落依稀似昔年。
酋长拜迎张绣幰，羌姬歌舞散金钱。
葡萄夜醉氍毹月，腰褭晨嘶苜蓿烟。
百宝嵌刀珠饰靶，部人知是汉张骞。

史记三十六首（其一）

明·郑学醇

张骞西使大宛通，苜蓿葡萄满汉宫。
多少征人归不得，论恩先赏贰师功。

送张太仆熙伯视马畿内二首（其二）

明·谢榛

共传天马异，宁复大宛求。
月照昆吾冷，风生苜蓿秋。
张衡有词赋，独系汉家忧。

赠郴阳何都宪子元巡抚云南①（其二　述职方事）

明·邵宝

疆圉萧条轸帝心，职方使者奉纶音。
西关不杖张骞节，北野真赍郭隗金。
秋水骅骝千里近，春风苜蓿四郊深。
燕云一望连秦树，剩许山川入壮吟。

①彭司马大书至堂成遂扁之，子元以太仆卿，简命巡抚云南，中朝卿大夫述其昔奉使事，共为四题送之，子元道锡亦以请宝，遂赋以赠。

行经博望驿汉张骞所封侯池也
明·李化龙

短雉平芜出断湾，当年带砺亦河山。
谁教苜蓿来天马，遂使烟尘接汉关。
绝塞风沙侵白骨，深闺霜露泠红颜。
凿空已酿千秋恨，犹道乘槎犯斗还。

梦中咏十九首隐几偶成
明末清初·邝露

古人卧掷天台赋，我亦梦识枚乘诗。
青葱柏树五陵上，长衢夹道连彤墀。
双阙金铺龙马立，千门玉柱凤凰仪。
朱邸鸣钟开早宴，翠翮白纻流纷倩。
桃杏含春照远山，芙蓉弄水明秋练。
向晚留髦钗满地，先春送客花盈殿。
哪能复顾尚书期，可怜未睹王嫱面。
殷红叠翠逐韩嫣，一笑千金珠弹圜。
轻宪当风飏粉面，晚妆如月透珠帘。
纤裳襞袖榴花湿，玉腕琼肌蕙草鲜。
小娣齐眉吴郑旦，大兄度曲李延年。
织成宝带鸳鸯锦，并坐瑶笙阆苑仙。
公子年年惜芳树，金吾夜夜敞雕筵。
雕筵芳树荫宫霞，五侯七贵矜骄奢。
金罍云山陈玉馔，琼姬风雪舞瑶华。
刘牧镇过袁绍府，武安鄂饮魏其家。
东朝首鼠王公震，西狩获麟国士嗟。
差向如渑淹日月，宁论有海变桑麻。
宾主共能将绣虎，圭窬私念剖灵蛇。
子政翻经藜火烬，冯唐执戟柘光斜。
对策云龙愁蟒蜮，期年金马似天涯。
东方馁望三千实，博望魂摇八月槎。
东方大笑张骞哭，去日池台生苜蓿。
明月停歌迥不飞，流霞入管更还促。
宝马香车沸锦城，繁弦促调摇金屋。
京华乐盛易生悲，身逐浮云无所畀。
黯黯销魂还入梦，沧洲明月下江蓠①。

---

① 庙市徐陵藁书十九首，婉约风流，希世罕觏，循览忘疲，形于寤歌。

咏张骞
清·谢启昆

博望初乘贯月槎，龙庭万里欲为家。
玉门以外安亭障，金马从西致渥洼。
凿空安能的要领，开边不异控褒斜。
轮台诏下陈哀痛，上苑犹栽苜蓿花。

博望城（张骞故封）
清·严遂成

侯封故里望依稀，太息西行应募非。
海上牛羊拘属国，月中环佩送明妃。
烽屯绝塞昆仑远，血膏离宫苜蓿肥。
使者何功膺上赏，归槎载得石支机。

西域怀古杂咏
清·福庆

张骞持节出阳关，长夏披裘雪满山。
大宛归来称善马，贰师何处度沙湾。
蜀通大夏接乌孙，扼要轮台旧汉屯。
欲制匈奴断右臂，先从盐泽逐河源。
车师前后有王庭，浞野功成马不停。
才房楼兰轻骑破，酒泉亭障玉门屏。
采将苜蓿种离宫，武帝曾夸葱岭东。

尉迟杯（咏朱碧山银槎照蔡松年词填）
清·曹贞吉

黄流注。送扁舟似叶，凌云渡。
虫书犹记当年，想见良工心苦。
何人称杜举。都不管，华堂几朝暮。
但茫茫醉了还醒，梦里居然千古。

因思博望去远，纵苜蓿葡萄，回首非故。
太乙炉开，朱提液冷，好泛明河深处。
问此去，盈盈一水，曾否有，黄姑相逢语。
慢学他，羽化神奇，酌尽天浆无数。

> 清 曹贞吉
> **尉迟杯** 咏朱碧山银槎照蔡松年词填
> 黄流注送扁舟似叶凌云渡虫书犹记当
> 年想见良工心苦何人称杜举都不管华堂几
> 朝暮但茫茫醉了还醒梦里居然千古因思博
> 望去远纵苜蓿葡萄回首非故太乙炉开朱提
> 液冷好泛明河深处问此去盈盈一水曾否有
> 黄姑相逢语慢学他羽化神奇酌尽天浆无数

蜀葵四首 其一（癸巳）

清·易顺鼎

齐桓朝周献戎菽，张骞归汉携苜蓿。
异物多自西南来，应识周文有灵囿。
蜀葵何年入中夏，尧雨舜露深沐浴。
当时曾见人皇无，亲御只车出斜谷。

第三节 苜 蓿

一、苜蓿的引进

外国植物输入中国，从公元前2世纪下半叶就开始了，两种最早来到汉土的异国植物是伊朗的苜蓿和葡萄树（劳费尔，1919）〔注：汉土的苜蓿不是直接从伊朗来，而是来自西域大宛〕。这一历史事件被汉代司马迁《史记》记载。《史记》曰："宛左右以蒲陶为酒，富人藏酒至万余石，久者数十岁不败。俗嗜酒，马嗜苜蓿。汉使取其实来，于是天子始种苜蓿、蒲陶肥饶地。及天马多，外国使来众，则离宫别观旁尽种蒲萄、苜蓿，极望。"在《汉书》中也有相似记载："汉使采蒲陶、目宿种归。天子以天马多，又外国使来众，益种蒲陶、目宿离宫馆旁，极望焉。"

 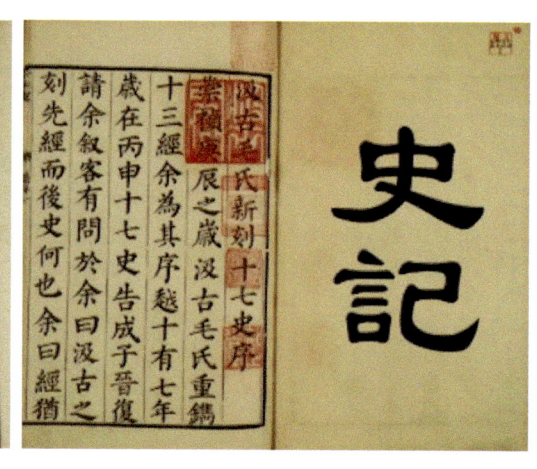

《汉书》　　　　　　　　《史记》

在世界众多植物从一个地区传到另一个地区的历史中，我们可以确信无疑地知道中国苜蓿的历史是最可信、最清楚和最有价值的，这是中国人对世界植物（苜蓿）传播历史的最大贡献，也是最了不起的贡献（劳费尔，1964；布尔努瓦，1997）。

哈萨克在汉为西域地，史汉所记，匈奴在北，西南夷在西，南西域诸国在西，为最辽远。相传哈萨克为古大宛，然《史记》言大宛为城郭之国，则正今之叶尔羌、喀什噶尔及吐鲁番一带回部，非哈萨克也。哈萨克虽亦回教，而实行国与布鲁特同俗。又所称大宛产苜蓿、蒲陶，今哈萨克亦绝无，徒以产马与大宛相似。然西北诸部何处不产马耶？盖汉时大宛、乌孙、康居、奄蔡、月氏、捍罙、于阗诸国统为西域，而大宛部落强盛附庸者多哈萨克，在彼时当是其部中之一国耳，史称大宛东北则乌孙，而吐鲁番之东北即厄鲁特诸部乌孙者。蒙古语谓水也厄鲁特逐水草而居，史所谓随畜与匈奴同俗者也，且今哈萨克在厄鲁特之北，是又不同矣。史称大宛东则捍罙、于阗。捍罙音韵与今之哈密为近，《史记》之捍罙《汉书》作扜弥又或作拘弥。而《史记》所载为最先《汉书》之扜弥或因字画偶误相沿不改。

展转讹谬至云，拘弥则益失之远矣，且于寘，于阗音声迥异，二者之间必有一误。于寘绝无可考，于阗产玉历代相传，今回部之和阗水多，美玉当为于阗故地也。益知大宛非定哈萨克明矣，或又以哈密为古伊，吾引历代开田屯兵，建设州郡为据然焉，知非汉占伊吾之地，屯田设戍而捍罙，乃西迁近于阗而居乎，又安知非中国浸微而捍罙，仍来其故处乎在。昔夷汉言语绝不相通，所传不免悠谬。

居史所谓随畜与匈奴同俗者也且今哈萨克在厄鲁特之北是又不同矣史称大宛东则捍采于阗捍采音韵与汉书作抒弥又或作拘弥而史记所载为最先汉书之抒弥或因字画偶误相沿不改展转讹谬至云拘弥音声迥异二者之间必有一误字实绝无可考于阗产玉历代相传令回部之和阗水多美玉非定哈萨克明矣或又以哈当为古伊吾之地也亦知非兵建设州郡为据然焉知哈汉占伊吾乃历代开田屯捍采乃西迁近于阗而居乎又安知非中国浸微而捍采仍来其故处乎在昔夷汉言语绝不相通所传不免悠谬

——《钦定皇舆西域图志·卷四十四》

焉宛左右，以蒲陶为酒，富人藏酒至万余石，久者数十岁不败。俗嗜酒，马嗜苜蓿。汉使取其实来，于是天子始种苜蓿、蒲陶肥饶地及天马多。外国使来众，则离宫别观旁尽种蒲陶、苜蓿，极望。自大宛以西至安息国，虽颇异言，然大同俗，相知言。其人皆深眼，多须髯，善市贾、争分铢，俗贵女子、女子所言而丈夫乃决正。其地皆无丝漆，不知铸钱器及汉使。亡卒降，教铸作他兵器，得汉黄白金，辄以为器，不用为币，而汉使者往，既多其少从率多进熟于天子（汉书音义曰进熟美语如成熟者）言曰：宛有善马在贰师城，匿不肯与汉使，天子既好宛马闻之甘心。

二、苜蓿在丝绸之路上的传播

敦煌地区简牍文献及考古材料发现的苜蓿物种，对于认识汉代丝绸之路物质文明的交流具有重要意义。

首先，汉代苜蓿是随着丝绸之路的开拓而传入中原的。汉代张骞出使西域，一方面是出于抵御匈奴的需要，劝说大月氏返回故地，与汉共御匈奴。另一方面汉朝重视在政治上"致异物殊俗"，以显示汉天子威力。张骞从西域返回，为汉武帝带来了西域诸国的丰富信息，特别是大宛"多善马，马汗血，其先天马子也"，引起了汉武帝的高度重视。元鼎四年（前113年），汉武帝曾在敦煌得神马。《史记·乐书》记载："又尝得神马渥洼水中，复次以为太一之歌。曲曰：'太一贡兮天马下，沾赤汗兮沫流赭。骋容与兮跇万里，今安匹兮龙为友。'"得知大宛有善马后，汉武帝派使者持千金及金马到大宛请取，未得所愿。太初元年，武帝派李广利出师大宛，西取天马。《史记·乐书》载："后伐大宛得千里马，马名蒲梢，次作以为歌。歌诗曰：'天马来兮从西极，经万里兮归有德。承灵威兮降外国，涉流沙兮四夷服。'"苜蓿的引进正与天马西来有密切关系。汉武帝在"肥沃地"及"离宫别馆旁"种植苜蓿，原本是因天马而起。因此，苜蓿引入汉地是丝绸之路文明交流的产物，也是科技文化交流的标志和象征。

其次，同汉代敦煌地区的苜蓿种植与丝绸之路中西交流密切相关。20世纪以来，汉代西北边塞出土了大量汉代简牍，其中数量较多者，如居延汉简11 000多枚，居延新简8 400多枚，肩水金关汉简10 700多枚，这些汉简内容非常丰富，但是对于苜蓿的记载却颇为少见，似乎居延地区没有苜蓿种植的情况。但是通过敦煌出土汉简来看，至少西汉后期敦煌地区已有数量不少的苜蓿种植，这不能不引起关注。其中最主要的原因应当与敦煌特殊的地理位置有关。敦煌地处丝绸之路咽喉要道，是天马西来的必经之路。天马嗜食苜蓿，敦煌种植苜蓿自然是情理中事。简文记载敦煌一地苜蓿储积就达600石之多,悬泉置收纳大量苜蓿,自然并不仅仅是天马食用,更主要的还是供驿站普通马匹食用。正是丝绸之路驿置体系的建立,才促进了苜蓿在敦煌的广泛种植。

另外,从物种传播的角度来看,汉代对殊方异物的接纳,正是大汉天子气象的反映。一方面汉天子能因感触异物而开疆拓土,使中原正朔加于四裔。另一方面又将四方异物吸纳于中原,并在中原大地饲养种植,从而丰富了汉朝人的生活,无论是在物种分布还是经济发展上,都对后世产生了深远影响。这种多元文化的融汇交流,正是大汉气象的鲜明体现。苜蓿的种植,始于武帝初开西域、引进大宛天马时。朝廷有意在肥沃地及离宫别馆旁种植苜蓿,在当时的政治意义远大于经济意义。随后几十年间,在丝路咽喉敦煌已经有广泛的苜蓿种植与使用,可见丝绸之路上物种传播的迅速。正是这种物种的有效利用及广泛传播,丝绸之路才成了东西方之间的文明交流之路,科技文化交流之路。

《元明事类钞·卷三十四》曰:"苜蓿提领 《元史》苜蓿园,提领三员,掌种苜蓿,以饲马驼膳羊。"

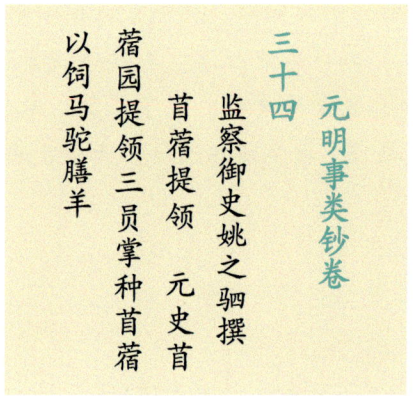

——监察御史·姚之骃撰《元明事类钞·卷三十四》

《清稗类钞》是民国时期徐珂创作的清代掌故遗闻的汇编。

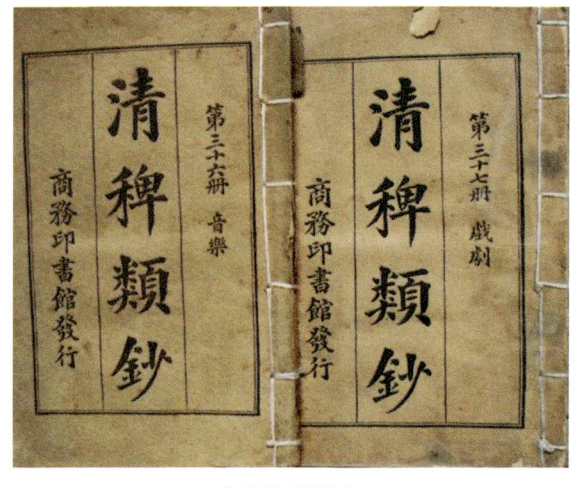

《清稗类钞》

《清稗类钞》曰:"苜蓿为蔬类植物,叶为三小叶所合成,似碗豆而小,茎卧地,南方土人呼曰金花菜,以其花色黄也。产于秦、陇者,花色紫,叶为羽状复叶,茎高尺余。"

苜蓿、玉蜀黍之根独长

草木之根，有长有短，有本性短而不能长者，有本性长而不能短者，惟苜蓿及玉蜀黍、麦两种之根，其长莫比，然农人多不知之。玉蜀黍根长可四五尺，苜蓿根长可三尺许。盖以此二物之根，须得地中之水而生，然地形高，凡水平时滴注土中，此根在地面浅处；如不能得水，则必蔓至有水处取之方止。或土面硗瘠，无肥料，所有肥料藏深土中，则玉蜀黍及苜蓿辄自伸送其根，至肥料处吸之，然后滋生。有此二故，故其根独长，他物则不需此也。

——《清稗类钞》

明李晬光《芝峰类说》曰：苜蓿，草名。大宛马所嗜。张骞采归种之。秋后结实。黑房累累。俗谓木粟米。可作酒饭。又菜名。古诗："盘中何所有，苜蓿长阑干。"此盖俗所谓苜蓿菜也。与草名苜蓿不同。

——《芝峰类说·卷二十终》

北宋王钦臣《王氏谈录》曰：芸，香草也。旧说为不食，今人皆不识。文丞相自秦亭得其种，分遗公。岁种之。公家庭砌下有草如苜蓿，揉之尤香。公曰："此乃牛芸，《尔雅》所谓'权黄华'者，校之尤烈于芸。食与否，皆未可试也。"

——北宋·王钦臣《王氏谈录》

三、咏苜蓿

送刘司直赴安西

唐·王维

绝域阳关道，胡沙与塞尘。
三春时有雁，万里少行人。
苜蓿随天马，蒲萄逐汉臣。
当令外国惧，不敢觅和亲。

咏苜蓿

宋·梅尧臣

苜蓿来西域，蒲萄亦既随。
胡人初未惜，汉使始能持。
宛马当求日，离宫旧种时。
黄花今自发，撩乱牧牛陂。

苜蓿园

明·郑真

青青苜蓿园，浩渺苍云重。
守臣奉上旨，耘植资人功。
奈何秋月交，阳日愁蕴隆。
既失雨露濡，况乃伤螟虫。
骅骝待朝秣，曷奉天驷供。
兹焉惧获戾，中心郁忡忡。
予生忝教席，每愧朝盘空。
俯怀天地间，生意无终穷。
抚事一长叹，萧飒来西风。

食苜蓿

元末明初·王翰

东皋雨过土膏润，采撷登厨露未晞。
生处碧条侪苋藿，糁时白粲垺珠玑。
阑干敢效诗人讽，䫹颔多惭战马肥。
还胜红蓝遍中国，冶容争不济年饥。

——《梁园寓稿·卷九》

饲马

明·彭大翼

《洞冥记》："东方朔云：'臣有吉云草，种于九景山中，二千岁一花。臣种一千九百九十九年矣，明年应生花。臣走往刈之以饲马，马食不饥。'帝（汉武帝）许之。朔平旦而去，至暮而返。背负数束，其叶似麦而金色。锉以饲马，马即肥泽。"

——明·彭大翼《山堂肆考·卷二百二》

连枝　《西京杂记》乐游苑中，自生玫瑰树，树下多苜蓿。一名怀风。茂陵人谓为连枝草。

> 明　彭大翼
> 草
> 连枝
> 西京杂记乐游苑中自生玫瑰树树下多苜蓿一名怀风茂陵人谓为连枝草

——明·彭大翼《山堂肆考·卷二百二》

苜蓿　罽宾国多苜蓿草，苑马所嗜也。张骞奉命使西域，采归或曰：菜名。又《西京杂记》：苜蓿一名怀风，一名光风，风在其间，常萧萧然，日照其花有光彩，故名为光风。茂陵人谓之连枝草。

> 明　彭大翼
> 草
> 苜蓿
> 罽宾国多苜蓿草宛马所嗜也张骞奉使西域采归或曰菜名又西京杂记苜蓿一名怀风一名光风风在其间常萧萧然日照其花有光彩故名光风茂陵人谓之连枝草

——明·彭大翼《山堂肆考·卷二百二》

草场

明·边贡

牧马场边苜蓿香，回龙宫外树苍苍。
当年骏骨今何处，曾被金鞍侍武皇。

种苜蓿

明·欧大任

陆沉自昔汉宫门，削牍闲锄苜蓿园。

一饱岂堪持饲客，秋风天马共衔恩。

诸蔬

种苜蓿 　《元史》至元中颁农桑之制，令各社布种苜蓿，以防饥年。

——清·姚之骃《元明事类钞·卷三十二　蔬谷门》

青肤苔也

长扬水侧生异花，路人欲摘者，皆当先请，不敢扳取。《水经注》。乐游苑自生玫瑰树，树下多苜蓿。苜蓿一名怀风，时人或谓之光风。风在其间，常萧萧然，日照其花有光采，故名苜蓿为怀风，茂陵人谓之连枝草。《西京杂记》。

——明·董斯张《广博物志·卷四十二》

有取苜蓿草而食者感赋

明·张国维

甑无半菽突无烟，苜草何堪佐果然。
谁是开仓追没黯，空教遗种诵张骞。
只因救死宁茹苦，只恐含悲讵下咽。
食寄荒原栖在路，行人那不泪潺湲。

闭瓮菜

明末清初·屈大均

北人重御冬，菜茹多旨蓄。芥美在霜根，下体甲诸蔌。
秋脍用多余，瀹汤杀其酷。芗料糁屡加，茴香与椒目。
实之大小罂，卵盐相渗漉。封口水泥坚，芬馨瓮中复。
一闭天地房，氤氲历凉燠。出之佐齐豉，辛脆宜糜粥。
膏腴餍饫时，爽口凭一掬。薄切蜩翼微，三朝无白醭。
下酒废炙雏，烧雉及䐈臑。浙东糟笋苞，吴阊醢菜菔。
莴苣称秣陵，黄芽说安肃。岂如斯味嘉，嗜之非口腹。
性温夺七菜，宁惟胜榆肉。荼苦既不同，荠甘亦非族。
使君撤俎时，以兹雪公馔。马驮自宝坻，赢瓶苦不速。
故乡风味存，和调自家督。北人喜芳辣，姜桂日餐服。
牲用煎茱萸，濡鱼多实蓼。贵以辟天寒，口体非相逐。
化食通五中，为菹及金伏。岁暮百草萎，市无生菜鬻。
腌者先温菘，藏者及蘡薁。地炕蕴火多，郁养催瓜菽。
冬生物性违，非时嗟彊孰。在芥虽易生，秋收忌霜触。
富家千甗甋，于芥靡赢缩。贫亦拾滞遗，寒争一日暴。
宁如我岭南，腊月嘉蔬足。三蒿与二蓝，纷葩滋五沃。
蒟蒻蔽田塍，菠薐弥水澳。一稞三两钱，畦畦杂穜稑。
叶青连露葵，花黄若时菊。冰雪昧平生，微雨时膏沐。
人家菜脯稀，鲜食乘芳郁。蓣芋如丘山，为饭代粳粟。
豕饲余芜菁，马衔兼苜蓿。芥薹四尺强，芜羹亦碌碌。
茎股九蒸晒，间用吴风俗。野人方灌园，荷锄先僮仆。
三餐厌葱韭，匕箸惭华屋。从君乞此方，今冬作数斛。
南中水土殊，滋味恐未淑。须君岁见贻，银鱼及醽醁。

园圃

灵芝：晋宫阁名有灵芝园、葡萄园。此皆因草木树果以立名也。

仙蕙昆仑山第三层，下有芝田、蕙圃，皆数万顷，群仙种耨焉。《出王子年拾遗记》。

葡萄洛阳宫有琼圃园、灵芝园、石祠园。邺有鸣鹤园、葡萄园。《出晋宫阁名》。

苜蓿，郭仲产《仇池记》曰：城东有苜蓿园。

——佚名《锦绣万花谷后集·卷二十五》

送沈钦叔屯种苜蓿

明·凌云翰

苜蓿能肥马，曾闻汉苑夸。

送迟讥艾子，见远感榴花。

既有躬耕地，宁辞著处家。

圣朝多雨露，不久在天涯。

马草行

明末清初·吴伟业

秣陵铁骑秋风早，厩将围人索刍藁。
当时碛北起蒲梢，今日江南输马草。
府帖传呼点行速，买草先差人打束。
香刍堪秣饱骅骝，不数西凉夸苜蓿。
京营将士导行钱，解户公摊数十千。
长官除头吏干没，自将私价僦车船。
苦差常例须应免，需索停留终不遣。
百里曾行几日程，十家早破中人产。
半路移文称不用，归来符取重装送。
推车挽上秦淮桥，道遇将军紫骝鞯。
辕门刍豆高如山，长衫没髁看奚官。
黄金络颈马肥死，忍令百姓愁饥寒。
回首当年开仆监，龙媒烙字麒麟院。
天闲辔逸起黄沙，游牝三千满行殿。
蒋山南望猎痕烧，放牧秋原见射雕。
宁蕲雕胡供伏枥，不堪极目草萧萧。

苜蓿

清·汤贻汾

吾官亦云冷，苜蓿餐自宜。
肯以牧吾马，马肥吾当饥。
农家不肯食，朽以粪亩洼。
乃知真率味，如人与时违。
兼恐乘槎人，亦未咀得之。

苜蓿赞

清·祁韵士

欲随青草斗芳菲，求牧偏宜野舣肥。
几处嘶风声不断，沙原日暮马群归。

杜诗攟　别集类一（唐）

提要

（臣）等谨案，《杜诗攟》四卷。明唐元竑撰。元竑字远生，乌程人。万历戊子举人。明亡，不食死。论者以"首阳饿夫"比之。是编乃其读杜诗逐首札记，所阅盖千家注本。其中附载刘辰翁评，故多驳正辰翁语。自宋人倡"诗史"之说，而笺杜诗者遂以刘昫、宋祁二书据为稿本，一字一句，务使与纪传相符。夫忠君爱国，君子之心；感事忧时，风人之旨。杜诗所以高于诸家者，固在于是。然集中根本不过数十首耳。咏月而以为比肃宗，咏萤而以为比李辅国，则诗家无景物矣。谓纨袴下服比小人，谓儒冠上服比君子，则诗家无字句矣。元竑所论，虽未必全得杜意，而刊除附会，涵泳性情，颇能会于意言之外。其中如"白鸥没浩荡"句，必抑苏轼而申宋敏求。"宛马总肥秦苜蓿"句，正用汉武帝离宫种苜蓿事，而执误本春苜蓿字，以为不对汉嫖姚。又往往喜言诗谶，尤属不经。然大旨合者为多，胜旧注之穿凿远矣。乾隆四十三年（1778年）六月恭校上。

《杜诗擥》

注：总纂官（臣）纪昀（臣）陆锡熊（臣）孙士毅　总校官（臣）陆费墀。

苜蓿

近现代·张采庵

花开苜蓿送残春，马邑龙城任虏尘。
汉室中兴宜战伐，宋家南渡竟和亲。
深闺有梦将军老，故垒无声燕雀驯。
何日重申平寇令，横戈空觉胆轮囷。

第四节 天 马

一、引进天马

在西汉时期，马匹是战争的神经中枢，也是一个国家军事实力的支柱之一。汉文帝时，汉朝推行"马复令"，一匹战马即可免除三人兵役。景帝时，西汉开始于西北边郡设"牧苑"，"始造苑马以广用。苑马。谓为苑以牧马"。武帝时期，"天子为击胡故，盛养马"。武帝同时健全了马政的管理机构，并设天子六厩，厩马达四十万匹。苜蓿未入中国时，汉朝对于马匹的饲料采用粟、菽、麦等谷豆类作物，但这些精饲料（被称为秣），使得马匹"苦其肥大，气盛怒"。同时，马匹消耗粟麦也侵夺了百姓的食粮，《盐铁论·散不足篇》就说："夫一马伏枥，当中家六口之食"。出于对马匹的重视，汉使出行西域时便对当地的马匹与食料颇为留心，这是苜蓿作为大宛马的附属而被配套引种到汉地的直接原因。

《史记》《汉书》都记载汉代苜蓿引自大宛，而且与天马西来有关。

《史记·大宛列传》载："宛左右以蒲陶为酒，富人藏酒至万余石，久者数十岁不败。俗嗜酒，马嗜苜蓿。汉使取其实来，于是天子始种苜蓿、蒲陶肥饶地。及天马多，外国使来众，则离宫别观旁尽种蒲陶、苜蓿极望。"

从上述记载可以看出，汉代苜蓿的引入当为西汉武帝时期。苜蓿的引入与张骞通西域及天马西来有关。张骞到西域了解到大宛"马嗜苜蓿"，于是汉使取苜蓿籽实来，天子开始命令在"肥饶地"种植，可见朝廷对苜蓿引入的重视。后来西域使者大量来到，汉朝便在"离宫别观旁"种植苜蓿等物。所谓"极望"，意同弥望，指一眼望不到边，说明长安种植苜蓿数量之多，面积之大。自然，朝廷这样做的主要目的还是为了炫耀大汉威德。

由于大宛的信息最早是张骞提供，所谓"大宛之迹，见自张骞"，所以后人或认为苜蓿为张骞引入。如西晋张华《博物志》记载："张骞使西域，还得大蒜、安石榴、胡桃、苜蓿、胡荽。"而南朝梁任昉《述异记》说："苜蓿本胡中菜也，张骞始于西戎得之。"这些记载时代相对较晚，从《史记》记载"汉使取其实来"看，似不能确指引入苜蓿者为张骞本人。

《汉书·西域传》载："于是天子遣贰师将军李广利将兵前后十余万人伐宛，连四年。宛人斩其王毋寡首，献马三千匹，汉军乃还……又发使十余辈，抵宛西诸国求奇物，因风谕以伐宛之威。宛王蝉封与汉约，岁献天马二匹。汉使采蒲陶、目宿种归。天子以天马多，又外国使来众，益种蒲陶、目宿离宫馆旁，极望焉。"

该记载将"汉使采苜蓿种归"与大宛献天马的事件相联系，"宛王蝉封与汉约，岁献天马二匹"是汉使采苜蓿而归的主要原因。李广利伐大宛始于太初元年（前104年），直到太初四年（前101年）作战取胜，"汉军取其善马数十匹，中马以下牡牝三千余匹"。自然有种植苜蓿的需求。"后岁余"，大宛与汉约定岁献天马二匹，则应是天汉年间事。如是，"汉使采蒲陶、苜蓿种归"的时间当为汉武帝太初末、天汉初年间事务。

因为《汉书》的记载，在古代就有人认为苜蓿是李广利引入，如明张岱在《夜航船》中说："李广利始移植大宛国苜蓿葡萄。"但《汉书》的记载是"汉使采蒲陶、目宿种归"，也不一定确指为李广利。

苜蓿引种中国，对于中国马匹的改良与牧草的丰富无疑具有重要历史意义，但我们仍然不能忽视苜蓿初入中国时具备的独特文化象征含义。对于大宛良马入汉，芮传明（1998）认为："是因为帝王有德，才获得了宝马；它们的来归，表明大汉威名遍布天下，象征远方四夷对大汉的臣服。"与宛马一同入汉的苜蓿，二者都是汉朝"威德遍于四海"的标志性符号。

【汗血马天马小考】

汗血马，又名汗血宝马、大宛马、天马，是中国汉朝时，西域大宛出产的一种良驹，山地马种，抗疲劳，蹄坚硬，传说甚至可以"日行千里"。

"汗血马"是闻名古今中外，而又颇为神奇的一个名称。"汗血马"这一名称，始见于西汉武帝时代，太史司马迁所著的《史记·大宛列传》中。之后，在东汉班固所著《汉书》中，又延续司马迁的"汗血马"的称法，进行了描述。

《史记》中有几段是这样记述大宛汗血马的：

"大宛在匈奴西南，在汉正西，去汉可万里。其俗土著，耕田，田稻麦。有蒲陶酒。多善马，马汗血，其先天马子也。"

初，天子发书易，云"神马当从西北来"。得乌孙马好，名曰"天马"。及得大宛汗血马，益壮，更名乌孙马曰"西极"，名大宛马曰"天马"云。

"宛左右以蒲陶为酒，富人藏酒至万余石，久者数十岁不败。俗嗜酒，马嗜苜蓿。汉使取其实来，于是天子始种苜蓿、蒲陶肥饶地。及天马多，外国使来众，则离宫别观旁尽种蒲陶、苜蓿极望。"

而汉使者往既多，其少从率多进熟于天子，言曰："宛有善马在贰师城，匿不肯与汉使。"天子既好宛马，闻之甘心，使壮士车令等持千金及金马以请宛王贰师城善马。

……拜李广利为贰师将军，发属国六千骑，及郡国恶少年数万人，以往伐宛。期至贰师城取善马，故号"贰师将军"。

……军吏皆以为然，许宛之约。宛乃出其善马，令汉自择之，而多出食食给汉军。汉军取其善马数十匹。中马以下牡牝三千余匹，而立宛贵人之故待遇汉使善者名昧蔡以为宛王，与盟而罢兵。终不得入中城。乃罢而引归"。

东汉班固《汉书》也有"汗血马"的记述：

"宛别邑七十余城，多善马。马汗血，言其先天马子也。

……又发使十余辈，抵宛西诸国求奇物，因风谕以伐宛之威。宛王蝉封与汉约，岁献天马二匹。汉使采蒲陶、目宿种归。天子以天马多，又外国使来众，益种蒲陶、目宿离宫馆旁，极望焉。"

以上所引，即《史记》《汉书》中有关汗血马或天马的描述。以后各朝代有关汗血马或天马的引述及称谓，皆出于此，并于诗赋中常用"汗血马或天马"一词，而正史则常用"大宛马"来叙述。

我国现存史籍最早涉及"汗血马"问题者当属《史记·大宛列传》，其中提到：张骞第一次出使西域归来后向汉武帝报告说，大宛"多善马，马汗血，其先天马子也"。虽然此处并无完整的"汗血马"名称，但它对"汗血马"名称的出现仍有决定性影响。使我们第一次听说西域有这样的一种良马，后来这种马被命名为宛马、宛马、贰师马、天马、汗血马、汗血宝马等等，从此2 000多年的诗词歌赋都在不停地歌颂这一神奇而伟大的马种，在我国形成了一种独特的汗血马文化。

马食苜蓿

紫骝马

南朝 陈·徐陵

玉镫绣缠鬃,金鞍锦覆幪。
风惊尘未起,草浅埒犹空。
角弓连两兔,珠弹落双鸿。
日斜驰逐罢,联翩还上东。

紫骝马

南朝 陈·张正见

将军入大宛,善马出从戎。
影绝干河上,声流水窟中。
似鹿犹依草,如龙欲向空。
须还十万里,试为一追风。

天马引

隋·傅縡

骢色表连钱,出冀复来燕。
取用偏开地,为歌乃号天。
权奇意欲远,蹩躠势难前。
本珍白玉镫,因饰黄金鞭。
愿酬刍秣宠,千里得千年。

大宛二马
元·郝经

二马飘飘万里来，玉花萧飒上金台。
风生两耳云霄近，电掣双瞳日月开。
渥水虎文连朔气，大宛龙种绝氛埃。
将军正欲成勋业，看汝骁腾展骥才。

二、天马赋

天马歌
汉·武帝

太一贡兮天马下，沾赤汗兮沫流赭。
骋容与兮迣万里，今安匹兮龙为友。

蒲梢天马歌
汉·武帝

天马徕兮从西极，经万里兮归有德。
承灵威兮障外国，涉流沙兮四夷服。

天马歌

汉·乐府

太乙贶，天马下，霑赤汗，沫流赭。
志俶傥，精权奇，筴浮云，晻上驰。
体容与，迣万里，今安匹，龙为友。

北山经图赞（其二十三　天马）

东晋·郭璞

龙冯云游，腾蛇假雾。
未若天马，自然凌翥。

后园看骑马

南朝 梁·元帝

良马出兰池，连翩驱桂枝。
鸣珂随蹀驶，轻尘逐影移。
香来知骤近，汗敛觉风吹。
遥望黄金络，悬识幽并儿。

紫骝马

南朝 陈·陈暄

天马汗如红，鸣鞭度九嵏。
歌伤城下冻，嘶依北地风。
笳寒芳树歇，笛怨柳枝空。
横行意未已，羞住毂车中。
有理悬运，天机潜御。

天　马

《汉书·武帝纪》曰："元鼎四年秋，马生渥洼水中，作《天马之歌》。""太初四年春，贰师将军李广利斩大宛王首，获汗血马来，作《西极天马之歌》。"《礼乐志》曰：《天马歌》，"元狩三年，马生渥洼水中作。"李斐曰："南阳新野有暴利长，武帝时遭刑，屯田敦煌界，数于渥洼水旁见群野马，中有奇者，与凡马异，来饮此水。利长先作土人，持勒靽于水旁，后马玩习久之，代土人持勒靽，收得其马，献之，欲神异之，云从水中出也。"《西域传》曰："大宛国多善马，马，汗血，言其先天马子也。"应劭云："大宛有天马种，蹋蹄石，汗血。蹋石者，谓蹋石而有迹，言其蹄坚利。汗血者，谓汗从前肩髆出，如血。号一日千里也。"《张骞传》曰："汉武帝初发书《易》曰：'神马当从西北来。'得乌孙马好，名曰天马。及得宛马，汗血，益壮。更名乌孙马曰西极马，宛马曰天马云。"按《史记·乐书》称"武帝伐大宛，得千里马，名蒲梢。作歌曰：'天马来兮从西极，经万里兮归有德。承灵威兮降外国，涉流沙兮四夷服。'"与此不同。

太一况，天马下，沾赤汗，沫流赭。
志俶傥，精权奇。籋浮云，晻上驰。
体容与，迣万里。今安匹，龙为友。

天马徕，从四极。涉流沙，九夷服。
天马徕，出泉水。虎脊两，化若鬼。
天马徕，历无草。径千里，循东道。

天马徕，执徐时。将摇举，谁与期。
天马徕，开远门。竦予身，逝昆仑。
天马徕，龙之媒。游阊阖，观玉台。

——北宋·郭茂倩《乐府诗集·卷一　郊庙歌辞一》

天马歌

唐·李白

天马来出月氏窟,背为虎文龙翼骨。
嘶青云,振绿发,兰筋权奇走灭没。
腾昆仑,历西极,四足无一蹶。
鸡鸣刷燕晡秣越,神行电迈蹑慌惚。
天马呼,飞龙趋,目明长庚臆双凫。
尾如流星首渴乌,口喷红光汗沟朱。
曾陪时龙蹑天衢,羁金络月照皇都。
逸气棱棱凌九区,白璧如山谁敢沽。
回头笑紫燕,但觉尔辈愚。
天马奔,恋君轩,駸跃惊矫浮云翻。
万里足踯躅,遥瞻阊阖门。
不逢寒风子,谁采逸景孙。
白云在青天,丘陵远崔嵬。
盐车上峻坂,倒行逆施畏日晚。
伯乐翦拂中道遗,少尽其力老弃之。
愿逢田子方,恻然为我悲。
虽有玉山禾,不能疗苦饥。
严霜五月凋桂枝,伏枥衔冤摧两眉。
请君赎献穆天子,犹堪弄影舞瑶池。

紫骝马

唐·李白

紫骝行且嘶,双翻碧玉蹄。
临流不肯渡,似惜锦障泥。
白雪关山远,黄云海树迷。
挥鞭万里去,安得念春闺。

骢马行

唐·杜甫

邓公马癖人共知,初得花骢大宛种。
夙昔传闻思一见,牵来左右神皆竦。
雄姿逸态何崷崪,顾影骄嘶自矜宠。
隅目青荧夹镜悬,肉鬃碨礧连钱动。
朝来少试华轩下,未觉千金满高价。
赤汗微生白雪毛,银鞍却覆香罗帕。
卿家旧物公能取,天厩真龙此其亚。
昼洗须腾泾渭深,夕趋可刷幽并夜。
吾闻良骥老始成,此马数年人更惊。
岂有四蹄疾于鸟,不与八骏俱先鸣。
时俗造次那得致,云雾晦冥方降精。
近闻下诏喧都邑,肯使骐骥地上行。

天马词二首

唐·张仲素

天马初从渥水来,郊歌曾唱得龙媒。
不知玉塞沙中路,苜蓿残花几处开。

蹀躞宛驹齿未齐,掆金喷玉向风嘶。
来时行尽金河道,猎猎轻风在碧蹄。

天马辞

张震注

天马初从渥水来,歌曾唱得濯龙媒。
不知玉塞沙中路,苜蓿花残几处开。

张震注:前武帝纪:元狩三年,得神马于渥洼水中。注:渥洼在炖煌郡。是岁上方造乐府,造为诗赋弦次,以合八音之调。及得神马,次以为歌。龙媒:前礼乐志:龙媒,骏马也。濯龙媒亦必天马歌之一也。又:濯龙媒。集览:濯龙门上注:[濯龙,殿名]苜蓿:见前注。此诗意谓穷兵黩武,以开外国而求天马,至今玉塞之路尚庄,而苜蓿常开,更无人取马矣。谓之残花者,以为张骞昔求其种,归种为中国,今其开者,皆其余者也。

蹀躞宛驹齿未齐,枞金喷玉向风嘶。
来时行尽金河道,猎猎轻风在碧蹄。

张震注:蹀躞:《说文》行儿。宛驹,大北国出善马。此言宛国马驹也。马二岁曰驹,齿未齐,长未齐也。枞金未详。喷玉周穆王传:穆天子东游黄泽,谣曰:黄之驼,其马歕沙,黄之泽,其马歕玉。金河、汉云中郡,隋改金河郡。

> 张仲素字绘之
>
> **天马辞**
>
> 天马初从渥水来 歌曾唱得
> 濯龙媒不知玉塞沙中路苜蓿花
> 残几处开前武帝纪元狩三年得神马
> 于渥洼水中注渥洼在炖煌郡是岁上方
> 造乐府造为诗赋弦次以合八音之调及
> 得神马次以为歌龙媒前礼乐志龙媒骏
> 马也濯龙媒亦必天马歌之一也又濯龙
> 媒集览濯龙门上注濯龙殿名首蓿见前
> 注此诗意谓穷兵黩武以开外国而求天
> 马至今玉塞之路尚庄而首蓿常开更无
> 人取马矣谓之残花者以为张骞昔求其
> 种归种为中国今其开者皆其余者也蹀
> 躞宛驹齿未齐枞金喷玉向风嘶
> 来时行尽金河道猎猎轻风在碧
> 蹄蹀躞说文行儿宛驹大北国出善马此
> 言宛国枞金未详喷玉周穆王传穆天子东
> 游黄泽谣曰驹齿未齐长未
> 齐也枞金未详喷玉周穆王传穆天子东
> 游黄泽谣曰驹齿未齐沙黄之泽其
> 马歇玉金河汉云中郡隋改金河郡
>
> 张震注

西戎献马

唐·周存

天马从东道，皇威被远戎。
来参八骏列，不假贰师功。
影别流沙路，嘶流上苑风。
望云时蹀足，向月每争雄。
禀异才难状，标奇志岂同。
驱驰如见许，千里一朝通。

> 唐 周存
>
> **西戎献马**
>
> 天马从东道皇威被远戎来
> 参八骏列不假贰师功影别流沙
> 路嘶流上苑风望云时蹀足向月
> 每争雄禀异才难状标奇志岂同
> 驱驰如见许千里一朝通

舞马千秋万岁乐府词

唐·张说

金天诞圣千秋节，玉醴还分万寿觞。
试听紫骝歌乐府，何如騄骥舞华冈。
连骞势出鱼龙变，蹀躞骄生鸟兽行。
岁岁相传指树日，翩翩来伴庆云翔。

其二

圣皇至德与天齐，天马来仪自海西。
腕足徐行拜两膝，繁骄不进踏千蹄。
髤鬏奋鬣时蹲踏，鼓怒骧身忽上跻。
更有衔杯终宴曲，垂头掉尾醉如泥。

其三

远听明君爱逸才，玉鞭金翅引龙媒。
不因兹白人间有，定是飞黄天上来。
影弄日华相照耀，喷含云色且徘徊。
莫言阙下桃花舞，别有河中兰叶开。

舞马词

唐·张说

万玉朝宗凤扆，千金率领龙媒。
盼鼓凝骄蹀躞，听歌弄影徘徊。

其二

天鹿遥征卫叔，日龙上借羲和。
将共两骖争舞，来随八骏齐歌。

其三

彩旄八佾成行，时龙五色因方。
屈膝衔杯赴节，倾心献寿无疆。

舞马词

唐 张说

万玉朝宗凤宸千金率领龙媒
盼鼓凝骄蹀躞听歌弄影徘徊

其二

天鹿遥征卫叔日龙上借羲和
将共两骖争舞来随八骏齐歌

其三

彩旄八佾成行时龙五色因方
屈膝衔杯赴节倾心献寿无疆

汗血马赋（以绝足方骋流汗如珠为韵）

唐·王损之

异彼天马，生于远方，每流汗以津润，如成血以荧煌。所以名重騄骥，价高骕骦，骨腾肉飞，既挥红而沛艾；麟超龙骞，亦流汗以徜徉。当其武皇耀兵，贰师服猛，破大宛之殊俗，获斯马于绝境。由是辞远塞以俱来，望汉庭于遐骋。初疑霡霂，染瀚海之霜华。终讶淋漓，变榆关之霞影。及乎献阙之始，就驾之初。饰金羁而势如蹑影，排玉勒而态若凌虚。伯乐乍观，讶沾襟而沃若。王良载驭，惊溅袖以斑如。观其步骤如流。驱驰若灭。恣馀力而耸跃，控中衢而复绝。长鸣向日，蹀躞而色若渥丹。骧首临风，奋迅而光如振血。疾徐中节，羁剌如濡。流膺臆以飞赭，洒缨鬛以凝珠。雄姿泛彼，逸态濡于。映白驹之侪，皆疑失素。齐紫燕之匹，不可夺朱。卓彼奇姿，实为殊观。初溢腹而沾洒，终尽足而涣汗。此朱翼而表异，难并骏良。彼赤鬛以称奇，翻同款段。超腾莫及，迅疾难俦。遽赫如以浃洽，乍焕若以飞浮。倘遂越都。其追风而更疾。如同过隙，似奔电以潜流。且其戢联翩，异蜷局。材逾良骏。名失逸足。倘不弃于血诚，将八銮而齐躅。

获大宛马赋（以开远戎得天马为韵）

唐·胡直钧

昔孝武寤善马，驾英才。穷贰师于海外，获汗血之龙媒。于是宛卒大北，神驹尽来。驵骏奇状，超摅逸材。走追风于马邑。嘶逐日于云堆。因行师之勋着，辨前王之业开。当夫海西出征，挈敌要远。始迟疑而不进，承再命之爱晚。奉皇风之用宣，冀边草之齐偃。既量功就，已料生返。越穷海之沙尘，及大宛之城苑。既高勋以茂阀，且不愧于分阃。刍粮尽取，騄骥亦空。材为地产之最，精降天山之中。背不毛之殊俗，从入律之东风。沛艾骨异，低昂气雄。溢镜光于金勒，流雪彩于花骢。悉可耀威华夏，夺魄獯戎。若乃发迹穷荒，来仪中国。史惊千载之异，朝庆一人之得。君子之德式孚，天王之道允塞。腾骧永垿。曾何比于权奇。灭没长衢，独有赖于筋力。然则马惟行地，君实统天。黩兵者耗财之本，爱财者有国之先。徒知天驷之可获，莫痛征夫之寡全。时泰俗饶，固理道之所急。珍禽奇兽，在人君之可捐。穆王之荒何取，文帝之事足传。竟洽大东之咏，奚为天马之篇。况骥之生分有矣，屈之产也在焉。复何必勤求于远卒,当耗斁之事边。向使武帝退术士,宝贤者。罢征战于戎夷,浃风俗于纯嘏。自将致丹质之凤鸟,岂徒来汗血之龙马。故前代论边之徒,以劳师远伐屈众策之下。

天马赋

宋·米芾

方唐牧之至盛,有天骨之超俊,勒四十万之数,而随方以分色焉,此马居其中以为镇。目星角而电发,蹄踠踏以风迅。髻龙颐以孤起,耳凤耸而双峻。翠华建而出步。阊阖下而轻喷。低鸳群而不嘶,横秋风以独韵。若夫,跃溪舒急。冒絮征叛。直突则建德项繁,横驰则世充领断。皆绝材以比德,敢伺蹶而致吝。岂肯浪逐首蓿之坡,盖当下视八方之骏。高标雄跨而狮子攘狞,逸气下衰而照夜矜稳。于是,风靡格颊,色妙才駓,入仗不动,终日如坯。乃得王为衔饰,绣作鞍僵,枣秾粟黍,肉胀筋埋,其报德也。盖不如,偷卢噬盗,策塞胜柴。铸黄蜗而吐水,画白泽以除灾。但觉驼垂就节,鼠伏防猜。怒虽甚厉,驯号斯谐。誓俯首以毕世,未伏枥以兴怀。嗟乎!所谓英风顿尽,冗仗高排。若不市骏骨致龙媒如此马者,一旦天子,巡朔方,升乔岳,扫四塞之尘,校岐阳之猎,则飞黄騕褭,蹑云追电,何所从而遽来?

米芾(1051—1107年),初名黻,后改芾,字元章,自署姓名米或为芊,祖居太原,后迁湖北襄阳,这居润州(现江苏镇江),时人号海岳外史,又号鬻熊后人、火正后人。北宋书法家、画家、书画理论家,与蔡襄、苏轼、黄庭坚合称"宋四家"。曾任校书郎、书画博士、礼部员外郎。米芾传世《天马赋》被康熙誉为前无古人。

宋·米芾《天马赋》

天马歌

宋·宋无

天马天上龙，驹生天汉间。
两目夹明月，蹄削昆仑山。
元气饮沆瀣，跃步超人寰。
天上玉帝老不骑，饥食虎豹晓出关。
灭没流彗姿，欻忽紫电颜。
黄道三十六万里，日驰周天去复还。
时乎降精渥洼中，龙性变化终难攀。
　　天马来，瑞何朝。
　　化为龙，应童谣。
驺虞仁兽耻在坰，龙亦绝迹归赤霄。
风沙岂无大宛种，虽有八极安能超。
　　天马来，云雾开。
天厩骒衺鸣龙媒，龙媒不鸣鸣驽骀。

天马歌

宋·宋无

天马天上龙驹生天汉间两目夹明月蹄削昆仑山元气饮沆瀣跃步超人寰天上玉帝老不骑饥食虎豹晓出关灭没流彗姿欻忽紫电颜黄道三十六万里日驰周天去复还时乎降精渥洼中龙性变化终难攀天马来瑞何朝化为龙应童谣驹虞仁兽耻在垧龙亦绝迹归赤霄风沙岂无大宛种虽有八极安能超天马来云雾开天厩騕褭鸣龙媒龙媒不鸣鸣鸳驺

韩干马十四匹

宋·苏轼

二马并驱攒八蹄，二马宛颈鬃尾齐。
一马任前双举后，一马却避长鸣嘶。
老髯奚官骑且顾，前身作马通马语。
后有八匹饮且行，微流赴吻若有声。
前者既济出林鹤，后者欲涉鹤俯啄。
最后一匹马中龙，不嘶不动尾摇风。
韩生画马真是马，苏子作诗如见画。
世无伯乐亦无韩，此诗此画谁当看。

宋·米芾《天马赋》

天马歌

宋·宋无

天马天上龙，驹生天汉间。
两目夹明月，蹄削昆仑山。
元气饮沆瀣，跃步超人寰。
天上玉帝老不骑，饥食虎豹晓出关。
灭没流彗姿，欻忽紫电颜。
黄道三十六万里，日驰周天去复还。
时乎降精渥洼中，龙性变化终难攀。
天马来，瑞何朝。
化为龙，应童谣。
驺虞仁兽耻在坰，龙亦绝迹归赤霄。
风沙岂无大宛种，虽有八极安能超。
天马来，云雾开。
天厩骐骥鸣龙媒，龙媒不鸣鸣驽骀。

宋　宋无

天马歌

天马天上龙驹生天汉间两目夹明
月蹄削昆仑山元气饮沆瀣跃步超人寰
天上玉帝老不骑饥食虎豹晓出关灭没
流彗姿欻忽紫电颜黄道三十六万里日
驰周天去复还时乎降精渥洼中龙性变
化终难攀天瑞何朝化为龙应童谣
虞仁兽耻在垧龙亦绝迹归赤霄风云
岂无大宛种虽有八极安能超天马来
雾开天厩骎袅鸣龙媒龙媒不鸣鸣骅骝

韩干马十四匹

宋·苏轼

二马并驱攒八蹄，二马宛颈鬃尾齐。
一马任前双举后，一马却避长鸣嘶。
老髯奚官骑且顾，前身作马通马语。
后有八匹饮且行，微流赴吻若有声。
前者既济出林鹤，后者欲涉鹤俯啄。
最后一匹马中龙，不嘶不动尾摇风。
韩生画马真是马，苏子作诗如见画。
世无伯乐亦无韩，此诗此画谁当看。

宋　苏轼　**韩干马十四匹**

二马并驱攒八蹄二马宛颈鬃尾齐
一马任前双举后一马却避长鸣嘶老髯
奚官骑且顾前身作马通马语后有八匹
饮且行微流赴吻若有声前者既济出林
鹤后者欲涉鹤俯啄最后一匹马中龙不
嘶不动尾摇风韩生画马真是马苏子作
诗如见画世无伯乐亦无韩此诗此画谁
当看

天马赋

元·欧阳玄

翳房星之委精,钟天马之权奇。澡神质,于渥洼,砥劲气,于月氏。贞非坤牝,健本乾为。上分扶舆之秀,下孕蜿蟺之祭。风云资其格力,雨露泽其光仪。膺广凤臆,鬣秀龙髻首。昂渴乌之势,影捷杜矢之驰于。是陋驹骏之产,迈麒麟之姿。骖六飞于广漠,舞九奏,于希夷。若乃朝刷昆仑,夕秣玄圃,驾缑笙之子晋,道霞筋,于王母。风冉冉,兮斯征,灵缤缤兮来宁。览熙世之德辉,属万物之欣睹。愿陪禁卫,自献西土。乃命移中,戒造父,释云幕,于金鞍,映孚尹,于琼户,出则锵和鸾。骖舆组,媚日驭之光华,展天衢之步武。然其气质,不可求之骊黄之余,其刍秣,不可畀之皂枥之伍。峙玉山之殖,未足供其龁;委金台之赀,未足议其估。是知天马固难得而不易畜也。所以,罕见于盛时,仅闻于前古。时则有仿邹枚,请赓乐府。而客或难之曰:时方歌鹿鸣之章,子乃为天马之赋,得无驰驾鼓车者,宁不与此而迥殊也哉?嗟夫宝不自贵以人而贵,物不自异以人而异。方神驹绚彩于水涯。固期驽劣之同滞,至其裂砮矢而庭实,竟乃自齿于天骊。信物美而无所遗兮,亦奇才之能自致。负盐车而上太行者,慨未遇夫伯乐。伏皂枥,而志千里者,又何惭乎老骥。振长鬣而一嘶兮,冀识余之所意。瑾埃风而上征兮,愿借翠云、以为鞍。随飞龙而上下兮,羌先路其焉避。彼岂乘虚而腾踏兮,追云逐电之可冀也。庶几求之玄黄之外兮,则亦骏骨之可市也。

——元·欧阳玄《圭斋文集·卷一》

天马

元·郭翼

四年远涉流沙道,筋骨权奇旧肉鬉。
晓秣龙堆寒蹙雪,晚经月窟怒追风。
汉文千里知曾却,曹霸丹青貌不同。
拂拭金鞍被来好,幸陪天厩玉花骢。

贰师城

明·彭大翼

贰师城在大宛国,其地多善马,汉武帝欲于此地取马,故号李广利为贰师将军。

——《山堂肆考·卷二十九》

天马来

明·祝允明

天马万里来,天闲口开天马入。
群马辟立视天马,长安亦有苜蓿食。
饱天子,德天马,天马在宛野。

> 明　祝允明
> **天马来**
> 天马万里来天闲□开天
> 马入群马辟立视天马长安亦
> 有苜蓿食饱天子德天马天马
> 在宛野

——《怀星堂集·卷三》

天马歌

明·李义壮

先皇法古轻时巡，属车九九磨重轮。
长驱八骏日不息，坐令四海无纤尘。
先皇去后几千载，内厩名驹果安在。
人间牢落仅见此，雾鬣霜蹄如有待。
平原苜蓿黄埃深，胡笳一曲胡儿心。
明月照南不照北，北风猎猎天河阴。
忆昔饮尔长城窟，图画相逢犹仿佛。
孙阳老矣王良哀，市上何人收骏骨。
尔来千里将何之，驽骖羸服同驱驰。
顿令终夜伏枥志，时时梦绕天山飞。
四十余年汗行血，零乱霜花冷如铁。
四家将士锦联镳，空言踏破祁连雪。
流沙寂寞青海云，钟鼓城头日易曛。
都人共指镇国府，至今犹自思将军。
塞徼春回尘不动，元戎一出丘山重。
房星耿耿十二闲，圉师不数王毛仲。

感事

清·屠寄

天马自西极，连翩东南驰。
曾食汉苜蓿，不屑黄金羁。
高高禹同山，下有昆明池。
舳舻红云日，波涛扬旌旗。

请缨抑何壮,据鞍亦未衰。
忠贞谁能嗣,亮节良易亏。
繁华上官日,嗫嚅对簿时。

天马山歌

清·叶方蔼

君不见,
天上房星堕地化为石,山头隐露蛟龙脊。
摇烟踏雾空中横,万马惊视俱辟易。
疑是流沙西来东渡海,千里腾骧暂一息。
渴不饮天池水,饥不仰圉官食。
年年僵卧苍苔满,蚀尽连钱好颜色。
问汝何为不跃还,不鸣空有神骏人。
宁甘将身膏原野,耻向庸奴受箠策。
知音欲觅自古少,九方已逝难复得。
吾闻天闲十二阑,春风苜蓿花开残。
侏儒饱死朔饥死,凄凉遗恨同悲叹。
黄金日日买马骨,吁嗟兹马无人看。

马五

原诗汉武帝伐大宛得千里马,名《蒲梢作歌》曰:天马徕兮从西极,经万里兮归有德。承灵威兮降外国,涉流沙兮四夷服。

汉《天马歌》曰:太乙贶,天马下,沾赤汗,沫流赭。志俶傥,精权奇,筴(音蹴)浮云,晻上驰。体容与,迣(迣与厉同超越也)万里,今安匹,龙为友。又曰:天马来,从西极,涉流沙,九夷服。天马来,历无皋,径千里,循东道。天马来,开远门,竦予身,逝昆仑。天马来,龙之媒,游阊阖,观玉台。

古歌诗曰:平陵东,松柏桐,不知何人劫义公。劫义公,在高堂下,交钱百万两走马。

晋刘恢诗曰:东皋有一骏,名曰千里驹。骆首缠鬃尾。养以甘露刍。

梁简文帝《西斋行马》诗曰:晨风白金络,桃花紫玉珂。影斜鞭照曜,尘起足蹉跎。任侠称六辅,轻薄出三河。风吹凤皇袖,日映织成靴。远江舻舳少,遥山烟雾多。云开玛瑙叶,水静琉璃波。广路拂青柳,回塘绕碧莎。不效孙吴术,宁须赵李过。

又《紫骝马》诗曰:贱妾朝下机,正值良人归。青丝悬玉镫,朱汗染香衣。骤急珂弥响,跳多尘乱飞。雕胡幸可荐,故心君莫违。

又《系马》诗曰:青骊流赭汗,绿地悬花蹄。未垂青鞘尾,犹挂紫障泥。蹀足绊中愤,摇头栃上嘶。紫关如未息,直云取榆豁。

又《登山马》诗曰:登山马,间树识金装。草合宜鞯短,影转见鞭长。何殊八公岫,暂上淮南王。

又《和人爱妾换马》诗曰:功名幸多种,何事苦生离。

——清·张英、王士禛、王掞《御定渊鉴类函·卷四百三十四兽部六(马驳)》

三、咏马与苜蓿

秦汉以来,唐马最盛。唐马的兴盛与苜蓿的兴盛发展分不开,唐太宗时,陇右国营牧场养马达70万匹之多,完全是陇右大力发展苜蓿的结果。在唐诗中也出现了许多咏及苜蓿与马的诗词。正是有了唐朝苜蓿诗词文化的兴盛发展,为我国苜蓿的优秀传统文化,乃至草业文化注入绚丽多姿的色彩。

紫骝马

梁·李爕

紫燕忽踟蹰,红尘起路隅。
园人移苜蓿,骑士逐蘼芜。
三边追黠虏,一鼓定强胡。
安用珂为玉,自有汗成珠。

送刘司直赴安西

唐·王维

绝域阳关道,胡沙与塞尘。
三春时有雁,万里少行人。
苜蓿随天马,葡萄逐汉臣。
当令外国惧,不敢觅和亲。

——王维《送刘司直赴安西》

赠田九判官（梁丘）

唐·杜甫

崆峒使节上青霄，河陇降王款圣朝。

宛马总肥春苜蓿，将军只数汉嫖姚。

陈留阮瑀谁争长，京兆田郎早见招。

麾下赖君才并入，独能无意向渔樵。

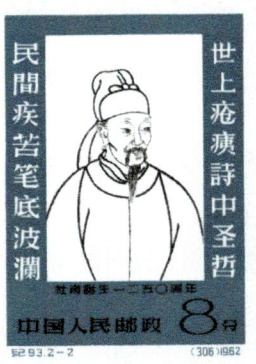

——杜甫《赠田九判官》

观题是公与人泛舟或谓指所见或谓讥明皇皆非赠田九判官梁丘

崆峒使节上青霄，河陇降王款圣朝。

宛马总肥春（一作秦）苜蓿，将军只（一作不）数汉（一作霍）嫖姚。

陈留阮瑀谁争长，京兆田郎早见招。

麾下赖君才并美（一作入），独能无意向渔樵。

此诗三四句，或谓天宝沿边置十节度使，各镇兵四十九万，马八万余匹。然盛名无逾哥舒翰。天宝十三载春，安禄山求兼领闲厩群牧，又求总监，密遣亲信选健马数千匹。时李、郭名位尚卑，王忠嗣以谏废，与禄山颉颃，哥舒而已。曰总肥，曰只数，因赠梁丘隐语托讽，使翰思所以制禄山也。愚按：《新唐书·百官志》：驾部郎中、员外郎各一人，掌舆辇、车乘、传驿厩牧、马牛杂畜之事。凡驿马，给地四顷，莳以苜蓿。降王款朝，驿传骚然。宛马总肥春苜蓿不过指此。此句与第二句应，下句与第一句应。

属和因命追作

唐·刘禹锡

草玄门户少尘埃，丞相并州寄马来。
初自塞垣衔苜蓿，忽行幽径破莓苔。
寻花缓辔威迟去，带酒垂鞭踯躅回。
不与王侯与词客，知轻富贵重清才。

——刘禹锡《属和因命追作》

杂感

唐·鲍防

汉家海内承平久，万国戎王皆稽首。
天马常衔苜蓿花，胡人岁献葡萄酒。
五月荔枝初破颜，朝离象郡夕函关。
雁飞不到桂阳岭，马走先过林邑山。
甘泉御果垂仙阁，日暮无人香自落。
远物皆重近皆轻，鸡虽有德不如鹤。

北庭西郊候封大夫受降回军献上

唐·岑参

胡地苜蓿美，轮台征马肥。
大夫讨匈奴，前月西出师。
甲兵未得战，降虏来如归。
橐驼何连连，穹帐亦累累。
阴山烽火灭，剑水羽书稀。
却笑霍嫖姚，区区徒尔为。
西郊候中军，平沙悬落晖。
驿马从西来，双节夹路驰。
喜鹊捧金印，蛟龙盘画旗。
如公未四十，富贵能及时。
直上排青云，傍看疾若飞。
前年斩楼兰，去岁平月支。
天子日殊宠，朝廷方见推。
何幸一书生，忽蒙国士知。
侧身佐戎幕，敛衽事边陲。
自逐定远侯，亦著短后衣。
近来能走马，不弱并州儿。

玉华仙子歌

唐·李康成

紫阳仙子名玉华，珠盘承露饵丹砂。
转态凝情五云里，娇颜千岁芙蓉花。
紫阳彩女矜无数，遥见玉华皆掩婷。
高堂初日不成妍，洛渚流风徒自怜。
　　璇阶霓绮阁，碧题霜罗幕。
仙娥桂树长自春，王母桃花未尝落。
上元夫人宾上清，深宫寂历厌层城。
　解佩空怜郑交甫，吹箫不逐许飞琼
　　　溶溶紫庭步，渺渺瀛台路。
兰陵贵士谢相逢，济北风生尚回顾。
沧洲傲吏爱金丹，清心回望云之端。
羽盖霓裳一相识，传情写念长无极。
　　　长无极，永相随。
　　　攀霄历金阙，弄影下瑶池。
夕宿紫府云母帐，朝餐玄圃昆仑芝。
不学兰香中道绝，却教青鸟报相思。

紫骝马

宋·许觊

黄金络头玉为鑣,蜀锦障泥乱云叶。
花间顾影骄不行,万里龙驹空汗血。
露床秋粟饱不食,青刍苜蓿无颜色。
君不见,东郊瘦马百战场,天寒日暮乌啄疮。

题韩干马图

宋·张耒

头如翔鸾月颊光,背如安舆凫臆方。
心知不载田舍郎,犹带开元天子红袍香。
韩干写时国无事,绿树阴低春昼长。
两髯执辔俨在傍,如瞻驰道黄屋张。
北风扬尘燕贼狂,厩中万马归范阳。
天子乘骡蜀山路,满川苜蓿为谁芳。

——张耒《题韩干马图》

偶作

宋·程俱

谁遣生驹玉作鞍，春来苜蓿遍春山。
自知不入黄麾仗，振鬣长鸣出帝关。

马病

宋·司马光

羸病何其久，仁心到栈频。
须怜苜蓿歉，当认主人贫。
客舍同萧索，山程共苦辛。
未能逢伯乐，且可自相亲。

——司马光《马病》

羽扇亭

宋·李石

十里山光绀碧围，瘴烟收尽溢春晖。
黄绅睡美闻衙唱，白羽风高入指挥。
楼角片云随雁去，谿头骤雨送龙归。
君王若问安边策，苜蓿漫山战马肥。

宋　李石

羽扇亭

十里山光绀碧围，瘴烟收尽溢春晖。
黄绸睡美闻衙唱，白羽风高入指挥。
楼角片云随雁去，豀头骤雨送龙归。
君王若问安边策，苜蓿漫山战马肥。

画马图

宋·吕中本

平沙远草春未生，万马夜起争悲鸣。
愁云欲坠都护垒，急雪时下屯田营。
胡人却是畏深入，汉家飞将已云集。
此时一马直万钱，陇右河湟更供给。
边尘净尽今百年，万马潦倒西风前。
天生骏骨例艰阻，是处雕鞍蒙爱怜。
君家九幅开新帐，欻见骒袅华堂上。
长鞭不用羁络远，雾縠云罗倚惆怅。
高旌袅袅霜露微，苜蓿得雨连山肥。
同时战士今不归，曹霸弟子能神奇。
毫端妙处君得之，驽骀往来空尔为。

宋　吕中本　画马图

得江同州和诗后却寄

宋·刘敞

左辅关河二十城，使车全胜直承明。
白头樽酒谙风味，乘兴篇章得性情。
苜蓿空肥天骥老，风霜有意皂雕横。
惊沙急雪迷秦树，不似山阴一日程。

寄孙秦州

宋·刘敞

十年幕府领旌麾，事半前人此复稀。
元帅诗书真用武，小戎车甲岂无衣。
敌兵候月麒麟斗，汉马乘秋苜蓿肥。
自失阴山常恸哭，更闻消息向金微。

饮马长城窟

宋·林希逸

瘦马如乌渴，长驱傍古城。
听他随窟饮，不暇择泉清。
沙外追风骥，榆边积雨坑。
花鬃摇汉骑，草血染秦兵。
地脉千年恨，波腥万鬣鸣。
思归频蹀躞，苜蓿满宸京。

申王画马图

宋·苏轼

天宝诸王爱名马，千金争致华轩下。
当时不独玉花骢，飞电流云绝潇洒。
两坊岐薛宁与申，凭陵内厩多清新。
肉鬃汗血尽龙种，紫袍玉带真天人。
骊山射猎包原隰，御前急诏穿围入。
扬鞭一蹙破霜蹄，万骑如风不能及。
雁飞兔走惊弦开，翠华按辔从天回。
五家锦绣变山谷，百里舃珥遗纤埃。
青骡蜀栈西超忽，高准浓娥散荆棘。
苜蓿连天鸟自飞，五陵佳气春萧瑟。

申王画马图

宋　苏轼

天宝诸王爱名马，千金争致华轩下，当时不独
玉花骢飞电流云绝潇洒，两坊岐薛宁与申，凭陵内
厩多清新肉鬃汗血尽龙种，紫袍玉带真天人，骊山
射猎包原隰御前急诏穿围入，扬鞭一麾破霜蹄，万
骑如风不能及，雁飞兔走惊弦开，翠华按辔从天回
五家锦绣变山谷，百里乌珥遗纤埃，青骡蜀栈西超
忽高准浓娥散荆棘，苜蓿连天乌自飞，五陵佳气春
萧瑟

韩干马图

宋·张文潜

头如翔鸾月颊光，背如安舆胸臆方。
心知不载田舍郎，开元天子红袍香。
韩干写时国无事，天闲树阴春画长。
双鬟执辔俨在旁，如瞻驰道黄屋张。
北风扬尘燕贼狂，厩中万马驱范阳。
天子乘骡蜀山险，满目苜蓿为谁芳。

厩马

宋·夏竦

万里无尘塞草秋，玉轮金轭未巡游。
上林苜蓿天池水，馆食长鸣可自羞。

送张太保知冀州（自群牧副使除）

宋·刘敞

使君使敌前岁中，手为单于画吉凶。
敌人破胆不敢迕，即日归报明光宫。
汉家牧师三十六，水甘草丰马数足。
问谁虎臣司苑门，极望离宫皆苜蓿。
长河东来横冀州，雄雄大府森戈矛。
红旗照天军令肃，紫髯昂藏居上头。
将军威名动殊俗，天子今无北顾忧。
旧传冀土多良马，岁看北客输旃裘。
庙谋将新赤岸泽，强邻犹知博望侯。
使君家声仍世传，慷慨功名方壮年。
黄金如斗组丈二，富贵光华真谓贤。

送赵立道赴阙仍试春官即事感兴因成五十韵（案此系排律杂入）（节选）

宋·严羽

嗣圣中天日，遗氓忆汉时。一王新盛礼，万国贺重熙。
官爵沾寰宇，光明冠本支。穷冬辞老母，吉日赴京师。
祖席明斜照，寒江结暮澌。停杯愁把袂，立马语临岐。
草动春前色，梅繁雪后枝。湖山饶逸兴，士友重游嬉。

菱唱工迷客，荷舟稳放维。土风珍绾带，吴馔熟莼丝。
塔寺开金碧，楼台漾淼弥。云连勾践国，江动伍员祠。
阊阖春朝早，觚棱霁景迟。柳迎仙仗软，花簇御楼敧。
苜蓿来宛马，樱桃荐寝帷。周家千岁历，汉殿万年卮。
驻跸山川远，櫜弓岁月移。天俄忧杞国，日再仰咸池。

> **送赵立道赴阙仍试春官即事感兴因**
> **成五十韵** 案此系排律杂入
>
> 宋 严羽
>
> 嗣圣中天日遗氓忆汉时一王新盛礼万
> 国贺重熙官爵沾寰宇光明冠本支穷冬辞老
> 母吉日赴京师祖席明斜照寒江结暮渐停杯
> 愁把袂立马语临岐草动春前色梅繁雪后枝
> 湖山饶逸兴士友重游嬉菱唱工迷客荷舟稳
> 放维土风珍绾带吴馔熟莼丝塔寺开金碧阊
> 台漾淼弥云连勾践国江动伍员祠阊阖春朝
> 早觚棱霁景迟柳迎仙仗软花簇御楼敧苜蓿
> 来宛马樱桃荐寝帷周家千岁历汉殿万年卮
> 驻跸山川远櫜弓岁月移天俄忧杞国日再仰
> 咸池

赋黄任道韩干马

宋·王令

天宝天子盛天厩，吐蕃入马上天寿。
紫衣驭吏偏坐前，骑入都门不容骤。
西极苜蓿得气肥，六闲飞黄卧羞瘦。
千秋殿下谁把笔，当时人无出干右。
传闻三马同日死，死魄到纸气方就。
铁勒夹口重两衔，墨丝䰍尾合双纽。
天门未上人就观，老胡惊嗟失开口。
生搜朔野空毛群，死断世工无后手。
当时天子惜不传，送入御府置官守。
胡尘勃郁燕蓟来，宫阙萧骚既焚后。
谁弃千金赤手收，足踏万里避夺走。
几经蹂弃道边尘，今日宁无纸上垢。
樽前病客不识画，但惊马气世未有。
西北骏骨无时无，生不逢干死空朽。
世手无能不肯休，任使气骨陋如狗。

赋黄任道韩干马

宋 王令

天宝天子盛天厩吐蕃入马上天寿紫衣驭吏偏坐前
骑入都门不容骤西极苜蓿得气肥六闲飞黄卧羞瘦千秋
殿下谁把笔当时人无出千右传闻三马同日死死魄到纸
气方就铁勒夹口重两衔墨丝帅尾合双纽天门未上人就
观老胡惊嗟失开口生搜朔野空毛群死断世工无后手当
时天子惜不传送入御府置官守胡尘勃郁燕蓟来宫阙萧
骚既焚后谁弃千金赤手收足踏万里避夺走几经蹂弃道
边尘今日宁无纸上垢樽前病客不识画但惊马气世未有
西北骏骨无时无生不逢千死空朽世手无能不肯休任使
气骨陋如狗

东郊瘦马

金·密璹

此岁无秋畎亩空，病骖难遣啮枯丛。
仓储自益驽骀肉，独尔空嘶苜蓿风。

金 密璹 东郊瘦马

此岁无秋畎亩空病骖
难遣啮枯丛仓储自益驽骀
肉独尔空嘶苜蓿风

题赵仲穆揩痒马图

元·朱润

渥洼天马骨如龙，散步春郊苜蓿中。
揩遍玉鬃尘未落，日斜宫树影摇风。

元 朱润

题赵仲穆楷揩痒马图

渥洼天马骨如龙散步
春郊首蓿中揩遍玉鬃尘未
落日斜宫树影摇风

题赵文敏公画马

元·张翥

君不见，
汉家将军求善马，战骨纵横血流野。
归来作歌荐宗庙，宁悲鬼哭宛城下。
何如圣代德所怀，入献磊落皆龙媒。
右牵者谁鬈且偲，万里知自流沙来。
眼光照镜蹄腕促，老奚识性仍善牧。
时巡之外游幸稀，饱秣原头春苜蓿。
吴兴学士艺绝伦，妙处不减曹将军。
只今有马无此笔，谁与写之传世人。
为君甘作驽骀群。

元 张翥

题赵文敏公画马

君不见汉家将军求善马战骨纵横血流野
归来作歌荐宗庙宁悲鬼哭宛城下何如圣代德
所怀入献磊落皆龙媒右牵者谁鬈且偲万里知
自流沙来眼光照镜蹄腕促老奚识性仍善牧时
巡之外游幸稀饱秣原头春苜蓿吴兴学士艺绝
伦妙处不减曹将军只今有马无此笔谁与写之
传世人为君甘作驽骀群

独骏图

元·毛直方

连天苜蓿青茫茫,盐车鼓车纷道傍。
独骏汗血不可当,权奇倜傥晦若藏。
五之六之无留良,如此独步何堂堂。
日三品豆慎所尝,天闲逸气谁能量。
一尺之棰五尺缰,了与辔络俱相忘。
太仆御直俨冠裳,庭前榻上婉清扬。
有诏有诏且勿忙,一洗凡马鏖锵锵。
我观此图笔意长,欲言尚寄田子方。

题百马图为南郭诚之作

元·丁复

一马百马等马尔,百马一马势态异。
龙眠老李意脱神,代北宛西无不至。
楼兰失国龟兹墟,玉门无关但空址。
蒲萄逐月入中华,苜蓿如云覆平地。
始皇长城一万里,漠雨平添窟中水。
将军昔有李贰师,尺棰长驱万骐骥,
当时无乃或尔遗,龁草翻沙纵眠戏。
就中骁黠咭与蹄,或示仁柔奔且逝。
循坡屹立意度闲,下首当膺若多智。
昂头振鬣彼者雄,似恐世间无猛士。
轮台诏下不更求,蕃使往来知礼义。

不徒嫁女事乌孙，秖以金缯相赠遗。
茫然圉牧不知谁，牝牡骊黄交乳字。
世有伯乐不愿逢，御若王良空善技。
汗血沟珠胡尔为，无能妄并驽骀视。
唐家太平有天子，开元天宝周四纪。
是时天下政无事，深宫每欲妃子喜，教之舞数政如此。
渔阳鼙鼓动地起，禄儿见惯亦有以。
可怜零落四十匹，后来值得田承嗣。

题李伯时画柯九思敬仲

元·丁复

闻说龙眠画，曾师十二闲。
桃花晴泛水，苜蓿晓连山。
蹴月驰周道，嘶云入楚关。
骁腾万里志，顾影落人间。

题李伯时画柯九思敬仲

元　丁复

闻说龙眠画曾师十二闲桃花

晴泛水苜蓿晓连山蹴月驰周道嘶

云入楚关骁腾万里志顾影落人间

题画马（为方远元上人赋）

元·丁复

上人超世资，脱然了无为。
犹有爱马癖，或比道林支。
天马由来出天池，西大宛国乃有之。
房星写神孕龙骜，雄志倜傥精权奇。
飞行灭没电莫追，空尘留烟不得窥，月氏之子那敢骑。
汉武远慕穆天子，欲陟昆仑游具茨。
遣使先开玉关道，凤颈虎翼初就羁。
王良造父死已久，当时不知驭者谁。
唐人为马置马监，奚官果是何物儿。
况复教之作马舞，跪拜起伏取笑娭。
伏仗能鸣辄引去，俯首低摧青络丝。
欲从驽骀服辕下，局促动遭箠策施。
非徒丧志失天性，病骨瘦柴如宛锥。
所以韩干为画肉，不忍神骏成凋羸。
大漠茫茫天作屋，饥龁饱卧骄且驰。
蒲梢萧飒轻风度，苜蓿参差新雨滋。
胡为束缚对厮养，长嘶无声情内悲。
我岂伯乐知马者，意与马类伤马时。
自从眼前见此卷，把轴起坐敛更披。
上人之意无乃尔，笑绝长题画马诗。

元 丁复

题画马 为方远元上人赋

上人超世资脱然了无为犹有爱马癖或比道林支天马由来
出天池西大宛国乃有之房星写神孕龙嶅雄志倜傥精权奇飞行
灭没电莫追空尘留烟不得窥月氏之子那敢骑汉武远慕穆天子
欲陟昆仑游具茨遣使先开玉关道凤颈虎翼初就羁王良造父死
已久当时不知驭者谁唐人为马置马监奚官果是何物儿况复教
之作马舞跪拜起伏仗能鸣辄引去俯首低摧青络丝欲
从鸳鹭服辕下局促动箠策施非徒丧志失天性病骨瘦柴如宛
锥所以韩干为画肉不忍遭神骏成凋羸大漠茫茫天作屋一作涯饥
龁饱卧骄且驰蒲梢萧飒风度首藓参差新雨滋胡为束缚对厮
养长嘶无声情内悲我岂伯乐知马者意与马类伤马时自从眼前
见此卷把轴起坐敛更披上人之意无乃尔笑绝长题画马诗

跋龙眠二骏图

元·王恽

玉塞沙平苜蓿繁，渥洼春水泛晴澜。
几时扈从长杨猎，一片红云拂绣鞍。

汉家天子狩阴山，万马凭陵汗血殷。
早晚华阳春草地，甡甡得似画图间。

元 王恽

跋龙眠二骏图

玉塞沙平苜蓿繁渥洼春
水泛晴澜几时扈从长杨猎一
片红云拂绣鞍汉家天子狩阴山万马凭
陵汗血殷早晚华阳春草地甡
甡得似画图间

老马
元·刘仁本

天寒苜蓿短,病骨怯西风。
先帝亲征日,曾多汗血功。

络马图
元·袁桷

秋原苜蓿肥云屯,帖帖此马和且驯。
属车效驾岂在力,愧汗绝足追奔尘。
良哀不生造父往,公子毫端意凄怆。
虞渊逐日终饮河,出门加鞭奈尔何。

新秋客怀

元·许恕

百年身世总虚舟,又见新凉入郡楼。
何处砧声连野哭,旧时月色照边愁。
朔鸿凄断蒹葭浦,宛马骁腾苜蓿秋。
壮志不随天地老,几回风雨梦神州。

和姚子敬秋怀

元·赵孟頫

搔首风尘双短鬓,侧身天地一儒冠。
中原人物思王猛,江左功名愧谢安。
苜蓿秋高戎马健,江湖日短白鸥寒。
金尊绿酒无钱共,安得愁中却暂欢。

句

南宋·梁安世

蕃马步衔青苜蓿,羌儿卧唱白铜鞮

赵子昂浴马图

元·刘因

苜蓿原空雪新积，群马饥鸣渡江食。
大梁公子心未平，一匹宛驹万夫敌。
圉人初浴意气增，跨辔已晚知无成。
云窗徘徊悄无语，掩卷索索犹风生。

病马图

元·刘因

青丝屈曲长安道，卓午归来厩中老。
侧身仰天思远游，口不能言颜色悄。
奚官却立深有疑，似言非病那容医。
愿乘长风迅绝足，一息八极归瑶池。

病马呈郑校书三首（其一）

原诗 唐·曹唐　元·郝天挺　注

骒騟何年别渥洼（庄子：骅骝骐骥、纤离骒騟，古之良马也。汉武帝元鼎四年，马生渥洼水中。），病来颜色半泥沙。

四蹄不凿金砧裂（杜诗：腕促蹄高如踏铁。又骢马新凿蹄汉天马。曲足银砧兮破层冰。），双眼慵开玉箸斜（玉箸泪也）。

堕月兔毫干觳觫（孟子曰：吾不忍其觳觫。），失云龙骨瘦查牙。

平原好放无人放，嘶向秋风苜蓿花（前汉西域传：大宛人嗜蒲萄酒，马嗜苜蓿。后汉使取其种，种于离宫别馆。鲍防诗：天马长衔苜蓿花，胡人岁献蒲萄酒。杜诗：汉马骢肥秋苜蓿。）。

病马呈郑校书三首

元 郝天挺 注

骐骥何年别渥洼 庄子骅骝骐骥纤
离骡骐古之良马也 汉武帝元鼎四年马生
渥洼水中 病来颜色半泥沙 四蹄不凿
金砧裂 杜诗腕促蹄高如踏铁 又骢马新凿
蹄 汉天马曲足银砧兮破层冰 双眼慵开
玉筋斜 玉筋泪也堕月兔毫干凿觫 孟子
曰吾不忍其觳觫 失云龙骨瘦查牙平原
好放无人放嘶向秋风首蓿花前汉西域
传大宛人嗜蒲萄酒马嗜首蓿后汉使取其种
种于离宫别馆 鲍防诗天马长衔首蓿花胡
人岁献蒲萄酒 杜诗汉马骢肥秋首蓿

秋夜京口

元·萨都剌

铁瓮城头刻漏迟，凉霜如雪扑帘飞。
雁声到地梦回枕，月色满船人捣衣。
塞北将军犹索战，江南游子苦思归。
呼鹰腰箭纵围猎，首蓿秋深马正肥。

题九马图（原注燕五峰参政所藏）

元·汪珍

穆王八骏日千里，曹霸九马天骐骥。
余吾渥洼谁写真，历块过都俱绝世。
风低草软沙绵绵，清江平楚开晴川。
御人释辔闲且严，神超意会驯不鞭。
耳锥卓立目镜圆，奇膺耸岳鬃连钱。
朝刷荆吴暮幽燕，三十六蹄削铁坚。
何为饮秣来江边，毋乃偃武销戈铤。
一匹俯颈呼不旋，一匹渴赴清流渊。
垂缨照影若自爱，意岂尚忆天山泉。
其余七马各殊俊，白骒狮子毛皆拳。
长秸短豆弃若土，汉南首蓿青连天。
不如菰蒋荒平田，饥乌落雁相后先。
锦鞍玉勒红绣鞯，何当蹴踏长楸前。
鹅溪一幅分精妍，雄姿逸德皆天全。
江都韦讽世不数，皮肉虽在意莫传。

岂惟驽骀不足骋，笔端炯炯房精悬。
王良伯乐逢何年，九马奚啻一敌千。

题九马图 原注燕五峰参政所藏

元 汪珍

穆王八骏日千里，曹霸九马天騄骥。
余吾渥洼谁写真，历块过都俱绝世。
风低草软沙绵绵，清江平楚开晴川。
御人释辔闲且严，神超意会驯不鞭。
耳锥卓立目镜圆，奇膺耸岳鬃连钱。
朝刷荆吴暮幽燕，三十六蹄削铁坚。
何为饮秣江边毋乃偃武销戈铤，
一匹俯颈呼不旋，一匹渴赴清流渊。
垂缨照影若自来，爱意岂尚忆天山。
泉其余七马各殊俊，白骊狮子毛皆拳。
长秸短豆弃若土，汉南首蓿青连天。
不如菝葜蒋红绣鞯，何当蹴踏长楸前。
鹅溪一幅分精妍，雄姿逸德。
皆天全，江都韦讽世不数，
皮肉虽在意莫传，岂惟驽骀不足骋，
笔端炯炯房精悬。悬王良伯乐逢何年，
九马奚啻一敌千。

画马二首

元·虞集

萧条沙苑贰师还，苜蓿秋风尽日闲。
白发圉人曾习御，长鸣知是忆关山。

虢国夫人学画眉，宫门催入许先驰。
春风十里闻苓泽，新赐金鞍不受骑。

画马二首

元 虞集

萧条沙苑贰师还苜蓿秋风尽日闲，白发圉人曾习御长鸣知是忆关山。虢国夫人学画眉，宫门催入许先驰，春风十里闻苓泽新赐金鞍不受骑。

马政志（节选）

明·归有光

　　学者论官，必本《周礼》。《周礼》之书，世或疑其与周制不合，然文、武、周公之遗法，亦颇可考。至言牧马之事，则夏官之属曰校人、趣马、巫马、牧师、庾人、圉师、马质。其辨六马之属，故为天子十二闲，马六种也。其职事有校左右驭夫，至于皂师，皆员选。颁良马，养乘之，驾马三其良之数。其政则齐其饮食，简其六节。春除蓐衅厩，始牧。夏庌马；冬献马。射则充椹质，茨墙则剪阖，疾则乘治之。牧地则有厉禁，有驾税之颁，有质马之量。毛马齐其色，物马齐其力，禁原蚕。凡马，特居四之一。春祭马祖，执驹；夏祭先牧，颁马攻特；秋祭马社，臧仆；冬祭马步，献马，讲驭夫，佚特，教駣，攻驹，散马耳，焚牧，通淫。而吕不韦月令：季春合累牛腾马，游牝于牧；仲春别群，则絷腾驹。凡此皆自古以来传其法，所以能尽物之性者也。其称"四井为邑，四邑为丘"，丘十六井，出戎马一匹。"四丘为甸"，甸，六十四井，出戎马四匹。

天子畿内方千里，定出赋六十四万井，戎马四万匹。或谓周盖令民间养马，考其实不然。丘甸之马，盖国有赋调，民自具马以即戎。民之平日养马，官何与焉？唯校人以下之职，乃为王马，而天子使人自养之者也。牧师所谓牧地，皆在草莽水泉之区，若今之苑马。然其后天子亦不尽如其制，而自以其意使人养马。穆王时，造父御八骏，孝王命非子主马岍、渭之间，皆非如周礼有一定之官也。春秋时，鲁、卫弱国，而鲁僖公坰牧之盛，卫文公"騋牝三千"，诗人歌颂之。

秦起西北，牧多健马，其诗曰："駉駫孔阜，六辔在手。"又曰："騏駵是中，騧骊是骖。"言秦马之良也。诸侯力政，国各有马至千万骑。后秦并六国，马皆入之秦。及山东豪俊起，章邯以百万之师，数进数却，竟以败降，秦马无闻焉。汉初，高祖与匈奴冒顿遇。当是时，高祖被围白登，匈奴骑，其西方尽白马，东方尽青駹马，北方尽乌骊马，南方尽骍马。

高祖以故大困，时汉马益乏，故用娄敬之计，诎意和亲。孝文、孝景循古节俭，厩马百余匹。孝武恃中国富盛，两将军出塞，杀敌八九万，而汉马死者十余万。汉亦以马少，无以复往。其后天子为伐胡，盛养马，马之来食长安者数万匹。其后大将军、骠骑将军军益出，汉军马死者又十余万。于是令民得畜牧边县，官假马母，三岁而归，及息什一。其后车骑马乏绝，县官无钱买马，乃著令封君以下至三百石以上吏，以差出牝马天下亭，亭有畜牸马。先是，天子发书易，云："神马当从西北来。"得乌孙马好，名曰天马。及得大宛汗血马，益壮，更名乌孙马曰西极，名大宛马曰天马。

云宛俗嗜酒，马嗜苜蓿。汉使取其实来，于是天子始种苜蓿、蒲萄肥饶地。及天马多，外国使来众，则离宫别观旁尽种蒲萄、苜蓿极望。其后天子下诏，深陈既往之悔，修马复令，毋乏武备而已。

马政志

明　归有光

学者论官必本周礼周礼之书世或疑其与周制不合然文武周公之遗法亦颇可考至言牧马之事则夏官司师马质之属曰校人巫马牧师庾人圉师马质其辨六马之属故为天子十二闲马六种也其职事有校人左右驭夫至于皂师皆员选颁良马养乘之驾马三其良之数其政则齐其饮食简其六节春除蓐衅厩始牧夏庌马冬献马射则充椹质茨墙剪阖疾则乘治之牧地则有厉禁驾税之颁有质马之量毛马齐其色物马齐其力禁原蚕凡马特居四之一春祭马祖执驹夏祭先牧颁马攻特秋祭马社臧仆冬祭马步献马讲驭夫佚特教駣攻驹散马耳焚牧通淫而吕不韦月令季春合累牛腾马游牝于牧仲春别群则絷腾驹凡此皆自古以来传其法所以能尽物之性者也其称四井为邑四邑为丘丘十六井出戎马一匹四丘为甸甸

六十四井出戎马四匹天子畿内方千里定出赋六十四井戎马四万匹或谓周盖令民间养马考其实不然以盖国有赋调民自具马以即戎民之平日养马官何与焉唯校人以下之职乃为王马而天子使人自养之者也牧师所谓牧地皆在草莽水泉之区若今之苑马然其意使人养马穆王如其制而自以其意使人养马穆王时造父御八骏孝王命非子主马汧渭之间皆非如周礼有一定之官也春秋时鲁卫弱国而鲁僖公坰牧之盛卫文公骐牝三千诗人歌颂之秦起西北牧多健马其诗曰驷驖孔阜六辔在手又曰骐馵是中骊骊是骏言秦马之良也诸侯力政国各有马至千万骑后秦并六国马皆入之秦及山东豪俊起章邯以百万之师数进却竟以败降秦马无闻焉汉初高祖与丐奴冒顿遇当是时高祖被围白登匈奴骑其西方尽白马东方尽青駹马北方尽乌骊马南

方尽骍马高祖以故大困时汉马益乏故用娄敬之计讻意和亲孝文孝景循古节俭厥马百余匹孝武恃中国富盛两将军出塞杀敌八九万而汉马死者十余万汉亦以马少无以复往其后天子为伐胡盛养马之来食长安者数万匹其后大将军骠骑将军军益出汉军马死者又十余万于是令民得畜牧边县官假马母三岁而归及息什一其后车骑马乏绝县官无钱买马乃著令封君以下至三百石以上吏以差出牝马天下亭亭有畜牸马先是天子发书易云神马当从西北来得乌孙马好名曰天马及得大宛汗血马益壮更名乌孙马曰西极名大宛马曰天马云宛俗嗜酒马嗜苜蓿汉使取其实来于是天子始种苜蓿蒲萄肥饶地及天马多外国使来众则离宫别观旁尽种蒲萄苜蓿极望其后天子下诏深陈既往之悔修马复令毋乏武备而已

——明·归有光《马政志》

旗山散牧

明·史谨

苜蓿连天万马肥，望中如在华山西。
龙媒应叹无人识，频向奚奴振鬣嘶。

明 史谨

旗山散牧

苜蓿连天万马肥望中如在华山西龙媒应叹无人识频向奚奴振鬣嘶

题马图

明·史谨

沙场百战已成功，万里归来汗血空。
莫道邦家无惠养，满川苜蓿雁来红。

画马歌

明·史谨

房公平生爱挥洒，醉扫骅骝动朝野。
致使无心入神妙，声名不在韩曹下。
复为何人写此图，意态深稳皆良驹。
奚官森列不敢骑，仗退畏脱黄金羁。
青骢衮尘赤骠嘶，落花缤纷满大堤。
后来八匹亦殊相，可与八骏争驱驰。
天上人间遗笔迹，华山之阳若云集。
凤膺龙眷总相似，苜蓿连天暮云碧。

子昂马图题（赠大梁李中丞）

明·严嵩

卷中此马画者谁，毛鬣欲动骨法奇。
尺素能收上闲骏，意态便欲随风驰。
天闲十二纷相矗，想是郊晴初出牧。
大宛雄姿宿应房，渥洼异种龙为族。
金羁玉勒不须誇，且看连钱五色花。
歘见麒麟出东枥，还疑騄駬涉流沙。
沙边青草茸茸起，上有垂杨覆河水。
圉人骑放绿阴中，参差騋牝成云绮。
我观此马皆能过都历块捷有神，安得蕃息日适河之滨。
榆关已撤烽烟警，梁苑因同苜蓿春。
吴兴妙手谁堪伍，遗墨流传自今古。
人间驽辈徒纷纷，哲匠旁求心独苦。
拟将此幅比琼瑶，寄赠佳人云路迢。
天阙昔曾窥立仗，霜台今复忆乘轺。
亲持黄纸临中土，白日旌旗照开府。
皋夔事业待经邦，韩范威名先震虏。
氛祲潜消塞北场，河山坐镇汴封疆。
戍卒归来放战马，嵩阳今作华山阳。
吁嗟乎宵旰忧勤犹拊髀，殊勋早奏明光里。
愿徵颇牧入禁中，坐令天下之马休逸皆如此。

题赵仲穆画马

明·贝琼

吾闻冀北,
之马如云照川谷,八尺飞龙在天育。
滦河远幸翠华迟,柳林大猎金鞍簇。
是时四海为一家,东逾日本西流沙。
拂郎近献两骕骦,不数郭家狮子花。
公子前身岂曹霸,一马真轻百金价。
黄金台上倦为客,白发江南随意画。
骝骒骃驱各不同,饮泉龁草落笔工。
君不见,
龙庭苜蓿与天远,何人更收青海骢。

——明·贝琼《清江诗集·卷四》

老马

明·夏元吉

风霜摇落五花妆,留得枯羸似犬羊。
幸赖邦家能惠养,满川苜蓿华山阳。

题瘦马

明·袁表

一自天闲谢六飞,霜毛萧飒力行微。
圉官独立休惆怅,明岁秋风苜蓿肥。

题画唐马

明·汤胤勋

苜蓿含花草露班,奚奴扰扰出沙湾。
尘飞大夏三千里,泥满东风十二闲。
直内铜符初上缴,征西铁甲未东还。
可怜绝代贤王手,少画渔阳阿㗬山。

咏马二首（其一）

明·高启

紫云团影电飞瞳,骏骨龙媒自不同。
骑过玉楼金辔响,一声嘶断落花风。
崚嶒高耸骨如山,远放春郊苜蓿间。
百战沙场汗流血,梦魂犹在玉门关。

衮尘马图

明·高启

千里归来苜蓿春,五花和汗衮香尘。
青丝暂解从天性,多谢黄门老圉人。

明 高启

衮尘马图

千里归来首蓿春五花

和汗衮香尘青丝暂解从天

性多谢黄门老圉人

姚少师所藏八骏图

明·曾棨

周家八马如飞电，夙昔传闻今始见。
锐耳双分秋竹批，拳毛一片桃花旋。
肉鬃叠耸高崔嵬，权奇知此真龙媒。
霜蹄试踏层冰裂，骏尾欲掉长飙回。
瑶池宴罢归来早，络月羁金照京镐。
紫鞯飞时逐落花，雕鞍解处眠芳草。
由来骏骨健且驯，弄影骄嘶不动尘。
有时渴饮天津水，五色照见波粼粼。
圉官骑来难久驻，饮向春流最深处。
珠衔宝勒不敢疏，直恐飞腾化龙去。
古来善画韦与韩，此画岂同凡马看。
人间造次不可得，首蓿秋深烟雨寒。

明 曾棨

姚少师所藏八骏图

周家八马如飞电夙昔传闻今始见锐耳双分秋竹批拳毛一片桃花旋肉鬃叠耸高崔嵬权奇知此真龙媒霜蹄试踏层冰裂骏尾欲掉长飙回瑶池宴罢归来早络月羁金照京镐紫鞯飞时逐落花雕鞍解处眠芳草由来骏骨健且驯弄影骄嘶不动尘有时渴饮天津水五色照见波粼粼圉官骑来难久驻饮向春流最深处珠衔宝勒不敢疏直恐飞腾化龙去古来善画韦与韩此画岂同凡马看人间造次不可得首蓿秋深烟雨寒

画马图
明·王恭

淮泗云空苜蓿齐，圉人牵出踏青泥。
金舆不恋西池赏，虚负天寒十二蹄。

题画马二幅（其一）
明·王恭

世人徒爱马，不解与马知。
长鸣倦刍秣，力殚翻箠之。
饲以玉山禾，饮彼清泠池。
龙性复矫矫，始知真权奇。
荷君剪拂君门里，厮养年深亦知己。
感激羞怀伏枥恩，常思一日行千里。

题马图
明·童轩

曾逐天骄出汉关，归来孤影放空山。
可怜苜蓿西风夜，犹忆骐麟十二闲。

雪山歌（时五月提兵营次）

明·周光镐

雪山西来，横亘天南几千里。
排云划雾，直控①穹窿而特起。
金沙西流赤日晖，山中之雪常齿齿。
忆昔提兵九月秋，雪风泠泠洞壑幽。
今来筑垒当长夏，旧雪崚嶒新雪下。
朝看剑锷倚青苍，暮落芙蓉片片霜。
疑是昆仑浮玉海，直愁花雨下天荒。
昨夜营头风瑟瑟，晓起嶙峋散空碧。
三军寒色满弓韬，大将霜威攒列戟。
虎牙门傍雪山低，越巂之水背城飞。
羽檄遥来邛塞北，旌旗直度索撞西。
百折千盘冰路滑，崖崩石碎马蹄脱。
偏裨握槊惨不骄，壮士定力冻欲缺。
阴风杀气连宵起，山后山前半营垒。
九姓青羌随汉麾，六州番部俱南徙。
山头有海云是蛟龙宫，千寻百尺神物潜其中。
伐鼓摐金蛟子怒，飘风吹雹飞晴空。
当年汉帝思汗血，西极流沙通使节。
昆明渥水产神驹，苜蓿蒲梢归汉阙。
于今有道服群夷，不是唐蒙建节时。
我欲扫尽雪山砦片石，勒铭永照西南陲。

① 控，本作"空"，据清陈珏《古瀛诗苑》改。

病马六首（其四、六）

明·何景明

老向关山里，龙媒世不知。
恩深思欲断，力尽泪空垂。
苜蓿辞天苑，尘沙别月氏。
东郊望春草，生意在何时。

踽踽才难尽，踟蹰意若何。
沙寒苜蓿短，路晚蒺藜多。
不复驰金市，犹思喷玉河。
侧身千里外，常恐岁蹉跎。

病马六首

明·何景明

四

老向关山里,龙媒世不知恩深。
思欲断力尽泪空垂,苜蓿辞天苑尘。
沙别月氏东郊望,春草生意在何时。

六

踢踏才难尽,踟蹰意若何。
沙寒苜蓿短,路晚蒹葭多。
不复驰金市,犹思喷玉河。
侧身千里外,常恐岁蹉跎。

题唐叔美饮马图

明·张凤翼

百战空疲千里姿,悲嘶犹自逐圉师。
春风日饮长城窟,那得人间伯乐知。

胡马图

明·王弼

夜醉葡萄倚壁眠,眼中胡骑忽翩然。
谁知惨淡寒绡里,中有黄榆万里天。

题进士卜友曾瘦马图

明·张以宁

卜翁喜我诗，袖出《瘦马图》。
前有杜陵《瘦马行》，令我阁笔久嗟吁。
忆昔马齿未长日，金羁蹀躞鸣天衢。
逐景虞泉日未晡，羲和顿辔喘不苏。
石根一蹶亦常事，谁遣逸足轻夷途。
霜风大泽百草枯，饮龁不饱长毛疏。
相者举肥汝苦瘠，委弃乃在城东隅。
病颡有时磨古树，翻蹄无力衮平芜。
当年笑杀紫燕愚，中路清涕流盐车。
嗟哉此马世罕有，驽骀多肉空敷腴。
格骨棱层神观在，颇类山泽之仙臞。
解剑赎汝归，伯乐今岂无？
浴之万里流，秣以百束刍。
苜蓿花白春云铺，气全或比新生驹。
持之西献穆天子，尚与八骏争先驱。
瑶池云气浮太虚，日出积雪青禽呼，长望临风心郁纡。

草场

明·边贡

牧马场边苜蓿香，回龙宫外树苍苍。
当年骏骨今何处，曾被金鞍侍武皇。

> 草场
> 明 边贡
>
> 牧马场边苜蓿香回龙
> 宫外树苍苍当年骏骨今何
> 处曾被金鞍侍武皇

五马图

明·杨荣

霜蹄雾鬣气腾虹，日并天闲十二中。
自是清时无战伐，四郊苜蓿老西风。

> 五马图
> 明 杨荣
>
> 霜蹄雾鬣气腾虹日并
> 天闲十二中自是清时无战
> 伐四郊苜蓿老西风

病骥图

明·周忱

吴兴父子俱能画，捉笔往往追曹霸。
当时托意知为谁，恻怆令人伤此马。
此马龃颓未可轻，昔随八骏天衢行。
彩云禁御春如海，曾听玉辂和鸾鸣。
一朝谢病离天仗，骨耸毛焦气凋丧。
耻与驽骀竞粟刍，自甘偃卧沙丘上。
孙阳去后苦难逢，寂寞谁加剪拂功。
羁金络玉复何日，顾影怀恩悲晚风。
古来千金市骏骨，况此精神那可忽。
饲秣重归十二闲，犹堪万里奔腾出。

题松雪画马

明·阙名

塞马肥时苜蓿枯,奚官早已著貂狐。
可怜松雪当年笔,不识檀溪写的卢。

题唐马

明·程敏政

青青苜蓿长初齐,十二天闲望不迷。
杨柳一株沙苑道,奚官来试骕霜蹄。

马文贞公(节选)

洎予黔娄生,言辞罔缔绘。但幸鼂董死,收拾在等第。胪唱下闾阎,恩泽承滂沛。春云覆林塘,杂花悬火齐。词垣正舒华,吹竽独无喙。执笔御史府,羞缩如牡蛎。弹评则春秋,龃龉失剞劂。问俗西夏国,驲过流沙地。马啮苜蓿根,人衣橐驼氇。鸡鸣麦酒熟,木柈见干荠。浮图天竺学,焚身取舍利。安定昆戎居,贪鄙何足贵。返途历邠岐、原田表古缀。宛宛陶穴民,艰难谋树艺。骊山葬秦魄,茂陵迷……

明　刘昌

马文贞公

泊予黔娄生，言辞周缔绘。但幸毚董死，收拾在等第。胪唱下闾阖，恩泽承滂沛。春云覆林塘，杂花悬火齐。词垣正舒华，吹竽独无喙。执笔御史府，羞缩如牡蛎。弹评则春秋，龃龉失剞劂。问俗西夏国，驲过流沙地。马啮苜蓿根，人衣橐驼毳。鸡鸣麦酒熟，木柈见千萚。浮图天竺学，梵身取舍利。安定昆戎居，贪鄙何足贵。返途历邠岐，原田表古缀。宛宛陶穴民，艰难谋树艺。骊山葬秦魄，茂陵迷……

——明·刘昌《中州名贤文表·卷十五》

病马二首（其二）

明·苏葵

苜蓿萧萧练影寒，梦随天仗忆和鸾。
香飘阁道曾骖辇，觞罢瑶池未解鞍。
谁信沐猴能却疾，自怜良圉未加餐。
瘦来汗沫还流赭，怪杀孙阳会遇难。

画马四绝

明·李东阳

野花开尽紫骝嘶，老树风高落日低。
十载沙场无一战，老来林下啮霜蹄。

照夜琼阶匹练明，月中疑是踏空行。
若教画史当时见，纵有霜毫貌不成。

望断朱门白昼长，野烟溪树晚苍苍。
也知羁枊为身累，思绕秋风苜蓿场。

毛骨真疑泼墨成，柳花初点雪分明。
秖愁化作苍龙去，闻是当年渥水精。

画马四绝

明·李东阳

野花开尽紫骝嘶老树风高落日
低十载沙场无一战老来林下啮霜蹄
照夜琼阶匹练明月中疑是踏空
行若教画史当时见纵有霜毫貌不成
望断朱门白昼长野烟溪树晚苍
苍也知羁枙为身累思绕秋风首蓿场
毛骨真疑泼墨成柳花初点雪分
明秖愁化作苍龙去闻是当年渥水精

和韵寄答陈汝砺掌教

明·李东阳

寂寞天涯叹所依，海云江月意俱违。
茱萸岁改身仍健，苜蓿秋荒马不肥。
白雪屡传新调寡，青云半觉旧人非。
家山不隔长安路，应倚南楼望夕晖。

胡马图

明·祝允明

骏骨千金产，名王万里归。
风烟辞大漠，云电赴皇畿。
立仗容陪舞，从龙敢假威。
此来空地类，苜蓿近郊肥。

胡马图

明·祝允明

骏骨千金产名王，万里归风烟辞大漠，云电赴皇畿。
立仗容陪舞从龙，敢假威此来空地类苜蓿近郊肥。

无题

明·王世贞

将军按甲古妫川，万马骄嘶苜蓿天。
但使王庭能绝幕，未劳车骑勒燕然。

为大理寺丞马麟题画马二首

明·金幼孜

万里曾思度玉门，归来立仗卸囊鞬。
饱肥苜蓿风霜晚，未老犹思报主恩。

异种由来产渥洼，曾看入贡度流沙。
几回牵向瑶池过，新濯龙文照五花。

> 明　金幼孜
>
> ## 为大理寺丞马麟题画马二首
>
> 万里曾思度玉门归来
> 立仗卸橐鞬饱苜蓿风霜
> 晚未老犹思报主恩
> 异种由来产渥洼曾看
> 入贡度流沙几回牵向瑶池
> 过新濯龙文照五花

题画马
明·李本

晚向天门立仗归，骄嘶谁与脱金鞿。
銮舆近日希巡幸，闲放春堤苜蓿肥。

唐马图（其二）
明·王佐（汝学）

曾是天闲小乘黄，口衔金勒待文皇。
如今老去空毛骨，愁对西风苜蓿香。

唐马图为房参戎题
明·江源

原野秋风苜宿殿，奚官执鞚出天闲。
驱驰记得开元日，曾从汾阳破虏还。

画马行
明·何景明

画马如画龙，纵横变化当无穷。
　吾观月山子，落笔窥神工。
曾向天闲貌十马，十马意态无一同。
此马传来几百年，古绢犹开沙漠风。
树里河流新过雨，簇簇草芽寒刺水。
围人双牵临水边，草色离离乱云绮。

令人疑到渥洼傍，波底风雷斗龙子。
细看不是白鼻骍，恐是当朝狮子花。
紫燕纤离各惆怅，其余驽劣何足夸。
忆昔爱马不惜千金货，君王勤政楼头坐。
胡奴黄衫双绣靴，厩中骑出楼前过。
红帕初笼汗血香，玉鞭轻拂桃花破。
吁嗟玩物竟何益，遗迹徒使丹青播。
只今烽炮西北来，沙场未闻千里才。
千里才，固有时，回头为问御者谁。
君看赤骥与骐驎，挽车太行岭。
心期田子方，踟蹰驾辕顷。
霜凋苜蓿汉郊冷，骨折秋风自嘶影。
君不见古人养马如养士，一饱能酬千里志。
今人养马如养豚，厩下常堆蒺藜刺。
古之良马何代无，可笑今人空按图。

赵承旨天闲五马图歌
明·王世贞

吾闻天子之乘有六马，五马无乃诸王侯。
飞黄一骨立天仗，兹白甘足闲清秋。
有金不敢将络头，奚官屏立气致柔。
玉毫如霜落劲刷，俶傥暂摄归优游。
银槽苜蓿露不收，绿波溢吻芬锦韝。
悬蚕齿戛快自酬，宛如双虹笊云浮。
功成身贵人不知，奉车骖乘白玉墀。
君王纵复日三顾，此足敢忘追咸池。
吴兴学士曹韩师，写出蹀躞千金姿。
得非饮至平南时，数百万匹皆权奇。
呜呼渥洼之种悲不悲，真龙却走阴山垂。

拟古宫词一百首（其五十七）
明·邓云霄

渥洼神骏自西方，一入天闲苜蓿香。
莫怪新妆梳堕马，君王昨日御乘黄。

送丁太仆维南

明·陈琏

国朝崇马政，考牧得才良。
群厩龙媒盛，郊原苜蓿香。
房星常炳焕，天驷自辉煌。
太史书成绩，千年著耿光。

君马黄

明·童轩

君马黄，我马白，共拂巾车朝禁阙。
一朝君马生光辉，渭桥金市驰如飞。
翠丝作辔玉为勒，刍豆盈筐秋正肥。
吁嗟我马徒神骨，缓辔周行思渭波。
西风一夜冻霜华，厩上空余干苜蓿。

瘦马

明末清初·黎景义

本是渥洼驹，汗血流光浥。
四蹄侬木栈，七尺如壁立。
乍未亲鞭箠，苦怀在羁縶。
皮粘塞泥晕，鬣渍边雪汁。
寻常经百战，八阵惯出入。
阴山风似刺，朔幕电飞急。
朝连钲鼓嘶，夕绕旌旗集。
艰勚实备尝，奔腾日不给。
岂知功未成，局促归原隰。
骊黄任吹求，牝牡随捃拾。
王良与造父，见之当洒泣。
槎牙骨尚壮，万里直呼吸。
苜蓿清溪丛，一食凡马十。
明年会长征，慎勿嗟何及。

随驾阅视群牧恭纪八首（其八）

清·查慎行

蒺藜苑小传唐监，苜蓿园荒笑汉家。
自是累朝无马政，天留沃壤在龙沙。

奉敕题龚开骏骨图恭和御制元韵①

清·沈德潜

古人千金市骏骨，翠岩所际非其时。
崖山一角海水沸，伏处那有青云期。
凭仗秃笔写胸次，千里超跃应鸡斯。
胡为不写丰腴写羸悉，辱奴隶手往往鞭捶之。
兰筋铜骨眼未见，俗赏但解珍毛皮。
棱棱并露十五肋，久虚栈豆常靰羁。
郁勃每从境遇出，神妙忘却经营为。
尝闻纸铺儿背代几席，室无一物吁可悲。
杜陵野老赋瘦马，两人寄托并是人中奇。
平湖詹事有语不敢吐②，气怯力薄难为辞。
一朝得邀圣人顾，天葩挥洒萦神思。
权奇灭没虑卑伏，尘外赏识关职司。
南城泥滓无污辱，东郊苜蓿添华滋。
披图砰矶慨遭遇，方今渥洼龙种悉受天家知。

① 龚开，字圣与，号翠岩，宋末淮安人，隐于画者。② 高江村自跋不能赋诗，只录少陵瘦马行。

天街饮马行

明末清初·邝露

汉家双阙卿云边，葳蕤玉钥青璅连。
雨露九霄长献瑞，衣冠万国更朝天。
龙盘玉柱空中见，螭纽金丝云外悬。
别有金井朱城下，七珍作收琉璃厦。
皇恩湛秽涌神瀵，王侯将相来饮马。
紫微东畔玉衡加，绛帻南楼唱早霞。
历落星轺趋禁籞，招摇云盖动仙家。
俱听高阁鲸音怒，催逐长干象尾斜。
天槽元宰黄龙骑，御史中丞白鼻䯄。
此时金吾揩霜刃，辘轳催转雷声震。
已看丞相入千门，只候参军休八骏。

暂过银床绿耳嘶，旋倾朱干乘黄润。
玉陛晓鞭雷作声，金根迢递返蓬瀛。
昭容缓退双鸾度，侍从班辞万骑鸣。
柏台画省甫交揖，笑任如龙沧海吸。
青骢白马骄不前，□□拉爵争相及。
皓腕轻笼暖玉鞍，葱佩时联翡翠袭。
各行买酒长安市，亦散寻花洛阳邑。
拂拂疏槐辇路旋，依依垂柳玉河烟。
逐客邓侯权勒辔，欢儿京兆乍停鞭。
同看珂勒骓如豹，共指犀渠人似仙。
五陵冠盖本豪雄，青虬紫燕出离宫。
一过金门委双佩，皆攀玉鋄饫飞熊。
绣镫铮铮齐乳虎，连钱唼唼乱秋鸿。
倍长精神上驰道，飞邀歌舞弄春风。
七香车盖朝还暮，百宝丝缰西复东。
意气英雄几历年，雕舆翠盖灼轩然。
侧见车中旋皓首，渐看轭下改奇权。
已袭朱轮骍骊鞯，或更赤族之卢鞯。
故相鸥夷东海水，贰师神骏渥洼泉。
再来饮马复豪奢，台上黄金底用夸。
笑牵太厩龙媒种，射夺将军狮子花。
也响井栏争日月，谁知井上旧烟霞。
买骨讵留燕郭隗，飞龙不合晋张华。
可怜当日天马来，追风蹑电响人开。
素练如惊到潮汐，芙蓉饮恨闭泉台。
九方买尽骊黄去，千里空闻汗血回。
粉面霜蹄同下泪，桑田沧海不胜哀。
玉泽萧萧遁十州，州前苜蓿几经秋。
长羊伏枥供饥渴，白骨吞声那得休。

八月二十九日奉敕恭题御笔《求骏图》

清·彭昌

燕山秋高苜蓿长，骅骝伏枥思超骧。
九重蒿目念吴楚，风尘千里弧矢张。
睹兹神骏怀远略，安得名将扫八荒。
绘图意在安天下，凛如朽索驭六马。
见蝗有诏恤群黎，忧旱命官巡四野。
宵旰勤劳圣主心，霜蹄入厩岂从禽。
早嗤赤水湟中产，何事瑶池域外寻。

挥毫尺幅英姿壮，屹立阊阖依天仗。
功成应向华山归，群空先自金台访。
由来致治重求贤，驺虞官备风诗传。
果有王良能执辔，何劳祖逖著先鞭。
朝廷经纬兼文武，元戎十乘骖如舞。
莲叶千旗画鸟蛇，桃花万骑驱貔虎。
何时薄伐归南仲，早奏肤公燕吉甫。
年年西塞贡蒲萄，天闲十二扬玉镳。
凯旋还欲康侯锡，恩赉荣酬汗马劳。

感事（其一）
清·屠寄

天马自西极，连翩东南驰。
曾食汉苜蓿，不屑黄金羁。
高高禺同山，下有昆明池。
舳舻霓云日，波涛扬旌旗。
请缨抑何壮，据鞍亦未衰。
忠贞谁能嗣，亮节良易亏。
繁华上官日，嗫嚅对簿时。

和广雅尚书杂诗六首（其四） 高梁桥（癸卯年）
晚清·李希圣

西来宛马镇相寻，苜蓿葡萄极望深。
清绝晓钟仙杖句，无人解作蓼花吟。

北平射虎歌
清·陈豫朋

秋风削耳塞草枯，将军夜持金仆姑。
一发辄殪双于菟，金石既贯精诚符。
再发不入理岂诬，有心求合翻成愚。
汉军数出击匈奴，大宛苜蓿饲名驹。
将军志欲封狼胥，前茅后出迷道途。
七十余战血模糊，数奇不赏徒区区。
人事翻覆如辘轳，白云苍狗变须臾。
君不见，邵平罢相还独居，种瓜自荷青门锄。

奉题定邸赐马图（丁酉）
清·何绍基

圣德服远罔不臣，西师既戢甄以仁。
犁庭坐镇推将军，只肃入贡岁事遵。
天马汗血西极臻，玉兰内外苜蓿春。
行三万里不动尘，天闲骐骥群匹繁。
宠光颁赐先懿亲，贤王拜手承殊恩。
锦鞯玉勒雄且驯，俪以图画妙似真。
风和日长雨气匀，天街瑞色锦树芬。
来扈宸辇无逡巡，不徐不疾步骤均。
晚凉林下弛羁牵，金波玉露光采鲜。
贤王退食方晏闲，披翻书籍偕友宾。
出示此图意腾骞，韩曹笔妙相后先。
是图是事同精神，权奇永作朱邸珍。
作诗敢以画马论，庸勋亲亲钦一人，长鉴我王忠慎勤。

蒙古贡马
清初·查慎行

蒲梢不拒诸蕃贡，印烙新加毛骨殊。
敛却霜蹄行驾鼓，烂如云锦看成图。
骕骦厩应房星上，苜蓿园开瀚海隅。
不比无羊歌考牧，圣朝马政在攻驹。

乌鲁木齐杂诗之物产（其十）
清·纪昀

配盐幽菽偶登厨，隔岭携来贵似珠。
只有山家豌豆好，不劳苜蓿秣宛驹。

马
清·塞尔赫

不识天闲路，徒甘塞草肥。
有时冲雪去，何处踏花归。
苜蓿三秋老，风尘一顾稀。
更堪悲伏枥，千里壮心违。

第五节 葡 萄

葡萄引进中国的过程与苜蓿一样,被《史记》《汉书》详细记载。

布尔努瓦(1997)研究指出,张骞同样也从大宛国带来了葡萄"种"。《汉书》以两个汉文方块字"蒲陶"来称葡萄及其枝藤。从各种迹象来看,这仍是对一个方言词的对音转写,"蒲陶"很可能是出自一种伊朗语;某些人将此视为希腊文中指葡萄串的词 botrys 的音变。无论其至今仍在争论不休的原形如何,"蒲陶"被以一种近似的写法"葡萄"用在现今的汉语中。

葡萄

苜蓿

一、葡萄赋

1. 蒲梢天马歌

蒲梢天马歌

汉武帝

天马徕兮从西极。

经万里兮归有德。

承灵威兮障外国。

涉流沙兮四夷服。

2. 种葡萄

北魏贾思勰《齐民要术》曰:

葡萄　汉武帝使张骞至大宛取葡萄,实于离宫别馆旁,尽种之。西域有葡萄,蔓延以生。《广志》曰:"葡萄有黄、白、黑三种者也。"

3. 蒲桃赋

右史院蒲桃赋

北宋·宋祁

癸酉之仲夏，予受诏修书，寓于右史院，绅绎多暇，裴回堂除，有蒲桃一本，延蔓疏瘠，垂实甚寡。予且玩且咀，以为省户凝切，禁廷敞闲，人不夭摧，禽不栖啄，与平原槁壤有间，匪灌丛宿莽所干，而条悴叶芸，不为时珍，何耶。得非地以所宜为安，根以屡徙为危，封植浸灌，信美非愿，因为小赋，代其臆对云：

昔炎汉之遣使，道西域而始通，得蒲桃之异种，偕首蓿以来东，矜所从以至远，遂遍植乎离宫，去葱雪之寒乡，托崤函之福地，并万宝以均载，历千古而舒粹，玩之可使蠲烦，食之足以平志，不由甘而取坏，乃因少而获贵，鄙柚苞之轻倪，贱蔗境之尘滓，粤何人斯，植我于兹，托深严之秘署，切镂辖之文棪，培孤茎以槁壤，引柔蔓乎标枝，泉石渠以蒙浸，露金茎而并滋，布凉影于月宫，猎重葩于禁飔，蔽风庐之岑寂，隐肃唱而逶迟，彼得地而逢辰，宜欣欣以茂遂，奚敷华而委质，反惨惨而兹瘁，乏磊砢于当年，让纷华于此世，是必野菱非曾披之玩，菲实异大官之味，因枳橘之屡迁，叹匏瓜之徒系，亦犹郁柳有性，不愿杯棬之华，海鸟取容，非荣觞酒之馈，胡不放之岩际，归之垄阴，上敷荣于樛木，外结庇于缁林，蒙烟沐雾，跨野弥岑，丰草大德之谷，栖息无檎之禽，保深根以庇本，诚繁实之披心，穷天年以善育，奚斧斤之可寻。乱曰：阶药炫华，堂萱争丽，枝以万年为名，木以五衢称瑞，是皆托中涓以进熟，荷钧盾之为地，结赏心以自如，非孤生之所冀。

凉州词

唐·王翰

蒲桃美酒夜光杯，欲饮琵琶马上催。
醉卧沙场君莫笑，古来征战几人回。

解闷十二首（其十一）（767年）

唐·杜甫

翠瓜碧李沈玉甃，赤梨葡萄寒露成。
可怜先不异枝蔓，此物娟娟长远生。

葡萄歌（一作蒲桃）（814年）

唐·刘禹锡

野田生葡萄，缠绕一枝高。
移来碧墀下，张王日日高。
分岐浩繁缛，修蔓蟠诘曲。
扬翘向庭柯，意思如有属。
为之立长檠，布濩当轩绿。
米液溉其根，理疏看渗漉。
繁葩组绶结，悬实珠玑蹙。
马乳带轻霜，龙鳞曜初旭。
有客汾阴至，临堂瞪双目。
自言我晋人，种此如种玉。
酿之成美酒，令人饮不足。
为君持一斗，往取凉州牧。

葡萄（870年）

唐·唐彦谦

金谷风露凉，绿珠醉初醒。
珠帐夜不收，月明堕清影。

咏葡萄（870年）

唐·唐彦谦

西园晚霁浮嫩凉，开尊漫摘葡萄尝。
满架高撑紫络索，一枝斜䌽金琅玕。
天风飕飕叶栩栩，蝴蝶声干作晴雨。
神蛟清夜蛰寒潭，万片湿云飞不起。
石家美人金谷游，罗帏翠幕珊瑚钩。
玉盘新荐入华屋，珠帐高悬夜不收。
胜游记得当年景，清气逼人毛骨冷。
笑呼明镜上遥天，醉倚银床弄秋影。

汾州郑闳中学士寄蒲萄

宋·刘敞

汉使于阗伐大宛，蒲萄天马遍长安。
绝尘无复千金骨，结实常迎八月寒。
远愧故人勤置驿，每逢樽酒为加餐。
自身不得凉州牧，何以报君双玉盘。

石湖芍药盛开，向北使归，过扬所时，买根栽
宋·范成大

万里归程许过家，移将二十四桥花。

石湖从此添春色，莫把蒲萄苜蓿夸。

葡萄二首（其一）
明·何景明

汉家葡萄出西域，斗酒曾博凉州戍。

当日谁知使者劳，至今人种葡萄树。

葡萄图
明·张宁

紫苏步幛流苏短，露淡风清秋未满。

舞凤翎翻翠解苞，蟠龙骨瘦殊垂颔。

青葱苜蓿锦石榴，枝交蔓引弥山丘。

骅骝不至仙槎远，空有卉物遗中洲。

君不思，凉州一斗犹轻换，西行千骑归无半。

题璋上人所藏温日观墨蒲萄

明·蓝智

鲛人织绡翡翠宫,骊珠滴露垂玲珑。
老禅定起写秋影,空山月转双梧桐。
忆昔初移大宛种,苜蓿榴花俱入贡。
蓬莱别馆绿云深,太液晴波水晶重。
贝南之谷昙老居,生纸颠倒长藤枯。
墨池秃尽白兔颖,天风吹坠青龙须。
只园马乳秋初熟,点缀鹅湖云一幅。
醉草犹疑怀素狂,寒梅顿觉华光俗。
野堂千尺手所栽,兵戈芜没同蒿莱。
日斜对画独回首,诗成谁致西凉酒。

葡萄

明·彭大翼

按《本草》:苗作藤蔓而极长,开花极细,叶密多阴。其实有紫、青、黑三色,而形之圆锐亦有二种,其汁可以酿酒,一名马乳,一名黑水精,李直方第果品,以葡萄为第五。

出大宛

《酉阳杂俎》:葡萄出大宛,张骞使西域得种以归。又《六帖》:李广利为贰师将军,破大宛,得种归汉。

> 明　彭大翼
>
> **葡萄**
>
> 按本草苗作藤蔓而极长开花极细叶密多阴其实有紫青黑三色而形之圆锐亦有二种其汁可以酿酒一名马乳一名黑水精李直方第果品以葡萄为第五
>
> **出大宛**
>
> 酉阳杂俎葡萄出大宛张骞使西域得种以归又六帖李广利为贰师将军破大宛得种归汉

——《山堂肆考·卷二百七》

种离宫

明·彭大翼

异国志龟兹国，人奢侈家有千斛葡萄。
汉使取实归，种于离宫别馆之傍。

> 明　彭大翼
>
> **种离宫**
>
> 异国志龟兹国人奢侈家有千斛葡萄汉使取实归种于离宫别馆之傍

——《山堂肆考·卷二百七》

葡萄酒

明·王翰

揉碎含霜黑水晶，春波滟滟暖霞生。
甘浆细挹红泉溜，浅沫轻浮绛雪明。
金剪玉钩新制法，紫驼银瓮旧豪名。
客愁万斛可消遣，一斗凉州换未平。

葡萄酒

明·王翰

揉碎含霜黑水晶春波，滟滟暖霞生甘浆细挹红泉。
溜浅沫轻浮绛雪明金剪玉钩新制法，紫驼银瓮旧豪名。
客愁万斛可消遣，一斗凉州换未平。

题蒲萄

明·孙蕡

骊龙弄影照高秋，万斛真珠露气浮。
还忆玉人歌舞散，紫驼银瓮出凉州。

长驱既已入征行亦已劳

作者不详

至尊恤卒，伍分甘复。
投醪谍闻黑，卢伦贼垒坚。
且牢天子自，驰之三更铲。
贼壕攃冑出，和门雪沙拥。
弓刀衔枚度，峻岭士马寂。
不嚣是时月，正黑千山风。
怒号万瓦响，霹雳雷声殷。
鼓鼚轰传从，天下六骡惊。
遁逃仓皇遇，西师甲齐熊。
耳高何如燕，然捷不数皋兰麑。
我马肥苜蓿，我士醉葡萄。

葡萄植汉地，杨柳盈塞壤。
横笛入乐府，鼓吹重霄朗。
逸者倒其戈，降者稽其颡。
取其驼牛羊，不须烦内饷。
回望征战场，黄云郁苍莽。
惊釜纵游鱼，刻鼎假魍魉。

> 长驱既已入征行亦已劳
> 至尊恤卒伍分甘复投醪谍闻黑卢伦贼垒坚且
> 牢天子自驰之三更铲贼壕揽胄出和门雪沙拥弓刀
> 衔枚度峻岭士马寂不嚣是时月正黑千山风怒号万
> 瓦响霹雳雷声殷鼓鼙轰传从天下六骡惊遁逃仓皇
> 遇西师甲齐熊耳何如燕然捷不数皋兰鏖我马肥
> 苜蓿我士醉葡萄
> 葡萄植汉地杨柳盈塞壤横笛入乐府鼓吹重霄
> 朗逸者倒其戈降者稽其颡取其驼牛羊不须烦内饷
> 回望征战场黄云郁苍莽惊釜纵游鱼刻鼎假魍魉

——《皇清文颖·卷六十》

二、咏葡萄与苜蓿

北使还与永丰侯书

南朝梁·刘孝仪

足践寒地，身犯朔风。
暮宿客亭，晨炊谒舍。
飘摇辛苦，迄届毡乡。
杂种覃化，颇慕中国。
兵传李绪之法，楼拟卫律所治。
而毳幕难淹，酪浆易餍。
王程有限，时及玉关。
射鹿胡奴，乃共归国；
刻龙汉节，还持入塞。

马衔苜蓿，嘶立故墟；
人获蒲萄，归种旧里。
稚子出迎，善邻相劳。
倦握蟹螯，亟覆鰕碗。
未改朱颜，略多白醉。
用此终日，亦以自娱。

开封府上梁文（节选）
宋·杨亿

抛梁西，雪岭金河路不迷。
万里玉关皆我土，葡萄苜蓿遍高低。

西戎乞降
宋·刘敞

南国传消息，西戎送好音。
怀柔知帝力，启佑亦天心。
御酒蒲桃远，离宫苜蓿深。
仍闻编旧礼，五岳望君临。

曾法量尝寄蒲萄追作一篇

宋·王洋

自分蔬肠甘苜蓿，那烦远骑送蒲萄。
青条自有悠扬势，甘液多因灌溉劳。
坐见满盘堆马乳，全胜千里惠鹅毛。
病来苦不胜杯杓，今日思君饮浊醪。

楚有蘸菜色洁而味辛夜对吴监丞饮饮

宋·杨冠卿

山泽有臞儒，骨相无食肉。
平生藜苋肠，愧负诗书腹。
碧涧掇香芹，雕盘堆苜蓿。
艰苦谋一饱，未免穷途哭。
君今食万钱，肥甘非不足。
味厌五侯鲭，嘉蔬列琼玉。
云自楚中来，芳辛有余馥。
一笑下箸空，鲸饮荐醽醁。
吟余诗思清，如行湘水曲。
湘君不复见，直欲跨黄鹄。

西瓜园
南宋·范成大

碧蔓凌霜卧软沙,年来处处食西瓜。
形模濩落淡如水,未可蒲萄苜蓿夸。

练川十二咏和杨铁崖（录二首）（其二）折桅麻苎
元·祖教

桅折舟人冒险艰,黑风吹浪卷银山。
不如汉使传奇种,苜蓿葡萄满世间。

次韵答康郡马
元·大圭

支许三生是旧游,远征何必动新愁。
健儿踘进葡萄渌,宛马骄嘶苜蓿秋。
雪外屯兵开鹤阵,月中飞箭落旌头。
要知别后相思处,但看长淮日夜流。

灵州
元·马祖常

乍入西河地,归心见梦余。
蒲萄怜酒美,苜蓿趁田居。
少妇能骑马,高年未识书。
清朝重农谷,稍稍把犁锄。

无题五首（其一）
元·王逢

五纬南行秋气高，大河诸将走儿曹。
投鞍尚得齐熊耳，卷甲何堪弃虎牢。
汧陇马肥青苜蓿，甘梁酒压紫蒲萄。
神州比似仙山固，谁料长风掣巨鳌。

江山观发兵用韵
明·皇甫汸

江门选士拥旌旄，临发犹闻赠宝刀。
脱挽新承戏下命，吹箫曾授匣中韬。
月明陇水乡堪远，雪度阴山路岂劳。
铁骑经年随苜蓿，金盘何日荐葡萄。

永乐十一年陈诚使西，王直有诗相赠（节选）
明·王直

奉世才难敌，班超志绝伦。
声华还不泯，事业拟相亲。
野迥葡萄熟，沙平苜蓿新。
酒倾笳鼓夕，裘拥雪霜晨。
剑抚心逾壮，诗吟其有神。
森罗联地纪，磊落示大真。
玉节回西极，丹心倚北辰。
使归膺显爵，不数画麒麟。

次姚宗文贻沈文举（节选）

明·郑真

皋比掌教本非才，苜蓿盘空几席埃。
帝阙仰瞻三殿出，仙山遥望五云开。
多烦上客公车过，共迓先生聘币来。
藻颒生香冠佩集，锦篇新儗柏梁台。

四和（其三）

明·徐居正

偃蹇高怀龃龉多，敢将心事阅芳华。
盘中苜蓿照红日，瓮里葡萄生绿波。
渭北今年咏春树，湖西何处访梅花。
狂歌痛饮从人笑，已分残生滞屈蹉。

昨承和韵。相别日逼。情不自胜。又和元韵。以抒下情（其二）

明·徐居正

正坐儒冠冷欲冰，一生豪气愧陈登。
空疏自信无肠子，清苦真成有发僧。
培塿何曾齐华岳，陇泷应亦让齐渑。
葡萄苜蓿非吾有，为采江蓠间海菱。

日本樱花歌简湘绮丈并同坐诸君

清·瞿鸿禨

日本樱花颜色殊，举国重此倾城姝。
千人万人争出看，矜夸丽质天下无。
谁言绝妙海东种，竟肯移植湘西庐。
初来离立甫三尺，俄已高挺翘双株。
春深怒发千蓓蕾，明艳繁缀百琲珠。
吉野一种尤清娇，似蝶展翅偎花须。
留仙翠裙随风舞，凌波玉袜凭人扶。
嫣然宜笑相媚妩，淡妆浓抹皆妍都。
园中百花岂不好，品题一任人隆污。
梨花韵雪憎太白，海棠泫露嫌微朱。
中华山樱亦艳冶，相对疑吹南郭竽。
初闻海国名花名，心醉便已惊千夫。
世间万事骋新异，渐染浸及章缝儒。
文词治法尚舍己，何况卉木徒区区。
我思古昔众植物，亦有来自西域胡。
蒲桃苜蓿安石榴，滥觞且到淡巴菰。
近时名品益纷出，但号洋产无瑕瑜。
他年此花定流衍，到处错杂犹蒲卢。
直须遍被移春槛，何必更乘浮海桴。
群公今日肯临赏，痛饮宁辞酒百觚。
河汾丈人方莞尔，西席华餐无乃迂。
不嫌野蔌甚俭觳，还当竹里安行厨。
牡丹齐放请张目，国花毕竟吾何如。

注：日本以樱花为国花，吾国则以牡丹，颐和园种牡丹十数亩，异种皆备，御题"国花台"。

九江晚眺

清·范当世

日刚入时月未出，群辈相看若无色。
岂无倒影射天虚，可奈低云障如墨。
前途武汉古神州，平镜相看适相直。
番船箭激动遥烟，真觉茫然入深黑。
俄焉瞥见庐山明，诚非野烧迎风生。
葡萄苜蓿皆弥望，疑是匈奴别馆成。

黄城驻星庐匼匝翊（节选）

根移苜蓿抽嫩刍，种献蒲桃压清酤。
佳名沃壤多巴颜，德产从知饶美富。
扈围西旅竞欢呼，义手脱帽难言谕。
金牙瀚海坐日嗤，甫草上兰空掌故。

——《钦定热河志·卷一百十二》

天

今荷天祖垂庥，师武臣克襄成绩，昄章其地，氓隶其人，乃至昔日旧物留遗，皆得入中国，而详其原委，亮非获休屠、金人与蒲捎、苜蓿，辄断断动色哆词之为也。爰以长言系之，俾传示来许，不敢矜方物之远，益无忘绥辑之艰云尔。

——《钦定皇舆西域图志》

和广雅尚书杂诗六首 其四 高梁桥（癸卯年）

晚清·李希圣

西来宛马镇相寻，苜蓿葡萄极望深。
清绝晓钟仙杖句，无人解作蓼花吟。

塞外偶咏二首（其二）

现当代·邵祖平

大漠孤烟向晚斜，遥看毳帐两三家。
不从牛矢寻归路，但喜羊群遇藏娃。
明月来依青海浪，寒云半作玉关花。
直饶博望常来往，苜蓿葡萄尽拜嘉。

懋儿随科学考察团赴欧美

现当代·徐燕谋

泥中我自曳龟尾，池上人言有凤毛。
为问海西无尽宝，得如苜蓿与葡萄。

第二章 千古苜蓿事

　　自汉武帝时期，苜蓿传入我国，我们的祖先在栽培利用苜蓿的过程中，积累了丰富的知识和经验，形成了世界上历史最悠久、内容最丰富、技术最全面的传统苜蓿科技与文化，被许多典籍记录下来，如最早记载苜蓿起源的汉代司马迁《史记》、班固《汉书》，最早系统总结苜蓿农艺技术的北魏贾思勰《齐民要术》、最早系统描述记载苜蓿植物学的明代朱橚《救荒本草》、王象晋《群芳谱》、清代吴其濬《植物名实图考》，详细总结苜蓿本草特性的明代李时珍《本草纲目》，采用试验实地考证苜蓿物种的清代程瑶田《程瑶田全集·释草小记》等都记录了中国苜蓿在各个历史时期的发展。悠长的古韵，深厚的文明，留下了许多弥足珍贵的苜蓿往事、苜蓿传奇、苜蓿知识乃至苜蓿生产经验。

第一节 苜蓿溯源

一、"苜蓿"词的追溯

《史记·大宛列传》是最早记载苜蓿的史料，曰"宛左右以蒲陶为酒，……俗嗜酒，马嗜苜蓿。汉使取实来，于是天子始种苜蓿、蒲陶肥饶地。"但汉代早期的"苜蓿"一词并非现在这个单词。最早的是"目宿"（如东汉《汉书》），之所以成为目前"苜蓿"是在唐之后的传抄过程中改写成这样的，因为汉代还没有"苜蓿"这样的词。

释文：俗嗜酒，马嗜苜蓿。汉使取其实来，于是天子始种苜蓿、蒲陶肥饶地。及天马多，外国使来众，则离宫别观旁尽种蒲萄、苜蓿，极望。

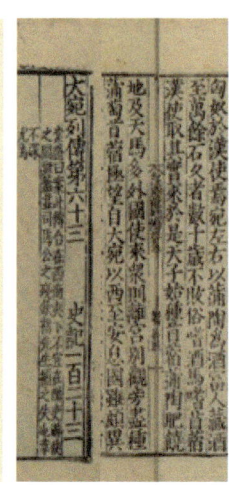
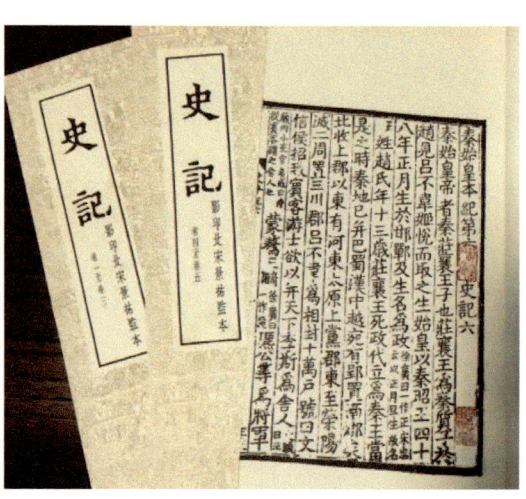

——《史记·大宛列传》

二、"目宿"词考证

经考证，在汉代用的更多的应该是"目宿""牧宿"。最晚在晋又出现了"苜蓿"等同音异字。在司马迁《史记》（成书于征和二年（前91年）出现不久，即初建七年（82年），班固写成了《汉书》，在《汉书·西域传》中也出现了"目宿"："汉使采蒲陶、目宿种归。天子以天马多，又外国来使众，益种蒲陶、目宿离宫馆旁，极望焉。"

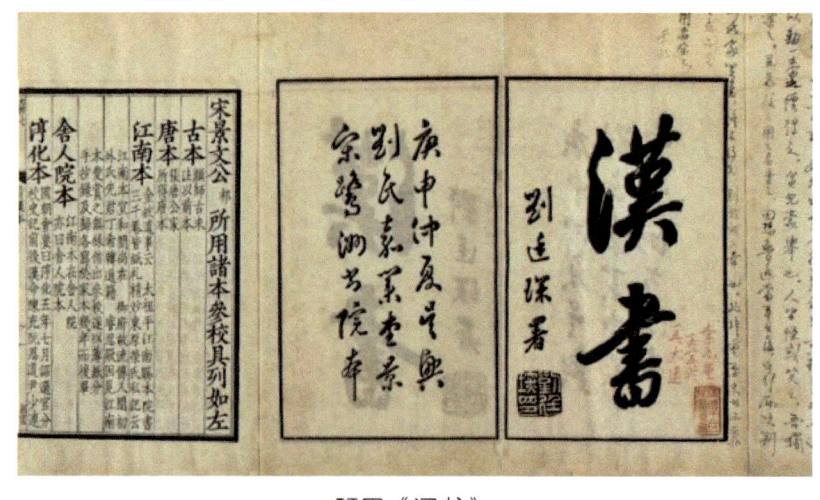

班固《汉书》

东汉许慎《说文解字》载有"目宿","苜,草也。似目宿。"汉语的外来词大都经历了由音译到意译的演变过程。当时也有同音异字,如东汉崔寔《四民月令》中有"牧宿"。

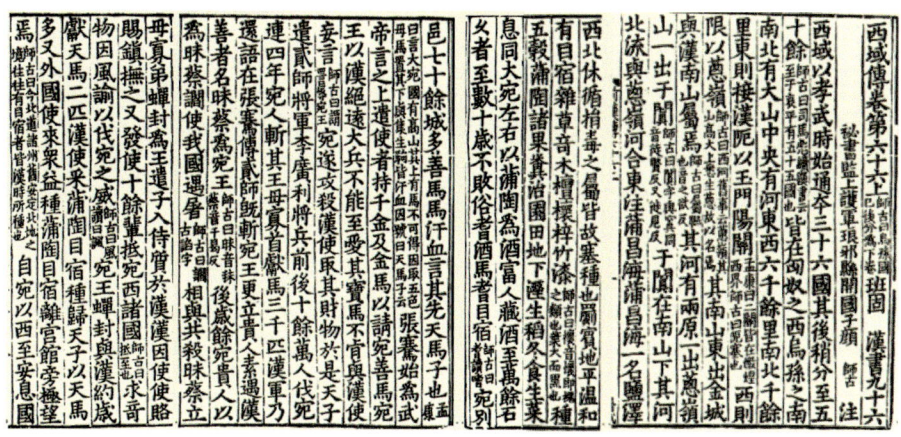

《汉书·西域传》

《尔雅注疏》是中国古代对《尔雅》加以注解的著作,作者为晋郭璞(注作者)与北宋邢昺(疏作者)。《尔雅》是我国最早的一部解释词义的专著,也是第一部按照词义系统和事物分类来编纂的词典。在"**权黄华**"词条有这样记述:

郭云:"今谓牛芸草为黄华。华黄,叶似苜蓿。"《说文》亦云:"芸,草也。似苜蓿。《淮南子》说'芸草可以死复生'。"《月令》注云:"芸,香草也。"《杂礼图》曰:"芸,蒿也。叶似邪蒿,香美可食。"然则牛芸者,亦芸类也。郭以时验而言之,故云"**今谓牛芸草为黄华**"也。

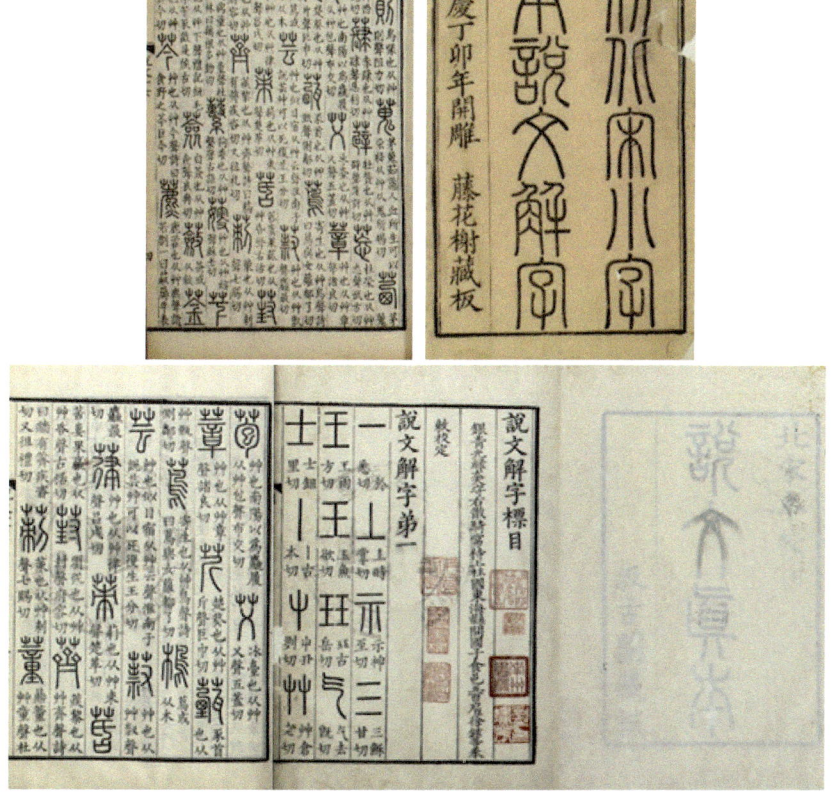

《说文解字》

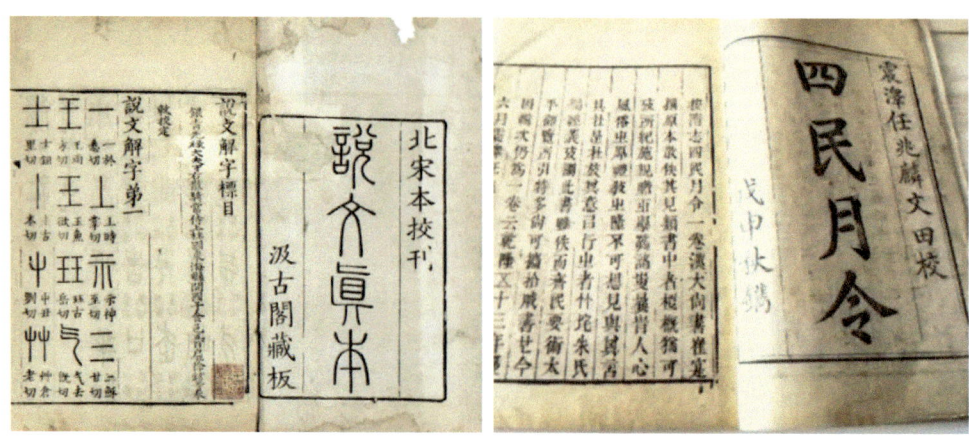

《说文解字》　　　　　　　　　《四民月令》

《尔雅·注疏》

近几年，随着敦煌发现简牍资料的不断整理，特别是悬泉汉简和玉门关汉简的新近刊布，我们可以看到更多汉代"目宿"使用的记载，能够对汉代"目宿"一词的考证。

出目宿廿五石 阳朔三年十一月甲申效谷常利里马君来付县泉厩啬夫定钱八千五百

出阳朔三年十一月己丑县泉啬夫定付敦煌新成里山谭

目宿茭八十五石

凡入茭槀目宿二千四百八十三

入目宿二百 元寿二年十月

上述简也是"目宿"（苜蓿）出入的记载，简文或将目宿与茭、槀并列，都反映出"目宿"作为饲草的情况。次简有汉哀帝元寿二年（前1年）纪年，由此可见西汉后期敦煌的"目宿"一词普遍使用情况。

三、"苜蓿"词的出现

至于在"目宿"二字上冠以"艹"，而正式成为中国式学名，则大约始于唐代的译经。《金光明经·大辩天品》中有"苜蓿"。唐《通典》采用"苜蓿",该词沿用至今。劳费尔（Berthold Laufer, 1919）认为,中文的"苜蓿"二字,意思是"最好的草",应该是古波斯语 buksuk 的译音,这个音译保留了古波斯语的发音。

《佛学大辞典·苜蓿》曰：【苜蓿】（物名）香药三十二味之一。最胜王经七曰："苜蓿香,塞毕力迦。"梵语杂名曰："苜蓿,萨止萨多。"

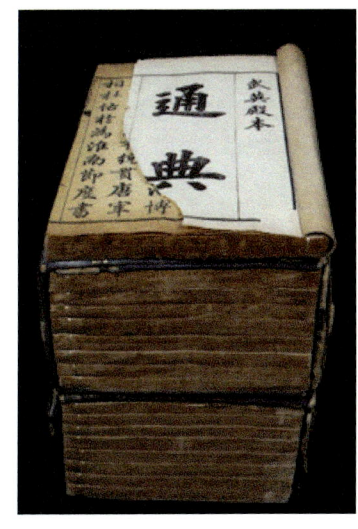
《通典》

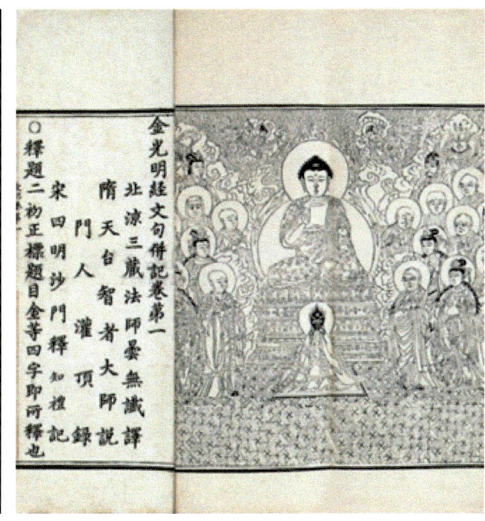
《金光明经》

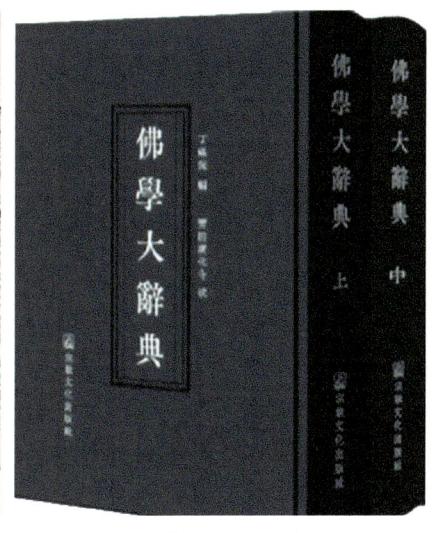
《佛学大辞典》

四、苜蓿名称的演变

1. 典籍中的苜蓿名称

汉使所携回者初名为"目宿",后世（唐代）加草头"艹"成为"苜蓿"。

苜蓿名称演变

作者	朝代	文献	名称	描述
班固	汉	汉书·西域传	目宿	罽宾地平、温和,有目宿。俗嗜酒,马嗜目宿。……汉使采蒲陶目宿种归。
许慎	汉	说文解字	目宿	芸,草也。似目宿。
崔寔	汉	四民月令	牧宿	正月可种春麦……牧宿。牧宿子及杂蒜,亦可种。
郭璞	晋	尔雅注疏	苾蓿	权,黄花。郭璞注：今谓牛芸草为黄华。华黄,叶似苾蓿。
杜佑	唐	通典·边防典	苜蓿	罽宾地平、温和,有苜蓿。
罗愿	宋	尔雅翼	木粟	（苜蓿）秋后结实黑房累累如穄,古俗人因谓之木粟,其米可为饭。
李时珍	明	本草纲目	牧宿	时珍曰"苜蓿,郭璞作'牧宿',谓其宿根自生,可饲牧牛马也。"
厉荃	清	事物异名录	苜蓿	怀风、光风、连枝草。《西京杂记》一名怀风,一名光风；茂陵人谓之连枝草。牧宿、木粟、塞毕力迦。《本草纲目》[苜蓿] 郭璞作牧宿,谓其宿根自生,可饲牧牛马也；罗愿《尔雅翼》作木粟,言其米可吹饭也；《金光明经》谓之塞毕力迦。

《玉篇》，中国古代一部按汉字形体分部编排的字书。南朝梁大同九年（543 年）黄门侍郎兼太学博士顾野王撰。顾野王（519—581 年）字希冯，吴郡吴（今江苏苏州吴中区）人，仕梁陈两朝。七老）草部第一百六十二（凡一千五十四字（缘切香草也）芸（古军切香草也），《说文》曰似目宿，賷（同上）苜（莫六切苜蓿），《汉书》罽宾国多苜蓿，宛马所嗜。本作目宿。

钦定四库全书
玉篇卷十三凡一部
梁　顾野王
艸部第一百六十二
七老艸部第一百六十二
凡一千五十四字缘切香草也
古军切香草也说文曰似目宿賷同上
苜莫六切苜蓿汉书罽宾国多苜蓿宛
马所嗜本作目宿蓿私六切苜蓿蔡且
盖切草芥

2. 苜蓿异名

在古代，苜蓿除有同音异字外，还存在许多异音异字的别名。苜蓿最早的异音异字别名出现在汉刘歆晋葛洪《西京杂记·乐游苑》中，他将苜蓿称为"光风""怀风"和"连枝草"。在唐义净《金光明经》出现了苜蓿香（塞毕力迦），宋法云《翻译名义集》明确指出，塞毕力迦，此云苜蓿，《汉书》云："罽宾国多苜蓿。"明代李时珍复引了《金光明经》苜蓿谓之塞毕力迦，《梵语杂名》曰："苜蓿，萨止萨多。"此外，苜蓿还有鹤顶草、灰䕲和光风草等异音异字别名。

释文："乐游苑"自生玫瑰树，树下多苜蓿。苜蓿一名怀风，时人或谓之光风。风在其间，常萧萧然，日照其花，有光采，故名苜蓿为怀风。茂陵人谓之连枝草。

乐游苑
自生玫瑰树树下多苜蓿苜蓿
一名怀风时人或谓之光风风在其
间常萧萧然日照其花有光采故名
苜蓿为怀风茂陵人谓之连枝草

——汉 刘歆　晋 葛洪辑《西京杂记》

怀风花

乐游苑,自生玫瑰树,下多苜蓿。

一名怀风,时人或谓之光风。

风在其间常肃然,日照其花有光彩,故名曰苜蓿怀风。

茂陵人谓之连枝草。

——《西京杂记》

连枝

《西京杂记》乐游苑中,自生玫瑰树,树下多苜蓿,一名怀风。茂陵人谓为连枝草。

《事类赋》曰:苜蓿,怀风而披靡。(《西京杂记》曰:乐游苑中自生玫瑰树,树下多苜蓿。一名怀风或谓光风,风在其间萧萧然,日照有光彩,故曰苜蓿怀风。茂陵人谓为连枝草。)

——宋吴淑《事类赋·卷二十四 草部》

苜蓿别名与出处

作者	朝代	出处	异名	描述
葛洪	晋	西京杂记	怀风、光风	苑自生玫瑰树，树下多苜蓿。苜蓿一名怀风，时人谓之光风。
吴淑	宋	事类赋	连枝草	风在其间，常萧萧然，日照其花有光彩，故名苜蓿为怀风。茂陵人谓之连枝草。
三藏法师义	唐	金光明经	塞毕力迦	苜蓿香（塞毕力迦）
法云	宋	翻译名义集	塞毕力迦	塞毕力迦，此云苜蓿。《汉书》云：罽宾国多苜蓿。
罗愿	宋	尔雅翼	鹤顶草	今苜蓿甚似中国灰藋，但藋苗叶作灰色，而苜蓿苗端正，今人谓之鹤顶草。
施宿	宋	嘉泰会稽志	灰粟	灰粟，树叶皆如灰藋，苗头如丹，米如苋子，或云灰粟，即苜蓿。
李时珍	清	本草纲目	光风草	纲目：木粟，光风草。

第二节　苜蓿农艺技术

一、最早记载苜蓿农艺的农书

自汉武帝时，苜蓿在汉土引种成功，两汉魏晋南北朝时期苜蓿得到了快速发展，特别是在北方苜蓿得到广泛种植，新疆、甘肃、宁夏和陕西及青海东部、内蒙古西部及黄河中下游等都有种植。我国最早的农书《氾胜之书》成书于汉成帝时（公元前32至公元7年），是氾胜之根据当时黄河流域关中地区，农业生产技术的成就而写成的农书。《氾胜之书》在《汉书·文艺志》被称为"氾胜之十八篇"，在汉朝即享有盛誉，可以说是整个汉朝最杰出的农书。可惜《氾胜之十八篇》早已失传，目前的《氾胜之书》是根据《齐民要术》《太平御览》等文献中记载的内容汇合而成，书中虽然没有苜蓿记载，但王毓瑚（2005）认为，《氾胜之书》中不可能没有苜蓿记载，因为苜蓿是当时关中地区很重要的作物，只是因为《氾胜之书》失传，而目前仅有的资料没有收录苜蓿而已。

尽管残存的《氾胜之书》在介绍关中地区农事活动中，尚未留存当时在关中地区已广泛种植的苜蓿（或有记载已失传）的记载，但幸运的是东汉崔寔（约103—170年）《四民月令》）介绍了当时苜蓿的播种、刈割技术，成为最早记载苜蓿栽培技术的农书。《四民月令》："（正月）牧宿子及杂蒜，亦可种；此二物皆不如秋。""（七月）可种芜菁及芥、牧宿……刈刍茭。""（八月）种大、小蒜，芥，牧宿。"

《四民月令》辑释

二、最早的苜蓿农艺全面总结

东汉崔寔《四民月令》是我国记载苜蓿栽培技术的最早农书。但记载的农艺技术相对简单。到了北魏，我国杰出农学家贾思勰所著的一部综合性农书《齐民要术》，是系统总结介绍苜蓿农事活动的最早的农书，是中国现存的最完整的农书，也是世界科学文化宝库中的珍贵典籍。它系统地总结了公元6世纪前我国北方的农业生产和农业科学技术，对后世的农学发展影响很大，它在国外也备受赞誉，特别是在日本更是受到重视，将《齐民要术》的研究尊为"贾学"，这是我国劳动人民对世界农学发展做出的一个重要贡献。元代司农司（农业管理机构）编的《农桑辑要》，王祯的《农书》，明代徐光启《农政全书》和清代的《授时通考》，这四部综合性的农书从体例到取材，基本上都是采自《齐民要术》。所以，《齐民要术》的功绩在于总结了以前农学发展的成就，也为后来的农学发展奠定了基础。

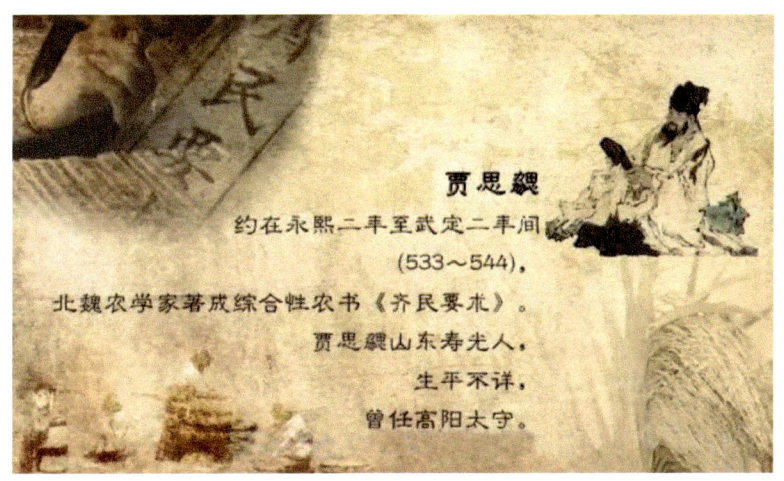

贾思勰像（北魏农学家）

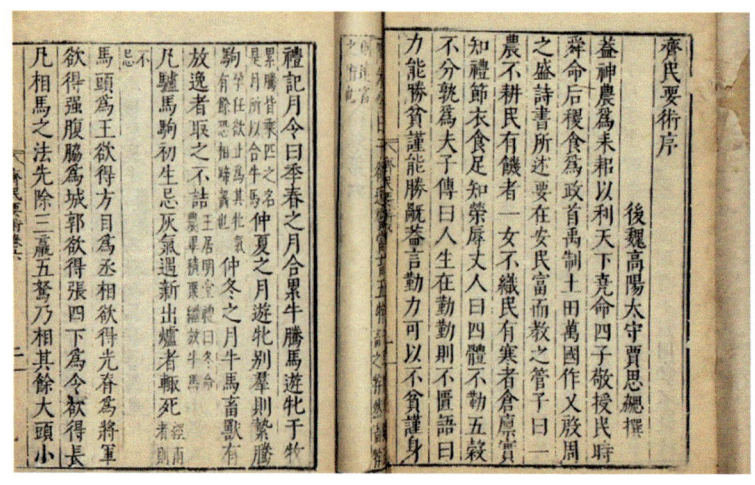

《齐民要术》

贾思勰在《齐民要术·种苜蓿》详细总结了水地、旱地的苜蓿栽培、管理及利用技术，有些技术沿用至今，如播种技术、刈割制度、早春松土等。

《汉书·西域传》曰："罽宾有苜蓿。""大宛马，武帝时得其马。汉使采苜蓿种归，天子益种离宫别馆旁。"

陆机《与弟书》曰："张骞使外国十八年，得苜蓿归。"

《西京杂记》曰："乐游苑自生玫瑰树，下多苜蓿。苜蓿，一名'怀风'，时人或谓'光风'；光风在其间，常肃然自照其花，有光彩，故名苜蓿为'怀风'。茂陵人谓之'连枝草'。"

地宜良熟。七月种之。畦种水浇，一如韭法。（亦一剪一上粪，铁杷楼土令起，然后下水。）旱种者，重楼构地，使垄深阔，窍瓠下子，批契曳之。每至正月，烧去枯叶。地液辄耕垅，以铁齿镉榛镉榛之，更以鲁斫斸其科土，则滋茂矣。（不尔瘦矣。）一年三刈。留子者，一刈则止。春初既中生啖，为羹甚香。长宜饲马，马尤嗜。此物长生，种者一劳永逸。都邑负郭，所宜种之。

崔寔曰："七月，八月，可种苜蓿。"

——北魏·贾思勰《齐民要术·卷三种苜蓿 第二十九》

三、最早苜蓿农艺技术改进与提高

《群芳谱》全称《二如亭群芳谱》，是明代介绍栽培植物的一部巨著，成书与崇祯三年（1630年），王象晋编撰。它专门论述与民生关系最密切、具有经济价值或者某种特用的作物。全书以花、卉、果、木、谷、蔬、桑麻葛、棉、茶、竹、鹤鱼为序作谱，详细介绍了几十种农作物的生产栽培过程（包括栽培、管理、留种、加工、制用等措施）。其中尤其重视各种农作物的性状和形态特征，这是其他农书所不及的。作者很注意作物名称的订正，纠正了其他农书中一些混淆之处，迄今为《植物学大辞典》及《中国植物图鉴》所采用。《群芳谱》在《明史·艺文志》农家类中已有著录，在《四库全书》总目谱录中有存目，《词海》生物分册将《群芳谱》列入生物学著作中。

[苜蓿]种植。夏月取子，和荞麦种。刈荞时，苜蓿生根，明年自生，止可一刈，三年后便盛。每岁三刈，欲留种者，止一刈，六七年后垦去根，别用子种。若效两浙种竹法，每一亩今年半去其根，至第三年去另一半，如此更换，可得长生，不烦更种。若垦后次年种谷，必倍收，为数年积叶坏烂，垦地复深，故今三晋人刈草三年即垦作田，亟欲肥地种谷也。

——《群芳谱·第五册·卉谱》

四、最早官修农书中的苜蓿

1.《农桑辑要》

我国最早由官方组织出版的农书可能就是《农桑辑要》了，它是由元代专管农桑水利的机构司农司所撰，因此，《农桑辑要》被认为是我国第一部农业官书。《农桑辑要》未标明作者，明代徐光启在其《农政全书》有一处曾引作孟祺《农桑辑要》，而在另一处似指畅师文及苗好谦也是《辑要》的作者。一般认为，由于孟祺出生年比畅师文和苗好谦早10年，所以此书可能是由孟祺所撰，而畅师文和苗好谦在之后可能进行了增补。

《农桑辑要》共七卷，卷一典训与耕垦、卷二播种（农作物栽培各论）、卷三栽桑、卷四养蚕、卷五瓜菜与果实、卷六竹木与药草、卷七孳畜（包括家畜、家禽、鱼蜜蜂等）。苜蓿在《农桑辑要》卷六竹木与药草部被单条记述。主要辑录了《四民月令》《齐民要术》《四时纂要》中的苜蓿农艺措施。

苜蓿

《齐民要术》：地宜良熟。七月种之。畦种水浇，一如韭法（亦一剪一上粪，铁杷耧土令起，然后下水。）一年三刈。留子者，一刈则止。春初既中生啖，为羹甚香。长宜饲马，马尤嗜之。此物长生，种者一劳永逸。都邑负郭，所宜种之。

崔寔曰：七月，八月，可种苜蓿。

《四时类要》：苜蓿，若不作畦种，即和麦种之不妨。烧苜蓿之地，十二月烧之，记二年一度。耕垄外根，即不衰。

凡苜蓿，春食，作干菜，至益人。

——《农桑辑要·卷七》

古人亦知道采取适宜的农艺措施可延缓苜蓿衰老，元司农司《农桑辑要》在征引《齐民要术》"此物（苜蓿）长生，种者一劳永逸"的基础上，并复引了《四时纂要》苜蓿"二年一度耕垄外根，即不衰。"就是说每两年在苜蓿根外（即垄被，苜蓿行与行间）进行浅耕松土，这样有利于延缓苜蓿的衰老。

2.《授时通考》

《授时通考》由"内廷同臣"编撰的一部官书，也是我国封建社会最后一部整体性的传统农业官书。乾隆二年（1737年）开始编写，至乾隆七年（1742年）编成。德国人毕施奈德（Emil Bretschneider）在《中国植物学文献评论》（1870年）对该书有过较高的评价："插图颇佳，欧洲震旦学者，偶有著述，往往取材于是。"

《授时通考》全书分为天时、土宜、谷种、功作、劝课、蓄聚、农余、蚕桑等八门。本书的内容主要为农业资料汇编。虽然是汇编前人的资料，本书仍有它的重要性。一是汇集和保存了不少宝贵的历史资料，征引文献达427种之多，比《农政全书》多出200多种；二是附了许多精致的插图，内容丰富，图文并茂；三是将水利附在"土宜门"，把"物土"和"田制"结合起来，灌溉和"泰西水法"纳入"功作门"体系中，这也不同于他农书的地方。《授时通考》对苜蓿的农艺性也有记述。

苜蓿：一名木粟，《尔雅翼》作木粟，言其米可饮饭也。一名怀风，一名光风草，《西京杂记》云：风在其间常萧萧然，日照其花有光彩，故名怀风，又名光风。一名连枝草，《西京杂记》云：茂陵人谓之连枝草。一名牧宿，《本草》云：郭璞作牧宿，谓其宿根自生，可饲牧牛马也。一名塞毕力迦，见《金光明经》。张骞自大宛带种归，今处处有之。苗高尺余，细茎分叉而生，叶似豌豆颇小，每三叶攒生一处。梢间开紫花，结弯角，角中有子，黍米大，状如腰子。三晋为盛，秦、齐、鲁次之，燕、赵又次之，江南人不识也。味苦，平，无毒，安中利五脏，洗脾胃间诸恶热毒。长宜饲，马尤嗜此物。

《元史·食货志》：至元七年，颁农桑之制，令各社布种苜蓿，以防饥年。

《四月民令》：七月、八月可种苜蓿。

《齐民要术》：地宜良熟，七月种之，畦种水浇，一如韭法。春初既中生啖，为羹甚香。此物长生，种者一劳永逸。都邑负郭，所宜种之。

《群芳谱》：种植：夏月取子和荞麦种。刈荞时，苜蓿生根，明年自生。止可一刈，三年后便盛。每岁三刈，欲留种者止一刈。六七年后垦去根，别用子种。若效两浙种竹法，每一亩今年半去其根，至第三年去另一半，如此更换，可得长生，不烦更种。若垦后次年种谷，必倍收，为数年积叶坏烂，垦地复深。故今三晋人刈草，三年即垦作田，亟欲肥地种谷也。

苜蓿　一名木粟尔雅翼作木粟言其米可饮饭也一名怀风一名光风西京杂记云风在其间常萧萧然日照其花有光彩故名怀风又名光风一名连枝草西京杂记云茂陵人谓之连枝草一名牧宿本草云郭璞作牧宿谓其宿根自生可饲牧牛马也一名塞毕力迦今处处有之苗高尺余大宛种归今处处有之苗似豌豆颇小每三细茎分叉而生叶攒生一处梢间开紫花结弯角中有子泰米大状如腰子三晋为盛秦、齐、鲁次之燕、赵又次之江南人不识也味苦平无毒安中利五脏洗脾胃间诸恶热毒长宜饲马尤嗜此物　元史食货志至元七年颁农桑之制令各社布种苜蓿以防饥年

四月民令　七月、八月可种苜蓿　齐民要术　地宜良熟七月种之畦种水浇一如韭法春初既中生噉为羹甚香此物长生种者一劳永逸都邑负郭所宜种之　群芳谱　种植夏月取子和荞麦种刈荞时苜蓿生根明年自生止可一刈三年后便盛每岁三刈欲留种者止一刈六七年后垦去根别用子种若两浙种竹法每一亩今年半去其根至第三年另一半如此更换可得长生不烦更种若垦后次年种谷必倍收为数年积叶坏烂垦地复深故今三晋人刘草三年即垦作田丞欲肥地种谷也

——《钦定授时通考·卷六十二蔬四》

第三节　苜蓿植物生态学发展

一、最早与苜蓿相关的植物学记载

东汉许慎《说文解字》是目前发现最早的涉及与苜蓿植物形态学有关的典籍，《说文解字》云："苜，草也。似苜蓿。"清吴其濬《植物名实图考》曰："（说文解字）苜似苜蓿。"《尔雅注疏》曰："权，黄华"。郭璞注："今谓牛苜草为黄华。华黄，叶似苜蓿。"胡奇光（2006）认为，权又称黄华，即野决明，以说牛苜草。另外，汉刘安《淮南子》说"苜草，可以复生。"这说明古人早已认识到苜蓿的多年生的习性，不仅如此，还认识到了苜蓿的宿根习性和再生性。

据中国科学院中国植物志编辑委员会（1998）《中国植物志·第 43 (2) 卷芸香科》考证，《尔雅》《说文解字》《梦溪笔谈》中提及的"苜""苜草""苜香草"……，或可能是菊科或豆科植物。中国科学院中国植物志编辑委员会在《中国植物志·第 42 (2) 豆科》中明确指出，草木樨（*Melilotus officinalis*，亦称辟汗草）在我国古时用以夹于书中辟称芸香，野决明别名黄华。管锡华（2014）

在《尔雅译注》中指出:"权又称为黄华,即牛芸草或野决明〈野决明豆科植物叶(羽状复叶)、果实(荚果)与苜蓿相似〉。"由此知,早在汉代我国先民就熟知苜蓿植物形态学,之后人们常常用苜蓿植物学特征与其他植物进行比较。

二、早期苜蓿零散的植物生物学记载

北魏贾思勰《齐民要术》曰:苜蓿"一年三刈。"又曰:"此物(苜蓿)生长,种者一劳永逸。"即种一次生长多年,一年可以刈割三次。

《四时纂要》云:"大如黍及大麻子,黄黑似豆。高五六尺,叶如细槐,亦如苜蓿枝间微刺"唐苏敬《新修本草》将云实(*Gaesapiniasepiaria*)植物特征与苜蓿亦有类似比较。

到了宋代,人们对苜蓿的形态学特征有了更细微的观察研究。宋陈景沂《全芳备祖》曰:"决明夏初生苗,根带紫色,叶似苜蓿。"宋郑樵在《昆虫草本略》写到"云实叶如苜蓿,花黄白,荚如大豆。"云实(*Caesalpinia decapetala*)、野决明、苜蓿都是豆科植物,这3种植物的叶(羽状复叶)、果实(荚果)也极其相似。这些形态上的差异在当时都能区分的很清楚,运用同科植物器官来作比拟,有助于对植物的准确认识,这说明人们通过观察,已掌握了一定的植物形态学知识。宋苏颂《本草图经》云:"(决明子)叶似苜蓿而阔大,夏花,秋生子作角。"宋梅尧臣《书局一本》诗曰:"有芸如苜蓿,生在蓬蘲中。"南宋罗愿《尔雅翼》对苜蓿的结实性进行了描述:"秋后结实,黑房累累如穄子,故俗人因为之木粟。"是我国古代早期对苜蓿植物学特性的认识。宋寇宗奭《本草衍义》亦曰:"苜蓿有宿根,刈讫又生。"说明宋代人们明确认识到苜蓿是宿根植物,并可刈割后再生这一特性。

三、最早的苜蓿花色记载

对我国古代苜蓿花色的记载最早出现在唐代和宋代。唐代韩鄂在《四时纂要》写到:"(苜蓿)紫花时,大益马。"缪启愉(1981)在注释中明确指出,从"紫花",可知《四时纂要》所说是紫花苜蓿(*Medicago sativa*)比较耐寒、耐旱,栽培于北方。

宋代梅尧臣在《咏苜蓿》诗有记载,曰:

苜蓿来西域,葡萄亦既随。

胡人初未惜,汉使始能持。

宛马当求日,离宫旧种时。

黄花今自发,撩乱牧牛陂。

1991年吴征镒指出:公元前一至二世纪由张骞自西域引来,最早记载苜蓿的花为黄色的是在宋代梅尧臣诗中云:"有芸如苜蓿,生在蓬翟中,黄花三四穗,结穗植无穷"。都说明其是黄色的,根据分布地区来看,应是黄花苜蓿(*Medicago falcata*),而《群芳谱》中的苜蓿即为紫花苜蓿(*M. sativa*),吴征镒进一步指出,南苜蓿(*M. hispida* 或 *M. denticulata*)《本草纲目》始载之,但仍以苜蓿为其名,李氏认为本种即为最早之苜蓿,并开黄花,但不同于正种的原植物 *M. falcata*。南苜蓿应该是《植物名实图考》中记载的野苜蓿的一种。虽然汉代传入我国的苜蓿为紫花苜蓿得到广泛认可,但分歧依然存在。

四、最早的苜蓿植物生态学系统研究

1.《救荒本草》

《救荒本草》明永乐四年（1406年）刊刻于开封，是一部专讲地方性植物并结合食用方面以救荒为主的植物志，作者是朱橚。朱橚是对苜蓿植物学特征特性进行较为系统观察研究的开拓者，《救荒本草》的问世将我国古代植物学研究推到一个新的高度。朱橚《救荒本草》植物学术语丰富精确，如苜蓿茎分叉而生，对花色有明确记载，对荚果种子形态的描述近乎现代，"苜蓿苗高尺余，细茎，分叉二生，叶似锦鸡儿花叶微长，又似豌豆叶，颇小，每三叶攒生一处，梢间开紫花，结弯角儿，中有子如黍米大，腰子样。"这说明朱橚观察非常细致，并熟知植物学术语。徐光启的《农政全书》亦作了同样的记述。这些对苜蓿形态特征的描述，说明作者观察细微，准确地突出了苜蓿的形态特点。不仅如此，朱橚还将苜蓿与其他植物进行了比较。可以看出，朱橚在对苜蓿形态详细观察和认识的基础上，采用类比法，对苜蓿与豆科其他几种植物进行了比较，除小虫儿卧单 [（据王家葵（2007）考证，该种为地锦草，*Euphorbia humifusa*）] 为大戟科外，其他的都是豆科植物，特别是能将与苜蓿极为相似的兰香草木樨（*Lespedeza bicolor*）区分开，并能掌握各自的植物学关键特征，实属不易，这说明朱橚对豆科植物形态特征，特别是苜蓿的植物学特征已相当熟悉。

《救荒本草》很早就流传到国外。在日本先后刊刻，还有手抄本多种问世。据日本研究中国本草学的冈西为人说，《救荒本草》在日本德川时代（1603—1867年）曾受到很大重视，当时有关的研究文献达15种。这本书曾由英国药学家伊博恩译成英文。伊博恩在英译本前言中指出，毕施奈德于1851年就已开始研究这本书，并对其中176种植物定了学名。而伊博恩本人除对植物定出学名外，还做了成分分析测定。

早于《本草纲目》180年的《救荒本草》，其原版木刻图比《本草纲目》更高明。美国植物学家李德在他著的《植物学小史》中也赞颂《救荒本草》配图的精确，并说它超过了当时的欧洲。美国著名科学史家萨顿赞叹说："了解中国艺术家优秀的传统，就不难理解朱橚《救荒本草》插图的极端精美。"苜蓿植物手绘图就出现在《救荒本草》，成为我国乃至世界上首幅苜蓿手绘插图。

苜蓿

出陕西，今处处有之。苗高尺余，细茎、分义而生，叶似锦鸡儿，花叶微长，又似豌豆叶颇小，每三叶攒生一处，梢间开紫花。结弯角儿中有子，如黍米大，腰子样。味苦性平，无毒。一云微甘淡，一云性凉。根寒。

——明·朱橚《救荒本草·卷八菜部》

2.《群芳谱》

《群芳谱》全称《二如亭群芳谱》，是明代介绍栽培植物的一部巨著，王象晋编撰，1630年刊发。它专门论述与民生关系最密切、具有经济价值或具有某些特殊用途的作物或植物。全书以花、卉、果、木、谷、蔬、桑麻葛、棉、茶、竹、鹤鱼为序作谱，详细介绍了几十种农作物的生产栽培过程（包括栽培、管理、留种、加工、制用等措施）。其中尤其重视各种农作物的性状和形态特征，这是其他农书所不及的。作者很注意作物名称的订正，纠正了其他农书中一些混淆之处，迄今为《植物学大辞典》及《中国植物图鉴》所采用。

《群芳谱》在《明史·艺文志》农家类中已有著录，在《四库全书》总目谱录中有存目，《词海》生物分册将《群芳谱》列入生物学著作中。

王象晋《群芳谱》云："马蹄决明[（据中国科学院中国植物志编辑委员会《中国植物志·第42（2）卷芸香科》考，该种为决明（Cassiatora）]，高三、四尺，也大于苜蓿而本小末奢。"另外，《群芳谱》对苜蓿的描述与《救荒本草》既有相似之处，也有不同。"苗高尺余，细茎分叉而生。叶似豌豆，每三叶攒生一处。梢间开紫花，结弯角，有子黍米大，状如腰子。"刈荞时，苜蓿生根，明年自生，止可一刈。三年后便盛，每岁三刈。欲留种者，止一刈。六七年后垦去根，别用子种。王象晋除对苜蓿形态特征进行了准确描述外，对苜蓿生长习性有了更进一步的认识，他指出苜蓿生长3年后进入旺盛生长期，每年可刈割3次，6～7年后可以将其耕翻，这一研究结果与现代研究结果极其相似，可见研究结果的精准性和科学性。对于苜蓿的绿肥性王象晋已有了深刻的认识，他认为："若垦后次年种谷，必倍收，为数年积叶坏烂，垦地复深，故三晋人刈草三年即垦作田，亟欲肥地种谷也。"由此可知，我国早在古代就已经开始利用苜蓿的固氮特性了，种植3年苜蓿提高土壤肥料后，改种需氮多的谷类作物，以获得丰收。另一方面，也说明合理轮作在古代就已经开始了。

张骞自大宛带种归，今处处有之。苗高尺余，细茎分叉而生。叶似豌豆颇小，每三叶攒生一处，梢间开紫花。结弯角，中有子，黍米大，状如腰子。三晋为盛，秦、鲁次之，燕、赵又次之，江南人不识也。

——明·王象晋《群芳谱》

五、最早的苜蓿试验考证与农艺生物学研究

到了清代，人们对苜蓿的研究就更加系统科学，程瑶田（1725—1814）自已种植苜蓿和草木樨（据中国科学院中国植物志编辑委员会考证，该种为 *Melilotu sofficinalis*）进行植物学特性的比较研究，并在《程瑶田全集·释草小记》中对苜蓿和草木樨植物学特征进行了较为全面系统的描述。《程瑶田全集·释草小记》曰：

苜蓿（种子）与前（草木樨种子）大异，形如腰子，似豆，又似沙苑蒺藜，而极小，仅如粟大。有薄衣，黄色。衣内肉，淡牙色。中坚而外光。丁巳二月布种。谷雨后始生，采其嫩者，瀹而炮食之，有野菜味。其梗细甚，然已觉微硬。长者梗硬如铁线，屈曲横卧于地。间有一二挺出者，则其短者也，体柔而质刚。叶则一枝三出，叶末有微齿。初生时，掘其根视之，一条独行。是年未开花。明年戊午春，蓿根生苗。四月廿一日，芒种前二日，见其作花，如鸭儿花而较小，连跗约长三分许，淡紫色，四出。花中有心，作硬须靠大出，末有黄蕊。其作花也，于大茎每节叶尽处，生细茎如丝，攒生花四五枝，一簇顺垂，不四向错出。其花自下节生起，次第而上，下节花落，上节渐始生花。此则与群芳谱大合。

六、最早的苜蓿分类研究

清代吴其濬《植物名实图考》（1848年）的问世，将我国传统植物学研究推上一个更新的高度。《植物名实图考》是我国历史上第一部专门以"植物"命名的植物学专著，这本著作的问世，打破了我国历史上植物研究以本草为中心的限制，极大地拓展了我国植物学的研究范围，标志着植物开始成为独立的研究对象。日本近代植物研究者伊藤圭介对《植物名实图考》给予了高度的评价："《植物名实图考》辩论精博，图写亦甚备。"在《植物名实图考》中，吴其濬对同物异名或同名异物的植物都进行了考订，特别是针对那些古籍中对于某类植物描述不一致的地方，使植物名与实一致，为植物学分类提供了宝贵的资料；书中所绘的植物形态图精细而近于真实。幸运的是苜蓿也被吴其濬选为研究对象，可以看出苜蓿在当时的重要性和普遍性。吴其濬综合了前人对苜蓿的研究成果，结合自己长期对苜蓿的观察研究结果，首次将古代苜蓿分为3种进行叙述，并分别附图，将苜蓿近乎分到种，这一结果被《中国植物志》所采用。

《植物名实图考》（简称《图考》）是中国植物学史上一部十分重要的著作。成书于清道光二十八年（1848年刊行）。作者吴其濬在完成这部世界闻名的植物学著作之前，先完成了一部巨著《植物名实图考长编》（简称《长编》）。虽然《长编》不及《图考》有名，但《长编》搜集了大量的古代植物文献，为《图考》的问世做好了资料的准备，两者可称为姊妹篇。

吴其濬在《植物名实图考》和《植物名实图考长编》中对苜蓿植物学特性进行了研究和描述。吴其濬曰："（苜蓿）宿根肥雪，绿叶早春与麦齐浪。"即苜蓿是宿根植物（冬季茎叶枯死根不死），早春长出枝条返绿。在记述苜蓿植物学特征的同时，吴其濬又记述了2种野苜蓿的特征。野苜蓿一：俱如家苜蓿而叶尖瘦，花黄三瓣，干则紫黑。唯拖秧铺地，不能植立，移种亦然。

苜蓿

苜蓿《别录》上品。西北种之畦中，宿根肥雪，绿叶早春，与麦齐浪，被陇如云，怀风之名，信非虚矣。夏时紫萼颖竖，映日争辉。《西京杂记》谓花有光采，不经目验。殆未能作斯语，《释草小记》艺根审，实叙述无遗，斥李说之误，褒群芳之核，可谓的矣。但李说黄花者，亦自是南方一种野苜蓿，未必即水木樨耳，亦别图之。滇南苜蓿，稻生圃园，亦以供蔬，味如豆藿，讹其名为龙须。

——《植物名实图考（道光刻本）·第三卷 野苜蓿》

野苜蓿

野苜蓿俱如家苜蓿而叶尖瘦，花黄三瓣，干则紫黑，唯拖秧铺地，不能植立，移种亦然。《群芳谱》云紫花，《本草纲目》云黄花，皆各就所见为说。《释草小记》斥李说，以为黄花是水木樨。按水木樨，园圃所植，妇稚皆知，李氏不应孤陋如此，或程征君偶为人以水木樨相诳耳。

野苜蓿（又一种）

野苜蓿生江西废圃中，长蔓拖地，一枝三叶，叶圆有缺，茎际开小黄花，无摘食者。李时珍谓苜蓿黄花者，当即此，非西北之苜蓿也。宜为《释草小记》所诃。

图 A 苜蓿（Medicago sativa），果螺旋形，有疏毛，先端有喙，有种子数粒，种子肾形，黄褐色
图 B 野苜蓿（一）（M.falcata），荚果扁，矩形，弯曲，有柔毛
图 C 野苜蓿（二）（M.polymorpha），荚果螺旋形，边缘具疏刺，刺端钩状

——《植物名实图考（道光刻本）·第三卷 苜蓿》

第四节　苜蓿本草学

一、苜蓿本草的最早记载

由梁陶弘景撰写的《名医别录》，是有重要本草学文献价值的著作。可能是记载苜蓿本草特性的最早典籍。

苜蓿　味苦，平，无毒。主安中，利人，可久食。

——《名医别录·上品·卷第一·苜蓿》

二、最早国家药典中的苜蓿

《新修本草》是世界上第一部由国家颁布的药典。《新修本草》为药学著作，简称《唐本草》，54卷。显庆二年（657年），苏敬等上疏朝廷，要求编修新的本草。唐高宗准允了此事，指派长孙无忌、李勣、许敬宗、李淳风、孔志约、蒋季琬、许弘、许弘直、曹孝俭等22人与苏敬一起集体修订新本草。《新修本草》于显庆四年（659年）编成。

苜蓿　味苦，平，无毒。主安中，利人，可久食。长安中乃有苜蓿园，北人甚重此，江南人不甚食之，以无气味故也。外国复别有苜蓿草，以疗目，非此类也。

〔谨案〕苜蓿茎叶平,根寒。主热病,烦满,目黄赤,小便黄,酒疸。捣取汁,服一升,令人吐利,即愈也。

——《新修本草·卷第十八（菜上）苜蓿》

三、本草种植专书中的苜蓿

《种药疏》是明俞宗本辑著的一部种植本草类植物的专书,一卷。约成书于明崇祯十六年（1643年）。

苜蓿

苜蓿　地宜良熟。七月种之,畦种水浇,一如韭法。一年三刈,留子者,一刈则止。春初既中生啖,为羹甚香。长宜饲马,马尤嗜之。此物长生,种者一劳永逸。都邑负郭,所宜种之。

崔寔曰：七月、八月,可种苜蓿。

——《种药疏》

四、《本草纲目》中的苜蓿

《本草纲目》明代李时珍撰于嘉靖三十一年（1552年）至万历六年（1578年）,本草著作,52卷,稿凡三易,万历二十四年（1596年）《本草纲目》首次在南京刊行。此书采用"目随纲举"编写体例,故以"纲目"名书。全书共190多万字,载有药物1 892种,收集医方11 096个,绘制精美插图1 160幅,分为16部、60类。以《证类本草》为蓝本加以变革,是作者在继承和总结以前本草学成就的基础上,结合作者长期学习、采访所积累的大量药学知识,经过实践和钻研,历时数十年而编成的一部巨著。书中不仅考证了过去本草学中的若干错误,综合了大量科学资料,提出了较科学的药物分类方法,溶入先进的生物进化思想,并反映了丰富的临床实践。该书也是一部具有世界性影响的博物学著作。《本草纲目》刊行以来,成为广大医药学工作者必读的书,是我国有史以来最伟大的本草学巨著。近400年来国内外广泛刊印,一版再版。我国有50多种版本。苜蓿有幸被李时珍收录在《本草纲目》中,体现了苜蓿本草的重要性。

苜蓿（《别录·上品》）

释名：木粟（《纲目》）光风草（时珍曰苜蓿。郭璞作牧蓿,谓其宿根自生,可饲牧牛马也。又罗愿《尔雅翼》作木粟,言其米可炊饭也。葛洪《西京杂记》云：乐游苑多苜蓿。风在其间常萧萧然,日照其花有光采,故名怀风,又名光风。茂陵人谓之连枝草。《金光明经》谓之塞鼻力迦。）

集解：弘景曰：长安中乃有苜蓿园。北人甚重之。江南不甚食之,以无味故也。外国复有苜蓿草,以疗目,非此类也。诜曰：彼处人采其根作土黄芪也。宗奭曰：陕西甚多,用饲牛马,嫩时人兼食之。有宿根,刈讫复生。时珍曰：《杂记》言苜蓿原出大宛,汉使张骞带归中国。然今处处田野有之,陕、陇人亦有种者,年年自生。刈苗作蔬,一年可三刈。二月生苗,一科数十茎,茎颇似灰藿。一枝三叶,叶似决明叶,而小如指顶,绿色碧艳。入夏及秋,开细黄花。结小荚圆扁,旋转有刺,数荚累累,老则黑色。内有米如穄米,可为饭,亦可酿酒。罗愿以此为鹤顶草,误矣。鹤顶乃红心灰藿也。

气味：苦，平，涩，无毒。（宗奭曰：微甘、淡。诜曰：凉，少食好，多食令冷气入筋中，即瘦人。李鹏飞曰：同蜜食，令人下利。）

主治：安中利人，可久食。（《别录》）利五脏，轻身健人，洗去脾胃间邪热气，通小肠诸恶热毒，煮和酱食，亦可作羹。（孟诜）利大小肠。（宗奭）干食益人。（苏颂）

根气味：寒，无毒。

主治：热病、烦满、目黄赤、小便黄、酒疸，捣服一升，令人吐利即愈。（苏恭）捣汁煎饮，治沙石淋痛。（时珍）

> 苜蓿别录上品
>
> 释名 木粟 纲目 光风草 时珍曰
>
> 苜蓿郭璞作牧蓿谓其宿根自生可饲牧牛马也又罗愿尔雅翼作木粟言其米可炊饭也葛洪西京杂记云乐游苑多苜蓿风在其间常萧萧然日照其花有光采故名光风茂陵人谓之连枝草金光明经谓之塞鼻力迦
>
> 集解 弘景曰长安中乃有苜蓿园北人甚重之江南不甚食之以无味故也外国复有苜蓿草以疗目非此类也诜曰彼处人采其根作土黄芪也宗奭曰陕西甚多用饲牛马嫩时人兼食之有宿根刈讫复生时珍曰杂记言苜蓿原出大宛汉使张骞带归中国然今处处田野有之陕陇人亦有种者年年自生刈苗作蔬一
>
> 气味 苦平涩无毒宗奭曰微甘淡诜曰凉少食好多食令冷气入筋中即瘦人李鹏飞曰同蜜食令人下利
>
> 根气味寒无毒主治热病烦满目黄赤小便黄酒疸捣服一升令人吐利即愈苏恭捣汁煎饮治沙石淋痛时珍

——《本草纲目·菜部第二十七卷·菜之二·苜蓿》

第五节　苜蓿种植发展基础

一、苜蓿引种成功的意义

苜蓿和葡萄是我国历史上有据可考的最早引进的两种植物。作为域外作物，苜蓿引到陌生环境存在风土适应问题。在原产地大宛环境下，苜蓿形成了喜干旱少雨、怕潮湿、忌水淹的习性和相应的种收季节。在向其南方地域扩展过程中必然受制于自然环境。另外，汉代种植苜蓿还面临着技术短缺问题，如对苜蓿的生长习性、栽培管理等属于空白。汉初，我国精耕细作的农业生产技术已基本形成。牛耕和铁农具得到推广，整地、播种、灌溉、施肥、防虫等田间生产管理技术取得进步，园艺技术也更为精细。苜蓿引种初期，汉武帝首先命令种植于皇家苑圃之中，使中央集权的国家权力直接参与到引种试验之中，皇家园林中农业生产环境优越，自然环境适于植物生长，并有经验丰富的农人或园丁悉心管护，苜蓿在皇家苑圃中得以存活。苑圃试验具有过渡性质，经过试种苜蓿在皇家园林中能够茁壮成长，表现出优良特性，终由园丁、仆人、风媒或其他途径有意或无意使苜蓿"飞入寻常百姓家"。过渡性、渐进式的苑圃试验，苜蓿适应了长安附近的自然环境，苜蓿获得成功。苜蓿引种成功也反映出我国当时的种植、田间管理、防寒等一套栽培管理技术已达到了较高的水平。

我国汉代成功引种苜蓿，是植物引种原则"地理相近性""气候与土壤相似性""品种适应性"等理论的应用与实践，世界上公认的引种原则是既要求原产地和新引种地区的生态条件相似，但又不要求其严格一致，既要承认气候对引种植物的重要影响，又要考虑自然的综合因素和植物可以改造的一面。瓦维洛夫（1935年）指出，在选择种或品种时，必须考虑到引种植物原产地的气候，并在可能时和本国气候或多或少相似的地区去选择引种对象。由此可见，我国在汉代引种苜蓿方面充分体现了已掌握"地理相近性""气候与土壤相似性""品种适应性"理论，并获得了异国苜蓿在我国引种成功，开创了异国引种牧草的先河，并成为典范。

二、苜蓿的国家需求

1. 为军事和交通提供了物质保障

在古代，马是重要的战争工具和交通工具，由于马吃苜蓿后增加了体质和耐力，对汉代军事力量的壮大发挥着重要的作用，不仅促进了汉代社会经济的发展，而且也促进了国防事业的发展和交通通讯业的发展，为边疆的保护作出了贡献。"兵以马为本，马以食为命"。两汉时期，因为战争对马匹的大量需求，特别是汉匈交战需要大量的战马，而汉武帝也从西域获得了诸多良马。此刻，解决喂养马匹所需的草料就成了一个亟待解决的大问题。汉通西域之后，汉使带回苜蓿种，马喜食苜蓿，而汉朝的马匹数量十分巨大。于是天子始种苜蓿于离宫旁，极望焉。这样不仅解决了马匹的草料问题，也保证了汉军后方的安定，为汉军攻打匈奴，经营西域奠定了坚实的基础。苜蓿不仅产量高，而且含有大量可消化蛋白质和多种维生素，营养丰富，适口性好，为家畜生长、发育、繁殖和健康提供了物种保障，苜蓿的引入从根本上改变了家畜的饲料结构，丰富了饲料种类，并提高了家畜的营养水平。汉帝时期，为了夯实军马饲养基础，政府在西北一带设立了许多规模很大的养马场，这就需要大量的饲草，种植大量的苜蓿是必然的。汉军出征时，每当"*秋风起兮白云飞，草木黄落雁南归*"时，军中辎重均备有苜蓿干草。所谓骏马、干草、烙饼、肉干者也。无非就是汗血马、苜蓿干草等之谓也。将士守边疆，驻地种苜蓿。至元帝"*牛马体壮，受草之益大焉*"。

以后从三国一直到南北朝末年，4世纪之中，黄河流域多处于战乱状态，为了维持大量军马，各族的统治者显然也都重视饲草的种植，苜蓿的作用是可想而知的。唐朝初年只拥有5 000匹马，其中3 000匹还是从倾覆的隋朝那里继承下来的。到7世纪中叶，唐朝政府就宣布已经拥有70.6万匹马。随着马匹的剧增，对苜蓿等饲草的需求量越来越大。营养丰富的苜蓿是马的最爱。《新唐书·兵志》所载唐贞观至德麟年间，官牧陇右牧场"八坊之田千二百三十顷，募民耕之，已给刍秣"。唐玄宗初年（713—741年）在陇右地区"蒔苜麦、苜蓿千九百顷以御冬"。《新唐书·兵志》称颂"秦汉以来，唐马最盛"。唐《司牧安骥集》序中也指出："秦汉以来，唐马最多"。唐马之所以最盛，关键在于解决了冬季饲草问题，这是唐马发展的要中之要，这其中苜蓿功不可没。唐朝马业的强盛代表了国力和战斗力。就像鱼儿离不开水，马儿是离不开苜蓿的。某种程度上来说，是苜蓿以草本植物柔弱的力量，支撑起唐朝的强盛。

驿站起源于秦汉时期，形成于魏晋南北朝，是中国古代的军事交通机构，也是国家交通网络的重要组成部分，其主要职能是传递紧急军政公文和信息，并对军事人员和其他公务出行人员提供食宿和交通工具的服务。唐代继承了前代驿站军事化管理的规定，建立了兵部管理驿站的体制，并由此定型了中国古代驿站的管理体制。唐代驿站的服务及施舍配给，包括驿长、驿夫、驿舍、驿田、驿马或驿船。其中驿田，按国家规定，数量也较多，据《册府元龟》记载，唐代上等的驿，拥田达2 400亩，下等驿也有720亩的田地。这些驿田，用来种植苜蓿，解决马饲料问题，其他收获，也用作驿站的日常开支。唐代陆驿备有驿马，水驿备驿船。按《唐六典》规定，陆驿上等者每驿配备马75匹至60匹不等，中等驿配45匹至18匹，下等驿配12匹至8匹。根据《新唐书》记载，根据官员级别，分别供应相应数量马数，"凡驿马，给地四顷，莳以苜蓿。凡三十里有驿，驿有长，举天下四方之所达，为驿千六百三十九；阻险无水草镇戍者，视路要隙置官马。水驿有舟。凡传驿马驴，每岁上其死损、肥瘠之数。"并且供给驿马相应的土地，种植苜蓿。驿内设有驿长，唐初以富户作为驿长，大致唐代宗以后，由朝廷委派官员。驿内除了马之外，还有驴子，每年需汇报数量及马的肥瘠。唐代由于马匹剧增，苜蓿种植区域迅速扩展，几乎遍及整个中国北方地区。当时的驿马，多以苜蓿为饲料。由于苜蓿草含纤维素较少，质地柔嫩，易消化，含无机盐和维生素种类数量较多，适于作干草饲料。所以苜蓿草的引入和大面积种植，对繁育良种马、增强牲畜的体质发挥了重要作用。所以唐人认为，只有吃了苜蓿的驿马，才体力充沛，跑得快，跑得远。

明代鲍防的《杂感》曰："汉家海内承平久，万国戎王皆稽首。天马常衔苜蓿花，胡人岁献葡萄酒。"这四句描述了一个海内承平、国力强大、万国来朝的盛世景象，天下升平日久，边防巩固，外族臣服。天马常以西域引种的苜蓿作为饲料，西北边境的胡人年年献上香醇的葡萄酒。

2. 为畜牧业发展提供了优质饲草

众所周知，苜蓿是营养丰富的优良饲草。汉代苜蓿的引入试种和推广，既是我国畜牧业发展史上的重大事件之一，也是我国草业发展史上的重大事件之一，标志着我国有据可考的栽培草地（或人工种草）的开始，不仅开创了我国苜蓿种植的新纪元，而且也开创了我国栽培草地建植的新纪元，在我国栽培草地建植中具有里程碑意义。同时，也使我国有了最优良的饲草，不论是对当时的农业还是畜牧业乃至国防事业都有极大的影响，甚至苜蓿对今天的农业、畜牧业也有极大的影响。苜蓿的引入对当时我国养马业的发展起到了重要的促进作用，作为马的重要饲料，对繁育良种马，增强马牛的体质和挽力，都发挥了一定作用。同时，马作为重要役畜，其肌肉发达，需采食高蛋白饲草，而一般饲草蛋白质含量低，苜蓿正好符合此要求，因而被引进推广种植，意义重大。在我国汉代乃至唐宋时期，西北是苜蓿大面积种植的地区，都有其优良的家畜品种，苜蓿对育成秦川牛、晋南牛、早胜牛、南阳牛、关中驴、早胜驴等古老的著名家畜品种起到了直接的、十分重要的作用。如秦川牛的主要产区关中平原，地势平坦、气候温和，土质黏重肥沃，渭河贯穿其间，灌溉便利，所种饲草产量高、品质好。该地区是汉唐苜蓿种植核心区，自苜蓿在皇家苑囿种植不久就传出宫外，乃至遍与关中，耕牛从小就饲喂苜蓿，使牛的骨骼和肌肉得到充分发育，形成现在的秦川牛。自汉初以来，当地诸相牛人，"择色粟，躯大者供繁育用"，"饲苜蓿，重改良，牛质佳，昔两牛一乘，今一牛一乘矣"。按每匹马一天吃40千克苜蓿计算，苜蓿的消耗量同样是惊人的。正是从唐代起，苜蓿才真正从皇宫禁苑走向民间，苜蓿也从单纯的马料变成为牛、羊、猪、家禽所分享。这些动物每天的苜蓿需求量大概是：牛30千克，羊7千克，成猪10千克。唐人还发现了苜蓿的多种饲喂法，如青饲、放牧、干草以及混合禾本牧草的饲喂。在今天，苜蓿的作用依然在影响着人们的生活。对牲畜而言，苜蓿可以作为草料，主要以一种优质饲草被栽培。

3. 提供丰富了的农业物产资源

汉武帝时期，因张骞的凿通西域，使西域的物产、文化大量传入中国，如葡萄、苜蓿等，另更有传说中的汗血马引入。苜蓿的引入极大地丰富了我国的物产，特别是农作物资源，苜蓿已成为汉武帝经营西域的象征性作物。苜蓿除作饲草外，更可作绿肥原料，我国千百年来土壤肥力不衰，与长期进行草田轮作不无关系，苜蓿是从古至进行草田轮作的首选绿肥植物。苜蓿嫩苗还可作蔬菜，北魏贾思勰《齐民要术》记载的30种蔬菜中就有苜蓿，曰苜蓿"春初既中生啖，为羹甚香"；宋代罗愿《尔雅翼》记载，苜蓿能结小荚，老则黑色，内有实如穄米，可酿酒，亦可作饭，以防备年成饥荒。晋代葛洪《西京杂记·乐游苑》记载："乐游苑自生玫瑰树，树下多苜蓿。苜蓿一名怀风，时人或亦谓之光风。风在其间，常萧萧然，日照其有光采，故名苜蓿为怀风，茂陵人亦谓之连枝草。"由此可见，苜蓿已成为皇家园林中的观赏植物。苜蓿引进的初衷是作为马的饲草，但在栽培过程中我国劳动人民逐渐扩展了苜蓿的功能和用途，将其作为重要的观赏植物和蔬菜进行栽培利用，同时也发现了苜蓿的绿肥功能将其用于肥田和进行轮作，可以看出苜蓿在我国古代农牧业生产体系中占有重要的地位和发挥着重要作用。

三、苜蓿种植基地

上林苑是重要的苑囿，其中有不少的苜蓿种植。上林苑，初建于战国时期的秦国，至迟在秦惠王时已出现。秦朝建立后，大规模营建宫殿及园林，《史记·秦始皇本纪》载，秦始皇二十六年（前221年），"徙天下富豪于咸阳十二万户。诸庙及章台、上林皆在渭南"，又"营作朝宫渭南上林苑中"。至汉武帝时，开始大规模营建上林苑，"阿城以南，盩厔以东，宜春以西，提封顷亩，及其贾直，欲除以为上林苑，属之南山"。至此，园林规模达到鼎盛。汉中后期，上林苑逐渐衰落，《盐铁论·园池》载，"三辅迫近于山、河，地狭人众，四方并凑，粟米薪菜，不能相赡……先帝之开苑囿，可赋归之于民，县官租税而已"。上林苑的部分土地赠予农民耕种，其面积逐渐萎缩。

汉时期的苑囿池是财政收入的重要组成部分，马大英（1983）《汉代财政史》说："苑囿的收入，在山川园池收入中，也是一个重要项目"。西汉扬雄《羽猎赋》称："宫馆台榭沼池苑囿林麓薮泽财足以奉郊庙，御宾客，充庖厨而已，不夺百姓膏腴谷土桑柘之地。女有余布，男有余粟，国家殷富，上下交足"。上林苑丰富的资源，构成了皇室收入的重要组成部分。上林苑经济收入还用来供给军需，《汉旧仪》载，"武帝时，使上林苑中官奴婢，及天下贫民赀不满五千徙置苑中养鹿。因收捕鹿矢，人日五钱，到元帝时七十亿万，以给军击西域"。《史记·平准书》载，"天子为伐胡，盛养马，马之往来食长安者数万匹"。《汉官旧仪》云："天子六厩，未央厩、承华厩、厩骑马厩、大厩，马皆万匹"。上林苑等皇家御苑豢养"苑马"多达"三十万匹"。为了养马，苑中广植苜蓿，《史记·大宛列传》记载，"宛左右以蒲陶为酒……俗嗜酒，马嗜苜蓿，汉取其实来，于是天子始种苜蓿、蒲陶肥饶地，及天马多，外国使来众，则离宫别馆旁尽种蒲陶、苜蓿极望"。这样苜蓿的种植为养马提供了充足的饲草，同时也增加了上林苑的经济收入。

四、苜蓿官田

明代土地也有官田和民田两种，初期官田主要包括宋元时期就存在的官田，获得的敌对势力的土地，战乱中的抛荒地，抄没的罪犯者的土地以及江河湖海新增加的沙田、湖田等等，为国家所有，禁止买卖私占。这些官田主要有屯田和学田，还有代替俸禄的职田、赐与公侯功臣作庄田的赐田、作为边臣的养廉田、卫所军的牧马草地、植饲料的苜蓿地等。其中屯田、学田等官田中有一部分是佃给佃农耕种的。民田包括官僚、地主和小自耕农所有的田地，可以自由买卖。

1. 苜蓿官地

明朝时期，有专门种植苜蓿的官田"城堧苜蓿地"；嘉靖年间，军队在九门之外种植大量苜蓿，主要用于喂养皇家御马。据记载："九门苜蓿地土，计一百一十顷有余。旧例：分拨东、西、南、北四门，每门把总一员，官军一百名，给领御马监银一十七两。赁牛佣耕，按月采集苜蓿，以供刍牧。至是，户部右侍郎王轼等查议，以为地多遗利，军多旷役，请于每门止留地十顷，令军三十名仍旧采办，以供内厩喂养"。九门苜蓿地有相当大的面积，为了合理利用土地资源，王轼等官员才提出将余地租佃给农民的策略，《明史》中亦曾载王轼"核九门苜蓿地，以余地归之民"。

据《宪宗实录》记载，成化二十三年（1487年）太监李良都督李玉等，在京城九门外有苜蓿官地100顷。

2. 御马监

明代南京御马监不同于北京御马监，没有管理监督一些军队的权力，其职掌应是洪武旧制，"掌御马及诸进贡并典牧所关收马骡之事"，但在迁都之后，南京御马监的养马的诸多问题也凸现出来。其一是马少役多，景泰时南京山西道监察御史李叔义已经奏请此事，至正德时，"南京御马监马骡八十余匹，初非御用，而役旗军七百余人，其外又用军民及匠不知其几"，马与养马旗军的比例几近1:10，相差悬殊极大。其二是马少料多，南京御马监征收南直隶的细稻草45 000包、各种豆类上千石，而所养马骡极少，"岁耗粮料草束多为无益之费"。至嘉靖七年（1528年），南京给事中丘九仞言："太平等府解纳南京御马监马料，每豆一石价止二钱七分，而每石使用则至一两有奇为养马器用之费，甚为民患，宜令器用另派，或取办于本监草地租银，毋得科害解户"，问题方得以解决。其三是养马的苜蓿地问题。"至永乐年间迁都北京，而南京御马监别无大马，原种苜蓿地土又被势要占去，本监仍要各卫出办苜蓿，因无所产，只得出办价银"，可见，迁都之后，南京御马监的马匹已非良种，而所谓养马用的苜蓿地已经名存实亡，反而加重诸卫负担。御马监送往北京的贡物是苜蓿种 40 扛，用船 2 只。成化时，南京诸臣奏请免除此项贡物，"南京御马监岁运苜蓿种子至京，皆南京养马军卫有司办纳，今北方已种六七十年，宜免运纳，以省科扰"，宪宗仍命依旧。

3. 牧监中的苜蓿基地

隋唐以来国家经营马有固定的牧马场，称为"牧监"，相当于秦汉的牧师苑。唐在陇右置八坊，八坊下置马监四十八所，皆为牧监之地。此外，在关中还置沙苑，沙苑亦是唐代的牧马地。

沙苑行[①]（754 年）（节选）

唐·杜甫

君不见，左辅白沙如白水，缭以周墙百馀里。
龙媒昔是渥洼生，汗血今称献于此。
苑中騋牝三千匹，丰草青青寒不死。
食之豪健西域无，每岁攻驹冠边鄙。
王有虎臣司苑门，入门天厩皆云屯。
骕骦一骨独当御，春秋二时归至尊。

[①] 沙苑在冯翊县南，东西八十里，南北三十里。其地宜畜牧，唐置沙苑监，掌牛马诸牧。

贞观至麟德四十年间（627—665 年），陇右牧监有马达 70.6 万匹，杂以牛、羊、驼等，其数量更大。《新唐书·兵志》记载："八坊之田，千二百三十顷，募民耕之，以给刍秣"这是在八坊的地域内，割出一千二百三十顷作为田地，募民耕种，以其收获专供作饲用《大唐开元十三年陇右监牧颂德碑》记载：时在陇右牧区，"莳苜麦、苜蓿一千九百顷，以荍蓄御冬"。这是张说在《大唐开元十三年陇右监牧颂德碑》总结陇右监牧的"八政"举措的第五项，是说辟地种植苜蓿等，增加养马的牧草储备以利越冬。在陇右牧监种植苘麦、苜蓿达 1 900 顷。由此可见，陇右一带设置了苜蓿种基地。文中所言王毛仲的陇右监牧官职与具体事务，亦隐含着苜蓿进入中土后的独特境遇。因与大宛马的独特生养关系，苜蓿具有军备物资、国家安全、宣示国威、皇家特需等重要功用，以至于从苜蓿在汉代传入中国起，各朝代就设置专门的苜蓿种植、养护、管理机构。《资治通鉴》载：开元七年（719 年）三月，"以左武卫大将军、检校内外闲厩使、苑内营田使王毛仲行太仆卿。毛仲严察有干力，万骑功臣、闲厩官吏皆惮之，苑内所收常丰溢。上以为能，故有宠"。通鉴没有明言"苑内所收"与屯田有关，但称王毛仲担任职务之一为"苑内营田使"。

据《新唐书》可知，掌管驿传、厩牧马牛杂畜事务的驾部，会根据驿马的数量，配给栽植苜蓿的土地，唐玄宗时任监牧史的毛仲，亦曾为监管的 43 万马匹移植苘麦、苜蓿 1 900 百顷以御冬，并因为牧事上的特殊才干，被唐玄宗称赞，从中足见唐代种植苜蓿的广度。

驾部郎中、员外郎各一人，掌舆辇、车乘、传驿、厩牧马牛杂畜之籍。凡给马者，一品八匹……凡驿马，给地四顷，莳以苜蓿。王为皇太子，以（王）毛仲知东宫马驼鹰狗等坊……初监马二十四万，后乃至四十三万，牛羊皆数倍。莳苘麦、苜蓿千九百顷以御冬。

吐鲁番阿斯塔那 607 号墓出土《唐神龙二年（706 年）七月西州史某牒为长安三年（703 年）七至十二月军粮破除、见在事》中有三行释文，其中一行为：

八十九石三斗九升九合粟，历元年官人职田苜蓿地子，征马成。

监牧既是养马的场所，也是牧草生产之地，宋代在全国建立了 116 所监牧。为了获得更多的饲草料来源,宋政府种植了许多包括苜蓿在内的牧草,还设置了饲草料的专门机构,以负责牧草生产。

4. 驿站苜蓿田

唐朝规定,全国各地的邮驿机构,各有不等的驿产,以保证邮驿活动的正常开支。这些驿产,包括驿舍、驿田、驿马、驿船和有关邮驿工具、日常办公用品和馆舍的食宿所需等等。唐朝的驿田,按国家规定,数量也较多,据《册府元龟》记载,唐朝上等的驿,拥田达2 400亩,下等驿也有720亩的田地。这些驿田,用来种植苜蓿,解决马饲料问题,其他收获,也用作驿站的日常开支。至于全国的驿马,也给地"莳以苜蓿"。由于苜蓿所含蛋白质高,是马牛等牲畜喜食的饲草,故大量种植。如其晒干、晾干就成了干饲草,称之为茭。"以茭蓄御冬",是说将干草蓄存起来,以备冬天牲畜的需要。用现代理论来看,这些都是符合现代科学的行为。

"牧田"(种植驿马所需之苜蓿等草料地)也是"营驿"的范围。唐制所给牧田,杜佑《通典》说:"诸驿封田皆随近给,每马一匹给地四十亩。若驿侧有牧田之处,匹各减五亩。其传送马,每匹给田二十亩。"《新唐书》说:"凡给马者,一品八匹,二品六匹,三品五匹,四品、五品四匹,六品三匹,七品以下二匹;给传乘者,一品十马,二品九马,三品八马,四品、五品四马,六品、七品二马,八品、九品一马;三品以上敕召者给四马,五品三马,六品以上有差。凡驿马,给地四顷,莳以苜蓿。"根据上文所言,皆是国家供给官员马匹,不同等级马匹数量亦不同,而明确给官员用以"传乘"者,一品可达十匹,按一匹马给牧田40亩测算,恰好可达四顷(400亩)。这里,很显然不是说明驿馆牧田的最高限度,当然不适合用于驿馆牧田数量的估算。况且这已经是宋人的记载,在没有唐人记载的情况下可用此数据为证,而当有唐人记载时,宜以唐人记载为准。

五、苜蓿种植令

自古以来,唐驿站是管理最完备,最发达和功能最齐全的。驿田是驿站的重要组成部分之一,是驿马的饲料田,犹牧监有之牧田也,用于种植驿马所需之苜蓿等草料田。驿田亦叫牧田,《新唐书》记载:"贞观中,初税草以给诸闲,而驿马有牧田。"唐杜佑《通典》记载:"诸驿封田皆随近给,每马一匹给地四十亩。若驿侧有牧田之处,匹各减五亩。其传送马,每匹给田二十亩。"《册府元龟》亦有同样的记载。《唐六典》记载:"每驿皆置驿长一人,量驿之闲要以定其马数:都亭七十五匹,诸道之第一等减都亭之十五,第二、第三皆以十五为差,第四减十二,第五减六,第六减四,其马官给。"据此整理驿站等级如下表。

驿站等级与规模

驿等级	驿马(匹)	驿丁(人)
都亭驿	75	25
诸道一等	60	20
诸道二等	45	15
诸道三等	30	10
诸道四等	18	6
诸道五等	12	4
诸道六等	8	3

凡国家驿马"给地四顷，莳以苜蓿"；玄宗时，官员王毛仲"初监马二十四万，后乃至四十三万，牛羊皆数倍"，保证数量如此庞大的牲畜群体的生存绝非易事，所以"莳茼麦、苜蓿千九百顷以御冬"。唐朝时，驿的管理体制，在驿内设有驿长、驿夫、驿舍、驿船、驿马。根据《新唐书》记载，根据官员级别，分别供应相应数量马数，"凡驿马，给地四顷，莳以苜蓿。凡三十里有驿，驿有长，举天下四方之所达，为驿千六百三十九；阻险无水草镇戍者，视路要隙置官马。水驿有舟。凡传驿马驴，每岁上其死损、肥瘠之数。"并且供给驿马相应的土地种植苜蓿。驿内设有驿长，唐初以富户作为驿长，大致唐代宗以后，由朝廷委派官员。驿内除了马之外，还有驴子，每年需汇报数量及马得肥瘠。

楼祖诒（1939）指出："依据《册府元龟》都亭驿应有驿田2 880亩，道一等驿应有驿田2 400亩，即四等驿田亦应有驿田720亩，驿田之性质与牧田同。"至所谓苜蓿者，《史记·大宛传》记载："马嗜苜蓿，汉使取其实来，于是天子始种苜蓿"是苜蓿为饲马唯一草料，汉时始自大宛移植来中国，是驿田之莳以苜蓿专供马料，不作他用。楼祖诒又指出："《通典》与《册府元龟》所在相同，按驿田亩数寡多，大概每驿有地400亩莳以苜蓿，足敷马食之用。"据《册府元龟》记载，唐代上等驿，拥有驿田达2 400亩，下等驿也有驿田720亩。这些驿田，用来种植苜蓿，以解决驿马的饲料问题，其他收益也用作驿站的日常开支。根据《唐六典》记载的驿站马匹数量，最大的都亭驿站有驿马75匹，应有种植苜蓿等饲料的驿田3 000亩，最小的驿站有驿马8匹，应有种植苜蓿等饲料的驿田320亩。吴淑玲亦持同样的观点。《唐六典》记载，"凡三十里一驿，天下凡一千六百三十有九所。二百六十所，一千二百九十七陆驿，八十六所水陆相兼。"从陆驿站分布与众寡，足见唐代苜蓿种植的规模之大、分布之广。

《唐六典》是唐人的记载，没有明确限定牧田数字。而且，根据实际情况推测，一匹马就可以给牧田40亩，十匹马就能够达到四百亩，八匹马是最小的驿馆，牧田可达320亩，接近"四顷"之数，如果最高限度的牧田是四百亩，恐怕最大的有75匹马的都亭驿馆之牧田数字与最小的六等驿馆牧田数字就只有80亩的差别，大小驿馆牧田数量如此接近不符合唐代驿馆的等级差别实况，且400亩的牧田恐怕也不能供养都亭驿馆75匹驿马、驿站相关工作人员以及传马等各方面所需。由此推测，大的驿馆牧田应该能达到3 000亩。

《新唐书》又曰："凡驿马，给地四顷，莳以苜蓿。凡三十里有驿，驿有长，举天下四方之所达，为驿千六百三十九；险阻无水草镇戍者，视路要隙置官马。水驿有舟。凡传驿马驴，每岁上其死损、肥脊之数。"

史书所载苜蓿事务与人员设置史实，从另一侧面看出汉唐时期，苜蓿栽植的广泛程度，不仅宫苑中广为种植，在地方的养马机构中亦曾大量种植，而沿途的驿传亦因驿马食用的原因，配给专门的苜蓿种植园，边境屯田处也会大量种植苜蓿。

1.《厩牧令》中的苜蓿

唐代的驿制度高度发达，对驿田与驿马苜蓿的种植与供应有明确的规定。《天圣令·厩牧令》中的唐27就规定了驿田苜蓿种植与驿马苜蓿供应制度，现摘录如下：

诸当路州县置传马处，皆量事分番，于州县承直，以应急速。仍准承直马数，每马一匹，于州县侧近给官地四亩，供种苜蓿。当直之马，依例供饲。其州县跨带山泽，有草可求者，不在此例。其苜蓿，常令县司检校，仰耕转以时（手力均出养马之家），勿使荒秽，及有费损；非给传马，不得浪用。若给用不尽，亦任收苁草，拟至冬月，其比界传送使至，必知少乏者，亦即量给。

2. 农桑中的苜蓿

到元代为了发展苜蓿和防灾，种苜蓿已有政府规定，并设有专人负责。在《农桑之十四条》里就规定："仍令各社布种苜蓿，以防饥年"。至元二十三年（1286年）朝廷所定"条画"，规定有"随社布种苜蓿，初年不须割刈，次年收到种子，转展分散，务要广种"（《元典章》卷23《农桑·劝农立社事理》，《通制条格》卷16《农桑》亦同。）的任务。大都留守司的上林署还有"种植苜蓿以饲驼马"的"苜蓿园"，更是设官"掌种苜蓿，以饲马驼膳羊"。（《元史》卷90《百官志》。）虽然都是为饲养宫廷驼马之需，亦属牧业生产范围。民国柯劭忞《新元史》亦有同样的记载。《元史》和《新元史》都记载，"都城种苜蓿地，分给居民，省臣因取为已有，以一区授绍，绍独不取。"张宗法《三农纪校释》记载，"《元史》世祖命民种苜蓿，各社植之，以防年凶。叶与子可以充饥，茎根可以饲牲，大益于农家。"

元代中期曾任彰德路（今河南省北部安阳市一带）总管的王结劝导百姓说："今农民虽务耕桑，亦当于近宅隙地种艺蔬菜，省钱转卖。且韭之为物，一种即生，力省味美，尤宜多种。其余瓜、茄、葱、蒜等物，随宜栽种，少则自用，多则货卖。如地亩稍多，人力有余，更宜种芋及蔓菁、苜蓿，此物收数甚多，不惟滋助饮食，又可以救饥馑度凶年也。"

六、苜蓿管理机构或官职

1. 苜蓿苑

自张骞通西域后，由于中西方文化交流频繁，交通驿传四通八达，加之周边守卫与四方征战对马匹的需要，汉景帝时朝廷开始设苑养马，可是主要在北地，当时尚不包括河西走廊。汉武帝时才在河西各地设立苑监牧养马匹，每匹马每天食粟一斗五升，这可是不小的粮食消耗，促成苜蓿的广泛种植，官方的职能机构设置中，也出现了专司苜蓿养殖与配给的机构与从业人员。汉长安长乐厩就有苜蓿苑官田所，并由专人守护。如《后汉书·百官志》记载"目宿宛宫四所，一人守之。"这说明设置一个农场主任可指挥4个生产队。这是我国记载苜蓿管理机构的最早史料。另据孙星衍《汉官六种》载："长乐厩，员吏十五人，卒驺二十人，苜蓿苑官田所一人守之。"此"卒驺"即乃马匹的饲养管理人员；"守之"者即乃守吏。就是说京师长乐厩有专门种植苜蓿的苑田，并有一守吏。《汉律摭遗·厩律》也记有"苜蓿苑"。

至晚唐时，宫苑闲厩的机构已相当庞大，以致冗员繁杂，开销巨大。《唐会要》中载录闲厩宫苑使柳正元上陈其中弊端的奏章，从陈言可知，鄞州曾因御马，配给苜蓿丁三十人，每年供奉开支巨大：

开成四年正月，闲厩宫苑使柳正元奏："……今请于使司所给料钱数，克减十千。添给所由二十人粮课，巡官二人。请勒全停。鄞州旧因御马，配给苜蓿丁三十人……"敕旨："正元条陈利病，实谓推公。所请割属留守，及停废职员，并依……鄞州每年送苜蓿丁资钱，并请全放，实利疲甿，宜依。

史书所载苜蓿事务与人员设置史实，可从另一侧面得知汉唐时期苜蓿栽植的广泛程度，不仅宫苑中广为种植，在地方的养马机构中亦曾大量种植，而沿途的驿传亦因驿马食用的原因，配给专门的苜蓿种植园，边境屯田处也会大量种植苜蓿。而苜蓿管理机构从庞大到消减的过程，亦暗示着唐王朝从繁盛到没落的整个过程。

2. 上林署

负责"掌宫苑栽植花卉，供进蔬果，种苜蓿以饲驼马"，还有"掌种苜蓿，以饲马驼膳羊"的苜蓿园以及职能中包括"圈槛珍异禽兽"的仪鸾局。上林苑经济收入还用来供给军需，《汉旧仪》载，"武帝时，使上林苑中官奴婢，及天下贫民赀不满五千徙置苑中养鹿。因收抚鹿矢，人日五钱，到元帝时七十亿万，以给军击西域"。《史记·平准书》载，"天子为伐胡，盛养马，马之往来食长安者数万匹"。《汉官旧仪》云："天子六厩，未央厩、承华厩、厩骑马厩、大厩，马皆万匹"。上林苑等皇家御苑豢养"苑马"多达"三十万匹"。为养马，苑中广植苜蓿，《史记·大宛列传》记载，"宛左右以葡萄为酒，……俗嗜酒，马嗜苜蓿，汉取其实来，于是天子始种苜蓿、蒲陶肥饶地，及天马多，外国使来众，则离宫别馆旁尽种蒲陶、苜蓿极望"。到了元代，苜蓿的种植引起政府的重视，设置上林署掌栽苜蓿以饲驼马，政府并规定"仍令各社布种苜蓿，以防饥年。"

3. 苜蓿部丞

苜蓿隋朝司农寺下设钩盾署又设有六部，其中就有专设的"苜蓿部丞"，足见隋时苜蓿之重要，据《隋书》记载：

司农寺，掌仓市薪菜，园池果实。统平准、太仓、钩盾、典农、导官、梁州水次仓、石济水次仓、藉田等署令、丞。而钩盾又别领大囿、上林、游猎、柴草、池薮、苜蓿等六部丞。

由此看出，在隋朝设有掌管种植苜蓿的部门。隋朝时，司农寺下属官吏钩盾"又别领大囿、上林、游猎、柴草、池薮、苜蓿等六部丞"，这里的苜蓿丞应是专门负责苜蓿种植的官员。到了元朝，由于其统治者出身于游牧民族，所以更加重视栽培苜蓿。清代，依然存在这种情况，例如，道光年间，壁昌在西北地区做官时，于黑色热巴特地区建立军台，"开渠水，种苜蓿，士马大便"。另一方面，为了保证饲草的正常、充足供应，国家还会专门设置官员掌管苜蓿的种植和管理。

4. 苜蓿丁

至唐代，则有多个机构涉及苜蓿耕种、管理事务。《唐六典》在说明屯田郎中的职责时，叙及屯分田役力的各自程数，从中可知当时屯田的作物种类，苜蓿亦在边防屯田的诸多作物之列：

屯田郎中、员外郎掌天下屯田之政令。凡军、州边防镇守转运不给，则设屯田以益军储。其水陆腴瘠，播植地宜，功庸烦省，收率等级，咸取决焉。诸屯分田役力，各有程数。（凡营稻一顷，料单功九百四十八日；禾，二百八十三日……苜蓿，二百二十八日。）

《唐会要》亦记载，"开成四年正月，闲厩宫苑使柳正元奏。……郓州旧因御马，配给苜蓿丁三十人，每人每月纳资钱二贯文。……郓州每年送苜蓿丁资钱，并请全放。"唐代有苜蓿丁，掌种苜蓿，以饲马等。据《新唐书》可知，掌管驿传、厩牧马牛杂畜事务的驾部，会根据驿马的数量，配给栽植苜蓿的土地，唐玄宗时任监牧史的毛仲，亦曾为监管的四十三万马匹移植苜麦、苜蓿千九百顷以御冬，并因为牧事上的特殊才干，被唐玄宗称赞，从中足见唐代种植苜蓿的广度：

驾部郎中、员外郎各一人，掌舆辇、车乘、传驿、厩牧马牛杂畜之籍。凡给马者，一品八匹……凡驿马，给地四顷，莳以苜蓿。

王为皇太子，以（王）毛仲知东宫马驼鹰狗等坊……初监马二十四万，后乃至四十三万，牛羊皆数倍。莳苜麦、苜蓿千九百顷以御冬。

至晚唐时，宫苑闲厩的机构已相当庞大，以致冗员繁杂，开销巨大。《唐会要》中载录闲厩宫苑使柳正元上陈其中弊端的奏章，从陈言可知，郓州曾因御马，配给苜蓿丁三十人，每年供奉开支巨大：

开成四年正月，闲厩宫苑使柳正元奏："……今请于使司所给料钱数，克减十千。添给所由二十人粮课，巡官二人。请勒全停。郓州旧因御马，配给苜蓿丁三十人……"敕旨："正元条陈利病，实谓推公。所请割属留守，及停废职员，并依……郓州每年送苜蓿丁资钱，并请全放，实利疲甿，宜依。

5. 苜蓿园

《唐景云二年（711年）张君义勋告》文书有"蓿薗阵"记载，此"蓿薗"即苜蓿园。苜蓿园就是专门种植苜蓿的场所。

```
1  敕 （四镇经略使前军        牒张君）义
2     六 日 …………………………… 蓿薗阵
3     同 日 …………………………… 碛内阵
```

《唐景云二年（711年）张君义勋告》

到元代为了发展苜蓿和防灾，种苜蓿已有政府规定，并设有专人负责。元廷为了发展蒙古草原的畜牧业，往往派人到北边草原地区浚井，如延祐七年（1320年）七月，调左右翊军赴北边浚井。除此，大德十一年（1307年），朝廷曾发行盐券向农民换取秆草、牧草近1 300万束。大都留守司，专设有苜蓿园，掌种苜蓿，用以饲马驼膳羊。据明宋濂《元史》记载，"上林署，秩从七品，署令、署丞各一员，直长一员，掌宫苑栽植花卉，供进蔬果，种苜蓿以饲驼马，备煤炭以给营缮。……苜蓿园，提领三员，掌种苜蓿，以饲马驼膳羊。"朝廷还颁布"劝农条画"，令各村社广种苜蓿，喂养牲畜。漠南地区的官牧场牲畜，由地方政府提供人力、物资，普遍搭盖棚圈。

《元史》记载：

上林署，秩从七品。署令、署丞各一员，直长一员。掌宫苑栽植花卉，供进蔬果，种苜蓿以饲驼马，备煤炭以给营缮。至元二十四年置。

养种园，提领二员。掌西山淘煤，羊山烧造黑白木炭，以供修建之用。中统三年置。

花园，管勾二员。掌花卉果木。至元二十四年置。

苜蓿园，提领三员。掌种苜蓿，以饲马驼膳羊。

《新元史》记载：

上林署。秩从七品。署令、署丞各一员，《元典章》：上林署，令正八品，直长从八品，直长一员。掌栽花卉，供蔬果，种苜蓿以饲驼马，备碟炭以给营缮。至元二十四年置。

苜蓿园。提领三员。掌种苜蓿。

第二章 苜蓿诗词

　　苜蓿越千年，风光乃无限。2 000多年前的苜蓿虽然已成为往事，但那些脍炙人口的苜蓿诗词，却随着岁月穿流传颂至今。今天，当我们用一种新的历史观审视和重温这些苜蓿诗词时，就会发现她像一部史诗，让我们从中了解到苜蓿与西域、苜蓿与葡萄、苜蓿与汗血马（天马）、苜蓿与张骞、苜蓿与丝绸之路等的不解之缘与传奇故事；当我们用一种全新的思维解读这些苜蓿诗词时，就会发现她像一本励志书，像一本思想书，像一本哲理书，尽显人间冷暖、人生态度和人格魅力；当我们用一种新的视野面对千古苜蓿时，就会发现她让我们有无限的遐想，让我们谈天说地，享受自然，感悟人生，苜蓿既有外在的美丽，又有生存的风雨奋斗，还有生命的睿智豁达；当我们用一种新的理念诠释千古苜蓿时，就会发现她是那么的无私、那么的伟大和那样的灿烂，她在恶劣的环境中不畏寒与旱，顽强生长，尽显英雄本色，在良好的环境中郁郁葱葱，芳香四溢，绽露美丽澹雅。苜蓿如人生，淡中有味、虚怀若谷，饱经风霜、怡然自得。在苜蓿中不仅蕴藏着丰富的文化内涵，而且也包含着深邃的人生哲理；在苜蓿诗词中不仅有故事、人生和情怀，而且还有科学、历史和文化。

　　明末清初小说家褚人获对苜蓿诗词乃至苜蓿文化有精辟的评说："唐广文叹有：盘中何所有，苜蓿长阑干。阑干横斜貌，言既老而食之不已，为可叹也。汉贵武，则以饲马；唐贱文，则以养士。一物足以观世矣。"

——孙启忠《苜蓿赋·前言》，2017.

第一节　苜蓿诗词文化的形成与发展

一、苜蓿诗词文化萌芽期

汉代苜蓿的引入，标志着中国苜蓿种植的开始，随着苜蓿种植区域与面积的扩大，苜蓿的作用与影响亦越来越大。与此同时，苜蓿也得到人们的厚爱，许多诗人墨客以苜蓿为意象或物象进行作诗赋词。最早的苜蓿诗词出现在汉乐府《蜨蝶行》中：

释文：蜨蝶之遨游东园，奈何卒逢三月养子燕，接我苜蓿间。持之我入紫深宫中，行缠之傅樽栌间，雀来燕。燕子见衔哺来，摇头鼓翼何轩奴轩！

在东汉李燮的《汉横吹曲·紫骝马》开启了我国苜蓿诗的先河，汉代也成为我国苜蓿诗词的萌芽期。

释文：紫燕忽跐蹰，红尘起路隅。

　　　　园人移苜蓿，骑士逐蘼芜。

　　　　三边追黠虏，一鼓定强胡。

　　　　安用珂为玉，自有汗成珠。

李燮《紫骝马》

到了魏晋南北朝，随着苜蓿栽培范围的扩大和影响的提高，以苜蓿为意象和物象的诗词也多了起来。

关索岭汉将军庙

东晋·王珣

当年阃外鼓南行，回首氓宫是未央。
宛马徒闻疲苜蓿，冽泉今见侵苍稂。
但知臣节风霜苦，岂计勋名日月光？

王珣 （349 至 400 年 6 月 24 日）

【出生日期】公元 349 年

【字】元琳

【小字】法护

【出生地】琅琊临沂（今山东省临沂市）

【成就】东晋著名大臣书法家

东晋·王珣

北使还与永丰侯书（节录）

南朝·刘孝仪

足践寒地，身犯朔风；
暮宿客亭，晨炊谒舍。
飘摇辛苦，迄届毡乡；
杂种覃化，颇慕中国。
毳幕难淹，酪浆易献，
王程有限，时及玉关。
射鹿胡奴，乃共归国，
刻龙汉节，还持入塞。
马衔苜蓿，嘶立故墟，
人获葡萄，归种旧里。
稚子出迎，善邻相劳，
倦握蟹螯，亟覆虾碗。
未改朱颜，略多自醉，
用此终日，亦以自娱。

轻薄篇（节录）

南朝·张正见

洛阳美年少，朝日正开霞。
细蹀连钱马，傍趋苜蓿花。

南朝·张正见

度关山

南北朝·戴皓

昔听陇头吟，平居已流涕。
今上关山望，长安树如荠。
千里非乡邑，四海皆兄弟。
军中大体自相褒，其间得意各分曹。
博陵轻侠皆无位，幽州重气本多豪。
马衔苜蓿叶，剑莹鹧鹚膏。

二、苜蓿诗词文化的奠基人

薛令之，字君珍，号明月先生，长溪西乡石矶津（今福安市溪潭乡廉村）人，生于唐永淳二年（683年）八月十五日。福建（时称建安郡）首位进士，官至太子侍讲。

唐·薛令之

薛令之对苜蓿诗词的发展和形成起到了重要的作用，具有奠基人和里程碑意义。唐神龙二年（706年）薛令之及第，后官至左补阙、东宫侍讲，辅佐太子李亨。当时宰相李林甫弄权，有一次，玄宗命群臣吟《屈轶草》，薛令之借传说中屈轶草（一种仙草）能辨识奸佞的特性，在吟诗中痛斥以李林甫为首的群奸，为李林甫所恨，东宫诸臣也因耿直备受冷遇。因此，薛令之题《自悼》诗于墙上曰："朝日上团团，照见先生盘。盘中何所有，苜蓿长阑干。饭涩匙难绾，羹稀箸易宽。只可谋朝夕，何由保岁寒。"诉说清廉官吏由于奸臣排挤生活清苦，以此表达对唐玄宗宠信李林甫的不满。明皇（唐玄宗）幸东宫，见之不悦，以为讽上。援笔酬曰："啄木觜距长，凤凰毛羽短；若嫌松桂寒，任逐桑榆暖。"薛令之自知开罪皇帝，便称病辞官还乡。后唐玄宗闻其家贫，让长溪县每年拨给赋谷，薛令之总是酌量领取，从不多要。李亨即位后，感念昔日师生之谊，旨召薛令之入朝，然是时薛令之已去世。

薛公《自悼》诗中的"苜蓿"一词，成为形容为官清贫和廉洁的熟典，薛令之也被誉为"苜蓿廉臣"。

唐太宗《续薛令之》

薛令之辞官归乡

薛令之

兖州府知府　郑方坤　撰

薛令之，字珍君，初居山闻龙吟，及第开元中，迁右庶子与贺知章并侍肃宗东宫，知章自右庶子迁宾客授秘书监，而令之以右补阙兼侍读，积岁不迁，又官次清淡，令之题诗壁间曰：明月上团团，照见先生盘，盘中何所有，首蓿长阑干、饭涩匙难绾、羹稀箸易宽，只可谋朝夕，何由度岁寒。玄宗幸东宫见之，索笔题其傍：啄木觜距长，凤凰毛羽短，若嫌松桂寒，任逐桑榆暖。令之因谢病，徒步归，玄宗闻其贫，命有司资其岁赋，令之量受而已，肃宗立以旧恩，诏，而令之，已卒，因敕其村曰廉村，水曰廉溪，著明月先生集（闽书）。

唐薛令之居灵谷草堂，在福安县山中，尝闻龙吟之声后登，神龙二年进士，开元中累补左补阙太子侍讲，即题《明月上团团》之诗也（名胜志）。

开元中东宫官僚清澹薛令之为左庶子以诗自悼曰：朝日上团团，照见先生盘、盘中何所有，苜蓿长阑干，饭涩匙难绾，羹稀箸易宽，以此谋朝夕，何由保岁寒。上幸东宫因题其旁云：若嫌松桂寒，任逐桑榆暖。令之惶恐，谢病归。每诵此未知为何物偶同宋雪岩伯仁访郑墅钥见所种者因得其种叶绿紫色而尖长或丈余采用汤焯油炒姜盐如意羹茹皆可风味本不恶，令之何为厌苦，如此东宫官寮当极一时之选，而唐世诸贤见于篇，什皆为左迁，令之寄兴恐不在此上，人乃讽以去薄矣（稗史汇编）。

苜蓿，一名光风，生罽宾国，《尔雅翼》：似灰藋，今谓之鹤顶。贰师伐宛，将种归中国。《西京杂记》：乐游苑中自生玫瑰树，树下多苜蓿。一名怀风时或谓之光风，茂陵人谓之连枝草。长安中有苜蓿园，北人极重此味。既老则以饲马。唐广文叹有："盘中何所有，苜蓿长阑干。"阑干横斜貌言，既老而食之，不已为可叹也。汉贵武，则以饲马，唐贱文，则以养士。一物足以观世矣（坚瓠集）。

太姥山距州东百里，而遥高十余里周遭四十里，力牧录云黄帝时容成先生尝栖之。王烈《蟠桃记》尧时，有老母家路旁，蓝练为业，性喜给施有道士，就母求浆，母饮以醪。道士奇之，授以九转丹砂之法。服之，七月七日乘九色龙马仙去，因相传呼为太母山，汉武帝命东方朔敕天下名山，文乃改母为姥，唐邑人薛令之诗：扬灵穷海岛，选胜访神山。鬼斧巧开凿，仙踪常往还。东瓯冥漠外，南越渺茫间，为问容成子，刀圭乞驻颜（闽书）。

——《全闽诗话·卷一》

师伐宛将种归中国西京杂记乐游苑中自生玫瑰树下多苜蓿一名怀风时或谓之光风风在其间常萧萧然日照其花有光采故名苜蓿怀风茂陵人谓之连枝草长安中有苜蓿园北人极重此味既老则以饲马唐广文叹有盘中何所有苜蓿长阑干阑干横斜貌言味既老而食之不已为可叹也汉武则以饲马唐贱文则以养士一物足以观世矣坚瓠集

太姥山距州东百里而遥高十余里周遭四十里力牧录云黄帝时容成先生尝栖之王烈蟠桃记尧时有老母家路旁蓝练为业性喜给施有道士就母求浆母饮以醪道士奇之授以九转丹砂之法服之七月七日乘九色龙马仙去因相传呼为太母山汉武帝命东方朔敕天下名山文乃改母为姥唐邑人薛令之诗扬之穷海岛选胜访神山鬼斧巧开凿仙踪常往还东瓯冥漠外南越渺茫间为问容成子刀圭乞驻颜闽书

——兖州府知府·郑方坤撰《全闽诗话·卷一》

唐代也出现了不少与苜蓿相关的诗词。

唐代与苜蓿相关的诗词

作者	诗词名	诗句摘录
杜甫	赠田九判官梁丘	宛马总肥春苜蓿，将军只数汉嫖姚。
	寓目	一县葡萄熟，秋山苜蓿多。
	沙苑行	苑中骒牝三千匹，丰草青青寒不死。
岑参	题苜蓿峰寄家人	苜蓿峰边逢立春，胡芦河上泪沾巾。
	北庭西郊候封大夫受降回军献上	胡地苜蓿美，轮台征马肥。
李商隐	九日	不学汉臣栽苜蓿，空教楚客咏江蓠。
	茂陵	汉家天马出蒲梢，苜蓿榴花遍近郊。
唐彦谦	闻应德茂先离褒溪有作	蓿穷诗味，芭蕉醉墨痕。
	咏马	崚嶒高耸骨如山，远放春郊苜蓿间。
贯休	塞上九曲	蒲桃酒白雕腊红，苜蓿根甜沙鼠出。
	古塞下曲	风落昆仑石，河崩苜蓿根。

【延伸阅读】

苜蓿廉臣薛令之

廉村，原名石矶津，位于白云山麓、穆水之畔，是福建省福安市的一个普通自然村落。其实，这个村又有不普通之处，它不仅风景秀丽，而且历史悠久，民风淳朴，既有廉村之名，更有廉村之实。

穿过重山溪涧、田畴阡陌，古藤绕树，簇簇不知名的山花辉映下的小桥流水、青砖黛瓦，顷刻间映入眼帘，似诗画、如梦境。沿着鹅卵石铺就的小路，走进一座座明清时代的古民居，门楣上高悬着岁月雕琢的匾额，室内摆放着造型古朴的木刻屏风，墙上挂着先贤留下的珍贵字画，好一幅"霜熟稻粱肥，几村农唱；灯红楼阁迥，一片书声"的古风景象。然而，这一切都与一个人有关，他就是闽地科举入仕第一人，唐开元中期官至左补阙、太子太傅的薛令之。

薛令之（683—756年），人称"明月先生"，他自幼酷爱读书，以诸葛亮在南阳结庐而居躬耕苦读为榜样，在石矶津不远处的灵岩山建一草堂，粗茶淡饭、孤灯一盏，终日和衣苦读。后来，他在《草堂吟》一诗中回忆了苦读的情景："草堂栖在灵山谷，勤读诗书向灯烛。柴门半掩寂无人，惟有白云相伴宿。"

像古代的读书人一样，入仕为官也是薛令之人生的目标。他勤读诗书，孜孜不倦，期盼有朝一日破壁而出，像苏秦与韩信那样位列朝班，成为一个于国于民不可或缺的人才。功夫不负有心人，神龙二年（706年），薛令之终于进士及第、入仕为官。

薛令之在京为官四十年，为人恭敬、勤俭、仁义、谦让，其高尚品德得到同僚们的赞许。一首《自悼诗》更是映照出他的清廉情怀："朝旭上团团，照见先生盘。盘中何所有，苜蓿长阑干。饭涩匙难绾，羹稀箸易宽。何以谋朝夕，何由保岁寒？"尽管后人对这首诗有多种解读，但人们以"苜蓿廉臣"称呼他，足见他甘于清苦，宁愿"苜蓿盘餐"，也不向权贵低头，不与腐败为伍，堪称廉心可鉴。宋代苏辙、苏轼都十分景仰薛令之，多次在诗中提到薛令之的"苜蓿盘"；如苏辙"手植天随菊，晨添苜蓿盘"；苏轼"久陪方丈曼陀雨，羞对先生苜蓿盘"。

然而，现实与理想总是有差距。在薛令之为唐玄宗第三子李亨之师时，他目睹唐玄宗晚期的怠惰，对朝政腐败的不满日增，毅然称病辞官。从京城中，走出一位为官四十年的朝廷大员，竟是身裹素衣，肩挂琴囊，两袖清风，徒步南归的清癯老者，让所有前来送行和目睹的人，都为之唏嘘感叹。他仍是徒步进京赶考时的模样，只是头上浓密的黑发蜕成了飘零的白发。回到故里的薛令之，与石矶津的山水田园为伴，或荷锄田野，抱瓮灌园；或吟诗作赋，挑灯夜读；或收徒授学，不收学费……

我国古代士人对物质的追求不高，如颜渊"一箪食、一瓢饮"足矣，而执著于精神层面的追求。他们中的许多人或因政治上遭排挤，或因个人奋斗受挫，或因对现实昏庸腐败的不满而又不甘沉沦，便会到大自然中去。薛令之却不仅于此，去官后他放情于山水，但并不沉湎其中，他身体力行传播知识，教化民众，济贫帮穷，试图在社会底层中发掘向上向善的种子，以延续善良古朴的民风。

数年后，唐肃宗李亨即位，思及与薛令之师生情谊，欲召入朝，但此时薛令之已逝。为表彰其恩师薛令之的清正廉明，命薛令之故里为"廉村"，村后山岭曰"廉岭"。

"首登皇榜自古八闽无双士，帝赐廉名至今华夏第一村。"在廉村这片土地上，孕育了八闽第一位进士，树起了一杆"廉"字大旗。自薛令之后，廉村相继出了十七名进士。这些莘莘学子出仕前无不仰慕薛令之，皆亲往其早年读书的灵岩寺朝拜先贤，出仕后亦以他为楷模，以廉自期。后人赞曰："苜蓿尚余朝旭影，梅花争似老臣心。高岑片石留天地，唐代清风满古今。"

回眸历史，"廉"字一直是为官者追求的道德境界。古人云，"临大利而不易其义，可谓廉矣"。"廉"的基本要求是不取不义之财，不贪不义之利。在这种思想指导下，行使公共权力的过程就是"廉政"。"罪莫大于可欲,祸莫大于不知足,咎莫大于欲得",这是老子千古悠悠的哲思;"政者,正也,子帅以正,孰敢不正",这是孔子跨越时空的高亢;"先天下之忧而忧,后天下之乐而乐",这是范仲淹经世济民的人生理想;"身后有余忘缩手,眼前无路想回头",这是曹雪芹对贪腐者的劝诫……这些警示和告诫,都在无声无息间传承着中华民族的精神血脉和文化基因,形成了以德立身的民族文化心理和精神纽带,同时也昭示出扶正祛邪始终是社会的追求,勤政为民、尚廉治贪始终是百姓的期盼。

在与古代先贤的对视交流中,心灵得以净化。清风劲吹,廉从绵延不绝的历史中走来;正气浩然,廉向时光深处走去。

来源:中央纪委国家监委网站 发布时间:2020-09-18 08:25

三、苜蓿诗词文化的进一步发展

自唐代薛令之的:"朝日上团圆,照见先生盘。盘中何所有?苜蓿长阑干。"出现后,苜蓿盘、苜蓿堆盘、先生日照盘、先生守苜蓿、先生苜蓿盘、朝日照苜蓿、阑干堆苜蓿等用典形式在宋元苜蓿诗词中得到广泛应用。宋元时期苜蓿诗词得到了进一步的发展,据孙启忠(2017)《苜蓿赋》不完全收录,宋元时期咏及苜蓿的诗词大约有327首,其中宋有205首,元有122首。与蔬食有关系的诗词大约有123首,占所录宋元时期苜蓿诗词的37.6%。从众多诗人对苜蓿的疏食性吟诗作赋看出,一方面苜蓿蔬食性在宋元的影响是广泛的,也是深刻的;另一方面亦看出人们在日常生活中食苜蓿的普遍性和喜食性,苜蓿乃为待客佳肴。

宋代苏轼、苏辙等著名诗人都十分敬仰薛令之,多在诗中提到薛令之的"苜蓿盘",如苏辙"手植随菊,晨添苜蓿盘"、苏轼"久陪方丈曼陀雨,羞对先生苜蓿盘"。苏门四学士之一的黄庭坚在他的《戏答史应之三首》中写道:"老莱有妇怀高义,不厌夫家苜蓿盘。"可见史应之还是一个孝子,将他喻为老莱子(老莱子一般被认为是春秋晚期思想家,道教人物,楚国人,为《二十四孝》中"戏彩娱亲"的主角。《史记》将他记载在老子列传,说他曾著书十五篇,言道家之用,后世一般认为这表示司马迁认为他也是老子可能的身份之一。)。其妻也贤德,不嫌夫家以野菜充饥的生活。其典故出自《古列女传》,记载的老莱子是一位过着"葭墙蓬室,木床蓍席,衣蕴食菽,垦山播种"生活的隐士。楚王闻之曰:"老莱贤士也","王欲聘以璧帛,恐不来,楚王驾至老莱之门",说明楚王曾来到蒙山来聘请老莱子。经过一番逊让,老莱子终于同意了楚王的聘请。可是,其妻戴畚莱,挟薪樵回家时,发现了门前的车迹之众,就问其故,老莱子告诉她楚王来聘的事由,其妻讲了受人官禄,必为人所帛,而且难免于患的道理,并不愿为人所制。说罢要走,老莱子与她同行,至江南定居仍然过着农耕的生活,且多有居民从之。故"一年成落,三年成聚",说明和他同居的人已经形成一个村落。这一段故事告诉我们,老莱子是一位隐士贤人,其妻是一位非常贤明的女子。

梅尧臣、苏轼和陆游为宋代的著名诗人,可谓是我国宋时期的文化符号,他们都有浓厚的苜蓿情怀,对苜蓿情有独钟。据孙启忠(2017)《苜蓿赋》不完全收录,宋代以苜蓿为意象或意境创作的诗人有119位,苜蓿诗词有205首,其中陆游咏及苜蓿最多的诗人,有19首;苏轼次之,有8首;梅尧臣第三,有6首。

◆ **梅尧臣的苜蓿诗**

目前能收集到梅尧臣与苜蓿相关的诗有6首（孙启忠，2017），其中在《咏苜蓿》中第一次记述了我国苜蓿开黄花。这首诗被清陈梦雷收集在《古今图书集成》中，也被《广群芳谱》收录。《咏苜蓿》还被民国的黄以仁（1911）在《苜蓿考》引用，"独宋之诗人梅尧臣有《咏苜蓿》一章，曰：苜蓿来西域，蒲陶亦既随。胡人初未惜，汉使始能持。宛马当求日，离宫旧种时。黄花今自发，撩乱牧牛陂。始种苜蓿为黄花，确乎，否乎？"

梅尧臣的另一首苜蓿《唐书局丛莽中得芸香一本》诗被《植物名实图考·卷三蔬类·芸》征引："宋·梅尧臣《书局一本诗》：有芸如苜蓿，生在蓬藋中。草盛芸不长，馥烈随微风。我来偶见之，乃稚彼翳蒙。上当百雉城，南接文昌宫。借问此何地，删修多钜公。天喜书将成，不欲有蠹虫。是产兹弱本，蓊尔发荒丛。黄花三四穗，结实植无穷。岂料凤阁人，偏怜葵蕊红。"

1991年吴征镒指出，公元前1—2世纪，苜蓿由张骞自西域引来，最早记载苜蓿的花为黄色的是宋朝梅尧臣诗："有芸如苜蓿，生在蓬藋中，黄花三四穗，结穗植无穷"。这说明其是黄色的，根据分布地区来看，应是黄花苜蓿（*Medicago falcata*），而《群芳谱》中的苜蓿即为紫花苜蓿（*M. sativa*），吴征镒进一步指出，南苜蓿（*M. hispida* 或 *M. denticulata*）《本草纲目》始载之，但仍以苜蓿为其名，李时珍认为本种即为最早之苜蓿，并开黄花，但不同于正种的原植物 *M. falcata*。南苜蓿应该是《植物名实图考》中记载的野苜蓿的一种。

释文：苜蓿来西域，蒲萄亦既随。

胡人初未惜，汉使始能持。

宛马当求日，离宫旧种时。

黄花今自发，撩乱牧牛陂。

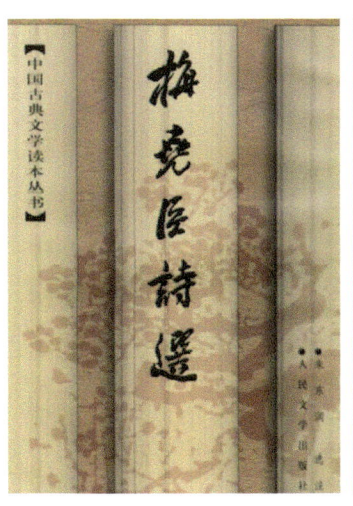

梅尧臣《咏苜蓿》

梅尧臣苜蓿诗摘录

题目	苜蓿诗句摘录
咏苜蓿	苜蓿来西域，蒲萄亦既随。 胡人初未惜，汉使始能持。 宛马当求日，离宫旧种时。 黄花今自发，撩乱牧牛陂。
依韵和杨直讲九日有感	苜蓿从来厌，茱萸却乍亲。
江邻几寄羊把	蒺藜苗尽初蕃息，苜蓿盘空莫叹嗟。
闻永叔出守同州寄之	茱萸欲把人留楚，苜蓿方枯马入秦。
和宋中道元夕十一韵	比诸豪侠乃自苦，明日苜蓿盈盘餐。
唐书局丛莽中得芸香一本	有芸如苜蓿，生在蓬藋中。草盛芸不长，馥烈随微风。 我来偶见之，乃稚彼鬖髿。上当百雉城，南接文昌宫。 借问此何地，删修多钜公。天喜书将成，不欲有蠹虫。 是严兹弱本，茜尔发荒丛。黄花三四穗，结实植无穷。 岂料凤阁人，偏怜葵叶红。

◆ 苏轼的苜蓿诗

在苏轼的 8 首苜蓿诗中，以歌咏苜蓿蔬食为主，如《和子由柳湖久涸，忽有水，开元寺山茶旧无花，今岁盛开》："久陪方丈曼陀雨，羞对先生苜蓿盘。"这是一首歌咏寺庙中的茶花的诗作。茶花与寺僧相处，法华经言道，佛祖说法时，天雨曼陀罗花，中国古人就将曼陀罗花当作茶花的别名。苜蓿盘指唐朝薛令之的故事，寓意品性高洁。

苏轼在《看月有怀子由并崔度贤良》中写道："去年举君苜蓿盘，夜倾闽酒赤如丹。"，展示了苏轼怀念与亲友相处时简朴的生活，同时也说明苜蓿盘是朋友聚会的下酒好菜。

北宋元祐六年，早春，在远离京城的杭州，苏东坡迎来了好友曹子方。曹子方是泰州海陵（今江苏泰州）人，嘉祐八年登进士乙科，与苏东坡及"苏门四学士"多有交往。元祐三年，曹子方自太仆丞为福建转运判官。苏东坡写了一首词送给他，先是夸赞，"曹子本儒侠，笔势翻涛澜。往来戎马间，边风裂儒冠。诗成横槊里，楯墨何曾干"；后是叮嘱，"一旦事远游，红尘隔岩滩。平生羊炙口，并海搜咸酸。一从荔枝饮，岂念苜蓿盘"；然后是回照自身，不禁嘘唏连连，"我亦江海人，市朝非所安。常恐青霞志，坐随白发阑。渊明赋归去，谈笑便解官。今我何为者，索身良独难"。

苏轼在《送千乘千能两侄还乡》写道："五子如一人，奉养真色难。烹鸡独馈母，缱自苜蓿盘。"《后汉书·茅容传》："[茅容]耕于野，时与等辈避雨树下，众皆夷踞相对，容独危坐愈恭。林宗（郭太字林宗）行见之而奇其异，遂与共言，因请寓宿。旦日，容杀鸡为馔，林宗谓为己设，既而以供其母，自以草蔬与客同饭。林宗起拜之曰：'卿贤乎哉！'因劝令学，卒以成德。"草：粗粮，糙米。东汉茅容杀鸡供母，自己和客人只吃粗饭蔬菜。郭太对此大加赞赏。

在《书晁补之所藏与可画竹》一诗中，苏轼写道："可怜先生盘，朝日照苜蓿。可使食无肉，不可居无竹。"描述了晁补之虽然家境贫寒，用野菜充饥，但却视竹如命。晁补之，北宋时期著名文学家和书画家。为"苏门四学士"（另外三人为诗人黄庭坚、秦观、张耒）之一。

苏轼的《元修菜（并叙）》中写道："张骞移苜蓿，适用如葵菘。"直言苜蓿是由张骞从西域带到中原，并可食用如葵菘。又苏轼在《元修菜》下作了小引曰：

菜之美者，有吾乡之巢。故人巢元修嗜之，余亦嗜之。元修云：使孔北海见，当复云吾家菜耶？因谓之元修菜。余去乡十有五年，思而不可得。元修适自蜀来，见余于黄。乃作是诗，使归致其子，而种之东坡之下云。

戏用晁补之韵

宋·苏轼

昔我尝陪醉翁醉，今君但吟诗老诗。
清诗咀嚼那得饱，瘦竹潇洒令人饥。
试问凤凰饥食竹，何如驽马肥苜蓿。
知君忍饥空诵诗，口颊澜翻如布谷。

苏轼（1037—1101年），北宋文学家、书画家。字子瞻，又字和仲，"号东坡居士，汉族，眉州眉山（今属四川）人。
他在文学艺术方面堪称全才。其文汪洋恣肆明白畅达；诗清新豪健，善用夸张比喻；词开豪一派，挥洒自如，气势磅礴，开创了豪放词风。

苏轼《戏用晁补之韵》

苏轼的苜蓿诗

题目	苜蓿诗句摘录
和子由柳湖久涸，忽有水，开元寺山茶旧无花，今岁盛开（其二）	久陪方丈曼陀雨，羞对先生苜蓿盘。雪里盛开知有意，明年开后更谁看。
八月十日夜看月有怀子由并崔度贤良	去年举君苜蓿盘，夜倾闽酒赤如丹。今年还看去年月，露冷遥知范叔寒。
梅圣俞诗集中有毛长官者今于潜令国华也圣俞	诗翁憔悴老一官，厌见苜蓿堆青盘。归来羞涩对妻子，自比鲇鱼缘竹竿。
元修菜	张骞移苜蓿，适用如葵菘。马援载薏苡，罗生等蒿蓬。
戏用晁补之韵	昔我尝陪醉翁醉，今君但吟诗老诗。清诗咀嚼那得饱，瘦竹潇洒令人饥。试问凤凰饥食竹，何如驽马肥苜蓿。知君忍饥空诵诗，口颊澜翻如布谷。
送曹辅赴闽漕	平生羊炙口，并海搜咸酸。一从荔枝饮，岂念苜蓿盘。
送千乘、千能两侄还乡	烹鸡独馈母，自饷苜蓿盘。口腹恐累人，宁我食无肝。
苏辙和穆父新凉	可怜先生盘，朝日照苜蓿。吾诗固云尔，可使食无肉。

◆ **陆游的苜蓿诗**

爱国诗人陆游，生活贫苦，常以野菜佐餐、充饥，因此写下大量野菜诗，如苜蓿。在宋元时期的诗人中，陆游对苜蓿真可谓是情有独钟，钟爱有加，与苜蓿相关的诗有 19 首，居宋元咏及苜蓿诗人之首。薛令之因《自悼》诗辞官归乡后，诗中的"苜蓿"一词，迅速成了为官清贫和廉洁的代名词，薛也被誉为"苜蓿廉臣"，为历代诗文家所用，如曾在宁德作过主簿的陆游留有"饭余扪腹吾真足，苜蓿何妨日满盘"的诗句，表示要以薛令之为榜样，每天清炒苜蓿就满足了。清代大学士纪晓岚以"词臣只是儒官长，已办三年苜蓿盘"婉拒地方官的名贵食品馈赠。中国的文化根子就是这么深长，一盘青青的苜蓿菜，多么普普通通，竟然蕴含着多少纸短情长的故事与文化。

陆游在《小市暮归》一诗中道："野饷每思羹苜蓿，旅炊犹得饭雕胡。"诗中的雕胡是茭白的果实，即是一种菰米——《周礼》记载的"六谷"包括它，所以有人也称它六谷之一，雕胡饭也就是用菰米煮成的饭。茭白是一种水生草本植物，它根部的嫩茎叫蒿瓜，是一种可口的时令蔬菜。而雕胡（菰米），则是当时乡间补充"五谷"缺乏的生活口粮。可见陆游的生活是多么艰辛，以野菜雕胡充饭果腹。

《对食作》一诗中道："饭余扪腹吾真足，苜蓿何妨日满盘。"尽管每日以野菜充饥但每当饭后手摸肚皮也令人心满意足。陆游确实乐意过这清贫的生活。

在《书怀》一诗中写道："苜蓿堆盘莫笑贫，家园瓜瓠渐轮囷。"大家不要笑话我穷的只能吃得到满盘的野菜，其实我也有满园的瓜果蔬菜。可见陆游是贫也吃苜蓿，富也吃苜蓿，其实，食用苜蓿是他的饮食爱好。我们可以大胆地推断，他活到了 85 岁的长寿高龄，经常食用苜蓿可能是其主要原因之一。

从历史的长河来看，苜蓿无疑是猪、马、牛、羊、几乎所有家畜的上好饲料。同时它也是一种为人可食用的野菜。作为人可食用的野菜，苜蓿不仅仅是达官显贵、文人墨客改变口味的野味佳肴，它更是穷苦百姓得以救命的口粮。千百年以来，由于天灾人祸的影响，对于靠农耕而自给自足普通百姓来说，缺食少粮便是常有的事。尤以靠天吃饭的西北丘陵山区更是如此。在这些生死攸关的艰难时刻，苜蓿以及其他的一些野菜就起到了救命粮的作用。由其是苜蓿，它对生长环境的要求很低，无论是天旱或者是天涝，是洼地还是山梁都能长的很好。它也几乎不需要太多的人工照料和管理。不施肥，不除草，照样长得很好。而且就像韭菜一样，当你掐去了嫩芽之后，新的嫩芽就又会长出来。它是穷人真正的救命粮。

绯桃开小酌

宋·陆游

我庐城南村，家无十金产。
种花虽历岁，名品终有限。
颇欲及暇时，著谱书之简。
今朝绯桃开，欢喜洗酒琖。
邻翁亦喜事，为我一笑莞。
但恨苜蓿盘，蔬薄久佳馔。
往来见已熟，劝揖忘愧赧。
一事粗可言，似具识花眼。

陆游（1125—1210 年）
字务观，号放翁，汉族，越州山阴（今绍兴）人，南宋文学家、史学家、爱国诗人

陆游《绯桃开小酌》

秋思

宋·陆游

乌帽翩翩九陌尘，枝藜谁记岸纶巾？
遗簪见取终安用，弊帚虽微亦自珍。
廊庙似闻怜老病，云山渐欲属闲身。
墙隅苜蓿秋风晚，独倚门扉感慨频。

陆游《秋思》

陆游的苜蓿诗

题目	苜蓿诗句摘录
独坐	茶鼎松风吹嫋嫋，香奁云缕散霏霏。 羸骖敢复和銮望，只愿连山苜蓿肥。
春残	苜蓿苗侵官道合，芜菁花入麦畦稀。 倦游自笑摧颓甚，谁记飞鹰醉打围。
晓出湖边摘野蔬	浩歌振履出茅堂，翠蔓丹芽采撷忙。 且胜堆盘供苜蓿，未言满斛进槟榔。
病中夜赋	客如病鹤卧还起，灯似孤萤阖复开。 苜蓿花催春事去，梧桐叶送雨声来。
庵中晨起书触目（其三）	时扶迁客桄榔杖，日厌诗人苜蓿盘。 赖是平生憎阿堵，今年初解侍祠官。
岁暮贫甚戏书	食案阑干堆苜蓿，褐衣颠倒著天吴。 谁知未减粗豪在，落笔犹能赋两都。
秋雨	久占烟波弄钓舟，业风吹作凤城游。 不知苑外芙蕖老，但见墙阴苜蓿秋。
秋思（其一）	廊庙似闻怜老病，云山渐欲属闲身。 墙隅苜蓿秋风晚，独倚门扉感慨频。

续表

题目	苜蓿诗句摘录
对食作	少壮已辜三釜养，飘零敢道一袍单。 饭余扪腹吾真足，苜蓿何妨日满盘。
小市暮归	野饷每思羹苜蓿，旅炊犹得饭雕胡。 青山在眼何时到，堪叹年来病满躯。
书怀（其四）	苜蓿堆盘莫笑贫，家园瓜瓠渐轮囷。 但令烂熟如蒸鸭，不著盐醯也自珍。
书感	不然万里将天威，提兵直解边城围。 苜蓿满川胡马肥，掩取不遣一骑归。
山南行	地近函秦气俗豪，秋千蹴鞠分朋曹。 苜蓿连云马蹄健，杨柳夹道车声高。
秋声	五原草枯苜蓿空，青海萧萧风卷蓬。 草罢捷书重上马，却从銮驾下辽东。
五月十一日夜且半梦	苜蓿峰前尽亭障，平安火在交河上。 凉州女儿满高楼，梳头已学京都样。
夏夜（其二）	思从六月师，关辅谈笑复。 那知二十年，秋风枯苜蓿。
雨中作	兀如老病马，关河久在目。 伏枥虽已疲，连云思苜蓿。
饭饱昼卧戏作短歌	为农得饭常半菽，出仕固应甘脱粟。 藜羹自美何待糁，况复畏人嘲苜蓿。
绯桃开小酌	邻翁亦喜事，为我一笑莞。 但恨苜蓿盘，蔬薄欠佳馔。

四、苜蓿诗词文化发展的盛期（高峰期）

明清时期，既是我国苜蓿发展的高峰期，也是我国苜蓿诗词发展的盛期。孙启忠《苜蓿赋》（2017）收录从汉代到民国时的苜蓿相关诗词共计1 122首，其中宋代205首，占收录总数的18.3%；元代122首，占收录总数的10.9%。明代达382首，占收录总数的34.0%；清代294首，占收录总数的26.2%。明清时期与苜蓿相关的诗词大约有676首，占收录总数的60.3%。

1. 明代苜蓿诗词与诗人

据孙启忠（2017）《苜蓿赋》不完全收录，明代咏苜蓿的诗词有382首，出自197位文人雅士或达官显贵之手。在这些创作者中，当属欧大仁、胡应麟和王世贞最有苜蓿情结，创作与苜蓿相关的诗词分别为37首、17首和15首。

欧大仁的苜蓿诗词

题目	苜蓿诗句摘录
西苑十二首其八芭蕉园	琼瑶无隙地，苜蓿满离宫。
杜伯理诸寅夜过	自怜官舍里，苜蓿半蓬蒿。
寄袭克懋二首（其一）	苜蓿差相慰，无愁雪满簪。
司马曾公三甫过斋中得文字	匣剑芙蓉出，盘餐苜蓿分。
雪中张平叔杨汝德汪子建茅平仲诸君见过得钟字	苜蓿饭不足，伊蒲馔稍供。
邵济时邵惟成邵汝恒集邵长孺环斋程子虚无过兄弟自歙适至分得高字	盘宁嫌苜蓿，尊不待蒲萄。
黄山人孔昭见过	不嫌盘苜蓿，频约过禅栖。
伏日同徐子与顾汝和袁鲁望沈道桢顾汝所集文寿承斋中得家字	盘冰寒苜蓿，井碧泛甘瓜。
酬周公瑕见过	朝朝苜蓿年堪老，处处芙蓉秋可裳。
送张幼于还吴门	岂堪苜蓿还相忆，几处蒹葭不可怜。
甘泉山下答诸生相送	庭长琅玕鸾已散，斋荒苜蓿马能群。
邵长孺访余光州遂赴汳上	三年汝海见君迟，念我江淮苜蓿时。
送王敬美使秦	明星夜照芙蓉锷，白马秋嘶苜蓿花。
送董侍御惟益按秦中	大宛苜蓿飞黄急，二华芙蓉太白低。
答朱正叔六首（其五）	杨州烟月老江干，楚客年年苜蓿寒。
九日王九德崔继甫沈恩甫见邀同吴虎臣饮八首（其八）	苜蓿满盘花满径，莫令京洛贵人知。
苜蓿斋	厌作悲秋客，欢逢赋雪游。 玉关平岳色，银海入淮流。 酒薄青毡馆，诗工紫绮裘。 未须期访戴，且醉汝南州。
郡中送膳钱至苜蓿斋渐有酒矣戏呈同僚二首（其一）	馆里高歌似郑虔，藜羹麦饭已经年。 何来阿堵呼儿举，谁信先生只有毡。
郡中送膳钱至苜蓿斋渐有酒矣戏呈同僚二首（其二）	江州刺史苏司业，似胜屠沽市上儿。 便可从君看山色，餐钱今作酒钱支。
送曾参军使还塞上	渔阳正待君还日，万马群嘶苜蓿花。
酬刘仲子双鲤歌	先生惯饱南海，一官苜蓿亦不薄。
腊日敬美见过饮酒歌	厨中苜蓿稍可办，仓卒为君佐欢娱。
种苜蓿	陆沉自昔汉宫门，削牍闲锄苜蓿园。
立秋日卧病答黄希尹约游大明寺不赴	苜蓿斋中一病身，井桐叶坠报萧晨。

续表

题目	苜蓿诗句摘录
张仲实过扬州为余写容赋此以别	苜蓿斋前丘壑姿，雄飞君尚写当时。
答周给谏兴叔过广陵见怀	菰蒲每狎鸥为客，苜蓿犹疑马是曹。
西苑	麒麟献瑞来周甸，苜蓿移栽入汉家。
得张助甫凉州书以	苜蓿成花酒作泉，龙沙何似鹭洲前。
周选部国雍张光撸元易见过得人字	苜蓿堪娱吾且老，茅柴能饮未辞贫。
送魏季朗赴镇江文学	苜蓿有官无饱饭，茅柴何处不堪诗。
除前一夕用韵酬秦陈朱三同僚	茅柴半落屠苏后，苜蓿羞供粉荔前。
题马远画菜	谁似先生盘苜蓿，于陵甘作灌园人。
梁彦国滦州书至	疲马饥衔苜蓿嘶，怜予千里望辽西。
雪中同梁彦国过文寿承学舍	客食空斋惟苜蓿，宦情高阁有梅花。
闲游效邵尧夫体	一饭至今仍苜蓿，三杯宁得厌茅柴。
春日郭舜举学宪枉过洲上草堂	苜蓿佐欢聊野饮，薜萝深赏及晨晖。
送臧进士晋叔赴教荆州五首（其四）	持经都讲来相候，书带盈门苜蓿花。

胡应麟：少室山房集（四库全书本）·卷059·中华文库。

同黄季主金伯韶两生过伯符宅时傅明府先在坐

明代·胡应麟

残雪初回万井春，一尊官舍暮留宾。
抽毫太液多名士，击筑长安尽酒人。
惨淡骥心逢处老，飞扬龙剑合来神。
盘中苜蓿犹堪饱，莫放仙凫去紫宸。

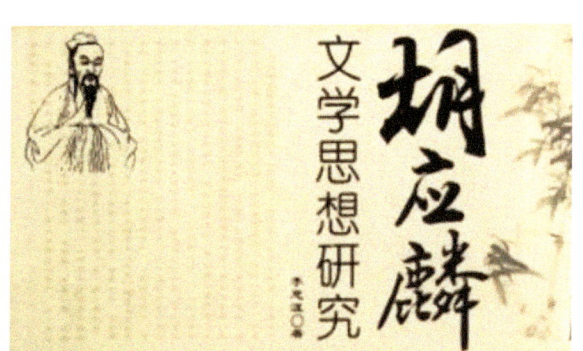

胡应麟《同黄季主金伯韶两生过伯符宅时傅明府先在坐》

送人游塞上

明·胡应麟

晓发灞陵桥，弯弓箭在腰。
黄沙随地阔，紫塞极天遥。
玉乳蒲萄熟，金羁苜蓿骄。
贺兰千百仞，飞骑上岩峣。

休宁道中四首

明·胡应麟

咫尺玄英宅，朱弦试一弹。
中原留上驷，蓬岛隔飞鸾。
酒压荼蘼瓮，春迟苜蓿盘。
美人期不至，惆怅月华残。

周寰六招饮斋中

明·胡应麟

苜蓿空斋坐典坟，居然野鹤在鸡群。
前身宋玉偏能赋，早岁陈思善属文。
绝顶匡庐扪坠雪，深秋滕阁卧飞云。
何须更作如椽梦，粲烂朱华邺水渍。

明　胡应麟

周斅六招饮斋中

苜蓿空斋坐典坟
居然野鹤在鸡群前身
宋玉偏能赋早岁陈思
善属文绝顶匡庐扣坠
雪深秋滕阁卧飞云何
须更作如椽梦粲烂朱
华邺水浈

赠李广文

明·胡应麟

旧国天都近，新斋婺女悬。
彩飞江令笔，青挟郑公毡。
三洞云携屐，双溪雪放船。
无夸沈侯句，苜蓿诵嘉篇。

明　胡应麟

赠李广文

旧国天都近新斋
婺女悬彩飞江令笔青
挟郑公毡三洞云携屐
双溪雪放船无夸沈侯
句苜蓿诵嘉篇

送章博士之昆山

明·胡应麟

共作燕台客，君归思欲狂。
双鸿驰海岸，独马倦河梁。
故国兰茗近，新斋苜蓿长。
昆冈偕片玉，献岁到明堂。

明　胡应麟

送章博士之昆山

共作燕台客君归
思欲狂双鸿驰海岸独
马倦河梁故国兰茗近
新斋苜蓿长昆冈偕片
玉献岁到明堂

杨博士招饮馆中（博士成都人旧为长洲县尹）

明·胡应麟

白板双扉护碧苔，何人携酒问奇来。
玄亭暂寄成都客，宣室初还洛下才。
座里杯盘仍苜蓿，宫前袍笏渐蓬莱。
无论麋鹿姑苏畔，蚤逐飞黄上蓟台。

寄冯志方博士二首

明·于慎行

一别褒衣客，今来几岁星。
吴钩知射斗，鲁壁记传经。
对酒春云碧，题诗暮雨青。
向时游赏地，南北各飘萍。
幽人渺何许，江上旧儒冠。
客舍蒹葭雨，堂餐苜蓿盘。
楚天秋水阔，燕阙晓钟残。
怀袖双纨扇，因风欲寄难。

寄胡孟弢兼怀惟寅李子

明·胡应麟

乍别君山署,仍飞帝苑航。谈天来碣石,赋雪罢潇湘。阙已蓬莱近,斋犹苜蓿长。芝兰骞馥郁,桃李树芬芳。国子先生列,成均博士行。传经酬寂寞,问字斗趋蹡。安定才何屈,昌黎誉渐扬。论兵肝胆赤,谏猎鬓毛苍。僚属频携糗,生徒竞裹粮。瑟寒朝煦日,毡薄夜凝霜。五鹿新回座,三鳣旧报堂。九流穷竹素,六馆校青缃。赠酒逢司业,持斋学太常。烟霞萦绣佛,雷电激干将。晓殿游鸂鹣,春城宿凤凰。长扬催挂笏,太液待飞觞。万寺西陵外,双扉北斗傍。垂鞭时觅句,缓带日成章。永拆徐陈社,谁登陆谢场。应怜李都尉,偃卧绿沉枪。

胡应麟的苜蓿诗词

题目	苜蓿诗句摘录
阿四既留溪南士能命更呼刘生佐酒亦以事羁赋此嘲之	酒压荼蘼瓮,春迟苜蓿盘。
送人游塞上	玉乳蒲萄熟,金羁苜蓿骄。
送沈广文之侯官	驿路蒹葭外,斋头苜蓿中。
送章博士之昆山	故国兰茗近,新斋苜蓿长。
张博士过访赋赠二首(其一)	匣剑芙蓉丽,盘飧苜蓿穷。
赠李广文	无夸沈侯句,苜蓿诵嘉篇。
送汪山人归四明四首(其二)	官衙吟苜蓿,客馆寄菰芦。
柬彭稚修	桃梅拂坐春相丽,苜蓿行杯午未停。
同黄季主金伯韶两生过伯符宅时傅明府先在坐	盘中苜蓿犹堪饱,莫放仙凫去紫宸。
送广文闵先生之携李二首(其一)	菰芦旧业行偏近,苜蓿新斋坐更偏。
钱参戎移任北平二首(其二)	苜蓿城边吹筚篥,燕支山下奏琵琶。

续表

题目	苜蓿诗句摘录
杨博士招饮馆中	座里杯盘仍苜蓿,宫前袍笏渐蓬莱。
周冕六招饮斋中	苜蓿空斋坐典坟,居然野鹤在鸡群。
张博士以壶觞过访余病不能起迓赋谢此章	壶倾博士莲花酿,盘载先生苜蓿殽。
寄胡孟韬兼怀惟寅李子	阙已蓬莱近,斋犹苜蓿长。
有遇不遇也	树拟蒲卢速,枝惭苜蓿长。
新都汪司马伯玉	当年读书台,阑干长苜蓿。

白马篇(节选)

明·王世贞

苜蓿春正饶,力疲不成咽。
遗像在凌烟,英风飒然变。
亮无百年物,得施躯不贱。

王世贞

王世贞的苜蓿诗词

题目	苜蓿诗句摘录
有所闻作	苜蓿总肥沙塞晚,桃花无恙武陵春。
奉寄淮漕传中丞三首(其三)	代马亦知惭伯乐,萧条苜蓿五陵烟。
过欧广文苜蓿斋与子与同赋	少年谁逐广文游,苜蓿盘空且为留。
至归德过故人李宪副子中小饮	主人第进鸬鹚杓,稚子争先苜蓿盘。
过怀来罗将军驻兵因赠二绝(其二)	将军按甲古妫川,万马骄嘶苜蓿天。

续表

题目	苜蓿诗句摘录
过昌平拟上经略许中丞	辟易胭支岭，峥嵘苜蓿天。
感述六十韵	海席鲈鱼鲙，燕盘苜蓿飧。
余赴太仆北上宴督漕王中丞新甫所感事有赠	天空苜蓿霜难饱，春暖桃花水自流。
赋得养龙池送莫膳部视贵州学	养龙坑旁云气薄，咸阳苜蓿横秋漠。
岁暮行送周公瑕应聘北上	以兹卧病桃花坞，苜蓿潇潇映环堵。
赵承旨天闲五马图歌	银槽苜蓿露不收，绿波溢吻芬锦鞴。
临江仙詹簿兄遗子鹅鲟鱼	先生何所有，苜蓿满新盘。
白马篇	苜蓿春正饶，力疲不成咽。
咏荔子丹	从教山水金陵好，总是难禁苜蓿盘。
陈提学藏百马图	不露当是葡萄宫，苜蓿过饱而肥耶。
王司训超拜和平令赋此送之	萧萧苜蓿广文多，忽作潘家花满柯。
题春草驰情卷寄答孔炎宗侯	王孙不断蘼芜恨，天马长衔苜蓿悲。

2. 清代苜蓿诗人

据孙启忠（2017）《苜蓿赋》不完全收录，清代咏苜蓿的诗词有 294 首，由 235 位文人雅士或达官显贵所创作。在这些创作者中，以成鹫和戴亨最多，均为 7 首。

送吴芥舟赴沅江县（节选）

清·成鹫

我笑先生怀利器，错节盘根曾未试。
藏锋敛锷直至今，甘与铅刀同钝置。
我笑先生游兴高，六年两度陵波涛。
长风破浪理舟楫，春满洞庭如感劳。
我笑先生最潇洒，琴鹤轻车随上下。
吟诗一路出湘潭，闲看儿童骑竹马。
我笑先生清且廉，盘中苜蓿水晶盐。
移来粉署伴冰檗，清风拂拂吹紫髯。

成鹫的苜蓿诗词

题目	苜蓿诗句摘录
客夜中秋怀吴谓远广文在郡未返	苜蓿先生久不归,西风吹叶拥柴扉。
李广文苍水招游长乐留别山中诸子	到时九月秋正寒,主人苜蓿供盘餐。
秋杪过新州访李方水广文兼寄潘完子	饱餐苜蓿高兴生,登临未敢辞衰朽。
送吴芥舟赴沅江县	我笑先生清且廉,盘中苜蓿水晶盐。
送容西渡典教饶平	莫道先生薪俸薄,苜蓿晶盐堪细嚼。
送李广文远霞司训揭阳	苜蓿阑干希送钱,冷署寒毡谁立雪。
送石广文赴西粤分考	苜蓿盘中谁送钱,棂星门外堪罗雀。

戴亨的苜蓿诗词

题目	苜蓿诗句摘录
题猛虎惊群图	中产苜蓿丰且肥,春夏青葱冬不死。
述怀六首(其二)	我岂耽苜蓿,度德素已明。
茶宗室八十初度	值君杖朝期,称觥惭苜蓿。
岁暮馆阿员外宅	马融旧拥笙歌帐,薛令长吟苜蓿盘。
教授顺天府(雍正辛亥)	谩道嵇康七不堪,偶因稽古服微官。宦情莫敌烟霞癖,儒味聊甘苜蓿盘。
秋日寄怀任东涧	待价骅骝虚苜蓿,高栖鸾鹤老松筠。
寿河间陈太守十四韵	蠹饱神仙字,炊荒苜蓿田。

第二节　苜蓿佳肴

一、苜蓿蔬食

晓出湖边摘野蔬

宋·陆游

浩歌振履出茅堂,翠蔓丹芽采撷忙。
且胜堆盘供苜蓿,未言满斛进槟榔。
行迎风露衣巾爽,净洗膻荤匕箸香。
著句夸张君勿笑,故人方厌太官羊。

宋　陆游

晓出湖边摘野蔬

浩歌振履出茅堂　翠蔓丹芽
采撷忙　且胜堆盘供苜蓿　未言
斛进槟榔　行迎风露衣巾爽净洗
膻荤匕箸香　著句夸张君勿笑故
人方厌太官羊

小市暮归

宋·陆游

爱酒行行访市酤，醉中亦有稚孙扶。
林梢残叶吹都尽，烟际孤舟远欲无。
野饷每思羹苜蓿，旅炊犹得饭雕胡。
青山在眼何时到，堪叹年来病满躯。

宋　陆游

小市暮归

爱酒行行访市酤　醉中亦有
稚孙扶　林梢残叶吹都尽烟际孤
舟远欲无　野饷每思羹苜蓿旅炊
犹得饭雕胡　青山在眼何时到堪
叹年来病满躯

岁莫贫甚戏书

宋·陆游

阿堵元知不受呼，忍贫闭户亦良图。
曲身得火才微直，槁面持杯祇暂朱。
食案阑干堆苜蓿，褐衣颠倒著天吴。
谁知未减粗豪在，落笔犹能赋两都。

岁莫贫甚戏书

宋·陆游

阿堵元知不受呼忍贫，
闭户亦良图曲身得火才微。
直槁面持杯祗暂朱食案阑，
千堆苜蓿褐衣颠倒著天吴。
谁知未减粗豪在落笔犹能
赋两都。

庵中晨起书触目

宋·陆游

赋形不使面团团，耸胁心知到骨寒。
晏子元非枕鼓士，杜生那有切云冠。
时扶迁客桄榔杖，日厌诗人苜蓿盘。
赖是平生憎阿堵，今年初解侍祠官。

饭饱昼卧戏作短歌

宋·陆游

为农得饭常半菽，出仕固应甘脱粟。
藜羹自美何待糁，况复畏人嘲苜蓿。
今年还东已八十，视听虽存鬓先秃。
安能卖药谋助道[①]，但有知分堪养福。
水车辘辘邻馈鱼，社鼓鼕鼕众分肉。
可怜老子暂膨脝，午睡窗边自扪腹[②]。

①自注：道流卖药自给，名曰助道。　②自注：里中车荡取鱼，旧例以所得分遗。

元修菜（并引）

宋·苏轼　施元之　原注

菜之美者，有吾乡之巢，故人巢元修嗜之，余亦嗜之。元修云：使孔北海见，当复云吾家菜耶？因谓之元修菜。余去乡十有五年，思而不可得。元修适自蜀来，见余于黄，乃作诗，使归致其子，而种之东坡之下云。菜之美者，有吾乡之巢，故人巢元修嗜之，余亦嗜之。元修云：使孔北海见，当复云吾家菜耶？因谓之元修菜。余去乡十有五年，思而不可得。元修适自蜀来，见余于黄，乃作是诗，使归致其子，而种之东坡之下云。（世说杨修九岁，甚聪慧。孔君平诣其父，父不在，儿为设果，孔指杨梅，以戏儿曰：此是君家果？应声答曰：未闻孔雀是君家禽。）

彼美君家菜，铺田绿茸茸。
豆荚圆且小，槐芽细而丰。
种之秋雨余，擢秀繁霜中。
欲花而未萼，一一如青虫。
是时青裙女，采撷何匆匆。
烝之复湘之，香色蔚其饛。
点酒下盐豉，缕橙芼姜葱。
那知鸡与豚，但觉放箸空。
春尽苗叶老，耕翻烟雨丛。
润随甘泽化，暖作青泥融。
始终不我负，力与粪壤同。
我老忘家舍，楚音变儿童。
此物独妩媚，终年系余胸。
君归致其子，囊盛勿函封。
张骞移苜蓿，适用如葵菘。
马援载薏苡，罗生等蒿蓬。
悬知东坡下，塉卤化千钟。
长使齐安民，指此说两翁。

诗小雅：有饛簋飧，有捄棘匕。晋《陆机传》千里莼羹，未下盐豉。再见韩退之诗，芼以椒与橙，杜子美姜。少府设脍歌，放箸未觉金盘空，王右军来禽青李，帖子皆囊盛为佳，函封多不生再见，汉《张骞传》：大宛国马耆苜蓿，骞始为武帝言之，其后汉使来归，种之离宫馆旁，极望焉。薏苡注巳见

元修菜 并引

宋 苏轼　施元之　原注

菜之美者有吾乡之巢故人巢元修嗜之余亦嗜之元修云使孔北海见当复云吾家菜耶因谓之元修菜余去乡十有五年思而不可得元修适自蜀来见余于黄乃作诗使归致其子而种之东坡之下云

菜之美者有吾乡之巢故人巢元修嗜之·余亦嗜之·元修云使孔北海见当复云吾家菜耶因谓之元修菜余去乡十有五年思而不可得元修适自蜀来见余于黄乃作是诗使归致其子而种之东坡之下云世说杨修九岁甚聪慧孔君平诣其父父不在儿为设果孔指杨梅以戏儿曰此是君家果应声答曰未闻孔雀是君家禽

彼美君家菜铺田绿茸茸
豆荚圆且小槐芽细而丰种之秋雨
余擢秀繁霜中欲花而未萼一一
如青虫是时青裙女采撷何匆匆
烝之复湘之香色蔚其饛点
酒下盐豉缕橙芼姜葱那知鸡
与豚但觉放箸空春尽苗叶老
耕翻烟雨丛润随甘泽化暖作
青泥融始终不我负力与粪壤
同我老忘家舍楚音变儿童此
物独媚妩终年系余胸君归致
其子囊盛勿函封张骞移苜蓿
适用如葵菘马援载薏苡罗生
等蓬蒿懒愚知东坡下堳卤化千
钟长使齐安民指此说两翁

诗小雅有薖篸飧有救棘
匕 晋陆机传千里莼菜未下盐
豉再见韩退之诗笔菹醢未
杜子美姜少府设脍戏放箸未
觉金盘空王右军来禽青李帖
子皆囊盛为佳函封多不生再
见汉张骞传大宛国马耆苜蓿
骞始为武帝言之其后汉使来
归种之离宫馆旁极望焉薏苡
注已见

——《施注苏诗·卷二十》

送千乘千能两侄还乡

宋·苏轼　施元之　原注

治生不求富，读书不求官。
譬如饮不醉，陶然有余欢。
君看庞德公，白首终泥蟠。
岂无子孙念，顾独遗以安。
鹿门上冢回，床下拜龙鸾。
躬耕竟不起，耆旧节独完。
念汝少多难，冰雪落绮纨。
五子如一人，奉养真色难。
烹鸡独馈母，自饷苜蓿盘。
口腹虽累人，宁我食无肝。
西来四千里，敝袍不言寒。
秀眉似我兄，亦复心闲宽。
忽然舍我去，岁晚留余酸。

我岂轩冕人，青云意先阑。
汝归蒔松菊，环以青琅玕。
楷阴三年成，可以挂吾冠。
清江入城郭，小圃生微澜。
相从结茅舍，曝背谈金銮。

> 宋 苏轼 施元之 原注
> **送千乘千能两侄还乡**
> 治生不求富读书不求官譬
> 如饮不醉陶然有余欢君看庞德
> 公白首终泥蟠岂无子孙念顾独
> 遗以安鹿门上冢回床下拜龙鸾
> 躬耕竟不起旧节独完念汝少
> 多难冰雪落绮纨五子如一人奉
> 养真色难烹鸡独馈母自飧首蓿
> 盘口腹虽累人宁我食无肝西来
> 四千里敝袍不言寒秀眉似我兄
> 亦复心闲宽忽然舍我去岁晚留
> 余酸我岂轩冕人青云意先阑汝
> 归蒔松菊环以青琅玕楷阴三年
> 成可以挂吾冠清江入城郭小圃
> 生微澜相从结茅舍曝背谈金銮

晋陶侃传：每饮酒有定限，常欢有余而限已满。后汉庞德公事，屡见杜子美遣兴诗：昔者庞德公，未尝入州府。襄阳耆旧间，处士节独苦。后汉郭太传：见陈留茅，异之，遂与之言，因请寓宿。旦日，容杀鸡为馔，太谓为己设，既而以供其母，自以草蔬与客同饭。太起拜之曰：贤哉。因劝令学，卒以成德。后汉闵仲叔客居安邑，老病家贫，不能得肉，日买猪肝一片，屠者或不肯与，安邑令闻，敕吏常给焉。仲叔知，乃叹曰：闵仲叔岂以口腹累安邑耶？遂去沛。《三国志》：蜀秦宓答王商书云：仆得曝背乎陇亩之中，诵颜氏之箪瓢，咏原宪之蓬户。《翰林志》：翰林院与金銮殿相接，故学士号金銮。

> 晋陶侃传每饮酒有定限常欢
> 有余而限已满后汉庞德公事屡见
> 杜子美遣兴诗昔者庞德公未尝入
> 州府襄阳耆旧间处士节独苦后汉
> 郭太传见陈留茅容异之遂与之言
> 因请寓宿旦日容杀鸡为馔太谓为
> 已设既而以供其母自以草蔬与客
> 同饭太起拜之曰贤哉因劝令学卒
> 以成德后汉闵仲叔客居安邑老病
> 家贫不能得肉日买猪肝一片屠者
> 或不肯与安邑令闻敕吏常给焉仲
> 叔知乃叹曰闵仲叔岂以口腹累安
> 邑耶遂去沛三国志蜀秦宓答王商
> 书云仆得曝背乎陇亩之中诵颜氏
> 之箪瓢咏原宪之蓬户翰林志翰林
> 院与金銮殿相接故学士号金銮

——《施注苏诗·卷二十七》

王荆公诗注（卷一）
宋·李壁

《尔雅》：蒉菜之总名，尚复有野物，与公新听瞩。金钿拥芜菁，翠被敷苜蓿。虾蟆能作技，科斗似可读（韩诗黄黄芜菁花花黄故比金钿）。

公以翠被形容苜蓿之青。苜蓿，草也。本草附菜部，以其可食故也。又《西京杂记》：苜蓿一名怀风，或谓光风，在其间尝肃然照其光彩，故曰苜蓿怀风。

——《王荆公诗注·卷一》

送菜徐秀才
宋·李新

吏部齑盐满腹，先生苜蓿盈盘。
珍重寻常痴客，不作膏粱眼看。
食荠已甘予口，送茶聊苦君肠。
见说舐砒无分，借令鬵釜何妨。
黄精末有积雪，晚菘犹带寒烟。
虽辜主父九鼎，不减何郎万钱。
增添庾郎方丈，掇拾仪休弃遗。
但令门人学圃，不妨夫子下帷。

菜羹二首
宋·姜特立

拟续冰壶传，尝赓玉糁诗。
蒸豚贵公子，却莫遣渠知。
一自入金门，屡蒙分玉食。
今朝苜蓿盘，犹疑照初日。

疏屋诗为曹云西作
宋·邵桂子

草菜可食，总名曰疏。品题有圃，树艺有书。
衡纵町畦，周绕屋庐。缭以樊垣，经以沟渠。
晨出抱瓮，夕归荷锄。有蔓必薅，有蝗必驱。
风披雨沐，日暄露濡。稚甲怒生，嘉苗蔚敷。
芥姜杞菊，韭薤蒜葫。薇蕨藜藋，瓜瓞匏瓠。
楮鸡桑鹅，箨龙棕鱼。马齿鹿角，鼠尾虎须。
薯蓣蔓菁，杜蘅蘼芜。茵陈莪萝，芄兰茹藘。
赤苋银茄，翠荇墨菰。酸浆辣䕡，甘荠苦荼。
庖人调腼，园丁拮据。锜釜煮煠，筐筥贮储。
椒橙内交，醝醷效勩。以芼以湘，可茹可菹。
维昔尼父，瓜祭斋如。饮水曲肱，其乐只且。
召南苹藻，韩奕笋蒲。知味羡黄，咬根叹胡。
葵蓼饫颙，葱韭厌徐。火芋明瓒，山菌接舆。
庾郎三种，石生一盂。刘参玉版，苏传冰壶。
巢字元修，鲋姓豆卢。菘羔抱孙，蹲鸱将雏。
丝滑露葵，练净土酥。野荠馄饨，水苔脯胠。
饼炊菠薐，鲊酿苞芦。胡麻馈馏，䆃粟醍醐。

萍齑西晋，莼羹东吴。芹撷泥坊，藤采丰湖。
沼沚有蘩，江汉有蓁。冈有常枲，洲有接余。
雁门天花，黄河蘑菇。大宛苜蓿，太华芙蕖。
环滁野藙，盘谷山茹。地饶所产，天茁此徒。
菲薜是采，口腹以娱。落英未莎，初篁未筡。
霜根旋挑，露叶半舒。烹泉石鼎，养火地炉。
色炫匕箸，香浮桦盂。气含土膏，味逾天厨。
肥生华池，响鸣辅车。商颜饥解，文园渴苏。
前招麴生，后引酪奴。馔非膻荤，饷非苞苴。
园无羊踏，壤有鼠余。彼哉肉食，俎列豢刍。
心炙椎牛，项臑割猪。春羔秋麛，冬鲜夏朐。
猩唇豹胎，麋鬻蟹胥。缁裙解鼋，银丝脍鲈。
羊尾截肪，锦袄脱肤。山肴雉兔，泽羞雁凫。
北馈潼酪，南烹鼋蝼。嗜鼠则鸱，甘带则蛆。
乃笑郑老，烂蒸瓠瓠。乃笑坡翁，梦餐鸡苏。
属厌饕餮，饱死侏儒。语以蔬味，能知否乎。
予雅嗜之，日不可无。乃颜兹屋，羞供是须。
宁疏而癯，毋肉而腴。易牙司味，敢告膳夫。

蔬圃

元·许有壬

有池可汲园可劚，拂袖归来心愿足。
自甘学圃为小人，爱此菜茹兼苜蓿。
元修雨后脆且腴，诸葛敷荣散浓绿。
萝卜生儿芥有孙，芋魁出水频浇沃。
罢锄时或钓池鱼，隐几何曾梦蕉鹿。
既无抱瓮老翁劳，亦免趋炎胁肩辱。
　　吾尝寓甲第，纷纷厌粱肉。
　　吾今且烹葵，食郁杂野簌。
彼紫驼峰出翠釜，争如菘韭侑炊粟。
五侯之鲭世所贵，五辛之盘吾亦欲。
庸人皆被富贵熏，或羡吾饕是清福。
但令此色毋驻颜，隽味啮根充我腹。
三年不窥惭仲舒，吾侪何可轻樊须。
九月筑场十月涤，连年借此输官租。

蔬圃

元·许有壬

有池可汲园可鉏，拂袖归来心愿足。
自甘学圃为小人，爱此菜茹兼苜蓿。
元修雨后脆且腴，诸葛敷荣散绿萝。
卜生儿芥有孙，芋魁出水频浇沃。
罢锄时或钓池鱼，隐几何曾梦蕉鹿。
既无抱瓮老翁劳，亦免趋炎胁肩辱。
吾尝寓甲第，纷纷厌粱肉。
吾今且烹葵食郁野簌，彼紫驼峰出翠釜。
争如菘韭杂炊粟，五侯之鲭世所贵。
或羡吾盘亦欲庸人皆被富贵熏。
五辛之美吾饕是，清福但令此色毋驻颜。
隽味啮根充我腹，三年不窥惭仲舒。
吾侪何可轻樊须，九月筑场十月涤。
连年借此输官租。

次来韵·谢李大提学惠海菜

元·成石璘

盘中何所有，苜蓿杂青芹。
海带怜香软，衰年喜食新。

生菜图

明·李东阳

凉露被西原，群菲共秋色。
青松带微黄，紫芥间深碧。
篱瓜复架豆，种种成白黑。
柔藤受牵挽，美实争采摘。
余芳不知名，形状皆可识。
蜻蜓与蛱蝶，婉恋相爱惜。
大哉造化功，谁为分动植。
丹青亦何事，摹写出雕刻。
先生嗜淡斋，而复玩文墨。
官同咏苜蓿，地异栖枳棘。
圣徒为学圃，物取聊比德。
君看桃李门，尽藉栽培力。
芹心倘欲献，菜色宁辞责。
感此罢挥毫，幽吟坐终夕。

> 生菜图
>
> 明·李东阳
>
> 凉露被西原群菲,共秋色青松带微黄紫。芥间深碧篱瓜复架豆,种种成白黑柔藤受牵。挽美实争采摘余芳,不知名形状皆可识蜻蜓。与蛱蝶婉恋相爱惜大,哉造化功谁为分动植。丹青亦何事摹写出雕,刻先生嗜淡斋而复玩。文墨官同咏苜蓿地异,栖枳棘圣徒为学圃物。取聊比德君看桃李门,尽藉栽培力芹心倘欲。献菜色宁辞责感此罢,挥毫幽吟坐终夕。

——《怀麓堂集·卷十五》

太常许卿送菜戏简十首

明·薛瑄

为谢东邻许太常,嘉蔬频送意难忘。
呼童带叶连根煮,咬得其中一味长。

摘送园蔬露未干,斋成新味带咸酸。
几回放箸诗肠饱,绝胜先生苜蓿盘。

空堂养病似斋居,喜送东园几种蔬。
吃此久无烹宰事,不须仍用远庖厨。

白发青袍老寺丞,卜居喜近太常卿。
故知气味多相似,频送东园菜把青。

菜出东园种种新,太卿相送意何亲。
平生自是甘清味,肉食能无愧古人。

园蔬新拔带霜浓,烂煮香根放箸空。
谁识其中有真味,不须苦羡紫驼峰。

自笑官贫气尚豪,党姬休复论羊羔。
卿家能送东园菜,清味还应厌老饕。

此色斯民不可有,此味庙堂不可无。
顾我已非调燮手,先生相送意何如。

雅契名卿奈若何,嘉蔬频送意尤多。
生平味此无厌足,恐似当年吃菜魔。

京华交契似君稀,白首相看意不违。
忽见名园送新菜,故乡老圃倍思归。

太常许卿送菜戏简十首

明　薛瑄

为谢东邻许太常，嘉蔬频送意难忘。
呼童带叶连根煮，咬得其中一味长。

摘送园蔬露未干，斋成新味带咸酸。
几回放箸诗肠饱，绝胜先生苜蓿盘。

空堂养病似斋居，喜送东园几种蔬。
吃此久无烹宰事，不须仍用远庖厨。

白发青袍老寺丞，卜居喜近太常卿。
故知气味多相似，送东园菜把青青。

菜出东园种种新，太卿相送意何亲。
平生自是甘清味，肉食能无愧古人。

园蔬新拔带霜浓，烂煮香根放箸空。
谁识其中有真味，不须苦羡紫驼峰。

自笑官贫气尚豪，党姬休复论羊羔。
卿家能送东园菜，清味还应厌老饕。

此色斯民不可有，此味庙堂不可无。
顾我已非调燮手，先生相送意何如。

雅契名卿奈若何，嘉蔬频送意尤多。
平生味此无厌足，恐似当年吃菜魔。

京华交契似君稀，白首相看意不违。
忽见名园送新菜，故乡老圃倍思归。

闲游效邵尧夫体

明·欧大任

竹冠藤杖两棕鞋，老去闲游学打乖。
一饭至今仍苜蓿，三杯宁得厌茅柴。
敢期短发身长健，已许名山骨可埋。
千载几如彭泽令，翛然吾自委吾怀。

赋得老骥伏枥

明·谢榛

忆昔追风去，宁辞千里赊。
关山犹识路，苜蓿几开花。
能复燕昭重，还令伯乐嗟。
长嘶心自远，云物渺天涯。

老骥行

明·王佐（汝学）

老骥伏枥官厩里，八尺身长老龙体。
昂头向人不肯鸣，似择孙阳作知己。
孙阳世间不常有，此骥伏枥年岁久。
有时自跑千里足，有时自仰千金首。
目如飞电双炯炯，照夜白光秋月冷。
拳毛䯄有污血渍，狮子花映灭没影。
问之此骥世何罕，渥洼水中天所产。
同产分入大宛国，贰师得之来贡汉。
武皇重马心如何，郊庙荐之天马歌。
夕养天闲饱苜蓿，朝牵辇道随鸣珂。
何时此种来海湄，宛如蹴踏长秋时。
汉代光宠已寂寞，千年龙种终崛奇。
邻厩有骥亦似之，几年伏枥嗟栖迟。
偶来相见似相慰，迥立长空相向嘶。
一嘶四蹄欲飞起，悲风索索来天倪。

感述六十韵

明·王世贞

历历行藏事，秋霜积泪痕。
十年曾结客，诗句满中原。
一跌身同赘，频惊舌屡扪。
未风谁辨草，先火欲明璠。
避晋传江左，栖吴类武源。
中丞双豹尾，刺史五熊轓。
奕叶陪皇运，生成总国恩。
征书向州府，束帛去丘樊。
识监羞司马，为儒陋叔孙。
赋题秦女凤，班逐汉臣鹓。
所际垂衣主，宁期泣扇媛。
侯门罢投谒，天路隔攀援。
勋业时名左，文章世态论。
纵迟甘曳尾，那肯羡乘轩。
难已东方设，歌仍下里喧。
四愁虚望岳，三刖竟悲崑。
黯澹白云署，风尘黄鹄翻。
几人甘蠖屈，吾岂厌鹏骞。
才拙知何补，时平借不冤。

寝兴惟早莫，朋旧绝寒温。
海席鲈鱼鲙，燕盘苜蓿飧。
身安束湿久，道以积薪存。
休沐怜妻子，寅恭得季昆。
篇成多和瑟，曲罢有吹埙。
颇解讥衰凤，无能托化鲲。
迩来工上下，愁说会平反。
一旅勤王室，千秋启塞垣。
紫衣归汉市，碧血洒周墦。
泣雨谁看粟，投晖尚覆盆。
幸陪郎署席，亦负野人暄。
恋禄违辞绂，惊心阻叩阍。
缇兵时络绎，中圣夜趋奔。
麋鹿何罹网，羝羊更触藩。
向来边事棘，独使圣忧敦。
筹笔明光秘，祠禖太乙尊。
任方优将相，尘已动乾坤。
列帜蟠狐岭，连烽逼雁门。
地炎边马习，月黑羽书繁。
飞饷三边转，材官六郡屯。
元戎假黄钺，天子授朱鞬。
贾傅宁谈饵，娄生或请婚。
女红全扫越，汗血未归宛。
野色征龙战，原菟益虎贲。
鼓鼙秋转急，戈甲昼仍昏。
质子空都护，孤儿总陆浑。
壮怀频舞遂，清啸久输琨。
智士甘怀宝，忠臣惜丧元。
蛾眉各燕赵，鱼腹自湘沅。
岁月无干土，生涯有故园。
云齐吴渚稻，潮满沃洲荪。
熟柚金分筥，芳笤玉满樽。
问津迷远楫，息路悟归辕。
其若频年使，仍传一札言。
民穷怯蛇虎，吏巧猎鸡豚。
巧似驱渊獭，穷如失木猿。
三江先雨涸，万柳后春髡。
垂老脂俱尽，公庭泪暗吞。
衣冠十道使，烟火几家村。
羁旅余皮骨，朝廷问本根。
茫茫竟何所，肠断赋招魂。

感述六十韵

明·王世贞

历历行藏事，秋霜积泪痕。十年曾结客，诗句满中原。一跌身同赘，频惊舌屡扪。未风谁辨草，先火欲明璠。避晋传江左，栖吴类武源。中丞双豹尾，刺史五熊轓。奕叶陪皇运，生成总国恩。征书向州府，束帛去丘樊。识监羞司马，为儒陋叔孙。赋题秦女凤，班逐汉臣鹓。所际垂衣主，宁期泣扇媛。侯门罢投谒，天路隔攀援。勋业时名左，文章世态论。纵迟甘曳尾，那肯羡乘轩。难已东方设，歌仍下里喧。四愁虚望岳，三刖竟悲崑。黯澹白云署，风尘黄鹄翻。几人甘蠖屈，吾岂厌鹏骞。才拙知何补，时平借不冤。寝兴惟早莫，朋旧绝寒温。海席鲈鱼鲙，燕盘苜蓿飧。身安束湿久，道以积薪存。休沐怜妻子，寅恭得季昆。篇成多和瑟，曲罢有吹埙。颇解讥衰凤，无能托化鲲。途来工上下，愁说会平反。一旅勤王室，千秋启塞垣。紫衣归汉市，碧血洒周墦。泣雨谁

看粟投晖尚覆盆，幸陪郎署亦负野人。暗恋禄违辞绂惊心，阻叩阍缇兵时络绎。中圣夜趋奔麋鹿，何罹网羝羊更触藩向。来边事棘独使圣忧，敦筹明光秘祠禖。太乙尊任方优将相尘，已动乾坤列帜蟠。狐岭连烽逼雁门，地炎边马习月黑羽书。繁飞饷三边转材官，六郡屯元戎假黄钺。天子授朱韇贾傅，宁谈饵娄生或请婚女。红全扫越汗血未归，宛野色征龙战原蒐。益虎贲鼓鼙秋，转急戈甲昼仍昏质子空。都护孤儿总陆浑，壮怀元蛾眉各燕赵。琨智士甘怀宝忠臣惜，丧频舞逖清啸久输。鱼腹自湘沅岁月无干土生涯有故园云。齐吴渚稻潮满沃洲，菇熟柚金分筥芳。玉满樽问津楫息路悟归辕其若频。年使仍传一札言，民穷怯蛇虎吏巧猎鸡。豚巧似驱渊獭穷如失木猿，三江先雨涸。万柳后春髩垂老脂几家村羁旅余皮骨朝廷。冠十道使烟火几家村羁旅余皮骨朝廷。问本根茫茫竟何所肠断赋招魂。

乙卯十九首（有引）（其九）

明·范景文

中贫人赈数升谷，持去连糠和苜蓿。
一勺分作两日餐，食尽还愁生计促。

连日无蔬菜至平夏买得萝卜大喜过望而纪以诗

清·赵翼

平生负傲兀，恃有藜苋腹。咬得菜根断，颇以鄙食肉。
羯来从军行，不暇具旨蓄。旅橐裹盐豉，腊豚脯黄犊。
筠笼装易腐，土锉煮讵熟。噬干龊腭劳，齿肥胸胃黩。
用佐脱粟饭，有若喉贯镞。可怜老饕穷，何处得新蔌。

每行林壑间，辄思斸黄独。漫呼山菊莠，翻羡盘苜蓿。
今朝独何幸，师傍田家宿。食指忽然动，篱落见芦菔。
不禁朵两颐，亟问地主孰。敢期盈把送，但冀得钱籴。
于焉长镵斸，爰以浊水漉。滑突百十枚，帐前滚碌碡。
不暇捣姜和，遑更作鲊蓄。生嚼既甘脆，熟芼更清馥。
入我菜园肠，适遇其故族。如以水投乳，如以膏趁沐。
岂惟调荣卫，兼使爽心目。灌顶醍醐浆，活命芜蒌粥。
珍戒仆暗偷，悭防客不速。还愁明日尽，羸马压两篓。
此物捣成丸，可以疗面毒。我无十裂饼，奚用火攻逐。
须发欲早白，可兼地黄服。我无作相望，岂藉装老秃。
只以断蔬久，馋过涎流曲。好待奏凯归，高宴夜列烛。
豪斗盘格奇，食单开满幅。

分校杂咏（其六·供给单）

清·赵翼

食品开明等级殊，似防中饱落厨夫。
漫疑乞米书成帖，不比充饥饼在图。
日有只鸡公膳半，夜无斗酒客谈孤。
登盘敢更求精膳，苜蓿儒餐分已逾。

崔德超学博饷鱼

清·严遂成

吾家于水乡，性酷嗜水族。
鄙哉大兰王，取作秦客逐。
次第品众珍，鱼为君子独。
西塞桃花肥，东江莼菜熟。
鸣榔刺船来，供奉将军腹。
北游餍官厨，食谱近凡俗。
退休磬复悬，尘甑饭脱粟。
按图考鸥蹲，撄梦悸羊蹴。
今晨指忽动，遗来鳞六六。
濛濛烟雨痕，虚室生寒渌。
入肠搜葩芬，颠趾弃垢宿。
臭味逢故人，清风濯梅竹。
雅意当报君，秋田种苜蓿。

春夜招乡人饮（节选）

清·黄遵宪

太章实亲见，然否待子决。
诸胡饱腥膻，四族出饕餮。
饤盘比塔高，硬饼藉刀截。
菜香苜蓿肥，酒艳葡萄泼。
冷淘粘山蚝，浓汁爬沙鳖。
动指思异味，谅子固不屑。
古称美须眉，今亦夸白晳。
紫髯盘蟠虬，碧眼闪健鹘。
子年未四十，鬤鬤须在颊。
诸毛纷绕涿，东涂复西抹。

赠同年张金若

清·徐崇岳

坐中数起谋园丁，后圃有笋半成竹。
笾笃苜蓿取次求，尊罍已具旋燃烛。

二、苜蓿盘

自唐代薛令之的《自悼》问世后，苜蓿盘、苜蓿堆盘、先生日照盘、先生守苜蓿、先生苜蓿盘、朝日照苜蓿、阑干堆苜蓿等用典形式在宋元苜蓿诗词中得到广泛应用。与蔬食有关系的苜蓿诗词大增，反映出人们在日常生活中食苜蓿的普遍性和喜食性，苜蓿乃为待客佳肴，为历代诗人大家频频使用。

释文：苜蓿盘，薛令之，开元中为右庶子。时官僚清淡，令之为诗曰："朝日上团团，照见先生盘。盘中何所有，苜蓿长阑干。"上幸东宫，见之题其傍曰："若嫌松桂寒，任逐桑榆暖。"令之乃谢病。

> 宋 朱胜非
> **苜蓿盘**
> 薛令之开元中为右庶子时官僚清淡令之为诗曰朝日上团团照见先生盘盘中何所有苜蓿长阑干上幸东宫见之题其傍曰若嫌松桂寒任逐桑榆暖令之乃谢病

——《绀珠集·卷九》

和子由柳湖久涸忽有水开元寺山茶旧无花今岁盛开二首（其一）

宋·苏轼 撰　　施元之 原注

长明灯下石栏干，长共松杉斗岁寒。
叶厚有棱犀甲健，花深少态鹤头丹。
久陪方丈曼陁雨，羞对先生苜蓿盘。
雪里盛开知有意，明年开后更谁看。

　　唐文粹有，高迈长明灯颂。刘悚唐朝传记："江宁寺有晋长明灯，岁久，火色变青而不热。隋文帝平陈，已讶其古，至今犹存。"刘禹锡诗："长明灯是前朝焰，曾照青青年少时。"杜子美《海棕行》："龙鳞犀甲相错落，苍棱白皮十抱。"文《法华经》："天雨曼陁罗华。"《闽川名士传》：薛令之，开元中为右庶子。作诗曰："朝日上团团，照见先生盘。盘中何所有，苜蓿长阑干。"幸东宫，见之，题其榜曰："若嫌松桂寒，任逐桑榆暖。"令之乃谢病。

——《施注苏诗·卷四》

和穆父新凉

宋·苏轼 撰　　施元之 原注

晁子拙生事，举家闻食粥。
朝来又绝倒，谀墓得霜竹。
可怜先生盘，朝日照苜蓿。
吾诗固云尔，可使食无肉。

公自注吾旧诗云：可使食无肉，不可使居无竹。

　　首二句用鲁公乞米帖语，屡见。世说：卫玠谈道，平子绝倒。唐韩愈传：刘义者，亦节士，持愈数斤金去。曰：此谀墓中人得者，不若与刘君为寿。苜蓿盘详第四卷和子由诗注，屡见。

> 宋　苏轼　施元之　原注
>
> **和穆父新凉**
>
> 晁子拙生事，举家闻食粥。
> 朝来又绝倒，谀墓得霜竹可怜。
> 先生盘朝日照苜蓿吾诗固云可。
> 尔可使食无肉，公自注吾旧诗云可
> 使食无肉不可使居无竹。
> 首二句用鲁公乞米帖语屡见
> 世说卫玠谈道平子绝倒唐韩愈传刘
> 义者亦节士持愈数斤金去曰此谀墓
> 中人得者不若与刘君为寿苜蓿盘详
> 第四卷和子由诗注屡见

——《施注苏诗·卷二十六》

戏用晁补之韵

宋·苏轼　撰　　施元之　原注

昔我尝陪醉翁醉，今君但吟诗老诗。
清诗咀嚼那得饱，瘦竹潇洒令人饥。
试问凤凰饥食竹，何如驽马肥苜蓿。
知君忍饥空诵诗。口颊澜翻如布谷。

王注：醉翁，欧阳永叔也。诗老，梅圣俞也。庄子秋水篇：鹓雏非梧桐不止，非练实不食。注：练实，竹实也。本草：苜蓿出西域。汉《大宛列传》：马嗜苜蓿，汉使取其实来，于是天子始种苜蓿。又杜子美诗：宛马总肥春苜蓿。布谷、澜翻，注已见。

> 宋　苏轼　施元之　原注
>
> **戏用晁补之韵**
>
> 昔我尝陪醉翁醉今君但吟诗
> 老诗清诗咀嚼那得饱瘦竹潇洒令
> 人饥试问凤凰饥食竹何如驽马肥
> 苜蓿知君忍饥空诵诗口颊澜翻如
> 布谷
> 王注醉翁欧阳永叔也诗老梅圣俞
> 也庄子秋水篇鹓雏非梧桐不止非练实
> 不食注练实竹实也本草苜蓿出西域汉
> 大宛列传马嗜苜蓿汉使取其实来于是
> 天子始种苜蓿又杜子美诗宛马总肥春
> 苜蓿布谷澜翻注已见

八月十日夜看月有怀子由并崔度贤良

宋·苏轼

宛丘先生自不饱，更笑老崔穷百巧。
一更相过三更归，古柏阴中看参昴。
去年举君苜蓿盘，夜倾闽酒赤如丹。
今年还看去年月，露冷遥知范叔寒。
典衣自种一顷豆，那知积雨生科斗。
归来四壁草虫鸣，不如王江长饮酒。

释文：诗翁憔悴老一官，厌见苜蓿堆青盘。
归来羞涩对妻子，自比鲇鱼缘竹竿。

苏轼诗

新城陈氏园，次晁补之韵

宋·苏轼 撰　施元之 原注

荒凉废圃秋，寂历幽花晚。
山城已穷僻，况与城相远。
我来亦何事？徙倚望云巘。
不见苦吟人，清樽为谁满？

梅圣俞诗中有毛长官者，
今于潜令国华也，圣俞没十五年，
而君犹为令捕蝗，至其邑作诗戏之。

诗翁憔悴老一官，厌见苜蓿堆青盘。
归来羞涩对妻子，自比鲇鱼缘竹竿。
今君滞留生二毛，饱听衙鼓眠黄绸。
更将嘲笑调朋友，人道猕猴骑土牛。
愿君恰似高常侍，暂为小邑仍刺史。
不愿君为孟浩然，却遭明主放还山。
宦游逢此岁年恶，飞蝗来时半天黑。
羡君封境稻如云，蝗自识人人不识。

　　苜蓿注：三见诗翁，梅圣俞也。圣俞以诗知名，仕宦三十年，终不得一官职。及受一敕修书，语其妻刁氏曰：吾之修书，可谓胡孙入布袋矣。妻对曰：君之仕宦，亦何异鲇鱼缘竹竿乎？潘岳秋兴赋：余春秋三十二，始见二毛。王注：世传太祖戒饬县令，勿于黄绸被底放衙。又周泰擢新城太守，司马宣王使钟繇调之曰：君释褐登宰府，三十六日而拥麾盖，守兵马郡，乞儿乘小车，一何驶乎？泰曰：君明公之子，有文采，守吏职，猕猴骑土牛，又何迟也。李白诗：身骑土牛滞东鲁。《唐书》：高适始为封邱尉，哥舒翰表掌书记。适有诗云：只言小邑无所为，公门百事皆有期。杜子美赠诗云：脱身簿尉中，始与捶楚辞。后历蜀、彭二州刺史，西川节度使，终刑部侍郎，左散骑常侍。又孟浩然游京师，与王维善，维私邀入禁省，俄驾至，遽匿床下，维以实对。玄宗喜曰：朕闻其人久矣，何惧而匿？诏出再拜，令自诵其诗，至不才明主弃，帝怒曰：卿不求仕，奈何诬我？因放还。后汉卓茂为密县令，天下大蝗，独不入密县界。鲁恭为中牟令，郡国螟伤稼，犬牙缘界，不入中牟。宋均为九江太守，会山阳、楚、沛多蝗，其飞至九江界者，辄东西散去。戴封为西华令，汝、颍有蝗独，不入西华界。时督邮行县，蝗忽大至，督邮去，蝗亦顿除，一境奇之。

新城陈氏园次晁补之韵

宋 苏轼 施元之 原注

荒凉废圃秋寂历幽花晚山城
已穷僻况与城相远我来亦何事徒
倚望云巘不见苦吟人清樽为谁满

梅圣俞诗中有毛长官者今于潜令国华也圣俞没十五年而君犹为令捕蝗至其邑作诗戏之

诗翁憔悴老一官厌见首蓿堆
青盘归来羞涩对妻子自比鮎鱼缘
竹竿今君滞留生二毛饱听衙鼓眠
黄绅更将嘲笑调朋友人道猕猴骑
土牛愿君恰似高常侍暂为小邑仍
刺史不愿君为孟浩然却遭明主放
还山宦游逢此岁年恶飞蝗来时半
天黑羡君封境稻如云蝗自识人人不识

首蓿注三见诗翁梅圣俞也圣俞以诗知名仕宦三十年终不得一官职及受一敕修书语其妻刁氏曰吾之修书可谓胡孙入布袋矣妻对曰君之仕宦亦何异鮎鱼缘竹竿乎潘岳秋兴赋余春秋三十二始见二毛王注世传太祖戒饬县令勿于黄绅被底放衙又释褐登宰府三十六日而拥麾盖守兵马郡公之子有文采儿乘小车一何驶乎泰曰君明公之子有文采守吏职猕猴骑土牛又何迟也李白诗身骑土牛滞东鲁唐书高适始为封邱尉哥舒翰表掌书记适有诗云只言小邑无所为公门百事皆有期杜子美赠诗云脱身簿尉中始与捶楚辞后历蜀彭二州刺史西川节度使终刑部侍郎左散骑常侍又孟浩然游京师与王维善维私邀入禁省俄驾至遽匿床下维以实对玄宗喜曰朕闻其人久矣何惧而匿诏出再拜令自诵其诗至不才明主弃而匿诏出再拜令自诵我因放还后汉卓茂为密县令天下大蝗独不入密县界鲁恭为中牟令郡国螟伤稼犬牙缘界不入中牟宋均为九江太守会山、阳楚沛多蝗其飞至九江界辄东西散去戴封为西华令汝颍有蝗独不入西华界时督邮行县蝗忽大至督邮去蝗亦顿除一境奇之

——《施注苏诗·卷九》

附鲁直次韵（山谷集题云次韵戏嘲无咎）

十年供笼饼，一水试茗粥。
忽忆故人来，壁间风动竹。
舍前灿戎葵，舍后荒首蓿。
此郎如竹瘦，十饭九不肉。

移竹诗伯封垂和且闻兄弟皆欲作因用元韵奉寄

宋·李洪

密密修篁入槛寒，君来移取出檐竿。
结根久近幽人屋，解箨宜为壮士冠。
曾共马兰同请客，不忧首蓿但堆盘。
从今莫羡萧郎画，风月良宵仔细看。

> 宋　李洪
>
> 移竹诗伯封垂和
> 且闻兄弟皆欲作因用
> 元韵奉寄
>
> 密密修篁入槛寒
> 君来移取出檐竿结根
> 久近幽人屋解箨宜为
> 壮士冠曾共马兰同请
> 客不忧苜蓿但堆盘从
> 今莫羡萧郎画风月良
> 宵仔细看

寿老饷笋

宋·李洪

陋巷晨炊乐一箪，慕膻逐臭两知难，
自甘香积伊蒲馔，宁叹栏干苜蓿盘。
禅老竹萌资净供，诗人菜把诮园官。
喜参玉版宗风在，何待丛林一击看。

> 宋　李洪
>
> 寿老饷笋
>
> 陋巷晨炊乐一箪
> 慕膻逐臭两知难自甘
> 香积伊蒲馔宁叹栏干
> 苜蓿盘禅老竹萌资净
> 供诗人菜把诮园官喜
> 参玉版宗风在何待丛
> 林一击看

书怀（其四）

宋·陆游

苜蓿堆盘莫笑贫，家园瓜瓠渐轮囷。
但令烂熟如蒸鸭，不著盐醯也自珍。

对食作·贱士穷愁殆万端

宋·陆游

贱士穷愁殆万端，幸随所遇即能安。
乞浆得酒岂嫌薄，卖马僦船常觉宽。
少壮已辜三釜养，飘零敢道一袍单。
饭余扪腹吾真足，苜蓿何妨日满盘。

宋·陆游

戏答史应之三首

宋·黄庭坚

先生早擅屠龙学，袖有新硎不试刀。
岁晚亦无鸡可割，庖蛙煎鳝荐松醪。

老莱有妇怀高义，不厌夫家苜蓿盘。
收得千金不龟药，短裙漂絖暮江寒。

甑有轻尘釜有鱼，汉庭日日召严徐。
不嫌藜藿来同饭，更展芭蕉看学书。

宋·黄庭坚

甲寅元月二首·七衮骎骎病鲜懽

宋·刘克庄

七衮骎骎病鲜懽，君恩犹许备祠官。
婢传稚子屠苏酒，奴笑先生苜蓿盘。
自叹管君今老秃，更悲庞叟不团栾。
新年辜负如筛饼，炮附煨姜胃尚寒。

田舍二首·白布衫宽乌角巾

宋·刘克庄

白布衫宽乌角巾，谁知曾扈属车尘。
行婆内翰共邻曲，田父拾遗相主宾。
设苜蓿盘殊菲薄，沽茅柴酒半漓淳。
直令爵齿如荀爽，晚节依然愧逸民。

次韵实之二首（其一）

宋·刘克庄

向来岁月半投闲，莫叹朝朝苜蓿盘。
身后芬芳聊自诳，眼前腥腐饱曾餐。
虫鸡一笑何须较，花鸟相疏恐被弹。
清议自为儒者设，未应羁束老黄冠。

宋·刘克庄

薄薄酒（节选）

宋·于石

坐忘言，
八珍犀箸，不如一饱苜蓿盘。
高车驷马，不如杖屦行花边。
一身自适心乃安，人生谁能满百年。
富贵蚁穴一梦觉，利名蜗角两触蛮。
得之何荣失何辱，万物飘忽风中烟。
不如眼前一杯酒，凭高舒啸天地宽。

灌园亭

宋·洪适

好手善和羹，非才当抱瓮。
加点苜蓿盘，丁宁及时种。

道中寒食（二首）

宋·陈与义

飞絮春犹冷，离家食更寒。
能供几岁月，不办了悲欢。
刺史葡萄酒，先生苜蓿盘。
一官违壮节，百虑集征鞍。
斗粟淹吾驾，浮云笑此生。
有诗酬岁月，无梦到功名。
客里逢归雁，愁边有乱莺。
杨花不解事，更作倚风轻。

无题

宋·洪适

抛梁东三竿初，日拂窗红盘中。
苜蓿朝朝是架，上文书不疗穷。

宋·洪适《无题》

和张伯常贺迁资政

宋·司马光

不驾使车开汉关（相如），不栖岩穴炼金丹（子微）。

岂无开径三人友，分著垂绥五寸冠（随游之士）。

坐饱太仓犹自愧，谬跻秘殿益难安。

愿同野老嬉尧壤，长守先生苜蓿盘。

和宋中道元夕十一韵（其一）

宋·梅尧臣

鼓声阗阗众戏屯，万仞太华临端门。

端门两厢多结彩，公卿娇女争交奔。

接板连床坐珠翠，帘疏不隔夭妍存。

车驾适从驰道入，灯如彻星天向昏。

赭衣已御凤楼上，露台室看簇钿辕。

山前绛绡垂露薄，火龙矫矫红波翻。

金吾不饬六街禁，少年追逐乘大宛。

呼庖索醯斗丰美，东市幢幢西市喧。

持钱不数买歌笑，玉杓注饮琉璃盆。

小而精悍监主簿，夜对经史多讨论。

比诸豪侠乃自苦，明日苜蓿盈盘餐。

宋 梅尧臣

和宋中道元夕十一韵

鼓声阗阗众戏屯,万仞太华临端门。
端门两厢多结彩,公卿娇女争交奔接板。
连床坐珠翠帘疏,不隔天向车驾适从。
驰道入灯如彻星,天向昏赭衣已御凤楼。
上露台室看簇钿辕山前绛绡垂露薄火。
龙矫矫红波翻金吾不饬,六街禁少年追。
逐乘大宛呼庖索醑斗丰美东市幢幢西。
市喧持钱不数买歌笑玉杓注饮琉璃盆。
小而精悍监主簿夜对经史多讨论比诸。
豪侠乃自苦明日苜蓿盈盘餐。

江邻几寄羊粑（去岁为翊造者）

宋·梅尧臣

细肋胡羊卧苑沙，长春宫使踏霜粑。
蒛藜苗尽初蕃息，苜蓿盘空莫叹嗟。
自乏良谋甘更鄙，犹能大嚼快无涯。
磨刀为削朝霞片，时引清杯兴转嘉。

宋 梅尧臣

江邻几寄羊粑

去岁为翊造者

细肋胡羊卧苑沙
长春宫使踏霜粑蒛藜
苗尽初蕃息苜蓿盘空
莫叹嗟自乏良谋甘更
鄙犹能大嚼快无涯磨
刀为削朝霞片时引清
杯兴转嘉

梅尧臣

上平江陈侍郎十绝（并序）

宋·张元干

酒酣怒发上冲冠，四十年前庐阜南。
杖履周旋痛开警，为言小子颇尝参。

英灵精爽平生话，尚记先生苜蓿盘。
仙去星辰终不灭，至今梦想骨毛寒。

次韵奉呈公泽处士

宋·张元干

屏迹苕溪少往还，时危尤觉故人欢。
相期腊尽屠苏酒，速享春来苜蓿盘。
雪夜剧谈烽火急，风江绝叹铁衣寒。
何年塞上烟氛静，薄海苍生庆乂安。

腥庵浮天阁

宋·孙觌

铜臭应作么，梦尸当得官。
喁喁鱼聚沫，戢戢蚋集酸。
高人有远抱，一笑视鼠肝。
水将洗耳用，山作拄颊看。
种芳茹秋菊，搴秀纫春兰。
披披芰荷衣，采采苢蓿盘。
三径俪真境，一瓢非世欢。
富贵挽不来，为我歌考盘。

铅山

宋·喻良能

乌饭山边白玉团，瑞光千丈溢清寒。
斜穿逆旅茆茨室，正照先生苜蓿盘。
聊向青天思太白，却吟飞鹊忆曹瞒。
今宵不拟逢明月，更向尊前仔细看。

喻良能 生于1120年

蒙文中县丞以诗送苦笋走笔六首为谢（其一）

宋·葛胜仲

豹皮羊角食无冤，烦助先生苜蓿盘。
便敕佐饔淹苦酒，舂余调笔要多酸。

临安别余求之

宋·裘万顷

乡人罗朝宗与兵部尚书京公有旧，将往见之，遇予于乐平，因饯别。

四时成岁秋云暮，九月肃霜天渐寒。
有客褰裳涉鄱水，逢人剧口话长安。
悬知欲听星辰履，厌见从来苜蓿盘。
姑举一觞饯行色，无鱼长铗切休弹。

赠何著作

宋·王洋

净名梵行宰官身，迹似空花意自真。
岂为世间呈伎俩，正缘物外长精神。
窗横午榻籧篨静，日上朝盘苜蓿新。
谁与尘寰说消息，不争好恶莫疑人。

读《西京杂记》十三首次渊明读山海经韵（其二）

宋·李彭

恢恢乐游苑，游乐蠋苦颜。
怀风森苯蓴，吐花耀流年。
秣骥无万里，锐气陵天山。
妙哉苜蓿盘，信矣非虚言。

寄钦用

金·元好问

憔悴京华苜蓿盘，南山归兴夜漫漫。
长门有赋人谁买，坐榻无毡客亦寒。
虫臂偶然烦造物，獐头何者亦求官。
故人东望应相笑，世路羊肠乃尔难。

送李参军北上

金·元好问

五日过居庸，十日渡桑干。
受降城北几千里，出塞入塞沙漫漫。
古来丈夫泪，不洒别离间。
今朝送君行，清涕留余潸。
生女莫作王明君，一去紫台空佩环。
生男莫作班定远，万里驰书望玉关。
我知骥子堕地无齐燕，我知鸿鹄意气青云端。
草间尺鷃亦自乐，扶摇直上何劳抟。
一衣敝缊袍，一饭苜蓿盘。
岁时寿翁媪，团栾有余欢。
就令一朝便得八州督，争似彩衣起舞春斓斑。
去年洛阳人，今年指天山。
地远马鞯破，霜重貂裘寒。
朔风浩浩来，客子惨在颜。
扼胡岭上一回首，未必君心如石顽。
君不见，桓山鸟，乳哺不得须臾闲。
众雏一朝散，孤雌回顾声悲酸。
寒雁来时八九月，白头阿母望君还。

金·元好问

喜彦祥生还故里

元·王恽

千里西还已五年，枝巢虽在不胜寒。
半生历试何清慎，依旧春风苜蓿盘。

垂老

元·任士林

垂老真无计，劳生自转难。
佩云春不暖，毡雪夜能寒。
身世鹓鹚构，行藏苜蓿盘。
东风有庭户，悔不日追欢。

食笋

元·王沂

野人饷客无长物，只办行厨入修竹。
眼明初识玉婴儿，胸中会著筼筜谷。
我昔老禅同一龛，玉版宗风曾饱参。
苜蓿盘中重相见，洛西风味如江南。
同谷饥寒杜少陵，五溪放逐高将军。
山寒黄精不堪劚，地暖野荠空如云。
我今流落心不动，一笑聊呼麴生共。
果然口腹能累人，夜来忽作西湖梦。

秋日书怀

元·戴良

独对阑干苜蓿盘，入秋两鬓转斑斑。
长途自觉衰难任，故国谁令老未还。
犹喜病妻安久困，只怜弱子历多艰。
有书若报征徭事，又遣新愁损旧颜。

有怀
元·周权

鼎食难登苜蓿盘，齑盐滋味笑儒酸。
白云望断亲闱远，红叶吟残客路寒。
心事蹉跎忙里过，人情翻覆静中看。
何如归去苍山下，闲听松风煮月团。

秋香晚蝶图
元·胡只遹

花鸟多从富艳看，画师何事苦幽寒。
三生曾作陶家客，饮食先生苜蓿盘。

雪后苦寒
元·张翥

雪后北风尤苦寒，燎炉起拥懒头冠。
谩怀学士酴醾酒，仍对先生苜蓿盘。
戎马尚惊尘滚滚，客槎空望海漫漫。
向来事是今朝梦，底用悲吟且自宽。

雪后苦寒

元 张翥

雪后北风尤苦寒燎炉
起拥懒头冠漫怀学士酴醿
酒仍对先生苣蓿盘戎马尚
惊尘滚滚客槎空望海漫漫
向来事是今朝梦底用悲吟
且自宽

赋独孤隐居诗

元末明初·胡布

万竹巢孤凤，双潭据独龙。
穴深留禹迹，松古受秦封。
日月闲窗牖，雷霆被剑锋。
坐凭南郭几，行策大宛筇。
苣蓿经秋嫩，雕胡任水舂。
金方丹券閟，瑶笈彩云重。
巾掷成桥度，银飞是雪溶。
魁罡绳步武，天汉豁心胸。
令德高巢许，名言振鼓钟。
未缘酬夙契，空欲蹑遗踪。

暮春嘉禾项子长园亭宴集

明·文彭

亭亭一竹挺高寒，正对先生苣蓿盘。
造化不私深雨露，春风还自长琅玕。

暮春嘉禾项子长园亭宴集

明 文彭

亭亭一竹挺高寒正
对先生苣蓿盘造化不私
深雨露春风还自长琅玕

和苏伯厚检讨除夜直宿翰林诗韵
明·钱仲益

漏声迢递烛花残，坐对楸枰奕未阑。
老境岁除偏感旧，禁林春早不知寒。
已夸后饮屠苏酒，未厌长餐苜蓿盘。
获睹太平无以报，白头犹喜一身安。

寄彭民望
明·李东阳

斫地哀歌兴未阑，归来长铗尚须弹。
秋风布褐衣犹短，夜雨江湖梦亦寒。
木叶下时惊岁晚，人情阅尽见交难。
长安旅食淹留地，惭愧先生苜蓿盘。

覆勘回呈
明·娄坚

云云窃思官守至，重也材品固以时。
升降而其论必先，于儒生乡校至公。
也评议亦以时重，轻而其究必定于。

舆论照得前知嘉，定县事朱熊二公。
掌教谕事王公先，后仅十年之内望。
重皆一时之尤有，身处于脂膏而冰。
檗不移其操有食，贫于苜蓿而苞苴。
无动其心朱以宽，简著称尝微行村。
落之间野人初不，知为长吏也而熊。

明　娄坚

覆勘回呈

云云窃思官守至重也材品固以时升降而其论必先于儒生乡校至公也评议亦以时重轻而其究必定于舆论照得前知嘉定县事朱熊二公掌教谕事王公先后仅十年之内望重皆一时之尤有身处于脂膏而冰檗不移其操有食贫于苜蓿而苞苴无动其心朱以宽简著称尝微行村落之间野人初不知为长吏也而熊

送秦用中文学

明·边贡

玉真台下三间屋，屋后有松前有竹。
广文先生双鬓秃，长对青藜夜深读。
有时不巾亦不服，独跨瘦驴携短仆。
五老峰前看秋瀑，有时芒鞋步江澳。
月落诗成江鬼哭，石底流泉手亲掬。
归来煮茗窗下宿，清梦蘧蘧谢粱肉。
鸟声堕枕猿挂木，红日三竿睡初熟。
食罢晓盘歌苜蓿，为剪溪云封尺牍，长安故人劳远目。

元宵同李功甫陆华甫邵一坤邵格之汪禹乂金德润金上甫郑鲁文程鸣甫汪虞仲邵济时邵惟成邵汝恒集邵长孺环斋程子虚无过兄弟自歙适至分得高字

明·欧大任

丘中一士卧，门径尚蓬蒿。
瓜自逃秦禄，兰曾入楚骚。
忆从邘上日，并赋广陵涛。
越调谁令变，南音颇亦操。
盘宁嫌苜蓿，尊不待蒲萄。
禅寺时同被，漕河数放舠。
诗传梅下阁，社结竹西皋。
再别梁园隔，相思蓟北劳。
烟霞寻旧约，笔札有吾曹。
交已倾肝胆，衰今感鬓毛。
海阳鸾凤渚，江左鹡鸰刀。
廪至逢诸子，嘤鸣得二豪。
中兴人竞奋，右席客偏叨。
筵敞灯花艳，庭看象纬高。
百牢纷折俎，四座俨挥毫。
烨烨青萍色，翩翩白鹄袍。
罗浮归鲍靓，金马使王褒。
揽袂平原饮，停车末路遭。
簪裾惭抚髀，风雨洽持螯。
预恐离群去，何年问浊醪。

秋夜高伯宗徐汝思李伯承汪正叔张子畏沈吉来集赋得难字

明·宗臣

群公何处至，鸣佩各珊珊。
系马秋云落，张灯夕吹残。
宾筵惟苜蓿，客赠有琅玕。
月照千门白，星垂九塞寒。
双鸿迷碣石，斗酒自邯郸。
岂菊今逢紫，江枫昨忆丹。
谁家龙出笛，吾计鹬为冠。
蟋蟀尊前度，芙蓉句里看。
吏情同去住，世路异悲欢。
他日思瑶草，乾坤此会难。

自嘲

清·刘曾璇

生平文字最相亲，竟为斗升羁此身。
得米如添新宝物，看书似遇故乡人。
荒斋也可为安宅，徒步何妨当画轮。
盘里犹余陈苜蓿，无须逢客说清贫。

自嘲

清·姚鼐

冬烘老子木棉裘，苜蓿盘边与古谋。
曳踵车轮盘病缓，拄颐剑首正嫌修。
虽饎《七略》无藜火，未证三幡愧苾刍。
儒佛两家无著处，只将黄发迈时流。

清·姚鼐

戏简东邻

朝鲜王朝·权韠

日照先生苜蓿盘，贫厨冷落未朝餐。
君家酒熟䌷衾暖，肯念山斋特地寒。

初伏日偕同人集舍弟九烟环碧庄午饮分得宿字（甲申）

清·李振钧

羲轮流驶入初伏，滂沛陡倾珠万斛。
凉生小院净纤埃，黛抹远峰拭新沐。
挥箑相将出门去，踏遍高原与幽谷。

小桥流水涨初平，深林啼䴗呼相逐。
亭亭隔陇几株松，袅袅绕篱数竿竹。
款扉剥啄惊小龙，跣足科头客不速。
主人笑道兼味无，脱粟盘飱唯苜蓿。
薰风徐引碧筒杯，香气早传红玉曲。
不将诗律缚老饕，细数酒筹难更仆。
笑把闲题信手拈，分来险韵频眉蹙。
相与冥搜刺史肠，畴能不负将军腹。
击钵催成绮席开，温铛煎沸清醅熟。
欢呼进酒大斗倾，头上片云疑欲覆。
归去归去约重来，屋小于舟难托宿。

二十三日集杉亭寓斋喜金棕亭孝廉至都即席赋八首（其三 癸酉）

清·王又曾

趋庭匝岁尽承欢，洁白添供苜蓿盘。
欲试袖中医国手，重携三策上春官。

石梁学署偶成（其三）

清·俞鲸源

休厌青毡一片寒，只凭才短漫为官。
秋风抛却莼鲈想，供养何妨苜蓿盘。

过禄丰赋赠赵缦溪李台峰二学博

清·袁文揆

月下停鞭访故人，蓦然握手笑言亲。
留寻苜蓿盘中味，共话江湖梦里身。

平生负傲兀·连日无蔬菜至平夷买得萝卜大喜过望而纪以诗

清·赵翼

可怜老饕穷，何处得新蔌。
每行林壑间，辄思劚黄独。
漫呼山鞠劳，翻羡盘苜蓿。

董小亭先生客馆闲吟题词

清·王灿有

乱离身世托悲吟,坐破青毡餐苜蓿,冷窗孤馆耐冬心。
诵芬述德有文孙,知宝遗篇郑重存。
彼啬此丰光远耀,谁云天道渺难论?

鸡㙡（节选）

民国初·李学诗

叶裹筐承入市廛,市人争买不论钱。
苜蓿盘中得此味,山珍海味不足贵。
宜浓宜淡好调和,性能独立犹足多。
不信请君一染指,清斋白饭更觉美。

时乞公荐书院一席（其二）

作者不详

菰蒲何意复瞻韩,画舫清谈竟日欢。
铅椠著书人渐老,云霄下士古犹难。
春风怕上秋千架,晚景惟思苜蓿盘。
广厦万间公素志,定应栖我一枝安。

三、苜蓿阑干

引年得请和答致政陈昭远学士

宋·朱熹

阑干苜蓿久空盘,未觉清赢带眼宽。
老去光华奸党籍,向来羞辱侍臣冠。
极知此道无终古,且喜闲身得暂安。
汉祚中天那可料,明年太岁又涒滩。

朱熹（1130—1200 年）
中国南宋著名理学家,思想家。字元晦,后改仲晦,号晦庵。别号紫阳,祖籍徽州婺源（今属江西）,汉族。

南宋·朱熹

汉祚中天那可料，明年太岁又涒滩。（建隆庚申距今己未，二百四十年矣。尝记年十岁时，先君慨然顾语某曰：太祖受命，至今百八十年矣。叹息久之。铭佩先训，于今甲子又复一周，而衰病零落，终无以少塞臣子之责。因和此诗并记其语，以示儿辈为之蠲然感涕云。）

——《御纂朱子全书·卷六十六》

山中怀友

元·萨都拉

远望空山里，天寒夕梦孤。
林昏行魍魉，江晚变蘼芜。
课议难容我，交游重有吾。
论文轻咳唾，问俗到耕锄。

又

天府超群彦，修材复壮腾。
波澜开白昼，羽翼动苍冥。
弱质悲殊调，明时欲独醒。
应怜扬执戟，寂寞太玄经。

又

何事虚斋里，犹分苜蓿盘。
高林容偃蹇，众翼避扶抟。
黑夜文星动，青天剑气寒。
终南山正好，那得悔儒官。

又

自是麒麟种，卑栖又几年。
故庐南雪下，短褐北风前。
岁暮山林瘦，天高雨露偏。
惟应丈夫志，未受故人怜。

元　萨都拉

山中怀友

远望空山里，天寒夕梦孤林昏行魍魉江晚变蘼芜课议难容我交游重有吾论文轻咳唾问俗到耕锄

又

天府超群彦修材复壮腾波澜开白昼翼动苍冥弱质悲殊调明时欲独醒应怜扬执戟寂寞太玄经

又

何事虚斋里犹分首蓿盘高林容偃寒众翼避扶抟黑夜文星动青天剑气寒终南山正好那得悔儒官

又

自是麒麟种卑栖又几年故庐南雪下短褐北风前岁暮山林瘦天高雨露偏惟应丈夫志未受故人怜

送彭教谕贵三之仪真二十韵（贵三敷五之兄尝为吴学）

明·李东阳

本是蓝田玉，由来渥水驹。
精灵随地发，材力应时须。
斫月心能壮，梯云路转迂。
南州闻鹗荐，泮水得鸿儒。
紫绶谁沾命，青袍不负吾。
晓盘堆苜蓿，秋院锁蘼芜。
几杖长专席，冠裳必共趋。
始知名教乐，自与利声殊。
道义皆绳尺，文章亦范模。
世人多汩没，此意实泥涂。
大雅思贤者，高情见友于。
堞簃春燕集，风雨夜床俱。
旅步仍回泊，离肠重郁纡。
谢堂惊梦寐，姜被惜欢娱。
匹马重过蓟，轻帆旧入吴。
鬓毛频岁月，萍迹更江湖。
扬子风涛阔，金山岛屿孤，
素心随利涉，赤县乃名区。
散吏身犹绁，登仙望不无。
赋诗惭急就，匆促问征途。

送彭教谕贵三之仪真二十韵

明　李东阳

贵三数五之兄尝为吴学

本是蓝田玉，由来渥水驹，精灵随地发材
力应时须斫，月心能壮梯云路，转迁南州闻鹓
荐泮水得鸿儒，紫绶谁沾命青袍，不负吾晓盘
堆苜蓿秋院锁藤芜，几杖长专席冠裳必共趋
始知名教乐自与，利声殊道义皆绳尺文章亦
范模世人多汨没，此意实泥涂大雅思贤者高
情见友于垧篱春燕集风雨夜床俱旅步仍回
泊离肠重郁纡谢堂惊梦寐姜被惜欢娱匹马
重过蓟轻帆旧入吴冀毛频岁月萍迹更江湖
扬子风涛阔金山岛屿孤素心随利涉赤县乃
名区散吏身犹绋登仙望不无赋诗惭急就匆
促问征途

暮秋梁园言怀呈体方伯振二诗伯

明·王翰

一夕青霜木叶残，地炉无火客衣单。
敢思潋滟葡萄酿，孰厌阑干苜蓿盘。
交到忘形贫亦好，拙知学步老尤难。
涓埃未报君恩重，不欲归田学挂冠。

四知篇（其一）

明·胡应麟

粤惟汉元封，司马两当轴。宇宙皆文章，千载被芬馥。
明德洪唐虞，朝举十六族。娄江泊新都，一网尽推毂。
弇州既龙奋，太函亦虎伏。白昼临高台，狂歌击燕筑。
是时西曹彦，年少四五六。诗篇甚张皇，文事稍局促。
丈夫志万古，不朽宁案牍。经天纬地业，九代丧空谷。
英雄倏相遇，群起赴秦鹿。上驷谁先登，遗编在斑竹。
丘坟并典索，乙夜朗披读。列庄孟荀韩，檀左吕公谷。
先秦数作者，鞭弭恣驰逐。当其神理辚，罔顾毫颖秃。
穹碑峙山陵，巨碣控河渎。余事拈风骚，不胫走邅隩。
烟涛涨渤澥，英声振玃鼲。腾身上将坛，号令鬼神哭。
追奔极穷岛，蛟蜃碎屠戮。华铭勒居胥，京观自天筑。

八翼摩丹阁，上谒九州牧。帝命总六师，长城俟如蠹。
大纛巡边疆，军吏道匍匐。安危系中外，闽楚遍尸祝。
功成戒盛满，洞霄乞微禄。戏彩娱高堂，孙枝竞蹙鞠。
仙人凤与麟，园居各洗沐。居公季孟间，岁寒订松菊。
制作频赓酬，缄裁递往复。交亲剧杵臼，调洽迥敌祝。
沾沾问兰阴，笑我甘韫椟。相逢武林道，倾盖洞肝腹。
宛若平生欢，坐久屡更仆。床头出双剑，光焰凛霜镞。
感公思缠绵，囊底叩余蓄。花生七百字，草坠三十幅。
公时奋苍髯，夸我才万斛。眇论开醍醐，清言佐馔粥。
乘兴过弇山，诸峰插平陆。仙翁绝顶下，执手道寒燠。
黄池挟日饮，代兴话濠濮。巧匠无旁观，良工有预卜。
三人坐丙夜，相亲互以目。曾参唯竭疑，季路诺庸宿。
含悽别英风，衣袂尽渗漉。回瞻缥缈云，广厦遽倾覆。
轻舟发严滩，白榆讯孤独。儿童若走卒，竞指司马屋。
公也闻余来，倾筐倒皮簏。将余入后堂，明妆照罗縠。
椎牛擘黄熊，舆儓厌粱肉。吴生歌落梅，谢生辨幽菽。
凭陵屋如椽，东归记草木。五噫序穷愁，孤愤志幽鞠。
鸿章过十余，晨夕骤登录。睊睊啖名子，艺苑对簠簋。
余也百八章，呻吟亦成轴。河梁迄挥手，泪眼暮簌簌。
寥天仅一柱，灵光镇大麓。将偕石羊君，吾里永辟谷。
胡然跨飞鲸，倏尔残妖鵩。空观疑地文，神游恍天禄。
当年读书台，阑干长苜蓿。名已擅八荒，声犹借四服。
良哉副墨子，百代称郁郁。惟公晚遇余，盟契匪碌碌。
乾坤失遗老，病骨只盈掬。举头拘翼宫，钧天醉秦穆。
山香舞未竟，飞花堕如蹴。知公究净业，不受转轮福。
　　　　　追随无量寿，永劫住西竺。

宗明伟夜至二首（其一）

作者不详

陶潜寂寞叩门扉，苜蓿阑干亦可挥。
玉雪半瓶叠不耻，铅刀一割意多违。
唯将玉兔开门送，莫犯金吾禁夜归。
元干若无风万里。虚舟稳睡泛波微。

第三节　苜蓿潇洒酒

一、酒醉苜蓿盘

石时亨饱山阁

宋·楼钥

层层得好山，是处足饱看。
君真乐山者，心地尤平宽。
生长山水县，惯见青巑岏。
筑室欲饫赏，凭虚著危栏。
天亦遂君意，俾君老其间。
场屋早得名，晚始就一官。
官又不得进，甘心乐瓢箪。
官少家食多，知更几暑寒。
朝见山岚高，暮喜山云还。
山气日夕佳，秀色几可餐。
晴雨各变态，雪月更万端。
于山真属餍，清明流肺肝。
膏粱与刍豢，与世殊咸酸。
久矣谢世纷，屏息专内观。
鬓无一茎白，八十颜如丹。
所得不既多，愈饱天不悭。
此阁本不华，何处无此山。
苟为名利驱，人境无相关。
吾乡山苦远，可望不可攀。
东楼快登眺，耸翠罗烟鬟。
年来勇欲归，匏系未许闲。
君索饱山诗，南明恍在前。
十年两访君，共醉苜蓿盘。
向时多名流，与君平生欢。
只今几人在，一见良独难。
叔度镇金陵，道衡处瀛堧。
旧游如晨星，相望可长叹。
归梦绕故丘，非晚再挂冠。
何当泛剡溪，往从子于盘。

次韵承之紫岩长句（1112年）

北宋·苏过

乱山穷处闻鱼鼓，梵宇潭潭不知暑。
当时麻衣此卜居，自启山林著蓝缕。
飞空楼观惊造化，缥缈云间如帝所。
道人疑是有道者，己不求人人自许。
富儿争致千金多，贫者不辞筋力苦。
若非足指按大地，荒山坐变琉璃宇。
南阳持节奉诏归，夜上峥嵘携幕府。
是时六月火令炽，千骑解鞍人按堵。
登临岂为谢公赏，七子赋诗歌赵武。
长廊月出清风生，古殿无人铃独语。
公留三日看溪涨，白昼鱼虾落飞雨。
我昔千里上太行，身世飘零悲逆旅。
莫投紫岩稍自慰，欲扣僧房无可侣。
有来野饷苜蓿饭，主人对客羞贫窭。
何似元戎从掾吏，落日红旗照洲渚。
椎牛酾酒劳还役，号令三更传部伍。
君能笔力记其事，句法更如山峻阻。
一时豪放岂易得，况有幻怪供诗取。
归来尚可诧朋友，云梦青丘俱不数。
山川虽是风物殊，乐哉信美非吾土。

食蒸蟹

金·李奎报

君不见毕郎嗜饮无余营，但愿持螯了一生。
又不见钱卿乞郡非他求，唯思有蟹无监州。
猩唇熊掌易爽口，只应此味尤宜酒。
江童饷我螃蟹肥，躩大脐团多是雌。
东海输芒今已了①，后脚差阔真拨棹②。
平生读书辨螃蟹，定非司徒旧所烹。
烹来剖破硬红甲，半壳黄膏杂青汁。
草泥跳踯虽尔宜，犹被王伦余怒移。
不如入我左手把，日饮无何聊得佐。
诗人冷淡食无鱼，烂蒸瓠壶客卢胡。
瓠壶食尽又何续，更见青盘堆苜蓿。

硬鳞腐肉犹长馋，况此海产如糖甜。
急呼赤脚拨新瓮，玉蛆星沸香浮动。
蟹即金液糟蓬莱，何必服药求仙哉。

① 蟹。八月输稻芒于东海神。然后可食。　② 岭南谓蟛蜞为拨棹子。其后脚阔如棹子。

腹鼓歌·戏友人独饮
金·李奎报

君不见，
豪家子弟宴华屋，挝钟击鼓间丝竹。
城西先生独不然，醉后高歌鼓大腹。
是中可容数百人，亦能贮酒三千斛。
膏田得米酿醇醅，数日微闻香馥馥。
何必压槽绞清汁，头上取巾亲自漉。
一饮辄倾如许觥，佐以辛蒜或腥肉。
腹为皮鼓手为捶，登登终日声相续。
陇西穷叟得酒少，矮屋低头鹤俛啄。
腹如椰子犹未充，只见青盘堆苜蓿。
暂盛水浆俄复空，有如蹴鞠气出还自缩。
那将雷吼饥肠声，往和先生鼓腹太平曲。

即事
元·项炯

江南水阔疑无地，汉北风高忽似秋。
鸿雁定应惊悄悄，麒麟何许泣幽幽。
步兵阮籍唯耽酒，隐士庞公不入州。
敢餍朝盘惟苜蓿，封侯浑是烂羊头。

述怀（其一）
元末明初·李穑

夜雨檐犹滴，朝晴路未干。
有身元是患，处世渐知难。
或送蒲萄酒，谁怜苜蓿盘。
仲冬今过半，何日乞身还。

吴六和判书。请仆名其子。大作会。林五宰在座。又请改子名。予曰。俟至令第方可。明日。吟成一首

元末明初·李穑

老夫识字少，英物命名难。
乐作雨云闹，酒行天地宽。
柳甥今已塞，林相更求安。
读得玉篇熟，何忧苜蓿盘。

送周勉仁司训考满之京

明·陈钧

十年萍梗各西东，故里今朝喜再逢。
晓日有盘堆苜蓿，秋江无树怨芙蓉。
君门奏最文偏重，客路看花酒正酞。
愧我若逢知己问，为言吟苦鬓蓬松。

祈雨蔬食

明·于谦

苜蓿盘中意味长，经旬不近酒杯香。
亦知厚禄惭司马，且守清斋学太常。
客底情怀空抑郁，冥中感应岂微茫。
黄齑百瓮皆前定，助我平生铁石肠。

柔城县端午

明·徐居正

去年端午客杨州，今岁飘零锦水头。
苜蓿堆盘欺我吟，菖蒲浮酒为君谋。
浮生几度天中节，尘世多惭海上鸥。
南楚英灵应不昧，无因一去酹湘流。

在乌府 答春坊诸学士乞酒钱

明·徐居正

往事春坊十载前，盘中苜蓿想依然。
如今惭读题名记，自信先生不直钱。

朴副正衡文　请题画屏（其四）
明·金宗直

一丘一壑占清幽，苜蓿同来岂汝迷。
林下辛勤谋斗酒，令人笑杀孟凉州。

自饮
明·郭登

我貌不逾人，幸自心不丑。
清晨对明镜，白发惊老朽。
知音苦难遇，时事不挂口。
朝盘堆苜蓿，且饮杯中酒。
倾阳忽西下，不谓沉酣久。
山童笑相语，一醉须一斗。
边城曲米贵，未审翁知否。
不惜典衣沽，但问谁家有。

夜雪朝霁　对饭写怀
明·成俔

新雪夜来霁，晨曦照屋端。
蟹胥甘可嚼，鸡臆软堪餐。
纵乏熊鱼美，犹胜苜蓿盘。
堂姬来进酒，宜辟早朝寒。

分得戏马台送李应祯舍人还江东
明·程敏政

拔山壮士重瞳子，一战睢阳万人死。
归来戏马筑高台，四顾凭陵剑光紫。
霜蹄骙骙空复多，骓不逝兮将奈何。
芳草千年台下土，西风一夕帐中歌。
王孙衣锦还江左，楚树青青系征舸。
登高把酒问兴亡，芒砀山头日初堕。
苜蓿花残春水生，怀古匆匆不尽情。
回首荒基何处是，淡烟疏柳隔彭城。

贫居自述（其七十三）
明·李孔修

苜蓿蘋蘩各一端，采归留客共相欢。
淡交有味情偏密，得意无肴酒易干。
破笠轻蓑浑不俗，空壶满坐也盘桓。
殷勤送客门前去，取债催科又上门。

和东滨谢詹少府惠酒之作
明·朱朴

花鸟西园梦亦安，一樽兼得助余欢。
绝怜少府松花瓮，尤称先生苜蓿盘。
秀句已酬青玉案，朱颜何必紫金丹。
及今正好看红药，莫待春风作晚寒。

凉州乐
明·卢楠

月氏穹庐夜，秋风起暮笳。
河星没雁塞，汉月涌龙沙。
露滴葡萄酒，天寒苜蓿花。
从军莫浪谑，转战属轻车。

朱奴插芙蓉
明·徐复祚

旦携壶上：雪花酿流霞满壶。烹葵韭香浮朝露。
生：想是有酒了。待小弟去取来。
出介：夫人。可是有酒了。
旦：自愧匆匆缺鸡黍。
生：不妨。都是相知的。儒家味从来俭素夫人请进罢。
旦下生持酒见介：二兄。这是苜蓿具恐不堪下箸似这般贫儒作供。直得一胡卢。

对酒
明·王逢元

抱病逢春亦暂欢，芳时对客更加餐。
即看乳燕双双入，无那飞花片片残。
潦倒不忘桃叶句，萧闲应恋竹皮冠。
莫论往昔清狂事，且醉荒亭苜蓿盘。

山中示诸子
明·田狩龙

寂寞怜吾道，秋风苜蓿盘。
谈经多问难，落笔富波澜。
晚醉羔儿酒，闲簪椰子冠。
新来霜著鬓，拭镜每频看。

伏日同徐子与顾汝和袁鲁望沈道桢顾汝所集文寿承斋中得家字
明·欧大任

同心曾海岳，握手偶京华。
酒狎高阳侣，诗称博士家。
盘冰寒苜蓿，井碧泛甘瓜。
独有留欢处，空庭日易斜。

杜伯理诸寅夜过
明·欧大任

稍适过从兴，俱忘请谒劳。
江淮今盛府，宾客有吾曹。
浊酒篱花冷，清歌海月高。
自怜官舍里，苜蓿半蓬蒿。

雪中张平叔杨汝德汪子建茅平仲诸君见过得钟字
明·欧大任

苜蓿饭不足，伊蒲馔稍供。
持经吾尚病，问字客能从。
斋后容呼酒，醒时一扣钟。
出门双树下，雪色满西峰。

酬周公瑕见过
明·欧大任

相逢意气酒垆傍，薄宦宁知俸一囊。
繁露书难追董相，醇醪交自得周郎。
朝朝苜蓿年堪老，处处芙蓉秋可裳。
且共扁舟公路浦，莼鲈吾亦忆江乡。

得张助甫凉州书以二诗见寄时助甫已移江左二首（其二）

明·欧大任

苜蓿成花酒作泉，龙沙何似鹭洲前。
繁钦赋忆天山夜，王粲军还邺下年。
望阙星光回睥睨，渡江秋色满橐鞬。
知君不浅南楼兴，早晚烟波系客船。

周选部国雍张光禄元易见过得人字

明·欧大任

秋尽衡门黄叶新，频来二子转相亲。
名从海内推词伯，游岂燕中傍酒人。
苜蓿堪娱吾且老，茅柴能饮未辞贫。
独怜此会今稀少，南北风烟易怆神[①]。

① 国雍将还金陵，元易将使云中，故云。

除前一夕用韵酬秦陈朱三同僚枉集时秦有出守之命秦以恤刑使者行朱转左寺与余同署

明·欧大任

长安节序总堪怜，去住相看况别筵。
观出豸廉朝紫阁，馆开碣石傍青天。
茅柴半落屠苏后，苜蓿羞供粉荔前。
莫向路岐频击筑，酒人谁似和歌年。

题马远画菜

明·欧大任

篱门膏雨一畦春，酒醒偏宜菜甲新。
谁似先生盘苜蓿，于陵甘作灌园人。

黄山人孔昭见过

明·欧大任

尔自何方至，丹青手自携。
身游三辅北，家在七闽西。
廓落心俱远，逍遥物共齐。
朱门慵削牍，丹壑惯扶藜。
笠小披山雾，鞋穿踏雪泥。

隐囊双管玉，大布一袍绨。
班氏书堪借，扬亭酒欲赊。
愁惟歌九咏，力肯破群迷。
揖客将军贵，工诗处士题。
不嫌盘苜蓿，频约过禅栖。

桢伯惟敬月夜过饮

明·徐中行

廿载风尘一晤难，五陵意气竟谁看。
偶逢燕市葡萄酒，何似江都苜蓿盘。
彩笔一挥春雪色，明珠双照夜光寒。
倚歌忽忆荆高会，未数平原十日骧。

元夕连雨苦寒

明·庞尚鹏

雨暗银灯灿，重檐溜未干。
那堪风飒飒，况复夜漫漫。
香散屠苏酒，寒深苜蓿盘。
却惭朱履客，愁杀踏青难。

十日夜月邀去疾过函中时与少连子矜分得闻字

明·汪道昆

十日氤氲黯不分，孤城睥睨怅同群。
王春月色今宵得，子夜歌声几处闻。
杯酒柴桑开里社，盘飧苜蓿共夫君。
肯容醉尉呵归路，宝马金貂霍冠军。

余赴太仆北上宴督漕王中丞新甫所感事有赠

明·王世贞

青灯浊酒坐相酬，感事惊心论旧游。
犯斗故怜双剑在，照车先让一珠收。
毋惊粒玉峨珂集，不睹台金蹀躞愁。
愧我老非张万岁，念君功待鄂千秋。
天空苜蓿霜难饱，春暖桃花水自流。
任是囧书称太仆，何如计相拜通侯。

临江仙 詹簿兄遗子鹅鲟鱼
明·王世贞

有客青州常从事，雨中相对留连。
吾兄折简赤须传。
鹅儿黄似酒，鲟鼻大如船。

故国风光俱入眼，眼中偏爱偏怜。
欲因弹铗问当年。
先生何所有，苜蓿满新盘。

花朝曲（其五）
明·李良柱

玉塞朝朝有雁归，羽书应不到金微。
葡萄酒熟銮奴醉，苜蓿花开苑马肥。

途中杂咏（其三）
明·李之世

北地殊风候，兼之岁欲残。
辟尘缯覆面，冲雪革为冠。
苦水酪酥酒，腥羹苜蓿盘。
磬囊持一饭，未结主人欢。

饮黄尊元隐居（时有游白石之约）
明末清初·欧必元

羊城一别六年曾，尺素难将雁足凭。
白发故人今聚首，青山到处喜同登。
沿阶过雨滋兰砌，绕屋经时长蔓藤。
莫笑盘中饶苜蓿，尊前还送酒如渑。

感怀六十六首（其七）
明末清初·殷岳

闲局有旷怀，燕处常超然。
陁塘葺荷屋，竹树翳东偏。

二三同僚友，诗酒与盘桓。
或时进名隽，谈经老郑玄。
托食苜蓿科，无所于尤愆。
推类而接誉，乐矣可忘年。

次前韵荅王子梅兼送朱伯韩南游（戊午）
清·何绍基

书堂养就先生懒，衣履沓拖行步缓。
有客来同苜蓿盘，尚能醉汝葡萄碗。
难得朱翁意兴奇，搜英索俊但愁迟。
团扇题残湖上月，明珠投遍箧中诗。
王郎翩翩富风韵，听鼓余闲仍发愤。
典衣时买破书回，昵古频将奇字问。
铁公祠畔逢客星，来鹤山堂长不扃。
炎天走简马蹄脱，夜雨敲门乌睡醒。
笑我投闲称旧史，老作蠹鱼餐古纸。
朱王先后枉佳篇，空复继声惭下里。
跌宕难忘昨岁游，酒痕诗印满皇州。
匆匆会合还离别，送客乘风万里流。

顺德道中杂感（其二）
清·戴粟珍

河声岳色入云高，百雉城多抱阔壕。
蕃将至今思代马，健儿从古爱并刀。
葡萄绿醉肝肠热，苜蓿青肥骡骊号。
遥指蓟门风动处，红曤犹射旧旌旄。

归自吴越与家皖翁庞艺长赘予弟握手龙津醉后成诗
明末清初·陈恭尹

松溪残雨湿征衣，小泊村桥叩竹扉。
万里共惊吾尚在，三年偏讶信何稀。
棘林雪尽铜驼冷，苜蓿春生铁马肥。
醉死君家都莫惜，天涯多有未能归。

饮西樵邸中与耿十三承哲夜话

清·彭孙遹

苜蓿衙斋冷似年，开樽不惜酒如泉。
微官且喜同传舍，一醉还能减俸钱。
清梦夜悬长白树，朱门寒锁蓟邱烟。
相从莫更辞频数，萍合天涯亦偶然。

题赠（其二）

清·梁佩兰

祝融之南钟山东，海中日吐珊瑚宫。
星汉昭灼金盘红，翠屏千丈流长虹。
双松夭矫如虬龙，天半谽谺来清风。
飘然松下一老翁，眉如珂雪颜玉童，骨青髓绿还方瞳。
江心桃竹为孤筇，意与霜鹤凌秋空，仿佛仙降蓬莱峰。
一翁坐石神奕奕，手执如意自挥斥。
华簪戴就芙蓉冠，翠袍点得蜻蜓色。
顾盼虽然在咫尺，行藏竟欲周八极。
提篮老翁更可羡，满地儿孙眼前见。
篮里灵芝叶九茎，背上蒲团云一片。
采药罗浮事修炼，洪崖浮丘日欢宴。
爱君五福在一身，三人禄命成一人。
桑弧蓬矢射天地，上帝降诞非无因。
萱花茸茸长琼蕊，桂树的的堪车轮。
哲兄绣服獬豸新，广文苜蓿潮阳津。
有弟文章复好手，璠玙席上人人珍。
况有良朋日相庆，高秋九月天如镜。
入夜微吟置几榻，举杯大醉称贤圣。
百岁从教白发来，重阳取次黄花盛。
　　醉君酒，为君歌。
南斗天上连银河，金壶虬箭知几多。
自从盘古至今八万四千岁，若不行乐如吾何。

送文子南归

清·汤右曾

请歌毋庸归，骊驹已首路。
秋霖泥滑滑，渐车不可渡。
一帆直沽云，千里逐鸥鹭。
群书满船系，清景随所寓。
忆昔榴花明，言指嵩阳树。
回头一寒暑，相隔如晨暮。
今来无几时，告别返江步。
故人犹故态，脱略见情愫。
我老心尚孩，谈谐苦无度。
聊烦答宾戏，未敢令公怒。
相过沈昭略，蛤蜊食不顾。
王郎拔剑歌，既茹还复吐。
眼中二子在，豁达肝胆露。
其余异死生，宿草荒墟墓。
四十年来事，天地莽回互。
猿鹤与沙虫，扰扰讵知数。
子今存一毡，未是折腰具。
归欤且慰意，能事托毫素。
清斋苜蓿盘，不受酒肉污。
虽伤岁时晚，未恨才名误。
家奉一先生，经传小章句。
苏湖遗法在，弟子望户屦。
明年当从君，寒厅展良晤。
尚思王与沈，共宅清漳住。
大火方西流，长河复东注。
儒冠虽冷落，终竟胜纨裤。
绕膝有娇儿，对案有佳妇。
到家秋正中，圆月看顾兔。

重泊余干溪书感（是去年九日无酒处）

清·赵执信

湖畔沙鸥觉往还，又临野岸弄潺湲。
三秋留恨茱萸酒，两度维舟苜蓿湾。
应有居人猜白舫，空教新月笑朱颜。
青春欲尽犹为客，纵伴渔樵未是闲。

集苏诗（其七）

清·严遂成

逐客何人着眼看，滞留江海劝加餐。
试开云梦羔儿酒，羞对先生苜蓿盘。
吴客漫陈豪士赋，楚人休笑沐猴冠。
塞鸿正欲摩天去，月斧云斤琢肺肝。

玉极庵访未谷饮酒（乙卯）

清·张问陶

六十方为政，寻常肯负官。
早知经世苦，不减著书难。
老景毷氉鹤，初心苜蓿盘。
他时听县鼓，莫厌腐儒餐。

寿刘箴山先生五十（其一）

清·李兆洛

兴来何处酒杯深，赖有刘安识我心。
饱饭且须栽苜蓿，素怀真喜附苔岑。
眼前雏凤飞腾意，江上闲鸥浩荡吟。
一饮无名借称寿，菊英桂粟等黄金①。

① 先生诞辰九月十五日，以今年乡试改期，诸生移前一月预祝。

辛未九月廿一日，小集壶园赏菊，同人各以诗见贻，更唱迭和勉为酬答，共得诗八章合录之，聊纪一时之兴（其一）（辛未九月廿一日）

清·刘绎

花能隐逸即花仙，酒不嫌沽当酒泉。
礼数可宽忘局促，宾朋随坐爱团圆。
题糕刚近荣英会，对菊惟惭苜蓿筵。
但愿延年同衍算①，醉中情味最缠绵②。

自注：①"座上问年，已齐彭寿。" ②"和黄补之韵。"

初伏日偕同人集舍弟九烟环碧庄午饮分得宿字（甲申）

清·李振钧

羲轮流驶入初伏，滂沛陡倾珠万斛。
凉生小院净纤埃，黛抹远峰拭新沐。
挥箠相将出门去，踏遍高原与幽谷。
小桥流水涨初平，深林啼鸠呼相逐。
亭亭隔陇几株松，袅袅绕篱数竿竹。
款扉剥啄惊小尨，跣足科头客不速。
主人笑道兼味无，脱粟盘飧唯苜蓿。
薰风徐引碧筒杯，香气早传红玉曲。
不将诗律缚老饕，细数酒筹难更仆。
笑把闲题信手拈，分来险韵频眉蹙。
相与冥搜刺史肠，畴能不负将军腹。
击钵催成绮席开，温铛煎沸清醑熟。
欢呼进酒大斗倾，头上片云疑欲覆。
归去归去约重来，屋小于舟难托宿。

解嘲

清·刘晋康

书常得读皆为福，酒尚能赊不算贫。
笋出石边成节操，梅开雪后见精神。
自甘家食犹非计，可羡年年苜蓿新。

学舍创自乾隆辛丑二月荒废不可居因修葺之

清末近现代初·吴朝品

广文官舍冷于冰，苜蓿长斋似老僧。
自笑牵萝聊补屋，惟期曲木尽从绳。
酒钱牢落苏司业，风味萧疏王右丞。
守静安贫元是福，夜凉禅诵喜篝灯。

二、苜蓿蒲萄共饮酒

葡萄

南宋·岳珂

当年博望奏边功，异种曾携苜蓿同。
摘乳那烦挏马令，引须聊愜好龙公。

颇怜汉地离宫在,未许凉州酒瓮空。
回纥只今重喂肉,清阴弥望满关中。

送郑教谕进表之京

元末明初·谢应芳

束毡黉舍跨征鞍,奉表朝家庆履端。
虎拜三呼称万寿,龙颜一笑宴千官。
酌来天上葡萄酒,洗去胸中苜蓿盘。
官样文章新制作,老夫刮目待归看。

闻子启太守自历下书报来春还家又新有凤雏之喜感念旧好为欣跃不寐辄赋二首先寄难兄竹庭徵君宜载酒一庆也(其一)

元末明初·刘崧

故人旧别向西川,移谪淮山苜蓿田。
容易繁稀花着雨,寻常员缺月当天。
四章诗忆京城送,八月书闻历下传。
为报难兄竹园里,好催春酿候归船。

雨后西园即事

元末明初·袁凯

雨后秋园苜蓿红,水边粳稻亦芃芃。
老夫衰败知无角,儿子耕耘已有功。
尽室盘飧惟任汝,暮年家事莫烦公。
勋业文章等虚妄,杖藜浊酒任西东。

用五河县孙驿丞行简秋凉感怀诗韵(其四)

明·郑真

呼酒邻家隔竹幽,杯行到手不论筹。
蒹葭水阔汀洲暗,苜蓿凉生苑囿秋。
解佩正须归旧隐,濯缨还许向中流。
相思坐对濠梁月,千里难禁宋玉愁。

闰九月初八日。宿忠州村家阻雨。书示同行柳殿中仲和

明·权五福

催晓黄鸡唱已阑，凄迷风雨送微寒。
医人药有君臣剂，使鬼钱无子母看。
刺史葡萄谁酿酒，先生苜蓿自登盘。
多情宋玉悲萧瑟，冷落秋光入笔端。

葡萄歌

明·张宁

君不见，
贰师城外行人稀，葡萄满目秋离离。
初年托根古城下，岁久漫与城垣齐。
城下居人日争树，伐干分根不知数。
一叶寒声动地秋，尽入城中酒家去。
万里征车大宛回，离宫别观一时栽。
苜蓿榴花烂相照，知是将军西域来。
火云亭亭天伏暑，满架繁阴凉似水。
屋里蛟人坐泣闲，海底苍龙蟠不起。
眷兹岁月几悠悠，卷蔓何人入具丘。
雨露不忘中夏泽，冰霜长保故园秋。
故园风景今宁好，名马千金野田草。
惟有年年客土春，至今犹说汉朝人。

春寒二十韵

明·李东阳

软红香里见车尘，剩取余寒在水滨。
飞霰有时还著面，微霜何力尚欺人。
湖波欲动清犹浅，草色初回绿未匀。
卷尽帘栊无燕雀，阅残冰雪但松筠。
吴牛月下琉璃薄，胡马风前苜蓿新。
作态檐花如怯语，多情堤柳似含颦。
朝衣试换应嫌早，市酒从沽莫厌醇。
赐拟宫恩传汉烛，别怜归思绕江蘋。
山墙地坼虫仍蛰，海国天高雁始宾。
醉爱火犀曾贡粤，歌传土鼓漫吹豳。

哦诗转觉吟肩耸，瘀痈难医病手皴。
未放韶光过九十，肯抛长夜守庚申。
琼楼玉宇骚人远，旧谷新丝野客贫。
甲士梦惊曾彻骨，纬𫄨心苦更伤神。
绨袍范叔谁相恋，大被姜郎且共亲。
万顷直须酬老杜，重裘幸免作穷陈。
年华草草催双鬓，宦迹悠悠寄一身。
愁引冻泉分淅沥，怕登高阁看嶙峋。
每惭温饱谋生拙，一任炎凉过眼频。
从此愿持邹衍律，遍教阴谷是阳春。

送吕仲仁少卿之任
明·罗钦顺

沙头别酒过江醒，满路欢声是德馨。
飞盖乍临西涧水，携壶频上醉翁亭。
山当户牖瑶琨碧，雨过郊原苜蓿青。
同事亦知吾弟忝，书来方自说趋庭。

梁彦国滦州书至
明·欧大任

疲马饥衔苜蓿嘶，怜予千里望辽西。
风驱朔雪卢龙近，云暗春城碣石低。
帐下谭经留客坐，斋中把酒听莺啼。
雄文最似相如赋，侍从河东待尔题。

丁丑入都门适戚将军饷酒欧桢伯郭建初在坐
明·徐中行

缁衣犹自恋绨袍，华发堪怜计吏劳。
太学先生分苜蓿，元戎使者饷葡萄。
经传六馆才宁尽，赋就三都兴转豪。
君是郭家谙故事，金台千尺为谁高。

凉州词
明·张恒

垆头酒熟葡萄香，马足春风苜蓿长。
醉听古来横吹笛，雄心一片在西凉。

饮赵文学江阴斋中（其一）
明·曾仕鉴

忆尔谈经处，萧然过吕安。
蓬蒿三径没，苜蓿一毡寒。
浊酒歌谁和，青灯剑自看。
他乡逢握手，未觉路行难。

古意分得独字（集蔡稚舍宅）
明·王禹声

蓟北多浮云，云中下双鹜。
愿言问双鹜，我征胡不复。
苜蓿青如何，藤芜几度绿。
昨暮尺书至，将军出上谷。
生还未云期，归计焉能卜。
顾此盈尊酒，举觞当谁属。
有时梦君还，仓皇理膏沐。
梦回明月光，依然照孤独。

舟中雨夜听王将军贞吉谈辽事
明末清初·阮大铖

医间苜蓿散秋烟，曾副轻车逐左贤。
此日推篷闲听雨，中宵说剑响如泉。
垆边白马长呼酒，猎罢黄羊自割鲜。
绝塞冯君横意气，看予饭犊种春田。

江村歌为王梅和使君五十寿
明末清初·阮大铖

江村酒熟鱼亦肥，稽车渔网连江扉。
老人笛鼓赛秋社，醉骑黄犊风前归。

粳秀荷香一千里，上世胥庭如此矣。
傅来三户殊未然，草木军声咽残垒。
蟋蛄繁响亦不闻，用贻之者维使君。
苜蓿骨高铃下马，梨花手演帐前军。
弧矢高悬屈此节，绕案文书省何辍。
赤羽长觇楚泽星，绿发因添藐姑雪。
四十九年非自知，少时历落盐齑为。
雕龙会有神物妒，围犀不顾妻孥饥。
乃若永慕慕无斁，梦绕西池酒香碧。
已从册府拜花纶，更向安期需枣核。
江乡户户争歌舞，不祝仙乔祝天姥。
二十四考归未迟，长向板舆劈麟脯。
帆园黄石累累然，余亦骑鱼浮海烟。
升堂拜母斟大斗，与君莱綵相蹁跹。

赠郑两为备兵西宁南归里门
明末清初·于琳

建牙开府黑山东，此日声名在五戎。
苜蓿花浓宛马健，蒲萄酒熟戍楼空。
风高吐鲁惊传箭，雪满蓬婆竞挽弓。
生入玉门班定远，何人重报月氏功。

送同年江右朱遂初宪副固原（其四）
明末清初·吴伟业

长将诗酒付奚囊，此去征途被急装。
苜蓿金鞍调白马，梅花铁笛奏青羌。
凉州水草军营盛，汉代亭台猎火荒。
往事功名归卫霍，书生垂老玉门霜。

南安孙申公以壶俎相饷戏为答之
明末清初·彭孙贻

先生累月食无肉，逆旅江干烹苜蓿。
自解诸生月俸钱，买得寒瓜绿如玉。
忽飞片纸落彭生，开缄酒气摇双罂。
愁肠绠作辘轳转，诗籁哀同猿狖鸣。

年来断肉未断饮，一醉倾壶倒余沈。
暂许天涯游子还，欲向华山借高枕。
孙公孙公奈尔何，坐谈感慨何其多。
寄语龙溪王大令，为言羁客返岩阿。

龙池鲫歌

清·沈大成

灵岩山阳白龙池，中有神物不敢窥。
风雨变化产金鲫，腹腴修凸甘而肥。
常时鱖者触龙怒，辟历往往随人驰。
岁寒霜雪老龙蛰，罾网乃敢临渊施。
一尾入市一金直，物少嗜众宜居奇。
犹忆童时侍膝下，阑干苜蓿同尝之①。
荏苒五十有余载，食指虽动杳难期。
今兹中孚交卦气，旅馆大雪飞如筛。
老夫瑟缩蚕在茧，忽见银鹿裹书帷。
素鳞翕翕眼犹动，柳枝脱叶横穿腮。
曰此良友自远致，主人相馈佐酒卮。
纵之盆盎始圉圉，斗升之水亦扬鬐。
金齑玉鲙吾所欲，灶觚况复劳相思。
亟呼饔人煮冰水，芼以葱兼姜桂滋。
上箸白于剖良玉，沾唇腻若含凝脂。
尤爱鱼脑及鱼尾，水晶碎嚼吞胶饴。
巷南同志招共食，既醉捉笔还为诗。
冯谖弹铗古无取，蒙庄涸澈亦足嗤。
乐王羊舌皆何在，且微昏礼观爻辞。

① 康熙甲午，先君子为六合学官，余随侍。

新淦舟次寄永丰九叔 其五（丙寅）

清·蒋士铨

阿叔真名士，青毡足大儒。
酒钱司业俸，苜蓿冷官厨。
诗礼趋昆季，琴书感道途。
秋风愁欲寄，寒雁满江湖。

闻雁二首（其一）

清·王文治

雁声不可听，一夕鬓成丝。
孤月新寒夜，高楼被酒时。
塞垣荒苜蓿，楚泽老江蓠。
那更禁横笛，风前一曲吹。

佘文学梅听屠生说马僧事证之随园所书者纪以古诗属余同作为制椎埋篇一章并录佘君诗于后

清·姚燮

亡命成大功，隐姓椎埋徒。出入虎齿牙，魁然完头颅。
头颅铁所成，拗折惭邾娄。好马称马僧，诡迹惊庸胥。
十年漂中州，提挈金环娘。金环青楼姝，削发偕逃逋。
秦鞅真赳材，袒裼挥风胡。卖技经蒲州，肥橐拴驹骖。
左乘骖红驹，皂衲鸳鸯襦。日黯中条山，冰走河堧狐。
土窟开地亶，野店投穷途。手解杏叶鞯，荦饲堆黄刍。
束袜缠褵裆，不佩金仆姑。杀人如刈菅，赤手金堪胠。
得金来媚娘，脔豕蒸牛酥。堂皇东厢开，锦椸翻氍毹。
狂嬲明灯旁，醉面蜷虬须。击缶歌秦声，月气流乌乌。
有客装多金，隔牖危同居。问客来何方，金亦谁所需？
客言雅玛图，佐檄投军台。金乃大帅贻，贻客还东吴。
大帅威远侯，鄂国为前驱。密幄聚米筹，弹指降枭貀。
枭貀贴毛伏，不敢相龃龉。赫赫狄天使，部落尊神荼。
僧闻客所言，挽客跳欢愉。顷我觊尔金，杀尔诚区区。
我亦客将军，杀尔非丈夫。将军百战身，仗我犹锟铻。
解阵邀凯勋，实我资谋脯。客听毋畏烦，为客陈其由。
我本客同乡，卑贱伫厮舆。横行患乡党，大狷交群狙。
群狙太湖盗，累绁遭官俘。单辞凭左验，名与仇家诬。
更名逸万里，出边山岨峿。岨峿复崎岖，狼径蛇衙衙。
雪界无好天，短日荒西晡。毳幕环风刀，趾蹴星根榆。
健儿赤鹰目，刺猬连腮胡。角力拜弟兄，窃马制休屠。
窃马久知马，少骏多罢驽。罢驽不足骑，隽乘蕃牧无。
戈壁横玉门，苜蓿烟摧枯。维时青海酋，率鬼骄哮呼。
人皮剪藤甲，兽革鞍骨䯇。卞防鲜绿旗，流血腥乌苏。
待围铁儿山，虏与兀赤诛。岳公中原来，兵统天皇符。
前队冲羽林，后队骠骑趋。左队龙武矛，右队苍头殳。
渠率环中营，谋使招余吾。公马锦斑骍，回靶兰筋舒。

公实爱此马，此马能扼鞠。竹批渥洼耳，铜剃纤离蹄。
众辔蜷局行，一一皆不如。见马垂我涎，顾我心踌躇。
黑衣严夜装，走向公营蹰。公营密鼙钲，公营森犀渠。
候骑多孟贲，校尉多专诸。我手升崖猱，我足缘藤鼯。
横可百丈溪，纵可千仞郛。披坚洞钺门，拉朽开镂戳。
公方豢此马，张火传围奴。公裘披鶒鶒，元靴青霞襦。
公身七尺长，矇盱庞眉臞。顾影旋遭禽，禽我投罗罦。
罗罦深且阴，熊铩鹍鹂筊。自分无完肤，鬐作刀砧臑。
诘我来何为，稽拜陈嗫嚅。我实爱公马，胆敢为穿窬。
公言尔爱马，爱马亦丈夫。丈夫图出身，自贱终区区。
公首为我点，公手为我扶。扶我携我手，入帐开肴厨。
鹿角三棱觚，缥粉莲华壶。自饮并饮我，我心终危悚。
帐外何所有，九罕悬琅弧。帐中何所有，四柱蒙䍀毹。
帐中亦有几，臂烛羊脂粗。帐中复有帐，方枕承华铺。
公醉齁齁眠，我立躬曲痀。诘朝赐马骑，左右从公趋。
趋向大帅门，陈告释我辜。与我守备衔，勉我宜慎持。
我身公生之，我身公之躯。不报非丈夫，爵禄还区区。
爵禄还区区，报公当何如？有贼罗卜藏，狡横当诛锄。
卜藏有其母，密函投降书。丹津与台吉，两酋联穹庐。
两酋狗彘心，但贪金玉珠。胸囊金玉珠，背插刀双镤。
别公日月山，冲雾行咨且。冲雾三十里，血茧争砂礌。
行抵贼母营，綦跱增嗟吁。固垒袤元墙，喋血纷妖鵌。
碧火弹蒺藜，触面皆杷欋。刁斗夹觱篥，似有清歌娱。
我手升崖猱，我足缘藤鼯。横可百尺溪，纵可千仞郛。
至此愁技穷，安能达重阇？不能达重阇，怯怯非丈夫。
怯怯非丈夫，性命还区区。踊跃重踊跃，一瞥投瓠觚。
窥帐见贼母，方面六十余。头上鸡距冠，八钗垂珊瑚。
身上红锦袍，绣线缠芙蕖。蛮姬环天魔，高髻翩翻裾。
缇毂六七军，揭刃防夔魖。诘我来何为，稽拜陈嗫嚅。
我奉帅命来，不测匪所虞。大帅有谕言，我娘岂顽愚？
以娘贤德姁，以娘忠义婺。以娘识进退，以娘明赢输。
奉娘云雀毛，为饰鞹猎车。与娘紫艾缨，为缘貂襜褕。
献娘山麝香，为爇沈燎垆。母目目二酋，二酋欷且歔。
有口犹咸施，有面犹籧篨。我掣背上刀，厉声喧烦挐。
峨嵝莎河峰，可以沈沮洳。三苗例刑窜，敢犯唐尧都。
待降何咸施，待降何籧篨？不降非丈夫，杀尔诚区区。
前骑吹笳芦，后骑调笙竽。左骑束丹牲，右骑絷元菟。
咨且十余骑，母挟二酋俱。往叩将军前，稽拜陈嗫嚅。

枭馘悬大旗，闲道驰岷泸。火阱焦头啼，安辨罴与獳？
有鼍何逢逢，将军命我枹。有羊何鬐鬐，将军招我刳。
半月开昆仑，一朝驱盘瓠。将军告大帅，大帅噫而愉。
谓我非伛侏，谓我诚丈夫。爵禄宁区区，荣尔当何如！
稽拜大帅前，待陈还嗫嚅。已保首领全，已活骸骨枯。
只愿生还乡，欢喜听吴歈。厚赐不敢辞，弃马还乘驴。
四野浩荡平，谁来禁我徂？去岁游陉州，今岁行中都。
中都劫贼薮，非我尔其殂。尔亦军帅客，尔亦真丈夫。
山身同一门，生尔真区区。犨麋两恶少，横脑巾髹涂。
适从百梯关，联臂鞭的卢。系鞭向北槽，宿舍西厢租。
铁担三百觔，犀利摧刀铁。意将攫尔金，且复劚尔膜。
侥倖逢我来，使尔魂重苏。担已屈作环，禁马类槽猪。
两贼已远逃，强胆均戡除。两马偕妇骑，明当别有图。
身愁与人奴，名恐与人污。异日天壤逢，尔但马僧呼。
客闻马僧言，稽拜陈嗫嚅。我客真丈夫，生我宁区区。
生我非区区，报客当何如？肥肉客所赐，良酒客所储。
酒良兼肉肥，析粟还烹蔬。奉僧上座上，两客交承盂。
僧妇侬并肩，长袖垂缯襦。眨眼杯心鸿，仰首抽属镂。
属镂一以挥，败柳戗根株。河云浩莽莽，天色相模糊。
万里通掌中，西陕东番禺。南闽北燕赵，清界无罦罜。
劝客前路行，善保千金躯。客行僧亦行，瀚海空鹭凫。
至今峨嵋坡，不复栽萑蒲。

冬杪忽闻内兄伟山广文讣音，不觉五中如裂，泪沾襟袂。感今忆昔，以歌当哭（甲寅）

晚清·林占梅

苍天曷有极，悠悠恨莫平。
年残家计窘，又当痛内兄。
内兄在榕省，广文官独冷。
半世历穷途，壮年当逆境。
孀妇赖以全，德门赖以整。
弱弟躬提携，慈亲勤定省。
苦志长下帷，乡荐幸早领。
藉此开亲颜，饱暖犹难永。
我谊忝葭莩，与粟常五秉。
得此为西江，一饱无奢请。
羡君真血性，孝友复温醇。
喜怒不形色，毁谤不沾唇。
能文惊笔阵，饮酒见天真。

因饮生议议，可叹少完人。
荷锸方刘伶，投辖类陈遵。
三百六十日，狼籍污车茵。
小饮能养性，大饮定伤身。
嗜痂已成癖，戒语徒书绅。
粉白与黛绿，妍媸无别甄。
每值如泥时，醉眼睨横陈。
旦旦双斧伐，枯树难复春。
相别始六载，远隔沧海滨。
我家被灾后，二年绝指囷。
欲援无余力，惆怅乃伤神。
近来多笔札，觉非君所亲。
识为三弟书，句句是吟呻。
中皆诀别言，辞简意切要。
家贫事事难，儿稚弟犹少。
与我隔重洋，两心谅相照。
都此悽怆辞，不觉涕倾掉。
缅忆弱冠时，随侍居京师。
我亦从负笈，东床坦腹嬉。
我少也落拓，边幅不修治。
每至颠沛际，辄赖君扶持。
比予归海上，迢迢送不辞。
解装未阅月，一病几垂危。
幸得逢卢扁，半载始展眉。
回京拜膝下，相见喜复悲。
椿萱能承顺，侍奉无差池。
前年琴断弦，是岁失填篪。
严君忽弃养，阖家困莫支。
况复家万里，廿口无归期。
尚幸贤乔梓，美誉久飙驰。
宗有名公在①，倡义首捐赀。
集腋充囊橐，舆榇始有资。
死生关情处，尽入人心脾。
阮籍悲穷途，杨朱哭路歧。
况君恂恂者，赖公免流离。
奉母及幼弱，跋涉相追随。
教弟更成立，学行无瑕疵。
咸谓可安享，食报固其宜。

岂意天难测，理者不可推。
老母遽终堂，弟媳丧在兹。
苜蓿一散员，俸薄官似橘。
加之数年来，茑萝共萧瑟。
自赡犹未能，何暇相周恤。
稚小口嗷嗷，待哺纷绕膝。
奄罗并婚姻，更仆数难悉。
苦况百端凌，沉疴一朝剧。
伏枕嘱遗言，字下血随笔。
其言犹哀惨，泣读不忍毕。
嗟予自断弦，伉俪虚正室。
嗜彼虽小星，聊足侍中栉。
知予故剑怀，终始情如一。
但愿常聚首，畅叙共披襟。
不图溘然逝，魂梦何处寻。
絮酒及烹鸡，遥奠窆莫临。
思君命坎壈，嗟我步崎嵚。
我兴琴自鼓，君乐酒频斟。
我有阮瞻癖，君同潘岳心。
恰好亦郎舅，总角结诚忱。
望君我本奢，平地冀高岑。
讵知壮志日，作此断肠吟。
君已辞杯酒，我亦懒鼓琴。
问我何不鼓，从此少知音。

① 年伯黄寿臣先生宗汉，时为兵科给事中。

题孙铁珊横云书屋集

清·冯秀莹

穷冬客潞河，风顽石亦冻。
愁如虎狼秦，欲避苦无洞。
走寻吾好友，狂谈快始纵。
归携《横云集》，秉烛饮且诵。
满室烟冥冥，翛然廓尘雾。
君才信奇绝，啾鸟一威凤。
潘陆并廊庑，班傅参伯仲。
诗篇尤巨擘，郁乎作文栋。
歌行勇可贾，律绝姿善弄。

想当墨濡豪，有若鞭就鞚。
百家效驰驱，万象随馨控。
伐材歌章辨，盘柢风雅颂。
神瀵轩其波，天衣灭尽缝。
匪独工设色，兼亦妙托讽。
音激中散哀，时感太傅恸。
麾彼诊痴符，饷之益智粽。
睥睨在三唐，不知世有宋。
于戏如斯人，乃困苜蓿俸。
射策失甲乙，徇铎劳倥偬。
令我块难平，欲叩九阍讼。
忆昔定交因，新声卖花送。
款关夜相访，嘤鸣和簧哢。
见即超故知，盖倾忱已贡。
淄渑证味合，城府谢甲衷。
从兹数晨夕，书史互磨砻。
寒解淮阴衣，眠欹铜阳瓮。
属意各千秋，语不顾惊众。
刚肠取舍同，胜游追逐共。
秀莹落拓者，散木谁赏赣。
先生加咳唾，腐草得露种。
握兰齿以序，攻茅瘔必中。
养性无嫉情，譬诸饮乳湩。
手词更招邀，角酒闲陪从。
敢狎齐晋盟，窃效邹鲁哄。
屈指今十年，转瞬春过梦。
衰毛星半皤，窘状月屡空。
回首光景非，怦怦此心恫。
赁改梁鸿春，机断苏蕙综。
南宫三点额，望杏尚余痛。
幽忧日抱疾，恒铸岛佛供。
章句何足臧，君言岂我哄。
缅怀古人志，生才定有用。
先生人中杰，余事继文统。
眼小四沧溟，胸吞九云梦。
终当曳绣裳，与世覆锦幪。
大鼓掀天风，直扫挂树凇。
露布下吴越，持节复秦雍。
吐气壮吾侪，诗仍以人重。

貂裘换酒 癸亥送灶戏作（癸亥）

晚清·李慈铭

爆竹殷填起。
又家家、花饧秸马，髻神行矣。
局促春明常寄食，五载一瓢而已。
总不见、釜鱼甑米。
绝倒平津成久客，只阑干苜蓿烦料理。
弹铗送，为君礼。

年时最忆家园里。
簇团栾、生盆绛胜，母妻兄弟。
钉座汤圆同拜祝，百岁清门风味。
蓦回首、烽传乡里。
指日定携如愿返，结山厨、小赁梅花地。
亲压酒，君须醉。

饮酒八首（其八）

清末至现当代·许宝蘅

苜蓿榴花遍近郊，王孙归路一何遥。
明珠可贯须为佩，神剑飞来不易销。
独坐遗芳成故事，自将磨洗认前朝。
看山对酒君思我，莫损愁眉与细腰。

酒后大雪登辽东城有感（时与俄战，我军败绩。）（其二）

清末至民国·杨圻

盘马弯弓苜蓿肥，金汤大好启戎机。
雪花如掌阴山白，不照金樽照铁衣。

九日龙爪槐宴集赋呈远伯

清末至民国·黄浚

背郭秋光照潋滟，凭高来拜抱冰堂。
樽前苜蓿谁成咏，槛外蒹葭初著霜。
行酒略酬佳节意，插花当趁少年狂。
故家文物票姚甚，欲及萧辰乞报章。

元日（1976年）

现当代·吴未淳

元朝无过贺，风日送晴寒。
酒醉葡萄盏，肴甘苜蓿盘。
春光鸲眼水，古帖鸭头丸。
纸爆家家闹，吾庐寂以安。

寤兄返湘途中夜半短信与余索债

当代·张月宇

岭南秋尽日趋寒，羁泊吾曹共苦酸。
苜蓿三餐凭自惜，诗文一帙博谁欢。
难斟篱下陶卿酒，易落风前孟士冠。
毂转尘途归去夜，佳人可解忆长安。

三、

祭酒江先生见和再次前韵

明·张以宁

先生稽古如桓荣，老我忧时惭贾生。
六鳌共掣碧海动，孤凤先睹朝阳鸣。
青春深院梧桐暗，红日高盘苜蓿横。
誓将丝毫效补衮，长愿磐石安维城。

——《翠屏集·卷二》

昔者行赠别姜祭酒先生（以下《青雀集》，隆庆丁卯、戊辰）

明·王稚登

昔者薄游燕王都，燕人买骏皆买图。
汝南袁公善相骨，称我一匹桃花驹。
是时先帝论封禅，焚香日坐蓬莱殿。
二三元老书不停，记室竖儒供笔砚。
袁公手内金花笺，口召王生生不前。
安知徐福三山事，但忆苏秦二顷田。
我欲东归劝我留，满床诗草尽见投。
见时醉操银不律，雌黄灿爤珊瑚钩。
以兹感激国士知，新旧存亡不可移。
季札匣中镆铘剑，脱挂徐君坟树枝。
浮云世态那堪说，众人闻之皆不悦。
谢傅西州春草深，羊昙涕泪空成雪。
　　赠刀人，结袜子。
　　可怜贫时交，一生与一死。
召公已死周公嗔，道傍之言未必真。
冯驩不去反见忌，天下尽诋为门人。
宗伯中丞本爱才，乍闻此语亦徘徊。
惟君知我有心者，肝肠倾倒无所猜。
校书旧物许荐我，君纵殷勤我不口。
《子虚》欲奏虽未成，知己难忘杨意情。
长安国门同日出，我归金阊君石城。
璧水曾经黄屋坐，祭酒胡床尚虚左。
苜蓿先生三数公，桃李门人千百个。
纷纷入赘同舍生，春秋俱服左丘明。
君行未可轻此辈，万一中间有马卿。

第四节　苜蓿友人

一、送友人

送刘司直赴安西
唐·王维

绝域阳关道，胡烟与塞尘。
三春时有雁，万里少行人。
苜蓿随天马，蒲桃逐汉臣。
当令外国惧，不敢觅和亲。

司直　《唐书·百官志》：大理寺有司直，六人从六品上。

安西　杜氏《通典》：安西都护府，本龟兹国也，大唐明庆中置。东接马耆，西连疏勒，南邻吐蕃，北拒突厥。

绝域　《汉书·陈汤传》：讨绝域不羁之君，系万里难制之虏。

苜蓿　《史记》：大宛左右以蒲桃为酒，富人藏酒至万余石，久者十数岁不败。俗嗜酒，马嗜苜蓿。汉使取其实来，于是天子始种苜蓿、蒲桃肥饶地。及天马多，外国使来众，则离宫别馆旁尽种蒲桃、苜蓿，极望。

天马　《史记》：初，天子发书易云，神马当从西北来。得乌孙马好，名曰天马。及得大宛汗血马，益壮，更名乌孙马曰西极，名大宛马曰天马云。

——《王右丞集笺注·卷八》

送李宪司理还新喻

宋·苏辙

采芹芹已老，浴沂沂尚寒。
蒯缑长叹息，苜蓿正阑干。
黄卷忘忧易，青衫行路难。
归耕未有计，且复调闲官。

送元勋不伐侍亲之官泉南八首（其五）

宋·李廌

梅雨晴时荔子丹，绛囊青幄共檀栾。
按图读谱尝珍品，大胜关西苜蓿盘。

送吴使君

宋·李新

西南世家无十族，吴范生儿长食肉。
虎头犀骨初长成，闭门教草三千牍。
传来旧物凌云笔，楷字君王无第一。
墨池染尽俱拙人，柿叶学成几失实。
闻道甘棠阴已密，相共政声同一律。
玉壶盈尺不消冰，清峻照人常惨慄。
归侍安车幅巾叟，石建板舆怜白首。
二年赢得倚栏干，醉看红梅霜雪后。
草玄故人偏嗜酒，试拚黄金追百斗。
芋魁桤木的然成，丙穴鄨筒依旧不。
行舟牵挽由来有，十倍青衿折杨柳。
未容学舍鞠园蔬，岁月用陶燕许手。
驽骖无取休推毂，二十四蹄肥苜蓿。
近时牙颊惜春风，吾曹易效穷途哭。

饮饯王巩

宋·苏辙

送君不办沽斗酒，拨醅浮蚁知君有。
问君取酒持劝君，未知客主定何人。
府中杯棬强我富，案上苜蓿知吾真。
空厨赤脚不敢出，大堤花艳聊相亲。

爱君年少心乐易，到处逢人便成醉。
醉书大轴作歌诗，顷刻挥毫千万字。
老夫识君年最深，年来多病苦侵凌。
赋诗饮酒皆非敌，危坐看君浮太白。

次友人书怀
宋·张元干

布谷催春惜雨干，白鸥江上未盟寒。
且倾客子酴醿酒，共享先生苜蓿盘。
我已悬车羞碌碌，公当鸣佩称珊珊。
休文才思虽多病，可是空吟红药阑。

苏寺丞维甫知简州阳安县兼携家之任
宋·杨亿

神鸡缥碧马金精，西海桑田一掌平。
苜蓿度关风渐劲，莓苔登栈雨新晴。
琴斋尽室无归梦，锦里当垆奈宿酲。
尘柄清谈且为政，莫贪蒟酱学论兵。

效白体赠晁无咎
宋·张耒

过去生中作弟兄，依然骨肉有余情。
青衫校正同三馆，白发东南各一城。
君比郦生多事业，我方谢朓欠诗名。
想当把酒笙歌里，亦记长安痛饮生。
江南岁晚水风寒，铃阁无人昼掩关。
过雨楼台宛溪市，新霜松竹敬亭山。

不悲仕宦从来拙，所喜形骸绝得闲。
山妓村醪君莫笑，亦胜苜蓿满朝盘。
关河战国东秦地，风月南朝小谢城。
妓乐比君拈不出，溪山许我赌来赢。
真珠金线真无比，叠岭双溪亦有声。
一事与君宵壤别，板舆时从老人行。

喜会故友
宋·刘应时

邂逅相逢不作难，地炉握手话悲欢。
朝廷已诵相如赋，朋旧犹嗟范叔寒。
剪剪秋花多胜韵，累累霜实尚微酸。
小春天气能来否，同访山家苜蓿盘。

送韩密学知定州
宋·孔武仲

闻说公家阅古堂，于今出守似还乡。
营开细柳旌旗动，山假胭脂苜蓿长。
北府貔貅瞻玉节，南楼风月寄胡床。
亲朋出祖无惆怅，早晚韩侯对未央。

公冶携酒见过与者温元素康致美赋诗投壶再用前韵
宋·胡铨

澹叟意简古，终日巾不屋。
彼美德星崔，怜我味蠹竹。
挈榼破孤闷，聊欲观醉玉。
情殊馈盘餐，事等遗潘沐。
古人感意重，饮水亦沙醁。
一觞万虑空，天宇觉隘促。
自非薪突者，上客怕徐福。
主人起扬觯，百岁风雹速。
莫献野人芹，但饱先生蓿。
我亦起膝席，卒爵更三肃。
温伯况可人，康晢亦脱俗。
共赋饤坐梅，句压诗人谷。
浩浩气吐虹，盎盎春生腹。
湘累彼狷者，底事醒乃独。
日游无功乡，生计岂不足。
壶歌发笑电，雅剧不言肉。
夜久拔银烛，幽烬飘蔌蔌。
我于腹无负，正恐腹自恧。
姑置勿复科，茗碗瀹寒渌。
舌出醉言归，况我舌已木。

送袁翟伯寿
宋·张孝祥

万里归来无苜蓿，扁舟共载两袁君。
今日送君向何处，黄鹤山中多白云。

送郭南俞教谕

元·牟巘

试把溪堂旧谱看，三千苜蓿守酸寒。
吟肩只自初来瘦，麈尾方知细满难。
忧患可能期学力，功名终不误儒冠。
到家莫作多时住，趁取秋风送羽翰。

劝学

宋末元初·陈普

七闽四海东南曲，自有天地惟篁竹①。
无诸曾拥汉入秦，归来依旧蛮夷俗②。
未央长乐不诗书，何怪天涯构板屋。
人民稀少禽兽多，云盘雾结成烜燠。
楼船横海未入境，淮南早为愁蛇蝮。
自从居股徙江淮，鸟飞千里惟溪谷③。
经历两世至孙氏，始闻种杏匝庐麓。
依然未识孔圣书，徒能使虎为收谷。
异端神怪非正学，但可出野惊麋鹿④。
三分南北又几年，匹士单夫无可录。
开元天宝唐欲中，阑干始见盘中蓿⑤。
日南韶石出名公，新罗二士非碌碌⑥。
七闽转海即洙泗，仅有令孜与思勖。
令人不忍读唐书，不胜林壑溪山辱⑦。
天心地气信有时，二三百年渐堪目。
述古大年创发迹，义理文章相接续⑧。
蔡襄风任獬廌司，陈烈气压龙虎伏⑨。

　　　　介夫当仁竟不让⑩，了翁守义穷弥笃⑪。
　　　　天开道统游杨胡，一气北来若兰馥⑫。
　　　　了翁责沈先识程⑬，子容闻风亦知肃⑭。
　　　　剑龙化作李延平，道理益明仁益熟。
　　　　遂生考亭子朱子⑮，撑拓三才开化育。
　　　　植立纲常鳌戴地，开发蒙昧龙衔烛。
　　　　三胡三蔡与五刘，新安建安如一族⑯。
　　　　直卿幸作东床客，照耀乾坤两冰玉⑰。
　　　　四书才老多有见⑱，楚辞全甫尤能读⑲。
　　　　正叔安卿亲闻道⑳，稍后景元亦私淑㉑。
　　　　礼书身后得直卿㉒，遗经未了留杨复㉓。
　　　　奎宿分野忽在兹，神光秀气相追随。
　　　　灯窗眉宇辙不同，金玉满堂珠万斛。
　　　　遂令四书满天下，西被东渐出九服。
　　　　方将相与作齐鲁，迩来微觉忘梳沐。
　　　　贤良文学偶未设，墙角短檠弃何速。
　　　　相看一一皆凤麟，相薰渐渐随鸡鹜。
　　　　古今最重是习气，圣贤为此多颦蹙。
　　　　一落千丈不可回，坚冰都在坤初六。
　　　　诗书自古不误人，明经不但为干禄。
　　　　聪明才智万景春，家国子孙千百福。
　　　　吾言喋喋徒费辞，自昭拱看扶桑浴㉔。

①自注：汉武帝欲伐闽越，淮南王刘安上书：闽越非有城郭邑里，皆草木篁竹之地，多蛇蝮猛兽。

②自注：秦末，闽越君无诸，曾以兵随汉高帝入秦，后灭秦有天下，封为闽越王。汉高帝不事诗书，至武帝渐用儒。

③自注：武帝元鼎六年（前111年），闽越王居股随东越王余善作乱。武帝遣楼船将军杨仆、横海将军韩说伐之。居股乃杀余善，斩其头以降。武帝封居股为侯，以闽越地数反覆，悉徙其民江淮间，而虚其地。居股即无诸孙。今长溪、温、处是也。

④自注：三国时董奉，侯官人也，卖药庐山下，不取钱，只各令种杏一株。数年，杏生山谷，一斗杏卖一斗谷，令人自采，其人若贪多不止，辄有虎出逐之。庐山在吴境内。其时侯官，今闽县、侯官、长乐、福清、古田、连江皆侯官地也。庐山今江州。

⑤自注：长溪薛令之，唐开元中为东宫官，作诗曰：朝日上团团，照见先生盘。盘中何所有，苜蓿长阑干。饭涩匙难绾，羹稀箸易宽。但可谋朝夕，何由保岁寒。明皇见之怒，以诗逐之曰：若嫌松桂寒，任逐桑榆暖。遂归不仕。

⑥自注：姜庶子公辅，日南爱州人，近交趾，德宗时为左庶子。张九龄，韶州人，开元贤相。新罗有二人，曰张保皋、郑年，有郭子仪、李光弼之才。郑年入海，水底行五十里不喧。新罗国在东海中。

⑦自注：唐僖宗时，田令孜为宦者之魁，致黄巢之乱，唐以之亡。开元时宦者三千人，高力士为首，次即思勖。二人皆福州人也。

⑧自注：陈襄字述古，怀安人也。先为浦城主簿，后知杭州，东坡同时为通判。杨亿字大年，建州人。宋真宗时为神童，以文章名世。

⑨自注：蔡襄，兴化人。仁宗时同欧阳修、余靖、王素为谏官，号四谏。陈烈，隐士，福州人。蔡襄知福州，尚严烈，因作诗曰：溪山龙虎蟠，六月夜衾寒。传言祝舟子，移棹过前滩。蔡襄见之，威严顿减。

⑩自注：郑侠字介夫，福清人。先为王荆公弟子，公为相行新法，京县河北民苦免役钱，流离转徙。介夫时监东安上门，日阅流民出入过门，遂画为图献之神宗，神宗见之大惊。荆公怒，窜之编管英州，后得赦归，为泉州教官。

⑪自注：陈瓘字莹中，南剑人。哲宗时被党祸，守义不屈，在贬所自号了翁。

⑫自注：广平先生游酢，字定夫，建阳人。龟山先生杨时，字中立，将乐人。皆二程门人。胡文定公安国，字康侯，得二程之学于谢上蔡二子，五峰先生名宏，致堂先生名寅，父子皆居崇安五峰。

⑬自注：陈了翁与范淳夫祖禹同在京为考试官，因讲《论语》。淳夫曰：不迁怒，不贰过，当今惟伯淳一人。了翁曰：伯淳为谁？淳夫曰：不识程伯淳乎。了翁曰：生长东南，实未知也。自是得明道之文，必焚香盥手读之，作责沈文以示子孙。沈即叶公沈诸梁也。不识孔子，问于子路，子路不对。

⑭自注：苏颂字子容，泉州人。哲宗时在政府，东坡兄弟忌程伊川声名，子容尝见子由毁伊川。子容曰：公未可如此言，颂观过其门者，无不肃也。

⑮自注：延平先生李侗，字愿中，剑浦人。龟山得二程之学，传之豫章罗仲素，仲素传之延平。朱文公作同安主簿归，亲登其门问道。延平以书与仲素曰：得渠如此，吾复何忧。今《论语》中闻之师曰，即延平也。

⑯自注：三胡见前。三蔡，西山先生元定、季通，二子节斋渊字伯静，九峰沈字仲默。文公先居五峰，致堂为先辈，后居建阳，三蔡邻近，目西山为老友。五刘，刘勔靖康死节，子羽、子翚，文公幼时师；珙枢密，文公同时。草堂，文公妻父。

⑰自注：黄勉斋干，字直卿，福州人。文公女婿也。初仕潭州，以捧香恩泽得酒库官。后知临江军新喻县，知汉阳军、宝庆府，终沿江制置司参议官。

⑱自注：吴棫字才老，建宁人。四书注中多用之。

⑲自注：将琮字全甫，古田人。明于音韵之学，文公注《楚辞》用之。

⑳自注：李果斋方子，字正叔，邵武人。陈北溪名淳，字安卿，漳州人。皆文公门人。

㉑自注：真西山德秀，字景元。稍在文公后，浦城人。

㉒自注：文公用心《礼书》未了，勉斋了丧、祭二礼。

㉓自注：杨信斋名复，勉斋门人。作《仪礼》注，福安人也。

㉔自注：《周易》晋卦大象曰：明出地上晋，君子以自昭明德。

送杨师醇之临安兼呈师古

宋·周紫芝

家在滏城五老山，与君相望各江干。
如何肯拨馀艎棹，便欲来同苜蓿盘。
倾盖尽知今日意，买邻仍结旧时欢。
菊觞浇酒无离恨，淡榜书名看二难。

（令弟登科师醇新除皆在来岁聊见篇尾）

> 送杨师醇之临安兼呈师古
>
> 宋 周紫芝
>
> 家在溢城五老山，与君相望各江干。
> 如何肯拨馀艎棹便欲来，同苜蓿盘倾盖尽知今日意。
> 买邻仍结旧时欢，菊舣浇酒无离恨淡榜书。
> 名看二难令弟登科师醇，新除皆在来岁聊见篇尾。

京口遣怀呈张彦明刘伯宣郎中并诸友一百韵

宋末元初·俞德邻

坏云覆紫微，疾风卷黄屋。生灵半涂炭，社稷竟倾覆。
借问谁厉阶，往事具可复。穆陵握干符，丁揆覆鼎𫗧。
北兵渡浒黄，沔鄂盛喧讟。涟海荡为墟，交广骇斡腹。
兀然天柱摇，凛甚国脉蹙。明诏起臣潜，扶颠秉钧轴。
将帅一奋呼，江汉奏清肃。维时望公间，高誉傺方叔。
遄归持相印，景定实初卜。百寮逆近郊，至尊略边幅。
策勋告庙庭，陈乐备敌祝。煌煌福华编，传者笔为秃。
焉知事夸毗，欲掩天下目。得政曾几何，故老尽斥逐。
哀哀杞天崩，度皇继历服。定策比周召，卜世过郏鄏。
万微委岩廊，十年卧林麓。金屋贮娉婷，羽觞醉醽醁。
伍符日空虚，郿邬富储蓄。纷纷轻薄徒，睒眣希自鬻。
荃蕙化为茅，龟玉毁于椟。怡然谈笑间，祸机已潜伏。
延洪幼冲人，天步深踏踧。一朝襄樊破，杀气薄川谷。
折冲亦何为，筹边置机速。拊御既失宜，奔溃更相属。
含垢护逆侑，况望诛马谡。沙武倏飞渡，长江俨平陆。
连樯万艨艟，悠悠自回舳。老夏亦遁逃，竟学龟藏六。
败证剧膏肓，搏手但蹙顣。仓黄出视师，氛埃眯前矗。
总统付虎臣，窃倚晋郤縠。丁洲帅前锋，未战兵已衄。
溃卒争倒戈，降将群袒肉。单骑窜维扬，走险甚奔鹿。
触热赴清漳，就死何觳觫。蹇予客朱方，沈忧发曲局。
欢传用宜中，厦仆支一木。奈何张苏刘，猜忌不相睦。
所过皆夺攘，兹事岂颇牧。借箸资腐庸，授钺逮厮仆。
焦门集战舰，乾坤一掷足。水陆迷畏途，师丧国逾辱。
区区拒毗陵，曾不事版筑。驱民入罟擭，骈首遭屠戮。
至今用钺地，天阴闻鬼哭。苏秀暨湖杭，死生犹转烛。
行成漫旁午，公等真碌碌。独松守张濡，儿戏斗蛮触。
信使诡成禽，贾祸几覆族。三宫泣草莱，万姓呼旻曲。

疑丞诣高亭，献玺愿臣属。黼扆释冕旒，羽卫撤弓鞬。
广益亟南奔，穷荒寻帝倏。茕然太母身，垂老歌黄鹄。
彼哉宁馨儿，乘犊叨爵禄。屈膝同所归，伊谁念王蠋。
江湖数十郡，李赵差可录。元恶迷是似，万世有余恧。
庭芝困广陵，储亡二年粟。力战尚可支，而乃事蜗缩。
乙亥仲夏交，北向发一镞。死伤近七千，从此辍推毂。
浮海未及桴，委身饲蛇蝮。姜才就葅醢，淮城危破竹。
故国莽丘墟，彼黍何穟穟。翠华渺焉之，扶桑睇日浴。
魂断曲江春，新蒲为谁绿。骑鲸事已非，葬鱼势转促。
南纪讫朱崖，一战绝遗躅。旋闻俘文相，系颈絷燕狱。
又闻陆元枢，抗节死弥笃。二公风尘中，耿介受命独。
板荡见忠臣，百身竟难赎。恭惟五季间，永昌应符箓。
一举平泽潞，最后收庸蜀。文子继文孙，三才归位育。
中更靖康祸，流血洒川渎。光尧躬再造，艰苦芜蒌粥。
淳熙受内禅，德盛仁亦熟。宁理度丕承，膏泽多渗漉。
内无褒妲患，外绝安史黩。戚畹及阉寺，屏气但蜷跼。
向非彼权臣，玉食擅威福。如何磐石固，转移仅一蹴。
凄凉数载间，王侯乏半菽。九庙翳蒿藜，五陵游豕鹿。
向来阛阓地，雨露滋苜蓿。老我亦何为，穷途困羁束。
愁伤觉衰曳，垢腻忘颒沐。蛰迹笑桓鲵，窃食愧饥鹜。
安得董狐辈，直笔濡简牍。诛奸录忠荩，上与麟经续。
海宇今一家，贡赋均四隩。化日满穷阎，淳风变颓俗。
余生幸未化，刀剑易牛犊。聊种邵平瓜，且植渊明菊。

送公子帖穆入京

元·丁复

龙沙公子五云思，莺语皇州二月时。
苜蓿土融鞭节上，蓬莱春近佩声移。
承恩赐坐黄金褥，献寿亲擎白玉卮。
马上偶看鸿雁过，箫中吹与凤凰知。

送贾西伯

元·丁复

西风苜蓿花,南客又移家。
此道宁无用,吾生未有涯。
峰青宜雾日,潮白逆江沙。
犹忆南楼夜,吹箫度岁华。

送陈子高兵后马沙复业

元·许恕

十年多难苦流离,乔木园林处处非。
关塞只今孤月在,江湖能得几人归。
沤边卜筑茅茨小,雨后开荒苜蓿肥。
送尔题诗空怅望,小楼乡思乱斜晖。

送侄胡文学修江馆

元·胡天游

我祖文章伯，余光耿未休。圣朝崇学校，犹子重箕裘。
蠹简三生债，皋比几度秋。登高还小鲁，观礼复从周。
琴为知音鼓，珠宁暗室投。小奚藤作笈，长铗蒯为缑。
细柳牵征袂，飞花饯去舟。嗟予倚市拙，壮士异乡游。
白酒春风席，红灯夜雨楼。生徒交授受，宾主迭赓酬。
章甫仪刑重，汤盘德业修。多能宜下问，博学更旁求。
勿谓青毡冷，毋贻素食羞。句休吟苢蓿，交重择薰莸。
忽忽山川异，行行岁月遒。竹林难共醉，江树搅离愁。
幕阜山前屋，修江月上钩。白云飞暂远，莫惜重回头。

送天长县学教谕孙允诚任满归金陵

元·成廷圭

忆昔君方少年日，文帝潜宫曾一识。
龙飞上天不可扳，图画空余两奇石。
闭户读书三十秋，一线（一作出门）为官十领职。
天长令尹莫我知，苢蓿朝盘胜肉食。
三年官满来扬州，僦屋正近横江楼。
门前车马日如市，谈经讲易皆公侯。
公侯满座即沽酒，典却箧内青毼裘。
乡心苦忆长干里，明日君当渡烟水。
中山李桓文中雄，乃是君之渭阳氏。
深衣再拜如母存，故宅重归令客喜。
岂无旧业问松筠，亦有清辉照桑梓。
青云熟路君何如，白发沧江吾老矣。

送万嘉会教谕之山阳

元·成廷圭

西江万君头戴笠，清时典教山阳邑。
王侯折简不可招，令尹之前只长揖。
深衣上堂开讲筵，衿佩铿锵如鹄立。
六经字字在所行，要使儒风更俗习。
朝盘苜蓿甘如饴，不羡诸公谋肉食。
人材作养期有成，他日当为教官式。

赠别鹫峰上人（并引）

元·萨都剌

予迁官出关，过建阳，会同年契世文，邀予至其家。因登溪阁。俄闻茂林修竹间有弦诵之声，询世文，乃灵山上人也。顷之，相会阁上。臞然如鹤，悠然如踏云。出所作诗一帙，萧然有林下风也。予南出闽，世文亦将赴官编修。鹫峰送予溪上，徘徊顾望，有不忍别意。鹫峰，湖南人，本姓欧阳，灵山其释名，鹫峰其自号。乃座主翰林侍读欧阳之族，虽缁流而其家学有自云。

建溪秋高山水清，溪边偶识衡阳僧。
临水洗钵挂溪阁，夜访校书天禄灯。
圣经佛偈通宵读，苜蓿堆盘胜食肉。
回雁峰南难寄书，武夷洞前堪煮粥。
西风猎猎吹水寒，相送郎官南出关。
校书公子玉京去，衡阳上人何日还。
手中玉杖春雨绿，毋乃湘君庙前竹。
胡不截作双凤箫，吹作来仪舜庭曲。
　　古曲雅以淡，天高难上闻。
不如且挂杖头月，归卧祝融峰畔云。

送任学录归松江

元·郑元祐

海边委却钓鳌竿，鼓箧来吴佐学官。
纠录尽推经术邃，藏修不厌客毡寒。
篷窗夜听蒹葭雨，荠馔朝餐苜蓿盘。
三载赋归春欲暮，柳花如雪暗江干。

送吴巡检

元·施琪

韬弓箙矢发征鞍，元是青衫一冷官。
鸡犬不惊桴鼓静，狐狸屏迹里闾安。
纵迟万里云霄路，还胜三年苜蓿盘。
去去桐川动诗兴，梅含椒萼雪初干。

送岳德敬提举甘肃儒学

元·赵孟頫

苦欲留君君不留，奋髯跨马走甘州。
功名到手不可避，富贵逼人那得休。
春酒蒲萄歌窈窕，秋沙苜蓿饱骅骝。
儒冠也有封侯相，万里归来尚黑头。

送葛子熙之湖广校书二首（其一）

元·乃贤

高槐疏雨作新凉，犹记雠书白玉堂。
银烛夜分供细字，宫壶晓赐出明光。
盘堆苜蓿青毡冷，衣染檀花束带长。
宣室若蒙天子问，定知贾谊在沅湘。

送陈楚宾赴泗州学正

元末明初·贝琼

舟行入淮泗，初上广文官。
地接中州近，天连大野宽。
清时先俎豆，异俗尽衣冠。
暂别蓬莱阙，无惭苜蓿盘。

送朱伯良赴陇西县丞

元末明初·贝琼

巩昌风俗今犹古，城郭弦歌足几家。
渭水北来同穴近，陇山西过武功赊。
天连苜蓿荒秋雨，地种葡萄压紫霞。
更喜清官有朱邑，明年新政万人夸。

送金华应学录回天台

元末明初·金涓

华发青衫寂寞官，泮芹香暖客毡寒。
仙源久忆胡麻饭，书馆羞餐苜蓿盘。
洞里碧桃春自醉，楼前明月夜谁看。
好风若有西来便，愿写相思寄彩鸾。

送于遵道

元末明初·陶安

　　学以师古为贤，不以庚俗为迁也。往圣立心修道，酌于大中，嘉谟盛行，经纶事物，炳炳方策间，儒者务学，法此而已。古学寥阒，士习乃降，干时媚众，饵近利猎，虚声靡然，莫知其所止。当是时也，闻有古学之士，其不骇然而笑也几希，无怪乎斯文之微矣。以予所知，若遵道于君之学，其师古者欤？来录学事于姑孰，忘其素富，独寓空斋，闭门终日，攻讨理致，纂述忘疲。居不泛交，暇不出游，澹泊其心，坚定其志。侃侃论辩，不改方直，况味恬寂，若与世忘。不求合乎今，而求以师乎古。士类贤之，世俗迂之。予与遵道同时泮庠，交契深厚，诗以赠别，并序作诗之意云尔。

东南钜都会，龙虎形桓桓。
文献萃其间，群方耸听观。
之子邦之彦，高情寄儒冠。
词林被膏润，华实美以完。
筮仕司纠录，官与毡俱寒。
坐忘粱肉味，甘此苜蓿盘。
斋居谢宾客，灯窗夜漫漫。
道契三古心，笔意宗孟韩。
秩满动行色，送别江之干。
西风吹白云，心目遥生欢。
相期敦古道，力行谅非难。
勖哉追前修，万里高飞翰。

遣兴和马公振韵
元·谢应芳

马图毋怪出河迟,世事方如理乱丝。
莲叶有巢龟已老,竹花无实凤仍饥。
篱边艇子供垂钓,林下樵童许看棋。
苜蓿一盘三丈日,山妻白首案齐眉。

送方公亮扬州教授
元·宋褧

莫作芜城赋,长歌藻泮思。
盘餐陈苜蓿,虚座拥皋比。
彭蠡家何近,漳江棹不迟。
春城且冰雪,能忘别离时。

送太仆祝少卿复任
元末明初·钱仲益

奉车登太仆,考绩觐明廷。
富国岂无政,扰龙还有灵。
列卿惟皎月,天驷应房星。
试看滁阳道,连山苜蓿青。

送霍拱辰归建安
元末明初·蓝智

文星光彩动皇州,博士曾同万里游。
晓日蓬莱丹凤阙,西风苜蓿紫霞洲。
船经吴越千峰雨,水落潇湘一雁秋。
两地相思各回首,残蝉衰草共离忧。

毅庵叔训导宣城寄赠

明·罗洪先

尝吟李白句，知有敬亭山。
敬亭迢迢不易至，秀句入口，
神爽飒飒，如在白石青溪间。
丹书入鱼腹，至语向谁剖。
沈滞六籍中，千秋屡回首。
叔也执经老且贫，末路得官仍苦辛。
今年载橐陵阳去，衿佩满门多美人。
闻之夜深不成寐，便作鼓舵彭湖计。
此方美人曾见招，黄鹤不来岁复岁。
斋署去山还几里，万壑千岩列屏几。
纵对先生苜蓿盘，犹胜奔走红尘里。
红尘滓人不可闻，譬彼仙者憎膻荤。
六经唇吻竟何事，弦歌俎豆徒空文。
我知叔也坚且白，可当敬亭之一石。
自有美人敛衽看，不惜春风苔藓碧。

赠故大同府节判魏张公祝入祠七十韵

明·卢楠

魏博富才薮，储英断幽显。
金璞无留精，虎豹澄视眄。
文章两汉际，墨迹苍颉篆。
多贤信足征，特秀殊异撰。
张公真天人，弱冠负婉娈。
凤毛何翩跹，孤啸绝巉岏。
矫然云空翮，似共扶摇抟。
远器讵可识，栖栖徂苍畎。
腹存五经笥，身与六艺卷。
叔孙礼犹尊，毛公《诗》放衍。
桃李垂映春，芜秽屡摧揃。
庭草有余姿，园葵复开展。
李膺县龙门，侯巴激绳勉。
有母老且贫，负米不惮缅。
北堂或寝忧，视食脸必泫。
夜坐宁解衣，晨兴忘屐愊。

仲由晚升堂，曾参力亲勔。
岂不怀旷逸，所愧斯道舛。
操觚赴风檐，论议浮云卷。
天地岂毫末，万物皆蛙黾。
挥霍断鹄剑，络绎如瓮茧。
九河一奔决，笔力与深浅。
贾谊魁大庭，郤生逼众选。
春雨湿荷衣，秋风醉华宴。
领教即同州，文旆辞御辇。
凄其燕坐毡，寂寞公堂鳝。
盘中长苜蓿，衣上生苔藓。
整饬文字宗，手足成宿胼。
乙科连佳士，芳声捷银甋。
铨曹籍哲行，圣意亲眷缱。
制可决宸衷，衔命理东兖。
淮南多宾客，河间讨坟典。
枕中鸿宝书，礼经得细阐。
其王似太宗，英睿天潢演。
虬须多潇洒，虎步遗芳趼。
设醴延穆生，骈罗出禁脔。
谨介控豪侠，挥金洁筐篚。
王赐金字牌，旌忠古所鲜。
为擢云州判，馈运百里转。
甬道达交河，军声赫桓狘。
落日单于营，秋风北马垠。
漠漠黄沙碛，萧萧大旗搴。
颇似潇湘贤，关中息余喘。
武宗践祚初，逆瑾恣骄蹇。
泰阿失金柄，宝鼎窃玉铉。
阉奴事私谒，日请太仓廥。
公气时益振，那避祸横罥。
按剑雄四视，意欲铲叠巘。
奸回沮颜色，谅直非顾遣。
董卓卒燃脐，李斯叹黄犬。
乾坤扫氛翳，社稷清沈湎。
解绶赋归田，衡门适游偃。
王公枉驾过，俯视若蝘蜓。
骅骝宜垂耳，鸾鹤易摧殄。

汨没漳水涯，沉绝庙堂琏。
凤雏翔长云，玉树落萧芜。
佳婿李光禄，乘龙笃嬿婉。
后代乃贤豪，森森尽碧硕。
道盛人难忘，有司累交荐。
县室列神灵，雕楹虚坛墠。
窈窕映丹青，炜煌杂黝墡。
春秋恪骏奔，陟降立有觋。
玉貌虽匪殊，德音谁能戬。
门墙歉分席，饱闻弟子善。
夙期傥相亲，何必同笑嗔。
哀赠起悲风，远怀泪若洗。
长吟薤露篇，少谢蒿里饯。
久稽浔阳囚，号泣思徒跣。
伏枕缠捆拳，挺身畏戈戴。
江海苟不竭，笔削太史编。

送潘生东田赴南昌因讯水洲诸公
明·尹台

怜君豪俊士，白首弊儒冠。
旅食燕京市，长歌行路难。
一毡仍独抱，双剑向谁看。
漫拭芙蓉匣，还吟苴蓿盘。
匡诗颐自解，董赋志堪叹。
薄宦元饶隐，微名不累官。
西山长户牖，南浦任波澜。
若过逢梅尉，为余讯勉餐。

送张幼于还吴门
明·欧大任

双钩寒照白云天，离夜悲歌浊酒前。
吴楚星分公路浦，江淮秋送孝廉船。
岂堪苴蓿还相忆，几处蒹葭不可怜。
知尔五湖烟水阔，陆沉金马是何年。

送王敬美使秦
明·欧大任

张旟西去赋皇华，朱邸筵开帝子家。
汉使简书惟笔札，秦城楼阁半烟霞。
明星夜照芙蓉锷，白马秋嘶苜蓿花。
计日郊迎携斗酒，莫令相忆滞天涯。

送史征贤司训抚宁
明·边贡

客车秋晚过渔阳，山海关前开讲堂。
贾谊献书心耿耿，郑虔去国鬓苍苍。
盘中苜蓿明朝日，池上芙蓉冷夜霜。
闻说此乡多俊彦，应传衣钵到门墙。

送潘司训芳赴任桃源
明·杭淮

绮辞藻思美青春，官冷毡寒人不贫。
红日行盘苜蓿长，洿池得雨蛟龙神。
桃源人文郁已久，泰山师道今来真。
秋淮绕城碧于靛，且对芳樽歌白蘋。

送黄学师之崖州
明·吴捷

珠崖今复见苏湖，五指排空接帝都。
琼海宗风归叔度，岭南文学羡番禺。
一盘苜蓿留青署，十载寒毡割郡符。
此去莫嫌方外僻，天涯有路到天衢。

宝剑篇代赠汪肇郘应试京兆
明·汪道昆

吾闻帝者轩辕氏，铸剑霞城之隩区。
乃命容成敦冶，风后聚徒。
液以刀圭之上剂，鞴以悬宇之洪炉。

砥以云门之断石,淬以左洞庭右彭蠡之重湖。
莹以咸池之神瀵,珥以赤水之玄珠。
衡而置之三十六洞天之石室,直而悬之七十二函丈之蓬壶。
于时涿鹿拔,蚩尤诛。
合宫徙,广乐纡。
乘龙之帝所,回顾仍踟蹰。
中夜时闻风雨泣,空山或抱蛟龙呼。
后来殷帝三良出,光景冥冥乍有无。
巨阙干将俱已矣,短衣瞑目胡为乎。
伊余五马再分符,郭外黄山西北隅。
裔裔乎浮云垂天延郡阁,寥寥乎大块噫气吼风胡。
野人往往见光怪,掘地得此腾骧虞。
愿言献之二千石,愿言偿之十五都。
土花黮黯星文蚀,云汉昭回斗气孤。
出柙已辨苍龙精,扶桑初日上金铺。
谁其服之撄负隅,鬼伯辟易神奸逋。
太平天子正神武,材官百万罢张弧。
大海之南,筑京观,殪天吴。
大漠之北,迁老上,款匈奴。
騕褭千金肥苜蓿,车书万里捧舆图。
汪生束发章甫儒,侠气翩翩烈丈夫。
五陵豪士惜然诺,肯呼五白甘樗蒲。
只今挟策趋内史,煜如青海出珊瑚。
吾将佩尔玉辘轳,命中贤于金仆姑。
君不见,
洛阳年少当前席,抗言三表收胡雏。
又不见,
弱冠终军投魏阙,请缨塞外系单于。
马赭白,蹄偏朱。
秣陵官道通燕市,说剑勿与酒人俱。

送卢闻希之教新会

明·韩日缵

下榻论文兴未阑,开樽聊复驻离欢。
不知燕市屠苏酒,可似江间苜蓿盘。
藻影春翻鱼浪暖,潮声夜落鱣堂寒。
莫嫌铩羽终流落,犹作云霄意气看。

送吴光卿年兄之教福安

明·韩日缵

结发从君游，兰臭托心期。
摛掞敷金藻，流略引前滋。
操觚共追琢，千秋方自兹。
抗志凌青冥，但惜岁月驰。
齐瑟谁为工，卞玉翻见疑。
中道叹索居，羽翼各参差。
君从海上来，慰我长相思。
缘念递还往，坐谭白日移。
挥尘理滞义，刻烛赋新诗。
斗酒岂不欢，离言聿云悲。
我留疲执戟，君去闽海陲。
一毡宁独冷，横经拥皋比。
苜蓿有余清，剥啄时问奇。
所嗟欢晤促，会须从此辞。
当筵已凝念，况乃别路岐。
顾君厉风规，眷言振羽仪。
南雁终北翔，逸翮奋天池。

送孙公子还贵州

明·何吾驺

铁城凉风夜萧瑟，把酒酣歌情转剧。
相期双翮付青云，骊驹夜动何匆逼。
忆昔思亲万里趋，苜蓿斋头何所适。
吾师青毡一局寒，公子怀中双白璧。
锋露宁缘锥处囊，青天倚剑生颜色。
同调终当流水知，襟期共对能相识。
天下有情师与汝，岂但通家称莫逆。
行酒清斋续夜灯，梅花片片芬瑶席。
却言公子思南归，乍别同心增怆咽。
马首牵丝游子肠，羊城后夜先相忆。
虽然鸿鹄飞高天，安能膝下长侍侧。
丈夫出门耐风霜，逆旅穷愁应不惜。
扬帆且复赋新诗，粤山嵯峨粤水碧。
醉看百越几山川，何似梁州旧风物。
碧鸡归复故乡时，岭云为衣花作骨。
谁当远道寄相思，何以相逢在北极。

送人游塞上

明·胡应麟

晓发灞陵桥，弯弓箭在腰。
黄沙随地阔，紫塞极天遥。
玉乳蒲萄熟，金羁苜蓿骄。
贺兰千百仞，飞骑上岩峣。

送汪山人归四明四首（其一）

明·胡应麟

两鬓怀人短，双瞳作客方。
文渊神矍铄，叔夜思昂藏。
薛荔裁衣古，兰荃结佩芳。
戴颙精舍近，归卧白云长。

（其二）

相逢宁海岱，对语即江湖。
肯抱临淄瑟，聊携督亢图。
官衙吟苜蓿，客馆寄菰芦。
异日山阴兴，能来白玉壶。

送上虞马训导赴昌化县学

明·张昱

远赴弓旌未阔迁，道行何惮路崎岖？
横经不异郡博士，继粟岂无卿大夫？
空使饭盘堆苜蓿，已将斋帐染芙蕖。
马融家法风流在，女乐从今不用呼。

明　张昱

送上虞马训导赴昌化县学

远赴弓旌未阔迁道
行何惮路崎岖横经
郡博士继粟岂无卿大夫
空使饭盘堆苜蓿已将斋
帐染芙蕖马融家法风流
在女乐从今不用呼

送宋柏崖分教赣榆

明·高拱

怜君鸿鹄志，寄迹广文庭。
夜榻琴书冷，春盘苜蓿青。
道尊须振铎，地僻好横经。
他日云霄上，还看奋羽翎。

赠郴阳何都宪子元巡抚云南（其二）

明·邵宝

子元以太仆卿，简命巡抚云南，中朝卿大夫述其昔奉使事，共为四题送之。子元道锡亦以请宝，遂赋以赠。

疆圉萧条轸帝心，职方使者奉纶音。
西关不杖张骞节，北野真赍郭隗金。
秋水骅骝千里近，春风苜蓿四郊深。
燕云一望连秦树，滕许山川入壮吟。

明　邵宝　赠郴阳何都宪子元巡抚云南

子元以太仆卿简命巡抚云南中朝卿大夫述其昔奉使事共为四题送之子元道锡亦以请宝遂赋以赠疆圉萧条轸帝心职方使者奉纶音西关不杖张骞节北野真赍郭隗金秋水骅骝千里近春风苜蓿四郊深燕云一望连秦树滕许山川入壮吟

送陈秉刚赴廉州照磨（其一）
明·金幼孜

阙下相逢话未休，一官又赴岭南州。
近郊苜蓿收残雨，高井梧桐动早秋。
鸿雁远随舟楫去，鱼龙欲挟海波浮。
喜闻郡幕无公事，应得登临记远游。

送陈汝璋州博之蕲庠
明·林瀚

携书载铎出长安，还是儒林旧日官。
潞水帆开燕树远，蕲门云净楚天宽。
秋波冷浸琉璃簟，晓日光凝苜蓿盘。
讲罢杏坛无一事，凤皇山色醉中看。

送表兄范执中复任灵寿县知县
明·郑真

系出文华学士公，谁知异姓本同宗。
相逢共诧形容老，入觐应夸步武重。
燕马春郊肥苜蓿，淮船秋水映芙蓉。
遄归宠赐南宫宴，一曲周歌湛露浓。

用前韵再寄韩州博
明·庄昶

相逢笑口几回开，落落长松带草莱。
苜蓿有盘谁合共，乾坤无语客初来。
南驱竹几行偏稳，北转云山首重回。
乐意满腔推不去，教儿又进浊醪杯。

送臧进士晋叔赴教荆州五首（其四）
明·欧大任

城上丹楼一片霞，西池茅舍是罗家。
持经都讲来相候，书带盈门苜蓿花。

边马行送太仆董卿
明·李梦阳

治贤在朝乱在野，唐虞圉牧皆贤者。
国君之富马为急，次者仆卿首司马。
汉人五郡开河西，中土始闻胡马嘶。
此马硙磊一直万，黄金宁轻璧可贱。
夺骏曾空大宛国，按图径上长安殿。
苜蓿虽夸近苑春，荆榛谁记沙场战。
致远翻归草木功，清芽秀味走青骢。
三边尽跨连钱种，六苑群嘶汗血风。
人亡世殊霜雪急，草豆萧瑟马骨立。
骅骝气丧甲士苦，长城窟寒鸿雁集。
朝廷每勤西顾忧，四岳拜手推董侯。
攻驹暂出薇花靡，揽辔远过葡萄州。
行卿官冷心不冷，固知董侯今伯囧。
碛沙日黄云锦乱，征侯定上金华省。

送周清溪先生福州司训　从员山周家谱采入
明·唐穆

广文官冷未为贫，木铎声高道自尊。
二载烟尘辞九陌，一襟风月占三山。
久甘苜蓿寒牙嚼，肯厌虫鱼白首斑。
济济英才星斗望，古风远矣看追还。

送李希贤浙江提学
明·吴俨

十年高卧玉堂寒，今日方辞苜蓿盘。
冠似惠文非法吏，职居廉访却儒官。
芙蓉江上迎旌节，鹰隼秋深振羽翰。
便道过家无百里，重闱尤喜问平安。

送友掌教射洪（其二）
明·徐三重

莫叹青毡作客寒，圣朝犹是重儒官。
洛中鼎食知多少，谁似先生苜蓿盘。

送朱仲良 [四十韵（节选）]

明·陶安

幕府需名掾，儒林拔俊髦。
赤霄麟凤至，华岳隼鹰高。
家谱遗先业，功庸在武韬。
银符传爵秩，玉树秀儿曹。
鄢邑怀乡远，铅山鼓箧劳。
雨香萱草砌，云涌墨花槽。
宝剑精金铸，文绡独茧缫。
朝盘苍苜蓿，春酒绿葡萄。
诗社惊风笔，书椟继晷膏。
霞生灵鹫屐，雪压紫溪舠。
青眼多知己，黄眉又伐毛。
膺门隆雅遇，和璞遂奇遭，
三语名增重，诸侯礼见褒。
襟怀澄夜月，简牍析秋毫。
访道鹅湖境，承光熊轼旄。
水晶明窟宅，珠玉纪游遨。
远调边江郡，久延中土豪。
青山晨霭树，采石暮烟涛。

送少司马王表伦赴京（二首）

明·朱诚泳

简书分陕羡贤劳，几见巡边树节旄。
战马不嘶饶苜蓿，耕农无事醉蒲萄。

三春雨露滋三辅，六籍经纶济六韬。
八座登庸还有待，好将忠赤答恩褒。

送李太仆还朝

明·皇甫汸

余闻国君之富在数马，露台云锦何为者。
昔从周穆起长鸣，今逢伯乐因增价。
龙驹骠骑满天闲，苜蓿初肥汉使还。
谁向王猷聊借问，莫须挂笏看西山。

淘江舟中送张博士之官镇海

明·徐熥

淘江此夜暂同舟，千里清漳君去游。
春雨满庭肥苜蓿，青山一路响钩辀。
云开蜃结空中市，昼静鳣飞海上楼。
自是官闲堪坐啸，刺桐花下日淹留。

送陈广文弃官还温陵

明·徐熥

白首厌微官，沧江恋钓竿。
隐耽初服贵，老怯旧毡寒。
绿酒枌榆社，清斋苜蓿盘。
好将平子赋，时对刺桐看。

送阮逸孺之塞外逸孺故诸生忽有从军之志（庚午年）

明末清初·王彦泓

湖海元龙气不除，悲歌宁为食无鱼。
厌看博士租驴券，奋读匈奴缚马书。
天子自欣栽苜蓿，秀才何暇恋菰芦。
毛锥不必轻投却，会向燕然一展舒。

送许星彩之瀫溪

清·陆曾禹

我与许子常徘徊，湖上同登照胆台。
渔歌四起春草绿，横笛短箫送酒杯。
人生聚散不可长，江风五月芰荷香。
别我欲往兰溪去，执手依依情自将。
许子之父方秉铎，苜蓿斋中未萧索。
朝暮趋庭诲《诗》礼，青山万叠对高阁。
去时漠漠双台高，江岸烟深猿夜嗥。
倚天绝壁喷石乳，动地清流涌翠涛。
兰阴山中兰蕙多，香风拂拂衣上过。
一林翠竹笼烟霭，百尺苍松挂藤萝。
知君雅意事游衍，紫霞白云常在眼。
山光夜映酒杯中，几番脱帽坐苔藓（兰溪有紫霞白云洞）。

画屏秋色 送舅氏之唐山广文任

清·曹贞吉

行李萧条去。
骋远目、禾黍芃芃驿路。
督亢陂荒，溽沱浪急，乱云天暮。
韦杜旧家声，早打叠、寒毡辛苦。

听一片、鸣蝉诉。
况梦绕西州，哀湍坏道，知在斜阳一带，苍然平楚。

无语。销魂羁旅。
更莫去、伤今怀古。
十年踪迹，一番离别，悲欢无据。
马首又他乡，乌衣巷口人何处。
苜蓿阑干堪煮。
上日及新秋，为语天边好月，分照两人愁绪。

钱唐浴马行

清·陈维崧

杭州八月秋风早，极目江头皆白草。
凤山门前铁骑横，花马营中水泉好。
阿谁黄须称奚官，白靴毳帐红罽袄。
是日牵来一万匹，云锦连天色杲杲。
钱塘江渚多菰蒲，晴江空翠微卷舒。
嬉游尽向此间去，边儿十岁名花奴。
忽闻一声吹觱篥，千群争放桃花驹。
红泉骍宕自然丽，凡鬃灭没何其都。
一匹娇嘶一匹啮，十匹骄矜汗流血。
须臾五花浮满红，万顷寒涛蹴飞雪。
龙堂少女神悄绝，雾鬣烟蹄半明灭。
少焉不动齐徜徉，江流欲静江云凉。
极浦湘娥鼓文瑟，中流江妾拖红裳。
此时观者倾城国，中有军人泪沾臆。
自言十五隶金吾，滁阳苑马亲承直。
犹见先皇校猎时，金风初到万年枝。
青骢细食雕胡饭，翠拨轻笼杨柳丝。
天育忽逢沧海变，从此麒麟罢欢宴。
苜蓿翻栽太液池，骅骝直上昭阳殿。
紫台青海日从征，马上琵琶塞上情。
温泉十载无消息，忍唱钱塘《浴马行》①。

①用意全在后半，新故之感，无限悲凉，末一语转合钱塘，如见神龙掉尾。

庚子二月喜三兄叔正至都相探越八十日仍谋返里赋诗相送聊以写其患难离别之怀口所不能言者诗更不足以达之也

清·张穆（石洲）

聚面曾几时，归期又转迫。
归程劣及千，聚日未盈百。
生平兄弟欢，强半异形迹。
年皆非少壮，光阴尚行客。
回首廿年前，层折遘家厄。
怙恃一朝失，营魂丧其魄。
惟时兄及我，差得免交谪。
感荷仲兄恩，抚教俨帷帘。
百虑不相关，培养奋飞融。
独力挂门楣，策励壮宗祐。
怆绝庚寅夏，簌声如裂帛。
大厦忽不支，兄复嗟行役。
饥驱济南道，怅睇关山隔。
九月始江归，一痛哀填嗌。
从此老兄弟，元福更安席。
越岁试并州，如戏角双豰。
辰春更北征，车尘困络绎。
四载耗餐钱，一官沐渥泽。
兄亦恬进退，薄禄谋将伯。
谁知苜蓿盘，艰难等荣戟。
未腊薄言旋，百债纷狼藉。
草草岁仪帖，感怀成瘖擗。
初夏仍北迈，遑顾形影双。
太岁建作噩，交劝揽秋碧。
冒雨事西驰，快晤晋阳陌。
敢哆袭马都，枉被腐鼠吓。
旁皇身世计，血债不可脉。
厨烟然旦旦，灶觚空昔昔。
双鲤南中来，念我意良剧。
南中山水胜，幽怀冀或释。
酷暑沿桂笋，深冬泥归舶。
可怜骑省戚，客次泪为格。
荒唐伏枥思，骋怀到闭掖。
风吹舵脚转，引首九阍辟。

愧乏神仙姿，顿遭蓬岛谪。
涕痕何足湔，我罪在怀璧。
敬谢伯兄慈，遣子慰匪索。
群惜阮修鲲，醵聘奠尺宅。
家声兼友谊，中宵起盘辟。
积愤摧人肝，衔德梦无斁。
寒侵增夜嗽，中郁苦气逆。
秘疾滞音问，传闻颇啧啧。
兄意滋不安，勉振春郊策。
连日方闷损，干鹊噪檐隙。
叩扉语音熟，觌面互聘喑。
忍涕寻欢颜，情话风雨夕。
寒镫幸复煊，仲春月始霸。
荏苒逾初夏，归思日又积。
离觞不易斟，况当惩辛螫。
旧业日以萎，前涂日以窄。
作宦信孔艰，救贫计尤棘。
失声叹奈何，谋野讵有获。
汩汩瘦园波，英英山堂柏。
发苍结后望，耽书信所癖。
念兄有二子，其一马眉白。
祖业系阿咸，芜弃良可惜。
洗觞更酌兄，后会良非易。
后会亦不难，努力秋士籍。
落莫广文官，况味犹茹檗。
试探函牛鼎，中自足千蹠。

送洪区邱先生教谕长清

清·王钺

白发焉能逐队行，一官独冷称长清。
遗民自识康成草，博士家传伏氏经。
瘦马骨高疲远道，古槐根出枕荒城。
应怜到日多幽赏，松桂高风苴蓿羹。

就道录别

清·吴资生

西风吹我鬓，寒日照我冠。
亲朋各拿舟，送我芦花滩。
怜我年半百，得官仍酸寒。
官卑禄自薄，苜蓿余空盘。
何时抒壮怀，云际飚飞翰。
款言谢亲朋，我心匪求安。
虽无民社责，抚时每长叹。
方今值灾荒，苍藜半凋残。
哀哀满路哭，谁恤骨髓干。
活人惭未能，敢博妻孥欢。
淡泊以明志，守我瓢与箪。
居职无大小，要归免瘝官。
解缆从此辞，浩浩江天宽①。

①无理民之责，怀救民之心，冷官中易得此人乎？设为问答，古乐府时有之。

送张寅揆还蒙化

清·文化远

文字烟萝结习深，暂归应尔费招寻。
两年猿鹤山中梦，一曲《骊驹》客里心。
旧折桂枝香尚在，新餐苜蓿病交侵。
调高自有钟期赏，珍重朱弦太古琴。

饯送王肇侯先生（二首）（其一）

清末民国初·刘光阁

亲老家贫为作官，雄心怎许挽狂澜。
俸廉笑说曹公肋，情好宁收闵贡肝。
且事冰盘调苜蓿，常教气味化芝兰。
青毡倏忽携将去，祖帐临歧酒怕干。

二、和友人

粹翁用奇父韵赋九日与义同赋兼呈奇父

宋·陈与义

安隐轻节序，艰难惜欢娱。
先生守苜蓿，朝士夸茱萸。
前年邓州城，风雨倾客居。
何尝疏曲生，曲生自我疏。
岂无登高地，送目与云俱。
门生及儿子，劝我升篮舆。
出门复入门，戈旆填街衢。
去年鄂州岸，孤楫对坏郛。
莫招大夫魂，谁揽使君须。
独题怀古句，枯砚生明珠。
亦复跻荒戍，日暮野踟蹰。
白衣终不至，眇眇空愁予。
今年洞庭上，九折余崎岖。
时凭岳阳楼，山川看萦纡。
孙兄语蝉连，王丈色敷腴。
不用踏筵舞，秋风摇菊株。
乐哉未曾有，是梦其非欤。
丈夫各堂堂，坐受世故驱。
会须明年节，醉倒还相扶。
此花期复对，勿令堕空虚。
明月风景佳，南翔先一凫。
可言知机早，政尔因鲈鱼。
分襟肺肝热，抚事岁月迁。
归家问瓶锡，生理何必余。
相期衡山南，追步凌忽区。
回首望尧云，中原莽榛芜。
臣岂专爱死，有怀竟不舒。
老谋与壮事，二者惭俱无。

寄友卿窄韵一首

宋·葛胜仲

昔子游鲁中，飘然起幽栖。翛翛一书簏，长物无所携。
辛勤涉长道，足趼面目黧。自言寡闻识，走俗多沉迷。

今不勇自奋，蹉跎将噬脐。类渴欲石髓，如矇想金篦。
来篛胄子席，求言学端倪。嗟予浅闻道，太仓之一稊。
松菊有荒径，桃李无成蹊。胡能使谷似，每每赧颜低。
晨昏不予舍，三岁改摄提。对案但苜蓿，有黍多无鸡。
一笑为流啜，甘若羊新刲。秋霜八九月，绨绤临风凄。
宁甘范叔寒，不求故人绨。夜窗经与史，短檠照栖栖。
靡曼一不顾，端如金日磾。嘉子甚年少，老成同齿齯。
照庭真玉树，钉座称佳梨。为文颇挺拔，绝去翰墨畦。
声华出诸彦，籍籍喧青齐。遂收济北荐，谓即辞蒿藜。
如何尚龃龉，时命多乖暌。方今天子圣，隆学古与稽。
美化浃辽夏，文星动娄奎。郡邑各黉宇，夏屋华榱题。
师儒自廷授，望实多金闺。大烹极鼎味，岂复嗟盐齑。
月书季有考，升舍兹其梯。吾邦矧多士，擅富浙水西。
文华灿星斗，光彩腾虹霓。似闻与二难，同起公堂跻。
侃侃共辉映，乳酪兼酥醍。文高各扬迈，质美皆悬黎。
生资固不凡，器用况已犀。先生力推引，同志无倾挤。
亨涂可自致，如车资軏輗。明年拔寒俊，一封下芝泥。
乡校伫宾贡，跋马登隋堤。谈笑取通显，岂直组与圭。

依韵和杨直讲九日有感

宋·梅尧臣

也持黄菊蕊，时望白衣人。
苜蓿从来厌，茱萸却乍亲。
护霜云不散，吹帽客何贫。
莫要悲摇落，秋花更胜春。

答杨教见和

宋·王质

饭鼓逢逢睡起时，先生弟子总关扉。
不妨堂下轻骑马，切莫江头浪典衣。
且对灯花随雨落，任从苜蓿列盘稀。
杜陵郑老襟期在，今昨那能定是非。

太守送酒（其二）

宋·虞俦

黄堂还复念酸寒，余沥分来玉罋宽。
遽遣茅柴羞避席，快呼苜蓿彊登盘。
步兵胜处轻刘子，北海狂言迮阿瞒。
何似老虔春夜酌，檐花细雨洗愁端。

赠张季冶

宋·戴复古

秋扇交情薄，儒衣行路难。
纵怀千里志，也要一枝安。
梦绕梅花帐，愁生苜蓿盘。
从来食肉相，千万强加餐。

再和赠故人

宋·冯时行

煌煌六艺学，兀兀门亦专。
耕道宜有秋，而我适旱干。
疏鬓日月迈，破衣霜雪单。
谁谓四海宽，已觉一饱难。
失计堕簿领，署判手为酸。
皇家挈天纲，昨下如纶言。
冷眼看匠手，雌黄英俊间。
华堂玉尘动，绣帘香鸭残。
为国得一人，可使天下安。
当时呼画师，我愧宁不然。
策勋径投笔，守志甘抱关。
渥洼万里心，束刍老厩闲。

岂无苜蓿盘，可以羞晨餐。
岂无芰荷衣，可以备祁寒。
天地日莽苍，逢辰谅多艰。
世既不吾与，不去良亦顽。
摇摇故山心，长风动旌旃。
君今门下士，良庄满人寰。
与我各相去，何啻一小千。
异时白云邸，仰君分酒钱。
富贵无相忘，勿徒况永叹。

寄养吾二兄和景韩赠子敬末章韵
宋·程公许

艳冶昭阳妃，娇好浣纱女。盛时一转盼，零落委黄土。
彼姝秋胡妇，真节甘独守。炜炜编简上，芳声乃持久。
我欲呼绪风，酹以一觞酒。君看涧底松，阅世几寒暑。
丈夫要如此，千载可尚友。鬼蜮玩阿瞒，何妨掺挝鼓。
平生书五车，一字不堪煮。忾我左右手，双顾石棱紫。
忍穷学师道，觅句迫徐俯。横陈味嚼蜡，下笔迅流水。
忆昨涪江滨，对吟夜床雨。胡为轻判袂，愁凭乌皮几。
人生如飞蓬，飘落无定所。那知锦官城，尊酒又同举。
草玄几垂丝，笔力造化补。自我交斯人，短翅思决起。
不因得趣同，那觉同心苦。至今浮山梦，历历西窗语。
斋厨厌苜蓿，尘甑窘禾稻。忍饥搜枯肠，数息保气母。
何当陪胜赏，一醉诗分取。终恐吃期期，输君白玉尘。

葛鲁卿再和复用前韵奉酬（其一）
宋·沈与求

上谒军门宜杖策，谁为兵家分主客。
猛将翻乘下濑船，幽人退整登山屐。
山泉闻似百花潭，山曲盘回十里岩。
丘壑夔龙人太息，那将捷径比终南。
吾邦旧事论三癖，佳处还堪记游历。
深讥表饵误朝廷，急赞烝尝安庙室。
避地来居水绕村，凫鹭哺子竹生孙。
苜蓿堆盘从野食，人爱当年二千石。

念奴娇（其二　再和咏杜庵高君忻聚画屏）

南宋·葛郯

蓬莱一岛，卧长烟千柳，两溪幽趣。
苜蓿盘中初日上，不把戴臑充俎，
和月栽松，饶云买石，只此为家务。
倚楹清啸，断霞斜倚天暮。

闻道磊块浇胸，槎枒肝肺，动笔端风雨。
壁上潇湘秋一幅，影落荻花洲渚。
暗浦潮生，寒矶雪涨，无复关尘虑。
此时渔父，短蓑合在何处。

谢张使君梦弼馈春肉

金·元德明

牙猪肋厚一尺玉，盐花入深蒸脱骨。
韭芽蓼甲春满盘，走送茅斋慰幽独。
山人食贫才一粥，几被艾生嘲苜蓿。
食前方丈非素怀，颇忆悬钜绕高屋。
呼来邻叟共一饱，为说使君方继肉。
饥民待哺今几家，无策赞君惭此腹。
区区一肉见歌咏，说食书生良未足。
却愁今夕梦寐间，有物踏破园蔬绿。

和以敬兄韵

元·方道睿

莫怪旁人笑我愚，知非曾向玉堂居。
恩光夜赐金莲烛，记注晨修石室书。
幸接鸳鸾通禁籞，敢将苜蓿咏盘蔬。
清朝不草相如檄，僰道巴羌久破除。

次韵建平谢伯贤寄所咏钱舜举画马诗卷

元·何致中

沙平霜干苜蓿叶，云隔天闲风浙沥。
麟驹绝尘不可见，试展画绢临雪壁。
老钱著色笔势雄，信手扫出连钱骢。

骏骨一洗群马空，龙媒可是生崆峒。
世上岂无如此马，大半困厄盐车下。
纵使伯乐今犹存，一顾千金谁著价。
伯时此艺尤其精，后来改画旃檀身。
劝君按图休索骥，吟卷墨花香奕世。

赠刘仲宪

元·张养浩

仲宪，卫州人。以儒掾台省者十余年，清苦如一日，人馈遗皆不受。能诗，喜谈政治。尝谓为天下不自农桑始，三代之盛，终不能致。间尝叩之，其言激切，或至泪下。余器其人类古君子，故以诗赠之。

庙堂鼎食穷水陆，风纪惠文寒耸玉。而君名位不省台，常见私忧结眉目。
竭来我过白所怀，如枉末伸功未录。谆谆三代治安本，修水火金并土木。
烝民既粒教乃敷，和气春风生比屋。自从秦鞅废井田，王政丝棼民湿束。
利归兼并富啗贫，万世祸基从此筑。汉兴文帝殊有为，瓦砾黄金金玉粟。
蠹农一切悉禁绝，千耦如云四郊绿。下及魏晋隋若唐，或耀武功或货黩。
尽刮民力供上需，何异养身还饵毒。间时偶尔值小登，悔祸元出天公独。
劝农使者徒上功，虚丽只堪文案牍。绎骚后迨五季间，竞投钱铸悬刀镯。
民间十室九皆窊，父子几何不沟渎。吾元有国天所资，世祖躬历艰难熟。
未遑礼乐刑政颁，首辟司农惟稼督。至今在在著作林，枝干排云叶犹沃。
当时治效概可知，行不赍粮居露宿。兹非前圣后圣规，岂特千年万年福。
统元欲复今何难，政坐因仍弗加勖。骏奔期会夸独贤，深竟根株衔能狱。
毁方求媚为通融，涤垢搜瘢称干局。呜呼是岂经远图，刑剧谁虞覆公餗。
孟氏古称王佐才，照世格言星日煜。论治略无奇异闻，唯说耕桑与鸡畜。
使当此日出此言，可必诸公尽颦蹙。圣贤于彼非不知，但恐违天拂民欲。
窃尝窥管得一斑，端本澄源在当轴。仍择师帅专抚绥，且谕臬司精考鞠。
的行黜陟表惰勤，重立赏罚旌慝淑。如斯上下不裕宁，伏锧市朝甘显戮。
我闻其语汗雨如，始也解颐终项缩。半生醉梦郑卫音，一旦醒心韶濩曲。
刘君刘君策固佳，俯仰悠悠知者孰？传存拾沈示永箴，书著兴戎昭往躅。
君不见，东家求官交近侍，西家豪富相征逐。奈何温饱不自谋，日为黎黔欲长哭！
我知君心如古人，我知君才非世俗。子牟身远志在廷，梁父调高音振谷。
贾生流涕叫虎关，屈叟甘心葬鱼腹。旧闻造物辅善良，比岁看来亦翻覆。
纷纷已往姑莫论，目击试将吾友卜。承家千里止一男，半夜麒麟去何速。
泪巾又燥女又殇，兰玉埋香见无复。士夫固以贫为常，门户那堪祸相属。
我尝送米犹见却，一芥他人肯轻触。处勤节义愈凛然，风雪倒山松柏矗。
迩来踪迹尤可嗟，十倍戒途舆脱辐。劳劳簿领头斑白，承务酬官在昏夙。
否极或者泰运还，有诏吏止七品服。君由弱冠冠儒冠，一概谁分鸾与鹈？

世间屯难表里攻，阮籍途穷未为促。昨朝跂马过所居，圭荜荒凉雀堪扑。
座无裀褥甑生尘，庋有诗书盘苜蓿。归来叹羡原宪贫，却顾轻肥还自恧。
蹇余亦本山野民，仕路强趋终踬踣。向非亲命须官为，定买烟霞事耕疄。
书生所见然颇同，欲奋不能宁韫椟。因知世事如意少，讵止君家为不足。
子孙笋列多冥顽，玉帛山堆足忧辱。国忠贵显奴隶憎，黄宪清贫古今伏。
人生果在官有无，可与智言难众告。今晨霁色雨洗新，群木疏明丽朝旭。
一杯陶写千古情，我起踏筵君击筑。天开罗幌云千叠，地展锦屏山四簇。
不须华俎饤薧鲜，政要露杯羞杞菊。须臾酩酊彼此忘，哀玉满庭风动竹。

次韵建平谢伯贤寄所咏钱舜举画马诗卷
元·何致中

沙平霜干苜蓿叶，云隔天闲风淅沥。
麟驹绝尘不可见，试展画绢临雪壁。
老钱着色笔势雄，信手扫出连钱骢。
骏骨一洗群马空，龙媒可是生崆峒。
世上岂无如此马，大半困厄盐车下。
纵使伯乐今犹存，一顾千金谁著价。
伯时此艺尤其精，后来改画旃檀身。
劝君按图休索骥，吟卷墨花香奕世。

赋烧笋竹字韵

元·陆文圭

先生朝盘厌苜蓿，笋味得全差胜肉。
苍头扫地犀角出，赤焰腾烟龙尾秃。
土膏渐竭外欲枯，火侯微温酒已熟。
拨灰可惜衣残锦，解箨犹怜肤跃玉。
青青无日长儿孙，草草为人供口腹。
卢家丞相蒸葫芦，石家无人煮豆粥。
去毛留顶有何好，捣韭作齑空自速。
不如野人工食淡，自办行厨入修竹。
句里曾参玉版禅，胸中会著筼筜谷。
主人不问不须嗔，昨夜西风响林屋。

赠吴景汉赴汾水县儒学教谕

元·李存

颇闻汾水县，独在万山中。
民俗宜无杂，师儒易有功。
况逢贤札裔，共揖钓陵风。
早晚钱塘便，来分苜蓿供。

赠蒋立贤之广德任

元·李存

静明先生真古儒，谁其师之三祝舒。
嗟余小慧成大愚，欲信不信空居诸。
论诗作赋甘区区，一语及学茫无途。
终然旁薄差不如，遏此盛气随抠趋。
义哉诗友不弃予，辅以磋切何勤渠。
初如蜜炙香且腴，久若剑刅深刲屠。
愒时玩日虽故吾，渴则必饮饥当餔。
象山之学非高虚，六经在人一字无。
平生感此诚难孤，仲祝已死良可吁。
知君识见与俗殊，想今致力谁能逾。
搜剔窟穴穷根株，我虽未识心先输。
此行赞教风云初，苴蓿侑食甘于鱼。
棘闱擢士称锱铢，季祝已中登公车（阙）。
朝二友为时需嗟，我不喜当何如嗟，我不喜当何如。

自和

元·谢应芳

雪压新年，花开想迟，莺来甚难。
喜杯有屠苏，春风泄泄，盘余苜蓿，朝日团团。
六十年来，寻常交际，江海鸥盟总不寒。
移家处，每涉园成趣，居谷名盘。

忘情世味辛酸，但吟得新诗胜得官。

尽教我低头，三间矮屋，从他高步，百尺危竿。

白首无成，苍生应笑，不是当年老谢安。

琴书里，且消磨晚景，受用清欢。

——《龟巢稿》

和贾教授咏怀

元·谢应芳

两袖西风独倚楼，一天秋色断虹收。

水村霜落红于染，山色烟岚翠欲流。

眼底看来兴废事，胸中销尽古今愁。

莫嫌苜蓿盘无味，喜有葡萄酒可篘。

遣兴和许君善韵

元·谢应芳

马图莫怪出河迟，世事方如理乱丝。

莲叶有巢龟已老，竹花无实凤仍饥。

篱边艇子供垂钓，林下樵童许着棋。

苜蓿一盘三丈日，老妻晨起案齐眉。

和饶介之秋怀诗韵（其一）

元·成廷圭

邻瓮新篘麹米香，梦魂夜夜绕槽床。
故人不饮今何在，秋尽空山苜蓿长。

和寇冷泉总管见寄二首（其一）

元·张之翰

生世多愁故少欢，每于平地起惊湍。
分无一斗蒲桃酒，梦想三年苜蓿盘。
足自病来常倚杖，发从短后不冲冠。
此身侥幸催租了，便是云间第一官。

次时中参错和前韵留别且勉其进德无怠二首（其一）

元·姚燧

多君闻道粗知归，云雾何人识少微。
尔后骅骝终独步，自前鸷鸟不群飞。
淮南数日将寒食，客里三春尚腊衣。
安得銮坡同给札，不妨苜蓿对朝晖。

和化成甫番马扇头

元·乔吉

渥洼秋浅水生寒，苜蓿霜轻草渐斑。
弯弧不射双飞雁。
臂韝鹰玉辔间，醉醺醺来自楼阑。
狐帽西风袒，穹庐红日晚，满眼青山。

次韵蔡伯玉见寄

元·陈镒

吾邦风俗颇淳古，田里居民皆乐土。
天教我辈以笔耕，播咏声诗遍寰宇。
养生不用服金丹，充肠自有苜蓿盘。
四时佳景足延览，清溪浩荡山高寒。
我昔别君为冷掾，五载区区食破砚。
相望南北如风枝，却喜归来复相见。
去年风尘暗不开，招我西涧同衔杯。
岩头啼鸟日催起，看云听瀑心悠哉。
只今世事已如此，碌碌微官如敝屣。
便从巢许隐终身，掬取清流洗尘耳。

送杨文仲典史归余姚（节选）

元·吴莱

杨君东去山巃嵸，白发三年余种种。
我来相送出江郊，飞絮扑舟烟雾重。
回思始见色可挹，岂恨屡往门能踵。
芙蓉映幕云气生，苜蓿分盘日光动。
信知邑舍颇清净，畴谓民廛极单蹙。
芳春有景仅桑麻，俭岁无秋徒秸稳。
征科得考宁敢问，案牍持平终不拥。
间因武具治敩锻，恒启刑书苏梏拲。
惟其巽入混瑕垢，直以优游傲荣宠。
素鹇久蓄衣共洁，瘦焉多骑骨尤耸。
香凝图画居自闲，味绝荤膻食非冗。
且将厚本植根茎，何况推仁完毪毣。
嗟哉世事更变化，眼识儿郎尽圭珙。
皋比拥座早私淑，笔墨专场乃真勇。

和李长吉马诗十二首（其六）

元·郭翼

瘦骨如山立，临流饮渴虹。
谁怜中道弃，苜蓿老秋风。

青萝山房诗为金华宋先生赋

元末明初·刘崧

我有尘外想，长悬山水间。昨逢金华客，因问青萝山。
青萝几千仞，翠色净如洗。江上见数峰，分明紫霞里。
缅慕宋夫子，高栖在丘樊。扣舷沿桂溆，翻帙上松门。
幽寻聆涧淙，静坐看庭绿。著书三径荒，饮水一瓢足。
昔在山中住，声名天下闻。一朝被征起，长笑下秋云。
官联玉堂署，诏入金銮殿。元史公是非，雄文掞雷电。
今年谢山县，稽礼移春官。并结芙蓉绶，仍餐苜蓿盘。
翩翩霞上鸾，皎皎雪中鹤。振佩朝天衢，回车睇云壑。
自从出山远，芳草满岩扃。弟子感时雨，里人瞻德星。
岂无京华乐，只念山房好。恒恐归来迟，青萝笑人老。
仙岩勘灵笈，禹穴探古辞。此意在千载，世人安得知。

次复柬先生纪行之什二十首（其八 练塘）

元末明初·胡奎

山前流水护方塘，山下孤村落日黄。
队队奚官来洗马，如云苜蓿满沙场。

自咏（其一）

元末明初·李穑

春盘苜蓿度朝晡，内实何由恨外枯。
不向晚年谋口腹，已从当日见头颅。
悠悠池上空思凤，渺渺江东却忆鲈。
身世只今谁得管，参苓白朮幸相扶。

自咏

元末明初·李穑

忧病侵寻岁月阑，东风浩荡怯春寒。
雪消门外莓苔路，日照床头苜蓿盘。
头痛不禁仍齿痛，身安未必便心安。
烧来白木香熏壁，坐数当年行路难。

同唐宜之过枫溪访卞子厚先生

明·魏学洢

故人卧穷巷，泠然护幽独。
入门狭于舟，偃蹇数椽屋。
梅雨夜来过，床趾秀苜蓿。
残书四五卷，石枯毛颖秃。
敞榻庋古画，淋漓潇湘竹。
中有梅道人，斜枝拖半幅。
迎风势掀舞，疑入筼筜谷。
稚子发散乱，闽音解呼六。
新从武夷来，生小武夷麓。
问之了不领，频笑眉纹蹙。

又次韵李宾之

明·吴宽

灵苗种后亭初筑，匠石园丁共玉成。
聊复栖迟称小隐，不应服食学长生。
盘中便可少苜蓿，阶下休夸有决明。
欲向楣间乞题字，墨云飞动看英英。

寄内敬

明·刘绩

草没龙城不见家，远随毡骑猎平沙。
知君五载思乡泪，滴损营前苜蓿花。

和州道中见隐者山居有感
明·饶相

晓发和阳城，飞舆度平陆。
远眺翠微中，晴空锁秋绿。
渐近见炊烟，乃知非空谷。
竹木翠交加，深藏数橡屋。
栋宇覆茅茨，周遭环朴蔌。
屋后插青峰，门前流碧玉。
悬檐挂薜萝，隔篱栽苜蓿。
我来憩其下，幽径何纡曲。
隐者无怀氏，胸次岂龌龊。
兴来酌村醪，闲居友松竹。
力勤苦耕耘，薄田频收熟。
力勤苦耕耘，薄田频收熟。
农圃毕余生，输官堆刍粟。
场廪无多余，自供聊亦足。
嗟我事轩冕，郎署惭微禄。
四牡即騑騑，半生空碌碌。
何以效涓埃，急须反初服。
长揖青云客，躬耕南山麓。

寄子诚从善
作者不详

旱饥荐作兴，民讹流离孰。
得安其家痴，顽坚卧对丘。
垄宴坐况复，书盈车食无。
精粗皆天物，能致不死皆。
可夸玉盘珍，羞错海陆生。
类有极馋无，涯细糠火饼。
入健啖嚼成，快马行深沙。
美如冠玉未，属厌乃今敌。
饭宁非奢雨，余春韭脆无。
滓阑干苜蓿，烹柔嘉大庭。
遗经可久食，圣神德泽何。
其遏既不能，为鸟来仪圣。
明世又不能，为兽屹尔撞。
憸邪素餐草，木且深愧敢论，索米游京华。

寄子诚从善

早饥荐作兴民讹流 离孰得安其家痴顽坚卧 对丘垄宴坐况复书盈车 食无精粗皆天物能致不 死皆可夸玉盘珍羞错海 陆生类有极馋无涯细糠 火饼入健啖嚼成快马行 深沙美如冠玉未属厌乃 今放饭宁非奢雨余春韭 脆无滓阑干苜蓿烹柔嘉 大庭遗经可久食圣神德 泽何其遐既不能为乌来 仪圣明世又不能为兽屹 尔撞憸邪素餐草木且深 愧敢论索米游京华

胡宗器使汾阳得韩干画马石刻归以见赠作歌遗之

元末明初·乌斯道

胡君赠我韩干马一匹，乃是汾阳旧传刻。
雄姿逸态嗟夺真，真马见之俱辟易。
奔雷翻电不可见，更有绿蛇兼紫燕。
此马玄黄固难辨，筋出玄中亦堪羡。
当时学得曹将军，笔有书法气有神。
顾影裴徊未超越，眼中恍惚如流云。
一傒倦坐困方区，一傒裹胫曲未伸。
彷佛关头雨新霁，满郊苜蓿涵青春。
胡君曾度太行去，画里龙媒忽相遇。
涓人不用千黄金，自觉驽骀世无数。
出入空骑驿中马，挟此东归惬幽愫。
座间披览风为鸣，记得汾阳旧游处。
汾阳正有郭相家，恐是郭家狮子花。
千年相业尚不泯，马图亦忍沈泥沙。
我今得此重叹息，生者似今那复得。
信知房精在神骏，形影空为人爱惜。

书松陵夏尚忠王明府道斋故人也明府绘望云图令其子归遗之索余题其上

明·王恭

毗陵客舍洮湖里，乡心只忆吴江水。
关门千树别来青，笠泽孤云望中起。
孤云迢递故乡山，也似梁公马上看。
肤寸任随零雨散，飞扬还带莫天寒。
看君已抱连城璧，何事犹怀兔园笔。

朝饭歌残苜蓿盘，春衣梦绕斑烂色。
王郎此去揖清芬，明府缄书远念君。
他时好在青云上，回首姑苏是白云。

答钟穗坡太仆见赠
明·区益

当年司驾近黄扉，苜蓿春深宛马肥。
云锦久辞仙阙绶，薜萝空恋故人衣。
月明穗圃应添桂，春满罗浮定长薇。
一曲高深千古意，孤琴易奏子期稀。

奉寄淮漕传中丞三首（其三）
明·王世贞

著书空自舞干年，徙倚云霄望转悬。
岁晚陵阳依白璧，月明燕市泣朱弦。
官微短削甘牛后，兴尽归心托雁前。
代马亦知惭伯乐，萧条苜蓿五陵烟。

寄黎君宣司训
明·朱多炡

君才不薄广文官，依旧青毡一片寒。
家近邮筒传自数，地偏书籍借应难。
怀人夜雨蘼芜草，留客春风苜蓿盘。
闻道出游堪累月，只余山色满吟鞍。

高阳行赠范司成菁山
明·屠应埈

君不见，
高阳酒徒气若虹，酒酣仗剑谒沛公。
褒衣侧注反遭骂，竖儒瞋目称而翁。
军门拾谒使者入，麾予雪足来趋风。
儒冠自昔为人下，豪士累累走中野。
公卿半属鼓刀人，尘埃谁是弹冠者。
侯门峨峨仁义存，金貂白玉多殊恩。
九逵车马若霆击，中台咳吐如春温。

丈夫风云不自致，宁能咿嘤龌龊趋华轩。
菁山先生真握奇，文章垂世光陆离。
悬黎结绿世莫识，阳春白雪和者谁。
忆昔予为门下士，诸子森森并兰峙。
白昼行歌秦驻云，醉后清心越溪水。
即今已及十余年，人事升沉岂堪纪。
凤仪未上金门书，吕甥尚曳东郭履。
埈也虽负鸿渐翼，失势青云未能举。
去年有诏收骏骨，沉咸十蹶始一起。
先生岂是百里才，骥伏盐车垂两耳。
几年卧游湘水东，洞庭云梦清若空。
青蝇营营止丛棘，白露飒飒摧孤桐。
长安春半气犹烈，上林水冰柳条折。
潞水拿舟不得行，匹马萧萧践冰雪。
高阳客舍行人疏，縻珠斧桂为晨餔。
天寒苜蓿芽未茁，夜深鼯鼠时相呼。
鹄袍诸生半僵卧，玉署谈经能听无。
　　　君不见，
黄金峨峨千尺台，昭王乐毅俱蒿莱。
渐离击筑已绝响，荆卿易水歌空哀。
　　　吁嗟乎！
人生得失何须数，尊前俯仰成今古。
时来北阙系金鱼，归去南山射猛虎。

答顾郎中华玉

明·徐祯卿

昔居长安西，今居长安北。
蓬门卧病秋潦繁，十日不出生荆棘。
牵泥匍匐入学宫，马瘦翻愁足无力。
慵疎颇被诸生讥，虚名何用时人识。
京师卖文贱于土，饥肠不救斋盐食。
去年作吏在法曹，月俸送官空署职。
床头一瓮不满储，囊里无钱作沽直。
归来困顿不得醉，儿女荒凉妇叹息。
今年调官去懊恼，苦笑先生禄太啬。
釜中粟少作糜薄，白碗盛来映肤色。
丈夫但免沟壑辱，日饮藜羹胜羊肉。
平生富贵亦何有，羸躯幸自弛耕牧。
但愿时丰民物安，官府清廉盗贼伏。
人歌鼓腹厌粱菽，先生虽病甘苜蓿。
一朝雷雨濯亨衢，坐见诸公执中轴。
先生翛然卷怀退，茆斋归向南山卜。

琅琊公子歌为奇玉宗兄作

明末清初·宋琬

琅琊公子吾家彦，少年作赋灵光殿。
稷下诸生望后尘，千里骅骝扫飞电。
拜前拜后两中丞，谈论家声九重羡。
豪贵争回御史骢，顾厨竞识中郎面。
贱子肩随朱雀桁，骏马轻裘共欢燕。
黄尘碧海事须臾，太息今为辕下驹。
官舍那能生苜蓿，俸钱空自羡侏儒。
进学解成长乞米，答鬈戏就还覆瓿。
我来君已撤皋比，斋夫行炙儿童趋。
昨日铨曹下除目，蜀道蚕丛愁匍匐。
白帝城边杜宇啼，黄牛峡里苍猿哭。
锦城虽乐不如归，折腰况复谋饘粥。
　　　饮君白玉瓯，携手登高楼。
劝君且作西南游，丈夫足迹须令九州遍，安能效儿女子深闺局束怀故丘。
　　古人成名半丞尉，猗嗟天驷随旄牛。
　　此地由来盛方物，小弟因君有所求。
　　扶老但需筇竹杖，得时且寄海东头。

赠汾阳杨司训

清·吴雯

汾上春归雁早来，冷泉关外草花开。
晴岚故绕官桥柳，迟日全融汉殿槐。
异县岂云分苜蓿，愁心翻怪梦台骀。
匡时知有天人策，且对华灯覆玉杯。

赠百十三岁老人王司业南亭先生

清·吴寿昌

国家太平古无比，仁寿纪年百余矣。
弧南一星位丙丁，牛斗之墟夜芒指。
翁家天台濒小海，风俗淳朴致堪喜。
是间淑气厚钟毓，特为盛时彰瑞美。
百龄孝子翁先人，秩视更老荣乡里。
诸孙膝下罗来晜，共享期颐克家子。
自言少时胆气粗，报仇夜斫贼营里。
裹疮不辨血模糊，至性所生非聊尔。
中年折节伴萤蠹，兀兀穷经作髦士。
挥金但学管宁锄，决踵肯惭原思履。
阑干苜蓿广文毡，九十六龄得官始。
秩满朝天获晋秩，其时岁适逢辛巳。
次年属车莅吴会，率先黄发清尘俟。
耆儒屡邀天语褒，绰楔宸章钤宝玺。
迩来国庆正稠叠，率土普天皆鹊起。
去年翁至坐蒲轮，亲祝圣龄习拜跪。
筐贮上方麟趾金，衣裁内府鹄头绮。
今岁慈宁开八袠，翁切呼嵩复至止。
香山图绘今昔同，天子推仁首尚齿。
再看头衔赐新换，御题荣宠沾蕃祉。
优礼无殊隆宪乞，懿嘉洵足著惇史。
翁为人瑞古所无，如云五色芝三蕊。
长身七尺清且癯，行不支筇坐不几。
擘窠书成惯赠人，箕畴一寿义取此。
山程水驿讵云远，十年三踏长安市。
长安纷纷聚冠盖，识面籛铿与李耳。
我生四十犹壮年，视茫发苍负强仕。
苦求急景免凋颜，每乏奇方学洗髓。
对翁长松古柏姿，蒲柳凡材安足拟。
吾闻天台山高万八千丈，中有石室金庭共刿屴。
第一洞天记道书，草多长生药不死。
欲从翁觅翁不言，但言神仙之术荒唐非吾以。
乃知寿民关寿国，导引延年无其理。
不然正当王母介福帝胪欢，岂无控鹤骖鸾先翁降金阯。

赠庄司训隽申

清·洪亮吉

我爱庄夫子，中年薄宰官。
芙容开皖晚，苜蓿笑阑干。
世事心知熟，群经口诵完。
俸钱余数百，先约客晨餐。

赠张兰以司训（其二）

清·谭瑞

到来无署问亭台，借得茅庐讲席开。
家有大儒传正学，官于司铎重端才。
桃花米负门人橐，苜蓿盘供从者栽。
坐拥百城书万卷，一毡何必苦低徊。

薛康朝挽词

宋·林季仲

意气平生百不伸，一麾晚出守宜春。
功名到此当言命，才术如公岂后人。
庭集鹓雏知有种，盘堆苜蓿未全贫。
江寒木落悲无那，诗寄蓬窗墨尚新。

丹井陈子白母挽词二首（其一）

宋·林亦之

哀曲梧桐夜，何年苜蓿盘。
敬夫前辈重，好客妇人难。
十月明朝尽，孤坟落日寒。
鹿门催作黍，此意竟长叹。

悼亡（三首）

宋·谢薖

旧闻林下趣，既见即心降。
月冷同秋梦，灯寒对夜窗。
孰知身是幻，深念涕如江。

仰叹朝飞雉，微禽亦有双。

三公吾岂敢，曾为忍饥寒。
拟听筝箸雨，潜悲苜蓿盘。
烟云昏壁月，霜露殒香兰。
伫立东风泣，忘情良独难。

去作三泉隔，来归二载余。
临风还念汝，伤女更怜渠。
憔悴衣围减，漂零鬓发迹。
吾今多病久，谁付茂陵书。

廉村族人命赋唐补阙薛公墓

宋·薛嵎

一自东宫吟苜蓿，吁嗟直道竟难容。
精忠夙仵危邦虑，明哲宁高避世踪。
疏傅有心辞汉陛，甘盘无梦佐商宗。
寥寥千载闻风者，引领犹能式墓松。

辛酉初冬奉赠彦昭先生

朝代不详·徐嵩

芹宫游近东城边，森森古木生寒烟。
紫霞映户却如绮，黄叶满庭难作钱。
昔日莲花曾象顾，今朝苜蓿诚龙眠。
年饥闻道救荒暇，高咏细论衡俊贤。

三、忆友人

忆友人　怀友诗（其一　吴奕嗣业）

明·邢参

友凡九人，为吴爟次明、文征明征仲、吴奕嗣业、蔡羽九逵、钱同爱孔周、陈淳道复、汤珍子重、王守履约、王宠履吉，作于正德丁丑、庚辰之间。前后一十八首，今录二首。

共泛荒溪际，匆匆两月来。
薰风老苜蓿，霖雨熟杨梅。
裹茗寻僧试，看花许客陪。
遥知明月夜，独棹酒船回。

忆昔行寄陈廷评南京初唐体

明·胡直

昔逐南宫士，曾驱北路辕。飞缨入帝里，射策叫天阍。
天阍辽绕隔层穹，以额叩阍不可通。校书天禄人难拟，献赋蓬莱事已空。
黑貂毛落空奔走，紫铗弹歌割斗酒。骑马明朝谢北燕，挂帆一夜归南斗。
故人东海陈夫子，作宦南都法曹里。相逢相见重相怜，一生一代一知已。
下马即探千首赋，开尊共论六家指。半岁犹成辕下趋，一朝遂作云间驶。
当筵意气拂云端，共道移山不让难。逸兴旁凌鹓鹊观，豪歌漫脱骏鬟冠。
淹留五月菖蒲酒，荏苒良宵苜蓿盘。才高官薄君无惜，客久时侵我更欢。
怜君作牧铃阳县，执法翻令相国羡。宝剑空惊魍魉悲，神蛟未际风雷变。
伯玉由来感遇多，孔璋生小词场擅。滕王阁下别经年，廷尉堂前重接面。
经年接面已多违，可怜归棹复催归。花间恨别乌衣市，月下含悽牛渚矶。
自予结发操铅椠，欲参坟典凌周汉。长歌直拟卿云飞，短赋嫌追白石烂。
古字陆离笑子云，奇篇勃崒轻王粲。宝璞翻干楚国诛，韶音空使齐侯叹。
侧身天地有余悲，极目天门不可期。九死不干杨意荐，半生空负子期知。
枣花纂纂今三载，杨柳阴阴连岁改。个时绿绮向谁弹，个日春光空兰茝。
借问上才游西园，何如高谊倾东海。玉鲤传书窈莫通，金龟换酒谁为解。
金龟玉鲤两悠悠，采石钟山望欲浮。竹箭江东长自好，蒲梢天北几时收。
晋朝定拟推承祚，汉室俄看荐太丘。长跪聊缄青鸟信，何时并驾赤麟游。

哭薛榆溆同舍

宋末元初·林景熙

桂死月亦灰，鹏枯海为陆。
自我哭斯文，老泪几盈掬。
故国忽春梦，故人复霜木。
矫矫榆溆君，白首尚儒服。
解后一写心，乾坤两眉蹙。
无力能怒飞，有道欲私淑。
忆游东浦云，马帐肯同宿。
孤灯照寒雨，萧萧半窗竹。
君器硕以方，有如舟万斛。
敛华就本根，耆年谓可卜。
昨别犹是人，今乃在鬼录。
为善未必遐，呜呼真宰酷。
往年海若怒，风涛卷人屋。
脱身鲸鱼吻，长寐固应熟。
寡妻泣帷荒，有子继经术。
彼哉暴殄夫，食必馔金玉。
一士苜蓿肠，夺之胡忍速。
问天天梦梦，秋声满岩谷。

怀苏隐君文甫

明·李英

所思劳梦寐，夜夜碧江飞。
只为云山阻，能令雁字稀。
炊餐惟苜蓿，避席掩柴扉。
闻道耽幽僻，行歌对落晖。

读盛仲规遗诗

明·沈周

饭盘苜蓿漫阑干，自信书生骨相寒。
远落荒州悲燕幕，老收微禄笑鲇竿。
一梳坠雪方归国，万事浮云又盖棺。
灯下遗诗不堪读，读来句句与风酸。

哭贾襄一
明·申佳允

天上新成白玉楼，人间忽失凤麟洲。
低徊翁句为翁恸，萧瑟长途苜蓿秋。

哭寿安表弟①
清·缪公恩

霜落金台柿叶丹，秋镫相对夜初寒。
君能身作芝兰客，我只筝吹苜蓿盘。
有母存孤生已幸，无儿承后死应难。
空余匣里端溪砚，鸲鹆双枯泪眼干②。

①名锡龄姑丈文彦之侄，文长公基之子也，长公初无子，妾颇多。寿安生母王卒，众妾欲为不利，故长公以寿安托姑母，长公以事卒。姑母教育丙午举于乡累官至中允，余丁酉庚子间与同笔砚。

②余乙丑以行取补官助教赴都寿安以所藏端溪砚赠别。

闻冯太史登府讣寄挽六章（其四）
清·姚燮

公苟求热官，反掌如拾钱。
何难勋簿名，索列州府前。
凛然谢欺伪，闭户珍寒毡。
似抱苜蓿香，故傲羊胛膻。
谁知忧世心，几常虑之先。
六门遽沈沼，飞火焚堂鳣。
万卷庋阁书，灰烬无剩编。

褴衣抱木主，棘拇流血泉。
夺魄刀剑山，持魂西风鸢。
过江贻我书，字字星芒镌。
誓扬银潢波，洗濯袄虹天。
所愿虽莫成，矢志信其专。
奈何郁勃怀，与生同弃捐。

桐城道中怀刘耕南

清·窦光鼐

野馆回残梦，江乡忆故人。
一官犹苜蓿，三径但松筠。
雾雨南溟路，关山北峡春。
折梅未敢寄，细把恐伤神。

岁草怀人二十四首（其十九）

清·洪亮吉

西蜀奇人作冷官，青毡犹剩十分寒。
何妨日住蓬莱顶，不改常餐苜蓿盘。
子美数间吟舍窄，淳于一石酒肠宽。
金钗典尽眉常敛，欲画仍须拂镜看。

其二十

卅载词场志已灰，狂名犹被世人推。
好奇欲破古今格，傲俗肯交中下才。
不觉一官餐苜蓿，依然十幅写玫瑰。
年年避债君尤窘，曾与同登百尺台。

杂感二首（其一）

清·于东昶

岂是人间行路难，可怜天遣作儒酸。
蹉跎学士葫芦样，潦倒先生苜蓿盘。
检历乍惊佳节过，披图聊觅好山看。
汉阳穷鸟吾真是，何日翻飞纵羽翰。

经院署有感
清·董文涣

十年方补外，补外亦蹉跎。
科第惭先达，飞腾让后多。
葡萄宁许换，苜蓿自能歌。
回首金门路，何时定再过。

怀薛明月（有引）（戊申）
清·江湜

闽人举进士，实自薛令之始。令之开元中为东宫侍读，时官僚清澹，因作诗曰："朝日上团团，照见先生盘。盘中何所有，苜蓿长阑干。饭涩匙难绾，羹稀箸易宽。只可谋朝夕，何由度岁寒。"后遂谢病去。其诗虽滑稽，其风趣可想见。韩文公言："闽有山泉禽鱼之乐，虽有长材秀民，未尝肯出仕。"岂不信耶。令之字君珍，号明月先生。本家长溪，其廉村故宅今隶福安。予过福安，为此诗也。

台城应教人，齐梁为贵游。
隐囊高齿屐，容饰事风流。
如何开元中，一寒若羁囚。
苜蓿非美茹，曾栽汉宛秋。
饲余大宛马，却充人膳羞。
薛君起南国，本家山海陬。
掘蚶铲蚝蜃，饱食犹易谋。
因之自潮讽，续泛张翰舟。
廉村何寂历，云荒古渡头。
闲居知几年，今日为前修。
仕宦易失已，伊人轻去留。
谁云词科士，高风今莫俦。

卞先生助丧呈词
作者不详

中怀乐易，素行清醇。雅志功名，曾不登于下第；晚官闲散，竟莫展于殁身。自来此邦，乐育多士。入其陶铸，将无跃冶之金；受其磨砻，即是晖山之玉。不修俗儒之边幅，自标良士之丰仪。对函丈于席闲，均沾时雨；庇广轮于宇下，如坐春风。方幸奉以周旋，何图婴兹沈痼。到官未及周岁，卧病乃积数旬。有加无瘳，积治不效。弥留之际，欲敛未能。一官独冷于广文，十口仅糊于微禄。既老成之凋谢，兼孤寡之伶俜。众所酲伤，相为霣涕。盘并空于苜蓿，椿难返于梓桑。痛此附身，尚仓皇而称贷；况乎复土，将暴露以何期？独有相率而吁哀，庶几骤闻而垂悯。施恩乍寒之骨，一慰长往之魂。倘蒙破格之隆施，乃是及门之厚望。有此连名具呈。

重游犬山城

民国·郁达夫

白帝城头落照鲜，清游难忘四年前。
昔来曾拜桃花祭，今去将排苜蓿筵。
一样春风仍浩荡，两般情思总缠绵。
此行应为山灵笑，不向溪边夜泊船。

第五节 苜蓿广文先生教授

一、苜蓿秀才广文先生

自悼①

唐·薛令之

朝日上团团，照见先生盘。
盘中何所有，苜蓿长阑干。
饭涩匙难绾，羹稀箸易宽。
只可谋朝夕，何由保岁寒。

①《纪事》云："开元中，令之为右庶子。时东宫官僚清淡，令之题诗自悼。明皇幸东宫，览之，索笔题其傍曰：'啄木口觜长，凤凰毛羽短。若嫌松桂寒，任逐桑榆暖。'遂谢病归。"

邓御夫秀才为窟室戏题

宋·晁补之

君不学冯驩弹铗从薛公，贷钱烧券悦市佣。
又不学鲁连约矢射聊城，笑夸田单取美名。
何为空郊独坐一茅屋，深如鱼潜远蛇伏。
荒檐野蔓幽莫瞩，窥户下投如坠谷。
其外桑麻杂蔬菽，白水寒山秀川陆。
秋风萧萧吹苜蓿，晚日牛羊依雁鹜。
朱书细字传老子，蠹穴蜗穿无卷轴。
我来不暇问出处，但爱君居伯夷筑。
九月九日秋气凉，芙蓉黄菊天未霜。
登高能赋岂我长，从君此庵时相羊。

两日绝市无肉举家不免蔬食因书数语（其一）

宋·虞俦

市无晨饮助①加餐，空愧先生苜蓿盘。
尚有园人供菜把，漫劳稚子写牌单。
俸钱先自无多了，宾客从来不惯看。
已誓长斋依绣佛，妻孥休怪瘦栾栾。

① 原作劝，据《永乐大典》卷二四〇七改

甲寅元月二首（其二）（1254 年）

南宋·刘克庄

七帙骎骎病鲜欢，君恩犹许备祠官。
婢传稚子屠苏酒，奴笑先生苜蓿盘。
自叹管君今老秃，更悲庞嫂不团栾。
新年辜负如筛饼，炮附煨姜胃尚寒。

归兴

宋·于石

归欤高枕寄林泉，安用悲歌行路难。
君子患无真气节，世人空笑旧衣冠。
雪深处士梅花屋，月冷先生苜蓿盘。
谁谓家贫无一物，床头三尺剑光寒。

体南先生戒途有日惠诗为别三复黯然和韵奉送言不逮情（其一）

南宋·黄公度

可但儿曹学未成，鄙心蔓草要锄耕。
劳君穷海坐宾馆，为我文坛作主盟。
苜蓿阑干朝饭薄，图书跌荡夜谭清。
便携琴剑东归得，信有人间桑梓情。

寄张顺之

南宋·程洵

踏遍危途兴已阑，倦飞幽鸟故知还。
手开高士蓬蒿径，坐对先生苜蓿盘。

□□①揶揄遭点②鬼，却羞矍铄据征鞍。
侯封到底输千首，圆美当□③似弹丸。

① 梅云：□□当是未恨字。② 梅云：点当作黠。③ 梅云：□当作知。

南乡子　薛宝臣生朝　俱用薛氏实事
金末元初·段成己

郡姓记君先。
乌鹊翔飞瑞自闲。
闻在儿时人已惮，他年。
又作河东一凤传。

佳政讼分缣。
看赋春游第几篇。
蹑蹻谁为门下客，休叹。
换却先生苜蓿盘。

和黄山张敏之拟黄庭词韵
金末元初·耶律楚材

黄山无媒亦无梯，萧条白昼关荆扉。
凌晨端坐漱玉池，阑干苜蓿先生饥。
惠然寄我黄庭词，湛然一笑几脱颐。
一鹤南翔一不飞，十年一梦今觉非。
故山旧隐苍松欹，而今老尽虬龙枝。
曾学四老餐紫芝，从讥怀宝而邦迷。
尘缘一扫无孑遗，隔縠观月犹依稀。
汪洋法海无边涯，萤光讵可窥晨晞。
莲花自是生污泥，污泥不染清凉肌。
彩云易散碎琉璃，人间四相夭五衰。
有为无为俱有为，寿穷尘劫元非迟。
湛然醉摇芭蕉卮，蔷薇深蘸书淋漓。
白眼一望须弥低，黄山先生耽书痴。
退藏不露龙麟姿，对人不耻弊缊衣。
自甘贫困元知微，篱边黄菊香离披。
门前山色寒参差，不以下体遗葑菲。
新诗远寄盘龙螭，胸中满贮夷齐薇。
忘机临水狎鸥鹭，燕居申申不慭仪。

含光隐秀如文犀，乘闲纶钓垂清漪。
躬耕禾黍方离离，须信君子能自卑。
予知先生之独悲，深忧海内生民疲。
生民扰攘如棼丝，笑予素餐徒位尸。
先生识鉴如元龟，旁通发而为声诗。
照我穹庐生光辉，穷通进退元有时。
至人终不贪危机，他时天子求垿簾。
欲行周礼修周基，先生好应千年期。
沙堤行人羡轻肥，凤凰到底凤池栖。
太平钧石须君持，苍生未济无言归。

赠府训林先生之京二十韵

元·卢琦

尧历开昌运，升平十四春。
鹤书驰云路，鹗荐贡儒珍。
宦族西湖裔，家声阀阅亲。
异才旧卓荦，衍庆自殊伦。
彼美仙壶客，由来紫帽邻。
范模资郡泮，俊秀萃成均。
鳣雀升杨震，桂林羡郤诜。
雕盘辞苜蓿，琼宴念嘉宾。
射隼高墉上，乘槎天汉滨。
器成时获利，道达志常伸。
际会风云日，沾濡雨露晨。
秋鹏搏翼健，雾豹泽毛新。
正欲抠衣侍，那堪别话陈。
东亭芳草合，南浦绿波邻。
骊驹闲戒仆，紫燕语留人。
俯拾金闺彦，行看昼锦臣。
诸生刺桐下，侧耳好音频。

寓馆食䔉戏主人

元·胡天游

蕨芽成拳笋作竿，园菘卧垄春告阑。
寸心生意老犹壮，郁郁竞长青琅玕。
筠篮撷翠风露湿，瓦缶酿碧虬龙蟠。

开缄晓试膳夫手，寸断日送先生盘。
堆金叠玉光璀璨，未许苜蓿夸阑干。
铿锵拒齿发钧奏，甘脆适口回儒酸。
填胸一洗鲑鳝恶，顿觉肝胆生清寒。
朱门淳熬腐肠药，何异鸩毒生宴安。
齑盐送老本吾分，一饱已拚如穷韩。
幸无羸角蹂吾圃，只有蔬粝同盘桓。
未知余生消几瓮，俯仰日月双跳丸。
明当更作冰壶传，大笑出门天地宽。

送太师掾陈德润归吴省亲
元·乃贤

列戟三槐第，王章九锡臣。
鸣珂皆贵戚，弹铗尽嘉宾。
公府多甄录，先生蚤见亲。
下帷谭亹亹，开阁礼谆谆。
春瓮蒲萄熟，朝盘苜蓿新。
大夫忻契合，丞相屡咨询。
不厌甑无粟，宁甘甑有尘。
寸心县噬指，千里动思纯。
解袂燕台下，扬舲潞水滨。
岸花迎客帽，云树暗江津。
捧檄娱亲舍，还家及暮春。
岂须夸禄养，自可厚彝伦。
贱子漂零久，经年旅食贫。
诗成空感激，愧尔远归人。

题金人猎骑图
元·刘永之

昔者金源起东北，万马南驰蹴中国。
青盖趋燕艮岳摧，杀气如云暗吴越。
天旋日转息战争，裹革包兵交玉帛。
翔南无事号太平，颇习华风变蛮貊。
既尊儒术尚文事，立进画图供玩阅。
是时张戡画戬马，尺素流传擅声价。

此图彷佛戡所作，似貌燕山驰猎者。
秋高露白葭苇黄，隐约寒山接平野。
虎鞯鹤辔赤茸鞲，骑影联翩意闲雅。
龙媒振鬣望空阔，足若奔星汗流赭。
前驱后逐争豪雄，左旋右转若回风。
鴽鹅惊飞百兽骇，苍鹰脱臂腾高空。
策马数获落日紫，金盘行炙餍奴僮。
当时观者徒叹息，写入丹青真国工。
古愚先生最好事，锦标钿束纡鸾龙。
郡斋展玩当清昼，惊飙飒飒吹帘栊。
白头书生幽蓟客，不觉涕泪沾膺胸。
百年兴废恍如梦，苜蓿萧萧迷古宫。

次韵黄秀才秋兴二首（其二）

元末明初·滕毅

虎战龙争二十秋，江波日夜自东流。
道傍无语王孙泣，天际含颦帝子愁。
苜蓿风烟空壁垒，蒹葭霜露满汀洲。
古来惟有西山月，永夜依依照白头。

辛巳秋初归田有期喜而成咏因感今怀昔赋成一百五十韵

元·吴当

河山神禹绩，幽冀帝尧都。畿甸三千里（今畿古幽冀并三州），干城百万夫。
天戈随所指，地轴待人扶。迹启龙廷远，兵临虎塞孤（国初取燕雪夜入虎北口）。
　　群雄归霸主，四杰翊基图。炎绪宾旸谷，寒金抚锻炉。
　　中原方板荡，庶类划昭苏。九壤邦家赋，三农黍稷租。
　　户封登岁版，物贡应时需。漕转河仓腐，烟输甸灶餔。
　　经纶开世室，混合尽寰区。弼亮求耕钓，英贤起贩屠。
　　有桥题墨柱，载道弃关繻。济济皇多士，雍雍国硕儒。
　　师行汤誓训，谟协舜都俞。一德遵神武，多方囿化枢。
　　星辰天北极，文物地东隅。孺子谁堪托，交邻信已渝。
　　祸机生肘腋，剥丧切肌肤。内溃离荆楚，先声震越吴。
　　筑台方拜将，破竹已长驱。谈笑收图籍，轮囷发藏帑。
　　义夫思感激，烈士涕沾襦。旌旆沧溟棹，衣冠岛屿郛。
　　哭秦无复报，蹈海竟何辜。曾记忠臣传，空存内秘厨。
　　始因三统正，已作万邦孚。重译而来献，修程不惮劬。

建邦强本干，分社列茅葙。绥冕朝仪集，梯航贡篚输。
殿开金幕席，地隐锦氍毹。率土尊元会，灵杓直孟陬。
垂旒容穆穆，鸣玉色愉愉。瑞拟龟陈范，祥开象载瑜。
凤旆飞黻绘，虎帐插彤旐。昼接初张宴，春城大赐酺。
舞行分羽翻，乐奏引笙竽。御酒擎鹦鹉，宫腰蹋鹧鸪。
绣帘香喷雾，红袖脸凝酥。宠锡公无彼，皇心爱不姑。
从容周典礼，宏远汉规模。勋业诚高矣，文章亦焕乎。
堪舆全所畀，开辟古来无。奕世归前烈，丕承仰圣谟。
设科仍较艺，献颂竞操觚。第列金张密，恩从卫霍殊。
锡符盟券赤，纳陛戟门朱。优戏时闻鼓，珍庖日荐腴。
花娇金屋贮，葧熟翠眉须。擅制由先彻，承谋又故吾。
豪胥真首祸，接迹合群谀。豺遘多嚵嚼，蝇营善喔嚅。
程书违尺度，黩货较锱铢。鼎铼顷筐载，宫墙粪土圬。
纷纷联组绶，琐琐进葭莩。编户渝名籍，枢兵窜隶奴。
赋输年削弱，魑魅暗揶揄。廊庙轻千虑，锄櫌起一呼。
蚁穿终溃决，蛊食莫支吾。伏莽猖猖犬，鸣祠处处狐。
邑荒烟寂历，野战血模糊。国步何颠踬，奸谋敢觊觎。
风尘朝漠漠，笳管夜呜呜。烽燧飞燕蓟，冰澌带易滹。
楼前朱汗马，城上白头乌。奚啻生疣疠，畴能洗毒痛。
赐书从慰藉，哀诏漫于戏。怅望鸿飞阔，追扳骥足驽。
射天悲溅血，浮海勇乘桴。迷复行多咎，颠颐口卒瘏。
人才今卤莽，世道日榛芜。忆昔丘园贲，怀贤岁月徂。
紫微华盖坐，黄道泰阶符。乔岳宗衡岱，深源达泗洙。
作人宜械朴，为政敏蒲卢。国已称多造，时方见大巫。
共稽夔乐律，独咏鲁风雩。石室紬书盛，宾筵讲席敷。
百年悲梓木，一束奠生刍。子敬家毡在，元成世业俱。
六经悬日月，百刻谨朝晡。力学为师古，专门亦授徒。
许身期稷禹，忧世慕唐虞。自忝龙门客，人称凤穴雏。
让推吴季札，忠拟斗于菟。官政年方盛，成均矩不踰。
于焉思继绍，不敢离须臾。粉署青丝直，华堂瑞锦铺。
清时叨著作，极力事描摹。述德安能佽，知非窃比蘧。
苍茫怀野服，容易接亨衢。清庙资梁栋，微材愧樠枦。
立蟜簪白笔，冠豸伏青蒲。折槛心常壮，牵裾气不粗。
家声幸未坠，朝论转相揄。鱼橐垂腰重，驼章结绶纡。
乘舆时警跸，琐闼晓追趋。赐食分羔雉，连茵杂豹貙。
上林巢鸂鶒，太液散鸥凫。春色红云岛，寒光白玉壶。
暑清长夏簟，露浥冷秋菰。宫树惟栽柳，仙家亦种榆。
步陪宗伯履，筵列侍中襦。服礼期无玷，论兵实自迂。

柬戴广文

明末清初·阮大铖

四月江城草木长，苜蓿高斋毡正寒。
黄巾烽火亦何剧，绛帐薪木聊自完。
往听鹂声用我法，来寻犊鼻追清欢。
双柑斗酒储久矣，寇熄与君相盘桓。

琼州春日席上贻李方水梁彦腾吴谓远三广文

明末清初·岑徵

韶华荏苒岁方新，相对城南莫厌频。
故里虽遥忘作客，广文强半是交亲。
青云任奋天池翼，白首重逢海国春。
到处春盘供苜蓿，深杯聊醉落花辰。

送吴谓远广文还会学署（辛未年作）

明末清初·岑徵

去岁乘春返五羊，又逢春信别家乡。
青毡九载人犹少，白发中旬日正长。
旅食旧烦分苜蓿，留题曾记满宫墙。
相思有梦频来往，水驿山程路不忘。

琼州寄答何不偕（其二）

明末清初·岑徵

广文海外半同乡，苜蓿经春得饱尝。
君亦惠城曾饱过，惠城争似海南香。

寄林信卿广文

明末清初·陈子升

增江仙岭下，君寄一毡寒。
欲饱青精饭，非耽苜蓿盘。
鸟吟山户晓，虫篆竹书乾。
我有怀仙操，横经试一看。

陈昌箕下第后以广文归闽兼简栎园（其二）

明末清初·龚鼎孳

榕树坛开苜蓿秋，故人文宴散清浮。
高名虎观初分席，何客元龙更上楼。
风义远投文举袂，生徒群挽李膺舟。
京江愁眼看来雁，为说樽前已白头。

题陈广文玉笥书楼（其二）

明末清初·申涵光

摊书高拥赤阑干，树杪浮云得远看。
海内交情谁古道，十年诗兴满长安。
倦游暂卧芙蓉国，好客难供苜蓿盘。
乱后西陵山水在，凭君孤棹入烟峦。

金菊对芙蓉 赠杨亭玉学博，士龙谓陆子恂若，龙眠谓方侍御邵村也

明末清初·梁清标

新雁穿云，苍葭缀露，伤离最是清秋。
正客星渐远，数赋登楼。
比邻一载频携手，听旧雨、茗碗灯篝。
士龙已去，巨源又别，萍散皇州。

袱被兰若迟留。
更客到龙眠，共醉垆头。
叹广文独冷，旅鬓霜稠。
才人憔悴哀庾信，青衫拥、长揖公侯。
莫嫌禄薄，盘中苜蓿，儒吏风流。

衔鱼篇赠广文卢先生

明末清初·毛奇龄

先生本是麟龙姿，偶来提领宣圣祠。
乡书早展冠国士，皋比坐拥为人师。
翛然高举蕴飞翮，羞向长安再投策。
魏世文章重子钦，汉儒学行推卢植。
秋花开发绛帐寒，闲堂撤膰襟怀宽。

青毡不用氍毹布，美馔长挥苜蓿盘。
生平月旦重闾里，冰鉴当胸似清沘。
不教鱼目混明珠，谁抱寒桐对流水。
芜文好我如嗜痁，天涯汗漫知音稀。
愿为堂上衔鱼鸟，长傍秋花遨遨飞。

别马广文作

明末清初 · 毛奇龄

龙门百尺中天启，回视天孙碧云里。
藻影翻成北海鱼，桃花泻作申江水。
传经自昔推马融，果然绛帐来扶风。
当年赋笛已擅绝，只今秉铎犹称雄。
春风吹花绕书屋，长启清樽倒醽醁。
香饭晨炊苜蓿寒，菘羹夜汛芹丝绿。
檐榴初发红满枝，归舟欲渡千回思。
龙门多少溯从意，半在鳣堂对酒时。

将入吴寄王我建广文

明末清初 · 钱澄之

平生交道广，最久在三吴。
坛坫称遗老，宫墙得大儒。
每来分苜蓿，常荷念菰芦。
即有娄门棹，寄书东海无。

广文歌（山中闻永安广文事，喜而赋之。）

明末清初 · 钱澄之

广文先生老且贤，角巾已破乌皮穿。
执板折腰殊不谙，见人木强无周旋。
盘桓苜蓿风尘陡，招降使者声如吼。
箕踞学宫召诸生，问渠广文不开口。
振袖大骂杯掷空，区区头颅复何有。
宣圣昔却莱夷戈，子羔肯由狗窦走。
君不闻，馘莁一语叔向倾，毛遂捧盘平原惊。
丈夫意气临危见，岂在人貌与荣名。

桃源访胡孔志不值
清初·查慎行

汉阳分袂已多年，闻说游踪久入燕。
归路我经秦客峒，故人贫就广文毡。
桑麻旧俗今谁主，苜蓿荒斋醉少缘。
秋雨暮帆惆怅在，可堪回首洞庭烟。

辛酉初冬奉赠彦昭先生
清·徐嵩

芹宫游近东城边，森森古木生寒烟。
紫霞映户却如绮，黄叶满庭难作钱。
昔日莲花曾象顾，今朝苜蓿诚龙眠。
年饥闻道救荒暇，高咏细论衡俊贤。

题家广文邓尉寻梅图
清·朱彝尊

村村梅底闹壶餐，莫笑先生苜蓿盘。
桃李漫山都不恋，冷香合让冷官看。

题程易畴说剑图即用自题元韵
清·钱大昕

葺翁先生说考工，腊广手题桃氏剑。
平生所见七纯钩，规制尽同无少欠。
季子之子问阿谁，未许徐君墓上占。
攻金良工久失传，耳食何如取目验。
侠客徒夸胆气粗，经师但觉精神敛。
草言一映偶然吹，斗牛中夜光芒焰。
蓬心作图但写意，非指非马夫何玷。
宋生为补第二图，谭柄它时留铅椠。
三年苜蓿赋归与，留行无力予心忝。
膏肓墨守待君箴，欲觉何由听钟梵。
愿持通艺释剑篇，呼儿且作张文念。

蚶之壳如瓦垄土人呼为瓦屋子时以入馔（丁未）

清·江湜

蛤蜊之宗凡几族，维蛏及蚬皆碌碌。
蚶也两壳起觚棱，更锡嘉名曰瓦屋。
海潮落漈海沙浊，得意咸波生理足。
何哉投身酒客筵，沸水一卮赐汤沐。
含涎濡润性非灵，闭口坚牢祸犹酷。
天教海国作羹材，殓以姜盐葬人腹。
先生盘中惟苜蓿，配兹俊味无幽菽。
苦辛旅食又一时，齐游记啖鼍矶鳆。

可型内弟自瓯宁罢官归慰赠（其三）（壬子）

清·赵翼

忆曾官沛上，颇耐广文贫。
台有歌风迹，门多立雪人。
至今思牧蓿，转觉胜劳薪。
谏果多回味，知君念昔因。

席上喜晤施上舍晋赋赠

清·洪亮吉

十年不遇施居士，金粟花开偶来此。
白须居士金粟花，我鬓亦与霜争华。
主人开筵当日夕，夕日晖晖照杯赤。
我倾一斗君百杯，秋老顿觉春风回。
陵阳仙人作校官，邀我苜蓿餐阑干。
我嫌苜蓿不救饥，却向太守求甘肥。
山阴之尊饮不竭，满案溪菱间山栗。
仙人赤鲤脍作丝，兴发不顾琴高嗤。
青松枝头碧月来，移酒欲上元晖台。
眼前百事不措意，肘后花朵惊齐开。
山禽飞回水禽集，只觉楼高渺难及。
何时百尺为贮梯，送我白云头上立。

桂大令馥戴花骑象图
清·洪亮吉

与其北方骑橐佗，不若跨象踰牂柯。
与其东中餐苜蓿，不若簪花抚蛮服。
我官蛮服谙土风，民戴长吏同家翁。
车前何必八骆列，象鼻舒卷如长虹。
花枝红红罩官帽，六十使君犹若少。
有时象背唫欲颠，惹得幼姬开口笑。
祝君官满无一钱，堆鬘花好垂吟肩。
　　　　君不见，
三年政成归亦好，叱象北来耕海岛。

八月二十日抵宁国同年鲁太守铨邀游北楼并留饮桂花树下赋赠二首（其二）
清·洪亮吉

汝颍东西颂宰官，一麾出守又江干。
鱼头参政家声古，鹤背仙人鬓影寒。
秋老茱萸先酿酒，衙荒苜蓿罢堆盘（凌教授欲招饮以此而止）。
升沉中外谁能记，仍作龙华会上看。

杂感（其二）
清·于东昶

岂是人间行路难，可怜天遣作儒酸。
蹉跎学士葫芦样，潦倒先生苜蓿盘。
检历乍惊佳节过，披图聊觅好山看。
汉阳穷鸟吾真是，何日翻飞纵羽翰。

王香海（延庆）吕岐封（肇龄）两广文以诗赠行分赋二律赠答（其一）（壬申）
清·张问陶

英年科第就闲官，书味津津苜蓿盘。
为借胶庠开讲席，好留衣钵壮诗坛。
褰裳莫叹埋名早，超海浑忘勇退难。
指点蓬瀛同一笑，琼楼高处不胜寒（香海）。

过合肥见陆广文（继辂）出示文集谈杭州旧游（壬午）

清·阮元

廿载才名博此官，省君清兴甚相安。
著书绝胜芙蓉镜，却病无过苜蓿盘。
旧日池亭如古迹，故人诗卷得新刊①。
劳劳似我君休问，试捋霜髭付与看。

① 嘉庆初，定香亭旧友，如张子白、张农闻、江补僧、林庚泉、蒋山诗，皆刻入诗征，并系小序。

王雨楼

晚晴·叶昌炽

苜蓿阑干老广文，江南双鲤寄殷勤。
论诗欲订疑年录，未必礼堂事郑事。

《叶昌炽诗集》

题王叔华教授笠屐图（其三）

清·钱大昕

十载彭城苜蓿香，闭门觅句兴偏长。
前身想是陈无已，亲见东坡笠屐装。

教授顺天府（雍正辛亥）
清·戴亨

谩道嵇康七不堪，偶因稽古服微官。
宦情莫敌烟霞癖，儒味聊甘苜蓿盘。
一代勋猷归鼎鼐，千秋书策属单寒。
闲开讲席临轩坐，已见熏风长蕙兰。

寄表弟项少莲时司训建德
清·许彭寿

尽多名士画牢丸，薇省犹供苜蓿盘。
清瘦自怜同鹤㲲，羞珍何苦脍龙肝。
性成姜桂终嫌辣，骨傲风霜尽耐寒。
我寄浮生随处好，几时同隐钓台滩。

感怀漫书
清·谢章铤

鸾鹤无声天际来，海边骏风久蒿莱。
郑虔苜蓿嗟何极，杨仆戈船事愈哀。
宫府谁关天下计，山川苦忆古今才。
飘零文字犹如许，崔蔡应知泣夜台。

送陈理堂学博归江南（其四）
清·黄景仁

欲换头衔爱冷官，如君无意得来难。
醉时欲碎珊瑚树，醒后仍餐苜蓿盘。
但去莫嫌经舍窄，就中差觉宦途宽。
江山诗酒须行意，好为师儒一洗酸。

和张晴崖秋夜书怀
清·孙葆恬

西风摇落向江城，独卧空堂客易惊。
一枕虫声邀月上，四山秋气逼镫生。
甘于苜蓿中难热，廉到莱芜梦亦清。
想见孤吟清不寐，自携苦茗手亲烹。

赠张云生先生（其一）

清·蒋家栋

先生大有异人风，花发萧萧道气充。
万卷诗书为蕴蓄，一盘苜蓿老英雄。
文章不论殊时俗，寿纪于今孰偶同。
自古长才稀遇合，可怜昭谏困江东。

和荆山同年《秋草四首》次韵（其四）

清·刘绎

幽谷依然兰蕙丛，孤芳愈劲疾风中。
无心冷暖三春在，过眼荣枯一笑空。
尽耐阑干长苜蓿，不妨陋室满蒿蓬。
康成书带饶生意，常觉胸怀自郁葱。

闽客饷生荔枝色香味俱不变饱啖赋诗用刘贡父韵（乙丑）

清·王又曾

端明谱荔枝，品最江家绿。
陈紫及方红，嘉名亦耳熟。
瀛海炽南风，连航驾飞屋。
三日达蜃江，筒致千颗玉。
当窗解红绡，芳浆咽讵足。
溽暑缓蒸炊，炎襟破烦促。
此物久充贡，屡受尘埃辱。
五里突堠烟，一笑霁妃目。
香味了不存，徒尔艳珍木。
密树沸蜩螗，斋盘饤苜蓿。
青瓷注井华，旋注旋捞漉。
我生幸南产，寓食亦南服。
百果尽奴媵，对此颜瑟缩。
凭君补国史，梨樱非我族。

李苣盘经历（承烈）从军图（其二）（著雍执徐）

清·舒位

草檄行看捧檄回，一盘苣蓿已成堆。
官从莼菜香中转，人在梅花瘴里来。
髀肉功名车骑后，鬓毛消息画图开。
相逢一笑嫩隅跃，出处依然两秀才。

二、苣蓿先生／广文

呈折子明丈十首（其五）

宋·赵蕃

曾门昔作广文官，先正曾同苣蓿盘。
交道不惟当日见，遗风更俾后人看。

赠李广文

明·胡应麟

旧国天都近，新斋婺女悬。
彩飞江令笔，青挟郑公毡。
三洞云携屐，双溪雪放船。
无夸沈侯句，苣蓿诵嘉篇。

送沈广文之侯官

明·胡应麟

日暮河梁畔，归帆趁北风。
一毡初就日，双剑旧如虹。
驿路蒹葭外，斋头苣蓿中。
飘飘幔亭宴，霞色近人红。

> 明　胡应麟
> 送沈广文之侯官
> 日暮河梁畔归帆趁北风，一毡初就日双剑旧如虹。驿路蒹葭外，斋头苜蓿中。飘飘慢亭宴，霞色近人红。

送广文闵先生之槜李二首（闵乌程人余尝及为诸生）（其一）
明·胡应麟

为羡除书下日边，一官犹抱昔时毡。
菰芦旧业行偏近，苜蓿新斋坐更偏。
绣服春回苕水上，青衿云拥霅门前。
莫夸奇字空千载，蚤向扬亭授太玄。

送韩孟郁赴南宫试
明·邓云霄

鸣笳叠鼓送行舟，数幅蒲帆挂早秋。
苜蓿久淹官舍冷，莺花今向曲江游。
一枝夺锦摇雄笔，三策筹边具壮猷。
战胜由来在樽俎，何须乘障觅封侯？

寄讯从父于岳感恩司训
明·李孙宸

登楼春色望漫漫，紫气朱崖万里宽。
家远最怜三载别，官闲仍拥一毡寒。
黎蛮岛外章缝地，桃李丛中苜蓿盘。
风韵竹林俱正好，一枝吾愧谢家兰。

送黎元之博士
明·韩日缵

公车廿载向明光，羽翼差池忆雁行。
三献不妨秦博士，一官犹是汉贤良。
堂前问字青毡冷，雨后窥园苜蓿香。
圣主只今还好赋，春风待尔奏长杨。

送余士翘之教东官
明·韩日缵

弱冠擅奇颖，芸编启秘扃。
微言探坠绪，儒行仰先型。
标格谁当似，文心况复灵。
一生甘作蠹，四十尚囊萤。
卞玉宁辞刖，庖刀正发硎。
不妨秦博士，犹是汉明经。
鳣兆开南国，鹏抟起北溟。
谈知君岳岳，衿见子青青。
秋色珠江冷，春宫苜蓿馨。
客途双别泪，世事一浮萍。
壮志嗟流落，清襟豁杳冥。
去家看复近，铩羽戢还宁。
问字屦常满，论诗杯不停。
莫愁音寡和，终有子期听。

广文作
明末清初·毛奇龄

龙门百尺中天启，回视天孙碧云里。
藻影翻成北海鱼，桃花泻作申江水。
传经自昔推马融，果然绛帐来扶风。
当年赋笛已擅绝，只今秉铎犹称雄。
春风吹花绕书屋，长启清樽倒醽醁。
香饭晨炊苜蓿寒，菘羹夜汎芹丝绿。
檐榴初发红满枝，归舟欲渡千回思。
龙门多少溯从意，半在鳣堂对酒时。

慰广文虞东皋以老被劾

清·袁枚

从古广文先生官不饱，镇日盘堆苜蓿草。
先生时愁苜蓿清，苜蓿还嫌先生老。
先生猎缨而坐叹且吁，将使搏熊逐麋斗力乎。
若然甚矣吾衰也，否则伏生辕固方登车。
我道君毋忧，麦禾各有秋。
君不见，
迦陵宰相公同年，身拖紫绶归黄泉。
又不见，
孟亭太守公同官，方挂角巾寻古欢。
贵者先亡贱者在，闲中岁月君须爱。
种成桃李满人间，收得桑榆归物外。
先生闻之大喜酣千钟，自署城南老秃翁。
放手划成屿嵝字，开怀吹出黄农风。
忽闻天子南巡诏，白头又照烟波笑。
想作飞熊学太公，广张三千六百钓（先生将献诗）。

题画蒲萄应砚圃太守命即以送行

清·袁枚

广文吴君笔墨超，不画苜蓿画蒲萄。
太守得之兴更豪，命我题句加宠褒。
我乍展观叶尚摇，叹此神技渠独操。
蕨草惟夭蕨木乔，高者龙牵云外飘，低者貉缩烟中条。
欹者堕者纷相遭，势或小断影忽交。
弱蔓疏茎蟠瘦蛟，艾蓝染碧垂丝绦。
露之湛湛风骚骚，大珠小珠天上抛。
金丸万点眼欲烧，疑坐华林朱雀桥，百七十株歌椒聊。
又疑张骞大宛逃，手持奇树来相招，权火初升井挈皋。
谁知妙腕挥银毫，笔花怒生东海潮。
室浓作果淡作梢，只可落纸生烟飙，无能登盘供老饕。
恰如虎须系且牢，松鼠欲偷空目劳。
严霜惊风影不凋，奚须暮景愁边僚。
太守俸满将入朝，请携此幅驰丹霄。
长途眼饱慰寂寥，长安赠客当琼瑶。
君不见孟佗一斛遗巨貂，凉州顷刻麾旌旄。

学博陈冲师奏最
明·李云龙

夙擅阳春调,曾登作者坛。
家徒四壁立,物有一毡寒。
马瘦桃花落,盘空苜蓿残。
不知公府去,奏最是何官。

寄贾广文年伯兼谢惠毡
明·于慎行

极目漳南道,相思正杳漫。
愁时明月近,别后素书难。
雪暗芙蓉阁,春生苜蓿盘。
一毡犹寄远,应惜玉堂寒。

别利生之琼山学博
明·何吾驺

荣公能取适,原宪岂真贫。
不见利生四十载,面扶菜色帝城春。
天真有眼予一官,从今气象日日新。
虽云苜蓿斋逾冷,锦衣归里谢所亲。
星言夙驾五指山,彼中豪杰不可论。
勤勤拂拭门下士,安知当今无仲深。

李广文署夜谈

明·叶春及

十年苜蓿吾怜汝，客舍端州喜屡过。
白雪江湖知己少，青毡天地误人多。
春回门下看桃李，日暮尊前对薜萝。
痛饮忘形谁得似，鬼神何处且高歌。

《李广文署夜谈》

怀吴稚文

明末清初·项真

吴子谈经鬓未丝，官闲却与懒相宜。
衙空亦可容鱼队，俸薄才堪买鹤骑。
苜蓿一园知不饱，梅花两载岂无诗。
思君明月清樽处，姑篾城头望眼迟。

送冯西星还楚

明末清初·龚鼎孳

游倦他乡复故乡，桑乾过雨葛巾凉。
西陵战垒残江楚，东汉人才数曲阳。
煖眼安能开苜蓿，高名容易卧菇蒋。
并州父老如相问，头白先生粟一囊（时予为国子助教）。

和友人朝天官之作
明末清初·屈大均

冶城宫殿旧朝天，剑佩千官肃几筵。
自举玉衣当九庙，人疑银海在三泉。
骕骦卧处边云满，苜蓿开时战血鲜。
雷雨不容酥酪奠，神灵咫尺寝园边。

祝孟蓼村广文
清·吴之振

红蓼村同黄叶村，一江南北涨潮痕。
我方箕踞长松下，君正读书秋树根。
绛帐高文关气运，青乌妙技转乾坤。
堆盘苜蓿人休笑，也有茶铛间酒樽。

呵冻墨笔题画菜
清·安定

不着丹青妙自传，扶疏忘却画中看。
适来老圃情如许，写入新图露未干。
冻笔已开生气动，春园犹带晓霜寒。
相期好句留风味，长对先生苜蓿盘。

秋日寄怀任东涧（名瑗山阳人举鸿博不第）
清·戴亨

君住山阳淮水畔，余家辽左鸭江滨。
一朝邂逅怜同调，千古文章信有神。
待价骅骝虚苜蓿，高栖鸾鹤老松筠。
相思北望秋将晚，鸿雁声高落叶频。

题东平诗稿
清·王鹄

圣主怜才特赐环，孤臣草莽入严关。
一腔热血蓬婆雪，万里高歌苜蓿山。
草檄如风惊海外，罪言此日重人间。
平戎依旧先生策，虽未封侯足解颜。

西斋王梧冈先生以鱼鲊、山茗见贶，诗以谢之

清·刘绎

苜蓿盘中况味同，醇醪时饮醉春风。
分君绛帐含饴乐，触我家山寄笋衷。
封鲊也曾冰自励，烹茶恰好雪初融。
鲤庭更有双鱼讯，寒夜清谈慰乃翁。

送家昭德之官长宁

明末清初·陈恭尹

片帆春色上循州，二月东江浪尚柔。
薄俸未能离苜蓿，一官重得对罗浮。
峰云佳处同谁赏，桃李蹊前与士游。
倘到东坡亭下泊，老夫还拟共维舟。

送宗鹤问之官秋浦（其一）

清·吴绮

水国垂杨挂夕晖，河梁执手寸心违。
不教才子题红药，却送先生上翠微。
山水有情人未老，琴书无事道宁非。
金门曼倩知多少，羡尔江边苜蓿肥。

沁园春

为泗州谢震生广文题照兼送其之任山阳

清·陈维崧

我爱先生，其冷者官，其热者肠。
羡康乐宣城，君之家世，蜍珠浮磬，此是家乡。
人道马曹，我知鱼乐，苜蓿堆盘也不妨。
吴绫上，问传神阿堵，何物长康。

才成半阕凄凉。
忽念尔将离黯自伤。
记淡月微风，曾经批抹，好花新茗，相与平章。
此去淮阴，古多恶少，我欲来游醉几场。
君求我，在韩侯台下，漂母祠旁。

次韵送范广文性孚之官天台

清·吴之振

君不见
浙西社事集名胜，蜂窠蚁垤分门径。
变灭烟云顷刻间，无异危栏攀曲磴。
士衡谭笑独登峰，把袂牵裾嵇吕同。
高堂行炙烧银烛，哀丝急管歌玲珑。
余发未燥驹脱齿，曳履长吟亦来此。
清酒三升压座贤，宾筵杂沓识君始。
语儿溪畔历危亭，夃山脚下寻遗址。
搴旗揽鼓捧珠盘，大言转眼掇青紫。
口燥唇干行路难，射虎归来数箭瘢。
乘车戴笠人何在，深悔当年出肺肝。
求田且问桑麻计，蜗庐蟹舍恣盘桓。
方曲障尘洗袍裤，鲫鱼江上纷无数。
盐齑百瓮走蠹鱼，我已白头君迟暮。
一官入手弗嫌贫，巧黠应知胜朴真。
羊蹴蔬园遗社肉，阑干苜蓿愁空樽。
君行若向清溪道，定有高人把钓纶。

送王子颖赴龙游教谕任

清初·查慎行

子弟芙容幕，先生苜蓿柈。
儒风吾土近，师道此时难。
屈首居贫地，安心送老官。
所欣贤尹在，臭味定如兰（时缪虞良以名进士为是邑令故云）。

送雷玉衡赴印江学博任

清初·查慎行

双江路尽还双峡，此去休论跋涉难。
秋雨隔城闻战伐，夕烽传点望平安。
乡程渐近槟榔树，宦味初尝苜蓿盘。
昨夜尊前频送喜，灯花何负郑虔官。

百字令　赠周冈生日
清·董俞

当年公瑾，早三五文社，誉蜚龙腹。
滚滚毫端夸丽藻，不数江潘海陆。
探得灵珠，夺来花篸，久侧时贤目。
沉冥埋照，一杯常满醽醁。

回想玉勒京华，侯鲭分饷，华馆燃红烛。
赋罢凌云词客老，空赏谈天炙輠。
笔傲千秋，丹成九转，长啸须眉绿。
官衙昼静，春风吹动苜蓿。

秋日送秦广文（凤采）辞职还晋陵
清·鹿佑

汝阴教授十三载，桃李成行已满庭。
陶令辞官慵结社，伏生有女解传经。
归看湖上芙蓉紫，笑亿盘中苜蓿青。
独惜许多奇字在，无从载酒问云亭。

送友人之广文任
清·张克嶷

少年开口话伊周，壮志空存老未酬。
吾道尊非因及第，人师贵岂让封侯。
于今绛帐稀黄发，自古青毡重白头。
边地莫嫌官署冷，饱餐苜蓿又何求。

闻瞿涉斋广文之讣怆然有作
清·钱大昕

隔宿瑶笺墨未干，巫阳升屋太无端。
乘风想到芙蓉馆，题句犹传苜蓿盘。
虎阜听泉成昨梦，鹤湖载月记同看。
衰龄久觉知音少，绿绮从今忍再弹。

廿三日沈广文元辂招饮饯春

清·洪亮吉

苜蓿盘虽旧，樱桃宴已新（是日始尝樱桃）。
歌仍呼赵鬼，论早薄钱神（二句櫽括座中事）。
半夜乍升月，五更犹是春。
更欣时雨足，归路洗街尘。

为法祭酒题移竹图

清·洪亮吉

一竹绿一窗，十竹绿一牖。
寻常百竿竹，能使云水皱。
虽然竹性北不宜，干叶纵具清葱稀。
先生爱竹识竹性，先引活水周阶畦。
岂惟竹下流泉迸，竹里白云围半顷。
穿廊戛牖响不停，嫩绿都浮碧天影。
广文先生苜蓿盘，京俸苦薄无余餐。
长饥婢仆尚林立，一一瘦若青琅玕。
先生暇日翻僮约，婢未里头奴赤脚。
担土汲泉前复郤，一亭诛茅泉一勺。
亭外更须营略彴，一婿一儿颜戍削，唤取筵前侍杯酌。
君不见何时新笋出一林，我欲载酒来相寻。

高淳先大父官广文处也景仁生于此四岁而孤至七岁始归今过斯地不觉怆然

清·黄景仁

茫如积世渺疑尘，苜蓿荒斋几度新。
当日白头犹哭子，而今孤稚渐成人。
同骖竹马应无伴，反哺林乌尚有亲。
归去恐伤慈母意，莫将风景话酸辛。

奉和鲜于广文赠别元韵

清·金朝觐

别路听琴泣凤翠，荒斋苜蓿苦因依。
文章月旦推名宿，禾黍秋风稔近畿。
喜雨桥边萦绿柳，飞龙关外怅青衣。
东流似解离人意，时作回波映翠微（青衣江出雅州府）。

次韵和彭止翁《辞免广文二律》（其一）

清·刘绎

瘦到梅花也要修，饥如病鹤总无求。
浑忘入梦蕉藏鹿，似惮为牺绣被牛。
谁系匏瓜真不食，纵肥苜蓿亦终休。
知君别有江湖乐，鹭伴鸥邻且自由。

喜顾秋碧（三槐）过访

清·缪征甲

秋雨声中旧雨来，堆盘苜蓿且衔杯。
黄花似待先生到，剩蕊还留小雪开。

题黄香铁先生"苜蓿集"卷后（乙丑）

清·林占梅

余购镇平黄香铁先生诗集久矣。前年春，寿臣（蕃云）姻叔回籍，复叮嘱至再，务代求全璧。迩日有客自粤东来，携寿臣叔一缄至，内函"苜蓿集""史响石窟一征"各一册及其嗣君（瑨元）茂才柬帖相通候。盖自去秋七月初缄寄，迄今始至。予三复卒业，欣喜逾频，转复泫然。即题二律于后，并寄复寿臣叔侄。

迢迢东海外，一晤总为难。远信经年达，佳章尽日观。
宛如闻声欬，不禁泪汍澜。回忆居京邸，蒙公刮目看。
姻谊方卢、李，交亲等弟兄。于今殷问讯，在昔已知名。
投辖贻三雅，传薪执一经。何时聆玉屑，顿使鄙怀清。

寄唐云芝兼怀同游诸子

清·何椿龄

苜蓿满城秋，秋风不扫愁。
此心如落木，何处是绵州。
之子殊难见，斜阳一倚楼。
应还思锦里，诗酒旧同游。

连日得梧门祭酒子潇仲瞿两孝廉书（其二）（阏逢困敦）

清·舒位

先生大隐隐朝市，杨柳楼台苜蓿盘。
出便跨驴归放鸭，做诗容易做官难。

庚寅二月雨中出郊应学校讲席
清末至现当代·潘伯鹰

往赴先生苜蓿期，小车摇兀久逶迟。
沉吟鸡肋非蛇足，黾勉霜毛敢雨丝。
发粟河南劳汲黯，知微江夏陋王尼。
苟全蔬饭兵荒际，未甚津梁敢告疲。

得植轩二诗读之悽然赋答（其三）
清末至现当代·潘伯鹰

杉桧霜根耐屈蟠，相依讲舍傍层峦。
只愁苜蓿肥天马，不入先生破瓦盘。

卜算子·丙午孟夏为子异先生六十寿（1966年）
近现代·龙榆生

把笔走龙蛇，乐志亲鱼鸟。
苜蓿阑干转自甘，百计酬知好。

百尺卧高楼，旷览宜舒啸。
桃李成阴遍海隅，日致安期枣。

林生启华为其尊人远堂先生五十自寿诗征和遂献一首
现当代·施蛰存

山河一改事皆非，谁遣微茫海水飞。
九域寒鸡同失曙，三年硕鼠尔安归。
荣期带索颜逾好，陶令沾衣愿不违。
却羡先生早知命，槐斋苜蓿斗诗肥。

散材一首
现当代·潘受

先生苜蓿自阑干，影共香炉篆屈盘。
亦有双鸡招近局，岂无双鲤劝加餐。
诗声波撼南溟动，剑气光摇北斗寒。
多谢匠人斤斧赦，托根天地散材安。

怀人诗廿四首（其十）

现当代·寇梦碧

臣朔本来饥欲死，耽吟那得与消寒。
如何猰貐磨腥吻，来啖先生苜蓿盘。

林下诗怀九首（其六）

当代·陈振家

料理诗情夜渐深，尖风冷月伴长吟。
广文苜蓿已知足，安邑猪肝焉可寻。
人事无非生老死，戏文说尽去来今。
投生为享生存福，莫把时情扰寸心。

三、苜蓿教授／教谕夫子／博士桃李

王太傅河北阅马

北宋·刘攽

丰草河堧地，平沙冀北区。
离宫连苜蓿，旧苑半骕骦。
夫子深诗者，无邪颁使乎。
宁令汉马少，不议击匈奴。

赠贾司教先生

明·何景明

春风桃李绛帐，朝日苜蓿空盘。
王公不志温饱，郑老岂为饥寒。

送朱鹤皋入京

宋末元初·陆文圭

故人天上调金鼎，应念先生苜蓿盘。
博士不烦重讲席，拾遗无复叹儒冠。
蓬莱海阔还须险，太华峰高不道寒。
茅屋三间老书客，逢人懒问日长安。

无题三首（其一）
宋末元初·马廷鸾

大地生灵惜暵干，纸田不饱腐儒餐。
闲将博士齑盐味，试上先生苜蓿盘。

送陶教授
元·成廷圭

乱世兵犹满，崇文礼自宽。
青云总朝士，白发且儒冠。
苜蓿先迎日，皋比不受寒。
娄江足双鲤，好好寄平安。

送云南教授刘后耕
元末明初·练高

见说思陵过五溪，热云蒸草瘴天低。
星联南极穷朱鸟，山抱中流界碧鸡。
苜蓿照盘官况冷，芭蕉夹道驿程迷。
巍巍尧德元无外，未必文风阻远黎。

送翁教授之官安陆
明·吴溥

圣朝清选属儒冠，鸣铎俄闻向德安。
讲席晴薰花气暖，临池秋景墨光寒。
兴来细和菁莪什，老去仍甘苜蓿盘。
更羡华堂栽五桂，花开长共故人看。

和钱博士先生除夕感怀韵（仲益）
明·王绂

京华住久客囊殚，对影萧然守岁阑。
酒浸屠苏怜独饮，盘堆苜蓿共谁飧。
家山梦在相思切，心事逢人欲说难。
年复一年多白发，驻颜何处觅金丹。

借前韵赠韦博士
明·祝允明

胸有灵丹熟九还，刀圭能驻世人颜。
盘开苜蓿先生馔，书对神光学士山。
席上令行椰酒急，袖中香散桂枝攀。
英才满座沾时雨，莫信昌黎道鳄顽。

送陈佩昌赴龙游博士二首（其一）
明·孙承恩

昔先大夫宦延平，三山陈君佩昌尝以书通予获见之。时君之尊翁掌教吾松，而予先兄则其弟子员也。俯仰几二十年，君兹以贡得分浙之龙游。余既重君学行，而又有今昔之感，故赋诗以赠之。

剑水闻名日，燕台会面年。
文场淹白首，世业只青毡。
夜雨弦歌静，秋风苜蓿鲜。
知君敦古谊，志不在腾骞。

雪中同梁彦国过文寿承学舍
明·欧大任

袖中怀刺倦尘沙，清晓寻君坐日斜。
客食空斋惟苜蓿，宦情高阁有梅花。
庭阴独下孤山鹤，禁雪遥栖万树鸦。
经学汉儒推博士，何人江左更名家。

寄龙博士君善十绝句（其五）
明·汪道昆

白社当年结臂歌，牛山其奈鹳鸠何。
比来侠少工谈剑，春雨盘飧苜蓿多。

张博士以壶觞过访余病不能起辄赋谢此章
明·胡应麟

野外孤篷系白茅，斋头长铗倚青郊。
壶倾博士莲花酿，盘载先生苜蓿淆。
海岱云霞驱别梦，天涯冰雪绾穷交。
亦知凡鸟堪题字，浪逐扬雄赋解嘲。

送柴教谕

明·郑真

玲玲琚佩飒天风，三载宫墙教育功。
馆阁名高霄汉表，山川妙入画图中。
云生晓席芙藻动，日射春盘苜蓿空。
书满却看胜荐剡，未应皓首叹飞蓬。

寄凤阳府斯文诸君子 其五 洪希羽教谕

明·郑真

委羽仙人老见招，中都庠序近云霄。
圣神有赫瞻龙衮，俊选同趋飒佩瑶。
苜蓿盘空朝日上，廞廖歌罢晚香飘。
客中那得重相见，千里空令怅望遥。

陈司训膺奖

明·卢龙云

璧水谈经道已尊，霜台飞檄誉兼存。
苏湖教化新移俗，邹鲁诸生并在门。
桃李风前争自媚，鹓鹏霄际待齐骞。
讲堂喜报三鳣兆，何厌阑干苜蓿盘。

赠潘仲子新婚

明末清初·屈大均

绕膝芝兰尔父多，衣怜仲子舞婆娑。
夫妻桃李酣春日，兄弟鸳鸯戏绿波。
苜蓿（广文先生之子）盘香勤进馔，芙蓉阙近缓鸣珂。
新开湖镜当门外，读罢相携影翠娥。

答傅逊之舒城见寄

明末清初·欧必元

劳君万里寄瑶章，苜蓿斋头逸兴长。
经术久推秦博士，除书曾擅汉循良。
诗裁楚泽兰芳句，隐似淮南桂树傍。
纵使折腰贫更苦，胜从渔父咏沧浪。

哭信臣

清·张英

嗟予束发初，众中识吾子。鸾鹤本异姿，圭璋有静理。
眉宇在霄汉，清言寡尘滓。寒潭何湛湛，山岛自竦峙。
愿言比君心，此语差复似。登君宅畔楼，赠缟从兹始。
十年走名场，相将执鞭箠。堂上各老亲，华颠豁衰齿。
区区人子心，愤激深相砥。含英复咀华，终岁无停晷。
君才本秀瞻，摛文如结绮。一日不相见，新篇盈数纸。
丹铅互校雠，斯道无坚垒。同负秣陵秋，泪落秦淮水。
老亲良苦辛，结屋龙眠里。山寒送米蔬，宵凉赟襆被。
雪片对茅檐，梅花覆庭口。布袍如枯僧，寂寞侵肌髓。
岂谓终不达，数奇竟如此。薄宦来荒城，博士斋空圮。
苜蓿无朝餐，宿疾焉能起。寄我尺素书，悲歌皆变征。
徘徊能几时，消息传蒿里。稚子真可哀，慈亲复何倚。
天问总无凭，理数谁能揆。追念平生欢，故人今已矣。
悲来戕五中，挥涕不能止。远在天一涯，无由哭灵几。
坟边春草生，始作安仁诔。故人知我心，千载恒如是[①]。

[①] 周子信臣名孚先予同学友能诗文卒于五河学博。

癸巳重九前六日送吴紫莓南还

清·汤右曾

清游山水间，日念从故人。故人翻就我，蹜蹴十丈尘。
此来问何事，廿载观国宾。泮宫芹可采，弟子行侁侁。
可怜苜蓿盘，不救博士贫。矧闻中台选，比岁多积薪。
明朝告我归，秣马膏车轮。霜天雁行远，篱落黄花新。
恨不从子归，说归已苦频。譬如画地饼，欲啖知无因。
薄田亦可耕，钓竿亦可缗。所惜江海上，未易著此身。
飘飘白须翁，归与静者邻。儿郎立门户，文笔已足珍。
西湖天下景，妙绝无冬春。应共王与章，游赏昏及晨。
上为冲风翼，下为潜水鳞。飞沈定何如，此义难具陈。

送邵进士大生教授大名

清·杭世骏

邵侯越州俊，宿昔文字洽。
燕吴春草隔，揿眼熟羊胛。

七载理幽觌，古风动凉箑。
　　诗章美无度，芳意撷香荙。
　　芝英咀九窍，词源倒三峡。
　　心花舌亦花，颖秀宛可掐。
　　气类胶漆投，可许永骦狎。
　　维余振辔初，当子赴官恰。
　　火云蒸黄梅，岳岳正乌帢。
　　冰条称头衔，宦海脚试插。
　　巧吏勤鞠跽，俗吏禁呀呷。
　　滔滔徒实繁，熟审颜破甲。
　　不如苜蓿盘，清味冷可喋。
　　畿南千里郡，钟鼓制不狭。
　　古乐列笋虡，宏议考禘祫。
　　先生伊川裔，经苑禀家法。
　　三传究终始，阙义补邹夹。
　　皋比坐指画，妙解息众霅。
　　声价百城偿，气象万牛压。
　　贱子载垂翅，蕉萃旧白袷。
　　奔走空鹿鹿，蹇涩类鸭鸭。
　　骨相知寒迒，归计事穮蓘。
　　心旌挂龟凫，迂路枉邴郟。
　　萧晨叩高斋，嘉客兴未乏。
　　茶烟紫玉芽，炉火白檀筴。
　　征材奇屡出，斗韵险能押。
　　或致鄢陵师，各主葵丘歃。
　　玄辩竟连夕，快意讵累霎。
　　枝官简簿书，冷局富笺劄。
　　清飙逼四隅，光灼琉璃匣。

过苏耕余教授斋赋赠

清·厉鹗

　　东南大藩地，郡学首古杭。层城閟礼殿，乔木森宫墙。
　　石经有遗刻，奎画宋上皇。七十二子像，拓自龙眠庄。
　　恍若过鲁墟，闻金石丝簧。偏安迹未泯，文治今光昌。
　　侁侁九邑秀，横经愿知方。掌教匪得人，徒令縻官仓。
　　姚江苏夫子，来继徐大章[①]。射策惊汉延，不得贡玉堂。
　　翻然爱冷职，苜蓿春风香。健儿不敢窥，庙壝非牧场。

元戎为申诫，卓哉君子强。斋规胡安定，内行陈履常。
经师与人师，一身兼所当。奉檄摄山长，皋比拥松冈。
说士甘于肉，拔萃皆才良。易书校秋赋，暗中搜乘黄。
十年冀北空，俊髦未易量。昨列五三人，堪充童子郎。
佗时活国手，合在青衿行。居然老博士，丰颐垂鬓霜。
谒来肯访我，冲冻舆台僵。劝我随使车，登华览咸阳。
况闻主人贤，冰操出绣肠。兄以发幽忧，怀古多慨慷。
鄙性慕栖逸，未获辨鸿装。开年黉舍静，报谒因抠裳。
清言忍遽别，竹影移绳床。芼蔬趣留饮，牵迫辞举觞。
厚意使心醉，何必同渴羌。斯文准崔蔡，讵可穷公藏。
想见寻道味，陈编诵琅琅。三闲屋打头，俯仰宽八荒。
　　　　　　从公乐乎此，莫叹瓶无粮。

① 明洪武中天台徐一夔为杭学教授有名。

潘幼南比部任扬州教授六年矣，一毡坐冷，鸡肋难归，今春寄诗述其近况，因答三律代简

（其三）

晚清·方仁渊

彩霞飞尽剩孤云，鲁殿灵光只有君。
苜蓿斋厨怀旧友，莼鲈风味怨离群。
一春阴雨连天暗，三月寒衣待日曛。
菜麦已伤薪米贵，故乡风景报于君。

昨夜方作诗怀晓湖有除书信又沉之句今日阅邸钞知十月末已选得浦江训导矣更赋一诗柬之（己巳）

晚清·李慈铭

老得东州八品官，眼前差自慰饥寒。
浦阳人物今余几，博士生涯亦大难。
一水欣看程不远，高堂应为饭加餐。
诗成刚报除书至，定有香分苜蓿盘。

梦往教室授课二首（其二）（2005年3月）

现当代·傅义

鸡声灯影一毡寒，课未研成寝未安。
桃李春风含笑日，犹余苜蓿昔时盘。

第六节　苜蓿冷官／斋

一、苜蓿微官冷官闲官

怀玉山旧游寄王彦博徐审知（其一）
宋·赵蕃

误身何必叹儒冠，粗粝须甘苜蓿盘。
瓜地可耕归独负，未应真坐缚微官。

寄孙子进昆仲
宋·赵蕃

霜风入枯苇，客枕那能安。
起寻短灯檠，捐书复慵看。
缅思平生游，平陆多奔湍。
怀哉岂无人，荆吴路漫漫。
大孙行秘书，今古靡不观。
天文号隐奥，坐使十载殚。
溢而为文章，卷舒见波澜。
丞哉亦奇士，老不卑小官。
诗成太白豪，笑杀东野寒。
酒酣或看剑，肯为无鱼弹。
仪也节更苦，凛若谁能干。
譬之于草木，青松蔽春兰。
不愿太官赐，自爱苜蓿盘。
相携住荆溪，冥鸿渺云端。
酿泉饮佳客，采溪荐朝餐。
不负风月佳，始知天地宽。
我欲往从之，买船斫钓竿。
富春访严陵，吴淞觅张翰。

人生鲜如意，高趣况易阑。
君毋轻此乐，此乐非游般。

满戍有日，置酒学宫为诸友赠别
宋·程公许

左绵山川平且宽，周遭四境皆奇观。
广文官曹冰雪寒，摧风剥雨无时安。
巧手无面良独难，惭汗如沈时一叹。
浪浪春雨红杏坛，堆盘苜蓿空阑干。
三年转烛槐梦残，明当西郊挂征鞍。
平生但知取友端，忍御艾萧捐杜兰。
丁宁何须劝加餐，活计不但故纸钻。
孔辙回环颜一箪，君民尧舜无两般，此印万古元不刓。
聚奎堂中俨衣冠，尚友谨勿轻圬墁。
丈夫事业期不刊，脚根牢取百尺竿。

初伏大雨戏呈无咎
宋·张耒

初伏炎炎坐汤釜，长安行人汗沾土。
谁倾江海作清凉，玄云驾风横白雨。
补陀真人甘露手，能使渴乏厌膏乳。
且欲当风展簟眠，敢辞避漏移床苦。
清贫学士卧陶斋，壁工墨君淡无语。
翰林但解嘲苜蓿，彭宣不得窥歌舞。
联诗得句笑出看，策马涉泥归闭户。
床头余樲定何嫌，窗外石榴堪荐俎。

次韵奉答教授祖守中逢清

宋·赵公豫

方今士习叹卑微，宫墙何者切瞻依。
祖君守中来倡导，群材就法识趋归。
夙昔风标矜独步，文坛立帜能直树。
论文角艺日无虚，雅会名流常脱屣。
文旌揽胜英风扬，击钵吟成冠词场。
芙蓉出水成高调，牛斗直射莹精光。
一毡暂屈萍藻渌，相契同官洵迈俗。
贤宰鸣琴逸韵飞，少尹哦松音调续。
无殊畹芷与湘兰，斋头苜蓿共盘桓。
撷秀台前开宴会，合芳亭下结新欢。
倡酬互见珠玑落，起弊扶衰金石药。
名篇大半宝丰年，可以疗饥兼济涸。
自惭樗栎薄高林，毕生荏苒叹浮沉。
登陟名山应拱手，临流胜水每萦心。
但遇瑶编称汗漫，目动神惊骨髓换。
表扬前哲本愚衷，敢谓博名标月旦。
蒙公诗赠率天真，犹观大匠作舆轮。
法律岂惟超近日，风神抑且过前人。

——《燕堂诗稿》

壁间所挂山水图
宋·李之仪

老骥无能空在闲，苜蓿既饱思行山。
谁知尺幅分向背，恍如百里随跻攀。
云烟濛濛心共远，草树阴阴日将晚。
一声幽鸟隔前溪，万古回春来叠巘。
凉风仿佛飞清霜，奉身九折忍王阳。
嗟我胡为不自爱，逐物颠倒轻余光。
爪篱活计知何日，相对无言搔短发。
芒鞋竹杖清自在，皎皎吾心真匪石。

十一月一日雨斋作（其一）
元·唐元

种花隔岁学儿嬉，又及秋风洒菊枝。
指甲秃无搔痒具，形容衰似别家时。
云台功业年华晚，黍谷阳和造化私。
苜蓿盘空犹健饭，霜螯适与曲生期。

盘车图

元·王冕

忆昔常过居庸关，关中流水声潺潺。
雪花飞寒大如席，白色粲烂西南山。
山家野店隐烟雾，水榭云楼有幽趣。
汉家封侯已消磨，秦时长城作行路。
天险不设南北通，风俗一混归鸿蒙。
今人不解古时事，使我感慨心忡忡。
滦水城头无苜蓿，马驴尽食江南粟。
八月九月朔风高，更有饥鹰啄人肉。
太平时节无烽尘，金舆玉辇从时巡。
关南关北草色新，四海贡赋来相亲。
大车连属小车侣，雪地冰天无险阻。
玉帛谷粟取不穷，诛求那信人民苦。
书生潦倒家无储，凄凉忽见盘车图。
侧身怅望长嗟吁，天子亦念东南隅。

送艾至堂明府之岭南任

清·刘绎

料理名山业，人皆待宦成。
君才偏晚出，著作在平生。
南矣欣吾道，东之望此行。
十年甘苜蓿，应耐冷官清。

次韵子瞻送范景仁游嵩洛

宋·苏辙

寻山非事役，行路不应难。
洛浦花初满，嵩高雪尚寒。
平林抽冻笋，奇艳变山丹。
节物朝朝好，肩舆步步安。
酴醾酿腊酒，苜蓿荐朝盘。
得意忘春晚，逢人语夜阑。
归休三黜柳，赋咏五噫鸾。
鹤老身仍健，鸿飞世共看。
云移忽千里，世路脱重滩。

西望应思蜀，东还定过韩。
平川涉清颍，绝顶上封坛。
出处看公意，令人欲弃官。

偶题
宋·邓肃

才薄难趋供奉班，归来作意水云闲。
谪官谩说九年计，客枕曾无一夕安。
渭水不应藏钓艇，淮阴便合起登坛。
唤回胜景凭夫子，使我甘归苜蓿盘。

句（其三）
宋·梁安世

蕃马步衔青苜蓿，羌儿卧唱白铜鞮。

足子苍和人诗（1169年）
宋·胡仔

执戟老人双鬓斑，陆沉三世不迁官。
穷如老鼠穿牛角，拙似鲇鱼上竹竿。
岂有葡萄博名郡，空余苜蓿上朝盘。

食田螺
宋·韩元吉

几年客勾吴，盘馔索无有。
鯹咸咀彭蜞，臭腐羹石首。
牛心与熊掌，梦寐不到口。
朅来灵山下，空肠尚雷吼。
苜蓿映朝餐，杞菊富肴薮。
相过有贤士，无以侑卮酒。
跰蹮樽俎间，见此青裙妇。
百金买市城，竞拾不论斗。
柎中本离化，黝质真坤耦。
稍稍被寒泉，累累付清潴。
舒觞颇甘荂，室户还畏剖。

芼姜摘其元，璀璨置瓦缶。
中年消渴病，快若尘赴帚。
含浆与文蛤，未易较先后。
吾生亦何为，甘此味岂厚。
醢之自周官，况我乃田叟。
尚殊鼠供苏，复类蟆饷柳。
北风饫竹实，南俗夸针取①。
虽非绿纹酚，仅免青泥呕。
据龟定应用，啖鳆良可丑。
谁能事颜色，此腹嗟敢负。
诗成调儿曹，吾意真亦偶。

①自注：北人以螺作串，吴中富家以银针食螺。

谢两知县送鹅酒羊面二首（其一）

南宋·陈造

僧样斋厨冰样官，饥凭脱粟食无单。
不因同里兼同姓，肯念先生苜蓿盘。

题汤松年画卷（其一）

宋·仇远

貌得人间真乘黄，曹将军后有韦郎。
奚官牵挽犹西望，似忆春风苜蓿长。

风雨不出

宋末元初·仇远

儒官少公事，闲坐如家居。
闭户听风雨，重读架上书。
岂无借书瓻，小酌勿用沽。
岂无苜蓿盘，园丁送嘉蔬。
溪童把钓竿，时得径寸鱼。
采薇拾橡栗，视此已有余。
怀哉天地恩，不弃无用儒。
舍此将何之，狂士多迷途。
终不如归田，一蓑溪上锄。

神符山乡避寇效杜少陵同谷七歌（其一）
宋末元初·黎伯元

有客有客黎氏子，携书积岁辞故里。
朝食日照苜蓿盘，夜灯风露亲图史。
三年官闲归未得，避寇转徙荒山里。
呜呼一歌兮歌激扬，青春伴我留他乡。

拙轩
金·王寂

拙轩少也绝交朋，闭门坐断藜床绳。据梧手卷挑青灯，目力自足夸秋鹰。
一行作吏负且乘，简书夜下催晨兴。心劳政拙无佳称，高枕缓带吾何曾。
年来安东逐斗升，吻胶背汗疲炎蒸。到官簿领交相仍，临事自笑无一能。
督责老掾询聋丞，曰畏罪罟空凌兢。穷荒九月河水冰，玉楼冻合衣生棱。
毡裘火坑寒不胜，呼吸未免髯珠凝。积忧蓄热邪上腾，阿堵中有轻云凭。
临窗射日绝可憎，决眦泪霣长沾膺。初谓造物何侵陵，细思无乃示小惩。
世医肤见浪自矜，肝胆岂易分淄渑。屏除嗜欲学山僧，此理盖出三折肱。
斯文未丧信有征，天其使我双明增。要作楷字头如蝇，表乞骸骨归丘陵。
负郭二顷产有恒，堆盘苜蓿衣粗缯。醉眠床下呼不应，自许此著高陈登。
饭余睡足支枯藤，老眼细数云山层。

史馆暮春有感呈承旨野庄公
元·陈孚

满箧诗章未必传，微官束缚正堪怜。
蘼芜满院又三月，苜蓿堆盘无一钱。
洛邑家书黄犬上，巴山旧业子规前。
夜听儿女青灯话，似觉朱颜老去年。

天马歌赠炎陵陈所安[①]
元·刘诜

房精夜堕荥波中，骅骝奋出如飞龙。
昂头星官逐枉矢，振鬣云阙追天风。
汉家将军三十六，分道出塞争奇功。
当时一跃万马尽，蹴踏少海霓旌红。
韩哀谢舆伯乐去，蹴块误落奚官庸。
十年皂枥食不饱，虽有骏步难争雄。

春随锦鞯北陵北，秋卧衰草东阡东。
时从驽骀饮沙涧，未免泥滓沾风鬃。
夜寒苜蓿山谷迥，长嘶落月天地空。
时平文轨明荡荡，万里夯山无虎帐。
交河不用踏层冰，裹足山城学驯象。
吾闻天子之厩十二闲，骥騄并收无弃放。
金根云罕出都门，唤取雍容肃仙仗。

① 所安名泰甲寅以天马赋领荐下第颇不遇故以此叹之。

给事以马乳贶就索诗
元·张翥

挏官载出橐驼马，分得官壶给事家。
代饮酪奴宁许敌，蒸豚人乳不成夸。
肥凝晓露鸱夷革，香带秋风苜蓿花。
长与诗翁消酒渴，肯辞为客住龙沙。

送罗季通之崇明学政
元·成廷圭

海上孤舟作冷官，也知清选重儒冠。
秋潮好掣珊瑚网，晓日休歌苜蓿盘。
士子几家能食禄，汝翁早岁已遗安。
老人亦有乘桴意，僦屋西沙度岁寒。

孟畹还京
元·李稵

喜汝长身拜大官，还忧苜蓿日堆盘。
且须无韬遵家学，忠孝修名永不刊。

题五马图
元·李昱

开元四十万匹马，谁是超然出群者。
曹韩笔刀非不工，须信真龙最难写。
真龙只有拳毛䯄，太宗骑此开唐家。
雄姿猛气世无敌，当年识者久叹嗟。

吴兴公子画五匹,满眼风云起萧瑟。
一匹玉花咕且骄,一匹飞黄甚飘逸。
驳文殊者一匹雄,一匹紫电奔长虹。
中央正立一匹胡青骢,遂令四马皆下风。
想见承华春苜蓿,此马由来字天育。
殷红盘袍帽纹縠,奚官秋策采监牧。
花萼楼前风日迟,五王宴罢何逶迤。
乃知画师用心苦,俟我落笔题新诗。
大明天子飞龙骑,汗血功成即天位。
真龙复出凡马空,眼见此图传万世。

送吴巡检

元·汪泽民

弢弓箙矢发征鞍,元是青衫一冷官。
鸡犬不惊桴鼓静,狐狸屏迹里闾安。
纵迟万里云霄路,还胜三年苜蓿盘。
去去桐川动诗兴,梅含椒萼雪初干。

寄东湖书院高训导

元·刘仁本

教养东湖马广文,诸生训迪得高君。
故家子弟多聪俊,旧业诗书定策勋。
白首穷经人已老,青灯考课夜初分。
休言苜蓿含朝日,自是先生乐采芹。

> 寄东湖书院高训导
> 元 刘仁本
>
> 教养东湖马广文诸生
> 训迪得高君故家子弟多聪
> 俊旧业诗书定策勋白首初
> 经人已老青灯考课夜初分
> 休言苜蓿含朝日自是先生
> 乐采芹

送陈用吉分教夏津

明·赵体仁

才名早岁擅登坛，此日官仍苜蓿寒。
暂借传经开绛帐，终期射策动金銮。
夏云直接河汾近，津树应齐岱岳看。
君去我留堪寂莫，一尊聊自酌更残。

> 送陈用吉分教夏津
> 明 赵体仁
>
> 才名早岁擅登坛此日
> 官仍苜蓿寒暂借传经开绛
> 帐终期射策动金銮夏云直
> 接河汾近津树应齐岱岳看
> 君去我留堪寂莫一尊聊自
> 酌更残

陈情一首同呈

明·殷奎

曾因才短故辞官，还得前时苜蓿盘。
病骨支离惭倚席，客怀牢落强峨冠。
慈闱老去家贫甚，先垄年来水啮残。
圣主仁深恩例在，愿推余润到荒寒。

王宪佥馈饼饵
明·殷奎

绣斧分巡礼数宽，怜才特地辍朝餐。
官厨饼馓红绫样，分入先生苜蓿盘。

题郑浮丘碧蕉书馆
明·王恭

郑老心闲却忘官，泮林唯对碧蕉闲。
盈轩色映乌纱帽，拂几凉生苜蓿盘。
半榻秋声寒外落，一帘幽梦月中残。
杜陵野老时相问，应遣题诗叶上看。

春坊入直。书怀录示成谨甫（其二）
明·徐居正

生长乾坤俯仰间，将身六尺任疏顽。
圣时不欲防贤路，冷语何须得热官。
造物乘除真戏剧，功名毁誉足悲酸。
春坊学士人休笑，朝日明明苜蓿盘。

次钱世恒绣衣韵（其一）
明·张弼

鱼城如块旁江安，叠鼓鸣笳接好官。
百粤飞霜千载遇，九霄明月万家看。
高怀欲挂榑桑剑，苦节何辞苜蓿盘（识得此二句可以为丈夫矣）。
最喜虞山春似海，绣衣绦服奉亲欢。

二月日。臣特蒙上恩赐臣老母米谷。仍除臣官职。臣不胜感激。诣阙陈谢。道中。率尔寓兴。兼柬曹（大虚）（其二）
明·俞好仁

岭南春尽已花残，岭北花迟尚薄寒。
物色也应随节换，风流自是阻君欢。
遨头跌宕鸬鹚酒，函丈阑干苜蓿盘。
世事年来看烂熟，临歧空自驻征鞍。

送贵英之名山司训①
明·林文俊

才颇如人命不如，江湖落魄几年余。
一官老始分鳣席，千里妻能挽鹿车。
心泰也知由乐道，眼昏可得便抛书。
但求苜蓿盘中满，弹铗无劳叹食鱼。

① 贵英自入湖广，遗其妻在家，今益贫且老矣。予欲其携之官，故有第四句。

秋兴二首（其二）
明·袁袠

仙仗行宫旧内居，花间往往驻鸾舆。
徒闻汉帝横汾曲，不见长卿谏猎书。
天子射蛟开水殿，奚官牧马遍郊墟。
蒹葭苜蓿秋无限，怅望烟云万里余。

黄见源再过小斋而余阙一造谢微名羁人无论远近雨中话旧漫赋此章
明·冯惟敏

欲渡西津屡未能，闲官犹自愧良朋。
微茫一水成疏越，咫尺三山阻共登。
每忆春风燕市酒，重怜夜雨郡斋灯。
高情从此频过访，苜蓿盘餐恐不胜。

官舍杂咏（其七）
明·黎民表

灌园常不仕，沿牒偶为官。
夜宿芸香阁，朝看苜蓿盘。
草玄能尚白，炼骨未成丹。
终拟藏名去，墙东老鹖冠。

杜伯理诸寅夜过
明·欧大任

稍适过从兴，俱忘请谒劳。
江淮今盛府，宾客有吾曹。
浊酒篱花冷，清歌海月高。
自怜官舍里，苜蓿半蓬蒿。

送魏季朗赴镇江文学

明·欧大任

才子今为都讲师，曾将奏牍上彤墀。
书题京口三山长，工问延陵十字碑。
苜蓿有官无饱饭，茅柴何处不堪诗。
竹西尚记缁帷在，江上寻君自可期。

酬刘仲子双鲤歌

明·欧大任

淮河春水高七尺，西入潢川浸蛇石。
千里汝南皆疾风，天地黝惨雷霆激。
蛟潭涛起龙宫幽，鹭走獭饥鱼尾赤。
刘君好事来欢呼，钓竿袅袅沉珊瑚。
出手获得四十九，送我长淮双鲤鱼。
贯之以柳尚瀺灂，庐儿三匝喜欲跃。
急呼饔人奏鸾刀，鲙出玉盘雪飞落。
先生惯饱南海鯭，一官苜蓿亦不薄。
得此引觞仍大嚼，紫驼翠釜非吾乐。
劳君尺素劝加餐，字字琳琅石上看。
君今正是投竿日，我已思归烟水寒。
他时鲈鳜傥堪煮，更有新诗报淮汝。

腊日敬美见过饮酒歌

明·欧大任

北风腊八寒云白，海子金堤冰一尺。
学宫之东禅院西，桊户商歌老夫宅。
谁来下马能相呼，问著便是高阳徒。
目摄鸥夷共解带，平头奴子向市酤。
即无十千买一斗，恰有三百提双壶。
厨中苜蓿稍可办，仓卒为君佐欢娱。
忆昔逢君广陵道，伏阙上书行草草。
强欲遮留小犊车，挥杯不顾伤怀抱。
我从光州持服行，访君兄弟娄江城。
扁舟相送昆山下，涓滴未饮涕满缨。
只今日月光华旦，弹冠交庆当隆汉。
君为至尊符玺郎，我作先生广文馆。

掀髯大酌未辞贫，握管分题亦堪玩。
此时不饮胡为乎，帘外雪花复零乱。
人生遇酒且尽欢，丈夫未足羞微官。
岭头我已捆行屦，湖上君曾持钓竿。
袖有吴钩何所用，藏虽越锷借谁看。
梅福讵知逃市易，刘伶岂但闭关难。
笑谓东方差解事，陆沉金马在长安。

都台纪事四首（其二）

明·王养端

二月皇州春事稀，玉堤琼榭尽芳菲。
农官夜候醯寔降，苑监朝供苜蓿肥。
宝盖拂云双凤集，衮衣浮日六龙飞。
山人无路将芹曝，拟傍台阶颂紫微。

广陵访欧博士桢伯

明·陈履

烟水长芙蕖，芜城五月初。
为怜羁旅客，来访广文居。
问字怀偏切，论文兴有余。
三年殊契阔，一见重踌躇。
地僻堪留客，官闲可著书。
吟轩饶苜蓿，讲肆落鳣鱼。
宦业休论薄，时名信不虚。
芝兰争秀发，桃李自扶疏。
行迹惭漂梗，归心忆敝庐。
漫将牢落意，聊向故人摅。
春殿开金马，天门敞石渠。
悬知汉家诏，早晚召严徐。

坐门议百官助马

明·黄锦

坐破门毡意已枯，床头还得酒钱无。
空将苜蓿求天马，谁是筹沙却狡图。

题肤功雅奏图（其一）
明·邝露

一曲清歌送谢安，青云天上忆弹冠。
千秋苜蓿归秦垒，九伐威仪肃汉官。
涿鹿月连弓影合，卢龙霜落剑花寒。
明时自笑终童老，欲请长缨愧羽翰。

题内府所藏唐人百马卷子
明·顾景星

开元厩马四十万，天宝从龙谁最健？
夜偎火鼓延秋门，昼争豆䇲感阳店。
万里桥头百存一，骑去东宫还几匹？
当时刍秣尽凡才，急难何曾见腾逸。
此图蒲稍仅百马，毋乃乐坊教成者？
细看不是临阵姿，可惜登床汗流赭。
黄衫奚官三五人，镂花玉带绣抹巾。
羁前宝络坠金铎，覆以罗帕承锦茵。
可怜贼破西京后，此马全为承嗣有。
鼓声应节反见妖，血碎桃花死犹吼。
图藏内府已千年，相传画手南唐前。
画师有意惜奇骏，不遣驱驰供舞筵。
君看老骥还遭放，尽有骅骝气凋丧。
苜蓿难逢大宛种，苁蓉屡湿边庭瘴。
俶傥何须四百蹄，壮观争多真画师。
转思骙骙不世出，天子独乘何所之①？

① "刍秣尽凡才"二语，比当时豢养庸流，临难退避，如陈希烈、张垍之辈，而颜真卿之忠直，不识为何如人也。借题发挥，乃见作手。

由汴入洛途中杂述（其二）
明·钱澄之

炎夏趋程使者车，红尘一路马头遮。
茨梁喜见堆场麦，苜蓿闲开绝域花。
过驿懒陪常例酒，回鞭为受结缘茶。
汴渠烟尽成官道，何处堤杨有暮鸦。

天津八景（其六）天骥连营
明·李东阳

危阑一曲俯平川，万骥联营下九天。
沙地雨肥青苜蓿，日华晴散锦连钱。
使宛枉作开边计，归华真传定鼎年。
白发奚官无一事，太平天子罢游畋。

霜后拾槐梢制为剔牙杖有作
明·陆深

金篦与象签，净齿或伤廉。
青青槐树枝，一一霜下尖。
偶闻长者谈，物眇用可兼。
搜剔向老豁，其功颇胜盐。
两坚苦难入，薄肉忌太铦。
眷此木气余，柔中末逾纤。
复有苦口利，用之代针砭。
余官自槐市，日夕映斋檐。
西风动中宵，干雨鸣疏帘。
呼童事收拾，把束若虬髯。
试以苜蓿余，风致殊清严。

饮西樵邸中与耿十三承哲夜话
清·彭孙遹

苜蓿衙斋冷似年，开樽不惜酒如泉。
微官且喜同传舍，一醉还能减俸钱。
清梦夜悬长白树，朱门寒锁蓟邱烟。
相从莫更辞频数，萍合天涯亦偶然。

苜蓿
清·汤贻汾

吾官亦云冷，苜蓿餐自宜。
肯以牧吾马，马肥吾当饥。
农家不肯食，朽以粪亩洼。
乃知真率味，如人与时违。
兼恐乘槎人，亦未咀得之。

海音诗（一百首之一百）
清·刘家谋

己、庚、辛、壬，历四载矣。
四年炎海寄微官，虚吃天朝苜蓿餐。
留得秦中新乐府，议婚伤宅总忧叹。

李润圃夫子分训广昌诗以奉怀
清·刘天谊

三年薄宦近如何，每值西风怅望多。
闻道官厨犹苜蓿，所欣边士亦弦歌。
成文应勒飞狐岭，觅句常临拒马河。
偶过燕秦来去路，知将剑术笑荆轲。

送朱勿轩明府之官浙江二首（其二）
清·刘天谊

涂抹新辞帖括酸，亲民吏未是粗官。
一方初植甘棠荫，卅载曾安苜蓿盘。
南宋旧闻诗料在，西湖胜地画图看。
伫听循绩传都下，莫怯清风两袖寒。

醴泉道上简何兰庭刺史
清·邓廷桢

两行官柳散朝烟，正是轻寒助麦天。
新时河山芳草外，昭陵弓剑白云边。
幽居欲访烟霞洞，潞水初分苜蓿田。
咫尺扬州何水部，相思不见意攸然。

桐孙复和有曰归恐未易随境且达观之语仍次韵奉柬（丁巳）
清·江湜

我本淡荡人，失身充贱官。
颇来朋辈嘲，此举殊无端。
答以浙中胜，借宦探岩峦。
连山富笋蕨，既足供蔬盘。
鱼羹脱粟饭，何处不餍餐。

饱时即寻山，修径穷萦蟠。
好摹谢公作，赠与闲僧看。
岂知一入世，此身同逝湍。
衮衮常参班，屏气伤吾肝。
脚靴手版者，不计集若干。
孤心困众咻，一叹失百欢。
便欲强为同，如鱼缘竹竿。
归来窘米薪，食窄愁肠宽。
感君急相慰，诗来墨未干。
弃官固难必，愿再联游鞍。
饥劳难两患，姑作闲事观。
君亦好自遣，勿用愁漫漫。
想见授餐处，苜蓿长阑干。

初至新化赠张蓉裳学博

清·左宗植

我初试缁尘，乡贡赴京甸。
踏月款湘馆，始识先生面。
尘囊发鸣琴，行箧诵诗卷。
清言似味蔗，往往耐嚼咽。
长安仕宦海，倥偬预计选。
得官宰百里，孥仆欣以忭。
庶几抒夙抱，盘错利器见。
谁知达者怀，自匿不可谏。
朝上投劾书，暮授文学掾。
酸寒古梅峒，环堵坏不缮。
瓦吹风打头，床漏夜易荐。
旁人或色难，先生乃安便。
陶然斗室中，弦歌杂谐宴。
间吟七字诗，号占万象变。
雪风入牙颊，喷喝出璀璨。
粼粼溪流清，触石蹙涡漩。
自然成文章，足可医汗漫。
觥觥欧夫子，古处耄不倦。
缟纻半南北，目历几宿彦。
独喜从吾游，款款似亲串。
飘然李郭舟，那顾望者羡。

鲰生少为儒，兀兀事文研。
辞亲学干禄，妄想那能免。
归来湖湘间，习飞始斥鹖。
移家就冷署，甘旨惧不办。
差幸苜蓿盘，臭味同所愿。
惟惭论年学，短绠及道浅。
只有肝鬲间，迂拙不自贱。
何图君子知，刮目及蹇钝。
资西盛桃李，簌簌花满县。
濂溪此遗泽，望古想空缅。
懔然俎豆旁，何术盥昏懦。
枉辱忘年契，温奖惧非分。
古人金石交，颂祷寓箴劝。
岁晚霜雪零，君躯幸保善。
微诗聊以贽，并用志缱绻。

子由寄怀子瞻每讽韦苏州何时风雨夜复此对床眠之句甲子秋赋古诗五章寄吴门学博三兄以复此对床眠为韵（其四）

清·张英

一官寄吴会，苜蓿不充肠。
谋身若无策，教士端有方。
皋比座岳岳，讲鼓声琅琅。
大儿发垂肩，双燕新颉颃。
中男复秀慧，趋拜阿叔傍。
幼儿如琢玉，绣裤吹微香。
闲官易乞假，宁不怀其乡。
萧萧竹窗下，方今施两床。

九日（其二）

清·梅云程

官舍萧萧似野村，又逢佳节倒清尊。
芙蓉开谢秋心在，苜蓿凄凉宦味存。
腕下难成风雨句，鬓边易染雪霜痕。
逡巡懒著登高屐，对坐南山翠拥门。

家模册歌（并引）（己丑）

清·翁方纲

德庆州学官，进取奉家模册来，属书其后。进取为揭阳东崖襄敏公裔孙。东崖与吾冰崖公同爵同谥，忠说谟略，先后著声胜国，而小子家先世画像之失久矣。册凡二十九幅，自唐谏议文饶公、宋补阙用亨公六桂以来，暨我十一世祖明翰林检讨醉庵公、十世祖宫保户部尚书冰崖公、九世祖工部都水主事谦谦公，簪笏俨然，金紫相望，忠孝典型具在，盖吾家由莆田迁北京几三百年以来，未睹之仪容，小子一旦获敬拜焉。既命工摹之，以俟归而告藏于家庙，乃作是歌。

　　吾家北京岁丁卯，乙科起自水部郎。到今二百六十载，支分南北难具详。
　　小子甲戌始读谱，诸派为目闽为纲。闽又莆田冠于首，次第乃及延福漳。
　　刺桐花开刺桐巷，朱紫衣满朱紫坊①。雪崖冰崖翰林后，父子兄弟同朝堂②。
　　侧闻莆中岁致祀，冰崖公像人弗忘。翰林尚书有手训，储弆宝墨夸琳琅。
　　六桂芬嗣兴福里，八景咏传竹啸庄③。南北迢遥十余世，听音望远同谷梁。
　　甲申持节来岭海，粤海正接闽海疆。广文一册手示我，昨秋舣棹端溪旁。
　　幅几三十世数十，族衍于宋承于唐。螺江钓翁昼锦客，锦袍高唱槐花黄。
补阙而后派分六，秩然昭穆临冠裳。法曹（二桂公）少府（三桂公）失摹本，尚待访旧归缥缃。
　　清江清浦卜宅后，忠孝经济兼文章。连翻数幅屹眉宇，磊落骨鲠双颧方。
　　醉庵冰崖各有赞，赞皆自作词清苍。匪徒簪笏炫黼黻，要信品望如圭璋。
　　纸色荧荧精彩动，笑颜蔼蔼庇荫长。慈孝都如一庭聚，诗书贻我万丈光④。
　　昔时闽粤两襄敏，后先德业遥相望。粤襄敏公族尤盛，居于潮郡于揭阳。
　　贤哉广文能世守，播迁所失犹珍藏。苜蓿冷官莫厌冷，校士于此吾家常⑤。
　　须知勤苦起诵读，如彼稼穑谋耕桑。一经一籯孰肯构，再命三命思循墙。
　　吾祖廉吏清白极，两世孺守茹糟糠。小子至今未能报，不待展册涕已滂。
　　摹诸绢素供家庙，拜告洗爵筵焚香。如承家诫禀家范，庶守无射垂无央。

① 宋尚书礼部员外郎、殿中丞上柱国伯起公所居也，是为一桂公。
② 雪崖，冰崖公兄，历官贵州布政使参议。
③ 冰崖公有集唐竹啸庄八咏，载《冰崖诗集》。
④ 冰崖公《竹啸庄》诗云："怪底文光长万丈，有人高步在瀛洲。"
⑤ 醉庵公训导仁化，冰崖公第六子南壶公教授肇庆。

种菜歌为郑稼夫（涂）作

清·何栻

　　田园将芜归去来，欲行不行心徘徊，嗟我肉食非其才。
　　我不能蛴螬聚蠧食半李，蚂蚁分膻钻大槐。
　　充肠亦自足藜藿，糊口何用辞蒿莱。
　　朔来岂屑一囊粟，隗始正慕千金台。
　　安知饮啄已前定，命薄不受天栽培。

噫嘻，芸生柢地岂有殊根荄，彼荼此荠谁其主者纷安排。
不识我于禄籍注何等，异日饥驱饱卧今日安能猜？
今之人兮，但知李叔平翟子威。
龙阳洲上藏木奴，鸿郤陂中收芋魁。
君不见郑余庆，整顿葫芦治宾纂，薛令之阑干，苜蓿充官斋。
仙厨鸾凤乃如此，而我离蔬释屦何为哉。
稼夫学稼兼学圃，有田在吴身在鲁。
长镵大笠长相左，君自不归归亦许。
我昔游姑苏，独倚金阊眺平楚。
半州绿水半州山，一寸黄金一寸土。
当日荒台纵鹿游，于今列舍争蜂聚。
虎邱飒沓涌仙梵，鹤市掀阗屠酤。
人声如潮沸子午，不习更桑习歌舞。
闹处但闻争璞鼠。
桔槔那怪有机事，锄锸正愁无隙所。
但需负郭二百亩，未要封侯十万户。
天悭独不畀区区，人满故难营膴膴。
岂知众人所弃君所取，聚族携孥远城府。
雄才久蓄计然计，雌伏甘如处女处。
求田要作多田翁，治生原为养生主。
从监河侯贷升斗，与洞庭君裂土宇。
兔园旧册种树篇，鸿宝新书井田谱。
蓑衣箬笠长谢东诸侯，琅菜琼蔬待乞西王母。
种分白璧何累累，花散黄金亦栩栩。
晚菘早韭足夸周，细菌寒匏那羡庾。
痴肥蓣蕧易生儿，老辣芥姜应共祖。
红丁簌簌绽蒌蒿，绿甲森森褓蒿苣。
葱挐龙爪蕨舒拳，苋挺狮头茄发乳。
青黄碧绿难为名，芼炙烹羹胥听汝。
梦酣定不斗羊蔬，客至犹堪侑鸡黍。
君不见庾郎食鲑二十七，太常斋期三百五。
天茁此徒佐鼎俎，强欲得之天不与。
世人饕餮事口腹，口腹未甘心已苦。
岁租十县给初筵，日费万钱谋下箸。
赌射呼奴解俊牛，过厅命侣推肥羜。
传餐新配五侯鲭，置驿远封千里脯。
直分膏润丐三彭，自蓄腥昏招二竖。
咕肥岂独齿先亡，蕴毒将无脾半腐。

嗜好酸咸那可医，性灵淡泊谁能咀。
豉香盐白最宜人，饮血茹毛终胜古。
养贤何必尽大烹，食淡岂惟为小补。
真香融洽留齿牙，元气清虚还脏腑。
已办冰壶作佳传，更从玉版参禅语。
久含此意何时吐，乐事行将与君赌。
候鸟惊人呼九扈，可惜流光去如弩。
岂不怀归念终窭，安能缩地师壶公，从此栖山友巢父。
谁非沮溺徒，乃与绛灌伍，使我有田可芸门可杜。
胡不脱冠为履苴，笔研将来投一炬。
吁嗟乎，刍狗文牺何足数，灌园叟，卖菜佣，闭门何地无英雄。
君不见邵平锄瓜东门外，杨恽种豆南山中。
当时亦复肉五鼎、粟万钟，一跌遂与农夫同。
何若留侯辟谷从赤松，不然采芝径蹑东园公。
可怜桃梗畏春雨，却忆莼菜惊秋风。
身无缰锁谁羁笼，驱之驱之吾欲东。
人定不忧天不从，君其圃矣吾其农。

次日岐农叔川以诗至占此奉荅（丁卯）

清·何绍基

讲社城南苜蓿盘，恰逢快雨润秋乾。
天心为活千畦菜，地脉今回万井澜（近日菜畦、井水俱枯矣。）。
远道传书诗境接①，重阳忆菊酒怀宽（菊花尚无信。）。
墙头屐响来新句，风味幽奇属冷官。

① 适杨海琴寄来放翁「诗境」两大字属题。

二、苜蓿教官儒官

赠教官旧友

明·金时习

白首横经书榻寒，数间精舍对青山。
广文自古无毡席，清味初吟苜蓿盘。

送李伯胤赴平壤庶尹

明·李廷龟

箕城古名都，额额繁华境。
以有箕范遗，其人礼教秉。
西北本关防，士马又精劲。
念昔被贼初，兹城为蔽屏。
一路赖安全，于今国犹幸。
地大且民夥，自昔烦簿领。
少尹实主理，抚按须才颖。
君侯金玉姿，英雅实天挺。
溟鹏云路远，仙鹤霜毛整。
盛之白玉堂，蔼蔼其文炳。
侃侃立青蒲，发论皆忠鲠。
天官秉铨笔，秀气横台省。
中岁竟坎坷，失路随萍梗。
长闲学益进，屡踬心愈静。
二年苜蓿盘，儒官饱寒冷。
兹行诚不意，又踏西关岭。
青衫趋幕府，白发飒垂顶。
朋侪惜解携，别怀临暮景。
浿岸起秋风，迢迢川路永。
行矣勉王事，西民久延颈。
牙门吏卒骄，抚御调宽猛。
傍路接应烦，民愁宜察影。
武备最先饬，文教尤深省。
棘林非凤栖，此意谁上请。
大器须外劳，公望期台鼎。
但愿加飧饭，此心长耿耿。

都门杂纪八首（其六）

清·许瑶光

三京六外一儒官，吴蜀燕齐道路宽。
无分仓储分禄米，颇输苜蓿作亲盘。
南行遵海求秦驻，东去看潮吊宋端。
倘把湖山夸宦境，仁皇纯庙旧鸣銮。

订交诗赠邓湘皋同年学博

清·程恩泽

同谱偶然耳，对面不相识。
神交共千里，何况几席侧。
早春造我闼，秀眸映火色。
警词接软语，握手出胸臆。
诗名三十载，山海溢残墨。
倾倒公诸侯，操卷面向北。
如何赋穷鸟，屡铩垂天翼。
古有通榜法，原以网奇特。
使君不奏牍，寸管孰华国。
谁知高蹈心，兼不受吏职。
苟有田可佽，亦弗苜蓿食。
我闻师儒官，以道以贤得。
士乃天下本，学用三代式。
此地里屈宋，岂乏走籍湜。
徒以利禄诱，诗礼亦作贼。
坛宇倘能辟，来者踵相陟。
我呼我友助，俯仰愧所植。
我友昌于道，其道去华饰。
诗文道之余，实具龙象力。
文得欧苏正，诗欲杜韩逼。
万卷纷在眼，万卷付销蚀。
何必儗前古，要自道悃愊。
我意从同同，三叹转默默。
我别我友后，院锁不踰阈。
心知四山外，花鸟红组织。
我得我母书，慈体康且直。
幸赖韩康药，共戴阳庆德。
且念游子出，家人易惶惑。
频款北堂曲，告以颐养则。
倾盖如白首，此事已堪勒。
矧更隆我母，此意尤悱恻。
我将盟夫子，海枯石以泐。
读君诗若书，仰屋三叹息。
我步严子韵，投足畏荆棘。
君乃步我韵，云栈失其仄。
岂免过情誉，恐是相亲亟。

曾否过严子，风雨一镫黑。
曾否话行客，行客正遥忆。
同心而离居，后会宜爱啬。
爱啬君子交，毋使流俗测。

寄同斋尹虞卿

清·牛焘

虞卿少年蕴才华，懊懊雅度俨方家。
儒官一洗清毡旧，日费不惜万钱奢。
在昔文山传高足，只今边徼多士服。
我来与君同职司，惭愧阑干长苜蓿。
羡君英年耐皋比，满座春风佛绛帷。
云移讲树书声静，花满闲阶蝶梦迷。
相逢数倾北海酒，豪情不计石与斗。
我亦诗狂旧酒徒，可惜衰残今白首。
白首遐荒多寂寥，山川迢递故乡遥。
登楼作赋我愁剧，对客挥毫君兴饶。
三年边塞扫烟雾，千里云山来亲故。
桑落秋香月满庭，琴弹昼静蝉鸣树。
闲评木石发幽光，空心确凿金刚香①。
君真好奇搜求怪，镌劚造物尽文章。
文章本自天才逸，赵国虞卿徒抑郁。
几人作宦定显扬，未必穷愁方著述。
　　　　君不见，
毛公檄书老莱衣，人生乐事在庭帏。
喜君萱堂春正永，他年昆华衣锦归，愿晋霞觞庆古稀。

① 空心石出思宗，金刚香出镇沅，皆其所好。

三、苜蓿斋/轩

苜蓿斋

明·欧大仁

厌作悲秋客，欢逢赋雪游。
玉关平岳色，银海入淮流。
酒薄青毡馆，诗工紫绮裘。
未须期访戴，且醉汝南州。

郡中送膳钱至苜蓿斋渐有酒矣戏呈同僚
明·欧大任

馆里高歌似郑虔，藜羹麦饭已经年。
何来阿堵呼儿举，谁信先生只有毡。

江州刺史苏司业，似胜屠沽市上儿。
便可从君看山色，餐钱今作酒钱支。

过欧广文苜蓿斋同元美赋
明·徐中行

苜蓿斋清海月县，桂枝新发早秋天。
小山自喜留词客，微禄犹堪给酒钱。
双剑并缘欧冶出，孤琴曾是广陵传。
相逢片语能蠲疾，不俟观涛已霍然。

斋居书事
明·丘云霄

宦况怜今夕，孤怀傲世尘。
溪山足吏隐，苜蓿长园春。
昼静云移榻，阶闲雀近人。
古来毡亦冷，聊尔遂吾真。

题屿南林遵性学圃轩

明·王恭

君家书室依林坰，日夕清辉多在庭。
出户时看花屿近，卷帷唯见董山青。
苍苔古木连深曲，悬萝石上孤云宿。
露叶垂篱菘薤香，水藤拂槛瓠瓜熟。
任是闲门客到疏，自甘萧散学犁锄。
新凿小池宜抱瓮，时闲高馆复携书。
纷纷甲第皆梁肉，何事丘园未干禄。
稚子能羞苜蓿盘，家人解压葡萄绿。
寂寂林扉绝四邻，角巾野杖亦容身。
公门若更栽桃李，先数林泉种圃人。

邹赛贞（一首）

赛贞，当涂人，赠监察御史谦之女，翰林编修濮，韶之母，封孺人。有《士斋集》（潘景升云：孺人诗文，端严典雅，惜幼之。所习长之，所从皆在苜蓿斋中，未免涉寒酸气）。

送薛云卿还海虞

明·沈孝征

忆君访我风凄凄，梅花始开香雪迷。
君今别去春已尽，人归何似春归紧。
　春归花鸟阑，人归诗酒寒。
君归即是我归路，我欲从之不得渡。
恨杀留春不肯住，还愁送君君不顾。
我今送君在何所，中泠以南还顾渚。

饱嚼紫笋啖青梅，水底黄鱼三尺许。
累累卢橘大于拳，葵榴照眼争相鲜。
一石已尽呼不歇，吴姬调笑歌当筵。
　　　歌当筵，声几度。
醉花何处不留吟，报尔周郎应弗误。
尔时回首罾湖头，白云片片凌沧洲。
谁更行吟纷未已，并入于于蝶梦里。
翩翩重问广陵涛，苜蓿斋中读秋水。

周篆六招饮斋中

明·胡应麟

苜蓿空斋坐典坟，居然野鹤在鸡群。
前身宋玉偏能赋，早岁陈思善属文。
绝顶匡庐扪坠雪，深秋滕阁卧飞云。
何须更作如椽梦，粲烂朱华邺水濆。

沈绍宗东图轩

元·凌云翰

隐候美孙子，学古将入官。长以空洞腹，负此苜蓿盘。
轩东地颇衍，日出作愈艰。偶得树艺术，永充朝夕箪。
种蔬不欲密，瘦地方易殚。种蔬不欲稀，粝食味易阑。
学圃固云陋，灌园乃所安。杞菊春可揽，葵藿时加餐。
之子方挟策，同寅俟弹冠。不爱东门瓜，不爱九畹兰。
爱此菽水奉，宜尔萱亲欢。有圃当耕锄，有田可游观。
一朝蠖之屈，九万鹏斯抟。相期阆风上，高步青云端。

元　凌云翰

沈绍宗东图轩

隐候美孙子学古将入官长
以空洞腹负此苜蓿盘轩东地颇
衍日出作愈艰偶得树艺术永充
朝夕箪种蔬不欲密瘦地方易弹
种蔬不欲稀粝食味易阑学圃固
云陋灌园乃所安杞菊春可揽
蘧时加餐之子方挟策同寅侯
冠不爱东门瓜不爱九畹兰爱此
菽水奉宜尔萱亲欢有圃当耕锄
有田可游观一朝蠖之屈九万鹏
斯抟相期阆风上高步青云端

海江送林中州归

明·王恭

不羡鱼羹饭，宁甘苜蓿香。
小斋邻蟹舍，曲儿近蛟房。
别路分沙堰，行衣受海霜。
到家看旧竹，凉月满横塘。

真定道中

明·袁宗道

冯高聊引睇，草色上征裾。
垣断暮山出，沙平江树疏。
清斋甘苜蓿，适意任蘧篨。
问我年来兴，东溪足钓鱼。

送殷孝伯之咸易教谕（三十六韵）

明·袁华

圣代崇文化，贤良起草莱。
凤鸣旸谷日，鱼跃禹门雷。
匠石无遗弃，洪纤在剸裁。
咸阳秦赤县，博士楚宏材。
话别嗟吾老，横经羡子才。
渡江淮浦迥，溯颍蔡河开。
红树迎官舫，黄华映酒杯。
纪行应俊逸，览古定徘徊。
遵陆由梁苑，冯虚自吹台。
汲京城屹屹，艮岳石巍巍。
踏月车鸣铎，嘶风骑卷埃。
吴音伧父讶，儒服虏人猜。
应为青山住，知悬白日隤。
解鞍依近郭，纵马龁枯荄。
风急狐狸啸，天高鸿雁哀。
诗情秋共澹，乡梦晓同催。
喜见烽烟息，愁听驿鼓槌。
虎牢悲战骨，缑岭觅仙胎。
岳仰嵩高峙，河看砥柱裁。
山川犹巩固，风物亦奇侅。
鸡唱函关启，龙飞太华来。
碑亭矜汉好，浴殿吊唐灾。
望极吴天末，行穷渭水隈。
别家倾菊酿，到县动葭灰。
多士争先迓，诸生获后陪。
献菹芹实豆，舍菜酒崇罍。
五传遗经在，三余万卷该。
尊王明大义，抑伯黜渠魁。
寒榻皋比设，朝盘苜蓿堆。
树萱思奉母，援柱念提孩。
有弟能调膳，何邮不寄梅。
五陵还突兀，八水自萦回。
选胜筇扶手，遐观笏拄颏。
坏基留宿草，断础长荒苔。
异域多佳处，兹游寔壮哉。
丈夫四海志，肯使寸心摧。

明　袁华

送殷孝伯之咸易教谕 三十六韵

圣代崇文化，贤良起草莱。凤鸣旸谷日，鱼跃禹门雷。
匠石无遗弃，洪纤在剸裁。咸阳秦赤县，博士楚宏材。
话别嗟吾老，横经羡子才。渡江淮浦迥，溯颍蔡河开。
红树迎官舫，黄华映酒杯。纪行应俊逸，览古定徘徊。
遵陆由梁苑，冯虚自吹台。汲京城屹屹，艮岳巍巍。
踏月车鸣铎，嘶风骑卷埃。吴音伧父讶，儒服庬人猜。
应为青山住，知悬白日赜。解鞍依近郭，纵马龁枯荄。
风急狐狸啸，天高鸿雁哀。诗情秋共澹，乡梦晓同催。
喜见烽烟息，愁听驿鼓槌。虎牢悲战骨，缑岭觅仙胎。
岳仰嵩高峙，河看砥柱裁。山川犹巩固，物亦奇佼。
鸡灾启函关，飞太华来。碑亭别汉后，陪倾菊酿。
吊县唱唐崇。酒墨五传遗经在，三余万卷该尊王。
明大义，抑伯黜渠魁。寒榻皋比设，朝盘苜蓿堆。
萱思奉母援，柱念提孩。有弟能调膳，何邮不寄梅。
五陵还突兀，八水自萦回。选胜节扶手，遐观笋挂颜。
坏基留宿草，断础长荒苔。异域多佳处，兹游寔壮哉。
丈夫四海志，肯使寸心摧。

——《耕学斋诗集·卷九》

苜蓿轩（取唐补阙苜蓿长阑干句）

宋·薛嵎

好是春风长育天，阑干低护晓窗前。
园丁未必知吾事，补阙清声四百年。

入昌平学舍

明·吴宽

绕檐苍翠数峰齐，倦坐空堂意已跻。
高处川原浑历历，晡时风日稍凄凄。
行来假馆先思睡，诗就还家各有赍。
苜蓿满盘供饭足，坡翁休爱捣香齑。

入昌平学舍
明 吴宽

绕檐苍翠数峰齐，倦坐空堂
意已跻高处，川原浑历历晡时风。
日稍凄凄行来假馆先思睡诗就
还家各有贵苜蓿满盘供饭足坡
翁休爱捣香齑

同臞庵雪客过饮彦昭先生斋赋赠
清·孙枝蔚

君家易识复难忘，记入龙眠对雁行。
客座樽深如北海，公车业富似东方。
论才合并盐梅味，知命翻怜苜蓿香。
何以栽成诸弟子，吴中不少状元坊？

送广文韩生之官符离四首
清·朱昆田

诗成即席韩公子，客到无毡郑广文。
休道斋盐半裙屐，经师如子亦超群。

符离学舍小于舟，醉后休嫌屋打头。
犹胜长安宦游子，一生辛苦事王侯。

年少无妨作冷官，他时九万看风抟。
好携才子珊瑚笔，暂对先生苜蓿盘。

故园此日正芳菲，油菜花黄豆荚肥。
侬是天涯断肠客，好春时节送人归。

送唐殿宣之浦江学博任

清·查慎行

琴书压担晓风清，别路山行复涧行。
青鬓功名秦博士，白头经义鲁诸生。
月泉诗好篇篇秀，宝掌峰奇面面晴。
勿对空样嗟苜蓿，如今骥足是初程。

次韵许彦昭见贻之什

作者不详

客窗惭息帐浮烟，畏暑情怀易悯然。
歙岭遥瞻天一角，吴门经见柳三眠。
白头映雪须盘苜，金碗盛浆只玳筵。
丁卯集成诗律稳，竹林今日识诸贤。

题甘泉乡人冷斋读书图

清·李传元

二石儒林宗，高名继坡颖。
家书七百通，学术商之稔。
岳岳衍石翁，碑版照五岭。
晚岁刊经说，传注遍收捃。
参考阙其疑，雠校心惟谨。
先生学尤力，万轴朱蓝靓。
琳琅诸父贻，卷过南阳井。
学海为上驷，文鉴亦神品。
览观不自足，异籍频搜诃。
经访公库本，韵求汲古影。
吴郡怀杜诗，南阳忆耿秉。

惟时藏书家，别下迹最近。
振绮若拜经，一瓻乞通请。
善本遇辄校，三史尤精审。
缺漏补正义，杂揉理索隐。
班有特斋藏，志取南雍本。
副墨曾过录，细字目为首。
嗟从雕搜兴，一书恒数锾。
数曲亦已难，婪取那可尽。
何况字句间，异同细已甚。
半部蟫蠹余，求之金百饼。
书仓困检点，舟车艰载捆。
奚如萃一编，朝夕便观省。
肉弗义不遗，眉列目易醒。
坐卧挟与共，得一余可屏。
先生老学官，辛苦仰寸廪。
豪侈输绛云，浩翰谢千顷。
徒以精力勤，敌彼金布赈。
孤灯一对勘，百城俨吞并。
平生耸蕞感，官斋颜以冷。
犹闻念长安，千里致修梃。
爰知友于笃，匪直文誉并。
厚德族党钦，清芬子孙引。
一帧六丁遗，宝视宗彝鼎。

赞林荃佩

清·作者不详

道貌亲人，诚心诱士。
斋头耸蕞，淡泊自甘。

和法黄石先生赠顾荇文七绝句（其一）

清·唐梦赉

两月斋头耸蕞盘，当山置榻似袁安。
才闻绢素峰峦起，对客停杯也过看。

第七节　苜蓿冷暖人生

一、苜蓿生涯

永嘉得代后还家舟中作
宋末元初·尹廷高

冷淡生涯梦亦安，回头苜蓿愧朝盘。
飞鸿印雪空留迹，病鹤辞笼更整翰。
野色熹微三径近，秋风浩荡五湖宽。
还思雁荡经行处，赢得题诗满世间。

闰月九日拟邀秫庄清友
元末明初·胡奎

今年九日两登高，小雨生寒著苎袍。
拟约故人将进酒，空怀吏部左持螯。
治安有策长沙贾，投老无钱处士陶。
万顷沧波鸥在渚，九天清露鹤鸣皋。
安排节物饶佳况，断送生涯藉浊醪。
心悦故交真有托，足闻空谷可能逃。
多才岂愧凌云赋，清论须焚继晷膏。
朝日团团行苜蓿，秋花采采胜绯桃。
盘餐未必兼熊掌，文采于今见凤毛。
奇绝千年金莫铸，歌长一曲茧频缲。
鹧鸪香暖炉堪爇，鹦鹉杯深手共操。
漫道太行多覆辙，从教沧海足惊涛。
萧萧短发惭乌帽，秩秩初筵叙燕毛。
学圃一经甘寂寂，词源三峡任滔滔。
可容行李催归棹，须看真珠压小槽。
古往今来同酩酊，风流端合属吾曹。

秋圃诗（其三）
明·区大相

苜蓿先生馆，柴桑处士家。
寒花娱晚节，老圃足生涯。
露重青毡薄，簪轻皂帽斜。
谁言官独冷，秋至让繁华。

题朱庄伯广文邓尉看梅卷（其一）

清·吴之振

堆盘苜蓿淡生涯，枯木寒岩是当家。
眼底悠悠豪贵客，可堪轻许看梅花。

为啸石二兄得馆寄呈六绝（其四）

清·安魁

苜蓿阑干道亦崇，生涯冷淡与秋同。
如描此地无文处，直上羲皇古朴风。

沁园春

题蒋再山少府《闭门种菜图》

清·顾翰

三径全荒，盍亦归哉，贫能久安。
想生涯冷淡，曾为隐吏，头衔落拓，雅称园官。
抱瓮分浇，拎筐自剪，春韭秋菘任意餐。
须知是，英雄本色，不比儒酸。

门前旧井都督。
记菜圃锄来十亩宽。
怅瓜畦芜没，黄销蝶粉，竹篱破坏，赤露鸡冠。
世味猪肝，光阴羊胛，大好先生苜蓿盘。
和根煮，全家饱吃，无限清欢。

题乡前辈王简卿广文书帷雪影遗照

清·张洵佳

曾向槐庭憩荫过，山房遗稿我亲摩。
衣冠前辈丰神俊，苜蓿生涯感慨多。
星斗罗胸才独擅，文章呕血劫难磨。
披图不尽景行意，一瓣心香寓短歌。

慈护属题洗儿图

清末至民国·陈曾寿

昔闻我师官京曹，盘屦苴蓿衣缊袍。
珠巢街南数间屋，索租人至常喧嚣。
时鲜上市风味美，竭力堂上奉甘旨。
退食作画披小纸，丘壑绝胜慈颜喜。
飞腾暮景投时艰，春晖已邈难追攀。
白头祭拜尚朝服，蘩香在几戚在颜。
我时肃观生感叹，七十犹慕今罕见。
奕世清德旧家风，遗泽绵延传祖砚。
深根固蒂枝叶荣，重阶兰玉诒宁馨。
作图洗儿志家庆，报本裕昆后先映。

好事近·寄刘啸秋北婆罗洲（1962年）

现当代·龙榆生

三月杳鸿音，南望海天空阔。
一样月圆人寿，度中秋佳节。
依然苜蓿旧生涯，光影浸华发。
待向广寒丛桂，庆团圆芳洁。

齐天乐 寄念娟邵武

现当代·刘蘅

雁声啼白荒山草。
秋光更催人老。
念子殊方，长年橐笔，愁送离边昏晓。
孤游倦了。
问客里怎消，雨凄风峭。
卖卜佣书，细思还是故乡好。
高亭迥出树杪。
觅沧浪旧迹，诗思幽渺。
苜蓿生涯，篝灯课子，别有欢娱怀抱。
君归务早。
正洲桔垂红，渚鱼堪钓。
望极溪篷，倘先春信到。

二、苜蓿清风

送人回剡
元末明初·金涓

华川游未遍,又作剡中游。
诗海珊瑚月,书田苜蓿秋。
行山时借屐,访雪夜乘舟。
别后怀人处,清风独倚楼。

处世若醉梦
明·于谦

处世若醉梦,忧乐付等闲。
百事皆前定,对酒且自宽。
仰天歌呜呜,清风吹我冠。
浊醪满瓦缶,苜蓿堆春盘。
无人劝我饮,自酌还自欢。
醉眠白日晚,起看明月团。
拔剑舞中庭,浩歌振林峦。
丈夫意如此,不学腐儒酸。

失题十七首（其二）
明·张弼

别后桃花十五春,江湖天远独情亲。
短檠还在心如旧,长剑时磨口更新。
弋木甘棠频换主,滁阳苜蓿属何人。
寄来一握清风扇,好为南荒扫热尘。

次韵东冈十咏（其三）
明·王鏊

苍雪余千梃,清风几百竿。
葡萄羞晚酌,苜蓿媚春盘。
理乱谁能系,升沉已厌观。
鹿门真得算,独遗予孙安。

送张司训任汧阳令

明·罗钦顺

十载清风苜蓿盘，时来今喜拜郎官。
尊崇亦自民间起，得失饶经局外观。
酒尽江亭催去棹，秋生秦树解征鞍。
朱弦只为知音赠，携到琴堂子细弹。

三、苜蓿人生

除凤州教授非所欲也作此自宽（1104 年）

北宋·唐庚

人生才食顷，何处分好弱。
刑狱即道场，笮库有真乐。
故纸终日翻，毛锥几年阁。
百函无力致，诸公谁说著。
今承学校乏，颇讶名字错。
宿业岂无恋，得冶不敢跃。
骨肉远难俱，囊装贫易缚。
师儒要好手，老大良非脚。
戛尽识籑空，抽穷知茧薄。
后生端所畏，人材若为作。
岂唯嘲孝先，更恐困有若。
行路固知难，得地幸不恶。
柳拖千丈丝，山集五色雀。
绛纱谅无有，苜蓿聊可嚼。
况闻豆积岭，中有不死药。

送监丞家同年守简池三十韵

南宋·洪咨夔

去年为君来，明廷峙鸾鹄。
今年为亲归，蚕市苦思蜀。
扶舆出修门，万里宛在目。
大江六月寒，风饱帆数幅。
金山如幽人，杜蘅缭荷屋。
采石如壮士，铁骑明鍪续。
五老烟光开，九华云气矗。
如王公大人，冠冕而佩玉。
大孤狷介甚，赤壁清旷足。
黄鹤侠者流，隽放不容束。
英雄古荆州，霜月耿乔木。
寂寞三闾亭，风露落秋菊。
阳台峰十二，森拱峡江曲。
高标耸赤松，绝槩凛孤竹。
或如汉汲黯，抗直敢振触。
又如唐真卿，峻挈不受辱。
瞿唐滟滪堆，一柱轧坤轴。
溃城睢阳孤，钩党林宗独。
水石明边酌，蘋蓼佳处宿。
宽作几月程，迎面峨眉绿。
世道淡有味，人生平为福。
江山无愧容，草木有余馥。
试剑信雄拔，易简更清沃。
虎蛇方横道，有此廉平牧。
相如驷马贵，长孺一翁秃。
明河隔黄姑，碧落杳飞鹜。
独复即无妄，多识乃大畜。
岁晏以为期，仁亦在乎熟。
木末老芙蓉，阑干深苜蓿。
邮签莫厌娄，瑟僩尉淇奥。

张孝显晨访懋忠堂因拉陈升可王渊道同饮径醉卧小阁醒则晡矣戏呈诸公

南宋·岳珂

凌晨有客来款门，盥栉下榻呼冠巾。
怪生鹊喜绕庭树，迎客不但填河津。
清尊湛湛开北牖，颐指市奴骏奔走。
烹鲜煮饼罗朝盘，苜蓿阑干岂无有。
一杯两杯叱先驱，群羊入梦撞瓮䍦。
三杯四杯舌底滑，阖坐牢辞辄投辖。
共言卯饮夕不同，能使终日长冬烘。
一朝便废一日事，除却投床百无技。
老夫笑倒绝冠缨，人生无日无经营。
经营至竟有底成，谨閟此舌君勿评。
直须大嚼五六七，不醉不扶毋返室。
高眠一枕醉复醒，莫管今朝更明日。

和野菜吟

南宋·赵希逢

人生何用广田宅，忧怀千岁不满百。
饥来粝饭荐苜蓿，不必脍鲤更炮鳖。
何人日流饿虎涎，望望一饱蚁慕膻。
岂知山林一天性，悠然野兴浩无边。
冬菁春韭总甘美，入口寒泉生颊齿。
鼎烹虽不罗八珍，盘餐尽定供百指。
不妨寂寞类首阳，免得市声入耳忙。
蕨薇风味千载下，发以姜橙苏椒香。
洗教瓦鼎光如镜，自拾樵薪归野径。
兴来小摘烝复湘，不用玉纤巧饾饤。

薄薄酒

宋末元初·于石

薄薄酒，可尽欢。
粗粗布，可御寒。
丑妇不与人争妍。
西园公卿百万钱，何如江湖散人秋风一钓船。
万骑出塞铭燕然，何如驴背长吟灞桥风雪天。
张灯夜宴，不如濯足早眠。

高谈雄辩，不如静坐忘言。
八珍犀箸，不如一饱苜蓿盘。
高车驷马，不如杖屦行花边。
一身自适心乃安，人生谁能满百年。
富贵蚁穴一梦觉，利名蜗角两触蛮。
得之何荣失何辱，万物飘忽风中烟。
不如眼前一杯酒，凭高舒啸天地宽。

雨中与诸公会饮市楼
元·王恽

每恨人生会合难，兴来一醉尽君欢。
雨沾翠佩帘花细，酒凸金杯饮兴宽。
《胡旋》舞低翻翠袖，串珠喉稳怯春寒。
朝来酒醒蓬窗下，依旧春风苜蓿盘。

次韵酬项可立
元·丁复

王侯之门无固蒂，天下纷纷望桃李。
前年已闻罢鹿鸣，盛时未见歌麟趾。
我亦江湖一散人，倒著扁舟来甫里。
平生项君喜见面，日以诗书相砥砺。
支持大厦在梁栋，人间遗此梓与杞。
姑苏台上吊夫差，沧浪亭前悲子美。
青春寥落一杯酒，白日萧条二三子。
人生有时遇不遇，孔子犹然叹雌雉。
高斋幸不废吟哦，自嚼宫商含羽徵。
羹鱼可有松江鲈，苜蓿阑干充二簋。
纸帐宵酣竹外风，铜瓶晓泣花根水。
有人携妓或东山，为客开樽谁北海。
长腰白米自可炊，断股青齑仍杂旅。
客中一饱亦分外，稍自损之令近里。
屠牛沽酒趋下俗，颓然谁能为之起。
肉食者谋不及此，我亦任之而已耳。
南国花开烂如绮，酒光照日生云母。
为君痛饮为君醉，自古浊醪有妙理。

又次前韵（其一）
明·申叔舟

春事将回尚薄寒，盘中苜蓿又阑干。
樽前容与清谈合，江上婆娑白发闲。
且赏冰沙远渚浦，不须花柳满溪山。
人生行乐无多日，得意从来一饷间。

寄全汝盛
明·魏时敏

久旱村园豆麦焦，凿池引水灌田苗。
篱疏野竹横窗户，潮满春帆碍浦桥。
酌酒不愁无苜蓿，挥毫深喜有芭蕉。
人生适意应如此，莫怪渊明懒折腰。

自解
清·何治时

人生荣落叹更新，已历流光五十春。
须间霜花犹半老，盘充苜蓿未全贫。
纵无一策陈前席，尚有诸生步后尘。
安得区区嫌禄薄，等闲应是宰官身。

四、苜蓿潇洒君

别景大
元末明初·陈樵

力疾微吟苜蓿盘，忽闻君已驾征鞍。
江湖千里去来易，故旧一樽离别难。
荒草马蹄山色远，古藤松树暮阴寒。
钱塘风物归吟稿，须寄山翁洗眼看。

盆里黄杨
明·王绂

黄杨乃嘉植，岷蜀多产之。
乔柯起百尺，小干犹拱围。
作器不沾垢，栉具尤其宜。

故人有好事，全株远相遗。
厥高仅盈咫，径不逾分厘。
置之苜蓿丛，何繇别奇姿。
况兹种来久，十易寒暑时。
颜色固自好，长茂何迟迟。
赋性恐或异，雨露宁有私。
曾闻厄于闽，此理疑见欺。
水土托盆盎，滋养良可知。
嗟予久寂寞，对此心神怡。
亲之若宾友，爱护如婴儿。
清昼置书几，良宵露阶墀。
时时为灌洒，元气犹淋漓。
丛叶蔼芳润，孤根尚撑支。
愿言保贞操，与世相推移。
材良召斤斧，曷用昂霄为。
唯应处岩壑，庶可全天资。

司马曾公三甫过斋中得文字
明·欧大任

东序周旋日，高天鸿鹄群。
眼青怜故态，头白愧斯文。
匣剑芙蓉出，盘餐苜蓿分。
中朝枢筦贵，看尔报明君。

舟溯大洋喜宰公至
明·汪道昆

山海悠悠会面稀，相逢江上把征衣。
依然秋水芙蓉秀，可是春盘苜蓿肥。
袖里骊龙君照乘，席前鸥鸟我忘机。
到来早觉东风暖，乍见迎檐社燕飞。

和徐北溪
明·王天性

伏枕沙村百兴赊，更逢秋色思无涯。
风悲平楚时时籁，日散遥山片片霞。

正羡高空抟羽翮,翻伤重露折蒹葭。
多君赠我相思句,矫首鳣堂苜蓿花。

送安云衢训福安
明·游朴

执经当日共桥门,燕市重逢又别樽。
二十年光惊去鹢,八千云路怅飞幡。
绛纱喜近枌榆社,明月长依苜蓿村。
一去故园芜没久,送君南望欲销魂。

送徐亦史之骥沙(其一)
明末清初·龚鼎孳

亦史以承明著作才,虎卧文苑,其扢扬风雅,非建安、开元莫称焉,顾独与余谈诗甚欢。今一官南辕,高、李之袂且分,安能不徘徊歌黄鹄耶?寒镫浊酒,与孝威各成四章,以代渭城之唱。昔弇州公与汪司马云:"吾与公同年,十年而得公文,又十年而得公酒,可云晚合。"余于亦史,其亦有岁寒之心也夫?

万峰秋尽塞鸿纷,江上君山喜属君。
家学旧传南史笔,宦游不累北山文。
楼船月出闲津鼓,苜蓿花开隐幕云。
到日伟长中论就,石渠名姓已先闻。

送棐民弟司训清河
明末清初·朱鹤龄

秋风五两(去)片帆轻,千里江枫引客程。
愧我藜床难煮字,多君绛帷好横经。
淮山地接书门近,楚泽波来泗水清。
料得寒斋供苜蓿,咿唔犹是老诸生。

谢池春 柬毛大千广文,兼寄大可
清·徐釚

大小毛生,岂让谢家池草。
验鬓丝、心情不老。
马曹萧寂,苜蓿盘空抱,妒歌楼、碧笙缥缈。

劈笺索米，何日寻君醉倒。
被晴湖、桃花微笑。
堪怜好景，过苏堤春晓。
暮潮回、且乘烟棹。

寄姚姬传

清·刘大櫆

我昔在故乡，初与君相识。
君时甫冠带，已具垂天翼。
我膺经学荐，往作京华客。
君适乡举来，欢游穷日夕。
胸罗文史十牛车，计日应得翔天衢。
谁知天门九重闭，夜叉栈齘连夔魖。
贤豪遭遇古难必，更百千年才一出。
遭时呼吸成虹霞，不遇惟当老蓬荜。
我今龌龊伤怀抱，苜蓿差堪营一饱。
所嗟绊足柴车中，不见故人颜色好。
却忆我年当少时，清风朗月为襟期。
雄吞云梦可八九，走马横行十万师。
自爱文华矜独擅，君家伯父同游宴。
一饮百觚芒角生，下笔驱涛走雷电。
云水升沈不可论，眼看汝伯登金门。
我独扁舟泛湖海，大地无能容一身。
汝伯起家凡几岁，欲上层霄更垂翅。
骨相原非公辅伦，异域飘零各憔悴。
我观自古诸贤英，往往实不副其名。
平时对客发高论，事去诡言无宦情。
赵括徒能读父传，王衍终必误苍生。
吾徒奋志准古昔，毋令市侩还相轻。
虽然我今年老矣，穷鸟投林聊至此。
荒山野水终残年，自顾所余惟一死。
君方及壮多宏才，岂比朽瓜枯木灰。
龙腾苑沼雨云合，日出扶桑烟雾开。
事业微犹继丙魏，文章劣足凌邹枚。
后来居上待子耳，临风怅望空迟回。

满江红（其四）追和陈迦陵怅怅词

清·杨夔生

读史来耶，正帘外、霜华吹满。
问谁更、据梧流沫，平津阁畔。
苜蓿租输蕃马健，焉支火偪铜驼汗。
叹偏师、一夕漏多鱼，成皋战。

缃千束，空堆案。
琴八尺，思填爨。
说年来庄舄，南冠缨短。
越水方生君可去，楚弓未得吾何憾。
著东皇、几帙买愁书，烟花券。

寄怀黄香铁时香铁幕游获鹿县署余所聘张氏未婚而殒（戊寅）

清·何绍基

四顾停云隐薜萝，絺裘廓带近如何。
敬容面瘦三秋叶，叔度情深万顷波。
断壁镫残余鼠迹，矮檐霜重堕蜂窝。
烟横蓟塞天疑冻，曲奏安陵鼓不和。
曾记论心悲謇迕，顾余流涕每滂沱。
山园粤峤原桑梓，髫岁吴中陷网罗。
比及南阳归庾信，竞传东国秀刘轲。
明经暂释征君屩，游子初联阆苑珂。
笔墨有灵千里走，文章拄腹一驴驮。
夙闻骏骨燕台贵，岂料蚕丛蜀道峨。
眼照丹藤羁旅邸，手刊绿帙近銮坡。
梦中有梦家难觅，官外求官计未颇。
预祝薜盘餐苜蓿，那堪防墓冷蓬莎。
频年再认螺冈路，半载还依鹿邑阿。
乌帽西风单襆被，苍岩落照古山河。
尘堆破砚干湖海，汗渍征衣裂芰荷。
为蹋名场来上国，重寻故径到南柯。
皮囊屡假芙蓉幕，按轸虚弹渌水歌。
舞罢霞衾嗟鹤羽，织成花样失龙梭。
穷途得饱侏儒粟，斜日期回壮士戈。
关上丈夫嗤眇小，峰头圣佛证遮那。
客来唐市难求马，字写晁礦枉换鹅。

紫剑锋铓谁代拭，青衫袖短想全搓。
长腰莫问葫芦柄，尺木宁栖翡翠窠。
要识须眉非昔比，休将肝胆向人劚。
功名已作身前累，姓氏须防死后讹。
若我弱龄应倜傥，中庭嘉树也婆娑。
铜弦拨月知音少，纸帐生寒别怨多。
讵必方干终下第，输他张读早登科。
修桐入爨终烹狗，铁戟沈沙尚吼鼍。
闲把残书倾酒醑，倒持铁笔当刀磨。
洲边候雁衔芦去，城角号乌绕树过。
雾暗血痕悽蜀鸟，帘筛泪雨阻湘娥。
临江好切新函寄，嚼雪频提大句哦。
长史善愁惊怪事，参军抱膝起微疴。
满腔旧恨添新恨，五夜诗魔压睡魔。
笺拂陈灰埋老蠹，茶留余滴饲飞蛾。
词惭黄绢无工拙，赠以琅玕效切磋。
檀几遥怜痴主簿，金茎好护渴弥陀。
江天永慕慈亲远，敬为康侯赋蓼莪①。

① 君有《江天永慕图》，见余后所题诗。

离亭燕 伯兄前数日过皖不及把晤闻径赴杭州矣

清·薛时雨

苜蓿一盘潇洒。
投笔先生归也。
老至邮亭逢骨肉，世上金绘无价。
极目皖公山，只见暮云如画。

滚滚大江东下。
渺渺片帆高挂。
君去我来无十日，悭此水天清话。
有约在西湖，记取一樽重把。

岁暮邓献之惠银赋此柬谢（癸酉）

晚清·李慈铭

廉泉一溢劝加餐，顿觉春生苜蓿盘。
市上悲歌屠狗绝，袖中冰雪藐姑寒。

新交真挚如君少，名士风流作吏难。
闻说晋阳迎竹马，不容僵卧伴袁安①。

① 君已改官郎中，而晋中大吏檄君还任，故云。

观我生斋诗三首（其二）

清末·严复

天马出西北，磊落精权奇。
闻有圣主求，能为苜蓿羁。
振足循东道，双耳风披披。
蹄涔蒲昌海，昆仑蝼蚁堆。
飘然至京邑，京邑何巍巍。
天子顾我笑，厩监一路随。
金鞍何的皪，玉辔光差差。
鸣镝起边城，羽檄日夜驰。
将军选神骏，万骑定尔为。
夜半巡虎落，中昼徼鱼丽。
矢石岂不险，贵在报所知。
凡马徒纷纭，恋恋在刍萁。
怜彼饱欲死，念此恒苦饥。
吾欲竟此曲，此曲声正悲。
燕昭一抔土，郭隗安可期。
君看冀北野，骏骨常累累。

君武久不见忽来纵谈去后却寄四首（其四）

现当代·周学藩

羡君潦草早休官，饮啄独留苜蓿盘。
我辈自同鸡狗贱，儿曹方侈凤麟观。
仰天逃影途安往，说剑吹箫梦已残。
起看阑干星斗外，如磐海气正漫漫。

长亭怨慢

现当代·白敦仁

履平晓趋郊庠，犯寒徒步，发为怨歌。仆与君，二十年形影交也，晨夕忧乐，自谓共之。感其言之独悲，辄依来韵更作一篇，欲以广履平之意，亦因之自畅郁积也。

伴行野霜风吹树。
非虎非兕，怨吟愁度。
马队纵横，战尘迷幂抱经处。
万言杯水，君莫笑、儒冠苦。
眼底鼠搬姜，听歇担，溪桥邪许。
歧路。
更翻云覆雨，古道弃来如土。
寻常自断，有轻薄、向人难数。
仗笔底五湖三江，问曹郐，争当荆楚。
有苴蓿堆盘，谁管千秋相负。

寄屈义林兄南州艺院（在我沪西关外百子图）（壬辰）

现当代·胡惠溥

城西古寺爱鸣湍，休说今年苴蓿盘。
马为恋刍犹立仗，蛇惊赴壑独凭栏。
明明如月何时掇，噎噎其阴不寐难。
闻道得春梅已放，乞君分寄一枝寒。

奉和榴兄己未初春临行赋赠二首（其一）

现当代·林士模

知君直欲老樵渔，岂料金鸡颁诏书。
苴蓿一朝尝旧味，星霜甘度赋闲居。
同舟风雨终怜我，满腹文章竟累渠。
案上长留知己句，冰心不并玉壶枯。

大学同学过访不见八年矣（乙未）

当代·刘雄

叩门闻语故依然，见面倏惊腰腹便。
我作先生餐苴蓿，君同姹女数金钱。
倾杯如话前身事，分袂难期后会年。
多少同窗共朝夕，犹胜一别再无缘。

第八节　春夏秋冬苜蓿情

一、春日苜蓿早

春残

南宋·陆游

石镜山前送落晖，春残回首倍依依。
时平壮士无功老，乡远征人有梦归。
苜蓿苗侵官道合，芜菁花入麦畦稀。
倦游自笑摧颓甚，谁记飞鹰醉打围。

早春闻笛

元·马臻

万里南州客，离家又一年。
春回苜蓿地，笛怨鹧鸪天。
趁日裁乌帽，寻人卖马鞭。
归心忧赋役，负郭幸无田。

次韵答顺庵

元·李谷

半生光景属离居，旅食从来不愿余。
窗外芭蕉饶夜雨，盘中苜蓿富春蔬。
家贫自有箪瓢乐，计拙非因翰墨疏。
时到烟花禅榻畔，坐忘身世口蘧庐。

和年弟闻人枢京城杂诗（其二）

元·买闾

霄汉楼台涌，春风燕雀飞。
樱桃臣旧赐，苜蓿马新肥。
清漏传银箭，红云护衮衣。
穷经晚进士，惭授一官归。

春怀

明初·朱右

舵楼空阔望京华，芦荻江枫岸岸花。
山色淡浓昏雾薄，水光浮没夕阳斜。
故乡鸿雁书千里，远浦牛羊屋数家。
边塞柳营多苜蓿，石田徒忆旧桑麻。

苜蓿岭寄家人

明·陈贽

塞外无花少见春，故园回首泪盈巾。
想应寂莫深闺里，灯下缝衣寄远人。

雨后

明·徐居正

新春好雨又崇朝，苜蓿抽芽蕨有苗。
树静山鸠空复语，泥深田父少相招。
白云窈窕生孤嶂，碧水涟漪涨半篙。
独对茅帘睡终日，等闲双鬓雪刀骚。

安边路中有感

明·李陆

春山苜蓿马总肥，祖道东郊午影移。
一片昆山名已过，两年沧海梦真迷。
云低铁岭天疑近，地入王庭路渐危。
北望悽然伤往事，古来英俊已成非。

华阳亭

明·李陆

战马曾闻放华阳，至今奇种别成行。
田肥苜蓿春初长，山晚蓬蒿雨欲香。
嫩色细看云锦乱，雄姿更觉玉花良。
向来汗血真龙性，他日应知老骕骦。

五十书事
明·袁天麒

转眼韶光五十人，但嫌衰老不嫌贫。
一盆苜蓿青毡旧，满地江湖白发新。
合领烟霞归岁月，敢云时世负经纶。
偷闲到处宽怀抱，何处莺花不是春。

次韵东冈十咏（其三）
明·王鏊

苍雪余千梃，清风几百竿。
葡萄羞晚酌，苜蓿媚春盘。
理乱谁能系，升沉已厌观。
鹿门真得算，独遗予孙安。

送吴虎臣八绝句（其二）
明·汪道昆

广陵冰雪系浮槎，日暮歌钟尔旧家。
明到高斋分苜蓿，渐看春色著梅花。

寄弟十二首（其十二）
明·汪道昆

翩翩吴练照燕台，台上黄金次第开。
我忆故山春苜蓿，穆天八骏待君来。

古思边
明·宋登春

井上梧桐春作花，园中苜蓿初藏鸦。
少妇流黄挑棉字，将军提剑战龙沙。

望天山作
清·杨炳坤

好与天山结净缘，时时相见马头前。
上留太古难消雪，长作人间不涸泉。
苜蓿春深朝牧马，葡萄岁熟旧屯田。
边疆生计资滕六，合建灵祠祀几筵。

二、夏日甘苜蓿

夏日家食偶成
元·宋褧

晓日荒荒帘影低，炊烟浮动孟光衣。
苍蝇大是无知物，苜蓿盘边亦乱飞。

夏日遇雪（其一）
明·陈诚

塞远无时序，云阴即雪飞。
纷纷迷去路，点点湿征衣。
地僻鸳鸯狎，山深苜蓿肥。
何时穷绝域，马首向东归。

夏日卧病得诗十首（其十）
明·孙继皋

官阁暑犹寒，生涯寄药栏。
风尘吾意懒，岁月主恩宽。
短发牵丛桂，同心忆采兰。
小盘甘苜蓿，时复一加餐。

初夏蒋兆卿博士邀饮迟邓希父不至
明·区大相

讲后西斋苜蓿宽，俸钱供客晚逾欢。
玉杯沾醉留春易，宝剑论心逼夏寒。
绕屋林鸠呼雨急，衔泥梁燕怯人看。
纵令开径饶心事，咫尺求羊共过难。

三、秋思苜蓿

秋兴
宋·林东愚

落日江城动鼓鼙，故山千里转逶迤。
谢安旧宅空陈迹，尼父余风异昔时。
苜蓿秋高戎马健，海门日短雁书迟。
客窗兀对黄昏坐，云汉悠悠起暮思。

秋思二首（其一）
南宋·陆游

乌帽翩翩九陌尘，杖藜谁记岸纶巾。
遗簪见取终安用，弊帚虽微亦自珍。
廊庙似闻怜老病，云山渐欲属闲身。
墙隅苜蓿秋风晚，独倚门扉感慨频。

秋雨
南宋·陆游

久占烟波弄钓舟，业风吹作凤城游。
不知苑外芙蕖老，但见墙阴苜蓿秋。
黄把裹书俄复至，朱颜辞镜不容留。
晚窗又听萧萧雨，一点昏灯相对愁。

夏夜二首（其二）
南宋·陆游

我昔在南郑，夜过东骆谷。
平川月如霜，万马皆露宿。
思从六月师，关辅谈笑复。
那知二十年，秋风枯苜蓿。

句
南宋末·李道坦

落日中原小，悲风易水寒。
凡物皆归土，深山始见天（落叶）。

城南草绿王孙去，江上花飞燕子来。
清江百转秋花底，渔火孤舟暮雨中。
芙蓉水碧双凫冷，苜蓿秋高万马肥。

八月十三夜听雨
元·刘诜

去意久超忽，悠悠终滞留。
石楠中夜雨，苜蓿小园秋。
天地谁相待，燕鸿俱自谋。
百年寒暑易，蹇浅实堪羞。

次张漫亭云溪庵晚望韵
元末明初·邵亨贞

云溪庵外野人家，秋晚行吟石径斜。
胡马长年肥苜蓿，塞鸿一夜集蒹葭。
舟中岁暮怀张翰，琴外风清感瓠巴。
天际楚江枫叶赤，眼明只想是春华。

留金有旸
元末明初·李稽

少年气方锐，岂念徒步难。
捷疾似飞猿，木杪挽云端。
伊予亲爱情，恐汝行甚难。
午热已云酷，霖雨埋冈峦。
静坐亦流汗，道途敢求安。
且留读我书，共此苜蓿盘。
归宁自有日，直待秋月团。

秋日杂兴
元末明初·李延兴

飞楼上倚沉寥天，野色荒凉万井烟。
落日荷花白舫外，西风桂树画阑边。
明妃夜泣琵琶月，宛马秋肥苜蓿田。
千古河山几争战，一登高处一潸然。

题惠麓秋社图
明初·牛谅

泽国霜晴过雁天，翠微秋色净无烟。
归来好记登临处，苜蓿盘香第二泉。

寄潜山学博弟慧
明·李聪

鸿雁分飞忽十年，梦回池草益凄然。
蕨薇春好先投绂，苜蓿秋深尚拥毡。
望重定衔杨震雀，才雄期著祖生鞭。
沽钱莫问今多少，永夜相思各一天。

答嘉则
明·徐渭

十年才一问平安，只尺浑如对面看。
旧日诗评虽有价，近来公论孰登坛。
百年忽已崦嵫暮，一齿时崩苜蓿盘。
腊雪秋潮同马日，何人不道是金兰。

病中秋思八首（其六）
明·胡俨

未及重阳节，晨兴已觉寒。
雨侵烧药灶，风折护花栏。
暂饱雕胡饭，长吟苜蓿盘。
近闻禾黍熟，颇得老怀宽。

秋思
明·胡谧

远客寻常叹索居，秋来怀抱意何如。
高城月白砧声急，古戍霜清木叶疏。
塞马正肥秋苜蓿，江莼空忆旧鲈鱼。
故人迢递天南北，不寄相思尺素书。

秋吟八章（录二）（其二）
明·王嗣经

王孙行未归，春草秋更绿。
鹈渼忽以鸣，衰朽一何速。
柯叶向凋残，华滋谢芬馥。
物去新而就故，每伤心于触目。
临高台之凤凰，望绝塞之鸡鹿。
此苕华之云暮，况兜铃与苜蓿。
去日远兮忧思烦，抚蕙草兮不敢言。
春朝负彼阳春色，秋夜禁兹秋露繁。
被女萝兮带茹走甸，肴兰芷兮蒸文无。
余慕子兮甘如荠，荃何谓兮集于枯。
集枯兮去滋，辞荣兮若遗。
顺生杀以成岁，得大易之随时。
随时兮狼籍美，如英兮憯无色。
想衣带之余芬，恋綦组之旧迹。
虽根荄之日陈，宁无意乎弱植；
谅芳心之不死，庶春风而还碧。

四、冬盘苜蓿

十月朔日
元末明初·李穑

夜半送秋气，冬初迎晓寒。
简篇犹满架，苜蓿正堆盘。
已矣文贞笏，尘埃神武冠。
阳无可尽理，不用更遐观。

自嘲
清·姚鼐

冬烘老子木棉裘，苜蓿盘边与古谋。
曳踵车轮良病缓，拄颐剑首正嫌修。
虽饎《七略》无藜火，未证三幡愧苾刍。
儒佛两家无著处，只将黄发迈时流。

冬日即事用固叟韵
现当代·王彦行

枯淡如僧但在家，又从苜蓿寄生涯。
劳薪侵晓先担粪，冷铫黄昏罢斗茶。
谁向纥干哀冻雀，懒过白下赋栖鸦。
胆瓶消息坚冰至，怅望寒梅一树花。

五、苜蓿寒食

道中寒食
宋·陈与义

飞絮春犹冷，离家食更寒。
能供几岁月，不办了悲欢。
刺史蒲萄酒，先生苜蓿盘。
一官违壮节，百虑集征鞍。

春景 马上逢寒食
宋末元初·刘辰翁

寒食古来同，乡关隔万重。
天涯俱是恨，马上又相逢。
雨雪皋兰道，弓刀苜蓿峰。
满城看插柳，分路入浇松。
绣岭开门日，鄜州陷贼踪。
年年闻改火，双泪下龙钟。

次韵时中
元·姚燧

多君闻道粗知归，云雾何人识少微。
尔后骅骝终独步，目前鸷鸟不群飞。
淮南数日将寒食，客里三春尚腊衣。
安得銮坡同给札，不妨苜蓿对朝晖。

寒食

明·徐居正

冷节今朝是，家家食更寒。
枣糕尝不得，杏酪觅应难。
味拨葡萄瓮，香传苜蓿盘。
良辰不可负，小醉折花看。

春日杂感十一首（其九）

清·刘大櫆

韩愈文章旧满家，新生燕雀噪檐牙。
愁从异地过寒食，爱对寒山看晚霞。
钵载长腰云子饭，瓯擎细爪雨前茶。
从来苜蓿供嘲笑，风味年时倍觉嘉。

六、端午苜蓿

柔城县端午

明·徐居正

去年端午客杨州，今岁飘零锦水头。
苜蓿堆盘欺我吟，菖蒲浮酒为君谋。
浮生几度天中节，尘世多惭海上鸥。
南楚英灵应不昧，无因一去酹湘流。

端午

明·吴士玮

向来真寂历，谁复报佳辰。
苜蓿空留客，菖蒲不醉人。
环山梅熟雨，满室地生鳞。
忆昔逢迎者，于今白发新。

七、立春苜蓿

题苜蓿峰寄家人
唐·岑参

苜蓿峰边逢立春，胡芦河上泪沾巾。
闺中只是空相忆，不见沙场愁杀人。

立春日
清·汤右曾

苜蓿先生到骨贫，一尊酒尚可娱宾。
丞哉数慢应如我，老矣无能只畏人。
冷暖暗移银箭水，颠狂任闹土牛春。
小饥忍待明年麦，日望东郊雪意新。

八、立秋苜蓿

立秋日卧病答黄希尹约游大明寺不赴
明·欧大任

苜蓿斋中一病身，井桐叶坠报萧晨。
枉期车马携尊酒，虚负烟霞笑角巾。
谢客能寻开社事，远公还待折腰人。
秋风九曲西池约，为扫隋家辇路尘。

立秋值七夕同乡燕会酬和卢方伯
明·庞尚鹏

白头相聚浣花村，坐久浑忘苜蓿盘。
万树秋声回落日，九天凉雨送清尊。
鹊桥缥渺银河路，庭竹萧森绿雪轩。
此日纷纷论乞巧，天工沉默总忘言。

闰六月末伏立秋后五日广文邱鸣珂先生过访小园泛杯芳荪亭同用秋字
明·邓云霄

客来同调自相求，杯泛鸣泉共枕流。
小径藤萝经雨密，仙家鸡犬隔村幽。

暑残三伏仍逢闰，竹冷千竿早入秋。
惭愧行厨似香积，还输苜蓿在斋头。

挽任心泉母太夫人
清·王德馨

生子为广文官，苜蓿阑干，养志十年方爱日；
逝世交立秋节，梧桐庭院，惊心一夕忽飘风。

九、中秋苜蓿

中秋终日雾雨予还自都下宿分水岭夜漏约七八刻月出乌饭草荐山之东徘徊窗牖间欣然把酒对之因赋长句
宋·喻良能

乌饭山边白玉团，瑞光千丈溢清寒。
斜穿逆旅茆茨室，正照先生苜蓿盘。
聊向青天思太白，却吟飞鹊忆曹瞒。
今宵不拟逢明月，更向尊前仔细看。

八月中秋日宿郑文中家是夜月食随班行礼次日玩月慨然有怀作古诗一首
明·郑真

团团一轮月，飞上黄金阙。
空斋兀坐悄无言，出门一笑天地白。
银河耿耿蟾宫秋，金波穆穆凝不流。
安得清风生两腋，奋身直上青云游。
我家本在东海住，三岛神仙隔烟雾。
年年八月看月明，广寒指点无多路。
去年作客向钱塘，翰墨鼓勇登文场。
嫦娥折赠一枝桂，霏霏满袖携天香。
郡府工歌听苹鹿，春日计偕登上国。
翩然捧檄濠梁来，苜蓿盘空照晴旭。
凄凉逆旅逢今宵，何用沽酒倾金瓢。
故乡远隔二千里，眼空碧落心飘飘。
闺中夜凉珠露滴，两儿同向楼头立。
云鬟玉臂思依依，舐犊恩慈怪违膝。
人生离合非偶然，纷纷万事俱由天。
古云千里同婵娟，莫道月圆人未圆。

和友人中秋月诗韵

明·黄淮

曾照当年苜蓿盘，却于今夕动愁端。
浊醪何自供杯斝，灏气多应彻肺肝。
夜漏无声天阙迥，露华如水井梧寒。
更祈早晚承恩诏，翰苑明年仔细看。

中秋后一日吴门送沈太仆之滁阳

明·汪道昆

秋半蟾蜍故陆梁，朝来汤谷出扶桑。
人间倏尔阴晴变，天上依然日月光。
山得琅琊仙隐僻，苑分苜蓿主恩长。
吴门匹练看如此，云锦千群况帝乡。

燕京中秋十五首（其四）

明·邓云霄

冉冉东流竟不回，年华漏箭暗相催。
严风乱卷胡霜去，明月还浮朔吹来。
白草连天迷滱水，黄金无地觅燕台。
谁怜蹭蹬龙媒老，苜蓿蒲梢晚自哀。

去年中秋晋阳试院用韩韵作诗复次原韵

清·邓琛

十年窃禄升斗微，此心已逐南云飞。
胡为蹇钝似驽马，秋来空餍苜蓿肥。
去年秋院几同舍，愁见霜皋木叶稀。
战诗徒夸出秀句，煮字那得疗朝饥。
何如此月就我饮，不待招邀来庭扉。
阴晴万里共今夕，琼楼高处烟霏霏。
飞狐古塞未解甲，射雕落日空猎围。
萤火熠耀时物变，坐见清露沾裳衣。
苍龙角尾仰不见，王良天驷谁为靰。
惟应幽人无检束，看花步月山中归。

十、白露苜蓿

次寄朴仲谦（祥翼）（其一）

清·权万

槐市晴蝉暮，余音碎欲流。
难窥袁半面，空忆贾长头。
白露蒹葭兴，秋风苜蓿愁。
翩然望社燕，能得几时留。

茶宗室八十初度

清·戴亨

宗室裕王后父封贝勒茶屏居不仕年老起为宗学长

乔松何不凋，苍根结深谷。
老鹤何长年，霜毛戢幽麓。
缅彼遐龄子，韬机寡营逐。
世苦纷自戕，心悴形讵淑。
盈缩不在天，达人解真福。
祖烈晋王封，丕承隆帝族。
富贵等秕糠，抱道甘岩宿。
静寂可忘年，真机畅幽独。
耆德表群公，教育董天属。
忠孝督童蒙，敬慎儆夕夙。
圣意眷方隆，虚怀忧覆𫗧。
告休缱绻衷，岂为侣鸥鹿。
三凤声闻高，风翩九霄速。
继述尽英奇，烟霞遂贪欲。
轩车下蓬蒿，迂儒荷青目。
忘分交情深，坦白露真朴。
值君杖朝期，称觞惭苜蓿。
何有罄交欢，荒词为君祝。

十一、霜降苜蓿

倒次前韵聊用书意（丁未）
清·江湜

操莽并嗜东海鳆，应愧齐民无半菽。
寒儒一饱差可安，但与马群分苜蓿。
昔者更闻闵仲叔，羞以猪肝累口腹。
观其所养见性真，刻骨自治乃尔酷。
由来味道得宿饱，更要防情若新沐。
我生学道战差胜，诚得躬耕百亩足。
故乡霜降粳稻熟，邻舍酒㼼清复浊。
阿弟书来苦劝归，屡道秋风卷茅屋。
今年尘鞚殊未停，辗尽青山走历碌。
待生春水买归船，免望高云惭羽族。

十二、冬至苜蓿

冬至谒陵八首（其四）入昌平学舍
明·吴宽

绕檐苍翠数峰齐，倦坐空堂意已跻。
高处川原浑历历，晡时风日稍凄凄。
行来假馆先思睡，诗就还家各有赍。
苜蓿满盘供饭足，坡翁休爱捣香齑。

冬至上陵途中杂咏八首（其三）
明·边贡

沙苑平如掌，青青苜蓿痕。
昔时放马地，今作牧牛村。

第九节　离宫别馆中的苜蓿

一、上林苑苜蓿

寄王君实二首（其一）
元·傅若金

北望衣冠忆省郎，远随车驾幸滦阳。
苑中苜蓿空骐骥，池上梧桐起凤凰。
中使有时传赐酒，近臣何处避含香。
上林此日无来雁，吟罢题书欲断肠。

读国信大使郝公帛书
元末明初·王逢

西北皇华早，东南白发侵。
雪霜苏武节，江海魏牟心。
独夜占秦分，清秋动越吟。
蒹葭黄叶暮，苜蓿紫云深。
野旷风鸣籁，河横月映参。
择巢幽鸟远，催织候虫临。
衣揽重裁褐，貂余旧赐金。
不知年号改，那计使音沈。
国久虚皮币，家应咏藁砧。
豚鱼曾信及，鸿雁岂难任。
素帛辞新馆，敦弓入上林。
虞人天与便，奇事感来今①。

① 公羁旅日，有以雁四十饷公，内一雁体质稍异，命畜之。于后雁见公，辄张翮引吭而鸣。公感悟，择日率从者二十七人，具香北拜，二人舁雁跽其前，手书尺帛，亲系雁足，且致祝曰："累臣某敢烦雁卿通信朝廷，雁其保重！"欲再拜，雁奋身入云而去。未几，虞人获之于苑中。以所系帛书托近侍以闻，上恻然曰：四十骑留江南，曾无一人雁比乎！遂进师南伐，越二年宋亡。书今藏诸秘监河南主客刘澹斋云。

社集天庆寺送春
明末清初·龚鼎孳

隔岁春光换纪元，上林莺羽带愁翻。
惟闻苜蓿丛芳甸，不见樱桃荐寝园。
南望阵云迷砀泽，西来璧琬诧坚昆。
闲花闲草春如许，尚有吞声野老存。

浣溪沙
题丁兵备丈画马

晚清·王鹏运

苜蓿阑干满上林,西风残秣独沈吟。

遗台何处是黄金。

空阔已无千里志,驰驱枉抱百年心。

夕阳山影自萧森。

二、离宫别馆苜蓿

王太傅河北阅马

北宋·刘攽

丰草河壖地,平沙冀北区。

离宫连苜蓿,旧苑半驹骎。

夫子深诗者,无邪颂使乎。

宁令汉马少,不议击匈奴。

京口有归燕

宋·曹勋

春烟昼白春草绿,春水溶溶曲江曲。

吴宫梁苑尽灰飞,胡马骄嘶衔苜蓿。

萧条南国閟春愁,章台瑶室今茅屋。

中原民庶被毡裘,万室无人皆鼠伏。

子归何处定安巢,楚幕虽多易倾覆。

感君为君思建章,万户朱门缀珠玉。

当时天下尚无为,今日悲凉变何速。

感君歌,为君哭,汾阳已死淮阴族。

沉沉壮士听晨鸡,豺狼当路食人肉。

燕齐邹鲁化腥膻,番人走马鸣轒辒。

秀川馆联句

南宋·洪迈

江声床摇寒,山色窗拗绿(方)。

归舟著沙边,客梦绕乡曲(洪)。

簪盍豁秋悲,筵开从夜卜(黄)。

黄花散疏篱，苍竹围破屋（向）。
诗豪争击铜，谈剧屡消烛（许）。
借君五言城，洗我万斛愁（方）。
主人意无穷，客子去敢速（洪）。
杯宽怯鲸吞，词涩愧貂续（黄）。
注瓦亦倾银，联珠仍缀玉（向）。
天迥月明洲，霜清风陨木（许）。
飞齐水击鹏，挥退日斜鹏（方）。
臭味漆投胶，芬芳兰间菊（洪）。
味甘一脔尝，话胜十年读（黄）。
未用赋骊驹，方看举鸿鹄（向）。
行当岁九迁，勿惮昼三宿（许）。
妙语子蝉嫣，孤踪吾鹿独（方）。
一老上星辰，三君进凫鹜（洪）。
平生仰高山，此夕沾剩馥（黄）。
飞龙十九章，金马三千牍（向）。
倘非论石渠，定是雠天禄（许）。
笔健翻狂澜，辩雄喷飞瀑（方）。
抄传疲小胥，侍立倦更仆（洪）。
力举六鳌连，肘运千兔秃（方）。
庖厨洗玉盘，萍豆鄙金谷（向）。
岂无麟脯羞，亦有熊蹯熟（方）。
不须罗膻荤，安用穷水陆（许）。
搜寻到蹲鸱，饪饤兼苜蓿（方）。
但畏酒樽空，宁知更漏促（黄）。
劝频难固辞，意厚敢虚辱（许）。
一一罄瓶罍，纷纷吐茵蓐（方）。
茶甘旋汲江，火活乍然竹（向）。
聊烹顾渚吴，更试蒙山蜀（洪）。
清风生玉川，石鼎压师服（黄）。
忍醉兴方新，语离情转笃（洪）。
明朝转船头，西风饱帆腹（黄）。
　　去橹响呕哑，归车声辘辘。
　　墨突谅难黔，曹装行复促。
　　便扬武林镳，勿恋番江筑。
圣神揽权纲，贤俊登肃穆（向）。
君恩晋接三，臣职坤用六（方）。

夷路合腾骧，上心资启沃（许）。
吾道竟何忧，斯文欣有属（洪）。
执政犹股肱，天官乃眉目。
当阶红药翻，规地青蒲伏。
遥知此数途，历遍财一蹙。
长吟美且箴，细酌寿而祝。
端期千一逢，毋讳再三渎。
德进朝廷尊，河润京师福。
前修庶拍肩，能事当继躅。
君无废此篇，随车编卷轴（向）。

己酉秋留鹤江有感

南宋·陈允平

宾鸿几过淀山湖，夜夜西风转辘轳。
苜蓿草衰江馆静，枇杷叶老石泉枯。
曲终明月闲歌扇，病去寒灰满药炉。
客梦不堪千里远，故园篱菊正荒芜。

山馆

元·陈樵

石甑峰前绿草肥，菟丝挟雨上梧枝。
天台道士投龙去，少白山人相鹤归。
苜蓿带茸初映日，雕胡落釜半成糜。
石楠花落无人扫，谁卧水阴歌采薇。

蝶蝶行

明·李攀龙

蝶蝶翻翻戏，游来东园苜蓿中。
不知谁家涎涎乳子燕，衔之我入窈窕紫深宫。
紫深宫，樽栌间，高坐颙颔待哺两黄口。
睨之阿母得食还，摇头鼓翼。
谁忍视蝶蝶，轻薄亦可怜。

西苑十二首（其八）

明·欧大任

谁道神山远，依然玄圃通。
琼瑶无隙地，苜蓿满离宫。
吹绿晴湖曲，飞霞小殿东。
史臣焚草后，蓂历万年同。

闻警（其四）

明·李之世

金缯徒自误和戎，究竟殊无五利功。
闻道匈奴频牧马，可怜战士尽如熊。
南侵苜蓿肥口厌，西望葡萄绝汉宫。
漫恃居庸天外险，古来形胜至今同。

送崇信伯奉使还朝①

明·吕蕙

开国风云委庆长，使还龙节正煌煌。
馆甥初识汾阳第，揖客能容汲黯狂。
瓮里葡萄浮大白，厩中苜蓿饱飞黄。
朝廷一饭思颇牧，忠孝毋忘守四方。

① 伯今守备南京成国公婿成国留饮始识。

馆甥程茂才籍郡博士弟子（其一）

明·汪道昆

绣衣使者惠文冠，牛斗荧荧剑气寒。
南国经年收竹箭，尚方指日作琅玕。
仙郎新绾芙蓉佩，博士平分苜蓿盘。
先达尚余双白鬓，而翁而舅旧登坛。

访容植之山馆

明·李之世

山径少逢迎，幽居无俗情。
密云过户湿，细雨入池平。
插架琴书静，侵阶苜蓿荣。
高谈二三子，终日有余清。

灵谷探梅（其三）

明末清初·屈大均

几树傍朝阳，犹承日月光。
白头宫监在，攀折荐高皇。
上苑樱桃尽，华林苜蓿长。
春风空有意，先到独龙冈。

岁暮馆阿员外宅

清·戴亨

纸田墨稼稔收难，时序催人岁复残。
压塞冻云含雪暗，失林孤雀堕风寒。
马融旧拥笙歌帐，薛令长吟苜蓿盘。
惭愧程门曾立雪，长安落魄笑儒冠。

初到婺源

清·陈同礼

绕郭清江碧玉流，万峰簇簇出城头。
山川大好襟吴楚，文物当年敌鲁邹。
苜蓿何妨无一饱，皋比不道有千秋。
诸生请业纷纷至，也当昌黎馆下游。

边愁（其二）

清·屠寄

忆昨狼烽照上都，只今鲛室遍通衢。
离宫苜蓿春烟没，飞舶金银海水枯。
白雉几曾重译献，黄龙安得及时输。
汉廷解守和戎策，五利他年恐矫诬。

观家人腌菜戏成四十韵

清·赵翼

物产推安肃，秋成庆阜丰。
釃来樊圃畔，辇集藁街东。
民幸无兹色，儒原称此风。
灌怜园叟苦，卖厌市牙讧。

碧叶经霜绽，娇芽带雨芃。
略同三韭品，不杂五荤丛。
细异辛堪荐，肥看甲不衷。
蕉心包宛转，藕腕研玲珑。
莹白光凝外，含黄美在中。
洗随银指滑，截爱玉肪融。
拗嫩先冬笋，尝新并晚菘。
饴盐同日贵，尘甑一时雄。
卖处争求益，挑来各禦穷。
春盘犹未设，地窖或还烘。
剥似层层箨，堆疑寸寸葱。
酒余西爽送，馔底下陈充。
入粥成羹沸，为齑用火攻。
芼时姜桂糁，榨后曲糟蒙。
生熟俱宜口，清腴讵鼓咙。
尽多回美味，兼有解酲功。
莼漫龟丝绿，葵输鸭脚红。
茹蔬贫宦惯，蓄旨内人工。
食肉曾嫌鄙，饥肠故久空。
珍藏登瓦缶，贱价倒筠笼。
嚼赛屠门快，烹矜鼎养隆。
煮分煨芋火，切傍点蒟筒。
入腹随藜苋，呼山免鞠劳。
余甘施婢获，均惠到儿童。
尚愧遗羹远，聊矜宰肉公。
祭修尼父豆，斋比太常宫。
才本胡芦样，餐胜苜蓿藂。
恰宜疏食澹，何取簋飧饛。
名敢元修独，贫甘庾杲同。
侯鲭羞挟瑟，官鲊陋邮筒。
自爱枯僧味，还惭老圃躬。
咬根心故淡，送把意弥崇。
乡思怀樱笋，生涯感梗蓬。
归犹悭杞菊，嗜敢望鱼熊。
已免黄精颿，兼资白粲耷。
俯看盆盎满，吾亦富家翁。

三山会馆晤黄晓秋同饮方知其亦留滞此间翌日出其元日试笔索和叠二首酬之（其二）

晚清·范当世

处处笙歌起画楼，时平相业奠金瓯。
正宜力取还乡锦，何便悲吟作客裘。
冻折蓬莱天左股，望穿苜蓿海西头。
交疏未问行藏事，约略分吾一段愁。

香溪好（其九）

清末·叶昌炽

卜宅香溪好，会真记在屏①。
箖箊三径绿②，苜蓿一毡青。
地近吴娃馆，园邻杨子亭③。
双文犹在否，环佩想玎玲。

① 所居柳质翁得之徐氏，最先为诗人吴竹巅之遂初园，林泉幽旷，土木精工，听事楼下长窗十六扇，刻西厢记全部，雕镂人物，栩栩如生。② 园中箖箊径琅玕如故，竹屿集中有诗。③ 与沈归愚尚书密迩，竹屿集中有诗唱和。

海舟书感四首（其二）（丙戌）

清末民国初·易顺鼎

十洲三岛隔烟霞，仙品难寻枣似瓜。
燕馆北来过碣石，秦台东去到琅琊。
芙蓉薜荔昆明舰，苜蓿蒲萄博望槎。
岂但蓬莱无处所，珠帘甲帐亦天涯。

红罗袄

现当代·饶宗颐

鲁拜集名句云："来！满杯，春火之中，抛汝悔懊之动服乎。得时之禽，虽回翔无地也，仍鼓翼也。"意悲而远，以词易之，远未逮也。

弃掷罗衣去，回翅载春归。
只懊恼宫墙，萧条门巷，霎时厮见，惟有天知。
莫嗟惜、相见时稀。
东风默许佳期。
苜蓿更江蓠。
料楚客，不必赋春悲。

第十节 边塞田苑苜蓿

一、田野苜蓿

轻薄篇

南北朝·张正见

洛阳美年少,朝日正开霞。
细蹀连钱马,傍趋苜蓿花。
扬鞭还却望,春色满东家。
井桃映水落,门柳杂风斜。
绵蛮弄清绮,蛱蝶绕承华。
欲往飞廉馆,遥驻季伦车。
石榴传玛瑙,兰肴荐象牙。
聊持自娱乐,未是斗豪奢。
莫嫌龙驭晚,扶桑复浴鸦。

苜蓿峰寄家人

唐·岑参

苜蓿峰边逢立春,葫芦河上泪沾巾。
闺中只是空相忆,不见沙场愁杀人。

岑参,南阳人文。天宝中进士。试大理评事,摄监察御史,杜甫荐之,转左补阙,起居郎,累迁侍御史,出为嘉州刺史,退居杜陵山中。属中原多故,卒死于蜀。有集八卷行。

岑参浅而腴,多于点染见佳。高达夫莽而率,岑嘉州浅而嫩。然高多老气,岑多芬色,长短各自有在。

——明·陆时雍《唐诗镜·卷十五》

苜蓿峰寄家人

唐·岑参　张震　注

苜蓿峰边逢立春，葫芦河上泪沾巾。
闺中只是空相忆，不见沙场愁杀人。

张震注：苜蓿草名，苜蓿峰葫芦河皆西蕃诸国地名，不详所止，沙场古战场也。

岑参《苜蓿峰寄家人》

酬程定塞提刑

宋·范纯仁

衰疲敢惮守边州，老去光阴似水流。
塞马春深无苜蓿，田家雪足望麰麦。
清笳只解添乡思，白酒聊堪解客愁。
独喜平刑贤使者，能将德庆绍箕裘。

塞下曲六首（其二）
南宋·严羽

渺渺云沙散橐驼，风吹黄叶渡黄河。
羌人半醉蒲萄熟，塞雁初肥苜蓿多。

南楼怀古五首（其三）
宋·周弼

茫茫迂曲度平川，何处孤村近水边。
烟护刘琮残壁垒，雨沉黄祖旧楼船。
寒沙细拥菰芦地，破陇斜耕苜蓿田。
见说去年秋潦后，更无茅屋起炊烟。

寄则明时客于竹洲作
元·吕诚

苜蓿花开遍地秋，秋声浑在树梢头。
西风昨夜吹归梦，唤起客怀无限愁。

苜蓿峰
明·彭大翼

唐岑参题（苜蓿峰）寄家人诗：

苜蓿峰边逢立春，葫芦河上泪沾巾。

闺中只是空相忆，不见沙场愁杀人。

西域记：塞外无邮驿，往往以峰代驿。玉门关外有五峰，苜蓿其一也。又云葫芦河下广上狭，回波甚急，深不可渡。河上置玉门关，即西境之咽喉也。在真定府宁晋县东南，源自顺德府，流经任县，至此汇为泽。

苜蓿峰

明 彭大翼

唐岑参题苜蓿峰寄家人诗苜蓿峰边逢立春葫芦河上泪沾巾闺中只是空相忆不见沙场愁杀人西域记塞外无邮驿往往以峰代驿玉门关外有五峰苜蓿其一也又云葫芦河下广上狭甚急深不可渡河上置玉门关即西境之咽喉也在真定府宁晋县东南源自顺德府流经任县至此汇为泽

岑参诗：苜蓿峰边逢立春，葫芦河上泪沾巾。皆纪塞上之地也。《三藏西域志》：塞上无驿亭，又无山岭，止以烽火为识。玉门关外有五烽，苜蓿烽其一也，然则今作峰者，非也。

——明·顾起元《说略·卷三》

苜蓿烽

丹铅总录。岑参诗。苜蓿烽边逢立春，葫芦河上泪沾巾。皆纪塞上之地也。唐《三藏西域志》：塞上无驿亭，又无山岭，止以烽火为识。王门关外有五烽，苜蓿烽其一也。葫芦河上狭下广，洄波甚急，不可渡。上置玉门关，即西域之襟喉也。

——清·褚人获《坚瓠二集》

寓目

唐·杜甫

一县葡萄熟，秋山苜蓿多。
关云常带雨，塞水不成河。
羌女轻烽燧，胡儿掣骆驼。
自伤迟暮眼，丧乱饱经过。

杜甫《寓目》

《寓目》注释

【鹤注】诗云关云、塞水、羌女、胡儿，当是乾元二年在秦州作。《左传》："得臣与寓目焉。"梁元帝《答张缵文》："寓目写心，因事而作。"

一县葡萄熟①，秋山苜蓿多②。关云常带雨，塞水不成河③。羌女轻烽燧④，胡儿掣骆驼⑤。自伤迟暮眼，丧乱饱经过⑥。

寓目，动边愁也。上六，皆目中所见者。末点眼字以醒题。首联，物产之异。次联，地气之殊。三联，人性之悍。渐说到边塞可忧处，故有丧乱经过之慨，谓不堪再逢乱离也。

①《史记·大宛传》："宛左右以葡萄为酒，富人藏至万余石，久者数十岁不败。俗嗜酒。马嗜苜蓿。汉使取其实来，于是天子始种之高官别馆。"《永徽图经》：蒲萄生陇西、五原、敦煌山谷，今处处有之，其实有紫白二种。

②《西京杂记》：乐游苑多苜蓿，一名怀风。

③塞外地高四下，荒凉无阻，故不成河。

④《史记》：周幽王为烽燧大鼓。《正义》曰："昼日为烽以望火烟，夜举燧以望火光。"

⑤掣，牵挽也。骆驼立，掣而后伏，伏而后兴。《外国图》：大秦国人长一丈五尺，好骑骆驼。

⑥陶潜诗："脱有经过便。"朱鹤龄曰：此诗当与"州图领同谷"一首参看。关塞无阻，羌胡杂居，乃世变之深可虑者，公故感而叹之。未几，秦陇果为吐蕃所陷。杨德周曰："关云常带雨，塞水不成河"，"谷暗非关雨，枫丹不为霜"，皆字字可思。

——仇兆鳌《杜诗详注》

秦州杂诗二十首 寓目（赵云左传得臣与寓目焉）

一县蒲萄熟，秋山苜蓿多。（西域人好饮蒲萄酒，马食苜蓿。贰师伐宛，将种归中国也。杜补遗：永微图经曰：葡萄生陇西、五原、炖煌山谷，今处处有之。苗作藤蔓而极大，盛者一二本绵被山谷间）

（花极细而黄白色，其实有紫、白二色，而形之圆、锐亦二种，又有无核者。谨按《史记》：大宛以葡萄为酒，张骞使西域，得其种而还。种之中国始有。盖北果之最珍者。《神农本草》云：苜蓿，味苦平、无毒，主安中利人，可久食。陶隐居云：长安中乃有苜蓿园，北人甚重此，南人不甚食之。以其无味故也。广韵载《史记》云：大宛国马嗜苜蓿，汉使所得，种于离宫。又玉篇云：《汉书》：罽宾国多苜蓿，宛马所嗜。本作目宿。赵云：此篇题名寓目，皆实道其事。葡萄，果名，苜蓿，草名。二物本西北所有，因张骞自大宛带种归中国。故近西之地多有之。苜蓿以饲马，关陕人亦食之。薛令之诗曰：朝日上团团，照见先生盘，盘中何所有？苜蓿长阑干。是也。梁孝仪北使还，与永丰侯书曰：马衔苜蓿，嘶立故墟；人获葡萄，归种旧里。则二物西北之产明矣。）

关云常带雨，塞水不成河。羌女轻（一作摇）烽燧。胡儿制（一作掣）骆驼。自伤迟暮眼，丧乱饱经过。（赵云、关云、塞水、羌女、胡儿、皆所寓目之事。烽燧，一物二名，燃火曰烽，举烟曰：燧楚词云伤美人之迟暮，阮籍咏怀云西游，咸阳中，赵李相经过饱餍也，盖如石勒谓季阳云。卿亦饱孤毒乎？公诗又云：老树饱经霜。）

秦州杂诗二十首 寓目 赵云左传得臣与寓目焉

一县蒲萄熟秋山苜蓿多西域人好饮蒲萄酒马食苜蓿贰师伐宛将种归中国也杜补遗微图经曰葡萄生陇西五原炖煌山谷今处处有之苗作藤蔓而极大盛者一二本绵被山谷间花极细而黄白色其实有紫白二色而形之圆锐亦二种又有无核者谨按史记大宛葡萄为酒张骞使西域得其种而还种之中国始有盖北果之最珍者神农本草云苜蓿味苦平无毒主安中利人可久食陶隐居云长安中乃有苜蓿园北人甚重此南人不甚食之以其无味故也广韵载史记云大宛马嗜苜蓿汉使所得种于离宫又玉篇云汉书剡宾国多苜蓿宛马所嗜本作目宿赵云此篇名寓目皆实道其事葡萄果名苜蓿草名二物本西北所有因张骞自大宛带种归中国故近西之地多有之苜蓿以饲马关陕人亦食之薛令之诗曰朝日上团团照见先生盘盘中何所有苜蓿长阑干是也梁孝仪北使还与永丰侯书曰马衔苜蓿嘶立故墟人获葡萄归种旧里则二物西北之产明矣关云常带雨塞水不成河羌女轻一作摇烽燧胡儿制一作掣骆驼自伤迟暮眼丧乱饱经过赵云关云塞水羌女胡儿皆所寓目之事烽燧一物燃火曰烽举烟曰燧楚词云伤美人之迟暮阮籍咏怀云西游咸阳中赵李相经过饱展也盖如石勒谓季阳云亦饱孤毒乎公诗又云老树饱经霜

——郭知达《九家集注杜诗·卷二十》

秋声

宋·陆游

人言悲秋难为情，我喜枕上闻秋声。
快鹰下韝爪觜健，壮士抚剑精神生。
我亦奋迅起衰病，唾手便有擒胡兴。
弦开雁落诗亦成，笔力未饶弓力劲。
五原草枯苜蓿空，青海萧萧风卷蓬。
草罢捷书重上马，却从銮驾下辽东。

书感·丈夫本愿脱世羁

宋·陆游

丈夫本愿脱世羁，丹成昼日凌空飞。
缨冠佩玉朝紫微，白银宫阙瞻巍巍。
不然万里将天威，提兵直解边城围。
苜蓿满川胡马肥，掩取不遣一骑归。
苦心文章亦未非，与此二事同一机。

送许少卿出守邠州

宋·韩驹

长安北走彭原路，白苇黄茆列亭戍。
山形渐险溪水流，行人可肯回车去。
岂知中有古邠州，十里沙平水漫流。
雁飞蔽野葡萄晓，马放连云苜蓿秋。
次卿卧听朝鸡久，请试从来拨烦手。
未许相如喻蜀归，且看魏尚临边守。
杂花撩乱草鲜明，二月春风卷旆旌。
燕寝凝香无一事。乐哉饮酒莫论兵。

塞下曲（六首）

宋·严羽

孤城莽莽秋天外，尽日无云空自哀。
忽怪一时天尽黑，合群寒雁向西来。

渺渺尘沙散橐驼，风吹黄叶渡黄河。
羌人半醉葡萄熟，塞马初肥苜蓿多。

古戍秋生画角哀，思归泣尽望乡台。
边关日落寒风起，但见黄沙万里来。

一身远客逐戎旌，落日萧条望古城。
渐近碛西无水草，北风沙起橐驼惊。

玉关西去更无春，满眼蓬蒿起塞尘。
汉马不归青海月，悲笳愁杀陇头人。

天山一夜雪漫漫，虏去营空战血干。
十万征人回马首，天边烽火报平安。

天坛山

宋·汪元量

我登天坛山，洒然清吟目。
群峰如儿孙，罗列三十六。
支藤陟曾巅，中有少室屋。
山人化飞仙，庭除生苜蓿。
古碑野火烧，剥落字难读。
雏鹿卧幽岩，孤鸟响空谷。
解鞍小迟留，偷闲半日足。
长啸归去来，题诗纪幽独。

天坛山

宋 汪元量

我登天坛山洒然清吟
目群峰如儿孙罗列三十六
支藤陟曾巅中有少室屋山
人化飞仙庭除生苜蓿古碑
野火烧剥落字难读雏鹿卧
幽岩孤鸟响空谷解鞍小迟
留偷闲半日足长啸归去来
题诗纪幽独

山园赋

宋末元初·胡次焱

景定元年（1260年）春二月，凤山查亭叔以书抵梅岩曰："近筑山园，为游息之地，思欲得巨笔铺张之，敢以为请。"

夏四月，一再不懈。

家惟奔走于贫，不暇抒思。

秋八月，养痾弥旬，少间，气力未裕，未可与尘埃酬酢，于是始克运笔。

效班固《两都赋》体，离为前后篇，所谓极昔之眩耀，而折以今之法度者也。

子胡子一日延四友而语之曰："繄霜台之胄裔，启山园之秀丽，累征予以品题，将何辞而模写"？

毛颖辈欣然应曰："媪神奠位，坤维陨然，高者为山，坦者为园，求其具美，戛乎难兼。

故山而不园者有矣，若司空之中条，庞公之鹿门，虽崔巍而乏平旷，何以骋腰袅而展辐轮？

园而不山者有矣，若李氏之仁丰，牛相之归仁，虽坦夷而乏埼礒，何以排阊阖而摘星辰？

羌山园之风物，真东南之鲜丽。

唐有工部之诗，近有博士之记。

未获登临，实劳梦寐。

谁驱鳌首而来，移在凤山之里。

玉垒崭崭，青螺簇簇。

突龙蟠而虎踞，稍凤翥而鸾伏。

涧户欹林而嵼嶽，石径封苔而屈曲。

中有百弓之园，是为硕人之轴。

譬犹义夫节士，岩岩不可犯，而即之坦然，中有容卿百人之腹。

土平以衍，地旷而沃。

可台可榭，可亭可屋。

可畹可兰，可畦可菊。

窈而深，障千章之古木；

缭而曲，森万个之修竹。

南崖青精，北岫黄独，东丘菘韭，西崦豆菽。

芋栗满坡，兰桂漫谷，申椒盈阿，荔薜披麓。

拳蕨正肥，角笋如束。

橘柚秋香，瓜李夏熟。

亦有甘荠，亦有旨蓄。

盼缭白而萦青，绚纷红而骇绿。

异芬彻骨，涣色眩目。

可带经而锄，可叩角而牧。

楗尺枳以为篱，满杜蘅之丰缛。

希晋宫之蒲萄，陋城东之苜蓿。

疑两间之贡巧，与五丁之献伎。

不然则斯山在檐楹间旧矣，何今出而昔閟也。

不然则山神之命有时，而塞亦有时而遇也"。

言未既，陈玄剿说进曰："颖知其一，未知其二。

淡风日之明媚，纷蜂蝶之游戏，竹影琐碎而侵阶，花阴扶疏而卧砌，是则山园宜霁。

滃云气于山椒，栖烟霭于木末，点芭蕉而滴沥，喧败荷之潇飒，是则山园宜雨。

朔风嗥而枯声，梢橚惨而离披，或陇梅破白，或霜叶赐绯，是则山园宜寒。

蒸火云于肉山，俯佳木之繁阴，或曲弸送风，或高岭输云，是则山园宜暑。

河低玉绳，桑浴铜铛，赫明暾之熹微，林霏炯其廓清，是则山园宜晓。

暝色苍茫，返照依稀，牧笛怨而羊牛下来，樵路阒而禽鸟哢枝，是则山园宜暮。

鹿随筇杖，鹤认茶烟，蔑红尘之污人，对清嶂以忘言，是则山园宜闲。

虎啸风烈，猿啼月高，飞羽觞之潋滟，颓玉山于林皋，是则山园宜醉。

群嶂供题，列卉献科，是则山园宜唱而宜和。

俗客不来，柴扉昼掩，是则山园宜图而宜史。

至于可喜可愕、可游可戏者，盖不能一二而悉数也"。

楮先生在旁，捧腹不已，笑定而曰："玄知其浅，未知其深。

吾尝随至人以舒卷，洞主人之胸襟。

曰山间之妙处，不独在乎园林。

前辈谓丝不如竹，竹不如肉，盖又有海棠睡起之姝，荷花解语之嫔。

故称李韶华者山园之奇卉，歌莺飞燕者山园之名禽。

绛桃花貌，碧杏珠唇。

袅娜乎章台青青之柳，缥缈乎石榴醋醋之神。

别有闲花野草逻列左右，恼公子而怨王孙。

故夫是山也，迫而睨之似东山之偕妓，遥而望之如巫山之行云。

良时美景，挈榼游赏，试卷帘而通盼，涣娉婷之缤纷。

断刺史之肠，绝坐客之缨。

欢声沸山园之鼎，和气盎山园之春。

后土琼花羞颜而却走，洛阳牡丹失色而逡巡。

熙乎爽哉，此山园之小天台也。

吾言夸矣，不知所裁"。

陶泓起而评曰："韩愈称颖，为人强记而便敏，又通当世之务，故能援引古昔，敷陈名义。

陈玄之先世生长山间，故极诧林泉之风味。

楮乃白面书生也，故目恍纷华，口出丽语。

之二三子之言，言各有为。

我石心人也，难乎去取，听主人之自择，以何说之为是"。

主人倾耳以听，开口而笑曰："诗云：'他人有心，予忖度之'，其楮先生之谓乎"！

春行南郊

元·马祖常

绿树连城合，苍藤入涧悬。
作桥分野路，取竹缚溪船。
载酒谁留客，看花我欲颠。
歌诗谐故老，笑语属神仙。
自凿蒲萄井，人开苜蓿田。
衔樱黄鸟弄，窥藻白鸥翩。
狎坐欣时俊，随行喜少年。
山阴知寂寞，春服且云烟。
因话朔南声教在，一回相对客怀宽。

金微道

元·耶律铸

茫茫苜蓿花，落满金微道。
一千里骥足，十二闲中老。

（出《后汉书耿夔传》夔出居延塞五千里至金微山。）

金微道

元 耶律铸

茫茫苜蓿花落满金微道一千里骥足十二闲中老出后汉耿夔传夔出居延塞五千里至金微山

【延申阅读】

　　金微山又名金山是古山名。为现今新疆西北部与蒙古国间之阿尔泰山脉。《后汉书·耿夔传》：永元三年（91年），耿夔伐北匈奴，"将精骑八百，出居延塞，直奔北单于延，于金微山斩阏氏、名王以下五千余级"。即此。史上将此次战役称为金微山之战——汉朝匈奴的终极之战。

　　金微山之战不仅是汉朝与匈奴几百年战争的结束音符，更是一场改变了中国历史格局的战争，最大的改变便是宣扬了大汉的国威，给了鲜卑等其他少数民族登上历史舞台的机会，当初威风凛凛的匈奴大国在这场战争中落下帷幕，谁也不会料到，从霍去病、卫青再到李广等人，最后彻底结束这场纠葛的是窦宪。

简林叔大都事

元·王逢

省闱无事日盘桓，犹是中朝供奉官。
半臂缥绫披月下，三神珠阙望云端。
庄蔿草变鲸波落，苜蓿花开雁塞寒。

为张生题赵仲穆画马

元末明初·刘基

天厩之马高且肥，王孙貌出真绝奇。
杜陵寒儒恒苦饥，枉使韩干遭诮嗤。
渥洼天马龙象力，朝发太蒙暮西极。
豆刍五石充一食，力由食生非外得。
地黄苜蓿美如饴，咽以甘泉清肺脾。
神完气定吡止时，素餐立仗马耻之。
高风吹雁酸枣红，狼烟夜半通回中。
为君长鸣起枥公，斩取郅支归献明光宫。

旧内臣家老马

元·宋无

罢直奚官雪满腮，少年曾扈上之回。
金砣丰削曾多裂，玉秣辛酸齿半摧。
苜蓿地间春早遍，葡萄宫废野花开。
病嘶破枥秋风夜，独忆先朝较猎来。

次仲兄筠高原望高台韵

明·许景樊

崔嵬云栈接青霄，峰势侵天作汉标。
山脉北临三水绝，地形西压两河遥。
烟尘暮卷孤城出，苜蓿秋深万马骄。
东望塞垣鼙鼓急，几时重起霍嫖姚。

苜蓿岭寄家人

明·陈赞

塞外无花少见春，故园回首泪盈巾。
想应寂莫深闺里，灯下缝衣寄远人。

出自蓟北门行
明·黄卿

蓟门连亭障，北望白草腓。尧封遗沟洫，秦塞何累累。
征马饱苜蓿，干旄映珂鞿。铙吹风转急，狼烟腾复微。
生饮鹒鹒血，戈剑莹生辉。撩揭男儿健，相逐夸戎衣。
行行闻野哭，言寇掠且归。挺身出大漠，武士争追随。
誓射天狼落，宁言貔虎威。问我驰驱志，庇民奠边陲。
首功报幕府，将为刀笔欺。桓桓烈士恨，犒爵竟何为。

送张太仆熙伯视马畿内二首（其一）
明·谢榛

司驭巡畿甸，飞旌指戍楼。
共传天马异，宁复大宛求。
月照昆吾冷，风生苜蓿秋。
张衡有词赋，独系汉家忧。

李陵悬军遇敌图为秦孝先题
明·陈泰

壮哉射虎将军孙，惜哉扼虎边军魂。
旌旗半卷日光薄，风吹野水秋无言。
生降孰与死战乐，天子未负将军恩。
阵前八骏血为泪，仰面不见咸阳门。
祁连山头堆苜蓿，将军多马今何赎。

长至祀陵纪行

明·李东阳

九重霜露重三时,盛代官曹有令仪。
南陆正回羲驭晷,北辂仍遣汉陵祠。
身辞左掖炉烟里,路出西郊野水湄。
已少游尘轻扑面,更无飞雪乱侵肌。
居民小市多新集,胜国荒城秪断基。
耕罢疲牛驱再作,蹶余羸马坠还骑。
遍观禾圃知秋熟,稍憩茅檐觉午移。
别苑场空犹苜蓿,孤村树老自棠梨。
因过古渡伤心切,为送停云驻足迟。
岁晚萍踪怀故侣,境偏芹馆赴幽期。
词林旧邸经年在,谏议高名后世遗。
莫厌车装频去住,载看堂构几兴衰。
松风入梦长惊枕,槐月窥人直到帷。
绛帐广文停夜酌,白头老将具晨炊。
传教驺隶齐回节,逢著樵夫屡问岐。
高历翠微时缥缈,俯穿青径转逶迤。
千寻紫殿琉璨合,百尺银桥蟒蚣危。
暗昧敢忘蘧瑗礼,寂寥深感杜陵悲。
神宫久閟仙游迹,御制亲题圣德碑。
龙脉蜿蜒冈势绕,兽形狰猛石工奇。
山腰列堞围成郭,岩窦诸泉汇作池。
庐宿坐残红槚柮,屐登梯尽碧参差。
中官启户鸣金磬,都尉升阶奠玉卮。
林迥侧闻豸兕静,天低下阚斗星垂。
光遥爝火依稀见,气隐葭灰次第吹。
虎拜忆从三舞蹈,骏奔甘效独驱驰。
行囊竟与归途急,旅榻真于睡思宜。
霁景忽开双倦眼,闲情或上两颦眉。
黄楼作赋思携客,紫塞论兵念守夷。
珠刹富填捐施主,土墙贫拥负暄儿。
香浓蚁瓮聊供醉,寒近貂裘竟不知。
每愧谋猷裨献纳,仅将筋力付娱嬉。
朝趋未报凫飞信,庭觐先陈鲤退诗。
二纪兹行今十度,春寒风物合分谁。

天骥连营

明·李东阳

危阑一曲俯平川，万骥联营下九天。
沙地雨肥青苜蓿，日华晴散锦连钱。
使宛枉作开边计，归华真传定鼎年。
白发奚官①无一事，太平天子罢游畋。

① 奚官：1.官名。职司养马。晋置，属少府。2.官署名。南朝、隋、唐皆置，属内侍省。掌守宫人疾病、罪罚、丧葬等事。多以犯罪者从坐之家属为之。3.谓奚人内附为官者。

辕驹叹

明·张元凯

万物有荣瘁，修途多险虞。
枥上曾称骏，辕下反为驹。
哀鸣望顾盼，主人恩不殊。
不蒙骐骥驾，乃与驽骞俱。
流沙千万里，秋风苜蓿枯。
梦想燕然山，追逐大将符。
皮相亦何凭，骨立亦何图。
倘再赐鞭策，犹堪任驰驱。

塞上二首（其一）

明·张元凯

霍家初拜冠军侯，雀弁胡缨绣臂韝。
苜蓿总肥调宛马，鹧鹉新淬出吴钩。
月明青海无传箭，霜冷黄榆乍赐裘。
姓字不将麟阁贮，丈夫空作玉关游。

秋兴四首（其一）

明·杨廷麟

汉家岁岁戍居延，新筑浑河北斗边。
文学未谙《盐铁论》，公卿谁进度支钱。
高城寒听菰蒲雨，战骨秋枯苜蓿田。
壮士不闻还易水，至今宾客泪潸然。

塞下曲二首

明·宋登春

金鞭白马出萧关，沙塞黄云五月寒。
明主恩深犹未报，阴山何日斩楼兰。

燕草初齐苜蓿肥，白狼山上客思归。
辕门昨夜军书到，又领残兵度武威。

见道上老马
明·顾璘

霜毛凋尽锦云斑,落日长鸣大道闲。
老去谁铺金埒卧,战时曾度玉门还。
尘沙风断三千塞,苜蓿秋空十二闲。
愿取敞帷终惠养,敢希枯骨动君颜。

出猎图
明·朱孟德

秋高绝塞苜蓿死,飒飒西风吹马耳。
山前猎骑耀戎装,布列沙场平似砥。
草枯食实马膘肥,风折筋胶劲弧矢。
旌旄斜卷断霞明,战袍乱簇团花紫。
揽辔峨然意且闲,导前顾后遥相指。
勒马回头审视余,雕弓满引双鸿起。

岑嘉州参塞宴
明·盛时泰

苜蓿遍原野,春来马多肥。
今日烽燧静,聊以解征衣。
置酒召朋侣,日暮不见归。
何处射猎去,貂裘间轻绯。
昨日已赐爵,前时初解围。
军中重胆略,无如君所为。
醉拥美人坐,不惜双珠琲。
门前罗金钲,庭中插羽旃。

锦瑟时一弹，空侯在中帏。
杯行不知算，入手如欲飞。
为谢众宾客，四座多光辉。
何以报天子，从今羽檄稀。

和答舍弟子彦自雩都寄诗并喜性举乱后归自殊乡

明·刘嵩

春暮书回百感生，残年送别最关情。
云飞远道千峰暗，花落深林独树明。
苜蓿久荒良骥病，稻粱未足旅鸿惊。
遥怜稚子生还日，不得相从咏北征。

王明君

明末·陈子龙

我本弱女子，被选当雄兵。
男儿畏强虏，辛勤独远行。
行行汉城尽，遂见边草横。
马鸣何萧萧，使者来相迎。
俗殊姓氏曲，曷以称其名。
河冻尘失堑，北风摇旆旌。
阏氏本至贵，当之乃心惊。
穹庐乱南北，无繇瞻汉京。
汉京君臣薄，胡人父子轻。
岂欲惜一死，恐起汉胡争。
天子方厌战，妇人聊苟生。
纵有归来时，耻见父与兄。

日忧负君托，时闻胡马征。
采采苜蓿枝，血泪相与并。
愿因双飞鹄，持赠汉公卿。

湛园札记

明末清初·姜宸英

鱼海路常难。唐李国臣传：以折冲从收鱼海三城。

《寓目》：一县蒲萄熟，秋山苜蓿多。

蒲萄、苜蓿，皆来自西戎，故题云《寓目》，寄慨深矣。

——翰林院编修《湛园札记·卷四》

春雨叹

明·汪道昆

忆昔场中结少年，春游跋扈东风前。
缘堤新柳张步障，绕郭晴川出画船。
三年泣血空皮骨，向来狂态今屡然。
一春准拟恣欢赏，九陌相将拚醉眠。
江北江南天漠漠，社前社后雨绵绵。
应门稍喜少车辙，执爨恰愁低突烟。
苜蓿饱撑枥下马，青蚨牢挂杖头钱。
经旬泥潦旧雨断，满壁蜗涎新雨连。
欹枕苦牵蛮触梦，闭关且学辟支禅。
山楼薄暮开返照，版屋崇朝入漏天。
闻说轩皇怒不发，谁干岳帝窃其权。
雨师无端沉后土，日御底事匿虞渊。
二麦沾泥烂欲死，百花无处不可怜。
愁闻斗粟价腾踊，况乃近市争喧阗。
为叱群龙太放颠，试看剑气白虹悬。
亟须夹日扶桑上，慎勿伤我种瓜田。

边马有归心阁试
明末清初·张萱

剩有横行意，其如远道悲。
自矜洼水种，悔逐并州儿。
苜蓿春能几，蒲萄入尚迟。
因之嘶野草，不为朔风吹。

塞上
明·郑伯兴

绝塞万山秋，筹边更筑楼。
马肥春苜蓿，人醉卧箜篌。
图画云台列，功名铁柱留。
上公蒙宠异，方赐紫云裘。

秋斋杂感（十六首录三）（其一）
清·张洵佳

海宇疮痍起劫尘，国医束手病常呻。
荒原苜蓿肥戎马，内府笙歌醉使臣。
妖党白莲传有种，旧家乔木替无人。
开元初载姚崇相，遗老讴思泪渍巾。

奉和观察永蕴山喜常制府总师台湾原韵
清·邹贻诗

蝉雀螳螂智总昏，拥旄今喜令公存。
蒲萄夜索三军醉，苜蓿春肥万马屯。
海上投戈应革面，帐中弹铗亦酬恩。
吏民遮道凭传语，新拜将军旧戟门。

去年与刘艾园汲泉共饮今年余客南皮渡河归来感而纪之
清·苏鹤成

忆酌寒泉沁齿牙，马嘶高柳避尘沙。
无端一夜霏微雨，开遍沿村苜蓿花。

游仙诗六首（其六）

清·冯班

台观茫茫苜蓿肥，至今汾上白云飞。
岁星便是骑龙客，辜负君王独自归。

塞下曲六首（其六）

清·彭孙贻

雪落天山苜蓿香，胡姬解辫亦红妆。
少年夜抱芙蓉宿，不为烟花忆故乡。

北征大捷功成振旅凯歌二十首（其十七）

清·陈廷敬

天厩骁腾汗血斑，嘶风别去笊云还。
瓜时不遣黄龙戍，苜蓿青青意自闲。

塞上春草

清末至民国·林维朝

代州西去雁门东，原上春深草色浓。
匝地娇柔迷塞路，连天嫩绿接城墉。
马肥苜蓿花千里，人对蘼芜恨万重。
一角堠亭斜照外，迷离何处盼归踪。

春日田园杂兴（其一）

民国初·温倩华

芳郊浓绿遍桑麻，偏是山村占物华。
开遍一畦红苜蓿，春风先到野人家。

二、沙苑

沙苑行
唐·杜甫

君不见，
左辅白沙如白水，缭以周墙百余里。
龙媒昔是渥洼生，汗血今称献于此。
苑中騋牝三千匹，丰草青青寒不死。
食之豪健西域无，每岁攻驹冠边鄙。
王有虎臣司苑门，入门天厩皆云屯。
骕骦一骨独当御，春秋二时归至尊。
至尊内外马盈亿，伏枥在坰空大存。
逸群绝足信殊杰，倜傥权奇难具论。
累累塠阜藏奔突，往往坡陀纵超越。
角壮翻同麋鹿游，浮深簸荡鼋鼍窟。
泉出巨鱼长比人，丹砂作尾黄金鳞。
岂知异物同精气，虽未成龙亦有神。

简注：唐有四十八监以牧马，设苑总监。唐《元和郡县志》曰："沙苑，在同州冯翊县南十二里，东西八十里，南北三十里，其处宜六畜，置沙苑监。"《新唐书·兵志》提到八马坊曰："坊之占地千二百三十顷，以给刍秣。"谢成侠认为，当时在今陕、甘两省的牧马地至少有十万顷以上，两者一千多顷地，只是唐初成立马坊时为了生产饲草而开辟。谢先生指出，杜甫《沙苑行》就是对这个马坊的描写，杜甫当时看到的沙苑监就是以养马为主。在唐代苜蓿是马的重要饲草，凡是养马坊都有苜蓿种植，那么沙苑也不例外，故"苑中騋牝三千匹，丰草青青寒不死"中的"丰草"应该包含苜蓿，苜蓿有遇寒不死的特性，在陕、甘两省的寒冷条件下一般不会被冻死，可能才会出现"丰草青青寒不死"的现象。另外，元代郭钰曰"沙苑烟晴苜蓿肥"说明沙苑中确有苜蓿。

送文子监草料场
宋·薛师石

坐局何烦听晓鸡，豆萁苜蓿亦诗题。
好文不爱今人体，色养宁嫌古署低。
翰苑旧交应雇访，相门新近事招携。
岁寒惟有君于我，老去过从许杖藜。

和虞学士春兴八首（其三）
元·郭钰

沙苑烟晴苜蓿肥，朝回天马锦为鞿。
词臣会送归青琐，进士传呼换白衣。

云气晓依宫树近，春阴昼护苑花飞。
君王又进长生药，万里楼船海上归。

伊滨集（卷六）

元·王沂

试院中闻帘官张雄飞赋诗甚多分题得春草赋送孟功郎中使淮南

二月青门道，玉骢骄不行。
和烟迷上苑，随水绕芜城。
目极伤离别，情多管送迎。
相思定相寄，佳句梦中成。

沙岭

元·王沂

沙岭千层出，毡车一字齐。
马衔青苜蓿，人唱白铜鞮。
野旷青烟直，天遥落日低。
回看丹凤阙，只在五云西。

沙岭

元 王沂

沙岭千层出毡车一字
齐马衔青苜蓿人唱白铜鞮
野旷青烟直天遥落日低回
看丹凤阙只在五云西

题画马

元末明初·王祎

沙苑秋深苜蓿肥，五花毛色烂生辉。
奚官莫把青丝鞚，自是龙媒不受羁。

太仆吴寺丞皆山轩

元末明初·钱仲益

绕屋青山四面围，时清太仆简书稀。
烟岚晓气浮缃帙，帘幕春阴卷翠微。
落叶易迷仙客迹，夕阳长送醉翁归。
环滁胜地非沙苑，苜蓿连天万马肥。

冬至上陵途中杂咏八首

明·边贡

鸦啼古城上，月落古城闉。
城外车马道，清风飘素尘。

苍苍土门口，日出逢樵叟。
问尔何事来，山中苦无酒。

沙苑平如掌，青青苜蓿痕。
昔时放马地，今作牧牛村。

朝从田父饭，憩马古林西。
村鸡不知曙，日高犹自啼。

蜿蜒野田中，白鹭静如扫。
停鞭问征客，云是居庸道。

枯杨临大堤，上有鸲鹆窠。
春风几日至，会使绿阴多。

山中风日暖，蔼蔼似初春。
乱石牛羊迳，时逢扫叶人。

月出东陵峰，照见西陵树。
何事同心子，山中不相遇。

子昂马图题赠大梁李中丞

明·严嵩

卷中此马画者谁，毛鬣欲动骨法奇。
尺素能收上闲骏，意态便欲随风驰。
天闲十二纷相矗，想是郊晴初出牧。
大宛雄姿宿应房，渥洼异种龙为族。
金羁玉勒不须夸，且看连钱五色花。
欻见麒麟出东枥，还疑駃騠涉流沙。
沙边青草茸茸起，上有垂杨覆河水。
圉人骑放绿阴中，参差騄牝成云绮。
我观此马皆能过都历块捷有神，安得蕃息日适河之滨。
榆关已撤烽烟警，梁苑因同苜蓿春。
吴兴妙手谁堪伍，遗墨流传自今古。
人间驽辈徒纷纷，哲匠旁求心独苦。
拟将此幅比琼瑶，寄赠佳人云路迢。

天阙昔曾窥立仗，霜台今复忆乘轺。
亲持黄纸临中土，白日旌旗照开府。
皋夔事业待经邦，韩范威名先震虏。
氛祲潜消塞北场，河山坐镇汴封疆。
戍卒归来放战马，嵩阳今作华山阳。
吁嗟乎宵旰忧勤犹拊髀，殊勋早奏明光里。
愿征颇牧入禁中，坐令天下之马休逸皆如此。

题桃花马
明·林鸿

玉墀迥立如龙游，金鞍照耀云锦浮。
灞桥浴水落花雨，沙苑追风苜蓿秋。
圉人尽皆轻騄駬，将军不复事骅骝。
请看千里喷汗血，蹴踏风云不肯收。

题百马图
明·唐文凤

戴君胸中著金马，拂拭生绢恣挥洒。
雄姿百匹吐毫端，艺精肯在韩干下。
骁腾八尺俄成龙，宛在同州沙苑中。
丰草青青饭暖雨，长空漠漠嘶寒风。
或怒交蹄如虎搏，或喜昂身同雀跃。
低头已卸白玉鞍，逸气肯受黄金络。
倦余抢地衮轻尘，落花乱点雪满身。
掠尾梳鬃浴江水，张唇浮鼻吞河津。
方瞳烨烨紫电掣，远道奔驰汗凝血。
有时揩树乌啄疮，危梢影动黄昏月。
子母回顾恰有恩，挽先退后咸超群。
十十五五工异态，出没隐见何纷纭。
君不见，
八龙九逸难再得，白兔飞黄有谁识。
遥怜教舞解衔杯，尚诧开元太平日。
左骖右骖无复施，四闲五闲随所宜。
渥洼异种不复有，千金市骨将奚为。
当今圣朝逢至治，卫霍穷兵事边鄙。
蒲萄苜蓿朔云深，按图一一献天子。

燕中杂诗（其十五）

明末·陈子龙

马客幽州盛，将军大宛回。
騄来驹万匹，不惜锦千堆。
苜蓿开新苑，风尘出异才。
还应空朔漠，此日号龙媒。

三、苑囿苜蓿

蝶蝶行

两汉·佚名

蝶蝶之遨游东园，奈何卒逢三月养子燕，接我苜蓿间。
持之我入紫深宫中，行缠之传榰枥间，雀来燕。
燕子见衔哺来，摇头鼓翼何轩奴轩！

江邻几寄羊耙（去岁为翊造者）

宋·梅尧臣

细肋胡羊卧苑沙，长春宫使踏霜耙。
蒺藜苗尽初蕃息，苜蓿盘空莫叹嗟。
自乏良谋甘更鄙，犹能大嚼快无涯。
磨刀为削朝霞片，时引清杯兴转嘉。

题赵表之李伯时画捉马图诗二首（其一）
宋·张嵲

徒观出塞十四万，讵觉权奇冀北空。
不用执驱名校尉，但令苜蓿遍离宫。

答孙侍御秦中见怀之作
明·徐中行

千里缄书报汉曹，新传使节在临洮。
西通大宛飞黄入，北上萧关大白高。
沙苑春深饶苜蓿，柏亭秋晚醉葡萄。
谁知侍从回中后，更有词臣赋彩毫。

送人奉使市马
明·王恭

使节向宛西，承恩出御堤。
千金求骏骨，万里得霜蹄。
汉武思神骥，燕昭重駃騠。
归朝应早计，苜蓿苑中齐。

八月十五日伤感
元·虞集

宫车晓送出神州，点点霜华入敝裘。
无复文章通紫禁，空余涕泪洒清秋。
苑中苜蓿烟光合，塞外蒲萄露气浮。
最忆御前催草诏，承恩回首几星周。

西郊苑
作者不详

汉西郊有苑囿,林麓薮泽连亘。
缭以周垣四百余里,离宫别馆三百余所。

按:此疑是苑囿之总名,非别有一西郊苑。

乐游苑

在杜陵西北,宣帝神爵三年起(关中记曰:宣帝立庙于曲江之北号乐游。按:其处则今之所谓乐游庙是。)

《西京杂记》曰:乐游苑,自生玫瑰树,树下有苜蓿。苜蓿一名怀风,时人或谓之光风,风在其间常萧萧然,日照其花有光采,故名苜蓿为怀风,茂陵人谓之连枝草。(宜春下苑。)

西汉苑囿名。因在汉长安城西郊,故名。

《三辅黄图》卷四:"西郊苑,汉西郊有苑囿,林麓薮泽连亘,缭以周垣四百余里,离宫别馆三百余所。"西郊苑或即汉上林苑。

西郊苑 汉西郊有苑囿林麓薮泽连亘缭以周垣四百余里离宫别馆三百余所按此疑是苑囿之总名非别有一西郊苑 乐游苑 在杜陵西北宣帝神爵三年起关中记曰宣帝立庙于曲江之北号乐游按其处则今之所谓乐遊庙是 西京杂记曰乐游苑自生玫瑰树树下有苜蓿苜蓿一名怀风时人或谓之光风风在其间常萧然日照其花有光采故名苜蓿为怀风茂陵人谓之连枝草宜春下苑

——《历代帝王宅京记·卷六》

良乡
清·钱谦益

揽辔尝新一叹嗟,山梨易栗带胡沙。
宜春小苑芳菲日,苜蓿葡萄属内家。

范注云:燕山属邑。驿中供金栗、天生子,皆珍果;又有易州栗,甚小而甘。

秋兴
清·潘问奇

少小襟期与世违,布袍时复傲轻肥。
为寻无忌栖梁苑,曾吊灵均入秭归。
苜蓿花寒天马病,神仙字老蠹鱼饥。
晴窗检点奚囊句,风月年年有是非。

南海子行（节选）

清·永瑆

君不见，
飞放之泊传自元，百六十里周缭垣。
红门四辟通苑路，苑中极目皆平原。
略无高山有流水，长林迤逦丰草繁。

雨露栽培经岁月，离宫鼎足皆皇居。
诘戎大事首马政，雁臣贡入龙媒盛。
六厩超遥八骏蹄，监牧攻驹严禁令。
何须苜蓿与渥洼，甘草如饴水如镜。
云锦照眼胜谷量，土壤宜之顺其性。
围场习猎凡几回，黑头顿觉青春催。

四、驿站苜蓿

滁阳驿

元末明初·贝琼

群山绕滁州，城郭带林壑。
岂惟居人稠，遂使游子乐。
苜蓿青满野，羊马盛幽朔。
固知英雄主，四方归大略。
回视清流关，往事殊可薄。
新花寒未开，细雪春犹落。
且持一斗酒，独与故人酌。

阳樊馆买数种菜把。喜而赋之

明·苏世让

县市买菜盈鬏槃，旅店芼羹供晚飧。
饥肠得此喜欲倒，一箸快写无留残。
枯鱼乾蔌终何有，禁脔驼峰不要看。
我问驿夫栽培术，云是善养诚非难。
护以秫篱浇以水，经冬不受霜雪寒。
嫩芽葱翠真可爱，不比苜蓿长阑干。
嗟我客久无适口，忽觉旅况差便安。
床头倒身甘寝罢，一饱未暇论辛酸。

第十一节　苜蓿与植物

一、石榴竹梅

石榴
明·彭大翼

《格物论》："石榴中如蜂窠，子如人齿，带淡红色，光皎若琥珀，又有洁白如雪者。"汉张骞使西域，得涂林安石榴种，中国有石榴始此，安石国名。

编远外类
元·方回

汲冢周书有王会图，周官有象胥，环人之职。汉蒟酱、邛竹、蒲萄、苜蓿、安石榴，皆自外国至。远人慕化而来，使人将命而出，以柔以抚，其事不一，形诸赋咏，诡异谲觚，于唐为多，宋亦不无也。

书晁补之所藏与可画竹三首

宋·苏轼

与可画竹时，见竹不见人。
岂独不见人，嗒然遗其身。
其身与竹化，无穷出清新。
庄周世无有，谁知此凝神。

若人今已无，此竹宁复有。
那将春蚓笔，画作风中柳。
君看断崖上，瘦节蛟龙走。
何时此霜竿，复入江湖手。

晁子拙生事，举家闻食粥。
朝来又绝倒，谀墓得霜竹。
可怜先生盘，朝日照苜蓿。
吾诗固云尔，可使食无肉。

吾旧诗云：可使食无肉，不可使居无竹。

感辽事四首（己未春）（其四）

明末清初·阮大铖

戎索承平未可宽，羯奴无赖抵三韩。
城边乌尾讹偏剧，殿外螭头影尚寒。
苜蓿黄云屯万骑，梅花火树照千官。
梦回隐隐听灯市，箫鼓阗阗未肯阑。

次韵子瞻题无咎所得文与可竹二首粥字韵戏嘲无咎人字韵咏竹（黄山谷）

宋·黄庭坚

十字供笼饼，一水试茗粥。
忽忆故人来，壁间风动竹。
舍前粲戎葵，舍后荒苜蓿。
此郎如竹瘦，十饭九不肉。

地下文夫子，风流绝此人。
能和晚烟色，幻出岁寒身。
马鬣松成拱，鹅溪墨尚新。
应怀斫泥手，去作主林神。
铜官僧舍得，尚书郎赵宗。
闵墨竹一枝，笔势妙天下。

次韵子瞻题无咎所得与可竹二首粥字韵戏嘲无咎人字韵咏竹

宋·黄庭坚 撰　任渊 注

十字供笼饼，一水试茗粥。（《晋书·何曾传》：蒸饼上不坼作十字，不食。朝野佥载曰：侯思止食笼饼，必令缩葱如肉。笼饼即馒头。蔡君谟茶录曰：建安斗茶，以水痕没先者为负，耐久者为胜，故较胜负之说，相去一水两水。又云：茶古不闻，晋宋已降，吴人采叶煮之，名茗粥。）

忽忆故人来，壁间风动竹。（唐李益竹窗闻风诗：开帘风动竹，疑是故人来。）

舍前粲戎葵，舍后荒苜蓿。（戎葵见前注。《汉书·西域传》汉使采蒲萄、苜蓿种归。闽川名士传薛令之诗曰：初日上团团，照见先生盘。盘中何所有，苜蓿长阑干。）

此郎如竹瘦，十饭九不肉。（《晋书王献之传》：此郎管中窥豹。东坡诗：可使食无肉，不可使居无竹。无肉令人瘦，无竹令人俗。）

次韵子瞻题无咎所得与可竹二首粥字韵戏嘲无咎人字韵咏竹

宋·黄庭坚 撰　任渊 注

十字供笼饼一水试茗粥晋书何曾传蒸饼上不坼作十字不食朝野佥载曰侯思止食笼饼必令缩葱如肉笼饼即馒头蔡君谟茶录曰建安斗茶以水痕没先者为负耐久者为胜故较胜负之说相去一水两水又云茶古不闻晋宋已降吴人采叶煮之名茗粥忽忆故人来壁间风动竹唐李益竹窗闻风诗开帘风动竹疑是故人来舍前粲戎葵舍后荒苜蓿戎葵见前注汉西域传汉使采蒲萄苜蓿种归闽川名士传薛令之诗曰初日上团团照见先生盘中何所有苜蓿长阑干此郎如竹瘦十饭九不肉晋书王献之传此郎管中窥豹东坡诗可使食无肉不可使居无竹无肉令人瘦无竹令人俗

——《山谷内集诗注·卷七》

感兴

宋·陈杰

满面尘沙万里还，客来相对旧儒酸。
秋风惯识茅茨屋，朝日仍登苜蓿盘。
云鹤性情闲去好，山林面目本来看。
今年少缓梅花约，敝尽貂裘未可寒。

秋晚杂兴十二首（其三）

宋·方一夔

天涯谁道远？岭海接并幽。
马带交河岭，人穿真腊裘。
梅花南国种，苜蓿故宫秋。
安得方仙道，飘飘访十洲。

张孝子

元末明初·王逢

张孝子讳天麟,字仲祥,平江之嘉定人。祖瑄,江西参政。初从忠武王平江南,既航宋图籍重器,自海入朝,复建策海漕江南粟,世皇特宠任之。由是与河南左丞崇明朱清贵富为江南望。至元末,憸人姚衍诬二氏濒海异志,上不听,诏丞相完泽曰:"朱张有大勋劳,朕寄股肱,卿其卒保护之。"成宗嗣位,未几疾,后专政。枢密断事官曹拾得以隙踵前诬,后信,辄收之。丞相完泽奉先帝遗诏,诤莫解,参政竟狱死,籍其家,没入诸子女,或窜之漠北。麟时年甫冠,诸王有欲奴朱、张后者,麟长喟曰:"吾先世戮力王室,一旦无罪废,乃忍奴我族耶?"泣诉将作使忻都,为奏占匠户,诸女亦入绣局。麟犹以冤,食不甘味,寝不安席。大德九年春,讼之省台,弗理。夏四月,上清暑上京,麟拜辇道左,有命侍臣代问旨,未得。又伏东华门,欷歔流涕不辍,言甚哀婉,历陈先朝顾遇,为谗佞构陷状。寻敕中书省遣使召还窜者,改父文龙董日本贾舶。武宗初,超迁都水监,仍俾治海漕。大司徒大顺公奏免匠役绣工家,令星哈思的启皇太子以麟直宿卫。至大三年(1310年),选授麟绛路坑冶提举,弗就,曰:"訾坑吾家,尚何坑为?"仁宗御极,眷幸益隆,载念曾大父未有葬地,其上海之乌泾别业,参政尤乐之,即陈请于上,曰:"此孝顺之道也。"诏中正院还其籍土,为议者沮。延祐二年(1315年)春,请复感切,始如其志。秋八月,抚藏,以祖妣太夫人赵祔。时王清献公都中来会葬(王清献公都中"都"原误作"郡",按王都中字元俞,卒谥清献,元史有传,因据梧溪集卷四改正。)以上尝语,题其门曰"孝顺之门"。元统二年(1334年),江浙平章牙不花荐举,终不起。麟晚通易。子守中,前乡贡进士。嘉禾俞镇为著志,逢括其概,系以诗。诗曰:

三朝雪涕大明宫,咫尺威颜卒感通。
百辆珠犀归宝藏,千区松柏倚青空。
天妃罢烛沧溟火,野史追扬孝里风。
谁谓奸臣终愧汉,石榴苜蓿也封功。

梅江送林中州归龙塘

明·王恭

清时尚不官,道在任家寒。
夜梦梅花帐,朝吟苜蓿盘。
鱼风吹鬓冷,蚌月照衣残。
归去乡林下,横塘竹万竿。

题刘士平竹所卷

明·程本立

凤凰溪头十亩园，我昔种竹竹已蕃。
揃除杂乱扶正直，不使恶类相牵援。
春雷动地儿孙长，森然玉立参天上。
玄冬何嫌霜霰重，赤日自憩风飙爽。
一从宦辙梁宋游，焰埃眯目挥汗流。
琉璃八尺谁卷送，琅玕一个不可求。
腐儒本非食肉相，十年归梦随吴榜。
余生未了苜蓿盘，此身须付桃枝杖。
永嘉刘郎思故山，有庐亦在万竹间。
觅我狂歌托幽抱，歌成转觉俱愁颜。
长竿把得溪头钓，短箫吹作江南调。
此时烧笋饭刘郎，喷案不妨同一笑。

海上晤葛侍郎连日谈西安事临别有赠

清·李希圣

去住无消息，传闻有是非。
艰难天险在，予夺圣心违。
驿路梅花发，官筵苜蓿肥。
孤臣中夜泪，沾洒向征衣。

张蓉裳学博三分水二分竹一分屋图

清·程恩泽

洞庭之水吞具区，潇湘之竹天下无。
牵船岸上即为屋，安用绿窗朱户夸妍都。
我来小舞扬其袪，但觉偪抑瓜牛庐。
甃盆作池砌种竹，何日一碧云模糊（湖南提学署极小）。
颇思长沙地清绝，应有天上员庄居（长沙省中竟无佳宅）。
泮宫先生古林逋，宅不枕岳当襟湖。
岂知身外无一壶，虚想水竹斜川苏。
弹琴攫深醳则愉，唫诗肩耸口则呿。
岩壑不置谢幼舆，乃使阑干苜蓿连庭芜。
我欲谋之郡大夫，为筑回轩容钓徒。
资邵之际多林于，问有安乐行窝乎（时蓉裳任新化教谕[①]）。

小园深裹匼匝翠，明镜曲照离楼梧。
诗成琴罢酒百觚，风月与客争清癯。
何时眼前突兀见此屋，再绘宏景移家图。
否乃往叩浯溪吾，寥天一鹤犹可呼[2]。

① 蓉裳名家矩，贫无立锥，焉得此屋？盖画其意所欲也。② 一鹤谓湘皋也。时仆与湘皋有卜居浯溪之想。

谒士乞题所画竹诗久不就晨起读坡诗忽有所感因和其题与可竹石韵三首（其三）

清末至民国·黄浚

汪侯老画师，顿顿俭饘粥。
夙闻梅格好，乃复擅风竹。
师曾亡已久，真赏混珠蓿。
吾诗何足重，末技恨画肉。

二、桃李桑榆杏

口号

唐·戴叔伦

白发千茎雪，寒窗懒著书。
最怜吟苜蓿，不及向桑榆。

闻钟

元·王逢

苜蓿胡桃霜露浓，衣冠文物叹尘容。
皇天老去非无姓，众水东朝自有宗。
荆楚旧烦殷奋伐，赵陀新拜汉官封。
狂夫待旦夕良苦，喜听寒山半夜钟。

题李伯时画马

元·柯九思敬仲

闻说龙眠画，曾师十二闲。
桃花晴泛水，苜蓿晓连山。
蹴月驰周道，嘶云入楚关。
骁腾万里志，顾影落人间。

> 题李伯时画马
> 元 柯九思敬仲
>
> 闻说龙眠画曾师
> 十二闲桃花晴泛水
> 苜蓿晓连山蹴月驰周道
> 嘶云入楚关骁腾万里
> 志顾影落人间

咏杏（其二）

元末明初·李穑

色夺黄金露作团，天教异味杂甘酸。
华筵日日葡萄酒，陋室年年苜蓿盘。

中元谒陵遇雨二十首（其一）

明·李东阳

别苑连城去，膏腴百万畴。
剩栽宛苜蓿，空老汉骅骝。
地惜桑麻少，天教雨露优。
兵资与农事，廊庙重为谋。

> 中元谒陵遇雨二十首
> 明 李东阳
>
> 别苑连城去膏腴
> 百万畴剩栽宛苜蓿空
> 老汉骅骝地惜桑麻少
> 天教雨露优兵资与农
> 事廊庙重为谋

汤君子叙致安吉学政归家喜赠

明·汤珍

春风解组发苕溪，吴越山川望不迷。
六载旧毡空苜蓿，五湖归棹动凫鹥。
寻盟桑梓花迎笑，得主园林鸟换啼。
过眼荣枯成底事，红尘休问路东西。

赠贾司教先生（以下家集）

明·何景明

春风桃李绛帐，朝日苜蓿空盘。
王公不志温饱，郑老岂为饥寒。

柬彭稚修（有序）

明·胡应麟

先是稚修与余会都门，未几别去，至是复来为吾邑广文云。

帝城风雪苦飘零，何意南天到客星。
埋没乍看双剑紫，浮沈犹傍一毡青。
桃梅拂坐春相丽，苜蓿行杯午未停。
莫恋横经函丈底，碧山时过子云亭。

桃源访胡孔志不值

清·查慎行

汉阳分袂已多年，闻说游踪久入燕。
归路我经秦客洞，故人贫就广文毡。
桑麻旧俗今谁主，苜蓿荒斋醉少缘。
秋雨暮帆惆怅在，可堪回首洞庭烟。

> 清 查慎行
>
> **桃源访胡孔志不值**
>
> 汉阳分袂已多年，闻说游踪久入燕。归路我经秦客洞，故人贫就广文毡。桑麻旧俗今谁主，苜蓿荒斋醉少缘。秋雨暮帆惆怅在，可堪回首洞庭烟。

题先妣邹太人味蔗轩遗集（节选）

清·江韵梅

桃李溥春风，刀尺撄闺思。
苜蓿盘终虚，悲生展禽谥。
予雁序五人，抚育皆亲累。
茕茕藐诸孤，惨惨呼天泪。
阿干送椁归，烽火江乡悸。
补屋惟牵萝，长安居不易。

拟应制

清·叶方蔼

尧日昭千古，虞风洽九州。
山川争献瑞，河洛共陈畴。
绝域妖氛洗，边庭猎火收。
七旬宣至德，六月壮弘猷。
玉弩乾灵震，璇枢庙算周。
受降先筑垒，定远不须侯。
大度惟容众，神功定遏刘。
自能驯虎豹，多事奋貔貅。
苜蓿将花献，珊瑚作树投。
归心随马首，拜手列螭头。
曙晓开阊阖，天高识冕旒。
朱鸢穷异域，白道达邅陬。
榆塞看飞雁，桃林好放牛。
羽书沙海绝，烽戍玉关休。

共仰车书远，还看礼乐修。
九功歌凤管，七德舞龙斿。
星届轩台外，风随禹甸流。
百年销反侧，万国效共球。
士享承平乐，人从大化游。
鹓班垂缙笏，虎旅脱吴钩。
极拱辰偏焕，云开气欲浮。
升文绵宝历，戢武固金瓯。
遥识千山净，应知百禄遒。
文章思报国，弭笔上歌讴。

拟应制

清 叶方蔼

尧日昭千古，虞风洽九州。山川争献瑞，河洛共陈畴。绝域妖氛洗，边庭猎火收。七旬宣至德，六月壮弘猷。玉弩乾灵震，璇枢庙算周。受降先筑垫，定远不须侯。大度惟容众，神功定遏刘。自能驯虎豹，多事奋貔貅。首蓿珊瑚作，树投归心随。穷异域绝烽戌，玉关休共仰车书远，还看礼乐修。九功歌凤管，七德舞龙斿。星届轩台外，风随禹甸流。百年销反侧，万国效共球。士享承平乐，人从大化游。鹓班垂缙笏，虎旅脱吴钩。极拱辰偏焕，云开气欲浮。升文绵宝历，戢武固金瓯。遥识千山净，应知百禄遒。文章思报国，弭笔上歌讴。

三、樱桃玫瑰

送赵立道赴阙仍试春官即事感兴因成五十韵（案此系排律杂入）（节选）

宋·严羽

嗣圣中天日，遗氓忆汉时。
一王新盛礼，万国贺重熙。
官爵沾寰宇，光明冠本支。
穷冬辞老母，吉日赴京师。
祖席明斜照，寒江结暮澌。
停杯愁把袂，立马语临岐。
草动春前色，梅繁雪后枝。
湖山饶逸兴，士友重游嬉。

菱唱工迷客，荷舟稳放维。
土风珍绹带，吴馔熟莼丝。
塔寺开金碧，楼台漾淼弥。
云连勾践国，江动伍员祠。
阊阖春朝早，觚棱霁景迟。
柳迎仙仗软，花簇御楼欹。
苜蓿来宛马，樱桃荐寝帷。
周家千岁历，汉殿万年厄。
驻跸山川远，囊弓岁月移。
天俄忧杞国，日再仰咸池。
弓剑群臣泪，园陵故国悲。
乾坤开帝统，雨露豁宸私。

玫瑰：《西京杂记》乐游苑中，有自生玫瑰树，树下多苜蓿。

——明·彭大翼 撰补遗《山堂肆考·卷二百三十六》

题张戡瘦马图

元·姚文奂

棱棱出神骨，翼翼照龙光。
顾影时思战，长鸣势欲骧。
征鞍（阙）儿女，远道负糇粮。
归到龙沙日，秋风苜蓿长。

当气出唱五章（其一）

清·姚燮

东廊庖牛，西廊击鼓。
大珠如烛明月光，钗声隔帷众妓舞。
大海风凄，长城正雨。
军装在泥，马蹄不得举。
刁斗紧，翔雁稀。
苜蓿瘦，榆树肥。
榆树千丈，鸳鸯来飞。

四、栗梨木兰

寄陈起予宗夏二首（其一）

宋·王迈

道有穷通时屈伸，夫君气概岂长贫。
帐前弟子知无几，膝上郎君最可人。
苜蓿尽多聊一笑，栗梨见觅莫渠嗔。
平生耿耿犹存否，五十端能贵买臣。

原注：与余居近一里，日相过从近，就蔡氏馆自携稚子与俱。

宋　王迈

寄陈起予宗夏二首

原注与余居近一里日相过从
近就蔡氏馆自携稚子与俱
道有穷通时屈伸夫君气
概岂长贫帐前弟子知无几
上郎君最可人苜蓿尽多聊一
笑栗梨见觅莫渠嗔平生耿耿
犹存否五十端能贵买臣

次韵王适食茅栗

宋·苏辙

相从万里试南餐，对案长思苜蓿盘。
山栗满篮兼白黑，村醪入口半甜酸。
久闻牛尾何曾试，窃比鸡头意未安。
故国霜蓬如碗大，夜来弹剑似冯驩。

上京

元·王沂

龙沙白草望参差，苜蓿蒲桃记种时。
待诏侍臣已华发，梨园休奏玉交枝。

元　王沂

上京

龙沙白草望参差苜
蓿蒲桃记种时待诏侍臣
已华发梨园休奏玉交枝

留别严比玉飘仙

清·陆以

桃李春深苜蓿肥，偶伤怀抱拂衣归（时有丧明之痛）。
儒官久忝齐竽滥，学术终惭郑璞非。

忽枉新莺求友唤，故教秋燕傍人飞。
频年坐拥谈经席，拟返衡茅昼掩扉。

木兰花令　梅雨（壬午）

明·徐籀

银桃红沁铜梅绿，麦雉朝飞山似沐。
轻雷一阵破江花，肥雨三更横屋蓿。
遥望平畴沾已足，犁锄并出分秧谷。
青蓑白笠绿荷包，雪镰风卷霜根速。

五、松乔树木

谢孔昭画山居图为存诚赋

明·龚诩

大山峨峨气凌众，小山拱揖如宾从。
流泉一派入溪遥，古木千章含雨重。
硕人自爱考盘乐，风光不减元公洞。
盘中苜蓿长阑干，松叶酿成香满瓮。
诗书万卷圣贤心，一生自足供我用。
世间名利等缰锁，岂肯垂头受羁鞚。
不到城中知几年，稚松尚忆移根种。
怜渠世路苦奔驰，得失总成蕉鹿梦。
我生虽久在樊笼，每向江湖羡鳞纵。
明当拂袖赋归来，风月烟霞幸分共。

晋阳途次所见作
明·何乔新

苜蓿花开松粉飘，贫家生计转萧条。
平原处处无牟麦，山鸟休呼婆饼焦。

次刘敬伯韵送庞中书兄
明·无名氏

白首相逢在帝畿，携书又向鹿门归。
关河雨歇征帆挂，淮海秋高旅雁飞。
松菊未荒陶令宅，芝兰争羡老莱衣。
鄉人若问西游客，直待春深苜蓿肥。

偕馆中兄弟游东郊即事得东字
明·袁宗道

芳草平原极望空，一尊绀殿与君同。
千畦醉踏松杉影，万马骄嘶苜蓿风。
白日悲歌从似侠，青春说剑更谁雄。
聚星应识高阳侣，咫尺关门紫气东。

送陈子高兵后马沙复业
明·许恕

十年多难苦流离，乔木园林处处非。
关塞只今孤月在，江湖能得几人归。
沤边卜筑茅茨小，雨后开荒苜蓿肥。
送尔题诗空怅望，小楼乡思乱斜晖。

> **送陈子高兵后马沙复业**
>
> 明　许恕
>
> 十年多难苦流离乔木园，
> 林处处非关塞只今孤月在江湖。
> 能得几人归沤边卜筑茅茨，
> 小雨后开荒苜蓿肥送尔题诗，
> 空怅望小楼乡思乱斜晖。

饮秋岳斋中戏拈二韵（其一）

明·龚鼎孳

芳筵一曲酒如渑，羯鼓敲残月半棱。
乌府有霜闻白蓿，绛帷余韵写朱绳。
愁翻玉树花初落，梦惜金茎掌共承。
瑶瑟洞箫还可恋，太平歌舞记吾曾。

六、枇杷芭蕉

闻捣衣

元·赵孟𫖯

露下碧梧秋满天，砧声不断思绵绵。
北来风俗犹存古，南渡衣冠不及前。
苜蓿总肥宛腰袅，枇杷曾泣汉婵娟。
人间俯仰成今昔，何待他年始惘然。

> **闻捣衣**
>
> 元　赵孟𫖯
>
> 露下碧梧秋满天砧声不断思绵绵北来风俗犹存古南渡衣冠不及前苜蓿总肥宛腰袅枇杷曾泣汉婵娟人间俯仰成今昔何待他年始惘然

闻应德茂先离棠溪

唐·彦谦

落日芦花雨，行人谷树村。
青山时问路，红叶自知门。
苜蓿穷诗味，芭蕉醉墨痕。
端知弃城市，经席许频温。

寄全汝盛

明·魏时敏

久旱村园豆麦焦，凿池引水灌田苗。
篱疏野竹横窗户，潮满春帆碍浦桥。
酌酒不愁无苜蓿，挥毫深喜有芭蕉。
人生适意应如此，莫怪渊明懒折腰。

春日寄题崔学士后渠书屋七首（其六）

明·李梦阳

赋笔多崔瑗，朋车愧吕安。
碧渠何日到，云树一春看。
南果枇杷活，西郊苜蓿宽。
觅君终系马，舣棹是何滩。

七、荔枝槟榔

荔枝（其一）

北宋·刘攽

南州积炎德，嘉树凌冬绿。
薰风海上来，丹荔逾夏熟。
煌煌锦绣林，亭亭翡翠屋。
鹊头烂晨霞，天酒莹寒玉。
流声感中华，采掇如不足。
开元百马死，汉埭五里促。
君王玉食间，此荐知不辱。
迨今糟粕余，犹足惊凡目。
忆初成上林，四方会奇木。
使臣得安榴，天马来苜蓿。
拔芽自幽遐，托地幸渗漉。
我欲咎真宰，喟兹限荒服。
将非名实雄，百果为羞缩。
区区化工意，聊尔存众族。

送曹辅赴闽漕

宋·苏轼

曹子本儒侠，笔势翻涛澜。
往来戎马间，边风裂儒冠。
诗成横槊里，楮墨何曾干。
一日事远游，红尘隔岩滩。
平生羊炙口，并海搜酸咸。
一从荔枝饮，岂念苜蓿盘。
我亦江海人，市朝非所安。
常恐青霞志，坐随白发阑。
渊明赋归去，谈笑便解颜。

送曹辅赴闽漕
宋·苏轼

曹子本儒侠，笔势翻涛澜。
往来戎马间，边风裂儒冠。
横槊赋诗成，平生羊炙口。
游红尘隔楮墨，何曾干一日事远。
海搜酸咸一从，荔枝饮岂念首。
蓿盘我亦江海人，市朝非所安。
常恐青霞志，坐随白发阑珊明。
赋归去谈笑便解颜。

唐贡荔枝
明·徐𤊹

唐鲍防，襄州人，天宝末举进士，大历中为福建观察使。时明皇诏马递进南海荔枝，七日七夜达京师。防作杂感诗云：汉家海内承平久，万国戎王皆稽首。天马常衔苜蓿花，远人岁献葡萄酒。五月荔枝初破颜，朝离象郡夕函关。雁飞不到桂阳岭，马走皆从林邑山。甘泉御果垂仙阁，日暮无人香自落。远物皆重近皆轻，鸡虽有德不如鹤。目击时艰一念忠，恳可见是知贵妃。所食荔枝实出南，海已见刘昫唐书。并防诗蔡君谟谱，谓爱嗜涪州岁命。驿致罗景纶以为，一骑红尘乃泸戎。之产恐误矣。

步刘贡父诗韵
清·李兆洛

离枝南荒奇，杂采绚朱绿。
其品淳以真，厥味甜不熟。

固宜不胫走，流声满华屋。
珍重承筐心，一颗比尺玉。
物尤罕弥贵，欲寡廉所足。
获与私欣欣，怀此心促促。
当年曲江公，深叹不知辱。
以之蔡端明，辛苦谱题目。
伟哉怜才意，荣造逮草木。
不然扶荔宫，徒伴大宛蓿。
宗师今曲江，漏泽尽滋漉。
譬如倾醍醐，甘美永思服。
漱润意颇豪，拈毫手还缩。
安得最神笔，一语空蔌族。

六月六日大暑市中无肉庖厨索然作六言三首（其二）

宋·葛胜仲

常馔素谙苜蓿，忍饥何必槟榔，
自叹獐头鼠目，难辞蝉腹龟肠。

八、梧桐茱萸旃檀

丹井陈子白母二首（其一）

宋·林亦之

哀曲梧桐夜，何年苜蓿盘。
敬夫前辈重，好客妇人难。
十月明朝尽，孤坟落日寒。
鹿门催作桼，此意竟长叹。

> 宋　林亦之
> **丹井陈子白母二首**
> 哀曲梧桐夜何年苜蓿
> 盘敬夫前辈重好客妇人难
> 十月明朝尽孤坟落日寒鹿
> 门催作黍此意竟长叹

秋兴二首（其一）
明·苏葵

浮云漠漠蔼苍冥，风劲郊原草木零。
苜蓿影寒千里瘦，梧桐枝老九苞鸣。
酒杯潋滟供秋兴，旅馆萧条触物情。
自古五侯嫌肮脏，误将多智薄君卿。

古思边
明·宋登春

井上梧桐春作花，园中苜蓿初藏鸦。
少妇流黄挑锦字，将军提剑战龙沙。

> 明　宋登春
> **古思边**
> 井上梧桐春作花园中苜蓿初藏鸦少妇流黄挑锦字将军提剑战龙沙

驿中书事示古驿丞仲彬
明·郑真

铜铃响奏候前驱，王事恭承使者需。
晋国不须夸屈乘，汉家何必数宛驹。
凉风庭院梧桐落，旱日园篱苜蓿枯。
闻说山中传枣酿，秋深肯寄草堂无。

> 驿中书事示古驿丞仲彬
>
> 明 郑真
>
> 铜铃响奏侯前驱王事恭承使者
> 需晋国不须夸屈乘汉家何必数宛驹
> 凉风庭院梧桐落旱日园篱苜蓿枯
> 说山中传枣酿秋深肯寄草堂无

次者伯宿次丈人次余仲氏共得诗五首元蠡命副墨志之（其一）

明·汪道昆

冲泥遥集少城隈，苏晋风流小阁开。
苜蓿青青供石鼎，旃檀细细出香台。
观身疑住黄金界，把臂惊看白社才。
片雨不知何事急，诸天或恐散花来。

春日病起十一首（其七）

明·顾璘

迢遰燕京道，音书海畔稀。
几年劳按剑，万国忆垂衣。
彩凤梧桐老，骅骝苜蓿肥。
中天看太白，亭午尚光辉。

闻永叔出守同州寄之

宋·梅尧臣

冕旒高拱元元上，左右无非唯唯臣。
独以至公持国法，岂将孤直犯龙鳞。
茱萸欲把人留楚，苜蓿方枯马入秦。
访古寻碑可销日，秋风原上足麒麟。

闻永叔出守同州寄之

宋·梅尧臣

冕旒高拱元元上，左右岂将孤。
唯唯臣独以至公，持国法岂将孤。
直犯龙鳞茱萸欲把人留楚茝。
方枯马入秦访古寻碑可销日。
风原上足麒麟。

重九次韵
元·谢应芳

石潭无菊比南阳，老我三千白发长。
九日正须多买酒，一钱何必用看囊。
自怜身健茱萸紫，更喜盘余苜蓿香。
早起东窗拄吟笻，坐看红日上扶桑。

和韵寄答陈汝砺掌教
明·李东阳

寂寞天涯叹所依，海风江月意俱违。
茱萸岁改身仍健，苜蓿秋荒马不肥。
白雪屡传新调寡，青云半觉旧人非。
家山不隔长安路，应倚南楼望夕晖。

明 李东阳 **和韵寄答陈汝砺掌教**

寂寞天涯叹所依，海风江
月意俱违。茱萸岁改身仍健，
苜蓿秋荒马不肥。白雪屡传新调
寡，青云半觉旧人非。家山不隔
长安路，应倚南楼望夕晖。

九、菊花缨花

九日谒令狐绹不见
唐·李商隐

曾共山公把酒卮，霜天白菊绕阶墀。
十年泉下无消息，九日樽前有所思。
不学汉臣栽苜蓿，空教楚客咏江蓠。
郎君官贵施行马，东阁无因再得窥。

唐 李商隐 **九日谒令狐绹不见**

曾共山公把酒卮，霜天白
菊绕阶墀。十年泉下无消息，九
日樽前有所思。不学汉臣栽苜
蓿，空教楚客咏江蓠。郎君官贵
施行马，东阁无因再得窥。

依韵和杨直讲九日有感
宋·梅尧臣

也持黄菊蕊，时望白衣人。
苜蓿从来厌，茱萸却乍亲。
护霜云不散，吹帽客何贫。
莫要悲摇落，秋花更胜春。

——次韵李晋裕教授九日见赠

> 宋 梅尧臣
>
> **依韵和杨直讲九日有感**
>
> 也持黄菊蕊时望白衣人
> 蓿从来厌苜蓿却乍亲护霜云不
> 散吹帽客何贫莫要悲摇落秋花
> 更胜春

和子由记园中草木十一首（其一）

宋·苏轼　施元之　原注

野菊生秋涧，芳心空自知。
无人惊岁晚，惟有暗蛩悲。
花开涧水上，花落涧水湄。
菊衰蛩亦蛰，与汝岁相期。
楚客方多感，秋风咏江蓠。
落英不满掬，何以慰朝饥。

（吕温山樱诗：幽处竟谁见，芳心空自知。李商隐诗：莫学汉臣栽苜蓿，还同楚客咏江蓠。楚辞离骚：扈江离与辟芷兮，纫秋兰以为佩。注：香草生于江中，故曰江离也。离、蓠通。楚辞：夕餐秋菊之落英。）

> 宋　苏轼　施元之　原注
>
> **和子由记园中草木十一首**
>
> 野菊生秋涧芳心空自知无人惊岁晚惟有暗蛩悲花开涧水上花落涧水湄菊衰蛩亦蛰与汝岁相期楚客方多感秋风咏江蓠落英不满掬何以慰朝饥
>
> 吕温山樱诗幽处竟谁见芳心空自知李商隐诗莫学汉臣栽苜蓿还同楚客咏江蓠楚辞扈江离与辟芷兮纫秋兰以为佩注香草生于江中故曰江离也离蓠通楚辞夕餐秋菊之落英

——《施注苏诗·卷二》

寓居六咏（两首）

宋·苏辙

手植天随菊，晨添苜蓿盘。
丛长怜夏苦，花晚怯秋寒。
素食旧所愧，长斋今未阑。
殷勤拾落蕊，眼暗读书难。
山丹炫南土，盈尺愧西京。
所至曾无比，知非浪得名。
未须求别种，尚欠剥繁英。
行复春风度，天涯眼暂明。

次韵向君受感秋

宋·汪藻

且欲相随苜蓿盘，不须多问沐猴冠。
菊花有意浮杯酒，桐叶无声下井栏。
千里江山渔笛晚，十年灯火客毡寒。
男儿几许功名事，华发催人不少宽。

——《浮溪文粹·卷十五》

上詹仲通县尉①（其二）

宋·华岳

西风卷荷衣，披披不成幅。
清霜拆蕙囊，冽冽已成蓿。
如何独东篱，黄华笑寒菊。
物之有盛衰，循环若推毂。
世事良亦然，亦岂物所欲。
金钿镕落日，零露洒寒玉。
人皆惜芳菲，谁复念幽独。
惟有陶渊明，慇勤费培沃。
簪花从帽落，撚酒醉商陆。
从此擅秋芳，芙桂非同录。
问花何以报，剪首荐醽醁。
他时更粉躯，为公采明目。

① 某龟雀蒙恩，犬马誓报，譬诸草木，少见肺肝。冀叨烛电之私，但剧布雷之耻。

十一月一日雨斋作（其一）

元·唐元

种花隔岁学儿嬉，又及秋风洒菊枝。
指甲秃无搔痒具，形容衰似别家时。
云台功业年华晚，黍谷阳和造化私。
苜蓿盘空犹健饭，霜螯适与曲生期。

送邑庠师刘先生致政归浮梁

明·缪琏

振铎谈经事可夸，词源汹涌浩无涯。
幽情恐负青山宅，归兴应怀黄菊花。
寒浦风高先解榻，秋江潮上便乘槎。
青毡事业休嗟冷，苜蓿盘中道味赊。

咏马缨丹

明·区怀年

杜宇啼春血易残，紫驼宫锦见应难。
香风不解珊瑚勒，丽影遥分苜蓿栏。
天上火云蓊郁改，日南琼树陆离看。
从教别却追风足，自倚红妆照合欢。

十、紫藤芎劳

山行

元·侯克中

紫藤扶我过江皋，石径陂陀步步高。
花蕾破香风似麝，麦苗霑润雨如膏。
晓开烟嶂山千叠，春满溪塘水一篙。
民物太平吾亦乐，满盘苜蓿胜豚羔。

山行
元 侯克中

紫藤扶我过江皋，石径陂陁步步
高花蕾破香风似，麝麦苗霑润雨如膏
晓开烟嶂山千叠，春满溪塘水一篙
民物太平吾亦乐，满盘苜蓿胜豚羔

齐河道中将渡黄河即事书怀四首（其二）

清末民国初·易顺鼎

出门四望烟尘黯，今我重来雨雪霏。
乌兔东西互奔走，燕鸿南北各分飞。
苇荇幸免河鱼困，苜蓿惟宜塞马肥。
身在人间难独活，母从天上寄当归。

十一、荞麦大麦莜麦

荞麦

宋·李新

神农播百谷，赐羌苾麦种。
下子分苦甘，甘贱苦蒙笼。
西山律侯晚，春种夏苗茸。
秋花深入云，风浪绮霞动。
灌溉以时节，牧放远原陇。
岁登蜗负归，兔径行错总。
积架连云根，藁秸乱墟冢。
赤茎堕钗股，黑实盈缶瓮。
锐首师郭尖，骈结友张仲。
一身多模棱，四角腹膨肿。
春开铁屑飞，磨溜尘粉冻。
溲和陶甄手，灰火助培拥。
剂坚眠铁石，薄厚拟轻重。
不问镜月图，行至齐眉捧。

杵洼新炒香，揉以牛羊湩。
不托递炊饼，芹美思贡奉。
来牟莫我贻，桄榔尚珍送。
大宛来苜蓿，与尔俱阒茸。
中都千贵人，侍食姬环拱。
流匙滑玉粒，雕胡不在供。
四海会万珍，方丈无点空。
戎獠犬豕性，真可糠秕共。
有客饭黄粱，浑忘梦中梦。

荞麦

宋 李新

神农播百谷赐羌菽麦种下子分苦甘甘贱
苦蒙笼西山律侯晚春种夏苗茸秋花深入云风
浪绮霞动灌溉以时节牧放远原陇岁登蜗负归
兔径行错总积架连云根薰秸乱墟冢赤茎堕钗
股黑实盈岙锐首师郭尖骈结友张仲一身多
模棱四角腹膨肿春开铁屑飞磨溜尘粉冻溲和
陶甄手灰火助培拥剂坚眠铁石薄拟轻重不
问镜月图行至齐眉捧杵洼新炒香揉以牛羊湩
不托递炊饼芹美思贡奉来牟莫我贻桄榔尚珍
送大宛来苜蓿与尔俱阒茸中都千贵人侍食姬
环拱流匙滑玉粒雕胡不在供四海会万珍方丈
无点空戎獠犬豕性真可糠秕共有客饭黄粱浑
忘梦中梦

观诸公打马诗

宋·朱翌

酒酣侑坐展博局，分曹并进角马足。
过关验齿出天衢，入关未掩绕日轴。
十骥并驱纵来往，一将折箠制起伏。
击前叠后看腾骧，避堑守狭良局促。
缓时秘若出门殿，妙处正须蚁封逐。
孙膑能令田忌胜，诸人徐贺塞翁福。
障泥在前解则行，杜蘅可采带宜速。
莫疑檀溪坠三丈，终使青云成一蹴。
吾家款段乃如狗，敢上夷涂陪骥騄。
但能书与尾而五，未免以策数曰六。
归欤秋满华山阳，苘麦倍收连苜蓿。

六月六日侄孙辈同食大麦二首（其一）

宋·钱时

大麦新炊苜蓿盘，一壶春酒小团栾。
金丹九死生灵命，莫作寻常粝饭看。

简飞卿从善

元·萧𬤇

桑如翠葆葚如饧，
大麦生仁豆角成。
秣马仍多花苜蓿，
肯来相对话平生。

十二、灵芝藜藿青藜

江夜书感

明·邱云霄

月转林西夜意迟，云深斗北郁逶迤。
颜随玉镜风尘变，锦袭瑶琴日月驰。
糜禄自知堪苜蓿，名山空负长灵芝。
愁怜白首三千轴，梦断清时五百期。

用前韵答黄一翁二首（其一）

宋·王炎

豆羹采藜藿，鼎食厌粱肉。
士欲齐得霄，胸次要涵蓄。
我晚颇闻道，宁有慧无福。
外物皆浮云，此道等珠玉。
阅事如阅棋，已过安用覆。

回光照诸妄，稍稍淡无欲。
与君共玄谈，一笑时捧腹。
更以诗留贫，此语颇惊俗。
细看苜蓿盘，岂减槟榔斛。
见金不见人，渠辈非吾族。
君独臭味同，吾固知之熟。
平生求益友，今日并墙屋。
不肯兄事钱，宁以君呼竹。
力学追古人，经史费抄读。
我方病少瘳，拥衲肤有粟。
百念渐灰冷，有牛不须牧。
君如汗血驹，堕地必驰逐。
甘为走踆踆，耻作雌粥粥。
有玉未尝献，岂忧终刖足。

谢人惠油炭

宋·杨冠卿

山泽有臞儒，骨相无食肉。
平生藜苋肠，愧负诗书腹。
碧涧掇香芹，雕盘堆苜蓿。
艰苦谋一饱，未免穷途哭。
君今食万钱，肥甘非不足。
味厌五侯鲭，嘉蔬列琼玉。
云自楚中来，芳辛有余馥。
一笑下箸空，鲸饮荐醽醁。
吟余诗思清，如行湘水曲。
湘君不复见，直欲跨黄鹄。

青藜

渔隐丛话曰：王荆公上元戏刘贡父，诗不知太乙，游何处定，把青藜独照、公此诗用事亦精切，拾遗记刘向校书天禄阁，夜有老人植青藜杖，言是太乙之精，天帝闻卯金之子有博学者，下而观焉，出怀中竹牒授之，此既与贡父同姓，又贡父时正在馆阁。

吴旦生曰：《史记》汉家以望日祀太乙，从昏时祀到明。今人于正月十五夜游，观灯是其遗事渔隐，但知刘姓与馆阁，用于贡父，为切，而不知太乙之用于上元为更佳也，蓬窗杂录云：古称藜杖，藜即苜蓿，养之历霜雪，经一二岁其本修直生面，可杖取其轻而坚，非藜木也用，藜为燃，光最明可传，火彻夜，古读书者，燃藜以此（王弇州云，藜床床之为杖也，余观权德舆诗，闲卧藜床对落晖，似非杖义）留青日札云：苜蓿汉志作目宿，《尔雅》作莜蓿或作牧蓿草名，或曰菜、出大宛国，汉使得之，种离宫。一名光风草，今之鹤顶草，似灰藋，秋后结实，黑房累累，如稷俗谓之，木粟其米可为饭，亦可酿酒。故曰：盘中何所有，苜蓿长阑干（稷即稷也）

紫桃轩杂缀云：《西京杂记》乐游苑中自生玫瑰树，树下多苜蓿，一名怀风，或谓之光风，风在其间常萧萧然，照其花，故名。茂陵人谓之连枝草。陶隐居以为长安中，有苜蓿园，北人极重此味，既老则以饲马（历代诗话卷·五十七　归安吴景旭撰）。

十三、（西）瓜

西瓜园（味淡而多液本燕北种今河南皆种之）

宋·范成大

碧蔓凌霜卧软沙，年来处处食西瓜。
形模濩落淡如水，未可蒲萄苜蓿夸。

夏日携王惟材陪曹公饮城东湖亭

明·宋登春

漠漠林塘五月寒，主人长日竹皮冠。
酒炉茶灶从儿理，菜圃瓜田引客看。
老去坐忘青琐梦，归来囊贮紫金丹。
鹅池道者频相访，笑索村醪苜蓿盘。

哈密瓜

清·赵翼

甘瓜来自炖煌西，重毡裹压明驼蹄。
或长如枕大如斗，覆棚培土法未稽。
路遥价贵竞珍重，绿肤弗忍刮以鎞。
副之犹恐太暴殄，截来寸寸成方圭。

其中应有汁满腹，日久晕入红玉肌。
甘芬不数文官果，清脆欲赛哀家梨。
惜哉到京已冬节，切处先愁宝刀折。
仅堪杯酒佐解酲，未得巾绨效消热。
润肺虽同咽清露，战牙不免嚼寒雪。
我思此，
瓜亦熟秋夏期，邮签万里到乃迟。
色味幸非香荔变，节候已等摽梅悲。
李广本足侯万户，数奇毋乃不遇时。
古来物产可移植，曷弗试种当阳陂（杜诗："阳陂可种瓜"）。
君不见，
蕢卜分根自大食，茉莉购种从波斯。
菠棱旧为婆罗菜，安榴故是涂林枝。
高昌葡萄上苑茂，大宛苜蓿离宫滋。
即如西瓜产回纥，胡峤出塞惊绝奇。
今已蔓延遍中土，功妙驱暑逾凉飔。
可知芸生信蕃变，迁地亦有谐土宜。
阿谁好事姑艺此，未必逾淮橘为枳。
倘同萍实结满畦，六七月间凉沁齿。
老饕斯时快大嚼，宁羡刷藕调冰水。

十四、决明子苜蓿

又次韵李宾之

明·吴宽

灵苗种后亭初筑，匠石园丁共玉成。
聊复栖迟称小隐，不应服食学长生。
盘中便可少苜蓿，阶下休夸有决明。
欲向楣间乞题字，墨云飞动看英英。

菜薖为永嘉余唐卿右司赋（节选）

明·徐贲

石皮被柔薄，土酥脍肥苬。
细莼入馔鲈，鲜菱杂羹鲫。
荼苦蘖与侔，薄脆冰为敌。
菌栌西蜀致，苜蓿大宛得。
长蓑荇带流，乱簇陈丝绎。
芹效野人献，瓜为天子副。
决明才一方，莴苣连数席。
璃糜慰渴心，玉延起羸疾。
葷毒笑非喜，芥心泣讵戚。
盘根芽埋壤，脱颖笋穿壁。

十五、芙蓉芙蕖荷花

秋雨

宋·陆游

久占烟波弄钓舟，业风吹作凤城游。
不知苑外芙蕖老，但见墙阴苜蓿秋。
黄把裹书俄复至，朱颜辞镜不容留。
晚窗又听萧萧雨，一点昏灯相对愁。

秋思

宋·陆游

乌帽翩翩九陌尘，杖藜谁记岸纶巾。
遗簪见取终安用，弊帚虽微亦自珍。
廊庙似闻怜老病，云山渐欲属闲身。
墙隅苜蓿秋风晚，独倚门扉感慨频。

夏夜

宋·陆游

露湿芙蕖冷，月明蘦卜香。
残醉吹欲无，飕飕发根凉。
岂惟弃世事，形影亦相忘。
空忆南山下，新秋射虎场。

又

宋·陆游

我昔在南郑，夜过东骆谷。
平川月如霜，万马皆露宿。
思从六月师，关辅谈笑复。
那知二十年，秋风枯苜蓿。

暮春

宋·李壁

芙蕖的历抽新叶（的历，谓荷叶初抽时），
苜蓿阑干放晚花（薛令之诗：苜蓿长阑干○于阗地温和，有苜蓿。）。
白下门东春已老，莫嗔杨柳可藏鸦（古乐府：杨柳可藏鸦）。

寄所知（其二）
明·邱浚

莫向鸿沟觅旧踪，一场春梦五更钟。
也知赐醢缘情薄，岂是分羹爱味浓。
万里使槎来苜蓿，半空仙掌出芙蓉。
濛濛黄雾连天起，不见秦关百二重。

张博士过访赋赠二首
明·胡应麟

世业明经旧，家声作赋隆。
四知传汉代，三绝擅唐宫。
匣剑芙蓉丽，盘飧苜蓿穷。
何人问奇字，旬月坐春风。

萧然广文邸，半榻拥青毡。
著述河汾后，抠趋泰岱前。
虚堂时系马，高座几悬鳣。
咫尺侯芭在，花时过酒船。

黄逢永广文病足还里以便面一律见怀次来韵赋答

明·张萱

西园不断白云封，地僻惟留鹿豕踪。
忆汝拂衣辞苜蓿，愿言税驾馆芙蓉。
乘飙欲出三千界，柱杖还同四百峰。
尊足既存因退步，何须曳履蹑夔龙。

闻道

清·李希圣

闻道君王起渐台，方壶员峤象崔嵬。
离宫苜蓿参差长，别殿芙蓉烂漫开。
新辟条支求鸟卵，更通碎叶问龙媒。
太平天子无愁思，愿颂南山献寿杯。

招约之职方并示正甫书记

宋·王安石

往时江总宅，近在青溪曲。
井灭非故桐，台倾尚余竹。
池塘三四月，菱蔓芙藻馥。
蒲柳亦竞时，冥冥一川绿。
方坻最所爱，意谓可穿筑。
欲往无舟梁，长年寄心目。
故人晚得此，心事付草木。
消摇檐宇新，揽结蹊隧熟。
更能适我愿，中水开茆屋。
鬼营诛荒梗，人境扫喧黩。
濠鱼净留连，海鸟暖追逐。
岂无方外客，于此停高躅。
忆初桑落时，要我岂非夙。
蚕眠忽欲老，一个未言速。
当缘东门水，尚涩南浦舳。
吾庐虽隐翳，赏眺还自足。
横陂受后涧，直堑输前渎。
跳鳞出重锦，舞羽堕软玉。
碧筒递舒卷，紫角联出缩。
千枝孙嶧阳，万本母淇澳。

满门陶令株，弥岸韩侯菽。
尚复有野物，与公新听瞩。
金钿拥芜菁，翠被敷苢蓿。
虾蟆能作技，科斗似可读。
椴轩俯北渚，花气时度谷。
耘锄聊效颦，缔构行可续。
荒莱傥不倦，一旦敢辞卜。
虽无北海酒，乃有平津肉。
翛翛仙李枝，城市久烦促。
寄声与俱来，荫我台上谷。

芰香亭
宋·李彭

束发事明主，遇合诚独难。
譬彼佩犊翁，穮蔉功贵完。
明府真权奇，汗沟沫流丹。
雅意独当御，未享苜蓿盘。
诏许上紫殿，占对随孔鸾。
底事寝不报，鼓船下风湍。
顾兹未逢年，于我颇复安。
治道贵清净，稚耋家相欢。
桁杨生木鸡，榛芜薙西园。
方塘每制芰，泽畔思纫兰。
灵修方布席，下诏应赐环。
勿堕逐臣泪，去蹑青云端。

芰（jì）：古书上指菱：芰荷（出水的荷）。菱，俗称菱角。两角的叫菱，四角的叫芰（singharanut）。菱科。一年生水生草本植物（Trapa bispinosa）。

十六、芜菁草蓼蒿

寄分司元庶子兼呈元处士
唐·温庭筠

闭门高卧莫长嗟,水木凝晖属谢家。
缑岭参差残晓雪,洛波清浅露晴沙。
刘公春尽芜菁色,华厩愁深苜蓿花。
月榭知君还怅望,碧霄烟阔雁行斜。

闭门高卧莫长嗟(《后汉书》:袁安值大雪,闭门高卧。),水木凝晖属谢家。(谢灵运:诗山水含清晖。)

缑岭参差残晓雪(列仙传:王子乔好吹笙,游伊洛间,随浮丘公上嵩山。后见桓良曰:告我家,七月七日待我缑氏山头。至时,果乘白鹤,举手谢时人而去。),洛波清浅露晴沙。

刘公春尽芜菁色(胡冲吴历:蜀先主在许下时,闭门种芜菁,因谓其诸将曰:吾岂种菜者乎?补吕览:菜之美者,具区之菁。),华厩愁深苜蓿花(颜延之赋文驷列于华厩,《汉书》:大宛,马嗜苜蓿,上遣使者持千金请宛马,采苜蓿归,种之离宫。《西京杂记》:乐游苑自植玫瑰,树下多苜蓿。苜蓿一名怀风,时人或谓之光风,风在其间常萧萧然,日照其花有光彩,故名苜蓿为怀风。茂陵人谓之连枝草。庾信赋人戴蒲萄马衔苜蓿。)

月榭知君还怅望,碧霄烟阔雁行斜。

招约之职方并示正甫书记
宋·王安石　李壁注

尚复有野物,与公新听瞩。金钿拥芜菁,翠被敷苜蓿。虾蟆能作技,科斗似可读(韩诗,黄黄芜菁,花花黄故比金钿。公以翠被形容苜蓿之青,苜蓿草也。本草附菜部,以其可食故也。又《西京杂记》苜蓿一名怀风,或谓光风,在其间尝肃然,照其光彩,故曰苜蓿怀风。)。

宋　王安石　李壁注

招约之职方并示正甫书记

尚复有野物与公新听瞩金
钿拥芫菁翠被敷苜蓿虾蟆能作
技科斗似可读韩诗黄黄芫菁花花
黄故比金钿公以翠被形容苜蓿之青首
蓿草也本草附菜部以其可食故也又西
京杂记苜蓿一名怀风或谓光风在其间
尝肃然照其光彩故曰苜蓿怀风

奉寄赵伯器参政尹时中员外五十韵

元朝·王逢

诏立淮南省，符张阃外兵。风雷朝焕发，牛斗夜精明。
参政材超伟，元僚器老成。武林多树政，禁御旧蜚英。
凤暖文章蔚，鲲秋羽翼横。天池今并奋，嶰管后和鸣。
地要尤膏沃，时危必战争。辅车依海岱，衣带限蛮荆。
玉叶开王邸，烟花匝子城。万艘盐雪积，千里稻云平。
织贝殊珍粲，红楼艳曲縈。并缘胥狡黠，货殖驵骄盈。
汝湏初萌起，河流浸妄行。镇绥增屏翰，赞画授权衡。
爱稼须除螣，怜牛贵搏虬。式蛙曾霸主，斩马乃书生。
青汗三千牍，丹心一寸诚。相臣连万骑，郡邑望双旌。
甗社湖移蚌，缲丝井露鲸。里无安堵乐，野有望尘惊。
焉卤烟侵燧，孤嫠胆碎钲。五贤迷古辙，六咏歇新赓。
瓦砾皆王土，逋逃本尔氓。长驱劳组练，尽扫愧欃枪。
喻拟相如檄，降惩白起坑。跋胡狼曷备，毒尾虿难撄。
济猛收神略，疏恩涣虏情。伫闻鹿柵下，莫作鬼方征。
回鹘卑唐室，天骄挠汉营。乾坤一羽扇，社稷几羊羹。
秋社交加影，芙蓉袅娜茎。超然延爽飔，肃若卫寒更。
虑念真如是，功勋孰与京？誓清怀晋逖，虚左慕齐婴。
好定龙蟠价，毋登狗盗名。石洪重胤辟，韩愈建封迎。
故典何其盛，斯文与有荣。中州襟陕陇，上国掖幽并。
麟阁将来绘，鸡坛宿昔盟。刍荛言慎择，葵藿义同倾。
契阔商参恨，栖迟畎亩耕。小斋余苜蓿，四境半芫菁。
酒忆涓涓缥，鲂炊个个鶊。悲歌垂短褐，忼慨眷长缨。

田家词（其二）

明·成倪

苜蓿迸地蒌蒿短，蛰户欲开天气暖。
邑中高廪省春粜，万口疏粝无处觅。
今春来牟当及时，欲种无种耕无资。
云间朝日射芳甸，土鳞闪闪翻金犁。
东君次第传消息，阿槐花发黄金色。

陆鹤亭赴孝丰广文任次韵赠之（其二）

清·吴之振

远游正苦费寻思（林儿补官滇南，数月不得家信），把读新诗计所之。
已算离家刚百里，更闻食俸尚春时。
篷船咿哑啼批颊，竹轿弯环话窃脂。
苜蓿芜菁交种处，花丛定发上林枝。

咏草二百字（丁未）

清·黎简

渊明乞食还，深巷夕阳寒。
草色年年有，门前黯黯残。
路迂重曲径，心迥到秋山。
昨夜鸣虫急，虚窗响雨弹。
地萌灰见湿，风病叶同干。
已破行芰藓，先零感护兰。
披丝霜皎皎，泼水月漫漫。
寻梦诗情涩，怀人岁序阑。
北风低地白，南浦映枫丹。
野步思乡曲，幽阴带竹关。
模糊碧云合，璀璨落花斑。
习习动青蘺，芊芊交软澜。
十分春意满，终日道心闲。
一自遗香室，从渠过药栏。
蓬蒿僻僦舍，苜蓿晓登盘。
屈子志空洁，慈乡家已殚。
堇葵嘲命苦，衿袂照儒酸。
萍迹知无定，茅心讵肯安。
田芜归或易，蹊塞介应难。
微物增多虑，离居发浩叹。

十七、苜蓿杨柳

山南行

宋·陆游

我行山南已三日，如绳大路东西出。
平川沃野望不尽，麦陇青青桑郁郁。
地近函秦气俗豪，秋千蹴鞠分朋曹。
苜蓿连云马蹄健，杨柳夹道车声高。
古来历历兴亡处，举目山川尚如故。
将军坛上冷云低，丞相祠前春日暮。
国家四纪失中原，师出江淮未易吞。
会看金鼓从天下，却用关中作本根。

将去宝山任口占

清·姚原绶

庭前杨柳自依依，饱食谁知苜蓿肥。
十八年来清梦稳，笑看蝴蝶一双飞。

负暄亭（其一）

周紫芝　撰上梁文五首

　　伏愿上梁之后，泉日腾光，妖氛扫迹；山无冻雪，和气自生；桃有冬花，春风常在。咏柳子厚青松之膏沐，照崔侍读苜蓿之阑干。兽炭不然，鹑衣自暖，平生谁解炙乎？晚岁犒免焦头。林下身闲，敢以附炎而取诮；天边地阔，唯知望日之难忘。

周紫芝 撰上梁文五首

负暄亭

伏愿上梁之后泉日腾光妖氛扫迹山无冻雪和气自生桃有冬花春风常在咏柳子厚青松之膏沐照崔侍读苜蓿之阑干兽炭不然鹑衣自暖平生谁解炙乎晚岁豨免焦头林下身闲敢以附炎而取诮天边地阔唯知望日之难忘

沧监道上

近现代·郭风惠

渐入家山路，迟徊屡驻骓。
鸟啼深苜蓿，蝶趁野蔷薇。
近海土多薄，重农乡自肥。
政犹龚遂否，欲受一廛依。

十八、苾香泽菖蒲茨菰

折桅蔴茹

元·祖教

桅折舟人冒险艰，黑风吹浪卷银山。
不如汉使传奇种，苜蓿葡萄满世间。

元 祖教
折桅蔴茹
桅折舟人冒险艰黑风吹浪卷银山不如汉使传奇种苜蓿葡萄满世间

香泽

明·杨慎

《史记·淳于髡传》罗襦襟解,微闻香泽,礼所谓,容臭。荀子云:侧载睪芷以养鼻,注睪泽兰也,传写遗其水也。贾谊新书,从容泽燕夕时,开北房,从薰服之乐。即此崔寔《四民月令》有合香泽法,清酒浸鸡舌、藿香、苜蓿、兰香四种以新绵裹,浸胡麻油和猪脂纳铜铛中沸定,下少许青蒿,以发绵羃铛觜,瓶口泻之,梁简文帝乐府,八月香油好煎泽。

自咏

明·徐居正

虚名十载误儒冠,身世伶俜到骨寒。
箧有诗书怜我瘦,樽无余醑叹妻悭。
古风不见菖蒲歇,明日相看苜蓿盘。
病后知心唯竹杖,又乘微雨过苏端。

宋宗鲁七咏(其五)蔬园剪雨

明·张宁

春山逢夜雨,剪韭入荒园。
绿润茨菰饭,寒生苜蓿盘。
时穷聊自给,身在任加餐。
肉食知谁补,齑盐重尔存。

十九、蔬菜圃山菜

元修菜（并序）

宋·苏轼

菜之美者，有吾乡之巢，故人巢元修嗜之，余亦嗜之。元修云：使孔北海见，当复云吾家菜耶？因谓之元修菜。余去乡十有五年，思而不可得。元修适自蜀来，见余于黄，乃作诗，使归致其子，而种之东坡之下云。

彼美君家菜，铺田绿茸茸。豆荚圆且小，槐芽细而丰。
种之秋雨余，擢秀繁霜中。欲花而未萼，一一如青虫。
是时青裙女，采撷何匆匆。蒸之复湘之，香色蔚其饛。
点酒下盐豉，缕橙芼姜葱。那知鸡与豚，但觉放箸空。
春尽苗叶老，耕翻烟雨丛。润随甘泽化，暖作青泥融。
始终不我负，力与粪壤同。我老忘家舍，楚音变儿童。
此物独妩媚，终年系余胸。君归致其子，囊盛勿函封。
张骞移苜蓿，适用如葵菘。马援载薏苡，罗生等蒿蓬。
悬知东坡下，塉卤化千钟。长使齐安民，指此说两翁。

灌园亭

宋·洪适

好手善和羹，非才当抱瓮。
加点苜蓿盘，丁宁及时种。

> 灌园亭
> 宋　洪适
> 好手善和羹非才当
> 抱瓮加点苜蓿盘丁宁及
> 时种

和野菜吟
南宋·赵希逢

人生何用广田宅，忧怀千岁不满百。
饥来粝饭荐苜蓿，不必脍鲤更炮鳖。
何人日流饿虎涎，望望一饱蚁慕膻。
岂知山林一天性，悠然野兴浩无边。
冬菁春韭总甘美，入口寒泉生颊齿。
鼎烹虽不罗八珍，盘餐尽定供百指。
不妨寂寞类首阳，免得市声入耳忙。
蕨薇风味千载下，发以姜橙苏榄香。
洗教瓦鼎光如镜，自拾樵薪归野径。
兴来小摘烝复湘，不用玉纤巧馂饤。

蔬圃
元·许有孚

有池可汲园可劚，拂袖归来心愿足。
自甘学圃为小人，爱此菜茹画苜蓿。
元修雨后脆且腴，诸葛敷荣蔓浓绿。
萝卜生儿芥有孙，芋魁出水频浇沃。
罢锄时或钓池鱼，隐几何曾梦蕉鹿。
既无抱瓮老翁劳，亦免趋炎胁肩辱。
　　吾尝寓甲第，纷纷厌粱肉。
　　吾今且烹葵，食郁杂野蔌。
彼紫驼峰出翠釜，争如菘韭侑炊粟。
五侯之鲭世所贵，五辛之盘吾亦欲。
庸人皆被富贵熏，或羡吾饕是清福。
但令此色毋驻颜，隽味啮根充我腹。

三年不窥惭仲舒，吾侪何可轻樊须。
九月筑场十月涤，连年借此输官租。

> 蔬圃
> 元 许有孚
>
> 有池可汲园可斸，拂袖归来心愿足。自甘学圃为小人，爱此菜茹画苜蓿。元修雨后脆且腴，诸葛敷荣蔓浓绿。萝卜生儿芥有孙，芋魁出水频浇沃。罢锄时或钓池鱼，隐几曾梦蕉鹿。既无抱瓮老翁劳，亦免趋炎葵肱侑。辱吾蕉鹿寓甲第，纷纷厌粱肉吾今且烹葵食。郁杂野荻彼紫驼峰出翠釜，争如菘韭庸人粟。五侯之鲭世所贵，五辛之盘吾亦欲。皆被富贵熏，或美吾饕是清福。但令此色毋驻颜隽味啮根充我腹，三年不窥惭仲舒，吾侪何可轻樊须。九月筑场十月涤，连年借此输官租。

群蔬写生图

元·宋褧

午衙太守杞菊赋，朝日先生苜蓿盘。
翠釜驼峰无限美，画师何事画酸寒。

> 群蔬写生图
> 元 宋褧
>
> 午衙太守杞菊赋，朝日先生苜蓿盘。翠釜驼峰无限美，画师何事画酸寒。

谢类庵惠山菜数色

明·陆深

戢戢云能把，盈盈露带漙。
琅玕难比色，苜蓿正虚盘。
百事俱堪做，千金欲报难。
偏惭名未识，细捡国风看。

谢类庵惠山菜数色

明 陆深

戢戢云能把盈盈露，
带溥琅玕难比色苜蓿正
虚盘百事俱堪做千金欲
报难偏惭名未识细捡国
风看

观园翁种菜

明·吴宽

园居无所营，筋力徒自强。
惜哉一亩地，愧尔三年荒。
清晨老圃至，锄治循东墙。
札札瓦砾除，奚顾宿草伤。
壅土成数畦，遂分界与疆。
土爱布美种，能风要深藏。
因感昔人语，种植信有方（园翁云：深种则耐风，此汉赵过语也。）。
日夕度垅行，依然自褰裳。
流泉俯可挹，长沟设堤防。
所恨天久旱，井泥浑且黄。
安能足灌溉，顿使菜甲长。
人力已云至，天时亦相妨。
缘知田野外，黄沙正茫茫。
决明何如但肉食，此劳不须尝。

谢姜宽送芋子

明·费宏

芋魁相送满筥笼，应念冰盘苜蓿空。
此日蹲鸱真损惠，当年黄独漫哀穷。
蒸时不厌葫芦烂，煨处还思榾柮红。
自是菜根滋味好，万钱谁复羡王公。
芋魁相送满筥笼，应念冰盘苜蓿空。
此日蹲鸱真损惠，当年黄独漫哀穷。
蒸时不厌葫芦烂，煨处还思榾柮红。
自是菜根滋味好，万钱谁复羡王公。

琉球纪事一百韵

清·费锡章

积水通旸谷，横流划大荒。山从波底拔，人向岛间忙。
喷薄鱼龙气，昭回日月光。溯源盘古垺，戡乱舜天强。
遗种滋蕃育，余黎浸炽昌。《隋书》名始著，《明史》氏衫彰。
久矣怀中夏，幡然耻夜郎。艰危勤栉沐，宛转达梯航。
鷇冒才开楚，椒聊已咏唐。翼缘侵沃灭，虢亦侍虞亡。
自此连三省，因而擅一方。辨戈承系统，当璧验真王。
世业经兴替，私衷倍悚惶。首先依定鼎，踵接贺垂裳。
序次句骊右，班联御幄傍。衮旒施祖考，币帛逮嫔嫱。
奉朔遵时宪，于东奠土疆。戚休萦眷注，灾患许扶匡。
习俗沿蒙昧，专员代测量。地稽吴越近，星订女牛祥。

属籍刊盟府，功宗纪太常。五朝修职贡，七姓效勋勷。
厥筐陈蕉苎，充闲罢骕骦。蛮笺翻侧理，阴火爇硫磺。
扇冀皇风拂，刀呈武库藏。鉴诚恒奖纳，厚往必优偿。
睿藻颁题额，彤云拥画梁。战图麟阁贮，辍赐雀屏张。
彝器樽兼卣，奇珍琥与璜。缤纷周黼黻，斑驳汉琳琅。
既普菁莪化，还贻翰墨香。凡兹宏在宥，孰是感能忘。
乃者遭多难，嗟哉悼幼殇。告哀循故典，嗣服进邮章。
举国知重耳，群情爱子臧。痛维薖庇本，敢谓雁分行。
摄位仔肩荷，殚精庶政康。慎封虔镇抚，主鬯妥烝尝。
惟帝恢无外，宣纶出未央。八骓迎簜节，双舸下虹洋。
存殁均秦怙，君臣俨对扬。祭怜新鬼小，恩溥旧邦长。
载启延宾馆，咸升敷命堂。瓦甋攒玳瑁，门牡闶鸳鸯。
围棘姑罗干，崇墉砺石墙。赴桓屯虎旅，瓯脱坼蜂房。
笳吹晨昏剧，饩牵旦夕将。挽输划独木，供亿顶柔筐。
亟见台米馈，翻愁跑用伤。醰醰澄酒醴，霍霍伺猪羊。
束缚蛇皮黑，支撑蟹距黄。鮎烘干噬腊，米咂腻含浆。
漫说频加饭，何曾暂彻姜。平生几食料，异域具膏粱。
好证游仙梦，遐思选佛场。敲棋疑鹄至，仿帖眩鸾翔。
文惮韩苏健，诗惊李杜芒。沁脾咀蔗尾，燥吻擘瓜瓤。
不暑晴添热，非秋雨送凉。蛟涎朝更毒，蜃雾晚尤沧。
蜥蜴声如鹊，蚊蚋阵若蝗。但逢寒燠换，便觉起居妨。
吟啸消岑寂，登临展眺望。携童寻胜迹，杖策步层冈。
迤逦停舟港，参差系马柳。两崖排铁板，百雉巩金汤。
融结成都会，衣冠萃济跄。归仁藩分壮，守礼燕诒庆。
井养疏泉窦，师贞戢剑铓。申宫严禁卫，徼道设亭障。
弼教爰增律，誉髦并建痒。富须广树艺，暇即浚池隍。
欲继前规扩，全凭治法良。顺途招父老，憩坐话农桑。
质朴形殊琐，兜离语却详。公田卿以下，偕乐岁之穰。
薯蓣贫家糇，凫茈野处粮。钱轻鸠目刮，笔硬鹿毛僵。
剔抉螺称贝，陶镕锡号钢。民庞羞狗盗，里美贱狐倡。
志录犹仍误，咨诹待细商。迢遥南暨北，荏苒露为霜。
聆乐偏惆怅，闻鸡每激昂。扫除徐孺榻，点检郁林装。
赠贿仪终袭，坚辞意岂偃。哀编皮苋箧，丛绘袭巾箱。
客静搜残帙，奴顽笑涩囊。骈仓深比阱，麻力矮于床。
吉果圆揉粉，彩糕滑糁糖。菜肥搴苜蓿，面洁磨桃榔。
信宿奚求备，绸缪且预防。喧呼伐钲鼓，踊跃挂帆樯。
隐念祈呵护，斋心默祷禳。再看涛滚滚，又涉浸茫茫。
熟路沧溟阔，恬瀛圣泽瀼。回头夷壤杳，屈指岭梅芳。

曼寿皆欢喜，千官正拜飏。微忱徒绻缱，僸直后趋蹡。
缥缈瞻壶峤，晶荧认角亢。乘槎旋海屋，愿晋万年觞。

就食苦水驿①
清·张荫桓

戍程经月饭沙砾，岂有菜把供园官。
苦苣马齿等星凤，小人伤害姑勿论。
苦水驿舍置口顿，青青有色充朝餐。
此中何用较名实，到眼尽作嘉蔬观。
杜陵赋诗寓意耳，客居讵识累臣艰。
眉山海外饱烟瘴，元修美植劳追叹。
戈壁风光万物槁，得见林木皆琅玕。
蔓青遗种杂苜蓿，紫芝枯构商南山。
秋荪春韭漫复道，食鲑今日良独难。

① 苦水驿，早饭有青菜，度陇后仅见也，兴而作诗。

薯菜行（煮薯叶而食，呼薯菜云）（壬寅）
清·黎简

青桐枝湿赤米大，崇朝不熟熟已馇。
铁铛瘦煮瓦铛载，二樵先生食薯菜。
后园地硗草藁黄，种树不实枝叶长。
老藤霜日死缠石，初蔓袅风柔上墙。
痴鬟十日九失水，贫食一摘三盈筐。
女儿弱腹有难色，视我下箸随饱尝。
齿牙大嚼声喈喈，踏餐烂漫沾垢服。
病妇相怜看药碗，儒生薄相饫粱肉。
白日鉴我苜蓿盘，阿爷生汝藜苋腹。
汝曹未辨贫富身，自觉亲前作人足。
侧闻甘肃谁氏败，宝窖如山惜不得。
我云耿介自疑信，贻汝荣华恐非福。
他时为汝曹，满储十箧之山川。
山不韫宝玉，水不藏珠蠙。
不能使汝饱欲死，又不使汝行乞他人怜。
我今壮岁未衰惫，人生命无常，常愿得亲爱，汝曹努力且食菜。

二十、麹米

和饶介之秋怀诗韵
元·成廷圭

邻瓮新笃麹米香，梦魂夜夜绕槽床。
故人不饮今何在，秋尽空山苜蓿长。

二十一、芸香蒺藜

唐书局后丛莽中得芸香一本
宋·梅尧臣

有芸如苜蓿，生在蓬藋中。
草盛芸不长，馥烈随微风。
我来偶见之，乃稚彼蘙蒙。
上当百雉城，南接文昌宫。
借问此何地？删修多巨公。
天喜书将成，不欲有蠹虫。
是产兹弱本，蒨尔发荒丛。
黄花三四穗，结实植无穷。
岂料凤阁人，偏怜葵叶红。

芸
明·陶宗仪

芸，香草也，旧说为不食，今人皆不识。文丞相自秦亭得其种，分遗公，岁种之，公家庭砌下，有草如苜蓿掬之尤香。公曰：此乃牛芸。《尔雅》所谓权，黄华者，校之气烈于芸，食与否皆未可试也。

> 芸香草也旧说为不食今
> 人皆不识文丞相自秦亭得其
> 种分遗公岁种之公家庭砌下
> 有草如苜蓿掬之尤香公曰此
> 乃牛芸尔雅所谓权黄华者校
> 之气烈于芸食与否皆未可试
> 也

——明·陶宗仪《说郛·卷二十四上》

病马六首（其一）

明·何景明

踠踏才难，尽跙蹢意若何。
沙寒苜蓿短，路晚蒺藜多。
不复驰金市，犹思歕玉河。
侧身千里外，常恐岁蹉跎。

> 踠踏才难尽跙蹢意
> 若何沙寒苜蓿短路晚蒺
> 藜多不复驰金市犹思歕
> 玉河侧身千里外常恐岁
> 蹉跎

二十二、蕤葭枣

读国信大使郝公帛书

元·王逢

西北皇华早，东南白发侵。雪霜苏武节，江海魏牟心。
独夜占秦分，清秋动越吟。蕤葭黄叶暮，苜蓿紫云深。
野旷风鸣籁，河横月映参。择巢幽鸟远，催织候虫临。
衣揽重裁褐，貂馀旧赐金。不知年号改，那计使音沈。
国久虚皮币，家应咏稿砧。豚鱼曾信及，鸿雁岂难任。

读国信大使郝公帛书

元 王逢

西北皇华早，东南白发侵。
雪霜苏武节，江海魏牟心。
独夜吟蒹葭，黄叶占秦分。
清秋动越吟，暮苜蓿紫云深。
野旷凤鸣籁，河横月映参。
择巢幽鸟远，催织候虫临。
衣揽重裁褐，貂馀旧赐金。
不知年号改，那计使音沈。
国久虚皮币，家应咏稿砧。
豚鱼曾信及，鸿雁岂难任。

郑州集过王嫱湾

清·姚燮

枣花门径苜蓿肥，井兰水涩生苔衣。
班斓沙土半脂黛，回风蹴作赪烟飞。
愁人吊古情无依，乱鸦扑树明斜晖。
村姑椎髻簪杨柳，锦带缠裆帨蒙首。
粉光不泽双辅嫣，上马琵琶效垂手。
青春未尽朱颜凋，矜妍作态徒尔劳。
千年故里香魂独，万仞边城霜月高。

九日龙爪槐宴集赋呈远伯

清末至民国·黄浚

背郭秋光照潋饧，凭高来拜抱冰堂。
樽前苜蓿谁成咏，槛外蒹葭初著霜。
行酒略酬佳节意，插花当趁少年狂。
故家文物票姚甚，欲及萧辰乞报章。

二十三、其他植物

送子文监草料场

宋·薛师石

坐局何烦听晓鸡，豆萁苜蓿亦诗题。
好文不爱今人体，色养宁嫌古署低。
翰苑旧交应顾访，相门新近事招携。
岁寒惟有君于我，老去过从许杖藜。

百粤吟（其一）

明·陈堂

粤王台上气萧萧，万木惊秋景寂寥。
马首凭陵伤苜蓿，鹊巢栖断怨鸱鸮。
笳声月落心如折，雁字风高影欲摇。
野老临江空怅望，乘槎欲泛海边潮。

诘旦用孺太史亦以赋茄古体至余读之清思道发更赋排律二章章十二韵茄为物最贱吾两人盛为品题若此士固有遇不遇也（其二）

明·胡应麟

植处非金谷，移来是玉堂。
玄亭潜借色，紫闼烂生光。
密叶团芝盖，疏花发米囊。
鸡头形仿佛，马齿味参商。
万子绵瓜瓞，三浆沃荔房。
随波萍实丽，入火芋魁香。
树拟蒲卢速，枝惭苜蓿长。
朝兰偕饮露，晚菊互披霜。
祭敢劳先圣，斋惟狎太常。
断齑闻学士，蒸瓠忆平章。
傅鼎调和熟，郇厨饾饤良。
凭将退贱质，浣涤助嘉芳。

答周给谏兴叔过广陵见怀

明·欧大任

渡江忆我鬓萧骚，此地千秋见綵毫。
园且谈经帷更下，涛堪起色翰曾操。
菰蒲每狎鸥为客，苜蓿犹疑马是曹。
近侍只今趋锁闼，西京回首五云高。

昆仑歌（送顾侍御一贯出巡）

明·董传策

昆仑山高控西粤，飞蟠千丈何奇绝。
青峰突出破大荒，赤螭夭矫森石骨。
气核横攒玉碎圆，岩泉湾泻珠流沫。

怪树枯藤挂老崖，云屏叠断蚺蛇穴。
山精啸风瘴作雨，箐篁飒沓岚烟挈。
桄榔枝暗珊瑚拳，荔子花班鹧鸪舌。
阳和偏落四时花，郁蒸不梦三冬雪。
凉燠我惊变晓昏，亭午日高云乍拨。
羲景依微荡绿鬟，蛮疆一望迷丘垤。
泷练疑摩峭壁牙，窍天欲堕盘江发。
星躔翼轸古隘关，邕管西迤领方接。
明都铜柱镇华夷，汴宋丑侬犹宰割。
经略曾标京观雄，奇兵一夜关南夺。
至今马狄并高勋，八寨还嗣新建烈。
沧屿不改戎机销，群狙跳梁谁式遏。
弥原荒顿转流移，生齿难繁声教阔。
使君行部踏春来，春光缥缈薰飙发。
绣斧擎翻瘴岭霞，花骢嘶控皇华节。
霜姿只饱苴蓿餐，满道清风洗炎热。
飘萧万里载驰驱，今古兴怀猺吹彻。
我戍徒惭白面生，君巡自忆丹穹阙。
相逢且莫夸壮游，好向明时树宏业。
振衣八极被九垓，俯视昆仑成一撮。

偏桥田家行

清·查慎行

结茅住山颠，种田在山麓。
田荒费牛力，仅得播种谷。
七年际离乱，饥馑死相属。
稍思岁一稔，生命丝或续。
师旅比凯旋，骄嘶百万足。
黔山无水草，何以充苴蓿。
成群走阡陌，泥淖没马腹。
食叶蹂其根，螟蟊等荼毒。
秣刍一朝尽，妇子终岁哭。
天下自升平，民生有踬踣。
我为老农语，物理视反覆。
来年期好收，重看秧田绿。

苕宗室八十初度

清·戴亨

宗室裕王后父封贝勒苕屏居不仕年老起为宗学长

乔松何不凋，苍根结深谷。
老鹤何长年，霜毛戢幽麓。
缅彼遐龄子，韬机寡营逐。
世苦纷自戕，心悴形讵淑。
盈缩不在天，达人解真福。
祖烈晋王封，丕承隆帝族。
富贵等秕糠，抱道甘岩宿。
静寂可忘年，真机畅幽独。
耆德表群公，教育董天属。
忠孝督童蒙，敬慎儆夕夙。
圣意眷方隆，虚怀忧覆悚。
告休缱绻衷，岂为侣鸥鹿。
三凤声闻高，风翩九霄速。
继述尽英奇，烟霞遂贪欲。
轩车下蓬蒿，迂儒荷青目。
忘分交情深，坦白露真朴。
值君杖朝期，称觥惭苜蓿。
何有罄交欢，荒词为君祝。

百花弹词

清·钱涛

自古名花号美人，娇红嫩白斗芳春。
每夸金谷千秋丽，更道隋宫五色新。
把酒常须花在眼，现花莫便酒离唇。
明朝试向花前看，满地残红最怆神。
花落花开最有情，间将笔墨谱花名。
千红万紫都评遍，分付花神仔细听。
问谁人，开辟就，花花世界，更那个，创造下，草草乾坤。
百年中，无非是，香花阳炎，一日里，不可少，檀板金尊。
慨世间，有无数，名花异卉，普天下，知多少，花朵花名。
君不见，锦堤边，千般烂熳，君不见，红娇畔，万种精神。
君不见，上阳宫，蜂喧蝶攘，君不见，宜春苑，燕送莺迎。
一种种，一般般，看他妖艳，红者红，白者白，听我评论。

有客能将雁柱排，花前高唱独徘徊。
　　春风春雨虽相妒，看取名花指下开。
第一种，牡丹花，天生富贵，号花王，称国色，花里为尊。
姚家黄，魏家紫，而今罕见，得君王，带笑看，倾国倾城。
醉杨妃，倚阑干，沉香亭北，李青莲，题妙句，三调清平。
芍药花，比牡丹，虽然少逊，一般的，斗春华，越样鲜新。
金带围，广陵城，预知宰相，不知道，洧水畔，赠与何人。
露桃花，倚东风，深红浅白，武陵溪，元都观，到处藏春。
蓬莱山，三千载，开花结果，天台路，盼著了，阮肇刘晨。
最可惜，暮春时，一番红雨，真堪叹，今日里，人去题门。
桃花谢，杏花开，艳妆春色，垒乱霞，飘微散，根倚深云。
碎锦坊，裴晋公，午桥遗爱，庐山上，董神仙，五树成林。
探花宴，上林中，赋诗争快，状元去，马如飞，踏碎香尘。
桃花红，杏花红，李花偏白，白如霜，白如雪，无月自明。
怎知道，王家郎，一朝钻核，倒不如，李家儿，万古盘根。
世间花，还又数，梨花洁白，似何郎，曾傅粉，一样消魂。
莺来窥，蝶来认，新妆淡淡，泪阑干，愁寂寞，春雨盈盈。
蔷薇花，在墙东，春红零乱，想经年，未架却，心绪纵横。
无人处，折一枝，常防刺手，夜深时，才经过，兜住罗裙。
玉兰花，分明是，苕华刻就，玉堂前，争春色，香气氤氲。
绣球花，在风前，谁能踢弄，玉簪花，满地上，若个遗簪。
金雀花，一般儿，飞飞欲动，蝴蝶花，可也是，栩栩身轻。
丁香花，豆豌花，念愁不破，夜合花，合欢花，最苦多情。
有一种，水中莲，又名菡萏，照秋波，窥明镜，冉冉亭亭。
细端详，绿云中，宛如仙子，虽然是，在污泥，不染埃尘。
太华峰，藕如船，曾开十丈，太液池，花能语，红白芳芬。
似六郎，好庞儿，亲承儿女，怪潘妃，一步步，喜杀东昏。
只有那，老嫦娥，一枝丹桂，有谁人，攀得著，两袖香生。
红状元，白探花，黄为榜眼，宝龙涎，欺凤饼，老翠连云。
皋涂山，种将成，八株齐挺，廉寒宫，斫不去，家载重生。
晚霜天，东篱畔，菊花开放，想从来，称知己，只有渊明。
问尊前，子细看，花如我瘦，吟泽畔，灵均氏，问夕餐英。
秋江上，芙蓉花，凌波弄影，一枝枝，翻江浪，别有风情。
紫薇花，端只许，仙郎相对，紫荆花，再不教，兄弟轻分。
木笔花，描不出，千般春色，金钱花，买不得，万种春情。
玉阶前，鸡冠花，那能报晓，三更里，杜鹃花，啼得伤心。
并不见，金灯花，夜深照影，只有那，鼓子花，雨打无声。
我爱他，十姊妹，要他窈窕，我爱他，千日红，不肯凋零。

我爱他，剪春罗，剪开罗带，我爱他，紫罗栏，裁作罗巾。
谁得似，凌霄花，干云直上，谁得似，蜀葵花，向日倾城。
谁知道，萱草花，儿儿女女，谁知道，棠棣花，弟弟兄兄。
茉莉花，偏只是，秋香不散，荼蘼花，全不能，春梦难醒。
山丹花，山茶花，十分春色，瑞香花，木香花，满座香薰。
凤仙花，细看时，恍如凤彩，牵牛花，试听花，不见牛鸣。
蜡梅花，是谁把，黄酥细染，石梅花，问谁将，红粉调匀。
真堪叹，木槿花，朝荣暮瘁，怎能似，菖蒲花，不老长生。
有一个，著芦花，花中孝子，有一个，啖松花，花里仙人。
真难得，款冬花，三冬独茂，真难得，长春花，四季长新。
红蓼花，一点点，离人泪血，杨柳花，一丝丝，荡子春魂。
朱藤花，尽道是，轻盈不俗，水仙花，又自会，潇洒离尘。
棣棠花，虽不是，黄金炼就，玫瑰花，却真个，紫玉雕成。
枣子花，橘子花，终须结实，碧桃花，海棠花，可惜飘零。
栀子花，带妙香，三分嫩白，樱桃花，垂紫带，一树买笑，几万贯，榆荚钱，不会通神。
万种花，总不如，寒梅独异，又清香，又高古，无与为群。
点就了，寿阳妆，一时丰韵，做醒了，罗浮梦，千古消魂。
尚记得，在他乡，寄归驿使，不知道，是何年，嫁与林君。
闻道花开不易看，一时说出许多般。
不知尚有名花在，听我从头仔细弹。
还有那，幽兰花，行于空谷，纵无人，香自在，不受埃尘。
还有那，蕃釐观，琼花一本，是天花，岂肯在，人世沉沦。
还有那，优昙花，奇香妙品，在西方，亿万劫，与物为邻。
还有那，虞美人，花开古墓，立风前，情脉脉，欲笑还颦。
还有那，雁来红，老年忽少，还有那，吉祥草，到处为祯。
还有那，美人蕉，偎红倚绿，还有那，映山红，遍谷弥陵。
莺粟花，媚药中，实名鸦片，珠兰花，七碗内，堪伴茶星。
一丈红，五尺拦，刚递半段，木兰花，船上望，原是花身。
汉宫秋，那知道，长门秋怨，秋海棠，最堪怜，肠断秋砧。
梧桐花，放下著，六根六识，木棉花，识就了，千纬千经。
月季花，月月红，四时不断，含笑花，朝朝乐，一笑生春。
一般的，菜花开，游蜂队队，直等的，槐花黄，举子纷纷。
石竹花，篆竹花，迥于异样，朱兰花，若兰花，各自相分。
苜蓿花，靛青花，近于野草，王瓜花，白豆花，琐碎难论。
笔尖头，写不尽，许多数目，四季花，那能彀，悉记其名。
倒不如，隋炀帝，宫中剪彩，代天工，补就了，一霞阳春。
又不如，唐天子，服轩击鼓，好春光，判断了，不费天心。
洛阳城，到春来，名花开遍，河阳县，号花封，仙吏传名。

黄四娘，有的是，千枝万朵，苏公堤，镇一片，紫雾红云。
说不尽，自古来，繁华境界，收拾些，从今后，花柳心情。
君不见，霎时间，催花风雨，粉墙边，苍苔上，都是残英。
金谷园，剩得些，荒苔野鲜，百花洲，只是些，蔓茸青怜。
彩云中，望不见，散花天女，春宫内，难觅个，花蕊夫人。
觑得破，假机关，花开花落，悟得著，真消息，非色非声。
坐谈间，描写尽，花情花态，东风里，不知道，花喜花嗔。
满词场，又添了，一番佳话，惭愧杀，江郎笔，五色花生。

　　百岁光阴易白头，花开花落几时休。
　　且将膝上琵琶语，弹尽胸中一段愁。
　　最好春光二月天，惊红哭紫各纷然。
　　那能化作花间蝶，日向花房自在眠。

月当厅　苦驿

清·姚燮

苜蓿靡曼莓苔满，何人记里，来咏居诸。
但有断竿悬堠，髡树当闾。
多为柴荆塞重，辟摩笄、旧道听烟芜。
只留得，轻囊痛仆，冷宦还车。

何堪夜半催风雪，噤丝丝、枕边短鬓寒梳。
西曲去时，营妓遍问都无。
逃幕燕迁戍军卡，脱圈马啮吏园蔬。
谁尚主，风尘东道，障画流乌（汉时亭幛皆画乌）。

秋园咏物寓怀（其二）（庚戌）

清·黎简

宿雨静初暾，西斋开北园。
白花孤更冷，紫叶老先暄。
稚子箈筐露，先生苜蓿盆。
晨餐复何有，鱼婢间龙孙[①]。

[①] 切笋为丝，醯而酸之，以佐小鱼，俗呼为鱼龙羹也。箈、筐皆平声。

南园画马为翁尚书题

清·张百熙

天不见房星化马如化龙，地不闻渥洼产马成青骢。

腥膻六合尽泥滓，谁与汗血收奇功。

咄哉何处得此种，意态雄奇声价重。

轩然神力扫驽骀，似恐驰驱忧驾驭。

南园画笔迥绝伦，此马一出真空群。

想当奇气发胸臆，泼墨淋漓如有神。

意匠经营工画骨，召霍精灵下云物。

径思揽骏笓昆仑，伫盼成龙蹴溟渤。

豪情壮志不可偿，风尘万里天苍茫。

沙寒草衰苜蓿短，但见凡马多肉夸腾骧。

监牧天闲有专政，御马深期知马性。

骊黄牝牡亦何有，要蒙长材成上乘。

黄金骑，绿玉螭，绝足不假劳鞭答。

识途之效古所重，发纵指示今其时。

按图低徊求画意，闻道人中有骐骥。

八谷

清·吴景旭

《随隐漫录》曰：书称后稷，播时百谷。《周礼》农贡九谷，《晋志》有八谷。孟子云：树艺五谷。百谷繁，莫克知。九谷：黍、稷、稻、粱、菰、大小豆、麦、麻；八谷，即诗之黍、稷、稻、粱、禾、麻、菽、麦。独五谷，《郑注》云：黍、稷、菽、麦、麻。赵岐云：黍、稷、菽、麦、稻。日用所急莫如稻，岐说为是。黄帝用黍制律，积六十四黍为圭。准之黍类，苜蓿差小，宜酿酒。杜预谓菽为豆。《唐本草》旧注云：稷即穄也。

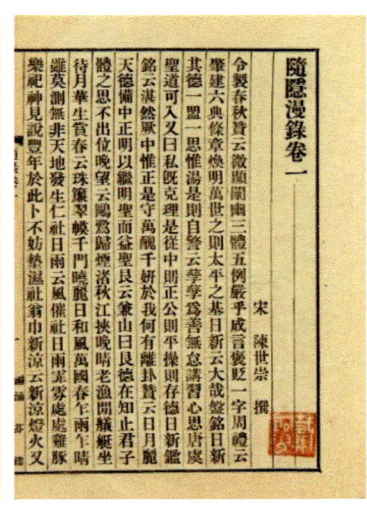

——吴景旭《历代诗话·卷二》

第十二节 苜蓿与动物

一、牛羊

置监养牛羊
明·彭大翼

沙苑城在西安府,朝邑县南。
唐置监于此,养陇右诸牧牛羊,
以供祭祀、燕会及尚食取用。

> 明 彭大翼
> 置监养牛羊
> 沙苑城在西安府朝邑县南唐
> 置监于此养陇右诸牧牛羊以供祭
> 祀燕会及尚食取用

送陈员外使西蕃
明·王洪

剑佩翻翻出武威,关河秋色照戎衣。
轮台雪满逢人少,蒲海霜空见雁稀。
蕃部牛羊沙际没,羌民烟火碛中微。
兹行总为宣恩德,不带葡萄苜蓿归。

牧羊图
明·李麟

万死间关抗虏尘,廿年北海未亡身。
牧羊不羡弥山富,仗节惟拚啮雪贫。
已分此生甘苜蓿,岂知他日画麒麟。
河梁相向降奴泣,白发怜看汉老臣。

感事
清·洪弃生

千古极沧桑,华夷杂犬羊。
长天生苜蓿,远海接鸿荒。

二、驴与驼麒麟

塞下曲(六首)(其两首)
宋·严羽

孤城莽莽秋天外,尽日无云空自哀。
忽怪一时天尽黑,合群寒雁向西来。

渺渺尘沙散橐驼,风吹黄叶渡黄河。
羌人半醉葡萄熟,塞马初肥苜蓿多。

壮游八十韵(节选)
元·马祖常

问俗西夏国,驿过流沙地。
马啮苜蓿根,人衣骆驼毳。
鸡鸣麦酒熟,木桠荐干荠。
浮图天竺学,焚尸取舍利。

病橐驼行

明·许恕

西城紫驼高碑兀,不见肉峰惟见骨。
左顾右盼如乞怜,欲行不行还勃窣。
向来负重曾千斤,识风知水灵于人。
长鸣蹴踏塞北雪,矫首振迅江南春。
只今多病兼衰老,疮皮剥落毛色槁。
秋沙苜蓿三尺长,空向墙头龁枯草。

金陵早春杂咏四十四首(其一)

清·余宾硕

渡口沙暄鸟雀哗,当年丞相此开衙。
铜驼独下中原泪,苜蓿犹衔北地花。
五马南来龙已化,三星东聚月初斜。
始安遗墓今何在,芳草萋萋怨岁华。

三、鸡与虎

送马伯庸御史奉使河西八首(其五)

元代·袁桷

飞翼西北来,遗我书赫蹄。
中有陈情词,复怜双雏啼。
野旷川无梁,积荒气候凄。
鸡鸣葡萄根,虎啸苜蓿畦。
清霜集素裘,斗戴天益低。
顿辔不得上,雪山在其西。

四、鼠兔

塞上曲二首（其一）
唐·贯休

锦绤胡儿黑如漆，骑羊上冰如箭疾。
蒲萄酒白雕腊红，苜蓿根甜沙鼠出。
单于右臂何须断，天子昭昭本如日。
一握黳髯一握丝，须知只为平戎术。

清平乐·镂烟翦雾
宋·毛滂

镂烟翦雾，无层数。
苜蓿青深烦雪兔。
引到祥华开处。
仙人手翳朝阳。
清都绛阙相将。
来覆东封翠辇，好遮化日舒长。

五、鹢鹆

鹢鹆膏
宋·朱胜非

水鸟也，其膏涂刀不生锈。
古诗云：马衔苜蓿叶，剑莹鹢鹆膏。

故事门
宋·阮阅

鹢鹆，水鸟也，其膏可以涂刀剑，令不锈。《尔雅》注云，膏玉莹剑。《缋英华诗》云"马衔苜蓿叶,剑莹鸂鶒膏"是也。

> 故事门　宋　阮阅
> 鸂鶒水鸟也其膏可以涂刀剑令不锈尔雅注云膏玉剑缋英华诗云马衔苜蓿叶剑莹鸂鶒膏是也

——阮阅《增修诗话总龟》

悲寒荄

明·盛时泰

王孙行未归,春草秋更绿。
鹈渶忽以鸣,衰朽一何速。
柯叶向凋残,华滋谢芬馥。
物去新而就故,每伤心于触目。
临高台之凤凰,望绝塞之鸡鹿。
此苕华之云暮,况兜铃与苜蓿。

六、鸳鸯鹦鹉

夏日遇雪

明·陈诚

塞远无时叙,云阴即雪飞。
纷纷迷去路,点点湿征衣。
地僻鸳鸯狎,山深苜蓿肥。
何时穷绝域,马首向东归。

春暮有感二首(其二)

元末明初·杨基

啼鸟匆匆变物华,雨池科蚪渐成蛙。
青鞋谩踏闲边草,白发羞簪醉里花。
此日骅骝思苜蓿,当时鹦鹉唤琵琶。
遥怜箫鼓追游地,荠麦青青已没鸦。

七、燕（雁）

赠陈冲玄文学番庠考绩
明·袁昌

熙时嘉乐育，振铎向禹山。
地接枌榆近，心随燕雀闲。
盘餐寒楚蓿，词藻重秦关。
报最三春入，鸣珂帝里还。

山阴逢朱晋明
明·沈守正

山阴十月政秋冬，短鬓萧萧叹尔同。
酬对三人俱苜蓿，别离八载总飘蓬。
禹陵突兀名山古，大海苍茫灏气通。
鸿雁两行俱旧好，可怜踪迹亦西东。

送冒明府谪教杭州
明·宗臣

匹马天风听暮笳，南归尚醉故园花。
尺书在袖逢江雁，万里扬帆似汉槎。
帐下谈经余苜蓿，湖中对客半兼葭。
钱塘岁岁春堪卧，莫忆渔竿返玉华。

忆故马名春风燕
明末清初·张穆

轻同飞燕掠春波，奋进曾怜托坎坷。
惟剩广栽西苜蓿，年年风暖绿堤何。

又题黯然吟
清·吴希鄂

绮楼人去物华非，晓院花寒苜蓿肥。
最是春风双燕子，呢喃还傍旧巢飞。

八、鲈鱼

秋思

明·胡谧

远客寻常叹索居，秋来怀抱意何如。
高城月白砧声急，古戍霜清木叶疏。
塞马正肥秋苜蓿，江莼空忆旧鲈鱼。
故人迢递天南北，不寄相思尺素书。

《题华夷互市图》云："大漠高空寂建牙，两军相对醉琵琶。天闲苜蓿多羌种，胡女胭脂尽汉家。云里射生旋入市，日中归骑不飞沙。金钱半减犁庭费，五利应知晋史夸。"

九、獐猿

题獐猿便面

元·成廷圭

树上孤猿树下獐，山林物性各相忘。
不知万里中原阔，鹰犬交驰苜蓿场。

十、白鹭鹤

和薛仲止渔村杂诗十首（其一）

宋·刘黻

苜蓿村中卜钓矶，临流构屋不嫌低。
屋头所种无多树，大有新来白鹭栖。

> 和薛仲止渔村杂诗十首
>
> 宋 刘敳
>
> 苜蓿村中卜钓矶临流构屋不嫌低屋头所种无多树大有新来白鹭栖

万历二年（1574年）翰林院中白燕双乳辅臣以献进两宫并赏殊瑞闻而赋之（以在玉堂故四句云）

明·徐渭

白燕自何方，双娇乳玉堂。若非翻向壁，只道斫从梁。
易许青藜映，难教黑扇藏。宫钗今两只，巷口几斜阳。
并语栽薇处，交栖视草旁。春情堪与译，秋翮好填潢。
御水沿沟岸，名园隔苑墙。穿花雪片叠，落絮剪刀长。
递拂宵麻素，争摇晓禁苍。随珂迷贾至，遮字冷孙康。
未及郊禖候，先歌命鸟章。两宫看带笑，万乘盼生光。
或向罘罳度，闲冯女寺量。江南来舞苎，海国堕绡裆。
哺蝶欺残粉，捎蜂糁嫩黄。古词卑苜蓿，新曲断沧浪。
出入皆清禁，差池半紫房。姬姜红线系，姊妹缟巾扬。
巷咏偏谐谑，延裁必雅庄。冰霜俱入句，咀嚼总生凉。
饮啄如知介，飞鸣迥不常。琼瑶报圣主，文彩伴仙郎。
自古生贤佐，多因尔兆祥。试看今稷契，还奉旧虞唐。

第十三节 苢蓿其余

致语

宴金坛邑官致语

方地百里幸，多贤大夫。有友五人，亦皆乡善士。瞰文书之休暇，接杯酒之殷勤，岂惟桑梓之必恭。盖亦草木之同味，恭惟某官秉心日月律已，冰霜布缕粟米力役之征，欲缓之而未可，财货本末源流之事，皆公尔以无私库序申教而俗，已成薮泽效灵而祷，必应委蛇退食咳唾，成诗奚止。过淮南之小山，信所谓河间之大雅，扶杖癃老空拟，借于寇恂持橐从臣，已争雄于密令。某官才足以应变，智足以识机。保身远慕于哲人，袖手聊同于巧匠，鹏抟甫息于六月，鹗飞即上于九霄。某官粹然天姿凛乎，风力勾稽谨而民受其赐，期会信而吏畏其威，宁久卑迟若鸾栖于枳棘，伫登华要犹凤鸣于梧桐。某官遇事，如太阿出匣之初藏，用若庖丁奏刀之后。南昌隐处企想前人北海，尊前不遗来客。如闻荐墨已彻凝旒。某官识闾阎之隐微，尽凤夜之勤瘁循，初意以勿失跻荣路以非遥、众、官处齐民四境之中，有扬子一区之托。花村月皎，曾犬吠之不闻，梅雨时来于象龙乎？何有甫需傅岩之泽，又开衡岳之云。凡此宅生畴非藉庇一笑，相属群听具孚小队出郊垌已，不悼草堂之过，中盘堆苢蓿谅，弗鄙玉川之贫，况亦有细腰舞皓齿歌、不复虑、黛眉愁，红裙湿式宴，且喜不醉无归、某猥厕贱工敢陈薄伎。

次时中留别反和杜紫微韵

元·姚燧

多君闻道粗知归，云雾何人识少微。
尔后骅骝终独步，自前鸷鸟不群飞。
淮南数日将寒食，客里三春尚腊衣。
安得銮坡同给札，不妨苜蓿对朝晖。

编远外类

元·方回

汲冢周书有王会图，周官有象胥，环人之职。汉蒟酱、卭竹、蒲萄、苜蓿、安石榴，皆自外国至。远人慕化而来，使人将命而出，以柔以抚，其事不一，形诸赋咏，诡异谲觚，于唐为多，宋亦不无也。

吴期生金吾生日诗二首（其一）
清·钱谦益

马沃市场余苜蓿，婢膏胡妇剩燕支。
剑花芒吐耶溪晓，箭竹风生射的知。
春酒酌来成一笑，黄龙曾约醉深卮。

述怀六首（其二）
清·戴亨

饥寒苦岩穴，驰情慕宠荣。
居此讵不乐，称此责非轻。
所嗟当途子，纷纷但奔营。
我岂耽苜蓿，度德素已明。
谈经迪英俊，足以娱我情。
春雨日已滋，兰蕙日已生。
馨香满怀袖，此非众所争。

鄱阳翁
晚清·高心夔

今我刺舟康郎曲，舟前老翁走且哭。
蒙袂赤跣剑小男，问之与我涕相续。
饶州城南旧姓子，出入辇人被华服。
岂知醉饱有时尽，晚遭乱离曰枵腹。
往年县官沈与李，仓卒教民执弓槊。
长男二十视贼轻，两官俱死死亦足。
去年始见防东军，三月筑城废耕牧。
军中夜嚣书又哗，往往潜占山村宿。
后来将军毕金科，能奔虏卒如豕鹿。
饶人亡归再团练，中男白晰时十六。
将军马号连钱骢，授儿揃剟刍苜蓿。
此马迎陈健如虎，将军雷吼马电逐。
昨怒追风景德镇，但膊千人去不复。
将军无身有血食，马后吾儿乌啄肉。
命当战死那望生，如此雄师惜摧衄。
不然拒璧城东头，棘手谁能拔五岳？
蜀黔骑士绝猛骜，守戍胡令简书促。

郡人已无好肌肤，莫再相惊堕鸡谷。
此时老翁仰吞声，舌卷入喉眼血瞠。
衣敝踵穿不自救，原客且念怀中婴。
呜呼谁知此翁痛，羸老无力操州兵。
山云莽莽燐四出，湖上黑波明素旌。
大帅一肩系百城，一将柱折东南倾。
我入无家出忧国，对翁兀兀伤难平。
筐饭劳翁勿涕零，穷途吾属皆偷生。

第四章 苜蓿成语典故

粟香随笔

清末民初·金武祥

客至便留饭，鱼肉豆腐蛋。
休嫌苜蓿寒，君子之交淡。

　　自我国引进苜蓿以来，与之有关的历史文脉、文人掌故、典实典故可谓是不胜枚举，每一段历史、每一个掌故或典故典实，都蕴藏着深刻的事实或一个美丽的传说，特别是自唐人咏之，遂为广文先生雅馔。阑干新绿，秀色照人眉宇，悠久的苜蓿历史给我们留下了璀璨的文化。文化中的苜蓿与植物学中的苜蓿或是相同或有不同，文化中的苜蓿是广义的苜蓿，既包含植物学中的紫苜蓿，也包含植物学中的南苜蓿，有时还包含黄花苜蓿。这充分体现了我国苜蓿文化的多样性和包容性。

——孙启忠《苜蓿经》，2016.

第一节 苜蓿掌故

一、皇帝的苜蓿情怀

1. 汉武帝与苜蓿

汉武帝派张骞出使西域,张骞在大宛获得品性优良的"汗血马"和苜蓿种子,于公元前126年献给汉武帝,武帝命人将其种于皇宫旁。汉武帝在宫外好几千亩地里种植了苜蓿,既用来饲养汗血马,又用做观赏植物。《史记·大宛列传》记载:(大宛)"俗嗜酒,马嗜苜蓿,汉使取其实来,于是天子始种苜蓿、蒲陶(即葡萄)肥饶地。及天马多,外国使来众,则离宫别馆旁尽种蒲陶(即葡萄)、苜蓿极望。"《资治通鉴》亦说:"汉使采其实以来,天之种之。"汉武帝既是苜蓿种植的倡导者,也是支持者。

咏汉武帝
唐·王无竞

汉家中叶盛,六世有雄才。
厩马三十万,国容何壮哉!
东历琅琊郡,北上单于台。
好仙复宠战,莫救茂陵隈。

汉武帝
元·汪时中

天马西来苜蓿堆,五云宫阙是蓬莱。
可怜商鼎盐梅味,不似金茎露一杯。

汉武帝
明·祝允明

柞宫冯几画成王,泪落铜仙月似霜。
王母不来方朔死,茂陵松柏自斜阳。

汉武帝

2. 武帝司马炎与苜蓿

华廙，西晋时人。华廙的名字不怎么为后人所知，但他的爷爷华歆名气很大，熟悉三国的人都应该知道。华歆没出仕前和隐士管宁交友，被管宁看不起，割席绝交。后来华歆跟了魏武帝，狠狠地做了几件长脸的事，其中有一件就领着禁军冲进汉献帝的寝宫，揪出躲藏在夹壁里的伏皇后，拖到殿前汉白玉铺就的广场上乱棒打死。华歆在曹魏做到了司徒、太尉的高位，据说华歆治家严谨，即使平时在家里也要求子孙像在朝廷上那样庄敬严肃、合乎礼节。华廙就出生在这个"类贪"的家庭，为人"弘敏有才义"。按他的门第条件，早就可以做官了，偏偏他倒霉，负责典选官员的是他岳父卢毓，按例不允许举选姻亲，所以他一直到35岁还是个处士。后来华廙终于开始作官，从中书通事郎做起，一点点往上爬，好容易作到侍中、南中郎将、都督河北诸军事这些大官了，又得罪了中书监荀勖，莫名其妙的卷入了一场贪污案，被罢免。随后华廙居家近十年，教诲子孙，讲诵经典，抽空还养养猪。

有一天，司马炎在皇宫凌云台登高望远，看见有一户人家的苜蓿园长势不错，一问原来是华廙家的。后来司马炎出宫，又看到华廙家的猪圈，觉得曾经的大臣混到这份儿上实在可怜。太康年间有一场大赦，华廙被重新起用，先做城门校尉，再迁左卫将军，最后做到中书监。唐代温庭筠诗"刘公春尽芜菁色，华廙愁深苜蓿花"，句中以三国魏晋时人物（诗中"刘公"指刘备，）作对，写处士闲居生活，暗含惜才之意。

寄分司元庶子兼呈元处士

唐·温庭筠

闭门高卧莫长嗟，水木凝晖属谢家。
缑岭参差残晓雪，洛波清浅露晴沙。
刘公春尽芜菁色，华廙愁深苜蓿花。
月榭知君还怅望，碧霄烟阔雁行斜。

3. 唐玄宗李隆基与苜蓿

同二相已下群官乐游园宴

唐·玄宗

乐游园在杜陵西北，亦曰乐游苑，汉宣帝神爵三年春起。其地多玫瑰树，苜蓿草。

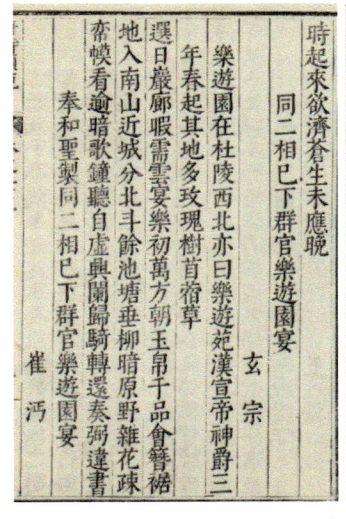 

明张之象《唐诗类苑》

4. 朱元璋与苜蓿

后湖又名潇湘湖或黄花地，位于今汉口中山大道以北一带，汉口原十八凼子乃其遗迹。明成化初（1465年），由于襄河改道，使襄河故道逐渐淤塞而形成后湖。明开国皇帝朱元璋讨伐陈理时，在此曾勒马赋诗：

马渡沙头苜蓿香，片云片雨过潇湘。
东风吹醒英雄梦，不是咸阳是洛阳。

朱元璋积极提倡苜蓿种植。南京有个源于明代的"苜蓿园"。传说朱元璋时期，月牙湖是原护城河东段北端部分，这里长满了苜蓿草，朱元璋的养马场就建于此，因此得名"苜蓿园"。

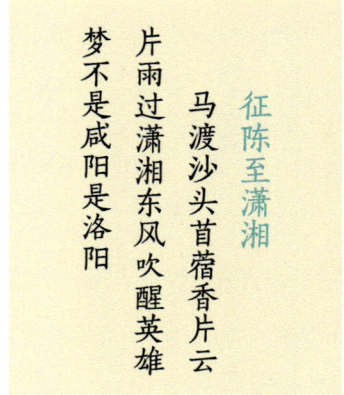

朱元璋

5. 康熙与苜蓿

清康熙二十二年（1683年）9月5日，康熙（爱新觉罗·玄烨）、博尔济吉特氏及随从，沿锡拉塔喇川（牤牛河）向东南行，经张小怀营、佟家栅子、猪首营（朱首营）、沙智营（沙锦营）、北关（内务府粮庄），驻黄草川（亦名锡拉塔喇，即今凤山处）。是日，康熙以《黄草川》为题做诗一首：

烟沙一片塞天围，旧说秋高苜蓿肥。
今日边屯皆乐土，茅檐松火接金微。

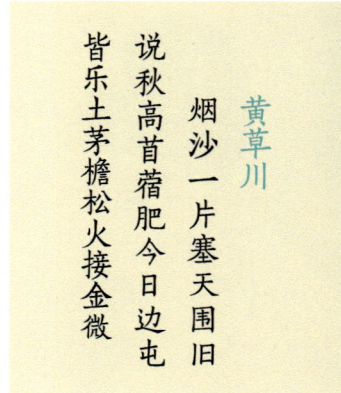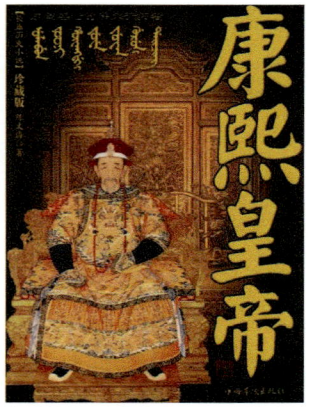

康熙《黄草川》

6. 乾隆与苜蓿

乾隆是最有苜蓿情结的皇帝，目前能收录到乾隆与苜蓿相关的共计 7 首诗。

高其佩指头画马

清·乾隆

平川苜蓿烟濛濛，一株老柳秋阳中。
二马昂藏趁西风，连钱蹀躞杰且雄。
一匹摩痒一匹卧，惊鸿脱兔凡马空。
当年画马称韩干，安排笔墨成款段。
何如一指运千钧，墨汁淋漓法不乱。
自今绘苑传奇观，不在毫端在指端。

乾隆《高其佩指头画马》

题高其佩指头画八骏图

清·乾隆

苜蓿平川数十里，几株杨柳秋风里。
两驹并驰若惊鸿，一匹龁草闲且喜。
卧者有二立者一，老马磨痒如龙视。
就中紫骝独称神，滚地烟尘幅上起。
奚官无事但立望，两人容与疎林底。
古人画马用秋毫，铁岭老人用十指。
腕下生风何足云，指头随意传神髓。
悬之高堂秋意多，哂余兴在南海子。

题高其佩指头画八骏图

清　乾隆

苜蓿平川数十里，几株杨柳秋风里。
两驹并驰若惊鸿，一匹龁草闲且喜。
卧者有二立者一，老马磨痒如龙视。
就中紫骝独称神，滚地烟尘上起奚官。
无事但立望两人，容与疎林底古人画。
马用秋毫铁岭老人用十指，腕下生风何足云。
指头随意传神，髓悬之高堂秋意多哂余兴在南海子。

赵伯驹六马图歌

清·乾隆

平川苜蓿丰且滋，清泉映带沙冈披。
戎人习马知马性，此处调马实所宜。
牵者檥者二皆骝，白驹黑鬣绁柳枝。
昂藏翘足骊其色，一戎跨背鞍不施。
紫骝回首嘶厥匹，有驻龁草意自怡。
骥不称力称其德，况复一一皆英奇。
作者寓意应有在，夏官遗法谁深知。
即今大宛致汗血，骨格皆合图中姿。
亦不渥洼讽作瑞，亦不交河资兴师。
迥立阊阖趺荡荡，欲起王孙走笔为。

赵伯驹六马图歌

清　乾隆

平川苜蓿丰且滋，清泉映带沙冈披。戎人习马知马性，此处调马实所宜。牵者檥者二皆骝，白驹黑鬣绁柳枝。昂藏翘足骊其色，一戎跨背鞍不施。紫骝回首嘶厥匹，有驻龁草意自怡。骥不称力称其德，况复一一皆英奇。作者寓意应有在，夏官遗法谁深知。即今大宛致汗血，骨格皆合图中姿。亦不渥洼讽作瑞，亦不交河资兴师。迥立阊阖趺荡荡，欲起王孙走笔为。

玉盘联句（乾隆壬午）

清·乾隆

令日青宫集近臣，联吟例许列文茵。
玉盘先后来殊域，石鼎推敲继绮晨。
隔岁紫光图凯会，韶年苍崒答精裡。
东升旭影霞初绚，西绕山容黛半皴。
綵胜吉占迎曙灿，花幡芳信飐风频。
莺迁柳放梭初掷，鱼乐冰开尾有莘。
节应棣通觱谷旦，律调泰蔟协初旬。
菜挑七种罗肴核，裘粲三英集组绅。
坐列共球昭拓土，班添毡罽贺填闉。
辟邪远扫天堂穴，延喜遥开月窟垠。
犹忆逐奔阿睦尔，因缘收器额琳秦。
一之为甚宁思二，天且无违而况人。
果见献琛来攘攘，谁容游釜走踆踆。
卫拉四部全归吏，厄鲁千群总隶民。
遂有白环踰弱水，同时青钵供香尘。
宝装鞞琫芙蓉锷，繅藉圭璋翡翠纶。
嚄噜笃文镌诘屈，坚昆碗璞剖嶙峋。
汗沟流赭毛颁马，阳冶镕黄趾铸麟。
九府圜型工肉好，三河方折采翛沦。
苞符自效图书薮，瑰异奚夸冠带伦。
欲垦伊犁兴稼穑，谁埋大窖出璘珣。
护呵信是资丁甲，博识何须问癸辛。
若木葩敷分韫栘，望舒晕满俪浮筠。
昔年苜蓿充沙漠，此日琉璃对柍桭。
琼笥骈函重珤辑，瑶阶联晋六符陈。
围三浑约涵规数，倍两横当布指循。
累译走偕车鞻辘，他山攻借石磨磷。
那夸琬琰呈和璞，讵数璊珸出帝囷。
颁瑞记曾探大酉，搜源迹直溯西申。
窥同象纬联玑璧，荐旅梯航配鲽鹣。
剑契丰城语岂诞，珠还合浦事诚神。
乾坤奇偶成交泰，雷雨经纶济险屯。
宝玉彤弓畴许盗，元音大吕不终湮。
性原特达驰包匦，质秉坚刚协化钧。
几试昆炎光独葆，潜通虹气蛰还伸。
连城价讵千金重，照庑芒惊五色匀。

辐凑玙璠征合轨，种滋蒲谷验同昀。
捧来有泽能盈手，选得无瑕可澡身。
容炙具先超鼎耳，斟膏用或并杯唇。
双飞入袭辉相照，二妙同台意自亲。
侍从今时昔上将，追陪密席远嘉宾。
武成久矣人心豫，贶献骈如地宝臻。
响应镈钟尊典乐，制侔猎鼓掌成均。
夜光互烛联形影，晃采交辉象介儐。
何俟得璜偏海澨，本来投石自天滨。
跃渊似击菾宾铁，启矿如探安息银。
煜煜鸿仪刚比德，斑斑龙辅恰为邻。
纹凝水碧痕微吐，廉厬山元体最纯。
细较广袤齐尺寸，遥觇气象炳星辰。
中涵温润疑丹甑，外达菁英异绿珉。
象协地天含太极，圆呈日月丽双轮。
巧谐讶似能飞镜，远届欣同不胫珍。
定识洪炉奇缔造，无劳哲匠费陶甄。
众形雕刻天工错，圆盖骈幪睿藻彬。
授简载赓陈黼座，盍簪依永上枫宸。
嘉祥喜叶南山祝，燕饮欢酾北斗醇。
鲁宝承庭歌酌赉，荆璆琢敦舞章斌。
镂云列架赪虬卧，散彩流苏紫凤驯。
惠浃长筵铭瑞瓮，乐张广殿将和錞。
蓼芽入馔才逢谷，椒蕊粘屏始建寅。
三品果盛回部味，九华镫映上元春。
敢夸禹贡传西被，惟对汤盘凛日新。

岁朝图联句（乾隆癸未）

清·乾隆

岁朝佳语咏干清，前席珍臣引共赓。
如意吉祥绵祖庆，载歌喜起惬皇情。
尧阶翠荚条初茁，康国金桃实早呈。
屏缀馨椒凝淑气，户轰爆竹验春声。
鹰农占稔金穰叶，象魏宣仁木德行。
揆正三元舒出奥，味滋万汇达勾萌。
暖催花信梅排雪，脆试蔬香菜和饧。
綵胜为人宜令甲，绣楣帖子进先庚。

亮工座是中垣拱，锡福班才右个擎。
鸿宝排签环乙乙，莲壶依案听丁丁。
灵根嘉兆同民豫，瑞草贞符叶物成。
三品错陈回部果，双枝骈护佛台罂。
植时忆展兜罗氎，迓处传驰沫赭驿。
冶贵霁瓷堆火齐，悬嘻节鼓注芒茎。
钧涵妙有和而盎，瑞纪蕃昌硕且盈。
宛尔指挥文竹幻，天然菌蠢秀芝荣。
揣称利夜犹华土，辨种菰沙本闳城。
房擘扶南苞礧砢，根移博望颗晶莹。
宣州产漫矜粘纸，齐俗投宁论报琼。
萍实底庸如斗剖，来禽差拟用囊盛。
春盘荟斡惟珍饤，周器镎于以虎名。
古泽色含芳润味，远芬清挹配藜英。
镜中适兆千禧集，席上真逢五美并。
帝贶韶华华始协，圣贻嘉履履端迎。
九霄节物多胜景，一帧年光特写生①。
缊瑟风旋谐凤琯，宣毫辉早丽花桁。
胆瓶最胜矾茶艳，露瓷相于竺柏贞。
肇泰从心敷卉木，绥丰有象遍垓纮。
筌熙未许形摹肖，毹陆应输疏谱精。
况是幅员恢荡荡，只惟谟烈仰明明。
三朝禁秘敕几伴，万里遐方献赆诚。
条鬯青阳宣太蔟，丰茸朱草启华平。
仪锽晨贺鹓班旅，氍耗春朝雁塞伻。
哈萨之西连鲽贽，筠冲以外接凫旌。
新归冠带爻间属，旧辑共球大府赢。
职贡编函殊紒辫，同文喻志译伶儜。
舍婆钵递波旬域，啜噜笃邮疏勒程。
玉并琢柈孚黝碧，铜还似豆镂回衡。
昆源使不烦青鸟，火站胥频载赤麖。
遂渍椹膏饴石蜜，讵操蒟酱瀹葵羹。
葡萄别苑今恒熟，苜蓿离宫昔已轻。
图拟董祥征茀禄②，鼎联侯喜拜彭亨。
大弦铿丽咸馘禽，凡籁喁于瓦缶鸣。
八伯际方同复旦，廿臣数更迈登瀛。
瞻从琅笈仙云捧，赐出瑶筐异核倾。
奚羡薰来吟殿阁，可知苹食燕簧笙。

绮钱采绚琉璃树，葩瑶璎垂𩐋𩎝。
授简堂廉增抃跃，拈题倪笔罕量评。
漂池常展熙春绘，鞠膴齐斟介寿觥。
皇矣绳绳钦我后，襄哉赞赞勖诸卿。
敢夸薄海均和乐，所愿寰区时雨晴。
肯构亿年延福履，承天万国奉元正。

①（识）。（御笔即景绘图并题排律帧端以祖泽天庥同符庆节）②（石渠宝笈中有董祥岁朝图轴）。（御制）

马贲牧牛图（雍正甲寅）

清·乾隆

平川苜蓿含烟绿，牧童群集云山曲。
乌犍远放晚风凉，偷闲笑语相征逐。
但愿禾稼如云收，足供租赋免卖牛。
安得太守如龚遂，腰间乐劝解吴钩。
夕阳在山寻归路，烟气濛濛暗林树。
河中一幅景物繁，监门图绘意略具。

奇石蜜食

清·乾隆

服食明垂贡旅獒，苑中初熟绿蒲萄。
昔同目宿原有子，此便离支宁比高。
广志徒传三种色，燕歌休诩一杯豪。
奇石蜜食宾方物，慎德那辞干惕劳。
枝叶蝉封献者同，碧琉璃颗独中空。
采条移植上林茂，结实颁餐造物功。
欲笑酸酷歌太白，直疑崖蜜咏坡翁。
本来无子根何托，鸡卵谁先辨岂穷。

二、苜蓿官

1. 东宫官

自悼

苜蓿盘，唐薛令之为东宫侍读时，宫僚简淡，以诗《自悼云》："朝日上团团，照见先生盘。盘中何所有？苜蓿长阑干。饭涩匙难滑，羹稀箸易宽。只可谋朝夕？何由保岁寒"（唐宋诗话）。

> 东宫官
>
> 宋　佚名
>
> 苜蓿盘唐薛令之为东宫侍读时宫僚简淡以诗自悼云朝日上团团照见先生盘盘中何所有苜蓿长阑干饭涩匙难绾羹稀箸易宽只可谋朝夕何由保岁寒唐宋诗话

——《锦绣万花谷》

2. 苜蓿进士（闽中进士）

自唐代起，苜蓿成为清苦私塾（或教官）与小吏之生活写照，与薛令之进士不无关。唐神龙二年（706年）薛令之及第，后官至左补阙、东宫侍讲，辅佐太子李亨。当时，李林甫为相，专权误国，朝野怨声载道；太子李亨与李林甫不睦，薛令之也备受排斥。对李林甫的所作所为，薛令之极为愤慨。有一次，唐玄宗命群臣咏"屈轶草"以颂"开元盛世"，薛令之借传说中能指明奸人特性的屈轶仙草，在诗中暗斥以李林甫为首的群奸，与李林甫结怨日深。一日，薛令之在东宫墙上题《自悼》诗云："朝日上团团，照见先生盘，盘中何所有，苜蓿长阑干；饭涩匙难绾，羹稀箸易宽，无以谋朝夕，何由保岁寒？"对在李林甫专权下东宫清苦教官生活表示不满。唐玄宗认为是在讽刺他，挥笔题诗其侧云："啄木嘴距长，凤凰毛羽短，若嫌松桂寒，任逐桑榆暖"。薛令之知得罪玄宗，便托病辞官返乡。在回乡之前，他感到仕途险恶，又寄书给在江西安福任县令的独子薛国进，命他也辞官返乡，薛国进遂在天宝末年弃官随父回乡。

薛令之回乡后，仍在灵谷草堂隐居，穷研经书，抱瓮灌园。他深居简出，偶尔也出游或访亲会友，写下许多精警而清丽的诗文。由于父子同时辞官，生活十分窘困，唐玄宗闻其贫，曾下诏令长溪县（当时县治在今霞浦）拨赋谷资助。薛令之酌量领取，从不多受。至德元年（756年）七月，李亨即位后，感念昔日师生之谊，旨召薛令之入朝为官，然而此时薛令之已去世（卒年约为至德元年），家赤贫。

此后，薛令之《自悼》诗中的"苜蓿"一词，成为形容私塾（或教官）与小吏之清贫生活，为历代诗文家所用。如苏轼就写过"久陪方丈曼陀雨，羞对先生苜蓿盘"；曾在宁德作过主簿的陆游《对食作》："饭余扪腹吾真足，苜蓿何妨日满盘。"其《小市暮归》："野馔每思羹苜蓿，旅炊犹得饭雕胡。"的诗句；清代大学士纪晓岚以"词臣只是儒官长，已办三年苜蓿盘"婉拒地方官的名贵食品馈赠。明清以降，读书人童年必读的启蒙课本《幼学琼林》中的"桃李在公门，称人子弟之多。苜蓿长阑干，奉师饮食之薄"，更是旧时人熟知的名句，于此可见薛令之清廉品德对中国读书人深而久远的影响，被后人美誉为"苜蓿进士"。《唐摭言》记载：

薛令之，闽中长溪人，神龙二年及第，累迁左庶子。时开元东宫官僚清淡，令之以诗自悼，复纪于公署曰："朝旭上团团，照见先生盘。盘中何所有苜蓿长阑干。余涩匙难绾，羹稀箸易宽。何以谋朝夕何由保岁寒？"上因幸东宫览之，索笔判之曰："啄木觜距长，凤皇羽毛短。若嫌松桂寒，任逐桑榆暖。"令之因此谢病东归。诏以长溪岁赋资之，令之计月而受，余无所取。欧阳詹卒，韩文公为《哀辞序》云："德宗初即位，宰相常衮，为福建观察使，治其地。衮以辞进，乡县小民，有能读书作文辞者，亲与之为主客之礼，观游宴飨，必召与之，时未几，皆化翕然。于时詹独秀出，衮加敬爱，诸生皆推服。闽越之人举进士，由詹始也。"詹死于国子四门助教，陇西李翱为《传》，韩愈作《哀辞》。

——唐·王定保《唐摭言》

薛令之在京为官40年，为人恭敬、勤俭、仁义、谦让，其高尚品德得到同僚们的赞许。一首《自悼诗》更是映照出他的清廉情怀，尽管后人对这首诗有多种解读，但人们以"苜蓿廉臣"称呼他，足见他甘于清苦，宁愿"苜蓿盘餐"，也不向权贵低头，不与腐败为伍，堪称廉心可鉴。宋代苏辙、苏轼都十分景仰薛令之，多次在诗中提到薛令之的"苜蓿盘"；如苏辙"手植天随菊，晨添苜蓿盘"；苏轼"久陪方丈曼陀雨，羞对先生苜蓿盘"。

明末清初小说家褚人获对薛令之《自悼》乃至苜蓿文化有精辟的评说：

唐广文叹有："盘中何所有，苜蓿长阑干"。阑干横斜貌，言既老而食之不已，为可叹也。汉贵武，则以饲马；唐贱文，则以养士。一物足以观世矣。

3. 苜蓿官吏

◆ 纪晓岚

乾隆二十七年（1762年）冬，纪晓岚南下福建巡视督学，提督学政的使车沿官道南行，沿途地方官长无不盛情迎送。在新泰县住宿，县令胡万言派人往驿馆里送去珍贵的食品，对其馈赠纪晓岚一概不受，保持廉洁自律，但是觉得又不能冷淡了主人的美意，便作诗委婉谢绝："山驿风霜特地寒，劳君珍重劝加餐。词臣只是儒官长，已办三年苜蓿盘。"表明自己已做好督学期间甘守清贫的准备。

纪晓岚《寄董曲江》的诗："五纬宵明壁府宽，风云翕合竞弹冠。相携诸子蓬莱岛，时忆先生苜蓿盘。名士为官原洒落，词人垂老半饥寒。只应雪夜咏新句，且付彭城魏衍看"从纪晓岚诗中，可以发现曲江先生晚年的一些信息，曲江先生仕途困顿，晚年生活清苦冷落，这种生活叫纪晓岚时时回忆起来，不免老泪纵横。

纪晓岚于乾隆三十四年（1769年）到达乌鲁木齐，三十五年（1770年）十二月"恩命赐还"，他在乌鲁木齐整整生活了两年。从他《乌鲁木齐杂诗》中可窥视到他的生活状态："堂堂明堂柱，根节几岁寒。使与蒲柳同，扶厦良券难。我衣敝缊袍，我饭苜蓿盘。天公方试我，剑铗勿妄弹。"纪晓岚对苜蓿情有独钟，另外在《乌鲁木齐杂诗》中还有两首苜蓿诗：其一为《寄钦用》"憔悴京华苜蓿盘，南山归兴夜漫漫。长门有赋人谁买？坐榻无毡客亦寒。虫臂偶然烦造物，麋头何者亦求官？故人东望应相笑，世路羊肠乃尔难。"其二为"配盐幽菽偶登厨，隔岭携来贵似珠。只有山家豌豆好，不劳苜蓿秣宛驹。"

清代大学士纪晓岚以"词臣只是儒官长，已办三年苜蓿盘"婉拒地方官的名贵食品馈赠。中国的文化根子就是这么深长，一片茂密的苜蓿地，一盘青青的苜蓿菜，多么普普通通，竟然蕴含着多少纸短情长的故事与文化。

纪晓岚

◆ 萧惟豫

萧惟豫，顺治十一年（1654年）经魁，十五年二甲进士，十七年江西典右正主考，十八年授翰林院编修，封文林郎。萧惟豫在诗集《但因草》里，多处显露出厌恶官场，同情平民，安闲自适的想法。其婿李元琪、程二如等来访，竟以苜蓿招待：

呼童牵马系牛栏，莫笑贫家治具难。
不杀鸡豚供客饮，采来苜蓿满春盘。

◆ 郑板桥

乾隆七年（1742年）春，在慎郡王的转环下，郑板桥被任命范县令。将赴任，与允禧唱和惜别，作了《将之范县拜辞紫琼崖主人》的诗：

红杏花开应教频，东风吹动马头尘，
阑干苜蓿尝来少，琬琰诗篇捧去新。
莫以梁园留赋客，须教七月课豳民，
我朝开国于今烈，文武成康四圣人。

到范县后，郑板桥作《范县诗》其中一首曰：

臭麦一区，饥鸡弗顾，甜瓜五色，美于甘瓠。
结草为庵，扶翳远树，苜蓿绵芊，荞花锦互。
三豆为上，小豆斯附，绿质黑皮，匀圆如注。

（范有臭麦，成熟后则不臭。黄、黑、绿为三豆，为大豆，余俱小豆。黑豆而骨青者最贵。）

郑板桥

三、诸葛亮种苜蓿

传说诸葛亮出兵祁山，后来失利收兵。诸葛亮从兵败中思索出一个重要原因，俗话说："兵马未动，粮草先行。"祁山远离四川，山隔水阻，道路崎岖，加上敌军袭扰，粮草供应不上，致使难以长时间屯兵，造成军事失利。

一天深夜，诸葛亮坐在中军帐内，一面看书，一面又为粮草暗暗发愁。思索良久，他吩咐中军，命张苞来见。张苞巡营回来，听到丞相唤他，赶忙进帐。诸葛亮不慌不忙说道："明日，你带领20名老练军士，去寻访当地牧马人，请教请教，此地能否种牧草？"

第二天，风和日丽，诸葛亮正和部下在帐中议事，忽听外面喧哗，他出帐察看，发现山下柳林里，拴着几十匹骏马，高大雄健，滚瓜溜圆。几个伙计和一位须发银白、年近古稀的老人，正在跟张苞争吵。原来张苞接受任务后，想了省事的主意，抓几个马贩子盘问盘问，去给丞相交差。于是不等天亮，就带领军士埋伏在卤城的路上。曙色朦胧中，他跟老人的马群相遇。伙计们以为是抢贼，便撕打起来。等弄清楚，双方已打得鼻青脸肿。结果，吵吵嚷嚷，连人带马，来到祁山脚下。老人气得银须抖动，口口声声要见丞相。诸葛亮走到老人面前，手执羽扇，先施一礼，问明原委，连忙道歉："老丈受惊了！我派张苞将军，是向您讨教种草养马之道的！他没有听懂我的吩咐，竟来跟老丈为难。"

诸葛亮亲自携着老人的手，上了祁山大寨。宾主坐定，诸葛亮一面亲自把盏给老人压惊，一面向他请教种草养马的经验。老人一腔怒气，不觉烟消云散，笑呵呵说道：

"养马没窍，全凭好草……"

"对呀！"诸葛亮紧接话茬儿"我就是想问老丈，此地有何良种牧草啊？"

"丞相博学多识，该知道苜蓿吧？"

"可就是武帝派张骞出使西域，把葡萄与大宛国的苜蓿一起带回？"

老人点点头。诸葛亮知道，这些紫花苜蓿，是牧草中的上品。用它喂养出的大宛马、乌孙马，历来都是十分名贵的龙驹。

老人呵呵笑道："丞相果真种苜蓿。寒舍就在南山脚下圈马沟中，请来一叙"。说罢，飘然而去。

过了几日，诸葛亮带着张苞，坐着车子，进山访贤去了。他已经决定，要在祁山一带种草养马，积粮屯兵，与魏军长期周旋。张苞骑马探路，手推车沿着山谷溪流缓缓前进，越走草木越稠密，道路越崎岖。正在为难的当儿，白云间一阵马蹄声，山上飞驰下一匹骏骑，一位白发老人滚鞍下马，赶到诸葛亮面前，呵呵笑道："老朽一番戏言，想不到丞相果真进山来了。恕罪！恕罪！"说完，便领着诸葛亮一行，绕道转过山冈，朝他在山中的牧场走去。

嗬！好一块丰茂的牧场！峰回路转。阵阵春风送来嫩草发芽的淡淡清香，放眼望去，满谷满坡，浅绿淡紫，全是刚破土的苜蓿芽儿。向阳的山弯，摆着几十间草房。山崖下还有一排排窑洞，炊烟袅袅，牛吼马嘶，雪浪般的羊群正朝圈棚涌去，牧人们在为晚归的畜群忙活。这天晚上，诸葛亮在老人的草房中歇宿下来，老人向诸葛亮讲述了自己的身世，倾吐了心中的隐秘。他原是马超的父亲西凉太守马腾的部下。当下马腾起兵伐曹操，失败丧命。马超率领残部几经血战无法挽回败局，去投奔了刘备。在马超与曹军的卤城之战中老人身负重伤，儿子和儿媳血染沙场。他背着还在吃奶的孙子，跟一群受伤的同伴，九死一生逃进山中，埋名隐姓潜藏下来，一面靠打猎采集野果度日，一面种草养马开办牧场。十多年风风雨雨，他们和西凉带来的苜蓿籽儿一起，在这陇南山中扎下了根。他早已打算在山中与草木同朽，不料在这风烛残年，却遇见了诸葛亮。

酒酣饭饱之后，诸葛亮向老人提出，请他帮蜀军种草养马。老人想了想，严肃地说："丞相要我种草，老朽万死不辞！"第二天，他将牧场上贮存的苜蓿种子全部收集起来，交张苞让蜀军运回。然后，只留下十几个伙计看守牧场，带着孙子跟诸葛亮一起来到祁山，诸葛亮即刻传令，以张苞为副，拨一千军士归老人指挥，专门种植苜蓿。军士们按照老人的指点，三五成群，扮作百姓的模样，分散活动，从祁山脚下到渭水两岸，只要是荒山野洼，就将苜蓿籽儿悄悄播种。诸葛亮呢，还在西汉水南岸军垒旁边的山坡上，亲手试种了一片。这地方至今受乡亲们的特意保护，草木丛生，满目青翠！

可惜，天下没有不透风的墙，诸葛亮种草的事，很快被魏军探知。老谋深算的司马懿不等蜀军在此站稳脚跟，发动了一场突然袭击，夺回了祁山，祁山失守，蜀军撤退的当儿，老人还带着军士在南山屏风峡种植苜蓿，担任掩护的张苞，一面在山顶擂鼓督战，一面催老人快走。老人夺过鼓槌，把张苞和孙儿推上战马，一声大吼，双眼圆睁，鼓声如雷，直到苜蓿种完，最后一个军士安全撤离。可他，却被魏军乱箭射穿，倒在了血泊里！从此以后，人们把这地方叫擂鼓坪。

诸葛亮伐魏的军事活动虽然失败了，但他种植紫花苜蓿的心血，并没有白费，播下的苜蓿籽儿，生生不息，越长越旺，整个陇南都成了出产骏马的苜蓿之乡，500年后，唐朝的大诗人杜甫来到秦州，看到遍野苜蓿，写诗赞到："一县葡萄熟，秋山苜蓿多！"

而且，直到今天，距祁山15华里的古卤城——今盐官，还是陕甘两省最著名的骡马集市呢！

春兴八首（其一）

明·杨慎

诸葛提兵大渡津，河流禹凿迥如新。
彩云城郭那无迹，黑水波涛亦有神。
象马远来铜柱贡，犬羊不动铁桥尘。
灵关在眼平于掌，岁岁薄桃苜蓿春。

> 明 杨慎
> **春兴八首**
> 诸葛提兵大渡津河流
> 禹凿迴如新彩云城郭那无
> 迹黑水波涛亦有神象马远
> 来铜柱贡犬羊不动铁桥尘
> 灵关在眼平于掌岁岁薄桃
> 苜蓿春

四、待友厚薄

弘治初，教职彭民望，湖广人也，有学而老贫。谒故友于京，不遇回，阁老李西涯以诗寄云：

> 斫地哀歌兴未阑，归来长铗尚须弹。
> 秋风布褐衣犹短，夜雨江湖梦亦寒。
> 木叶下时惊岁晚，人情阅尽见交难。
> 长安旅食淹留地，惭愧先生苜蓿盘。

彭读之，潸然泪下。西涯载之己集。嘉靖末，客有与成国公厚者，然特与饮食而已。予友俞院判见客衣敝，寄诗云："长安车马自肥轻，独尔鹑衣冷不胜；闻说孟尝多好客，好将心事托平生。"成国闻诗，特送衣一箧。又陆参政孟昭，尝送客出门，偶见丐者于道侧，公熟视，令阍人引进，语夫人曰："门外丐者，绝似吾少时友某人。"令人问其姓名，果其人也。公即出持其手曰："子何一贫如此乎？"遂令其浴，易其衣，与之共饮食者旬余。其人感谢去，公亲送至一室曰："吾为子置此矣。"室中器用俱备，又遗米十石，白金十两，语之曰："聊以此为生，毋浪费也。"吴人至今传为胜事。予以成国武人，尚能义激与衣，西涯身处禁院，岂不能扶持一友哉？彭必不与之厚，亦有激而云也。若参政公之事，古今少其人。尝亲目宦客，见故亲戚朋友贫贱者，不能振拔，反耻笑之，是无仁义之心者哉。噫！

据明李东阳《怀麓堂诗话》记载：彭民望始见予诗，虽时有赏叹，似未犁然当其意。及失志归湘，得予所寄诗曰："斫地哀歌兴未阑，归来长铗尚须弹。秋风布褐衣犹短，夜雨江湖梦亦寒。"黯然不乐。至"木叶下时惊岁晚，人情阅尽见交难。长安旅食淹留地，惭愧先生苜蓿盘。"乃潸然泪下，为之悲歌数十遍不休，谓其子曰："西涯所造，一至此乎？恨不得尊酒重论文耳。"盖自是不阅岁而卒，伤哉！

——明·李东阳《怀麓堂诗话诗·文评类》（摘录）

李东阳画像

附：除夕书怀

明·李东阳

夜坐高堂席屡移，老亲欢在秖娇儿。
贫堪苜蓿堆盘少，病觉屠苏到手迟。
生怕莺花催客老，早看冰雪与春辞。
明年又卜新居去，应忆城南守岁时。

五、苜蓿笑话

1. 喂驴

这一个故事出自宋代大文人苏东坡的寓言小品集《艾子杂说》中的《喂驴》篇。曰：齐地天气寒冷，春很深时，草木多未发芽。有一次刚立春，有个老农提了一筐苜蓿献给艾子，说："这东西刚长出来，我们未敢品尝，先拿来献给您。"艾子很高兴，说："劳驾你给我送来这样的新鲜东西。但我尝过之后，下一个该献给谁？"老农答道："献给您之后，就割去喂驴了。"

2. 山东人那股子苜蓿气

宋李昉《太平广记》记载：山东人来京，主人每为煮菜，皆不为美（美原作羹，据明抄本改）。常忆榆叶，自煮之。主人即戏云："闻山东人煮车毂汁下食，为有榆气。"答曰："闻京师

人煮驴轴下食,虚实?"主人问云:"此有何意?"云:"为有苜蓿气。"主人大惭。(出自《启颜录》)

上面讲述的大意为:有一个山东人来到京城,主人每次给他做菜,他都觉着味道不美,就自己去做。主人戏言道:"听说山东人喜欢煮车毂汁下饭,为的是那股子榆气?"山东人道:"听说京城人爱煮驴轴就饭吃,是真是假?"主人问:"这是什么意思?"山东人道:"为了那股子苜蓿气。"主人深感羞赧。

3. 苜蓿为馈

齐地多寒,春深未荦甲。方立春,有村老挈苜蓿一筐,以馈艾子,且曰:"此物初生,未敢尝,谨先以荐。"艾子喜曰:"烦汝致新。然我享之后,次及何人?"曰:"献罢即割以喂驴也。"

> 宋 祝穆
> **苜蓿为馈**
> 齐地多寒春深未荦甲方立春有村老挈苜蓿一筐以馈艾子且曰此物初生未敢尝谨先以荐艾子喜曰烦汝致新然我享之后次及何人曰献罢即割以喂驴也

——宋·祝穆《古今事文类聚别集·卷二十》

六、苜蓿美食

1. 孙权最爱吃的菜

三国时,孙权宴请过江结亲的刘备,菜肴丰富,食后嫌燥,想吃点爽口之物。厨师事先毫无准备,急忙之中采摘了些苜蓿的嫩梢头做菜献上,孙权品尝后连声夸好。民间也随之普遍采食,并称为"王夸菜"。

孙权

2. 陆游苜蓿日满盘

南宋林洪《山家清供》、明宋濂《元史》、清程瑶田《释草小记》、清薛宝辰《素食说略》等都记载了苜蓿生食、做羹、炒等食法。宋朝以来，许多文人赋诗咏食苜蓿。

陆游吃苜蓿，一是做汤，一是蒸食。陆游《对食作》"饭余扪腹吾真足，苜蓿何妨日满盘。"其《小市暮归》"野饷每思羹苜蓿，旅炊犹得饭雕胡。"放翁爱苜蓿，以致野饷每思，扪腹知足。陆游在《书怀》诗中写道："苜蓿堆盘莫笑贫，家园瓜瓠渐轮囷。但令烂熟如蒸鸭，不著盐醯也自珍。"

陆游《小市暮归》

可见陆游很喜欢吃苜蓿。他的诗句"但令烂熟如蒸鸭"，是说蒸苜蓿时间要像蒸鸭子的时间一样，也说明吃苜蓿像吃鸭子一样。陆游曰："苜蓿堆盘莫笑贫，家园瓜瓠渐轮囷。"你不要看苜蓿堆在盘里，你觉得我穷，你看看我的后花园，那瓜果儿都快长大了，我可是真的不愁吃的。

陆游

3. 孙中山与苜蓿

曾给孙中山当过厨师的宋玉铭老人所讲，有一天，孙中山表示想吃点儿草头，宋玉铭立马买来了槽头肉呈上，结果当然是闹了笑话。第二天孙中山亲自带着宋玉铭去市场采购，他才知道草头者，苜蓿也，并脱口说道："这东西我们老家是用来喂驴的。"一旁的侍从大怒，喝令他"不要乱讲！"孙中山倒是和颜悦色，连声夸赞宋玉铭为人老实，实话实说。

孙中山

4. 身在敦煌的大千先生不忘苜蓿美食

1941年3月张大千携带家小来到敦煌，一待就是两年7个月，他在敦煌有一个食单，写着这样几道菜：白煮大块羊肉、蜜汁火腿、榆钱炒蛋、嫩苜蓿炒鸡片、鲜蘑菇炖羊杂、鲍鱼炖鸡、沙丁鱼、鸡丝枣泥山药子。

张大千

5. 郭沫若乾县吃苜蓿

1960年3月22日，时任中国科学院院长的郭沫若到陕西干县考察。在县委食堂用餐时，"干县三大宝"：挂面、锅盔、豆腐脑，还有牛、羊肉泡馍。这在当时就算是很"丰盛"的饭菜。然而郭沫若并没有吃多少，他最喜欢吃的却是菜单之外的一碟苜蓿菜麦饭。吃完后他指着碟子说："这个好吃，再来一点。"保健医生就劝郭沫若不要再吃，说那东西不好消化。郭沫若笑了笑说："无妨，山肴野蔌，营养丰富，好消化。"便香甜地吃完了那小半碗苜蓿麦饭。

郭沫若

6. 朱自清吃"苜蓿肉"

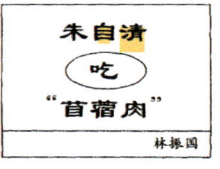

苜蓿,同葡萄一样是汉语里较早出现的外来词。早在汉武帝时,张骞出使西域,发现大宛汗血马喜食苜蓿,就将它的种子带回关内。自此"苜蓿"始见于我国典籍,北方部分地区才开始种植它。除了作饲的大料之外,它还是一种很好的绿肥,有改良土壤的作用。

早春时节,也有人采摘它的嫩芽来食用,不过那也像吃榆钱、槐花一样,只是尝个鲜。太平年月,一般是没人拿它当饭菜的。然而,在我国北方,不少的饭馆都有一道菜,名叫苜蓿肉。如朱自清《初到清华记》:"拣了临街的一张四方桌,坐在长凳上,要了一碟苜蓿肉,两张家常饼,二两白'朱自清玫瑰'……"这苜蓿肉究竟是个什么菜?我没尝过,也许是因为自己觉得这名目欠雅(和马饲料搅和在一起),所以从来没有想过要尝尝它。

直到某天,朋友作东,我才知道这苜蓿肉其实就是鸡蛋炒肉,根本与苜蓿无关。等我把这苜蓿肉吃下肚好长时间,才慢慢回过味来:原来,这苜蓿不是那苜蓿,而是"木樨"之误也。木樨,俗称桂花,常见有黄、白二色,也就是金桂、银桂。鸡蛋炒肉便取其意,蛋黄似金桂,蛋清似银桂。以前我认为名字不雅,其实是大谬不然,不叫桂花肉而称木樨肉,足见其雅。又因北方少见木樨,因而才误为"苜蓿"。

其实,中国人在吃食上的讲究也体现在起名上。油炸花生米叫"大红袍",菠菜叫"红嘴绿鹦哥"。明明是极普通的豆芽菜,人们给它起了个非常好听的名字——如意芽。不但雅而且巧,那一根根豆芽不正如一枚枚小小的如意吗?

朱自清

7. 三月清斋苜蓿肴

苏州风俗，吃素之前，亲戚朋友都以荤菜馈贻，称为封斋。1936年金孟远《吴门新竹枝》咏道："三月清斋苜蓿肴，鱼腥虾蟹远厨庖。今朝雷祖香初罢，松鹤楼头卤鸭浇。"

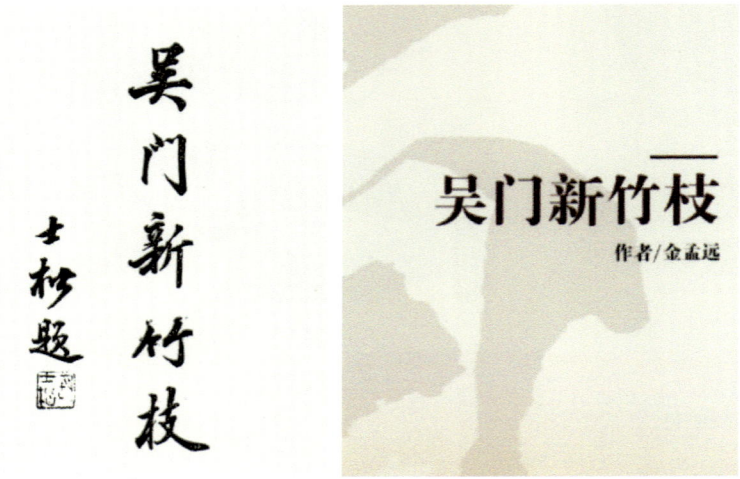

金孟远《吴门新竹枝》

七、军事中的苜蓿

1. 袁崇焕

袁崇焕（1584—1630年）明朝名将，原为一介书生，为万历四十七年（1619年）进士。万历四十五年（1617年）努尔哈赤起兵攻明，逼近山海关。天启二年（1622年），明军广宁大败，13万大军全军覆没，40多座城失守，明朝边关岌岌可危。就在这一年，袁崇焕挺身而出，投笔从戎。作为晚明的历史名人，袁崇焕曾威镇关外，他一人首次率兵镇守边关，几乎收复了被努尔哈赤占去的失地。袁崇焕英勇善战，成了全国上下一致赞誉的民族英雄。

关外战事已平，他告病回了客家故乡东莞，准备筑居罗浮山，隐居山林。没料，北方战事又起，他只好再度披挂上阵，朋友为他赋诗一首：

> 一曲清歌送谢安，青云天上忆弹冠。
> 千秋苜蓿归秦垒，九代威仪肃汉宫。
> 逐鹿月连弓影合，卢龙霜落剑花寒。
> 明时自笑终童老，欲请长缨愧羽翰。

2. 松山战役

位于天祝藏族自治县松山乡的松山滩草原，广阔平坦，是乌鞘岭东侧最大的天然牧场。明代万历年间在这儿爆发过的一场大会战——松山战役。当年甘肃兵备右布政司使崔鹏撰写纪念收复松山的优美诗歌："桓桓虎队出车期，漠漠龙沙奏凯时。鲁灭全收唐土地，兵回争拥汉旌旗。葡萄酒冷征人醉,苜蓿花深戍马迟。听取琵琶弹夜月，短箫长笛咽凉圻。"

3. 蒋鼎文贺电

1937年8月22日，国民政府军事委员会正式宣布红军主力改编为国民革命军第八路军（简称八路军），委任了正副总指挥，下辖三个师，每师辖两个旅，每旅辖两个团，每师定员为15 000人。1937年9月11日，国民政府军事委员会按全国陆军战斗序列（把各"路军"改编为"集团军"），并下达命令：将八路军改称第十八集团军，八路军总部改称第十八集团军总司令部。朱德改任总司令，彭德怀改任副总司令。

红军改编后，国民政府军事委员会委员长蒋介石、军事委员会副委员长兼第二战区司令长官阎锡山、第五战区司令长官李宗仁、军事委员会副参谋总长白崇禧、西安行营代主任蒋鼎文、第七集团军总司令傅作义等国民党高级将领纷纷电贺国民革命军第十八集团军朱、彭正副总司令。其中蒋鼎文（1895—1974年，国民党高级将领）贺电为："率部抗敌，壁垒新增。行见马肥苜蓿，壮秋塞之军容；酒熟葡萄，励沙场之斗志。扬我国威，挫彼寇焰，河山还我，指顾可期"。

第二节　苜蓿俗语或成语

一、苜蓿成语典故

唐长溪（今福建霞浦）人薛令之，神龙二年（706年）进士及第，累官左庶子，兼太子侍读。当时东官（太子居所）官俸微薄，生活清苦。薛令之为此作诗自嘲，并题于官署，诗云："朝旭上团团，照见先生盘。盘中何所有？苜蓿长阑干。余涩匙难绾，羹稀箸易宽。何以谋朝夕？何由保岁寒？"该诗记述了其生活清苦的情景，道出私塾先生一生的清苦。后来，因唐人薛令之"盘中何所有？苜蓿长阑干"之典，"苜蓿"有了新的内涵，专门用来比喻官吏为官清廉或私塾教师生活清贫。因此也产生了"苜蓿生涯"（或"苜蓿盘"）喻私塾或小官清贫冷落的生活的成语，由此衍生出与苜蓿相关的许多词语，并得到广泛应用。因而也形成了苜蓿独特文化。

明末清初小说家褚人获对苜蓿及苜蓿文化有独到见解和精准评价，他将实物（牧草）的苜蓿，上升到精神和文化层面，从马的良好饲草，提升到观世之物；唐之前苜蓿更多地扮演着牧草的角色，而唐之后苜蓿不仅继续发挥着重要牧草的作用，而且还成为观世之变迁的重要载体，成为反映人生冷暖的重要文化标志。从此苜蓿也从物质牧草层面，上升到文化精神层面。褚人获很好地诠释了苜蓿两方面的意涵，曰：

长安中有苜蓿园，北人极重此味，既老，则以饲马。唐广文叹有："盘中何所有，苜蓿长阑干"。阑干横斜貌，言既老而食之不已，为可叹也。汉贵武，则以饲马；唐贱文，则以养士。一物足以观世矣。

二、苜蓿典故的应用

1. 苜蓿长阑

比喻教官清苦冷落的生活。明程登吉《幼学琼林·师生》："桃李在公门，称人弟子之多；苜蓿长阑干，奉师饮食之薄。"

苜蓿长阑干谓苜蓿零落散布。宋代王安石《暮春》曰："芙蕖的历抽新叶，苜蓿阑干放晚花。白下门东春已老，莫鸣杨柳可藏鸦。"

王安石：（1021—1086年）北宋时期的政治家、思想家、文学家，文学成就很高，是"唐宋八大家"之一。曾任宰相，他主张的改革对北宋后期的发展有着深远的影响，被列宁称为"中国十一世纪伟大的改革家"。

王安石小传

元代陈樵《山园》其中"蕨薇自古犹长采，桃李于今竟不言。一径桑榆随地暖，雨余苜蓿又阑干。"丁复《次韵酬项可立》："羹鱼可有松江鲈，苜蓿阑干充二簋。"

《陈樵赋诗文注释》

清代王鹏运《题丁兵备丈画马》"苜蓿阑干满上林，西风残秣独沈吟。"《幼学琼林》卷二中有师生一类典故对句，其中有一句是："桃李在公门，称人弟子之多；苜蓿长阑干，奉师饮食之薄"。这些古诗都引用到唐代薛令之典故。

王鹏运《王鹏运诗集校笺》

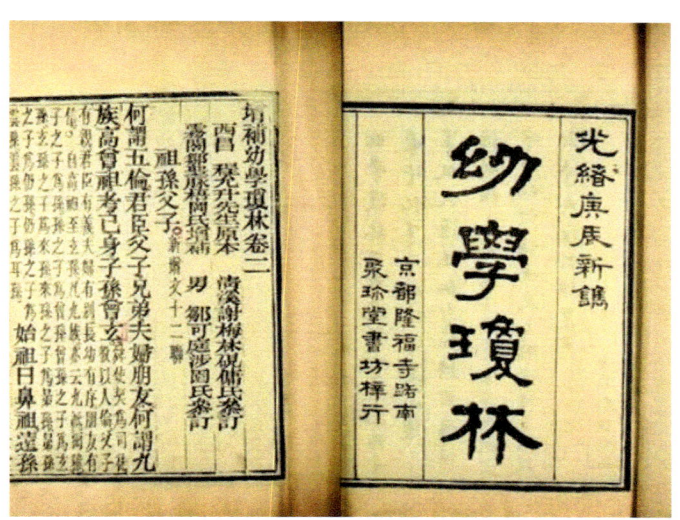

《幼学琼林》

清许南英《窥园留草》曰：

> 阑干苜蓿伴孤标，闻道先生不寂寥。
> 健妇能为开化种，佳儿便是读书苗。
> 美人别泪恩犹在，良友钟情意也消。
> 挑战以诗原韵事，寄声我让倚楼超。

清·许南英

2. 苜蓿盘

苜蓿盘

宋·朱胜非　撰古今诗话

薛令之，开元中，为右庶子。时官僚清淡，令之为诗曰："朝日上团团，照见先生盘，盘中何所有，苜蓿长阑干。"上幸东宫，见之，题其傍曰："若嫌松桂寒，任逐桑榆暖。"令之乃谢病。

——《绀珠集·卷九》

（薛）令之，闽之长溪人。及第，迁右庶子。开元中，东宫官僚清淡，令之题诗自悼曰："朝日上团团，照见先生盘，盘中何所有，苜蓿长阑干。饭涩匙难绾，羹稀箸易宽。无以谋朝夕，何由保岁寒？"上幸东宫，览之，索笔题其傍曰："啄木口嘴长，凤凰羽毛短。若嫌松桂寒，任逐桑榆暖。"令之遂谢病归。五代·王定保《唐摭言·卷一五》。

【述要】薛令之，福建长溪人。进士及第后迁升右庶子。唐玄宗开元年间，太子属下官员都是冷官，薛题诗抒发伤感之情："朝日上团团，照见先生盘。盘中何所有，苜蓿长阑干。饭涩匙难绾，羹稀箸易宽。无以谋朝夕，何由保岁寒。"极言待遇微薄，官况清贫。玄宗李隆基来到东宫，读到后在旁边题诗一首："啄木口嘴长，凤凰羽毛短。若嫌松桂寒，任逐桑榆暖。"嘲讽薛眼界低下，寓意令薛另谋高就。薛于是只得托病去官。

【按语】肃宗开元二十六年（738年）立为皇太子。文中"开元中"应为"开元末"。诸本诗句小异。

【事主档案】薛令之，唐诗人。字珍君。长溪（今福建霞浦）人。神龙二年（706年）登进士第。开元中，累官左补阙、东宫侍读。在东宫，居常怏怏，题诗自伤。约至德中卒。

宋代陈造《江湖长翁集钞·谢两知县送鹅酒羊面》诗："不因同里兼同姓，肯念先生苜蓿盘？"

宋苏轼亦有"去年举君苜蓿盘，夜倾闽酒赤如丹"的佳句。苏轼受其影响很深，做官勤政廉明，在杭州做官时为百姓做了许多好事，自己过着清廉的生活，留有"久陪方丈曼陀雨，羞对先生苜蓿盘"的好诗。

苏轼《今岁盛开》

宋苏辙《寓居六咏》"手植天随菊，晨添苜蓿盘。"马廷鸾《无题》"大地生灵惜旱干，纸田不饱腐儒餐。闲将博士斋盐味，试上先生苜蓿盘。"

苏辙

宋李洪《寓居六咏》"陋巷晨炊乐一箪，慕膻逐臭两知难。自甘香积伊蒲馔，宁叹栏干苜蓿盘。禅老竹萌资净供，诗人菜把诮园官。"

宋张元干《次友人书怀》"且倾客子醁醽酒，共享先生苜蓿盘。"

张元干

3. 苜蓿堆盘

《唐语林校证》卷五（补遗）：薛令之，闽之长溪人。神龙二年，赵彦昭下进士及第，后为左补阙兼太子侍讲。时东宫官冷落，之次难进，令之有诗曰："明月夜团团，照见先生盘。盘中何所有？苜蓿长阑干。饭涩匙难绾，羹稀箸易宽。只可谋朝夕，那能度岁寒？"明皇幸东宫，见之不悦，以为讽上。援笔酬曰："啄木觜距长，凤凰毛羽短；若嫌松桂寒，任逐桑榆暖。"令之遂谢病归。及肃宗即位，召之。诏下，而令之已卒。

宋陆游《书怀》之四："苜蓿堆盘莫笑贫，家园瓜剧渐轮囷。"宋苏轼《梅圣俞诗集中有毛长官者……作诗戏之》诗曰："翁憔悴老一官，厌见苜蓿堆青盘，归来羞涩对妻子，自比鲇鱼缘竹竿。"

陆游

元萨都拉《雁门集·赠别鹫峰上人》："圣经佛偈通宵读，苜蓿堆盘胜食肉。"

萨都拉（1308—？）：字天锡，号直斋。回族人（一说蒙古族人）。其祖、父均为武臣，以世勋镇守云、代，遂以雁门（代州的古称，今山西代县）为籍。少年时家道中落。泰定四年（1327年）中进后，主要在南方任各地方官职，也曾入翰居国史院。晚年致仕，寓居杭州。

萨都拉小传

4. 盘堆苜蓿

宋李复《戏谢漕食豆粥》诗曰："昔人不愿五侯鲭，今我何知九鼎肉。杜陵春晚把锄归，常喜朝盘堆苜蓿。莫嗟粗粝百年飧，且免祸盈鬼瞰屋。"

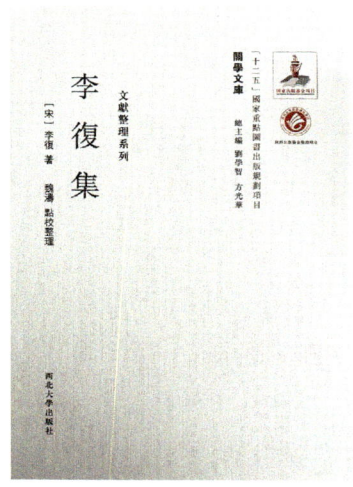

《李复集》

5. 苜蓿盘空

明何景明《赠贾司教先生》诗曰："春风桃李绛帐，朝日苜蓿空盘。王公不志温饱，郑老岂为饥寒。"清王韬《淞隐漫录·二·徐双芙》云："女父居官清正，苜蓿盘空，初无所蓄。"

《何景明诗选》　　《王韬诗集》

6. 春盘苜蓿

宋释道璨《上安晚节丞相三首》诗曰:"日食何曾费万钱,只将苜蓿荐春盘。俸余不用肥奴马,留买青山取性看。"

明高拱《送宋柏崖分教赣榆》:"怜君鸿鹄志,寄迹广文庭。夜榻琴书冷,春盘苜蓿青。道尊须振铎,地僻好横经。他日云霄上,还看奋羽翎。"

明·高拱

《黎里志》(嘉庆十年,1805年)记道,沈云《盛湖竹枝词》咏道:"春盘苜蓿不须愁,潭韭初肥野菜稠。最是村童音节好,声声并人马兰头。"

7. 苜蓿生涯

苜蓿生涯是薛令之《自悼》诗的又一衍生词(意思同苜蓿盘:形容老师的清贫生活),如宋唐庚《除凤州教授》诗:"绛纱谅无有,苜蓿聊可嚼。"

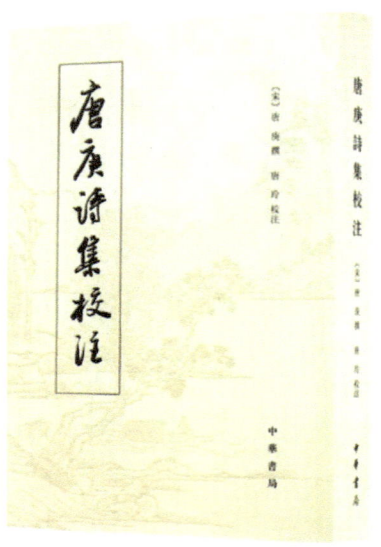

《唐庚诗集校注》

吴敬梓 23 岁那年，父亲吴霖起逝世，他的生活面临一个转折，从此明显地踏上叛逆的程途。方正不阿的吴霖起为恶浊的封建官场所不容，在苏北赣榆县度过八年苜蓿生涯，终不免被罢官，带着 22 岁的吴敬梓回到故乡，抑郁而死（孟醒仁，1987 年）。

吴敬梓

朱季海不仅是太炎先生的关门弟子，而且是先生最得意的门生之一。民国期间，茶馆讲课是苏州当时的风尚，当时社教学院的教授也有带着三、五学生"孵茶馆"，边嗑瓜子边讲学的。朱季海私人授课，"九如茶馆"里的跑堂对这位老茶客特别照顾，专门留一张桌子给"书毒头"，朱季海就靠着这点微薄的束脩，度其清贫的苜蓿生涯。民国时期陆维钊诗曰："苜蓿生涯我自知。百无一可且填词。何当重过长桥畔。一病缠绵两鬓丝。"我国近代著名词学家龙榆生与 1943 年以《苜蓿生涯过廿年》为题撰写了自传。

朱季海（1916—2011 年）　　　　龙榆生（1902—1966 年）

8. 苜蓿自甘

源见"苜蓿盘"。谓甘于过清贫生活。明姚士磷《见只编》卷中："海盐翁学训严之，寿昌人。为人严正，而接士宽厚。官贫斋冷，苜蓿自甘，未尝与寒生计束修巳上。"

《见只编》

9. 苜蓿下吏

源见"苜蓿盘"。指卑职小吏。清伍瑞隆《寄王喜赓书》:"区区苜蓿下吏,既恐其志业之无成,复恐其衣食之不足。"

10. 斋厨苜蓿

吴敬梓的父亲吴霖起前来任职时,虽没有战乱发生,但清初战乱和康熙七年地震的破坏遗迹并未全然消除,生产也没有恢复,人民的生活十分困难。而且县学教谕又是一个坐冷板凳的差事,物质生活自然十分清苦,只不过由于传主对族人勾心斗角的全椒生活极为厌倦,能够离开尔虞我诈的封建大家族,即使生活清苦一些,他的内心也是愉快的。金榘《为敏轩三十初度作》诗中"旋侍家尊到海澨,斋厨苜蓿偏能甘",正反映了这个时期吴敬梓自己物质生活的清苦和精神生活的平静。在《移家赋》中吴敬梓也描述了他们父子二人"鲑菜萧然,引觞徐酌"的心安理得的教读生涯。

吴敬梓

袁宗道明万历十七年己丑(1589年)册封楚府便道归里途中作诗《真定道中》:

凭高聊引睇，草色上征裾。
垣断暮山出，沙平江树疏。
清斋甘苜蓿，适意任蘧篨。
问我年来兴，东溪足钓鱼。

这首诗色彩淡雅，诗中"清斋甘苜蓿，适意任蘧篨"这两句是说：持守斋戒，吃苜蓿也觉得甘甜，适意自恣就是睡粗席子也不错。写出了诗人宁愿在自家里守贫贱，也不愿像这样过常年奔波的生活。

袁宗道

11. 苜蓿斋

上元夜送沈伯时赴南康山长
宋·孙锐

十载从游吾道南，山斋苜蓿澹于甘。
飞鱼想得三台兆，待雪空余口丈函。
席冷几番驯白鹿，罗传此夜赋黄柑。
太平不日经筵召，好把鳞书早晚探。

过欧广文苜蓿斋与子与同赋
明·王世贞

少年谁逐广文游，苜蓿盘空且为留。
暂割半毡遗子空，还将一榻下南州。
抱来和璧知难夜，弹罢嵇琴别是秋。
莫怪相逢夸邺客，至今何处儗风流。

送刘道子游闽兼赴其仲兄文学署中

明·欧必元

俯仰百年内，聚散成蕉鹿。
功名富贵等浮云，株守蓬门亦碌碌。
君不见，
李太白在咸阳，朝朝醉卧美人床。
又不见西京太史公，东趋禹穴北崆峒。
人生快意情非一，有酒可饮山可陟。
醉来拔剑起放歌，顿令山岳增颜色。
刘生岁杪理巾车，别我明朝将安之。
见道七闽山水好，担囊东去采仙芝。
丈夫悬弧志四海，何必乡关恋别离。
览胜书奇凭丝笔，倚马万言可立得。
抽思似涌大江涛，庾也清新鲍俊逸。
到时共对梅萼春，苜蓿斋头酒百巡。
挥弦试鼓高山调，风尘落落少知音。
以君意气薄苍灏，何处逢人不倾倒。
一言得意当千金，大醉宁知天地老。
只今世事日已非，如君肮脏古所稀。
小子嘤嘤雅慕古，生平不与世人期。
斗酒逢君醉自足，狂言浪笑露肝腹。
兹行不作别离看，为君翻赋游闽曲。

送沈广文之侯官

明·胡应麟

日暮河梁畔，归帆趁北风。
一毡初就日，双剑旧如虹。
驿路蒹葭外，斋头苜蓿中。
飘飘幔亭宴，霞色近人红。

《康熙永定县志》记载："林荃佩闽县人。由丙寅岁贡。康熙四十一年（1702 年）任。道貌亲人，诚心诱士。斋头苜蓿，淡泊自甘。"

清代陆曾禹《巢青阁学言》曰"我与许子常徘徊，湖上同登照胆台。渔歌四起春草绿，横笛短箫送酒杯。人生聚散不可长，江风五月芰荷香。别我欲往兰溪去，执手依依情自将。许子之父方秉铎，苜蓿斋中未萧索。朝暮趋庭诲《诗》礼，青山万叠对高阁。"

黄际遇（1885—1945 年）是 20 世纪初在我国开创现代高等数学教育事业的元老之一。1934 年

4月27日他记述到:"不其山下,拜赐三年,苜蓿斋中,一卧惊岁。问客何能,曰是不能也,问客何为,曰无可为也,是知其不可而为之,非斯人徒,如之何其闻斯行之,有日记在。山中正多岁月,皮里自有春秋,用数晨昏,以自序记。"

《黄际遇日记杂编》

苜蓿轩
宋·薛嵎

好是春风长育天,阑干低护晓窗前。
园丁未必知吾事,补阙清声四百年。

12. 苜蓿风

明万历年丙戌(1586年)袁宗道会试拨得头筹,殿试又高中二甲第一,选庶吉士,任翰林院编修。在于同馆弟兄游览京郊时,曾写诗一首:"芳草平原极远望,一尊绀殿与君同。千畦醉踏松杉影,万马骄嘶苜蓿风。"明代诗人章间描绘当时松江府风貌时曾记:"城郭何年号五茸?盘回十里控吴淞。旌旗晓障芙蓉日,鼓角寒生苜蓿风。云起北山连雉堞,波澄南海熄狼烽。登高一望民风厚,楼阁重重烟雨中。"从中可见松江府城在明代繁盛时期是十分的壮观。

13. 苜蓿风清

清朝雍正年间,居住在镇南的诗人顾惟本和居住在镇北的诗人赵金简,二人均"以诗文名于时",其功力和声誉势均力敌,又因二位年高望重,被时人尊誉为枫泾诗坛的"南北两高峰"。家居高阳里的老教谕曹復元归来,打破了南北峰对峙的局面。曹復元,乾隆丙辰中举人,任河南林县知县,改授溧阳教谕。曹復元是一位有成就的教育家,他临老辞官回乡,掌教雉水、魏塘两书院,后生学子对他非常折服。乾隆己酉年(1789年)病故,年享年89岁,著有《六榆散人草》十余卷、诗集有《静宁室诗钞》。后来志书称他"苜蓿风清,造士有法"。

14. 一劳永逸

有学者考证,"一劳永逸"成语源于苜蓿。《齐民要术》曰:苜蓿"长生,种者一劳永逸,都邑负郭所宜种之"。

清代翟灏《通俗编》曰:"【一劳永逸】 见〔北魏诏〕,又〔齐民要术〕苜蓿和生,种者一劳永逸,榆砍后復生,不烦耕种,所谓一劳永逸"

《通俗编》,清代翟灏编。翟灏,字大川,一字晴江,浙江仁和(今杭州)人。生于康熙五十一年(1712年),卒于乾隆五十三年(1788年)。乾隆十九年中进士第,乾隆二十一年(1756年)起先后任衢州府学教授、金华府学教授。

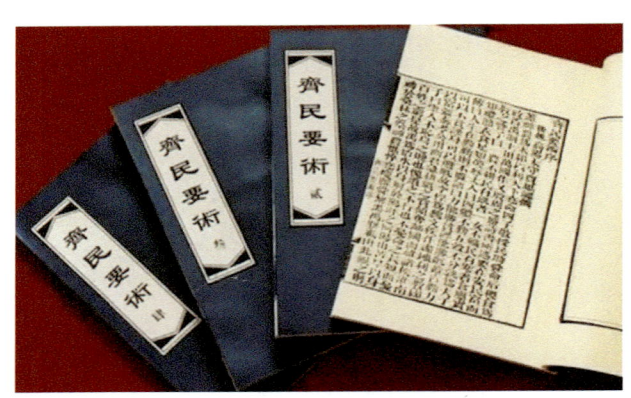

《齐民要术》

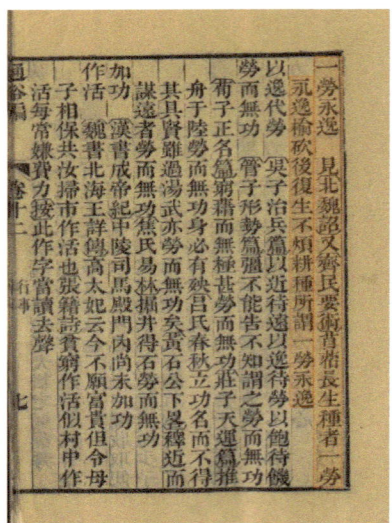

《通俗编·卷十二 一劳永逸》

第三节　苜蓿故实

一、天马

汉武帝经营西域的重要标志性物种有汗血马、苜蓿和葡萄。汗血马又被誉为"天马"。《史记·大宛列传》对此的记载是："（大宛）俗嗜酒，马嗜苜蓿，汉使取其实来，于是天子始种苜蓿、蒲陶（即葡萄）肥饶地。及天马多，外国使来众，则离宫别馆旁尽种蒲陶（即葡萄）、苜蓿极望。"天马是指西域来的马，此马喜欢吃苜蓿，所以在引进天马的同时，还要引进苜蓿。离宫别馆旁种苜蓿这种牧草之王供御马饲用，既是实际需要，也具有绿化、装饰、水土保持之效，特别是当苜蓿花开、牧草大盛之际，汉家江山便不自觉地为天马们营造了一个西域牧场的逼真环境，无意间安抚了其思乡之情。随着种植面积的不断扩大，苜蓿渐渐从汉家堂榭飞入寻常阡陌。

到了唐代，由于马匹剧增，苜蓿种植区域迅速扩展，几乎遍及整个中国。当时的驿马，多以苜蓿为饲料。于是，天马和苜蓿就像唇齿相依的西域的一对孪生兄弟，古人还屡将苜蓿与天马入诗。比如鲍方的《杂感》诗曰："天马常衔苜蓿花，胡人岁献葡萄酒。"岑参《北庭西郊候封大夫受降回军献上》诗曰："胡地苜蓿美，轮台征马肥。"王维说得更直接，他关于"苜蓿随天马"的诗句，就像一句使用了西域典型意象的广为人知的广告词，成为唐人对于西域的共识："绝域阳关道，胡烟与塞尘。三春时有雁，万里少行人。苜蓿随天马，蒲桃逐汉臣。当令外国惧，不敢觅和亲。（《送刘司直赴安西》）"。而唐人对于苜蓿的描述，已成为今人关于古西域盛大想象的一部分。唐彦谦《咏马》："峻嶒高耸骨如山，远放春郊苜蓿间。百战沙场汗流血，梦魂犹在玉门关。"唐张仲素《天马辞》："天马初从渥水来，郊歌曾唱得龙媒。不知玉塞沙中路，苜蓿残花几处开。"唐李商隐《茂陵》："汉家天马出蒲梢，苜蓿榴花遍近郊。"宋梅尧臣《咏苜蓿》："苜蓿来西或，蒲萄亦既随。胡人初未惜，汉使始能持。宛马当求日，离宫旧种时。黄花今自发，撩乱牧牛陂。"宋陆游《秋声》："五原草枯苜蓿空，青海萧萧风卷蓬。草罢捷书重上马，却从銮驾下辽东。"陆游还有一首《凉州词》："垆头酒熟葡萄香，马足春深苜蓿长。醉听古来横吹曲，雄心一片在西凉。"元李延兴《秋日杂兴》："飞楼上倚沉寥天，野色荒凉万井烟。落日荷花白舫外，西风桂树画阑边。明妃夜泣琵琶月，宛马秋肥苜蓿田。千古河山几争战，一登高处一潸然。"周伯琦《天马行应制作》"神州苜蓿西风肥，收敛骄雄听驱使。"

明祝允明《天马来》"群马辟立视天马，长安亦有苜蓿食。"这些诗句无不形象地描述天马和苜蓿的关系，并说明推广种植苜蓿是古代发展养马业的物质基础。

二、乐游苑

西汉苑囿名。汉宣帝神爵三年（前59年）春立，在曲江池之北乐游原上。这里是长安城东的一块长梁状高地，约七里长，半里宽，成东北—西南走向，最高点在今青龙寺一带。自古以来是曲江风景区的又一游乐场所。乐游苑在秦代属宜春苑的一部分。乐游苑得名于西汉初年，亦称乐游原。《汉书·宣帝纪》载，"神爵三年，起乐游苑"。据汉刘歆、晋葛洪《西京杂记》载，"乐游苑自生玫瑰树，树下多苜蓿"，又"风在其间，长肃萧然，日照其花，有光彩"，故名苜蓿为"怀风"，时人也谓之"光风"或称"连枝草"。可见，玫瑰和苜蓿都是乐游苑自上有特色的花卉和植物。直至中晚唐之交，乐游苑自仍然是京城人游玩的好去处。同时因为地理位置高便于览胜，文人墨客也经常来此做诗抒怀。

唐代诗人们在乐游原留下了近百首珠玑绝句，历来为人所称道，诗人李商隐便是其中之一（张永禄，1993年）。

乐游原
唐·李商隐

向晚意不适，驱车登古原。
夕阳无限好，只是近黄昏。

乐游原
唐·李商隐

万树鸣蝉隔岸虹，乐游原上有西风。
羲和自趁虞泉宿，不放斜阳更向东。

乐游原
唐·李商隐

春梦乱不记，春原登已重。
青门弄烟柳，紫阁舞云松。
拂砚轻冰散，开尊绿酎浓。
无悰托诗遣，吟罢更无悰。

——《唐诗三百首》收录之五绝

汉乐游苑

《宣纪》：神爵三年春，起乐游苑。注：师古曰《三辅黄图》在杜陵西北，又《关中记》云：宣帝立庙于曲池之北，号乐游（在秦为宜春苑黄图曲池汉武所造周回五里）案其处则今之所呼乐游庙者是也，其余基尚可识焉，盖本为苑后因立庙。

《西京杂记》：乐游苑内生玫瑰树，木下多苜蓿，名怀光，时人或谓之光风。风在其间，常肃肃然，日照其花有光采。故曰苜蓿为怀风，茂陵人谓之连枝草。

《两京新记》：宣帝乐游庙亦名乐游苑，亦名乐游原。基地最高四望宽敞，《文选》颜延之宴曲《水诗注》，《水经注》曰：旧乐游苑，宋元嘉十一年以其地为曲水。范晔乐游应诏诗注，《丹阳图经》曰：乐游苑，宫城北三里，晋时药园。梁亦有乐游苑，天监元年八月，癸卯鸾鸟见乐游苑，大同四年九月阅武于乐游苑（丘迟侍宴乐游苑）。唐玄宗乐游园宴，诗云：地入南山近，城分北斗余。

> **汉乐游苑**
>
> 宣纪神爵三年春起乐游苑注古曰三辅黄图在杜陵西北又关中记云宣帝立庙于曲池汉武号乐游在秦为宜春苑黄图曲池汉所造周回五里案其处基尚可识焉盖本为苑后因立庙 西京杂记乐游苑内生玫瑰树木下多苜蓿名怀风时人或谓之光采故曰苜蓿为怀风茂陵人谓之连枝草 两京新记宣帝乐游庙亦名乐游苑亦名乐游原基地最高四望宽敞文选颜延之宴曲水诗注水经注曰旧乐游苑宋元嘉十一年以其地为曲水范晔乐游应诏诗注丹阳图经曰乐游苑官城北三里晋时药园梁亦有乐游苑天监四年八月癸卯阅武于乐游苑大同四年九月阅武于乐游苑丘迟侍宴乐游苑唐玄宗乐游园宴诗云地入南山近城分北斗余。

——宋·王应麟《玉海·卷一百七十一》

后秋兴八首和杜韵（其三）（辛丑）

清末民国初·易顺鼎

乐游原上眺斜晖，极目秋山冷翠微。
旧事每怀天一笑，新愁惊见海群飞。
凄凉金碗人间出，惆怅铜仙阙下违。
莫问唐陵兼汉寝，西风苜蓿不胜肥。

三、长乐厩丞

两汉时中央政府主管畜牧业、饲养业的官员为太仆。《后汉书》卷25《百官志二》记载，东汉中央政府太仆之下设"未央厩令一人，六百石。"此外还有"长乐厩丞一人等。"也就是说，长乐厩丞是太仆太仆下属之一（高敏,1989）。据记载长乐厩丞：一人，官秩不明，可能是掌管设在洛阳附近的苜蓿苑（苑为马场）；其手下有属吏十五人，驺卒二十人。《后汉书·百官志二》："长乐厩丞一人。汉官曰：'员吏十五人，率驺二十人。苜蓿苑官田所（官田所为负责官田的官署）一人守之。'"即设置一个农场主，指挥4个生产队似的（孙醒东，1958）。

四、驿站

唐朝规定，全国各地的邮驿机构，各有不等的驿产，以保证邮驿活动的正常开支。这些驿产，包括驿舍、驿田、驿马、驿船和有关邮驿工具、日常办公用品和馆舍的食宿所需等等。唐朝的驿田，按国家规定，数量也较多，据《册府元龟》记载，唐朝上等的驿，拥田达2 400亩，下等驿也有720亩的田地（藏嵘，2007）。这些驿田，用来种植苜蓿，解决马饲料问题，其他收获，也用作驿站的日常开支。隋唐规定每驿马给驿田40亩以种苜蓿，专作驿马饲料，不准他用。至于给官员更替的传马或拉传车的马，则每匹给田20亩。

河间道中杂兴二首（其二）
明·王志坚

驿马朝餐苜蓿肥，三鬃剪出疾于飞。
行人尽望红尘起，开府差人阙下归。

草凉驿
清·张问陶

鹦鹉犹知问上皇，谁从秦栈吊三郎。
旧京无处寻花萼，剩水依然映草凉。
天宝旌旂空幸蜀，泰陵松桧已非唐。
清时驿路滋休养，苜蓿春肥万马强。

杂诗（其二）
清·冯誉骥

朔风班马鸣，边草萋以绿。
战士戍龙庭，秋高肥苜蓿。
不见汉家营，但见秦时月。
古驿零杨柳，我室已蟋蟀。
代马与越鸟，苦思故林宿。
玉门有飞雁，尽唱征人曲。
征人远未归，霜雪寒无衣。
君思古离别，岁暮定何依。

寄养吾二兄
民国·郁达夫

与君念载鸰原上，旧事依稀记尚新。
苜蓿未归蚫驿马，烟花难忘故乡春。
悔听邹子谈天大，剩学王郎斫地频。
来岁秋风思返棹，对床应得话沉沦。

五、城壖苜蓿地

明代土地分官田、民田两类。《明史·食货志》说："初，官田皆宋、元时人官田地，厥后有还官田，没官田，断入官田，学田，皇庄，牧马草场，城壖苜蓿地，牲地，园陵坟地，公占隙地诸王、公主、勋戚、大臣、内监、寺观赐乞田庄，百官职田，边臣养廉田，军民、商屯田，通谓之官田，其余为民田。"

至城垵苜蓿地是官田的一种。明代有许多城垵苜蓿地。所谓城垵地，就是常言的城郭旁的旷地。而苜蓿则是指一种农作物，它是饲养良种马的最好饲料。明代为了发展养马业，广泛利用城垵苜蓿地种植苜蓿。嘉靖八年（1529年）准户部奏，除存留四十顷仍种苜蓿以供内厩喂养外，余地召佃，分三则征银，每亩各征五分或三分不等。《明会典》卷一七《户部》四"田土"记此事之经过云："嘉靖八年题准，查勘过正阳等九门外苜蓿草场地共一百三顷七十二亩四分七厘二毫三忽八微七尘，除原牧马水占不堪耕种外，实该堪种地一百顷九十四亩六分四厘二毫七丝一忽八微七尘，内除留四十顷，分为四总，每总地十顷，把总官一员，军人三十名，照旧种办苜蓿，以供内厩喂养，多余官军退回差操。其余每亩上则征银五分，中则四分，下则三分，岁该银三百两八钱三分六厘，召佃征银解部，该监不得干预。"同年（1529年）规定：城垵苜蓿地之租率，每亩上则5分，中则4分，下则3分，征银解部。

六、苜蓿园

元官署名。属大都留守司上林署。掌种苜蓿，以饲马、驼、膳羊。元朝官牧场都是由国家挑选的水草丰美的地区。皇帝每年照例要在春末夏初去上都，在很大意义上也是为了利用上都附近的好牧场。秋末冬初，漠南牧区的牲畜常就近赶到华北的田野上放牧，这些地区要负担饲马的刍粮和饲草。1307年，大都路承担饲马九万四千匹，供应粮食十五万石；外路饲马一十一万九千匹。同时，政府发行盐券向农民换取秆草，这年就收草将近一千三百万束。这里的官牧牲畜普遍搭盖了圈棚，大都还栽培牧草。有苜蓿园，"掌种苜蓿，以饲马驼膳羊"。元朝几次颁布"劝农"条画，其中一条就是规定农村各社"布种苜蓿"，"喂养头匹"。

目前，南京秦淮区有了苜蓿园。据说明朝时期，明故宫附近部署了大量军队，这些军队需要养马作战，因此，在朝阳门（今中山门）外设立了专门种植苜蓿的场所，这就是南京苜蓿园的来历。

另外，明代，扬州园林复兴，见于著录者甚多。园林构筑，有简有繁。简者，一园一景，重在意趣，如"苜蓿园"，园中尽种苜蓿，故名，景物极其简单。此种园林的作法，自唐宋以来，层出不穷，传流不绝，成为扬州园林中最为普及的一类。明代程敏政《与廉伯世贤同至月河寺》诗曰：

> 秋风吹雨净飞埃，十日东城两度来。
> 绕院绿阴留客住，一亭红艳对僧开。
> 芙蓉涧侧观澜去，苜蓿园西问稼回。
> 有约明朝更携手，望云同上雨花台。

七、驾部郎中

据《唐六典卷五·尚书兵部》记载，部驾部郎中、员外郎各一人，掌舆辇、车乘、传驿、厩牧马牛杂畜之籍。凡给马者，一品八匹，二品六匹，三品五匹，四品、五品四匹，六品三匹，七品以下二匹；给传乘者，一品十马，二品九马，三品八马，四品、五品四马，六品、七品二马，八品、九品一马；三品以上敕召者给四马，五品三马，六品以上有差。凡驿马，给地四顷，莳以苜蓿。凡三十里有驿，驿有长，举天下四方之所达，为驿千六百三十九；阻险无水草镇戍者，视路要隙置官马。水驿有舟。凡传驿马驴，每岁上其死损、肥瘠之数。

八、西北屯田

北宋初期，长安和关中地区仍一片萧条。宋太宗时，由于讨伐西夏，"关辅之民，数年以来，并有科役，畜产荡尽，庐舍顿空"《宋史·张鉴传》。宋仁宗时，余靖又上书说："今西陲用兵，国帑空竭"，陕西一带，"民亡储蓄，十室九空"《宋史·余靖传》。至宋真宗以后，才日渐恢复。不过所谓恢复，系指关中地区，与西夏边境地区如今陕北、陇东，仍然人烟稀少，可这里却是主要前线。因此，这里当为主要屯田地区。具体计划如下：裁退禁厢诸军，分遣至陕北、陇东屯田。每丁给牛1头，牛1头约可抵人7~8人，所以每丁垦地90亩，其中30亩种麦、30亩种棉、30亩种苜蓿，分别提供粮食、棉花与牲畜饲料。

九、地名中的苜蓿

1. 木樨园

在北京永定门城楼向南3千米，有一座木樨园立交桥。桥东南有一个小村庄名叫木樨园。桥的名称就来源于这个村名。提起这个村名的由来，得从600多年前的明代说起。

明代朱棣建都北京，并设置上林苑。在大红门北侧，划出三块地种植苜蓿，以供皇宫的马匹食用。这三块地分别被称为南苜蓿地、东苜蓿地和西苜蓿地。由袁、王、张三家各负责一块地的苜蓿种植、收割和向皇宫里运输。其中袁家的苜蓿地管理的好，上林苑的官员就给袁直起了个绰号叫苜蓿袁。后来，东苜蓿地和西苜蓿地都逐渐荒废了，苜蓿袁就把皇宫马匹所用的饲草全包了。改朝换代，斗转星移，苜蓿袁作为一个地名流传下来。后来有的文人墨客觉得用草作为地名不雅，就根据谐音将其改为木樨园，并逐渐被人们认可。

2. 木樨地

在北京西有一个著名的老地名"木樨地"。关于"木樨地"的来历，存在许多争议，其中有以下四种说法：

木樨地

一是说此地明代时种植过大面积的苜蓿，为皇帝的御马提供饲料。清代成村，称"苜蓿地"，民国时被讹传为"木樨地"。

二是说清代时门头沟往京城送煤的骆驼队多出入于阜成门，当时这一带生长着许多野苜蓿，所以赶骆驼的人时常在此歇脚，以便给骆驼喂些草料。日子一长，这里就被称为"苜蓿地"，后谐音为"木樨地"。

三是说此地曾种植过许多桂花，因桂花树统称木犀，"樨"与"犀"同音义，木樨地即桂花之地。

四是说此地曾是白云观的菜园，以产黄花菜闻名。黄花菜即金针菜，可食用，色泽金黄如桂花，俗称木樨，故称此菜园为"木樨地"。

但从有关的史料记载来看，第一种说法较为可信，也是史实，因为明代史籍中就有关于明代军队在九门之外种植苜蓿，"按月采集苜蓿，以供内厩喂养"的记载。而其他说法无任何记载，只是传说，难以考证。

十、苜蓿斋记

苜蓿斋记

明·欧大任

嘉靖丙寅六月，欧子赴江都学宫。秋冬之隙，始于廨之西茸理小斋，读书于其中。斋后有园，地皆硗确，杂以尾砾，雨后尽种苜蓿，因题曰苜蓿园。客尝满斋中，相与谈尧、舜、周、孔之道，食盘半苜蓿，意萧然适也，乃亦以苜蓿名斋。诸生进而问曰：先生奚乐于斯耶？欧子曰：余亦从心所乐尔。夫心未始有物也，及其障之若尘，棼之若丝，沉之若溺，昏之若迷者，竞于利欲者也。在昔先民，士鼓污尊，元羹越席，岂不澹然足哉？五色既章，五声即和，五味即齐，讵知夫淫靡奢丽之由诸此，遂不可隄防乎？云委波荡，至于今极矣。巧宦之士，售尺寸之劳，以奸爵禄；闾巷之子，拥金帛之富，以逾典章，孰肯澹泊其心，于以居身而正性命哉？夫齐国千乘，或不可拟于首阳之饿夫，而监门执戟之吏，岂奴隶于金、张、许、史之门者耶？余幼习章句，急于功名，颠踬者累矣。长而幸闻父师之教，惟恐失坠，敢忘其颠踬之忧，而竞夫荣颧之望，舍吾素位之乐，而汩吾澹泊之心乎？且希炎而慕赫者，曲士之趋也；安心而俟命者，哲人之守也。禄可以养亲，苟有所悉焉，即三牲五鼎不足以为孝，况沉酣于利欲以自奉其身，卑焉甚矣！二三子盍不求余心之所乐耶？诸生曰，愿先生识之。欧子唯唯，因书其语于壁。嗟夫！斯苜蓿也，其殆委土之箴规，断罟之师保也哉！是岁之十月望，岭南欧大任记。

——清陆玑《江都县志》

十一、荒斋苜蓿具

留秦八叔豹夜饮

明·叶之芳

荒斋苜蓿具。

春盘花雨，微，匕夜饮寒。

贫有故人秦八在，明灯何厌数留欢。

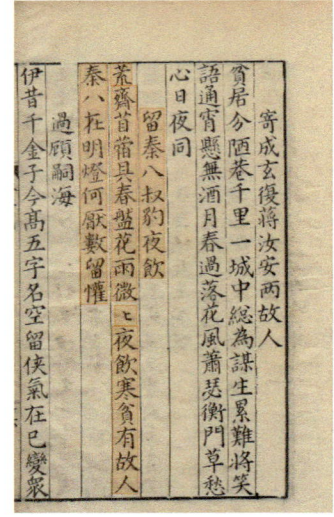

《春江篇·留秦八叔豹夜饮》

第五章 苜蓿楹联谚语

至元壬辰呈翰林院请补外
元·陈孚

索米长安市，光阴电影移。
酒尊贫不饮，药裹病相随。
愤激樱桃赋，凄凉苜蓿诗。
臣心清似水，暮夜有天知。

自我国有了苜蓿以来，就引起无数文人墨客以苜蓿为意象赋诗唱咏。历代文人墨客进行苜蓿赋诗填词、抒发豪情、撰写传奇故事，形成我国独有的苜蓿情结，使之成为我国诗歌宝库中一个典型的意象，豪情浪漫的诗人将植物学中的紫苜蓿、南苜蓿，甚至是黄花苜蓿统称为苜蓿在诗词、歌谣和联语等中歌咏。这充分体现了苜蓿诗词、苜蓿歌谣和苜蓿联语的浪漫、洒脱和包容。千百年来流传下来的苜蓿诗词、苜蓿联语、苜蓿谚语、苜蓿歌谣，脍炙人口，蕴含着丰富而深刻的思想、文化内涵，是我国文化宝库中不可或缺的瑰宝。

——孙启忠《苜蓿经》，2016.

第一节 苴莦楹联

一、楹联

万顷泛沧溟，感履险如夷，几度稳凌鳌背浪；
一官怜苴莦，愧登高能赋，片帆能助马当风。

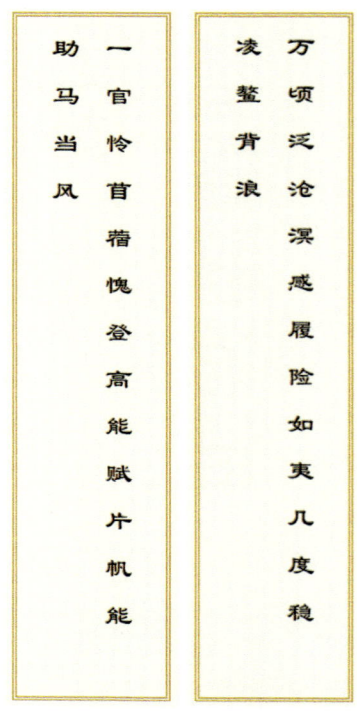

——福州：王家驹题乌石山。片帆句：传唐代诗

斯文矜贵琅玕笔；
吾道清甜苴莦盘。

昌黎起八代之衰，想当年苴莦斋中，不过寻常博士；
文正以天下为任，问今日齑盐队里，可有此等秀才。

——清·汪楫《山阳学署联》

苴莦一盘供学博；
歌云三日遏秦青。

——清末近现代初·赵熙《博青》

厌苜蓿而作楷模，一郡向风尊老宿；
舍仓腴以行赈恤，三乡被泽颂先生。

——嵊州对联遗存

苜蓿金鞭调白马，
梅花铁笛奏青羌。

——王文翰（1889—1941）联

葡萄夏熟，苜蓿秋高，缘何今日人间偏司疹疬；
菰未沉云，梨花涌雪，为问当年塞上有此风光。

——丁植卿题梨花庄都天庙，俗称茭白庙，相传神为汉博望侯张骞凡痧痘之事

宦海风波，不到藻芹池上；
皇朝雨露，微沾苜蓿盘中。

——宋成勋的学博撰

在清代，面对官场这种风涛无定的情况，不少官员都深以做官为苦，想辞官不干，如郑板桥。也有的官员虽不想辞官，但总想找个清闲保险的官职度日。如学博（州县"学官"的别称）一职是位卑禄薄的"冷官"，但因宦海风涛较少波及，故颇使一些任此职者感到满足。有个叫宋成勋的学博撰联云："宦海风波，不到藻芹池上；皇朝雨露，微沾苜蓿盘中。"又孙学博学垣联云："冷署当春暖；闲官对酒忙。"是均能道寒毡趣味者。又福清林译之句云："俸薄俭常足；官卑廉自尊。"林官海宁教谕，国初人辞质旨深，直可作官箴读矣。

——摘自清代官场图记

（简注："藻芹池"指官学，"苜蓿盘"指学官的清苦生活。对联反映了作者颇为满足虽有些清苦，却平静无事的"冷官"生活。）

昆明半勺持相寿；
苜蓿一盘延大年。

——黎陶吾六十云

富贵如浮云，官比芝麻由自己；
春秋多佳日，盘添苜蓿又逢丁。

——徐一士撰

苜蓿筵开,今年刚七秩;
茱萸酒熟,明日即重阳。

——仪征方子颖观察东瓯时,有平阳某广文于九月初八日七秩寿辰,乞观察为寿联。

一种千年,苜蓿秋风思汉室;
长城万里,桃花流水梦秦人。

——新疆不系山房正门对联

红豆微吟青灯独坐;葡萄酿酒苜蓿分盘。

——明清名家楹联

盘中苜蓿团朝日;叶底芙蓉见早霜。

——《团·兄》香骢

带雨梨花妃子泪;家风苜蓿广文餐。

——翼牟三十云

阑干苜蓿先生饭,颠倒天吴稚子衣。

——近吴敬夫一联

历载鸿案相庄,苜蓿风高,事畜勤勤,忍回首,石头庙前寻旧迹;
十年浩劫堪惊,盐齑味淡,酸辛种种,俱往矣,白云深处免楼居。

——(现代)罗继祖夫人八十初度时曾赠对联志谢

二、挽联

生子为广文官,苜蓿阑干,养志十年方爱日;
逝世交立秋节,梧桐庭院,惊心一夕忽飘风。

——清·王德馨《挽任心泉母太夫人》

挽妻联

薪米为辛劳，井臼为形劳，针线刀尺为神劳，溯卅年茹苦自甘，方期苜蓿成阴，与偕白首；

荆布无怨言，冷暖无妒言，伯叔妯娌无谮言，遍三党同声相赞，讵料豨苓乏术，竟断青弦。

——清·林昌彝

魂返三千里，使阿兄得正首丘，师贤十万兵，乞大帅早移旌旆，造次颠沛，风义凛然，即后人专论文章，亦堪骖靳震川，颉颃惜抱；

世事多不平，狂来欲碎珊瑚树，黉宫聊小隐，耄矣犹耽苜蓿盘，老成典型，河山渺若，矧小子亲传衣钵，能勿涕零曾簧、奠泣殷楹。

——孙师郑挽张仁卿广文瑛联云

（简注：广文有《知退斋文集》，深合桐城义法。洪杨陷吴中时，广文偕钱调甫中丞至曾文正大营，乞师兄宝卿比部璐。于咸丰年间，殁于京师，时齐鲁道梗，广文间关扶柩南行，备极困苦。）

苜蓿局终，冷宦合同名宦祀
风云变骇，骚魂应共国魂招

——慈利王子章树人挽刘彩廷教谕联

二十年分隔云泥，苜蓿味余惭后死；
三千里魂归乡井，梅花泪冷哭先生。

——周莲堂致挽联

（简注：周莲堂（1827—1907年），名思炯，字树基，县城人。道光二十八年（1848年）秀才，咸丰九年（1859年）举人。次年入都。先后在王葆修、李国楠家设馆授徒，文名日起。同治四年（1865年）选歙县教谕，在任八月奔亲丧。同治九年改授凤阳教谕，捐资兴学。光绪十四年（1888年）乞许归里。光绪十五年，檀玑父丧，周致挽联。）

淡泊任天真，忆掉头苜蓿阑干，八十翁自耕铁砚；
老成悲电谢，试屈指枌榆甲第，廿三科谁共琼林。

——林则徐挽江清渠

（简注：江清渠为学官。苜蓿：旧时教官清苦，常以苜蓿为蔬。因用以形容教官或学馆的生活。 耕铁砚：比喻从事教学劳动。）

先慈因劳勚成徽美，而太君善佐频繁，同此清芬，天意不教潜德遏；
吾友以落拓去京师，而贱子仍餐苜蓿，卒闻噩耗，海潮相送泪痕多。

——孙瑾丞儆挽徐母联

林则徐

三、祠联

苜蓿不妨风味淡；
游扬最喜道真情。

——文天祥题联赠父老

（简注：文天祥《辞源》有传。相传，文天祥在少年时曾到江西赣县白鹭乡吉塘村寻找父亲，并在此地就读三年，受到当地客家父老乡亲的热情照顾。后来，文天祥一举考上状元，他不忘此恩，专程到吉塘村看望乡亲们。乡亲们兴高采烈，纷纷设宴相迎。适逢当地陈氏宗祠新近落成，大家就请他为该祠堂题联，文天祥欣然命笔，撰写楹联二副，这是其中的一副。另一副：昔日韦布来章贡；今日紫袍登颖川。）

苜蓿盘餐侍读东宫清廉垂典范；
木棉锄佞恸哭西台忠义仰高风。

——三贤祠大门楹联

（简注：明万历四十七年（1619年），邑侯（知县）张蔚然始建三贤祠，春秋祭祀薛令之、谢翱、郑虎臣三贤。古时当地学子考试前都有敬拜三贤的习惯，而今依旧让人追忆、思考。三贤祠大门楹联颂扬三贤德功，上联"苜蓿盘餐"是描述薛令之东宫侍读清苦生活，还乡后唐玄宗闻其清贫"甚心怜之"，下诏用长溪的岁赋资助他，薛令之"酌量受之"。唐肃宗感念老师清廉，敕命其乡曰"廉村"，溪曰"廉溪"，岭曰"廉岭"，以其清廉而成后世之典范。下联的"木棉锄佞"，指南宋郑虎臣在漳州城南木棉庵处决祸国殃民的大奸臣贾似道；"恸哭西台"是指谢翱闻文天祥死讯后登西台，以竹如意击石，作楚歌为其招魂，念及国破家亡，恸哭以歌。三贤在福安文化史和福安人民心中具有极其重要的地位，明月先生的清廉亮节，虎臣壮士的刚直忠烈，唏发诗翁的俊逸洒脱，其人文德操，彪炳史册，传诵千古。"三贤精神"，是福安历史文明的主旋律，奠定了福安千百年来的人文发展基调。清廉、正直、忠诚、义骨，是福安人不可或缺的精神财富，成为福安儿女历久弥坚的精神柱石。）

文天祥

四、桥联

揽胜莲花山，喜看巨人伸臂接友、握手迎亲，开苜蓿源，岂止来回河南北；
观光风林渡，欣赏力士光背驮人、无脚载马，辟丝绸路，曾经往返域东西。

——临夏黄河河厉桥联

（简注：距今1 500年前，黄河上有一座被誉为"天下第一桥"的河厉桥，该桥是一座首创的伸臂式的握桥，位于甘肃省临夏市莲花山北麓、炳灵寺峡南岸的风林渡口黄河上。河厉桥的建成，不仅便于西秦对黄河两岸广大地区的控制，更为重要的是沟通了丝绸南路，打通了尔后所称的唐蕃古道，使长安与逻些（拉萨）的使者常来常往，络绎不绝。至北宋元符二年（1099年），河厉桥及其附近栈道均毁于西夏李干顺之手，令人惋惜。河厉桥虽经七百年的风风雨雨，仍然发挥着通达作用，可见该桥是何等的经久耐用。而今桥已不复存在，但是对岸石壁上"天下第一桥"的摩崖石刻依旧放射着耀眼的光辉，不有那崖石上孔孔桩眼也令人浮想联翩，发思古之幽情。明代嘉靖年间，河州举人吴调元对"天下第一桥"的被毁，曾以无比悲愤的心情写下此联。）

五、诗联

五纬南行秋气高，投鞍尚得齐熊耳，（颔联上）卷甲何堪弃虎牢。
（颔联下）汧陇马肥青苜蓿，（颈联上）甘凉酒压紫蒲萄。（颈联下）神州比似仙山固，谁料长风掣巨鳌。

——元末明初·王逢《七律·无题五首其一》诗联

苜蓿胡桃霜露浓，衣冠文物叹尘容。皇天老去非无姓，（颔联上）众水东朝自有宗。
（颔联下）荆楚旧烦殷奋伐，（颈联上）赵陀新拜汉官封。（颈联下）狂夫待旦夕良苦，喜听寒山半夜钟。

——元末明初·王逢《七律·闻钟》诗联

省闼无事日盘桓，犹是中朝供奉官。半臂缥绫披月下，（颔联上）三神珠阙望云端。

（颔联下）庄蒍草变鲸波落，（颈联上）苜蓿花开雁塞寒。（颈联下）因话朔南声教在，一回相对客怀宽。

——元末明初·王逢《七律·简林叔大都事》诗联

第二节　苜蓿集词韵典

一、集词

好留苜蓿常供馔；（吴锡祺）
但有桃花可种田。（刘体仁）
苜蓿盘中初日上；（葛　郯）
海棠花下去年逢。（辛弃疾）
不学汉臣栽苜蓿；（李商隐）
共向嵩山采茯苓。（张　乔）

二、韵典

圉人移苜蓿，骑士逐蘼芜。

——南北朝·李燮《紫骝马》

最怜吟苜蓿，不及向桑榆。

——唐·戴叔伦《口号》

初自寒垣衔苜蓿，忽行幽径破莓苔。

——唐·刘禹锡《裴相公大学士见示答张秘书谢马诗并群公属和因命追作》

苜蓿村中卜钓矶，临流构屋不嫌低。

——宋·刘敥《和薛仲止渔村杂诗十首·其四》

翰林但解嘲苜蓿，彭宣不得窥歌舞。

——宋·张耒《初伏大雨呈无咎》

玉殿重来人世换，萧萧苜蓿汉宫城。

——元·虞集《八骏图》

蒲萄逐月入中华，苜蓿如云覆平地。

——元·丁复《题百马图为南郭诚之作》

苑中苜蓿空骐骥，池上梧桐起凤凰。

——元·傅若金《寄王君实》

苜蓿花开遍地秋，秋声浑在树梢头。

——元·吕诚《寄则明二首·其一》

苑中苜蓿烟光合，塞外蒲萄露气浮。

——元·虞集《八月十五日伤感》

少年谁逐广文游，苜蓿盘空且为留。

——明·王世贞《过欧广文苜蓿斋与子与同赋》

苜蓿空斋坐典坟，居然野鹤在鸡群。

——明·胡应麟《周彛六招饮斋中》

桃梅拂坐春相丽，苜蓿行杯午未停。

——明·胡应麟《柬彭稚修（有序）》

风尘落叶频惊眼，苜蓿深杯且破颜。

——明·李梦阳《柬赵训导二首赵安边营将家子读易人也 二》

葡萄引蔓青缘屋，苜蓿垂花紫满畦。

——明·唐之淳《长安留题》

苜蓿朝餐薄，梅花夜梦清。

——明·郑潜《送董之瑞》

盘里犹余陈苜蓿，无须逢客说清贫。

——清·刘曾璇《自嘲》

却羡先生早知命，槐斋苜蓿斗诗肥。

——近现代·施蛰存《林生启华为其尊人远堂先生五十自寿诗征和遂献一首》

第三节　谚语歌谣中的苜蓿

古人的谚语里，简单的几个字，往往包含着深刻的道理与无穷的智慧。

一、苜蓿谚语

1. 农谚

农谚流行于我国各地，是我国古代农业科学方面的重要遗产。农民在长期的生产实践中，通过细致的观察和体验，总结出来许许多多的规律，把这些规律用简练的韵语表达出来，就成为农家的谚语。这种农谚包括何农业生产相关的各个方面。

农谚1：一亩苜蓿三亩田，连种三年劲不散。

农谚2：二茬苜蓿好胀肚，多掺干草就无妨。

农谚3：苜蓿地里种西瓜，吃得人们笑哈哈。

农谚4：种几年苜蓿，收几年好庄稼。

农谚5：（苜蓿）倒茬如施粪。

农谚6：苜蓿草是个宝，养猪离不了，喂它省精料，生猪上膘了。

农谚7：河南灵宝县有"四宝"：棉花、苜蓿、苹果、枣。

2. 民谣

关中民谣："关中妇女有三爱：丈夫、棉花、苜蓿菜。"

注：在抗日战争时期有一首儿歌为："苜蓿芽，拌拌汤，日本鬼死在河岸上"。大约是在日军进犯河南时传唱的。

二、苜蓿歌谣

1. 蝶蝶行

汉乐府中的《蝶蝶行》是一首形象动人的寓言歌谣："蝶蝶之遨游东园，奈何卒逢三月养子燕，接我苜蓿间。持之我入紫深宫中，行缠之傅博栌间，雀来燕。燕子见衔哺来，摇头鼓翼何轩奴轩！"

2. 敕勒歌

《敕勒歌》流传至今有1 600多年，历史久远，文化厚重。有北魏民歌《敕勒歌》是最早吟咏阴山敕勒川的诗歌，唐代的敕勒诗歌、两宋和辽金对峙时期《敕勒歌》和元明清时期的《敕勒歌》明朝建立后，元帝室退守蒙古草原与明对峙，史称北元。16世纪初，蒙古土默特部分封在敕勒川一带，因此这里又有了土默川之称。该部首领阿拉坦汗奉行"蒙明友好"，实现了通贡互市。明代诗人王世懋在《华夷互市》中，描写了土默川出现了边境和平安宁、蒙汉各民族和睦相处的局面，以及互市贸易给双方都带来极大的益处：

> 大漠高空寂建牙，两军相见醉琵琶。
> 天闲苜蓿多羌种，胡女胭脂尽汉家。
> 云里射生旋入市，日中归骑不飞沙。
> 金钱半减犁庭费，五利应知晋史夸。

（最后一句出自春秋时期晋国人说"和戎有五利焉"）

3. 苜蓿花

《苜蓿花》是一首游牧民族无拘无束的草原牧歌。蒙古族歌唱会给人一个强烈的印象，那就是在他们的歌声中，对草原的眷恋和对母亲的赞美是相举并重的。对于天成地就的蒙古人来说，母亲和草原，是密不可分的两大生养之源。

苜蓿花
作者不详

> 苜蓿花开的地方，欢乐着茁壮的牛羊。
> 花儿就像钻石一样漂亮，拥伴着挤奶的姑娘。
> 苜蓿花开的地方，悠扬着马头琴的吟唱。
> 花儿都像星星一样闪光，装扮着牧人的家乡。
> 苜蓿花开的地方，绽放着白莲般的毡房。
> 妈妈好像摇动炊烟，召唤着马背上的儿郎。

清代胡震亨也有一首《苜蓿花》的诗。

苜蓿花

清·胡震亨

垄上沙葱叶正齐，腾黄犹自跼羸蹄。
尾蟠夜雨红丝脆，头掉秋风白练低。
力惫未思金络脑，影寒今望锦障泥。
阶前莫怪垂双泪，不遇孙阳不敢嘶。

《唐音癸签·卷三十三 苜蓿花》

第六章 小说杂谈中的苜蓿

清褚人获《坚瓠集》曰:"《西京杂记》:乐游苑中自生玫瑰树,树下多苜蓿,一名怀风,时或谓之光风。茂陵人谓之连枝草。长安中有苜蓿园,北人极重此味,既老,则以饲马。唐广文叹有:'盘中何所有,苜蓿长阑干'。阑干横斜貌,言既老而食之不已,为可叹也。汉贵武,则以饲马;唐贱文,则以养士。一物足以观世矣。"这是对苜蓿物质与文化的精辟论述和诠释。在2 000多年的栽培中,我国先辈不仅仅在物质层面视苜蓿为牧草或蔬菜,更主要的是在精神层面上将苜蓿视为观世之变迁的重要载体或标志物,将文化意涵镌刻在苜蓿上,将苜蓿赋予深刻的人生哲理或人生态度,乃至人生观和世界观,成为许多文人墨客或达官显贵思想追求和人生哲学的象征。这就使苜蓿不仅在物质文明上发挥重要作用,而且创造性地将苜蓿延申到精神文明上发挥作用,形成了苜蓿特有的文化内涵和文化形态,传播至今、影响至今。这种文化不仅体现在诗歌、联语、谚语、歌谣等方面,在我国的文学作品中也有充分体现,如章回小说或杂谈中,常以苜蓿取喻或以苜蓿启兴,如苜蓿风味、苜蓿先生、苜蓿生涯等表现"人情世态,倏忽万端,不宜认得太真。"不妨十年苜蓿自甘,又怎样?

第一节　章回小说中的苜蓿

一、儒林外史

《儒林外史》是清代吴敬梓创作的长篇小说。

吴敬梓《儒林外史》

那日，余大先生正坐在厅上，只见外面走进一个秀才来，头戴方巾，身穿旧宝蓝直裰，面皮深黑，花白胡须，约有六十多岁光景。那秀才自己手里拿着帖子，递与余大先生。余大先生看帖子上写着："门生王蕴"。那秀才递上帖子，拜了下去。余大先生回礼，说道："年兄莫不是尊字玉辉的么？"王玉辉道："门生正是。"余大先生道："玉兄，二十年闻声相思，而今才得一见。我和你只论好弟兄，不必拘这些俗套。"遂请到书房里去坐，叫人请二先生出来。二先生出来，同王玉辉会著，彼此又道了一番相慕之意，三人坐下。王玉辉道："门生在学里也做了三十年的秀才，是个迂拙的人。往年就是本学老师，门生也不过是公堂一见而已。而今因大老师和世叔来，是两位大名下，所以要时常来聆老师和世叔的教训。要求老师不认做大概学里门生，竟要把我做个受业弟子才好。"余大先生道："老哥，你我老友，何出此言！"二先生道："一向知道吾兄清贫，如今在家可做馆？长年何以为生？"王玉辉道："不瞒世叔说，我生平立的有个志向，要纂三部书嘉惠来学。"余大先生道："是那三部？"王玉辉道："一部礼书，一部字书，一部乡约书。"二先生道："礼书是怎么样？"王玉辉道："礼书是将三礼分起类来，如事亲之礼，敬长之礼等类。将经文大书，下面采诸经子史的话印证，教子弟们自幼习学。"大先生道："这一部书该颁于学宫，通行天下。请问字书是怎么样？"王玉辉道："字书是七年识字法。其书已成，就送来与老师细阅。"二先生道："字学不讲久矣，有此一书，为功不浅。请问乡约书怎样？"王玉辉道："乡约书不过是添些仪制，劝醒愚民的意思。门生因这三部书，终日手不停披，所以没的工夫做馆。"大先生道："几位公郎？"王玉辉道："只得一个小儿，到有四个小女。大小女守节在家里，那几个小女，都出阁不上一年多。"说著，余大先生留他吃了饭，将门生帖子退了不受，说道："我们老弟兄要时常屈你来谈谈，料不嫌我苜蓿风味怠慢你。"弟兄两个，一同送出大门来。王先生慢慢回家。他家离城有十五里。

——《儒林外史·第四十八回　徽州府烈妇殉夫　泰伯祠遗贤感》

这汪为露若不打过程乐宇经官到府,这两个先生,狄宾梁自是请成一处。既是变过脸的,怎好同请?原是算计两个先生各自请开,只因他吃不得慢酒,所以先送了他礼,再请不迟,不想送出这等一个没意思来。他知道这日如此酒席盛款程乐宇,几乎把那肚皮象吃了苜蓿的牛一般,几次要到狄家掀桌子,门前叫骂。也也不免有些鬼怕恶人,席上有他内侄连赵完在内,那个主子一团性气,料得也不是个善查。又想要还在路上等程英才家去的时节截住打他。他又想道:"前日打了他那一顿,连赵完说打了他的姑夫,发作成酱块一样。若不是县官处得叫他畅快,他毕竟要报仇的。"所以空自生气,辗转不敢动手。

——《儒林外史·第四十八回　徽州府烈妇殉夫　泰伯祠遗贤感》

二、醒世姻缘传

《醒世姻缘传》是明末清初西周生创作的长篇世情小说。

那绣江县官想道:"这北边的三月正是那青黄不接的时候。正吃了这五个月粥,忽然止住,野外又无青草,树头尚无新叶,可惜把按院这一段功德泯没了!但库中久不征了,钱粮分文也不能设处,尚有守道存养弃孩剩的十四两银,盐院赈济贫生剩的十三两银,刑厅捐助的二十两银,自己设处了二十两银,共有六十七两。"想道:"这煮了五个月的粥都是按院自己设处,并不靠他乡绅大姓的一料一柴。如今再得一百石米,便可以度这三月。把这个三月过了,坡中也就有了野菜苜蓿,树上有了杨叶榆钱,方可过得。没奈何把这一个月的功课央那乡绅大姓完成了罢。况城中的乡宦富家虽是连年不曾收成,却不曾被水冲去,甚有那大富财主的人家。"砌了一本缘簿,里边使了连四白纸,上面都排列了红签,外边用蓝绢做了壳叶,签上标了"万民饱德"四个楷字。

——《醒世姻缘传·第三十一回　县大夫沿门》

三、雍正剑侠图

《雍正剑侠图》又名《童林传》,是民国评书名家常杰淼创作的长篇短打侠义评书。

一个伙计过来:"爷台上楼吧。"海川用眼睛扫视,刚才二位一定是上楼了,海川点头,伙计就喊啦:"楼上看座位。"海川来到楼上,一看靠东边楼窗的桌子这儿,捻槟榔的刚刚坐下,靠旁边楼窗还有一张桌子,海川可就坐下了,放好兵刃谱。伙计过来擦抹桌子问海川:"爷台用什么菜?""伙计,你给我来四两烧酒,随便来四个菜,然后来四张家常饼,一碗酸辣汤。"时间不大全都端上来,海川一看这四个菜:一盘清炒虾仁,一盘油爆双脆,一盘葱爆羊肉,一盘焦熘里脊。那二位也各自要酒要菜喝上了:"唔呀,伙计。"

伙计赶忙过来:"爷台,您的菜不够吃啦?"这捻槟榔的点头:"你再给我要一盘炒苜蓿肉。""好的,您稍候。"伙计往楼下走,正路过穿蓝袍的桌前:"唔呀,我说伙计,你也给我来一盘苜蓿肉。""好啦。"一会儿,一大盘炒苜蓿肉端上来,这盘儿是穿黄袍那位的菜。穿蓝袍的道:"唔呀,把菜嘛给我留下吧。"伙计乐着摇头道:"您的这就炒好,很快就给您端来,这是那位爷台要的。""唔呀,没有关系的,我们是老乡亲,是朋友,你只管放下。"伙计只好放在桌上,刚要走,穿黄袍的一把把桌子掀翻啦。"混帐东西,我要的菜为什么给他呀,简直不像话!"穿蓝袍的站起来道:"唔呀,老兄啊,不要动怒,不要紧的,我们是朋友嘛,是没有关系的,过来吧,我们一起来吃。""唔呀,老兄如此地讲话,到显得我的性子急了,那就恭敬不如从命了。伙计,请把老兄的酒菜搬到我这晁里。"穿蓝的反而和穿黄的凑到一起了,又要酒又要菜,吃得兴高采烈。海川已经吃完,要看个水落石出,他没走。这时候二位也吃完饭,伙计一算账说:"爷台,您二位一共吃了一两五钱银子,小费在外。"穿黄袍的伸手接账单儿:"唔呀,好便宜呀,账嘛由我来付。"穿蓝袍的一听:"唔呀,不对了,账嘛是由我来付。"

——《雍正剑侠图·第四十三回》

四、二刻醒世恒言

《二刻醒世恒言》清代心远主人著小说集。题"心远主人著,蒂斋主人评",其真实姓名不详。成书于清雍正年间。

《醒世恒言》

前朝有个张希孔,字素卿,绍兴府山阴县人。平日为人,极是忠厚为心,存仁济物,就是一句话,也不肯妄说,一件事也不曾妄做。若是有利于人的,他便自己吃亏,也肯为人效力,生平如此。娶妻陈氏,更又贤达,相夫做家。只是这张希孔读书半世,时运不通,走到数科,只落得榜上无名,他也不怨著天,只是恨著命,自去读书。当不过年成荒歉,家中生计越不济了。有个同学朋友林必义,字友仁,补廪二十年,岁贡了去,选了个孝丰广文的缺。就对张希孔道:"我有个小儿,要延师教诲,论来至契莫如兄了。况且学贯天人,胸罗子史,再有谁似兄的。便是广文清苦,苜蓿斋盐,若稍得俸金,也可相助。"就送了个三十金的馆约。请张希孔同去上任。也不过一江之隔,路不甚远,素卿便与妻子商议。妻子劝丈夫:"应了这馆甚好,我凭著这纺绩女工,只一身尽可养赡,不必记念得。"于是素卿大喜,一面收拾些书籍,置了几件新旧衣服,林友仁那里又送了十两银子来,素卿就都与了妻子作安家钱。同林友仁上任教读去了。不觉春尽秋来,也有半年光景,素卿要回家一看。林必义就送出二十两馆金、二两程仪、两匹素绸,差个家人,送素卿回家。看了妻子在家安好,因此放心,遂将银子,素绸都与妻子,说:"你可将此盘费罢,我今番过江,直到明岁秋试过了方回,你不必在家相念。"妻子应允。住了数日,仍旧同著差来家人,搭船回到孝丰衙中,仍坐书堂教书不题。

——《二刻醒世恒言·第十六回 穷教读一念赠多金》

五、镜花缘

《镜花缘》是清代文人李汝珍创作的长篇小说。

《镜花缘》

紫芝道："他又结巴了。"郦锦春道："菖蒲一名'连枝草'。"魏紫樱道："我对袁宝儿所持的。"众人听了，一齐称妙。掌乘珠道："袁宝儿所持的虽叫'合蒂花'，但原名却叫'迎辇花'。"周庆覃道："我对连翘的别名'摇车草'。"紫芝摇头道："这个对的无趣。"吕祥蕙道："我出地榆别名'玉豉'。"余丽蓉道："五加一名'金盐'，以此为对。"蒋素辉道："小莺姊姊言丹参一名'逐马'，但除'逐马'之外，可另有别名？"潘丽春道："还有'奔马草'。"董珠钿道："隔虎刺一名'伏牛花'。"哀萃芳道："三奈一名'山辣'。"蒋月辉道："泽兰又叫'水香'。"

——《镜花缘·第七十七回》

六、铁花仙史

《铁花仙史》作者清云封山人。

谈笑之间，酒已半酣，紫宸告止道："过承雅爱，小弟已叨酩酊矣。"秋遴道："秉烛夜游，古人佳致。今日尚午，何遽官止？当是菖蒲之肴非所以娱嘉客，故未肯为弟一醉耶。"紫宸道："重扰步兵之厨，特量非沧海，顿觉酒龙飞舞，实难再饮矣。"儒珍道："主人之兴方浓，吾兄当效淳于一石之醉，以体拳拳主意。如再言止者，请受金谷之罚。"紫宸无奈，只得坐下。三人联咏传杯，直吃到月转花梢，玉山颓倒，方才各各别归家。正是：

月漫杯中白，花飞笔底红。
三人同一醉，鼎足巧相逢。

自此之后，三个竟成倾盖之交，甚是莫逆。诗酒盘桓，互相来往。

——《铁花仙史·第七回　藕》

七、花月痕

《花月痕》是清代魏秀仁撰。

本爵钦承威命，统领元戎，招募悉拳勇之材，团练集爪牙之利。燕犀排出，争淬芙蓉；代马驱来，久肥苜蓿。四围炮火，中天挈列缺之鞭；一片刀光，半夜射望诸之魄。猬锋立折，螳斧徒劳。惟思二百年列圣垂谟，但有如伤之念。十余万生灵就溺，谁无欲拯之心。

——《花月痕·第四回 短衣匹马岁暮从军 火树银花元宵奏凯》

八、孽海花

《孽海花》是清末民初金松岑、曾朴撰。

《孽海花》

纯客看完笑道："这个捉刀人却不恶，倒捉弄得老夫秋兴勃生了！"尚秋道："本来时已过午，云卧园诸君等很久了，我们去休！"纯客连声道："去休！去休！"小燕、子佩大家趁此都立起来，纯客却换了一套白夹衫、黑纱马褂，手执一柄自己写画的白绢团扇，倒显得红颜白发，风致萧然，同著众人出来上车，径向成伯怡云卧园而来。原来这个云卧园在后载门内，不是寻常园林，其地毗连一座王府，外面看看，一边是宫阙巍峨，一边是水木明瑟，庄严野逸，各擅其胜。伯怡本属王孙，又是名士，住了这个名园，更是水石为缘，缟纻无间。春秋佳日，悬榻留宾；偶然兴到，随地谈宴，一觞一咏，恒亘昏旦；一官苜蓿，度外置之。世人都比他做神仙中人，这便是成伯怡云卧园的一段历史。闲话休提。

原来小燕是个广东人，佐杂出身，却学富五车，文倒三峡，而且深通西学，屡次出洋，现在因交涉上的劳绩，保举到了侍郎，声名赫赫，不日又要出使美、日、比哩！雯青当时拆开一看，却是四首七律道：

诏持龙节度西溟，又捧天书问北庭。
神禹久思穷亥步，孔融真遣案丁零。

遥知汃极双旌驻，应见神州一发青。
　　直待车书通绝徼，归来扈跸禅云亭。

　　声华藕藕侍中君，清切承明出入庐。
　　早擅多闻笺豹尾，亲图异物到邛虚。
　　功名儿勒黄龙舰，国法新衔赤雀书。
　　争识威仪迎汉使，吹螺伐鼓出穹闾。

　　竹枝异域词重谱，敕勒风吹草又低。
　　候馆花开赤璎珞，周庐瓦复碧琉璃。
　　异鱼飞出天池北，神马徕从雪岭西。
　　写入夷坚支乙志，杀青他日试标题。

　　不嫌夺我凤池头，谭思珠玲佐庙谋。
　　敕赐重臣双白璧，图开生绢九瀛洲。
　　茯苓赋有林牙诵，苜蓿花随驿使稠。
　　接伴中朝人第一，君家景伯旧风流。

　　雯青看罢，拍案叫绝道："真不愧白衣名士，我辈愧死了！"遂即收好，交与管家。一面喊伺候上岸。坐着双套马车，沿途还拜各官，并德、俄诸领事，直到回天后宫行辕，已在午牌时候。

——《孽海花·第九回 遣长途医生试电术　怜香伴爱妾学洋文》

九、洞冥宝记

《洞冥宝记》著于1925年，扶乩著作。

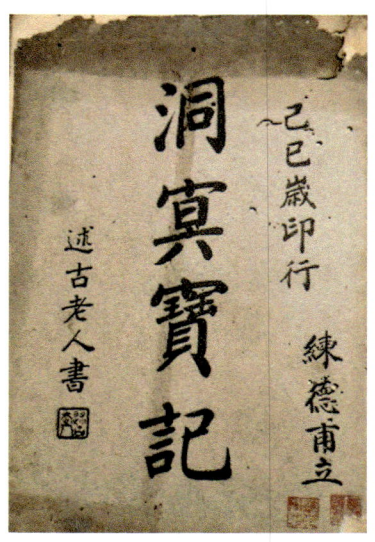

《洞冥宝记》

张桓侯大帝降坛词

殿上对联甚多，志一方拟逐一观览，忽听见暖阁门呀的一声响，大王已步出中庭，下了台阶，请真君、志一上殿，到了庭中，彼此相见礼毕，分宾主坐下。真君曰："吾柳特领志一来到宝殿，观览狱情，伏望大王赏准。"大王曰："小王已奉教主敕命，早知帝君驾临，已恭候多时矣，焉敢违命。教主又命撰训文一篇，日间已草草拟就，惟句语叮咛，拟求帝君先斧正一番，然后烦志一师弟携回坛内，付入记中，也就算塞责了。

真君曰："大王过谦，岂敢岂敢，吾柳就要索稿拜读。"大王即由袖中，取出稿来，呈与真君，真君双手接着，默诵一过，喜形于色，将稿转付志一，命再高声朗诵一遍，志一接过手来，见上面书道：

六殿卞城王谕重师尊文。

"论人本根，报答四恩，君亲之外，厥有师尊。民生于三，事之如一，师以成之，乌可起置？人当成童，先发其蒙，蒙以养正，乃圣之功。凡属幼稚，不教则肆，譬玉于斯，不琢不器。（敬之关系）人家生儿，孰不求师，循循善诱，启其良知。天资纵慧，亦须教诲，问难质疑，始通文艺。（费多少力）学问功名，赖师培成，一生得力，岂可忘情？聪明愚鲁，因人鼓舞，成德达材，同沾化雨。请业请益，朝夕训迪，坐守青毡，费尽心力。硕学名儒，教授生徒，泰山北斗，共仰型模。古人重义，尊崇师位，事若严君，礼节周备，生聚一堂，殁则心丧，圣门子贡，筑室于场。燕昭恳切，拥彗折节，游杨敬师，程门立雪。生死患荏，离合聚散，休戚相关，情深函丈。景彼古人，至性肫诚，隆师重道，不敢疏轻。胡今世界，将师轻慢，视等佣工，不以礼待。（礼节不讲）日食三餐，淡漠相看，供奉菲薄，苜蓿登盘。（简慢饮食）束修之费，先讲定例，多寡之间，锱铢必计。（菲薄束修）子弟顽冥，学业无成，滋以溺爱，归咎先生。因不进益，屡易西席，还讪前师，教训不力。（诽谤先生）多年及门，一旦负恩，稍有寸进，饮水忘源。或夸门第，或矜荣贵，轻侮老成，不知罪戾。（雷必殛之）青或胜蓝，便炫己长，敢揭师短，得意洋洋。可知句读，谁为讲究，自诩才能，忘其传授。今日师生，明日路人，邂逅相遇，弗敬弗亲。师之存殁，亦不相恤，缓急有无，视同秦越。岂知昔贤，一字为师，当然下拜，感激提撕。何况就塾，多方教育，朝夕切磋，大器相勖。乃不思量，恩德全忘，人情似纸，古道沦亡。吁嗟世道，令我伤悼，不仰高山，何从则效。我劝世人，勿昧良心，敬礼师傅，免堕幽阴。"

（师与君亲并重，勿得看轻师者之恩，数语已尽，如此之人，而今亡矣。隆师重道，古人皆然，欧风东渐，自由平等，说出种种，怪象横生，师道亦遂沦亡，能不悲哉！如此等类，所在多有真堪痛恨之极，今日世上一般人，均是欺师灭祖，令吾老仙痛哭，不禁也。世间轻师慢长之人，而能读书成名者，天理在于何处？）

——《洞冥宝记·第十七回 柳真君导游六殿 段志一初历冥程》

第二节 古今诗词话中的苜蓿

一、赤城杂诗

《赤城杂诗》宋陈耆卿撰。

余自四十岁后，不甚为诗，固由性懒，亦以此道难精，徒耗心神无益也。在台州时，诗兴尚剧，尝赋赤城杂诗，附录八首，就正大雅："祖德清芬守一毡，轩楹遗制尚依然。登堂重认梁间字，手泽存留六十年。"（秋畦公司铎临海，乾隆庚子岁修葺学廨，梁间题字犹存。）"师门自昔受恩偏，瞻拜空祠意怆然。(沈鹿坪师司铎台郡最久，台人士奉祀于祠。)子舍遗书零落尽，不堪回首十年前。""廿年旧雨溯依依，苜蓿休嫌壮志违。（孔梧乡司训临海，朝夕过从，藉破岑寂。）杯酒深谈故乡事，便教沈醉亦忘归。""半亩空园护短墙，春来消息问群芳。闭门漫道闲无事，排日栽花课正忙。"（严亲性嗜花，栽植满庭。）"古坛槐影郁苍苍，金碧楼台接上方，自问名心销已尽，漫劳仙枕梦黄粱。"（八仙岩祀纯阳真人，香火绝盛。）"踏春山径路夭斜，胜侣招邀羽士家。西北高楼帘尽卷，夕阳影里望桃花。"（八仙岩在城西北隅，春日游人皆于此登楼观桃花。）"双帻峰前路乍分，一声樵唱隔林闻。秋阴夹径鹤无语，中有幽人眠白云。""石径巉岩步屦迟，碧云深处去寻诗。夕阴欲合山光暝，犹为泉声住少时。"

——《赤城杂诗》

二、后村诗话

《后村诗话》是宋代诗人刘克庄创作的一部笔记。

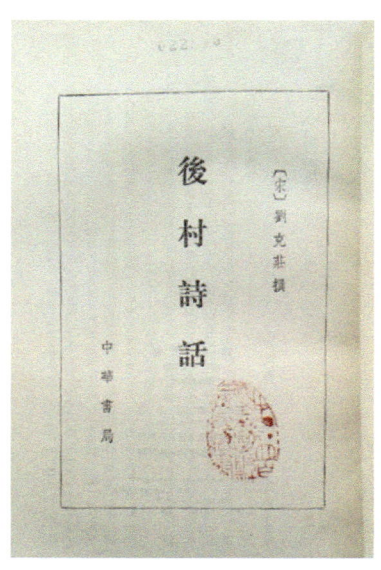

《后村诗话》

鲍防《杂感》云："汉家海内承平久，万国戎王皆稽首。天马常衔苜蓿花，胡人特献葡萄酒。五月荔枝初破颜，朝离象郡夕函关。雁飞不到桂阳岭，马走皆从林邑山。甘泉御果垂仙阁，日暮无人花自落。远物皆重近皆轻，鸡虽有德不如鹤。"馆阁诸书经南丰序引者，皆为不刊之言。鲍溶诗"清约谨严,违理者少"之评,惟深于诗者知之,世谓子固不能诗,谬矣!同时有鲍防者,亦有诗名,《唐文粹》载二鲍诗,防稍开拓,今录其《杂感》篇于此。

——《后村诗话》

三、苕溪渔隐丛话

《苕溪渔隐丛话》是创作于南宋时期胡仔编撰的中国诗话集。

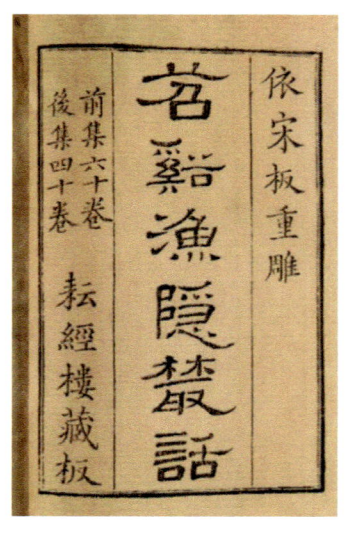

《苕溪渔隐丛话》

申王画马图诗

蔡天启

《东坡集》中,有《申王画马图》诗,即天启作;气格有类东坡,世因误收入。其后姑苏居世英家刊《东坡前后集》,遂删去。今录之云:"天宝诸王爱名马,千金争致华轩下。当时不独玉花骢,飞电流云绝潇洒。两坊岐薛宁与申,凭陵内厩多清新。肉鬃汗血尽龙种,紫袍玉带真天人。骊山射猎包原隰,御前急诏穿围入。扬鞭一瞥破霜蹄,万骑如风不能入。雁飞兔走惊弦开,翠华按辔从天回。五家锦绣遍山谷,百里鸟珥遗尘埃。青骡蜀栈西超忽,高准浓蛾散荆棘。苜蓿连天鸟自飞,五陵佳气春萧瑟。"(渔隐丛话)

苕溪渔隐曰：《九日》云：'曾共山公把酒卮，霜天白菊满阶墀，十年泉下无消息，九日樽前有所思。不学汉臣栽苜蓿，空教楚客咏江篱。郎君官贵施行马，东阁无人得再窥。'《古今诗话》云：'李商隐依令狐楚以笺奏受知，后其子绹有韦平之拜，寖疏商隐；其后重阳日，商隐造其厅事，题此诗，绹观之，惭恨，扃锁此厅，终身不处。'又《唐史》本传云：'令狐楚奇其文，使与诸子游，楚徙天平宣武，皆表署巡官，后从王茂元之辟，其子绹以为忘家之恩，放利偷合，谢不通。绹当国，商隐归穷，绹憾不置。'则商隐此诗，必此时作也。若《古今诗话》以谓'绹有韦平之拜，寖疏商隐'，其言殊无所据，余故以本传证之。但绹父名楚，商隐又受知于楚，诗中有楚客之语，题于厅事，更不避其家讳，何邪？东坡《九日》云：'闻道郎君闭东阁，且容老子上南楼。'又云：'南屏老宿闲相过，东阁郎君懒重寻。'皆用商隐语也。

——《苕溪渔隐丛话》

四、诗话总龟

《诗话总龟》宋阮阅编撰，共十卷。《诗话总龟》与《苕溪渔隐丛话》《诗人玉屑》并称为宋代三大诗话。《诗话总龟》分门别类，举例最详而多述小诗家。《苕溪渔隐丛话》主要叙述大诗人，不述小诗人。《诗人玉屑》则侧重写作诗之法。

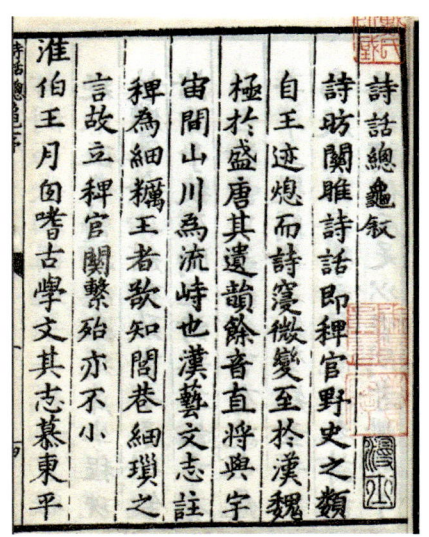

《诗话总龟》

鹕鹕，水鸟也，其膏可以涂刀剑，令不锈。《尔雅》注云，膏玉莹剑。《续英华诗》云："马衔苜蓿叶，剑莹鹕鹕膏"是也。

薛令之，闽之长溪人，尝为右庶子。时开元东宫官僚清冷，令之作诗题于壁曰："朝日上团团，照见先生盘。盘中何所有，苜蓿长阑干。饭涩匙难绾，羹稀箸易宽。无以谋朝夕，何由保岁寒！"明皇行东宫见之，题于其傍曰："啄木觜距长，凤凰毛羽短。若嫌松桂寒，任逐桑榆暖。"遂谢病归。（《古今诗话》）

——《诗话总龟·前集·卷三十一》

五、诗学禁脔

《诗学禁脔》元范德机撰。

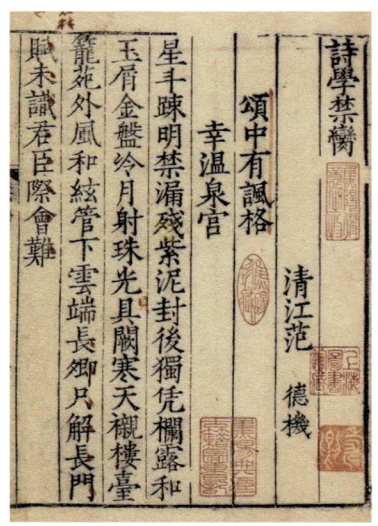

《诗学禁脔》

雅意咏物格（答群公属和）

草《玄》门户少尘埃，丞相并州寄马来。
初自塞垣衔首荐，忽行幽境破莓台。
寻花缓辔咸迟去，带酒垂鞭蹀躞回。
不与王侯与词客，知轻富贵重清才。

初联上句是自述，下句入题。次联二句皆承第二句。颈联形容马之驯服。末联上句应草《玄》，下句半应丞相，半应草《玄》。起结二句，皆美丞相好士也。

原诗：出自唐代刘禹锡《裴相公大学士见示答张秘书谢马诗并群公属和因命追作》。

——《诗学禁脔》

六、尧山堂外纪

《尧山堂外纪》明代蒋一葵撰。

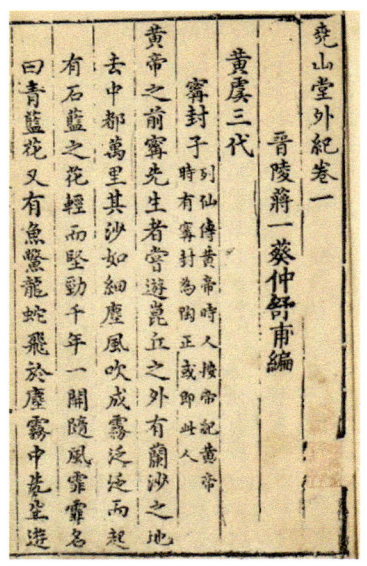

《尧山堂外纪》

王敬美自谓诗自江西后，颇觉有进，其《题华夷互市图》云：

> 大漠高空寂建牙，两军相对醉琵琶。
> 天闲苜蓿多羌种，胡女胭脂尽汉家。
> 云里射生旋入市，日中归骑不飞沙。
> 金钱半减犁庭费，五利应知晋史夸。

——《尧山堂外纪卷九十九·国朝》

七、杜诗捃

《杜诗捃》明唐元竑撰。

（臣）等谨案杜诗捃四卷。明唐元竑撰，元竑字，远生，乌程人。万历戊子举人，明亡不食。死论者以首阳，饿夫比之，是编乃其读杜诗逐首札记所阅，盖千家注本，其中附载刘辰翁评，故多驳正辰翁语，自宋人倡诗史之说，而笺杜诗者，遂以刘昫、宋祁二书据为稿本。一字一句务使与纪传相符，夫忠君爱国君子之心感事，忧时风，人之圣杜诗所以高，于诸家者固在于是然集中根本。不过数十首耳，咏月而以为比肃宗咏，萤而以为比李辅国，则诗家无景物矣，谓纨袴下服比小人，谓儒冠上服比君子，则诗家无字句矣，元竑所论虽未必全，得杜意而刊除附会涵泳性情颇能，会于意，言之外，其中如白鸥没浩荡句，必抑苏轼。而申宋敏求"宛马总肥秦苜蓿"句，正用汉武帝离宫种苜蓿事。而执误本春苜蓿字以为不对汉嫖姚，又往往喜言诗谶。尤属不经然，大圣合者为多，胜旧注之穿凿远矣。乾隆四十三年六月恭校上。

观题是公与人泛舟，或谓指所见，或谓讥明皇皆。非赠田九判官梁丘。

崆峒使节上青霄，河陇降王款圣朝。

宛马总肥春（一作秦）苜蓿，将军只（一作不）数汉（一作霍）嫖姚。陈留阮瑀谁争长，京兆田郎蚤见招。

麾下赖君才并美（一作入），独能无意向渔樵。

此诗三四句或谓，天宝沿边置十节度使，各镇兵四十九万，马八万余匹。然盛名无，逾，哥舒翰天宝十三载春，安禄山求兼领闲厩群牧，又求总监密遣亲信选健马数千匹，时李，郭名位尚卑，王忠嗣以谗废与禄山、颉颃、哥舒而已。曰总肥。曰只数因赠梁丘隐语，托讽使翰思所以制禄山也。愚按《新唐书百官志》驾部郎中、员外郎各一人，掌舆辇、车乘传驿厩，牧马牛杂畜之事。凡驿马给地四顷，莳以苜蓿。降王款朝驿传骚然，宛马总肥春苜蓿，不过指此此，句与第二句应下句，与第一句应。

吐谷浑苏毗王款塞，明皇诏翰应接，见王思礼传，或以此当降王款朝是也，谓翰报命必入朝、意料之辞，无据首句、上青霄自指，崆峒地高而言。明皇纪及翰传，天宝十三年无翰入朝事，是年翰遘风疾，因入京废疾于家田，非随翰入朝或，以使事入奏，必在翰未遘风疾前，公投赠翰诗首云：今代麒麟阁，何人第一功。末云：军事留孙楚，行间识吕蒙，防身一长剑。将欲倚崆峒辞意，与此诗同当是一时，作或即因田投赠哥舒也。

——《杜诗摅》

八、归田诗话

《归田诗话》明代瞿佑撰。

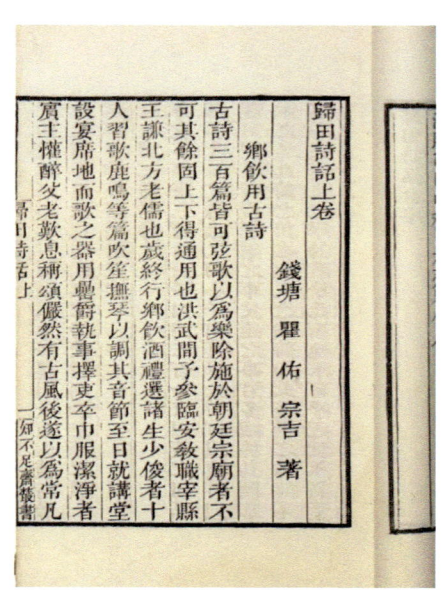

《归田诗话》

因诗见罪

薛令之为太学正，有诗云：初日上团团，照见先生盘。盘中何所有，苜蓿长阑干。

明皇见之怒。续题云：鸱鹗觜爪长，凤凰羽毛短。若嫌松柏寒，任逐桑榆暖。

因斥去之。王维携孟浩然在朝霞林，适驾至，得见，命诵所为诗，有"北阙休上书，南山归故庐。不才明主弃，多病故人疏"之句。怒曰："卿自弃朕，朕何曾弃卿？"即放还山。惟太白召见沉香亭，应制作《清平调》词三首，颇见优宠，然仅得待诏翰林而已。及在禁中与贵妃宴乐，妃衣褪微露乳，以手扪之曰："软柔新剥鸡头肉。"禄山在傍接对云："滑腻如凝塞上酥。"帝续之曰："信是胡儿只识酥。"不怒而反以为笑。谬戾如此，天下安得不乱？

村学堂

曹组元宠《题村学堂图》云："此老方扪虱，众雏争附火。想当训诲间，都都平丈我。"语虽调笑，而曲尽村俗之状。近吴敬夫一联云："阑干苜蓿先生饭，颠倒天吴稚子衣。"其景况可想也。

塞垣风景

予谪保安周府教授，滕硕亦以事累继至。见予每诵元遗山《送李参军赴塞上》长篇，谓"旧读此诗，备悉塞垣之苦，料今日亲涉此境"？辄潸然堕泪，若不能堪者。予爱其诗，因请详读而备录之：五日过居庸，十日度桑干。受降城北几千里，出塞入塞沙漫漫。古来丈夫泪，不洒离别间。今日送君行，涕泗流欲潜。生男莫作班定远，万里驰书望玉关。生女莫作王明妃，一去紫台空佩环。我知骥子堕地走四方，我知鸿鹄意气凌云端。草间斥鷃亦自乐，扶摇万里何能搏？一衣敝缊袍，一饭苜蓿盘。岁时寿翁媪，团圞有余欢。纵令一朝便得八州督，曾如庭下彩衣起舞春斓斑。去年洛阳陌，今年指天山。地远马肩破，霜重貂裘单。朔风浩浩来，客子惨在颜。野孤岭上一回首，未必君心如石顽。君不见衡山乌乳哺，不得须臾闲。众雏一分散，慈乌四顾声悲酸。塞鸿来时八九月，白头阿母望君还。

——《归田诗话·卷上》

九、损斋备忘录

《损斋备忘录》明梅纯编著的一部史料笔记。

《损斋备忘录》

说诗

太祖高皇帝御制咏雪诗云:"腊前三白旷无涯,知是天宫降六花。九曲河深凝底冻,张骞无处再乘槎。"其一统鸿基兆于此矣。新雨诗云:"片云风驾雨飞来,顷刻凭看遍九垓。槛外近聆新水响,遥空一碧见天开。"维新丕冶于是见焉,于乎盛哉!(此句下明古今说海本另有二段文字,录如下:"太祖征伪汉,至潇湘,赋诗云:'马渡溪头苜蓿香,片云片雨渡潇湘。阵风吹醒英雄梦,不是咸阳是洛阳。'天葩睿藻,豪宕英迈如此。"'大将征南胆气豪,腰悬秋水吕虔刀。马鸣甲胄乾坤静,风动旌旗日月高。世上麒麟终有种,穴中蝼蚁竟何逃。大标铜柱归来日,庭院春深听百劳'。此圣祖命都督佥事杨文南征而赐之之诗也,气象豪雄,音律和畅,酷似盛唐格局。")

——《损斋备忘录·卷下》

十、小仓山房文集

《小仓山房文集》清袁枚作,是一部诗集。

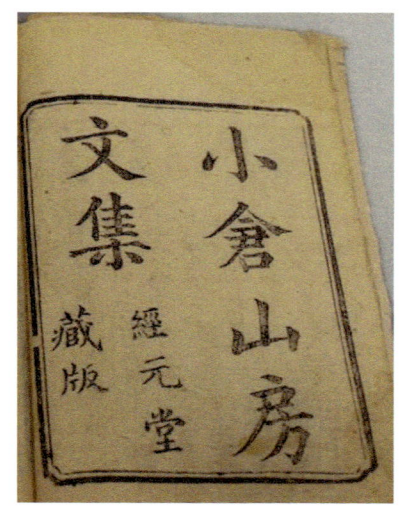

《小仓山房文集》

慰广文虞东皋以老被劾

从古广文先生官不饱,镇日盘堆苜蓿草。先生时愁苜蓿清,苜蓿还嫌先生老。先生猎缨而坐叹且吁,将使搏熊逐麋斗力乎?若然甚矣吾衰也,否则伏生辕固方登车。我道君毋忧,麦禾各有秋。君不见迦陵宰相公同年,身拖紫绶归黄泉?又不见孟亭太守公同官,方挂角巾寻古欢?贵者先亡贱者在,闲中岁月君须爱。种成桃李满人间,收得桑榆归物外。先生闻之大喜酣千钟,自署"城南老秃翁"。放手划成屿嵝字,开怀吹出黄农风。忽闻天子南巡诏,白头又照烟波笑。想作飞熊学太公,广张三千六百钓。(先生将献诗)

——《小仓山房文集·卷七(庚午、辛未)》

十一、明诗纪事

《明诗纪事》为清末陈田编著的一部诗话集。

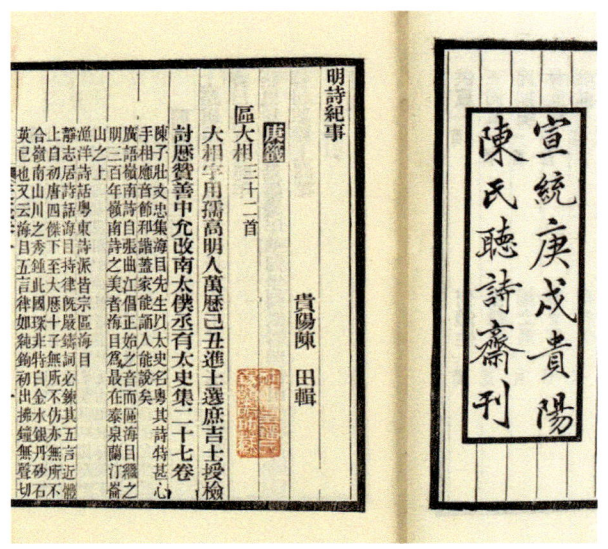

《明诗纪事》

题刘士平竹所卷

凤凰溪头十亩园,我昔种竹竹已蕃。揃除杂乱扶正直,不使恶类相牵援。春雷动地儿孙长,森然玉立参天上。玄冬何嫌霜霰重,赤日自憩风飙爽。一从宦辙梁宋游,燔埃迷目挥汗流。琉璃八尺谁卷送?琅玕一个不可求。腐儒本非食肉相,十年归梦随吴榜。余生未了苜蓿盘,此身须付桃枝杖。永嘉刘郎思故山,有庐亦在万竹间。觅我狂歌托幽抱,歌成转觉俱愁颜。长竿把得溪头钓,短箫吹作江南调。此时烧笋饭刘郎,喷案不妨同一笑。

……

陈员外奉使西域周寺副席中道别长句

汉家郎官头未白,扈从初为两京客。忽逢天边五色书,万里翩翩向西域。腰间宝剑七星文,连旌大斾何缤纷。解鞍夜卧营中月,揽辔朝看陇上云。黄沙断碛千回转,玉关渐近长安远。轮台霜重角声寒,蒲海风高弓力软。兹行骑从历诸蕃,毡帐依微绝漠间。残烟古树羌夷聚,远火荒原猎骑还。蕃酋出迎通汉语,穹庐葡萄酒如乳。舞女争呈于阗妆,歌辞尽协龟兹谱。当筵半酢看吴钩,上马便著锦貂裘。山川遥认月支窟,部落能知博望侯。草上风沙乱骚屑,边头日暮悲笳咽。行穷天尽始回辕,坐对雪深还仗节。归来杂遝宛马群,立谈可以收奇勋。却笑古来征战苦,边人空说李将军。

田按:陈员外名诚,字子鲁,吉水人。永乐十一年(1413年),西域哈烈诸国来贡京师,及归,帝命诚及户部主事李暹、指挥金哈、蓝伯偕中官李达送之,就赍玺书文绮纱罗布帛诸物分赐其酋长。其行也,京朝官多赠诚诗,子启之外,王希范诗云:"剑佩翩翩出武威,关河秋色照戎衣。轮台雪满逢人少,蒲海霜空见雁稀。蕃部牛羊沙际没,羌民烟火碛中微。兹行总为宣恩德,不待葡萄苜蓿归。"胡若恩诗云:"旌旆西征逸气雄,玉关春早听归鸿。紫驼夜度交河月,骢马晨嘶瀚海风。黄沙古碛行行见,白草寒云处处同。莫言万国昆仑外,总在皇仁覆育中。"十三年,诚等还。哈烈诸国复遣使偕来,贡文豹、西马及他方物。诚因进所作西域行程记》，纪山川之险易，人民之多寡，土壤之肥瘠，赀蓄之饶乏，与其饮食衣服、言语好尚之不同。诏付之史馆，擢诚郎中。明年，诸国再贡，及还，帝复命诚赉书币报之。子启复有《送陈郎中重使西域》诗云："驰驱宛马入神京，拜命重为万里行。河陇壶浆还出候，伊西部落总知名。天连白草寒沙远，路绕黄云古碛平。却忆汉家劳战伐，道傍空筑受降城。""玉关迢递塞云黄，西陟流沙道路长。山绕高昌遗碣在，草遮姑默废城荒。闲听羌笛多乘月，暗卷戎衣半带霜。不用殷勤通译语，相逢总是旧蕃王。""重宣恩诏向穷边，蕃落依稀似昔年。酋长拜迎张绣帻，羌姬歌舞散金钱。葡萄夜醉氍毹月，袅晨嘶首苜烟。百宝嵌刀珠饰靶，部人知是汉张骞。"王行俭《送陈郎中子鲁再使西域》诗云："翩翩旌旆出皇州，瀚海仑是昔游。塞外风云随使节，天涯霜雪散征裘。还家不论千金橐，佩印须为万里侯。想见番夷归圣德，自西河水亦东流。"周恂如《送陈郎中重使西域》诗云："故人好文仍学武，早岁出身事明主。载笔曾经直玉堂，分队还闻佐藩府。前年复拜汉仙郎，远传天诏向遐方。辞家不作儿女态，上马宁忧道路长。驱车晓出萧关北，莽莽黄云望空碛。锦帐迎风夜宿迟，朱旗卷空军行疾。扬鞭迢递过伊西，部落多因水草移。楼项城郭居人少，铁勒沙场烟火稀。手持龙节经诸国，横行直欲向西极。画角寒吹月色残，吴钩醉拂霜花白。番王幸睹汉仪型，毡裘夹道多欢声。拜迎不但设供帐，职贡还随朝玉京。五色狻猊斗光动，百群天马皆龙种。归来同献白玉墀，天子非常赐恩宠。粉署迁官月未余，乘轺又复出皇都。山川遥忆经行处，番部重迎使者车。蓟城官舍春开宴，金樽绿酒欢相饯。英雄漫说李将军，意气宁惭班定远。问君此去来何时？辛勤三载计还期。半酣笳鼓发征骑，旌旆悠悠空尔思。"又有周孟简、钱习礼诗，见后。

题子昂马图

寄张天所

沙碛春深苜蓿肥，锦鞍新卸远行归。
牧儿不敢从南牧，手挽弓梢看雁飞。

金章宗画马图

明昌天子世宗孙，善书善画兼善文。
挥毫拂素貌骐骥，神妙不数曹将军。
龙髻凤臆真无比，汗血犹沾渥洼水。
汧阳云锦非不多，如此权奇能有几？
忆昔武元起海东，从骑蹵踱皆游龙。
西驰木叶风沙静，南蹴大梁榛棘空。
梁王已死陈王戮，饮马泉荒无苜蓿。
天闲十二俱下材，薄蹄秃尾空多肉。
此图想是建国初，明昌以后此马无。
北荒铁骑忽驰骤，山后山前草木枯。

——《明诗纪事》

十二、冬青馆古宫词

《冬青馆古宫词》清张鉴撰。

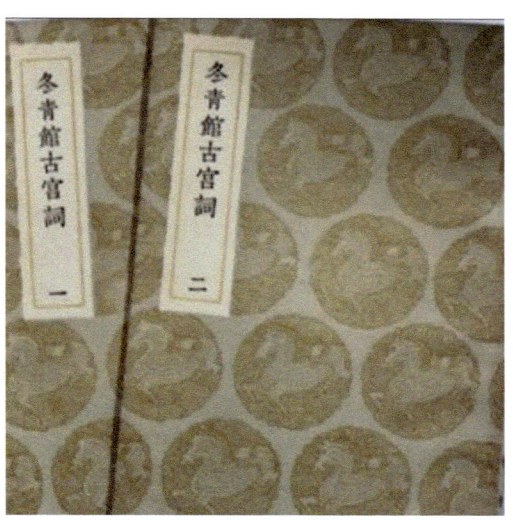

《冬青馆古宫词》

《开天遗事》：御苑千叶桃开，明皇折一枝簪贵妃髻，曰："此花亦能助娇。"又宴桃树下，曰："不特萱草忘忧，此花亦能销恨。"《唐书·西域传》：尼婆罗在吐蕃之西，贞观中，使人献波棱酢菜及浑提葱。《刘宾客嘉话》：菜之波棱，本西国中。有僧将其子来，如苜蓿、葡萄因张骞而至也。绚曰："岂非颇棱国来，而语讹为波棱耶？"

——《冬青馆古宫词》

十三、听秋声馆词话

《听秋声馆词话》清丁绍仪撰。

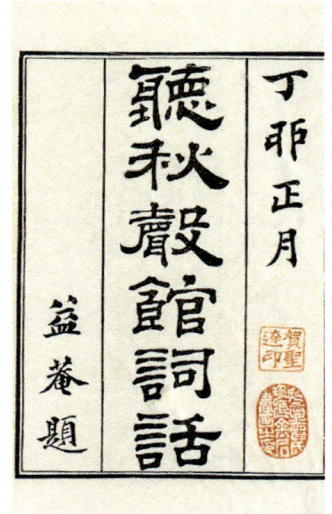

《听秋声馆词话》

唐埙词

台阳篱落间半植草树，有名绿珊瑚者，不花无叶，而枝围横生，葱翠可喜，亦海外异卉也。唐益庵广文（埙）咏以玲珑玉云："铁网兜来，疏篱外、翠影莎笼。烟梢七尺，赛他火齐般红。遮断芦帘纸阁，怕龙须误竹，虬爪疑松。青葱。倩琼钗、簪向鬒蓬。细认毗耶别种，称徐陵架笔，越样玲珑。试折纤柯，配诗人、瘦削游筇。何须缀枝密朵，早衬遍、苔阶凉月，屐印弓弓。浑不见，绿衣娘、飞一浅草。"益庵居秀水，余三十年前旧友也。诗文敏捷，工隶书，屡试不售，为人司记室。后游台湾，值寇警，以杀贼功铨富阳训导。方谓苜蓿一盘，堪以娱老，又值杭州陷，避乱来闽，鬒发皓然矣。出竹西小筑词属为校正，余有献替，应时改定。谒金门云："蛩语悄。秋意被他偷报。碧泻银河流到晓。牵牛花放了。一径梧阴谁扫。月底玉箫声杳。帘卷西风人暗老。怕将鸾镜照。"舟行即事蝶恋花云："一叶艒轻柔橹短。剪破靴纹，百折春罗软。几片落红飞断岸。双双绿鸭衔来远。晓日微烘风力缓。不信浮槎，稳可通银汉。梦压鸳衾犹未转。玉骢嘶向谁家院。"题祝菊门孝廉潇湘听雨图凄凉犯云："梦回篷底。连宵雨、声声都带秋意。荒洲断渚，鸥寒鹭冷，客游倦矣。飘萧未已。问洒遍、黄芦丛未。怕湘娥、千来幽怨，蓦地又勾起。遥指峰青处，爪印泥痕，而今犹记。生绡重展，认依稀、层峦如洗。一抹烟痕，把多少、离魂牢系。忆年时，点点似和断雁唳。"

——《听秋声馆词话·卷十八》

十四、窥园留草

窥园留草

清·许南英

王泳翔纳宠，戏作催妆诗贺之。

苜蓿凋残豆蔻鲜，春风二月嫁人天。

痴男原不移痴志（即用泳翔"人笑者男痴，痴男志不移"句），勉读召南第十篇。

阑干苜蓿伴孤标，闻道先生不寂寥。

健妇能为开化种，佳儿便是读书苗。

美人别泪恩犹在，良友钟情意也消。

挑战以诗原韵事，寄声我让倚楼超。

（赵岛素广文以诗自鸣得意，由鲁恂处寄诗数首并论诗一篇索和。因案牍忙冗，无以应之，故结韵云及）

——《窥园留草》

十五、人境庐诗草

《人境庐诗草》是清代黄遵宪编著的别集。

《人境庐诗草》

春夜招乡人饮

春风漾微和，吹断檐前雪。寒犬吠始停，众客互排闼。出瓮酒子酽，欹壁烛奴热。花猪间黄鸡，亦足供 醊。团坐尽乡邻，无复苛礼设。以我久客归，群起争辩诘……

诸胡饱腥膻，四族出饕餮，钉盘比塔高，硬饼藉刀截。菜香苜蓿肥，酒艳葡萄泼。冷淘粘山蚝，浓汁爬沙鳖。动指思异味，谅子固不屑。古称美须眉，今亦夸白晳。紫髯盘蟠虬，碧眼闪健鹘。子年未四十，纍纍须在颊。诸毛纷绕涿，东涂复西抹。得毋逐臭夫，习染求容悦。子如夸狡强，应举巨觥罚。谬称夜郎大，能步禹迹阔。试披地球图，万国仅虮虱。岂非谈天衍，妄论工剽窃。一唱十随和，此默彼又聒。醉喝杯箸翻，笑震屋瓦裂。平生意气颇，滔滔论不歇。到此穷诘屈，口箝舌反结。自作沧溟游，积日多于发。所见了无奇，无异在眉睫。《山经》伯翳知，《坤图》怀仁说。足迹未遍历，安敢遽排评。大鹏恣扶摇，暂作六月息。尚拟汗漫游，一将耳目豁。再阅十年归，一一详论列。

——《人境庐诗草·卷五》

十六、古今词话

《古今词话》清沈雄辑录的类词话。

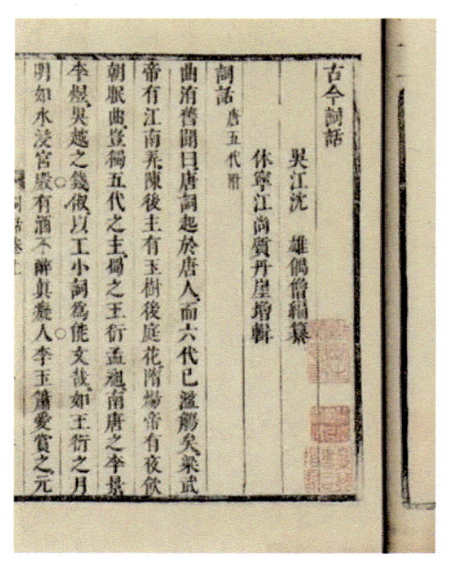

《古今词话》

阑干，横斜貌。又韵会云，眼眶谓之阑干。薛令之诗"苜蓿长阑干"，王元景曰"别后泪阑干"，陈参政词"杜鹃声里阑干"。

十七、全史宫词

《全史宫词》清史梦兰撰。

【宫词】大被同眠友爱长，连枝应并草齐芳。可怜养德储宫日，竟使官奴送缘囊。【简释】《西京杂记》载，赵王如意，年幼未能亲外傅，戚姬使旧赵王内傅赵媪傅之，号其室曰"养德宫"。惠帝尝与赵王同寝处，吕后欲杀之而未得。后帝早猎，王不能醒，吕后命力士于被中缢杀之。及死，吕后不之信，以绿囊盛之，载以小辇车，入见，乃厚赐力士。力士是东郭门外官奴。帝后知，腰斩官奴。吕后不知也。（又）载，乐游苑自生玫瑰树，下有苜蓿，日照其花有光彩，茂陵人谓之"连枝草"。

——《全史宫词·卷六 汉》

十八、晚晴簃诗汇

《晚晴簃诗汇》近现代徐世昌辑。

龙池鲫歌

灵岩山阳白龙池，中有神物不敢窥。风雨变化产金鲫，腹腴修凸甘而肥。常时嚻者触龙怒，辟历往往随人驰。岁寒霜雪老龙蛰，罾网乃敢临渊施。一尾入市一金直，物少嗜众宜居奇。犹忆童时侍膝下，阑干苜蓿同尝之。康熙甲午，先君子为六合学官，余随侍。荏苒五十有余载，食指虽动杳难期。今兹中孚交卦气，旅馆大雪飞如筵。老夫瑟缩蚕在茧，忽见银鹿裹书帷。素鳞翕翕眼犹动，柳枝脱叶横穿腮。曰此良友自远致，主人相馈佐酒卮。纵之盆盎始围围，斗升之水亦扬鬐。金齑玉鲙吾所欲，灶觚况复劳相思。亟呼饔人煮冰水，芼以葱兼姜桂滋。上箸白于剖良玉，沾唇腻若含凝脂。尤爱鱼脑及鱼尾,水晶碎嚼吞胶饴。巷南同志招共食,既醉捉笔还为诗。冯暖弹铁古无取,蒙庄涸澈亦足嗤。乐王羊舌皆何在,且微昏札观爻辞。

送张寅揆还蒙化

文字烟萝结习深,暂归应尔费招寻。两年猿鹤山中梦,一曲《骊驹》客里心。旧折桂枝香尚在,新餐苜蓿病交侵。调高自有钟期赏,珍重朱弦太古琴。

——《晚晴簃诗汇·卷七十八》

十九、金粟山房诗抄

《金粟山房诗抄》清朱骞瀛撰。

题金台书院壁

招虞弓不至,招士金岂来。如何燕礼士,但筑黄金台。请从隗始隗已误,无怪士来又终去。天马飒然嘶长空,昂首匪在苜蓿丛。我思下车解绂之高风。

——《金粟山房诗抄·卷一》

第三节　杂谈杂抄随笔中的苜蓿

一、封氏闻见记

《封氏闻见记》是唐代封演编撰的古代中国笔记小说集。

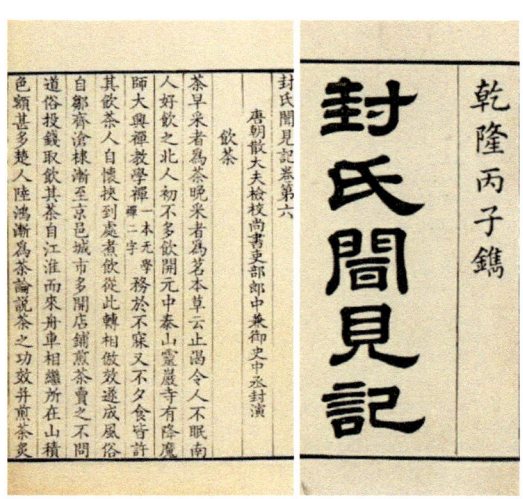

《封氏闻见记》

《周礼》称"橘逾淮北而为枳,鹦鹆不逾济,貉逾汶则死,地气然也"。故《春秋》书"鹦鹆来巢"。然则禽兽草木,中土所无,异方而来者众矣。汉代张骞自西域得石榴、苜蓿之种,今海内遍有之。太宗朝,远方咸贡珍异草木。今有马乳蒲萄,一房长二尺余,叶一作万。护国所献也。娑罗树一名菩提,叶似白杨,摩伽陀那国所献也。黄桃一名金桃,大如鹅卵,康国所献也。波棱菜,叶似红蓝,实如蒺藜,泥婆罗国所献也。又有酢菜似慎火,苦菜似苣胡,芹、浑地葱之属,并自西域而来,色类甚众。异方禽兽,象出南越,驼出北胡,今皆育于中国,然不如本土之宜也。

——《封氏闻见记·卷七》

二、鹤山集

《鹤山集》宋魏了翁撰。

代谢刘制置举状

无舟子五秉粟,冰守冷官。得刘公一纸书,春回寒谷。初非挟炭以游炉冶,乃肯插翱而生风涛。省分逾涯,扪心知恶。自古道之榛塞,致公举之陵夷。田歆举六人而五得于贵戚之书。巨源荐十士而九出于权门之属。视冰子如纤芥礼白屋者几人。非有特达之大贤,谁起伶俜之孤胄。如某者,鸥䴔野性,萤雪谀儒。解兰东皋,幸脱虀盐之债;采芹泮水,尚哦苜蓿之盘。有书盈车,无毡对客。穷年兀兀,见笑诸生;枵腹便便,贻嘲弟子。宁打头于宛丘之舍,敢骧首于吏部之。

——宋魏了翁《鹤山集·卷六十六》

三、龟巢稿

《龟巢稿》元谢应芳撰。

贺蔡教授到任启建学立师,本三代之良法,化民成俗,即二南之遗风。夫以世衰而道微其必人存而政举。喜聆木铎,敢进刍荛。瞻此昆山,舞丹崖之凤石,沛然娄水,接沧海之鲸波。以山川如是之奇,人物由来之盛。纷纷显宦,比比高门。豪如刘龙洲乃寓焉,贤若李乐庵而居此。适值近年之兵革,遂忘旧日之衣冠。城郭是而人民非,礼义废而政教失。幸乡校之不毁,今学宫之苟完,有司奔走于豆,笾多士趋跄于礼乐。但龙蛇之混杂,有凫鹤之短长,中也,养不中,才也养不才，政赖有甄陶之力。仁者谓之仁，知者谓之知，岂容无区别之心。惟自今，秦镜之明，更不致、齐竽之滥。大栾小桷，匠氏固无弃材，贵玉贱珉，识者自能定价。严一鼓以作气，必三年而有成。恭惟某官心醉六经，眼空四海。杏花坛上，重来鼓焦尾之琴，荷蒉门前，试听击有心之磬。胸次炯玉壶冰露，文章垂金薤琳琅。曩尝居淮海维扬，人共仰泰山北斗。能不失前贤规矩，真可为后学范模。苜蓿阑干，且莫厌一官之冷，菁莪长育，当挽回吾道之春。立登要津，入居翰苑。如某者蹉跎仕路，流落他乡，不能看长安之花，乃亦采泮池之藻。闻所闻、见所见星凤先睹而快哉。步亦步，趋亦趋兰鲍久居而化矣。

自和

雪压新年花，开想迟，莺来甚难。喜杯有屠苏。春风滟滟，盘余苜蓿、朝日团团。六十年来寻常，交际江海鸥盟。总不寒移家处、每涉园成趣居谷名盘 忘情世味辛酸，但吟得新诗，胜得官，尽教我低头，三间矮屋，从他高步，百尺危竿，白首无成。苍生应笑不是当年老谢安，琴书里且消磨晚景受用清欢。

——《龟巢稿》

四、析津志辑佚

《析津志》元末熊梦祥撰。

诸菜叙：无菜则曰馑，岁荒则曰饥。饥馑相仍。古人云：咬得菜根断，何事不可为！又曰：平生事，百瓮颜。又曰：士大夫不可一日不知此味，而菜果可少欤！盖昔人欲深知此味者，戒口腹便嗜，从心于饕餮尔。是故丹鼎删钟，咸铸以饕餮兽面，以口吞啖牛、羊、猪蹄者，深有意焉。特人以学而不察味而玩之，宁不自愧！夫涧芹、沼沚、溪毛，可荐于祖庙，可羞于王公。凡耕田、灌园、沃蔬，大夫士又何尝废哉！山杀、野蔽、苜蓿之类，食之寄诸珍味，从可知无择焉。然种莳则又各随其地土之宜，风气之不同乎？幽燕朔漠，水雪风霜，固其宜也。而其所种咸异，或采于山涧，或种于田园，初无定止，亦各有时令主之。今采其目见口尝者与闻而知者，并书于是，乃作菜志。

——《析津志辑佚》

五、与孙男毓仁书

《与孙男毓仁书》明朱舜水撰。

日本禁留唐人，已四十年，先年南京七船，同往长崎，十九富商连名具呈恳留，累次不准。我故无意于此，乃安东省庵，苦苦恳留，转展央人，故留驻在此，是特为我一人，开此厉禁也。既留之后，乃分半俸供给我，省庵薄俸二百石，实米八十石。去其半，止四十石矣。每年两次到崎省我，一次费银五十两，二次共一百两。苜蓿先生之俸，尽于此矣。又土宜时物，络绎差人送来。其自奉敝衣粝饭菜羹而已，或时丰腆，则鱼鰯数枚耳。家止一唐锅，经时无物烹调，尘封铁锈。其宗亲朋友，咸共非笑之，谏沮之，省庵夷然不顾。唯日夜读书乐道已尔。我今来此十五年，稍稍寄物表意，前后皆不受。过于矫激，我甚不乐，然不能改。此等人中原亦自少有，汝当铭心刻骨，世世不忘也。此间法度严，不能出境奉候，无可如何。若能作书恳恳相谢甚好，又恐汝不能也。

——《与孙男毓仁书》

六、见只编

《见只编》明姚士麟撰。

海盐翁学训严之,寿昌人,为人严正,而接士宽厚。官贫斋冷,苜蓿自甘,未尝与寒生计束修巳上。一日,独坐,忽有怪风从牗下起,蓬勃掀播,震荡无已。因起步庭外,则阶不动也。入室复然,食顷而止。心怪之,疑牗下有异,因命僮奴持锄钁穿砌而下,三尺许,得一妇人尸,色生如新,因以询之斋役,始知前训樊悍妻杀妾,埋此也。翁遂具棺,殓葬之郊外。未几,闻樊死,而樊子某举孝廉亦死,而悍妻单穷,老无所依。盖冥冥中以此报之也。樊处之缙云人。

——《见只编》

七、艺苑卮言

《艺苑卮言》明王世贞撰。

孟浩然以禁中忤旨,放还终老;薛令之以苜蓿致嫌夺官;萧颖士及第第三十年,才为记室;王昌龄诗名满世,栖迟一尉;贾岛温飞卿皆以龙鳞鱼服,颠踬不振;孟郊公乘亿温宪刘言史潘赟之徒,老困名场,仅得一第,或方镇一辟,憔悴以死,至其诗所谓"鬓毛如雪心如死,犹作长安下第人","十上十年皆下第,一家一半已成尘","一领青衫消不得,著朱骑马是何人",又有"揶揄路鬼","憔悴波臣","猕猴骑土牛","鲶鱼上竹竿"之喻。噫!其穷甚矣。胡仲申聂大年刘钦谟卞华伯李献吉康得涵王敬夫薛君采常明卿王稚钦皇甫子安子循王道思,皆迹时之偃蹇者。

——《艺苑卮言》

八、弇州四部稿

《弇州山人四部稿》是明王世贞撰文集。

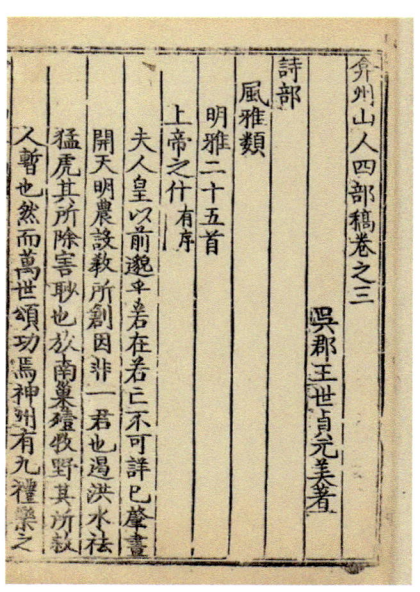

《弇州山人四部稿》

当世宗时，六七大夫讲业燕中，而不佞谬名能私其绪。居无何，相继得罪斥谪，或自引去天下，操觚之士避之，吻齿外而南海。欧大任先生独好，其言以为足当我，欧先生于书，无所不窥其大要，非西京建安，而下至开元亡述也，其屐屦遍户阖业，非以六七大夫亡当也。欧先生受经为南海诸生，甚著竟不第而。游燕一日而倾燕之，士人而竟无能荐之者，为学官江都会淮以南鲜雅慕。欧先生默默不自得益，肆其力于文章，其文章益高，然度以自媮快而已，而会不佞强起过江都。六七大夫非故物，则亦起旬日而过江都者，二三辈欧先生，欢甚出一编相示曰：此吾所自媮快者也，环吾斋树苜蓿而以亩计，晨光萧然旬雨而苜蓿。

——《弇州四部稿·卷六十六》

九、伐檀斋集

《伐檀斋集》明张元凯撰。

《伐檀斋集》

辕驹叹

万物有荣瘁，修途多险虞。
枥上曾称骏，辕下反为驹。
哀鸣望顾盼，主人恩不殊。
不覉骐骥驾，乃与驽骞俱。
流沙千万里，秋风苜蓿枯。
梦想燕然山，追逐大将符。
皮相亦何凭，骨立亦何图。
倘再赐鞭策，犹堪任驰驱。

塞上二首

新捷天骄并策勋，未央先遣羽书闻。
降时瀚海初生月，战后阴山尽障云。
过雁远逢苏属国，射雕难避李将军。
汉宫近有蒲萄筑，再见桃林散马群。
霍家初拜冠军侯，雀弁胡缨绣臂韝。
苜蓿总肥调宛马，䴏䴉新淬出吴钩。
月明青海无传箭，霜冷黄榆乍赐裘。
姓字不将麟阁贮，丈夫空作玉关游。

——《伐檀斋集》

十、蜀都杂抄

《蜀都杂抄》作者明陆深。

黎州安抚司内，小厅东有梨树一株，高九丈，围九尺，州人取其枝以接果，岂黎以梨名耶？州人呼为三藏梨，相传为唐僧西游，植黎杖于此，曰他日州治在此。恐非实事。古称黎杖，黎即苜蓿，养之历霜雪，经一、二岁，其本修直，生鬼面，可杖，取其轻而坚，非梨木也。

——《蜀都杂抄》

十一、二刻拍案惊奇

《二刻拍案惊奇》为明末凌濛初编著。

诗曰：

朝日上团团，照见先生盘。

盘中何所有？苜蓿长阑干。

这首诗乃是广文先生所作，道他做官清苦处。盖因天下的官随你至卑极小的，如仓大使、巡检司，也还有些外来钱。惟有这教官，管的是那几个酸子，有体面的，还来送你几分节仪；没体面的，终年面也不来见你，有甚往来交际？所以这官极苦。然也有时运好，撞著好门生，也会得他的气力起来，这又是各人的造化不同。

——《二刻拍案惊奇·第二十六卷》

十二、茶余客话

《茶余客话》清代笔记小说，由阮葵生撰。

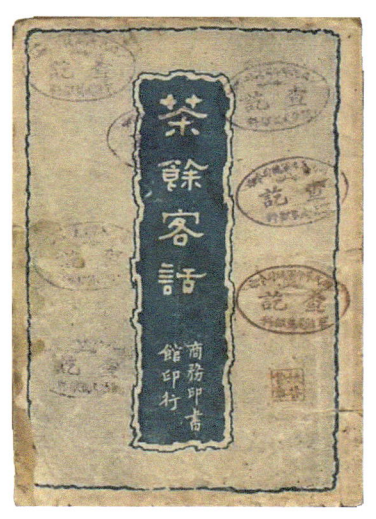

《茶余客话》

假借对法

假借对法，始于唐人，亦有不可训。如"床头两瓮地黄酒，架上一封天子书。当时物议朱云小，后代声名白日悬"。太不伦矣。若少陵"枸杞因吾有，鸡栖奈汝何"，亦滥觞也。而严仆射对望乡台，春苜蓿对霍嫖姚，终不必效颦借口。

——《茶余客话·卷十一》

代称

方丈，僧居也，宴室也，圜室，图圄也，道士居也。禁中，大内也，幽室也。闾内，国门也，闺阁也。槛，槛也，阱也。阑干，罘罳也，眼眶也，夜深也。尺宅，陋居也，面也。寸田，地少也，心也。秋水，剑也，眼也。芙蓉，剑也，面也，舌也，帐也，水花也，木花也，山峰也。太史，天官也，翰苑也。黄门，奄人也，给事也。貂榼，贵戚也，刑余也。典型，老成人也，大辟也。金石，文字也，交情也。图书，经史也，符印也。流黄，颜色也，机组也。琥珀，丹石也，酒也。玳瑁，石也，龟甲也。筵，席也。琅玕，石也，箓也。六寸，笔也，算也。葳蕤，花也，锁也。苜蓿，马刍也，训士官禄也。

——《茶余客话·卷十六》

十三、烟屿楼笔记

《烟屿楼笔记》清徐时栋撰。

薛令之为东宫侍读时，官僚简淡，以诗自悼云："朝日上团团，照见先生盘。盘中何所有？苜蓿长阑干。饭涩匙难滑，羹稀箸易宽。只可谋朝夕，何由保岁寒。"此诗大似近时馆师自嘲。

——《烟屿楼笔记》

十四、香艳丛书

《香艳丛书》为晚清张廷华所辑的一部丛书。

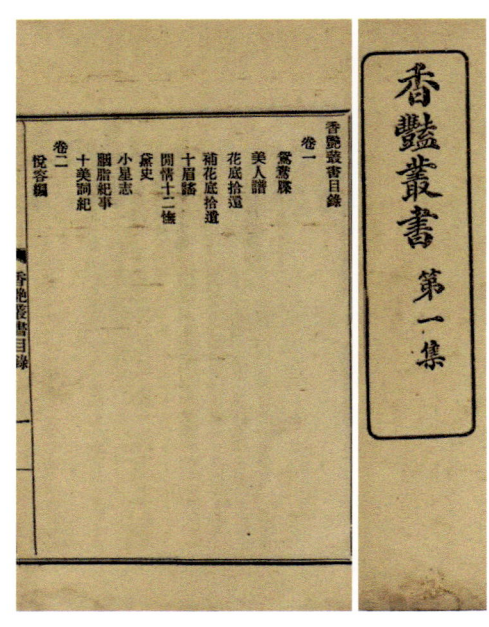

《香艳丛书》

《开天遗事》：御苑千叶桃开，明皇折一枝簪贵妃髻，曰："此花亦能助娇。"又宴桃树下，曰："不特萱草忘忧，此花亦能销恨。"《唐书·西域传》：尼婆罗在吐蕃之西，贞观中，使人献波棱酢菜及浑提葱。《刘宾客嘉话》：菜之波棱，本西国中。有僧将其子来，如苜蓿、葡萄因张骞而至也。绚曰："岂非颇棱国来，而语讹为波棱耶？"

汉宫秋，那知道，长门秋怨。秋海棠，最堪怜，肠断秋砧。
梧桐花，放下著，六根六识。木棉花，识就了，千纬千经。
月季花，月月红，四时不断。含笑花，朝朝乐，一笑生春。
一般的，菜花开，游蜂队队。直等的，槐花黄，举子纷纷。
石竹花，篆竹花，迥于异样。朱兰花，若兰花，各自相分。
苜蓿花，靛青花，近于野草。王瓜花，白豆花，琐碎难论。
笔尖头，写不尽，许多数目。四季花，那能彀，悉记其名。

——《香艳丛书·卷八》

十五、藤阴杂记

《藤阴杂记》是一部清代笔记著作，戴璐撰。

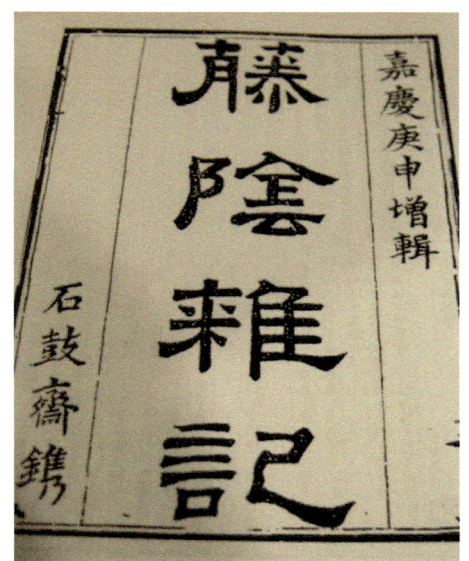

《藤阴杂记》

漫疑乞米书成帖，不比充饥饼在图。日有只鸡公膳半，夜无斗酒客谈孤。歌鱼讵敢弹长铗？苜蓿儒餐分已逾。"《乡厨》云："不谙烹饪强司厨，每一房头拨一夫。聊可燔柴当老妇，偏工媚灶诒人奴。饥肠定有羊蹄踏，敝　谁怜犊鼻污？乞得饔余频护视，出闱一饱共妻孥。"《刻匠》云："梨枣先期妙选材，风斤月斧一时来。官差独应诗文役，儒术偏资刀笔才。讵以刃游矜绝技。所期纸贵卖名魁。

——《藤阴杂记·卷四》

十六、邵氏闻见后录

《邵氏闻见后录》又称《闻见后录》，是宋邵博创作的回忆录。

杜子美以"郑李"对"文章"，"严仆射"对"望乡台"，"春苜蓿"对"霍嫖姚"，"正冠"对"吹帽"。又云："轩墀曾宠鹤"，如鹤乘轩。《左氏传》注云：轩，大夫车也。"非轩墀之轩，或以为病，惟知诗者能辨之。

杜子美诗："将军只数霍嫖姚"对"苑马总归春苜蓿"，"嫖姚"字如律当读子声。又云"杖藜妨跃马，不是故离群"，"离"字如律当读平声。

——《邵氏闻见后录·卷十》

十七、订讹类编

《订讹类编》清杭世骏撰。

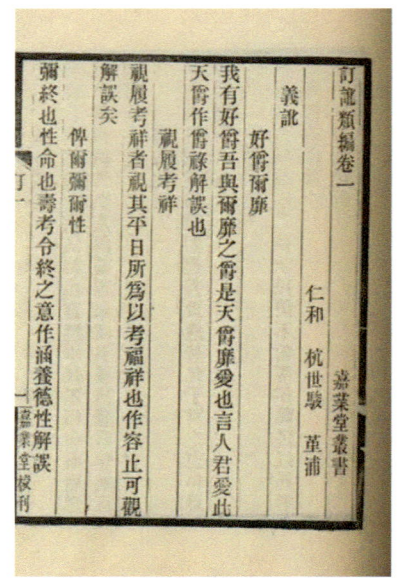

《订讹类编》

苜蓿烽 岑参诗。苜蓿烽边逢立春。葫芦河上泪沾巾。皆纪塞上之地也。唐三藏《西域志》。塞上无驿亭。又无山岭。止以烽火为识。玉门关外有五烽。苜蓿烽其一也。然则今作峰者非也。

——《订讹类编》

十八、香祖笔记

《香祖笔记》清王士禛撰。

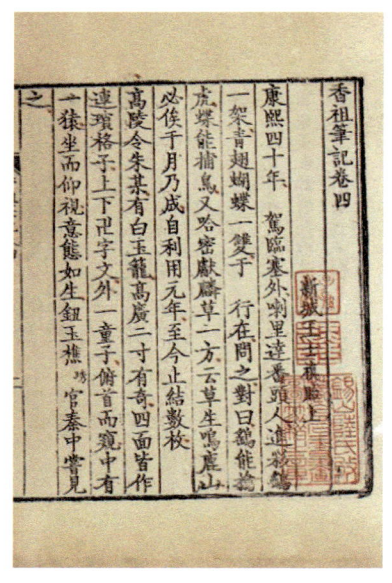

《香祖笔记》

古来武人能诗，如宋沈庆之："微生遇多幸，得逢时运昌。朽老筋力尽，徒步还南冈。辞荣此圣世，何愧张子房。"梁曹景宗："去时儿女悲，归来笳鼓竞。借问行路人，何如霍去病。"北齐斛律金："敕勒川，阴山下，天似穹庐，笼盖四野。天苍苍，野茫茫，风吹草低见牛羊。"高敖曹:"垄种千口羊,泉连百壶酒。朝朝围山猎,夜夜迎新妇。"唐王智兴:"三十年前老健儿,刚被郎官遣作诗。江南花柳从君咏,塞北烟霜独我知。"宋曹翰:"三十年前学六韬,英名常得预时髦。曾因国难披金甲,不为家贫卖宝刀。臂健尚嫌弓力软,眼明犹识阵云高。堂前昨夜秋风起,羞睹盘花旧战袍。"岳鄂王飞:"潭水寒生月,松风夜带秋。"明郭定襄登:"甘州城西黑水流,甘州城北胡云愁。玉关人老貂裘敝,苦忆平生马少游。"汤胤绩:"苜蓿含花草露斑,奚奴扰扰出沙湾。尘飞大夏三千里,泥满东风十二闲。直内铜符初上缴,征西铁甲未东还。可怜绝代贤王手,少画渔阳阿荦山。"戚武毅继光:"画角声传草木哀,云头对起石门开。朔风边酒不成醉,落叶归鸦无数来。但使元戈销杀气,未妨白发老边才。勒名峰上吾谁与,故李将军舞剑台。"右偶举数篇,皆见英雄本色,有文士所不能道者。又如宋之刘泾、贺铸、韩蕲王世忠,明之沐昂、俞大猷、李言恭、万表、陈第辈,不可枚举,孰谓兜鍪之流只解道"明月赤团团"也。唐高崇文"谁把(髇)儿射雁落,白毛空里乱纷纷",虽俚语,亦不凡,可并谢胡撒盐之句。

——《香祖笔记》

十九、初学晬盘

《初学晬盘》清邬仁卿撰。

《初学晬盘》

十四寒　　青琐闼,玉阑干。芙蓉镜,苜蓿盘。鸟带云归树,潮随月上滩。空庭草色和烟暖,午夜书声带月寒。月挂山头,何处飞来玉镜;星沉水面,谁家抛落金丸。

四豪

鲛绡帐,兽锦袍。羌苜蓿,宛葡萄。风穿灯影乱,寒逼雁声高。画龙笔底生鳞甲,刺凤针尖长羽毛。螺结青浓,楼外远山含晓色,鸭头绿腻,溪中流水涨春涛。

——《初学晬盘》

二十、澎湖纪略

《澎湖纪略》清胡建伟纂辑。

仕途　澎之仕于教职者,则有颜我扬,西屿澳小池角社人。由台湾县学,康熙四十六年岁贡;于雍正五年八月,内选授汀州府归化县学训导。为人品高行洁。居官三载,齐头苜蓿,自甘淡薄,不受诸生赞礼。教人不倦。尝言人以立品敦行为重,文章词藻其枝叶也。品之不立,则本实先拨,叶将焉附?纵有佳文,风云月露,无补于身心、无益于政治,亦何取焉!以故汀之人多取法焉。雍正八年,告假回家,教训乡里。澎人至今论文行兼优者,必为我扬首屈一指也。此澎湖文士入仕之始也。

——《澎湖纪略·卷之五》

土产纪

周礼职方掌天下之地,人民材畜有辨,九谷六畜有别。管子师其意,以五施别五土。凡五种之宜与不宜,若草木鸟畜又熟宜;又分五土而三,而各其六也;土物九十而种三十六也。古人之尽地利、穷物性,精知博究以导民如此。诚以贡赋、财用、饮食、宫室、养生、送死之所由藉也。土物之所系,不綦重哉!然而雍州之梁、不周之粟、阳山之稷、南海之粳,与夫璆球裕于西北、金锡盛于东南,以至于橘不植淮、雒不逾济,物产于土而域于土者,亦与宋斤、鲁削、粤镈同;一迁其地,而弗能为良之意也。太史公曰:原大则饶,原小则鲜。岂虚语耶?昌黎称闽地肥衍,有山川禽鱼之乐,固不仅旁挺龙眼、侧生荔枝焜煌中土已也!夫圣人因地布利,不患其产之不丰,而患其本之弗尚;苜蓿蒲桃、□□宾焜竹,固不得与丝、麻、菽、粟而比隆也。今澎湖虽无珍禽、异兽、美果、奇花之饶,而人勤于职,无旷土、无游民,日耕于山、夜钓于水,饱食暖衣,含哺鼓腹,以乐太平,奚事侈陈异物以珍富美也哉!

——《澎湖纪略·卷之八》

二十一、燕山外史

《燕山外史》是清代陈球撰。

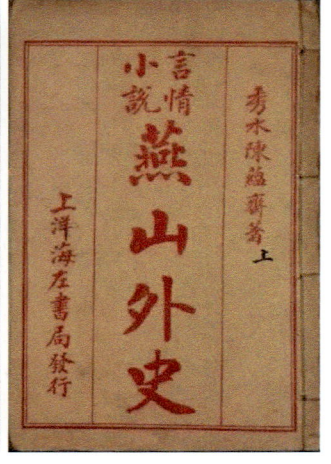

《燕山外史》

生也见猎能无心喜，逢曲来免涎垂。自度雄才，岂止加人一等；独罹舛命，业经迟我十年。所虞髀肉易生，久淹骥枥；还幸鬓毛未改，速奋鹏程。昔年挫折文锋，既南图而先利；今日安排笔阵，将北上以收功。诚以争名者必在帝都，肄业者莫如国学也。第盘空苜蓿，未给行厨；袭敝鹴鹴，又存质库。案无长物，安得旅装？即倾赵壹之钱，难充资斧；爰割邱成之宅，粗备糇粮。莫顾燃眉，宁辞剜肉。生固不安于沦落，直欲雄飞；姑亦甚望其显荣。岂敢雌守。此日露桃初放，怜从花里送郎；他时月桂高攀，记取江边迎汝。临歧话别，刻日饯行。飞云水于一帆，才离吴会；趁烟花于三月，却在扬州。

——《燕山外史》

二十二、江宁两校官传

《江宁两校官传》作者清代袁枚。

乾隆三十九年，邑有修学之举，将迁祠周公，并迁两先生。训导曹君惧两先生之泽将湮也，属予作传以永之。予览所持来汤状甚具，而唐事寂然无可记述，以故笔涩不下者屡矣。然窃念东汉诸贤，瑰意琦行，显显在人耳目，而黄叔度以牛医儿弥口无言，一事无为，当时钦之者，至以孔门颜子比之。然则古之君子，固有行而无迹者存耶，抑动静语默亦各视其时耶？今人间方面大府，在官赫然，去则车未出城，民已忘其姓氏者，不知凡几。而此二校官，独能以一缕香食报于荒庐苜蓿之场，可知官不在大小，惟其人；人不在显晦，惟其真。《中庸》曰："诚之不可揜如此夫。"后之人闻两先生之风，可以观，可以兴矣。

——《江宁两校官传》

二十三、林蕙堂全集

《林蕙堂全集》清吴绮撰。

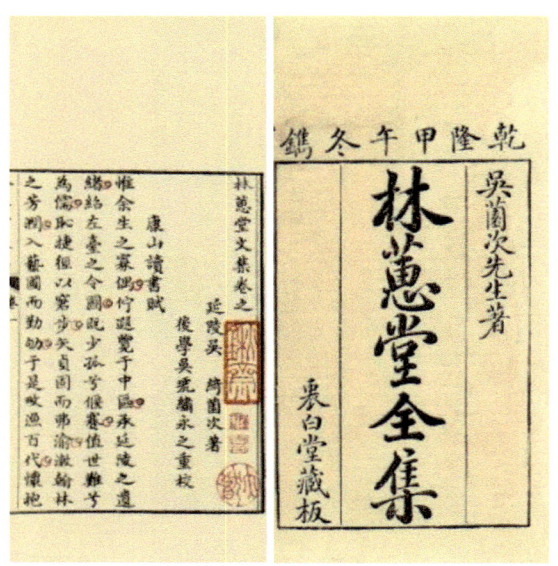

《林蕙堂全集》

送汪舟次赴赣榆广文序

汪子舟次,具逸群之才,敦好古之学。雕龙美业,沈约见以倾心;挥麈清谈,李膺闻而捧手。乃两京射策,未登七宝之床;而东海传经,暂受一毡之席。汪子聊以隐文豹耳,诸君为之赋骊驹焉。嗟乎!下玉难逢,隋珠莫赏。昭王台畔非金而骏马不来;轩帝阁前无竹而凤皇常饿。道旁负弩,岂能尽赋上林;门内鸣珂,何必定知獬廌。而汪子言居下位,独抱奇姿,空餐苜蓿之盘,未改芰荷之服。非其志也,宁不叹乎?然而遇值鸿昌,宜居通显;时当蠖伏,惟贵浮沈。禄可代耕,尚有抱关之客;吏如堪隐,何妨执卷而师。夫子之讲座原高,司业之酒钱未乏。况乎地兼淮海,是汉代之山川;人近鲁、齐,有周家之风俗。访遗踪于夹谷,可与谈……

——《林蕙堂全集·卷七》

二十四、大清见闻录

《大清见闻录》清黄景福编纂。

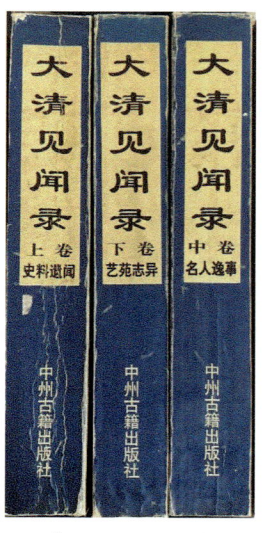

《大清见闻录》

冷官风趣

伯祖朝珍公廷献,乾隆辛卯举人。弱冠登科,意气豪迈,十上春官不第,选就兰溪教谕。在都中遇翰苑诸公，必以论文数典困之，洪稚存、张船山太史均畏其锋。常自诧曰："吾来会试，状元总在吾荷袋中，无奈辄遇蓻绖贼也。"官兰谕三十余年，不问家人生产，惟以饮酒赋诗为事。年跻八秩，奉部推陞国子监典籍。门下士集资为祝八十生辰，乐饮十日而归。同官仁和沈秋河先生为撰寿序，用一百个"死"字，文极奇诡。复撰一联赠之，曰："不病故，不勒休，仙家亦称上等，又升官，又添寿，教官无此下台。"归之次年，道光辛卯，重赴鹿鸣，侄九皋是科亦登乡荐，为吾宗盛事。余年八岁时，随先大夫之官福建，过兰溪，公登舟来视，抚余首曰："儿好好读书，早早发达，莫效老翁之吃苜蓿盘也。"嗣余于辛卯科，乃荐而不售，官校官者十八年，仅得公历俸之半耳。

校官为冷宦，自撰楹联，或嘲或讽，多有可发一噱者。李时庵教授题大堂联云："扫雪呼僮，莫认今朝点卯；轰雷请客，都知昨日逢丁。"傅芝堂学博则云："百无一事可言教；十有九分不像官。"此二联早脍炙人口矣。屠筱园教授所书，则"教无所教偏称教；官不成官却是官"。自嘲中却有身分。陆定圃教授则云："近圣人居大门径；享闲官福小神仙。"亦有味。沈秋河司训门联云："读书人惟这重衙门可以无妨出入；做官的当此种职分也要有些作为。"则棱棱风骨，读之令人肃然起敬也。

——《大清见闻录·复封摄政睿亲王册文》

二十五、冷庐杂识

《冷庐杂识》是清代史料笔记，作者是陆以湉。

◆ 沈鹿坪师

归安沈鹿坪师焯，家琏市镇。少好学，夏夜同人皆散步纳凉，独默诵所习经，常达旦不辍。屡试高等，每一艺出，人皆传诵。时俗学以剽窃涂饰为能，矫其弊者又貌为高古，不中有司程度。公折衷至当，探经书之蕴，而出以高华；究理法之精，而归于沈实。以故游其门者，大小试无不利。公精于数学，乾隆丙午举秋试后，杜门授徒，不与计偕。人劝之就试，公曰："吾当于乙卯岁获售，今犹未也。"届期果以二甲第八名登第。先是有显官私人榜后通款于公，谓词林可得，公力却之。既而以知县归班，改就教职，补官台郡学博。台于前明科甲极盛，人才辈出，今则稍稍衰矣。公曰："振兴文教，乃吾责也。"遂进多士而劝之以学，远近向慕，登堂负笈者踵相接。公视其质之高下，循循善诱，数年之后，文风渐复。嘉庆己卯引疾归，馆于青镇严比玉太守廷珏家，余亦亲受业焉。公阅余文，谓曰："子作文无根柢，犹欲筑室而无土木也，安得成？"余于是始知殚力于经，后得忝窃科名，皆公之力也。公生平所作制艺不下数千首，诗、古文、词亦遒整有法，惜皆散佚。兹录箧中所存诗三首于后。留别严比玉佩仙诗云："桃李春深苜蓿肥，偶伤怀抱拂衣归。（时有丧明之痛。）儒官久忝齐竽滥，学术终惭郑璞非。忽枉新莺求友唤，故教秋燕傍人飞。频年坐拥谈经席，拟返衡茅昼掩扉。""话到衷肠首重回，沈吟且尽手中杯。曾闻良玉烧须试，漫道黄金散复来。循吏声名多郡秩，贤郎词赋总仙才。不辞临别将言赠，记取荆花一处栽。"题李梅修抚心图诗云："子舆日三省，伯起夜四知。古人贵慎独，炯若鉴在兹。劳劳方寸地，旦夕轮辕驰。暗室虚无人，想见肺肝时。勿问马得失，勿问蛙公私。中有丹元子，俯首将何辞？君家见闻录，言行皆人师。绘图藉自儆，嘱我系以诗。我亦问心者，（前任台监理庙工楹帖，有"事可问心宁任怨"之句。）抚此重致思。致思且勿语，语恐旁人嗤。"

◆ **戴益生**

嘉定戴益生孝廉增,性情诚朴,学问渊通。乙未岁见于京师,如旧相识,遂与订交。丙申出都后,不复相见。戊戌得其来书云:"与阁下别久矣。晴窗孤坐,辄复相忆。引领南望,悄焉于怀。去春得书,知已启行往楚。及固翁(谓舅氏固轩先生。)入都,又接书并惠笔墨二种,良朋厚爱,铭戢良深。屡欲作答,实缘楚水燕山,鳞鸿鲜便。相知不在形迹,谅不责其疏懒也。客秋阅邸抄,知阁下改就教职,都中朋辈咸谓阁下失计,而增独心悦诚服,其钦佩有莫可形容者。夫牧令之难,未有甚于此时者也。以视苜蓿一盘,诗书万卷,寻古贤之乐,储名山之业,其得失何如?有定识,有定力,阁下于此真不愧一'定'字。增春关四写,故我依然。自知猿臂将军封侯无命,不过逐队入试,尽其在我,不敢作'上林栖一枝'想也。教习已报满,以教职用,圣恩高厚,适如私愿。固翁说阁下已就馆苕上,甚慰。固翁人品学问实可师事,惜远寓东城,不得旦夕过从耳。兹因固翁南旋之便,率沥布臆,临颖驰溯,不尽缕缕。"戴尝有述怀诗,句云:"耽书枉自穷三昧,作客何堪过十年。"读之令人感唱无已。辛丑岁,闻其以疾卒于家,年仅四十。命不副德,遇不副才,是可痛也。

学博向称冷官,以其位卑禄薄,不能自豪也。苏州教授李时庵恩沛自题大堂联云:"扫雪呼僮,莫认今朝点卯;轰雷请客,都知昨日逢丁。"堪发一噱。萧山傅芝堂学博钱作联自嘲云:"百无一事可言教,十有九分不像官。"语更谐妙。然事简责轻,形神安泰。仁和宋学博成勋有联云:"宦海风波,不到藻芹池上;皇朝雨露,微沾苜蓿盘中。"又孙学博学垣联云:"冷署当春暖,闲官对酒忙。"是均能道寒毡趣味者。至福清林译之"俸薄俭常足,官卑廉自尊",(林官海宁教谕。国初人。)则辞质旨深,直可作官箴读矣。("禄薄俭常足,官卑廉自尊",见明姚宣闻见录。左忠毅公光斗官中书时,尝以题其堂联,林盖袭用其语。)

——《冷庐杂识·卷七》

二十六、悔逸斋笔乘

《悔逸斋笔乘》作者清李岳瑞。

周弢父先生轶事

道、咸间,阳湖有周弢父先生,才气纵横,历为林文忠、曾文正诸公赏识。其事业略与钱东平江同,而行谊之肫笃则过之。然人莫不知东平,卒少知有弢父者。弢父名腾虎,娴经济,工文辞。道光末,淮南鹾政久蠹,弢父上书鹾使者,言改革事宜,使者委信之,遂鸠金为倡,不逾年致数巨万,交游麇至。座后联大箧,贮朱提其中,语司计者曰:"吾客有取,虽多毋问也。"旋兵事起,盐笑乃大负,债家索逋,咸自引任,不以累使与客。雷以督兵居泰州,闻其名,召至幕府与计事,弢甫言病农不可,征商可,乃建议居货一金者取若干厘,军用饶裕。数十年名公巨卿,咸踵行其法勿变,度支增入亿万,卒平大乱。而始谋者乃一寒士,世莫能知,或且以属之东平也。方东平之被杀,弢父抗声数以曰:"若所为如是,奚可与一日处?我所以来,为欲明大义,救苍生倒悬耳。岂助若耶?请从此辞。"以颜赧汗垂膺,亟长揖谢过,弢父不之顾,卒浩然去。所著有《飨芍华馆诗文》,其咏《关将军义马行》一首最奇伟。虎门之陷也,提督关忠节公天培死焉,坐马为英人所得,每乘必咆哮跳踉,直负之以趋海。众惊救之起,马无恙而人溺毙矣。如此者数四,竟无一人敢乘者。粤人闻而义之,赎以归,荟诸忠节祠中。其诗云:"将军已死马尚在,贼奴竟思骑而行。蓦然蹋空海云裂，阳侯避浪冯夷惊。呜呼将军真壮士，养马犹能识忠义。若教临阵成大功，辟易应看走千骑。西风萧萧海波立，万马归来汗流血。粤人重马痛将军，至竟挥戈欲杀贼。锦鞯饰马身，黄金络马头。飘珠喷玉四蹄疾，平原苜蓿当清秋。伏枥哀鸣志千里，文绣盐车等闲事。秋风感激报恩心，侧目苍穹望箕尾。如龙之骏老天闲，壮士闻之尽捬髀。君不见，殿头仗马兀不动，日日恩叨大官奉。太平干羽舞两阶，云奇气成何用？"

——《悔逸斋笔乘》

二十七、停琴余牍

《停琴余牍》清罗迪楚撰。

螺闸大工疏成请筹小款开闸澹灾弭祸禀

敬禀者。窃维功莫惜于垂成。事莫详乎亲历。为民兴大利。沈灾澹患。出处显晦不殊。况俨然曾宰是邦。一篑未毕。何忍以去就自异。不为一言。卑职不才去官。事事引咎。惟功多未就。私心耿耿不忘。所最易者。莫如螺山开闸一事。了四十年旧案。拯三百里离民。省六七万重款。引河业已疏就。闸门尚未开启。闸之石珙完好。惟恐须折起重建。木料工用。需款约三四千金。未即筹出。拟请上邀宪惠。发帑有限。获利无涯。前年委勘会复之时。实以河未成疏。词不及是。然已与委员言之。今行有日矣。交代已了。杂款将清。一官苜蓿。逝将去此。是闸未开。后将转益民病。用特不揣冒昧。为吾民言之。伏查螺山闸事旧案。十控省府。五委镇守。县估须款七万。本县蕉鹿。繁重不可具陈。卑职独破前案。毅然主开。利在导湖壑江四字。有利无害。一语道定。身亲考核。询谋佥同。其办理之法。又在省去大款。起夫疏河。不请上帑。不派民钱。以绝诸弊。至疏河已竣。而开闸一款。

——《停琴余牍》

二十八、淞隐漫录

《淞隐漫录》清王韬的文言短篇小说集又名《后聊斋志异图说》《绘图后聊斋志异》。

在任三年，所拔取者多知名士，文风为之一变。还朝覆命，道经济南，偶乘款段马，命奚奴挈锦囊，看山作画，临水赋诗。遥见垂杨柳下，立一女子，玉貌绮年，丰神绝世。细视之，举止与老尼约略相似，遣人探问，则亦邹鲁间阀阅家也。因示意于其父母，愿以伉俪请。欣然许之。不日成亲迎礼，却扇之夕，两意相会，一若远别重逢者。在京师中，自朝参外，了无所事，日惟讽经绣佛而已。女父母自升扬州教授，后以卓异闻，入京引见。女知之，持刺往拜。翌日，女父答谒，延之入内堂，屏去从人，伏地缅述，涕不能仰。女父深为骇叹。未几，迎母至署中，侍奉殷勤，无异于子。女父居官清正，苜蓿盘空，初无所蓄。女赠以万金，藉充宦囊，使买田园于扬郡，作久居计。

——《淞隐漫录·二·徐双芙》

余干县中英文的司空女父居官清正，苜蓿盘空，初无所蓄。清·王韬

——《淞隐漫录·二·徐双芙》

二十九、寄园寄所寄

《寄园寄所寄》作者清赵吉士。

《寄园寄所寄》

海盐翁学训严之，寿昌人，官贫斋冷，苜蓿自甘，未尝与寒生计束脩。一日独坐，忽怪风起牖下，出步庭外，则阶草不动，入室复然。心怪之，疑牖下有异。是夜梦一妇人，自称前训樊某妾，为悍妻所杀，葬此，今已讼之冥司，冤白矣，乞为我改葬。明日命僮仆向风所起牖下，持锄镶穿砌土三尺许，得两缸合一妇人尸，颜色如生。因询斋役，皆说果有杀妾事，当捶扑时，号楚声达外，人尽闻，第未知埋处尔。翁遂具棺殓葬之郊外。夜复梦此妇来谢。未几闻樊死，其子某新举孝廉亦死，而悍妻穷老无所倚，亦死。（《见只编》）

——《寄园寄所寄》

三十、幼学琼林

《幼学琼林》明代程登吉撰写，是中国古代儿童的启蒙读物。最早名为《幼学须知》，又称《成语考》《故事寻源》。清朝的嘉庆年间由邹圣脉、民国时人费有容、叶浦荪和蔡东藩等进行了增补。

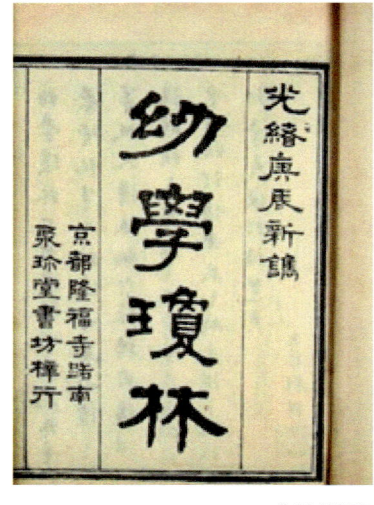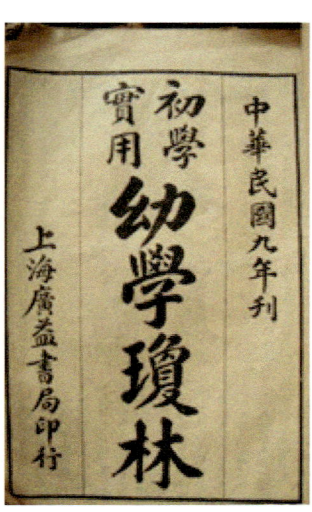

《幼学琼林》

师生

马融设绛帐，前授生徒，后列女乐①；孔子居杏坛，贤人七十，弟子三千②。称教馆曰设帐，又曰振铎③；谦教馆曰糊口，又曰舌耕④。师曰西宾，师席曰函丈⑤；学曰家塾，学俸曰束脩⑥。桃李在公门，称人弟子之多⑦；苜蓿长阑干，奉师饮食之薄⑧。

① 马融：字季长，右扶风茂陵（今陕西兴平东北）人，东汉经学家、文学家，是当时有名的大儒。绛帐：红色的帷帐。马融常坐高堂，施绛纱帐，前授生徒，后列女乐，生徒常有千余人。生徒：学生，门徒。女乐：歌舞伎。

② 孔子：（前551—前479年），名丘，字仲尼，汉族人，春秋时期鲁国人。孔子是我国古代伟大的思想家和教育家，政治家，儒家学派创始人，世界最着名的文化名人之一。编撰了我国第一部编年体史书《春秋》。孔子的言行思想主要载于语录体散文集《论语》及先秦和秦汉保存下的《史记·孔子世家》。相传孔子有弟子三千人，其中着名的有七十余人。杏坛：相传为孔子讲学的地方。后也泛指聚众讲学处。

③ 教馆：执教的馆舍，这里指执教的人。帐：绛帐。振铎：古代宣布政教法令时，即鸣铎以警众。文事用木铎，武事用金铎。铎，有舌的大铃。后引申为从事执教工作的代称。

④ 糊口：本来是吃粥的意思，用来形容生活艰难，勉强度日。舌耕：授徒讲学的人以口舌谋生，正像农民靠耕种获得粮食一样。所以称讲学为"舌耕"。

⑤ 西宾：坐西面东的宾客。后来成为对家塾教师或幕僚的敬称。师席：教师的坐席。函丈：指讲学者与听讲者坐席之间相距一丈。常用作对老师或前辈长者的敬称，后专用为弟子对老师的敬称。

⑥ 学：学馆，指在家设馆教书。家塾：《礼记·学记》："古之教者，家有塾。"相传周代以二十五家为一闾，闾有巷，巷前门边设家塾，用来教授居民子弟。塾，门东西两边的堂屋，后指民间教读的地方。学俸：从学的俸禄。束脩（xiū）：十条干肉为束脩。束脩原指古代诸侯大夫相赠送的礼物。后指致送教师的酬金。脩，干肉。

⑦ 桃李：本指桃树、李树，因为其果实多，所以常用来比喻培养的学生、所举荐的人才众多。

⑧ 苜蓿长阑干：薛令之，唐中宗（李显）神龙进士，唐玄宗开元初为左辅阙兼太子侍读，他写诗形容生活清苦，诗中有"盘中何所有？苜蓿长阑干"的句子。意思是经常拿苜蓿当菜吃。苜蓿，一种草本植物。阑干，纵横散乱的样子。薄：菲薄，粗劣。

三十一、山家清供

《山家清供》宋林洪著，明周履靖、陈继儒同校。

《山家清供》

苜蓿盘

开元中,东宫官寮清淡,薛令之为左庶子,以诗自悼曰:"朝日上团团,照见先生盘。盘中何所有?苜蓿长栏干。饭涩匙难滑,羹稀箸易宽。以此谋朝夕,何由保岁寒?"上幸东宫,因题其旁曰:"若嫌松桂寒,任逐桑榆暖"之句。令之皇恐。归每诵此,未知为何物。偶同宋雪岩(伯仁)访郑野野(钥),见所种者,因得其种并法。其叶绿紫色,而灰长,或丈余,采用汤焯、油炒,姜盐随意,作羹茹之皆为风味本不恶,令之何为厌苦如此?东宫官僚当极一时之选,而唐世诸贤见于篇什,皆为左迁。令之寄思,恐不在此盘。宾僚之选,至起食无余之叹,上之人乃讽以去,吁!薄矣。

——《山家清供·卷之上》

三十二、随园随笔

《随园随笔》清代袁枚撰。

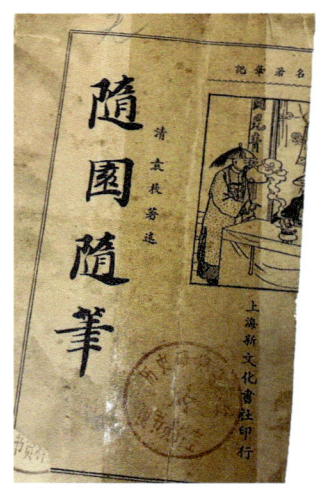

《随园随笔》

教官称苜蓿之讹

唐开元中东宫官僚清淡,薛令之为左庶子,以诗自悼曰:"朝日上团团,照见先生盘,盘中何所有?苜蓿上阑干。"盖是东宫詹事等官,非今之学博也。说见宋林洪《山家清供》。

——《随园随笔·卷十七 辨讹类(上)》

教官称广文之讹

明皇爱郑虔之才,欲置左右,以不事事,更为置广文馆,以虔为博士。虔闻命,不知广文曹司何在,诉之宰相。宰相曰:"上增国学,置广文馆以居贤者,令后世言广文博士自君始,不亦美乎!"虔始就职。是广文者,乃明皇为虔特设之馆,非今之学官也。

——《随园随笔·卷十七 辨讹类(上)》

三十三、坚瓠秘集

《坚瓠秘集》是清代笔记小说,作者褚人获。褚人获(1635—1682年),江苏长洲(今江苏苏州）人，明末清初小说家。

　　苜蓿，一名光风，生属宾国。《尔雅翼》：似灰藿，今谓之鹤顶。贰师伐宛，将种归中国。《西京杂记》：乐游苑中自生玫瑰树，树下多苜蓿，一名怀风，时或谓之光风。茂陵人谓之连枝草。长安中有苜蓿园，北人极重此味，既老，则以饲马。唐广文叹有："盘中何所有，苜蓿长阑干"。阑干横斜貌，言既老而食之不已，为可叹也。汉贵武，则以饲马；唐贱文，则以养士。一物足以观世矣。

　　苜蓿烽，岑参诗。苜蓿烽边逢立春。葫芦河上泪沾巾。皆纪塞上之地也。唐三藏西域志。塞上无驿亭。又无山岭。止以烽火为识。玉门关外有五烽。苜蓿烽其一也。葫芦河上狭下广。洄波甚急。不可渡。上置玉门关。即西域之襟喉也。

——《坚瓠秘集·卷三》

三十四、开卷一笑

《开卷一笑》题作明代李贽编集。

真若虚传（教学生）

　　濠城有先生真姓者，名实，字若虚，别号竹心。少年业举子，游黉校，好侠，多盍簪，颇有季良之风。然性拙且疎懒，往往轻施见遗于人。值数奇，中途遭蹶，继有回禄之变，家遂落，亲友无可附者，乃训蒙为糊口计，时年半百矣。尝作一诗以寄慨云："衰年底事入书囚，赢得萧萧两鬓秋。名利竟成蕉下鹿，生涯何异雨中沤。葛萝落落情难系，禾黍离离恨未休。回首桑榆犹未晚，不妨再整旧风流。"其为师也，不外饰，不徽名，不事宴游，事以称食，务期无愧于心。如煴榾柮，无蓺地烧天之焰；虽岁杪犹夫春初，一有恒而已。先生喜博识洽闻，但性耿介不能容物，心术则若重门之洞开焉，以故每见礼于士君子，而不满于匪人。先生亦初不以为意也。鹪鹩一枝，鼹鼠满腹，屡空若悬罄然，先生则怡然自得。暇则托诸吟咏以自娱，曾有"夕阳回首连锥尽，一点灵台自有天"之句，亦不知其为贫也。一日有感，尝作一诗以自嘲曰："二三童子苦相依，鸟入樊笼不得飞。精力一生徒自费，修仪卒岁亦云微。盘中苜蓿常时见，门外风光总不知。世上万般皆上品，看来惟有训蒙低。

——《开卷一笑·卷一》

三十五、煮药漫抄

《煮药漫抄》清叶炜撰。

　　乐安蒋幼节节，著有《闲促斋诗稿》，未梓。兹就所见，录存数首。《赠金嘉采》云："咫尺不相见，天涯更奈何。高名人所嫉，佳句世难磨。古井生春水，空山长绿莎。连宵心寂寞，风雨客窗多。"《寄谭广文廷献》云："不见谭生久，经年绝寄诗。春山肥苜蓿，暮夜耿相思。花落衙斋晚，书来驿路迟。怀君无尽意，江畔立多时。"《所思》云："西风上汀洲，落叶动芳思。不见旧时人，空来旧时地。长吟怀所思，衣露滴空翠。微步踏黄昏，月明淡沙际。"《江上》云："静闭柴关掩雀罗，萧萧落叶满岩阿。欢如好梦醒难续，愁比青山叠更多。江上西风怀岁晚，天涯旧恨付悲歌。倦游一室成何事，独对陈编费勘磨。"《即事》云："净扫桐阴好纳凉，星书算术费评量。才应致困非关命,富不能求始敢狂。有志傥然成慧业,多愁偏是恋欢场。客怀如醉天如海,迢递银河夜未央。"《宿华亭》云:"九朵芙蓉朵朵青,更无一鹤唳华亭。诗成未敢高声唱,恐有山中木客听。"《秋雨》云:"湿云如墨未能晴,夜雨阑干梦不成。一倍乡心无著处,僧廊灯底听秋声。"《不辨》云:"沙际微茫又落帆,一江星火鞾双鬟。鹅黄水面鸦青树,不辨焦山与象山。"

三十六、藏书纪事诗

《藏书纪事诗》,中国清代末年长洲叶昌炽编撰。

李文田仲约

叶昌炽

长笺垂尽密于帘,插架堆床甲乙签。
朔乘和林金石考,文园遗稿寄灵鹣。

李仲约侍郎,名文田,号芍农,广东顺德县人。咸丰己未一甲三名进士,官至礼部侍郎,直南斋最久。书法唐贤,精严似信本,道丽似凳善,尝为汪郎亭师摹《苏孝慈墓志》一通,能乱真。一时丰碑巨制,皆出其手。昌炽未通籍,即介先师潘文勤公纳交于侍郎,不以昌炽为不肖,每得古书旧拓,辄出赏析,并许通假。喜谈风鉴,见辄挪揄曰:"一老校官耳!"余笑应之曰:"浮汇成木天,侏儒一囊粟,与苦蕗阑干何异焉!"其邸舍在北半截胡同,几榻之外维图籍,列楎数十,皆启其鐍。手题书签,长至尺许,下垂如帘,甲乙纵横,密于栉比。精于碑版之学,覃研乙部,而于辽、金、元三史尤洽孰(熟?),典章舆地,考索精详,所著有《元秘史注》《元史地名考》《耶律楚材西游录注》。元和江建霞太史,其戊子典试江南所取士也。刻《灵鹣阁丛书》,以侍郎所著《朔方备乘札记》、《和林金石考》付梓焉。昌炽亦从译署得和林石刻摄影本,辑录其全文,将有所考释,见侍郎书而止。所见京朝士大夫耄而好学、奖掖后进、通怀乐善、不訾口出如侍郎者,今岂可得见哉!

三十七、谭嗣同全集

《谭嗣同全集》,清末谭嗣同创作的作品集。

《谭嗣同全集》

马鸣七绝

边城苜蓿自秋深，何事长随画角鸣。
差胜排班三品料，玉阶春曙悄无声。

昔友李榕石名景豫，甘肃狄道州人。博学工诗，身后所著皆佚。就余所见者录之：《题谢宣城诗后》云："词赋空西府，高翔不受羁。口防三日臭，首愿一生低。大节遥光抗，才名沈约齐。青山何处是，芳草自萋萋。"《武连驿阻雨寄怀成都李湘石张蓟云》云："栈路萦青翠，猿啼不可闻。乡心悬梦雨，山气结寒云。行李惯劳客，折梅遥赠君。鲁公楼畔宿，灯火炳宵分。"《彰德怀古》云："他家物去霸图空，满地黄花笑晚风。鹦鹉岂怜青雀子，雄鸡枉化白凫翁。百年幻梦团焦里，一代勋名襁褓中。应有长安上天月，夜深如镜照遗宫。"《夕阳亭》云："残笛离亭未忍闻，东都祖帐任纷纷。一言竟召公间祸，万骑难屯仲颖军。柳径风疏雅导客，芦漪霜冷雁呼群。行人莫叹黄昏近，且倒清尊醉夕曛。"《栈道杂诗》云："一峰瘦削欲飞空，一峰欹侧如醉翁。两峰白云断还合，并作一峰峰正中。""画眉关前石径微，笆篱一带通荆扉。夕阳乌鹊坐牛背，牧童眠熟犹未归。"《花蕊夫人曲》云："海棠国破蓉城圮，万骑分香阵云紫。东风吹瘦杜鹃声，望帝春心数千里。蜀苑移根到汴宫，芳尘如梦寻无踪。玉树影销重问后，桃花笑入不言中。写翠传红斗眉妩，故镜应教干德睹。杨柳新词感洞箫，蘼芜旧恨歌砧杵。画图金弹祀张仙，心事分明彩笔传。宣华回首空榛莽，百首宫词剧可怜。君不见南唐小周后，一般辛苦念家山。"《村居赠王山人迟士》云："村居绝尘境，习静长闭关。风细竹香澹，秋深花意闲。偶来方外友，相赏画中山。斗酒自可酌，举杯招白鹇。"

《候马亭》云："善马产贰师，信是神龙能生驹；天马歌汉武，那及跛猫能捕鼠。驱策封君走县官，如云如锦萃长安。碧玉环兜玛瑙勒，紫金华簇玫瑰鞍。乐府歌成气殊壮，开疆原为安边障。可惜千金汗血痕，只供一日皮毛相。苜蓿青青正发花，金城遥指玉鞭斜。寄语西征诸将士，匈奴未灭且忘家。"

《嘉州晓发》云："晓日笼烟荡水光，扁舟载梦入苍茫。啼猿不识林檎熟，乱摘秋红打驾娘。"《艮岳》云："花石自南来，金缯向北去。十年煴相功，一纸老僧记。"见赠五言长篇，仅记其起二韵云："大囿有灵鸟，文采一身备。翩翩来陇头，凡翮皆敛避。"又代人撰秦州宋荔裳先生祠水亭联云："北枕坚城，劳公百堵经营，不放山云低度；西襟萧寺，为我一池写照，顿教水月通明。"盖城为宋修，水月寺其西邻也。友人钱次郇、张松眉、曹悟生皆工诗。钱句云："芳草绿连梁父里，夕阳黄入伏生祠。"张句云："椒辛盐苦皆堪饱，人厄天穷两不妨。"曹句云："雁飞寒雨江声外，人话秋镫菊影中。"

《登天心阁》诗云："一阁指天外，长沙血战城。旗翻孤日影，钟落万家声。岳色横窗翠，江光绕郡城。我来独凭吊，今古不胜情。"《九日登长沙城》云："莽荡西风画角哀，苍茫野色上城台。一江飞雨楼头过，万里寒云雁背开。戎马至今伤我辈，山河终古费人才。登临漫话沧桑感，烂醉黄花浊酒杯。"

——《谭嗣同全集》

三十八、金璧故事

《金璧故事》未著撰人。

苜蓿盘中非饱暖（唐薛令之，泉州人，为东官侍读左庶子时，官僚简淡，令人以诗自悼云："朝日上团团，照见先生盘。盘中何所有，苜蓿长阑干。饭涩匙难绾，羹稀箸易宽。无以谋朝夕，何由保岁寒。"）

——《金璧故事》

三十九、清稗类钞

《清稗类钞》是民国时期徐珂创作的清代掌故遗闻的汇编。

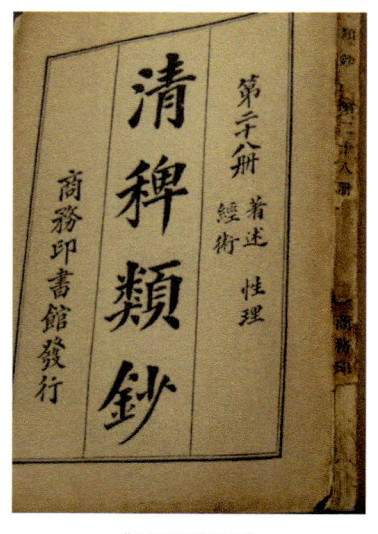

《清稗类钞》

师也过商也不及

全椒金棕亭博士兆燕广交游，当教授扬州时，四方往来知名之士无不接见，文酒流连，殆无虚日。且肴馔至丰，或有诮其过侈类于醝商不似广文苜蓿者。桐城吴太守逢圣时为兴化教谕，则笑而言曰："师也过，商也不及。"

八宝豆腐羹

光绪时，王可庄修撰仁堪出守镇江。初莅任，训导某晋谒，王言及某侍郎有抚苏之讯，某曰："某侍郎与卑职，某科同年也。"继复谈及苏籍之京师当道，如潘文勤公祖荫、翁相国同和诸人，某则云是与有戚谊也，是与有世谊也。既又言苏省现任之督抚将军，其中固非尽由科第起家，而某亦谓悉有年谊。王乃大愕，知其依草木，向壁虚造也，因语之曰："俗称教官为豆腐官。君之亲朋，既皆大人先生，可为奥援者若是之多，而犹寂守苜蓿，则此豆腐必异寻常，当为八宝豆腐羹也。君诚足以自豪矣。"

——《清稗类钞》

四十、民权素诗话

《民权素诗话》作者民国蒋箸超。

洪武佳话（秋人）

刘基初见，太祖问能诗乎？基曰："儒者本事，何谓不能？"时帝方食，指所用斑竹箸，使赋之。基应声曰："一对湘江玉并看，二妃曾洒泪痕斑。"帝鼙麑曰：秀才气味。基曰："未也。汉家四百年天下，尽在留侯一借间。"帝大悦，以为有宰辅器，恨相见之晚。明兵围集庆路，与元兵大战。元兵解去，乃坚守江左。见驿中有七岁儿居其中，太祖问之。对曰："臣父当此役，已故。今臣代父耳。"太祖问能对乎？曰然。太祖曰："七岁儿童当马驿。"即对曰："万年天子坐龙庭。"太祖喜，因蠲其役。

太祖在军中，喜阅经史，操笔成文。征伪汉潇湘，赋诗云："马渡溪头苜蓿香，片云片雨渡潇湘。东风吹醒英雄梦，不是咸阳是洛阳。"昂头天外，何慷慨乃尔。

——《民权素诗话》

四十一、客座偶谈

《客座偶谈》是民国时期何刚德所著的图书。

近人言："有饭大家吃。"此亦愤一党一系垄断权利，故激而为是言也。其实"吃饭"二字，要大有分别，有家常之饭，有特别之饭。家常之饭，人人自食其力，且导其妻子，使各养其老，此无待多言也。若特别之饭，则钟鸣鼎食，非富贵之家不能享有，所谓得之不得为有命，分定故也。今不各安分而争，欲破格吃饭，是人人皆要玉食万方也，岂不率天下而路耶？科举时代，儒官以食苜蓿为生涯，俗语谓之食豆腐白菜；秀才训蒙学，资馆谷以终身，卒未闻大家有闹饭者。知吃饭之人必须安分，否则未闻有不乱者也。

——《客座偶谈》

四十二、楹联丛话

《楹联丛话》民国梁章钜辑。

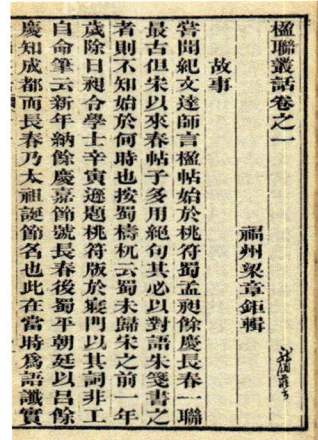

《楹联丛话》

罗茗香所作挽联

甘泉赵莲淑茂才于本年七月作古。茂才年甫强仕，上有八十七岁之所后母，下有少妾弱女，祚薄无承祧之子。茗香挽以联云："恸生不逢辰，母在堂，妾在帷，弱女在闺，更嗣续犹虚，剧怜朝露先零，定卜此时难瞑目；叹我无知己，家多故，身多病，命途多舛，信友朋最笃，岂料晨星又落，相期后至共论心。"时茗香方遭母丧，继又殇孙，虽乍离苦块，而愁病交加，愤不欲生，故末及之。江苏张铸台孝廉以道光辛巳恩科举人大挑二等，不能补缺，并不能委署，致盼一苜蓿盘而不可得。茗香挽以联云："命也何如，无禄竟难沾薄禄；天乎欲问，广文可许作修文。"张松崖郡丞丁内艰，其太夫人厉氏既为茗香之妻嫂，又为茗香姨母之女。茗香挽以联云："羡姊三迁训子，四行助夫，计平生妇职无亏，仉氏班姬堪并拟；恸我十年炊臼，九月废蓣，想此后泉台有伴，小姑从母定相亲。"又代叔公挽侄媳一联云："七族尽同声，赞从舅从姑，相吾家贤阮；一朝成永逝，对此日佳儿佳妇，忆卫国庄姜。"

——《楹联丛话》

四十三、近代笔记过眼录

《近代笔记过眼录》徐一士撰。

《瓜棚闲话》（《瓟园藏稿》之一），一册，不分卷，筠连曾肇焜（原名肇堃，字次乾）撰，丙寅（民国十五年）印于北京，财政部印刷局承印。曾氏自序而外，书端并列有题词若干则，如王树枬题云：苜蓿阑干寄此身，谑言庄语座生春。闲来一卷瓜棚话，汉朔齐髡有替人。赢得宽闲岁月多，不知身世有风波。占晴课雨瓜棚下，便是君家安乐窝。

四十四、民国武胜县志

《民国武胜县志》作者罗兴志，民国十年（1921年）问世。

我县学田，昉于清光绪中叶。其初未有学田，广文一官，寒毡冷署，苜蓿阑干（言小官生活清苦也），不能不取费于新进。所可异者，嘉道以前，礼隆道义，咸同而后，较及锱铢。岁科两试，取进文武生员，认号送覆等费，家富必数百金，寒畯（即寒俊，出身寒微而才能杰出者）亦数十金，彼勒此客，于弟子形同市贾，甚且送覆愆期。督学曾悉其弊，而故为优容，邑人病之，谋置学田，意良善矣。第置田必将募捐，其端不易举，其弊尤不胜防，因循未果。

——《民国武胜县志》

四十五、苜蓿生涯过廿年

《苜蓿生涯过廿年》作者龙沐勋。

琴按：原文于1943年2月13日（民国三十二年）写成，先生其时42岁，连载于周黎庵主编之《古今》半月刊第19期至第23期（同年3—5月）。原版排印略有错字，其明显者于此电子版径改之，部分则于附注说明。

内容提要

琴按：原文分七部分，分四期刊于《古今》杂志。以下内容根据先生文章及张晖《龙榆生先生年谱》整理而成。

第一部分（教书习惯的养成）刊于《古今》第19期，讲述先生少年时期（11～14岁，1912—1915年）就学于父亲龙赓言创办的集义小学，少年早慧，在作文《苏武牧羊赋》中写下"齿落八九，发余几何"的警句。先生受到哥哥龙沐光、龙沐棠的影响与帮助，在20岁（1921年）时到武昌拜师于黄侃（字季刚）。黄侃对先生的影响甚大，先生之后从朱祖谋研究词学的动机，亦由黄所触发。文中提到"结婚多年"是指先生16岁（1917年）从父命在九江岳父家中与陈淑兰成婚。

第二部分（初出茅庐的挫逆）刊于《古今》第19期，讲述先生22岁（1923年）凭着从岳父处借到的五十圆，到上海开始执教，却因不谙吴语被辞退，后至武昌，因黄侃的帮助在武汉私立中华大学附中教国文的事。当时月薪仅四十八吊，居住环境不佳，又因妻居娘家，从俗不可过年，先生遂年末辞教率妻儿返乡。

第三部分（海滨的优美环境）开头至"想探访他的踪迹"刊于《古今》第19期，其余刊于《古今》20～21期合刊，讲述先生1924—1928年在集美教学的经历。1924年，先生接黄侃门生张馥哉电报邀请，赴厦门集美学校为其代课，月薪九十五圆。集美地理条件独特，藏修游息，几与世隔，先生感到学术文化机关应该政治和商业性质的分子隔离，方能够培养真才实学的人。先生又因其学生邱立之介，拜厦门大学国文系陈衍（字石遗）为师。陈衍后致函上海暨南大学国文系陈钟凡（后改名中凡，字斠玄）推荐先生，先生遂于1928年辞去集美中学教席。

第四部分（重来上海的奋斗）刊于《古今》第20～21期合刊，讲述先生于1928年秋至1935年期间在沪教学之事。1928年9月起先生任教于暨南大学国文系，寓居暨南新村。同年秋冬间，又应国立音乐院（曾改组为国立音乐专科学校）萧友梅（字思鹤）之请，为易孺（号大厂，又号韦斋）代课。为倡导学风，先生捐献出所藏的《四部丛刊》及其他图书创办国文研究室，举办读书会。先生在沪期间，因陈衍介绍，交游渐广，先拜谒当时词坛名宿夏敬观（字剑丞，号映庵），又向陈三立（字伯严，号散原）、朱孝臧（又名祖谋，字古微，号彊村）两老等名流求教。1931年，朱孝臧辞世，于病榻前将朱砚授与先生，嘱先生为其完成未了的校词之业。次年，"一·二八"事变爆发，先生在音乐院一地下室内，费了数月之功，将彊村遗稿校录完竣，刊成了一部十二本的《彊村丛书》。1933年，先生创办《词学季刊》。在这几年间，暨南大学内外党派争斗不迭，先生对其感到绝望。

第五部分（岭表一年的遭遇）刊于《古今》第22期，主要讲述先生任教中山大学的经历。1935年春，国民党元老胡汉民（字展堂）与先生尺牍相和。当年暑假，先生收到中山大学聘书，胡亦表示希望其南下之意，先生在暑假到广州观察形势，九月返回暨南大学，看到校内仍旧勾心斗角，遂辞去暨南大学教席，向音专请假一年，举家南迁。到中大后，又遇到顽皮学生，先生"恩威并用"，用旁敲侧击的说法，引导学生端正学习态度，并精心选择教材内容，循循善诱，学生都取得了一定的成绩。先生在中大虽也受到同事猜忌，最后得以解决，并相处和洽。正当希望长居岭南，巨料1936年6月粤桂"西南事变"起，陈济棠、李宗仁以抗日名义北上反蒋（中正），谣传广州将有巷战。先生举家仓促回沪，经济损失严重，生活顿见窘迫。

第六部分（苦难的紧张生活）刊于《古今》第23期，讲述先生返沪之后生活拮据之状。1936年8月返沪之后，广州局势未定，先生未获正职，只好闲居上海，先生又遭遇胃病和湿气复发，只有国立音专及苏州章氏国学讲习舍两校教职之微薄收入。西南事变虽已于1936年9月平定，然先生因健康问题，遂绝南游之意。1937年夏日军侵华，8月13日进攻上海，民不聊生。数年间，先生虽兼任上海、苏州两地五校教职，辗转劳顿，依然收入微薄，况家眷众多（一家十余口），兼宿疾时起，生活非常艰难。1940年（民国二十九年）春3月，汪精卫伪国民政府于南京成立。同年4月，先生扶病至南京，当月中央大学复校，先生为"复校筹备委员会"成员，7月，在汪精卫资助下，创办《同声月刊》，即最后一段"我又回到本来的岗位……"所指之事。

第七部分（自我的检讨）刊于《古今》第23期，乃先生回顾二十二年教书生涯之体验。

"苜蓿"生涯：指清苦的教师生涯。语出唐薛令之《自悼》诗，宋计有功《唐诗纪事·薛令之》载："（薛令之）及第，迁右庶子。开元中，东宫官僚清淡，令之题诗自悼曰：'朝日上团团，照见先生盘。盘中何所有，苜蓿长阑干。饭涩匙难绾，羹稀箸易宽。只可谋朝夕，何由度岁寒？'"右庶子，掌太子教养等事。"苜蓿长阑干"，谓苜蓿零落散布。

附龙沐勋简介

龙榆生（1902—1966年），名沐勋，晚年以字行，号忍寒。1902年4月26日出生于江西万载，1966年11月18日病逝于上海，曾任暨南大学、中山大学、中央大学、上海音乐学院教授。龙榆生的词学成就与夏承焘、唐圭璋并称，是20世纪最负盛名的词学大师之一。主编过《词学季刊》。编著有《风雨龙吟室词》《唐宋名家词选》《近三百年名家词选》等。

第七章 艺术中的苜蓿

　　苜蓿有着丰富的艺术表现形式和艺术感染力。苜蓿与手绘图、书法、字画、陶瓷等艺术形式结缘很深。一方面苜蓿既含有博大精深的科学、也有源远流长的历史、还有丰富多彩的文化，苜蓿经受风雨侵蚀，依然保持挺拔身姿，她是不畏困难，坚持不懈追求进步和完善自我，是具有强大意志力和适应能力的象征，用丰富的内涵深深地吸引着众多艺术家对她的关爱；另一方面由于苜蓿无私奉献与顽强生命力的品格感染了书画家、陶瓷艺术家，使之成为创作的物象；再一方面也是由于苜蓿具有的淡雅、质朴、坚毅和自然的美学特征受到书画家、陶瓷艺术家们的青睐和向往，激发了他们的创作热情，使之表现内容更加丰富、更具感染力。

——孙启忠《苜蓿经》，2016.

第一节　苜蓿手绘图

植物手绘图常被比喻为「植物写真」。它以植物形态特征为基础，采用绘画技巧，表现苜蓿植物形态学特征的艺术。手绘图是以植物作为科学描绘的对象，要求严格反映植物科学内容，同时又与美学融为一体，有很强的艺术性。它亦是将科学性、艺术性和文化性融为一体的植物形态学艺术化表现形式。手绘画是植物学中的艺术，又是艺术中的植物科学，是植物形态学与艺术的有机融合，它是植物学中的瑰宝，是艺术中的奇葩。我国最早的苜蓿植物手绘图出现在明代，早于《本草纲目》约180年的《救荒本草》，由周定王朱橚于1406年完成，在书中出现了苜蓿植物手绘图，开创了我国苜蓿植物手绘图的先河，自此苜蓿手绘图在各类典籍中均有出现，如《本草纲目》《农政全书》《三才图会》《植物名实图考》等。

随着影像技术，特别是高清晰摄影技术的快速高质量发展，传统手绘植物图已渐行渐远。目前，已出版的的植物学图鉴都以摄影图片取代了传统的手绘植物图。因此，植物传统手绘图亟须保护与传承，苜蓿手绘图尤需优先保护。

紫花苜蓿（*Medicago sativa* L.）

一、古代苜蓿手绘图

（一）《救荒本草》

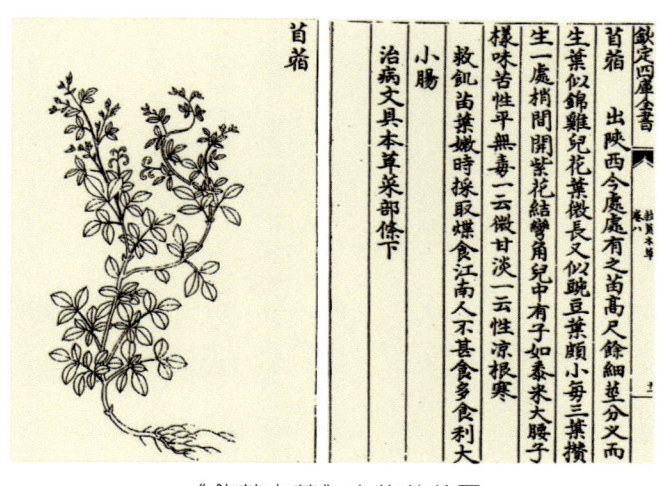

《救荒本草》中的苜蓿图

（二）《本草纲目》

《本草纲目》苜蓿，汉张骞自大宛国带归中国，今田野有之，人亦有种者，年年自生，刈苗作蔬。一年可三刈，二月生苗，一科数十茎，茎颇似灰藋，一枝三叶，叶似决明叶而小如指，顶绿色，碧艳。入夏及秋，开细黄花，结小荚，圆扁，旋转有刺，数荚累累，老则黑色，内有米如穄，米可为饭，其叶可饲牛马。风在其间常萧萧然，日照其花有光采。

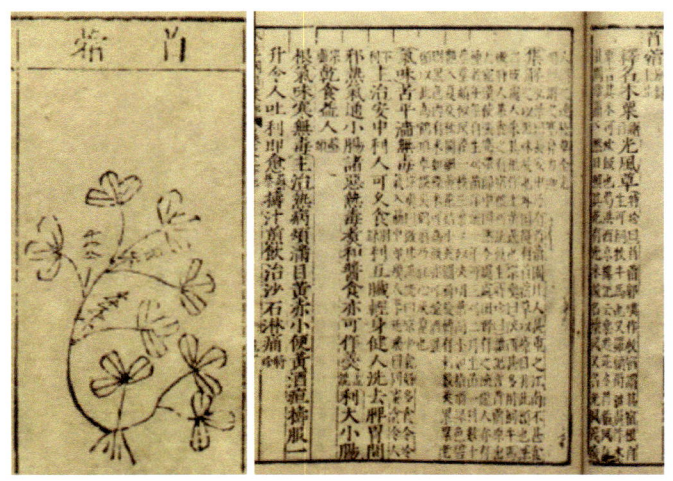

《本草纲目·菜部第二十七卷·菜之二·苜蓿》中的苜蓿图

（三）《农政全书》

《农政全书》云：苜蓿苗高尺余，细茎分叉而生。叶似豌豆，叶颇小，每三叶攒生一处。梢间开紫花，结弯角儿，中有子如黍米味苦。

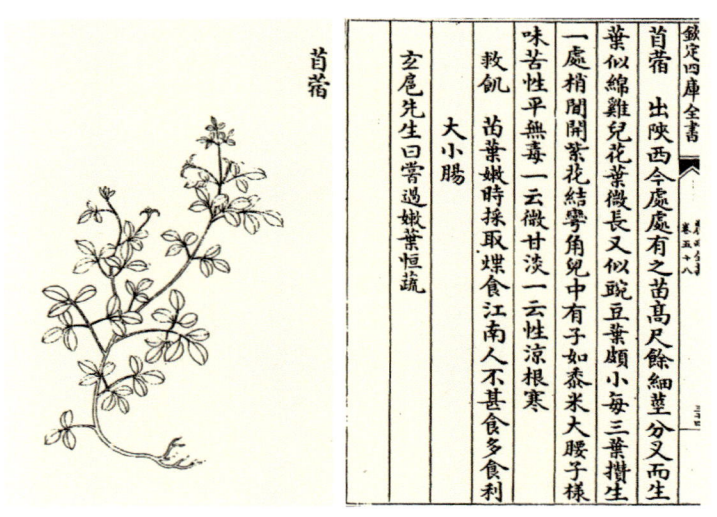

《农政全书》中的苜蓿图

（四）《三才图会》

木粟，塞鼻力驾（佛经）。

《三才图会》中的苜蓿图

(五)《本草品汇精要》

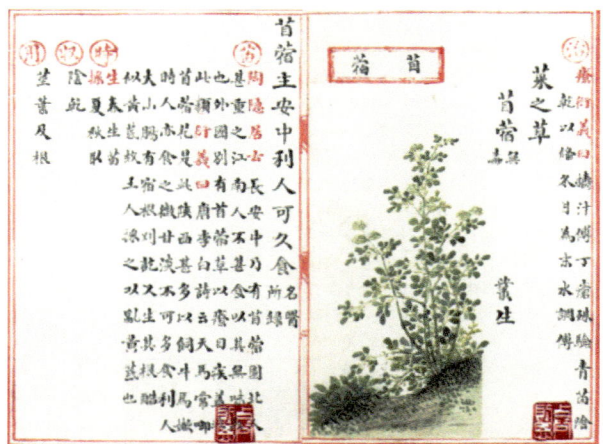

《本草品汇精要》中的苜蓿图

(六)《野菜博录》

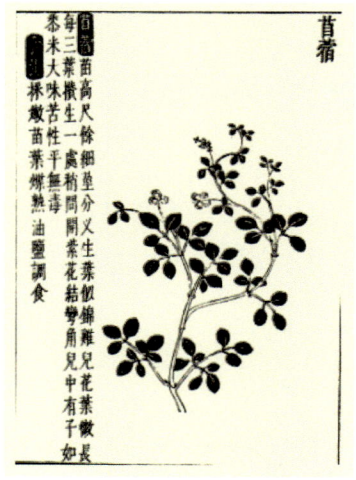

《野菜博录》中的苜蓿图

（七）《植物名实图考》

《植物名实图考》中的苜蓿图

（八）《程瑶田全集·卷三·释草·莳苜蓿纪讹兼图草木樨》

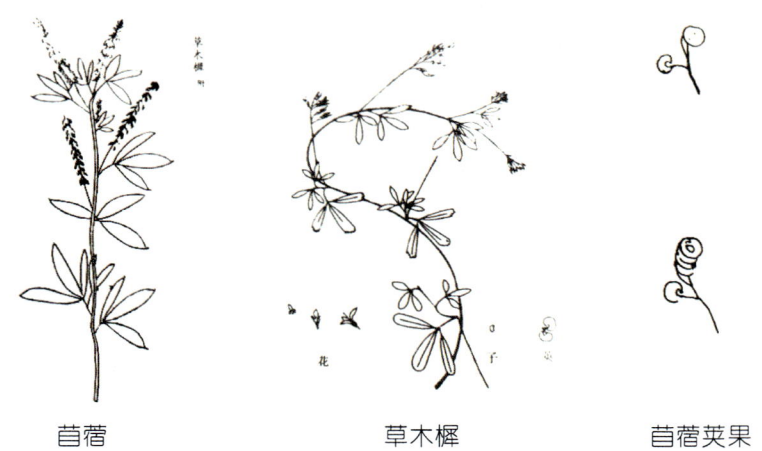

苜蓿　　　　　　草木樨　　　　　　苜蓿荚果

《程瑶田全集·卷三·释草·莳苜蓿纪讹兼图草木樨》中的苜蓿图

（九）《琉球国志略》

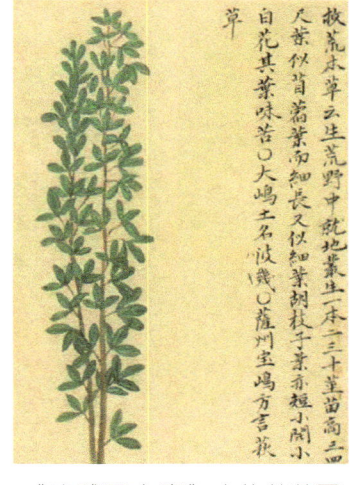

《琉球国志略》中的苜蓿图

二、民国时期苜蓿手绘图

（一）《牧草图谱·苜蓿》

《牧草图谱·苜蓿》中的苜蓿图

《牧草图谱·紫苜蓿》中的苜蓿图

（二）《中国植物图鉴》

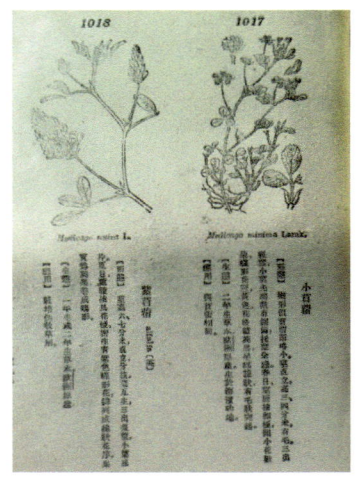

《中国植物图鉴》中的苜蓿图（贾祖璋，贾祖珊，1937）

（三）《农艺植物学》《作物学（中册）》中的苜蓿

《农艺植物学》中的苜蓿图（汤文通，1947）　　《作物学（中册）》中的苜蓿图（黄绍绪，1949）

三、现代植物志苜蓿手绘图

（一）中国主要植物图说（豆科）

《中国主要植物图说（豆科）》中的苜蓿图（中国科学院植物研究所，1955）

（二）植物志类中的苜蓿手绘图

1.《中国高等植物图鉴》

紫苜蓿（*Medicago sativa* L.），多年生草本，多分枝，高30~100厘米。叶具3小叶；小叶倒卵形或倒披针形，长1~2厘米，宽约0.5厘米，先端圆，中肋稍突出，上部叶缘有锯齿，两面有白色长柔毛；小叶柄长约1毫米，有毛；托叶披针形，先端尖，有柔毛，长约5毫米。总状花序腋生；花萼有柔毛，萼齿狭披针形，急尖；花冠紫色，长于花萼。荚果螺旋形，有疏毛，先端有喙，有种子数粒；种子肾形，黄褐色。在我国为栽培植物；现在世界各国都有栽种。为优良饲料植物；又可作绿肥；种子含油10%左右。

《中国高等植物图鉴》中的苜蓿图（第二册，1972）

2.《中国植物志》

紫苜蓿（*Medicago sativa* L.）为重要栽培牧草。

多年生草本，高 30~100 厘米。根粗壮，深入土层，根颈发达。茎直立、丛生以至平卧，四棱形，无毛或微被柔毛，枝叶茂盛。羽状三出复叶；托叶大，卵状披针形，先端锐尖，基部全缘或具 1~2 齿裂，脉纹清晰；叶柄比小叶短；小叶长卵形、倒长卵形至线状卵形，等大，或顶生小叶稍大，长（5）10~25（~40）毫米，宽 3~10 毫米，纸质，先端钝圆，具由中脉伸出的长齿尖，基部狭窄，楔形，边缘三分之一以上具锯齿，上面无毛，深绿色，下面被贴伏柔毛，侧脉 8~10 对，与中脉成锐角，在近叶边处略有分叉；顶生小叶柄比侧生小叶柄略长。花序总状或头状，长 1~2.5 厘米，具花 5~30 朵；总花梗挺直，比叶长；苞片线状锥形，比花梗长或等长；花长 6~12 毫米；花梗短，长约 2 毫米；萼钟形，长 3~5 毫米，萼齿线状锥形，比萼筒长，被贴伏柔毛；花冠各色：淡黄、深蓝至暗紫色，花瓣均具长瓣柄，旗瓣长圆形，先端微凹，明显较翼瓣和龙骨瓣长，翼瓣较龙骨瓣稍长；子房线形，具柔毛，花柱短阔，上端细尖，柱头点状，胚珠多数。荚果螺旋状紧卷 2~4（~6）圈，中央无孔或近无孔，径 5~9 毫米，被柔毛或渐脱落，脉纹细，不清晰，熟时棕色；有种子 10~20 粒。种子卵形，长 1~2.5 毫米，平滑，黄色或棕色。花期 5—7 月，果期 6—8 月。

全国各地都有栽培或呈半野生状态。生于田边、路旁、旷野、草原、河岸及沟谷等地。欧亚大陆和世界各国广泛种植为饲料与牧草。本种性状因栽培类型与生境不同，差别较大。

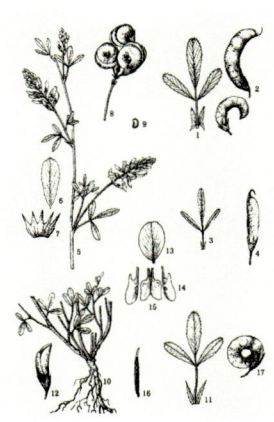

《中国植物志》中的苜蓿图 [第 42（2）卷 323 页，1998]

3.《植物大辞典》

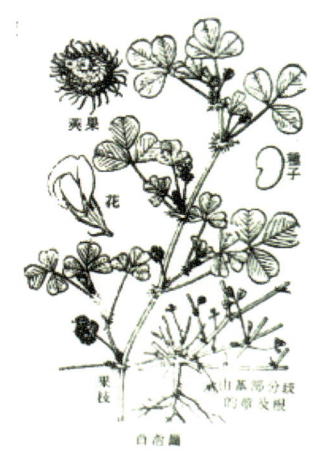

《植物大辞典》中的苜蓿图（植物大辞典编委会，1976）

4. 内蒙古植物志（第三卷／第二版）

《内蒙古植物志（第三卷／第二版）》中的苜蓿图（内蒙古植物志编辑委员，1989）

5.《内蒙古植物志》（第三卷／第三版）

《内蒙古植物志（第三卷／第三版）》中的苜蓿图（内蒙古植物志编辑委员，2019）

6.《江苏植物志》

《江苏植物志》中的苜蓿图（江苏省植物研究所，1977）

7.《中国北部和西北部重要饲料植物和毒害植物》

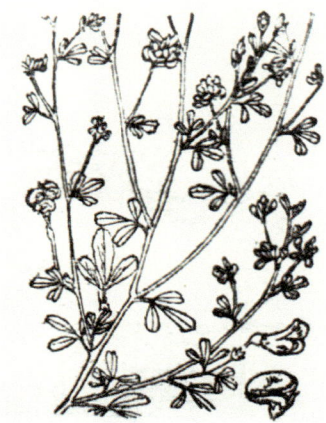

《中国北部和西北部重要饲料植物和毒害植物》中的苜蓿图（崔友文，1959）

8.《中华本草》

《中华本草·第十卷·豆科》中的苜蓿图（国家中医药管理局，1999）

9.《中药大辞典》

《中药大辞典》中的苜蓿图（南京中医药大学编著，2006）

10.《简明生物学词典》

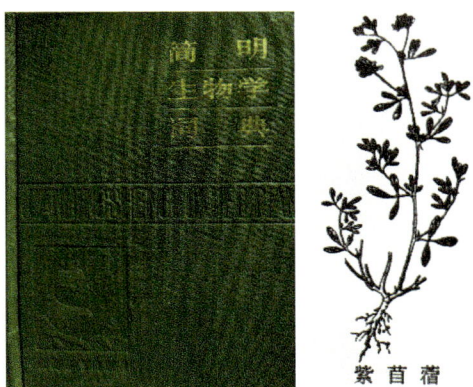

《简明生物学词典》中的苜蓿图（冯德培，谈家桢，王明岐．1983）

四、苜蓿或牧草专书中的手绘图

1.《介绍十种牧草》

《介绍十种牧草》中的苜蓿图（华东区第一次农业展览会编，1950）

2.《牧草》

《牧草》中的苜蓿图(王栋,1951)

3.《生物学通报》

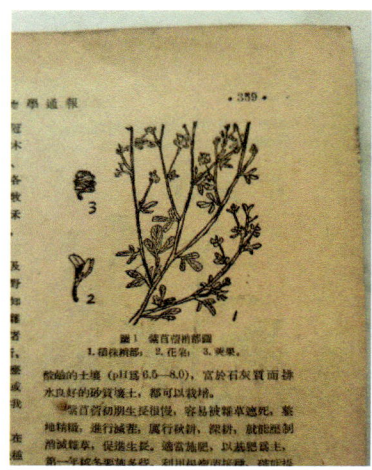

《生物学通报·中国牧草》中的苜蓿图(孙醒东,1953)

4.《牧草学各论》

《牧草学各论》中的苜蓿图(王栋,1956)　《牧草学各论》中的苜蓿图(王栋原著,任继周修订,1989)

5.《重要牧草栽培》

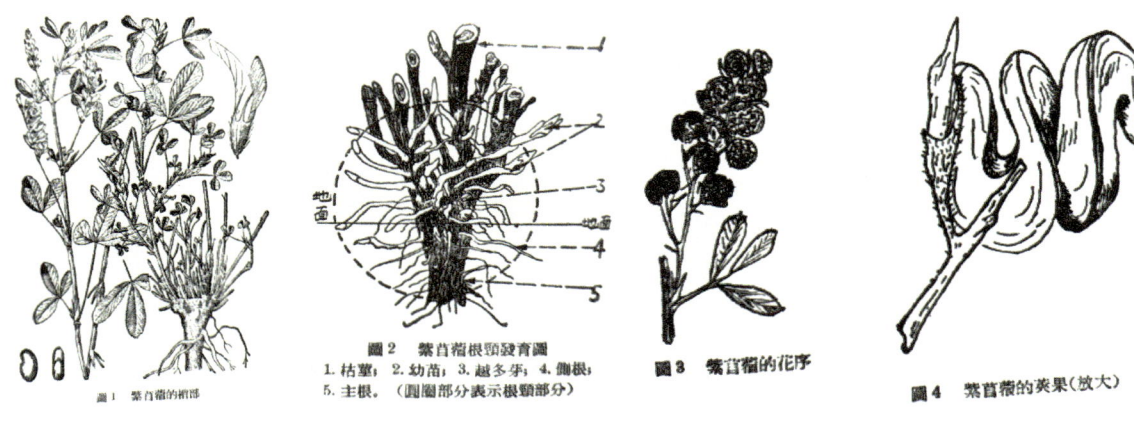

《重要牧草栽培》中的苜蓿图（孙醒东，1955）

6. 重要绿肥作物栽培

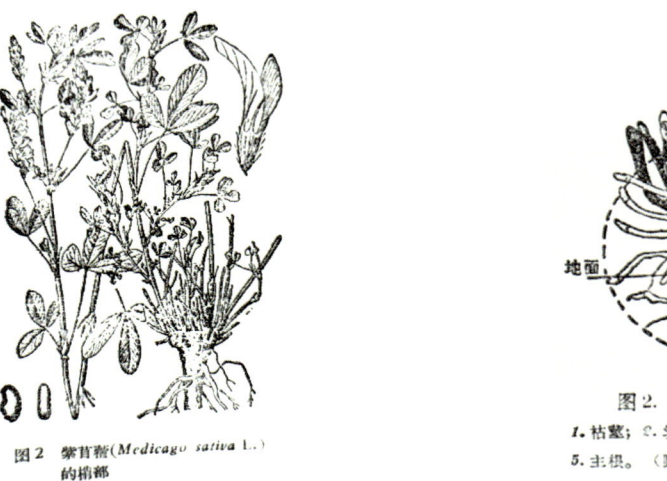

《重要绿肥作物栽培》中的苜蓿图（孙醒东，1958）　　《牧草及绿肥作物》中的苜蓿图（孙醒东，1959）

7.《西北的紫花苜蓿》

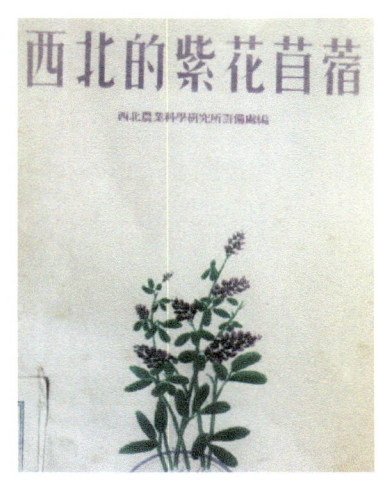

《西北的紫花苜蓿》中的苜蓿图（西北农业科学研究所，1954）

8.《苜蓿紫穗槐种植法》

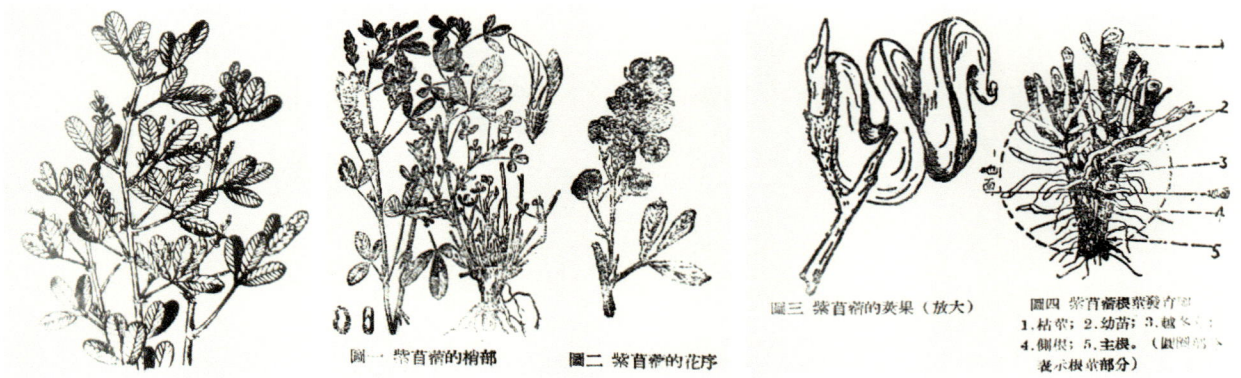

《苜蓿紫穗槐种植法》中的苜蓿图（王之棠，王植琼，1956）

9.《苜蓿》

《苜蓿》中的苜蓿图（洪绂曾，1956）

10.《西北紫花苜蓿的调查及研究》

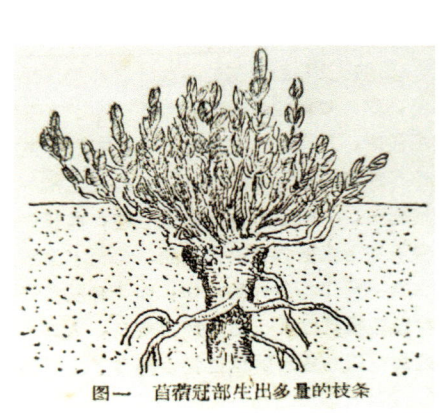

《西北紫花苜蓿的调查及研究》中的苜蓿图（西北农业科学研究所 编著，1957）

11.《中国饲料植物图谱》

《中国饲料植物图谱》中的苜蓿图（中华人民共和国农业部主编，1959）

12.《在草田轮作中栽培多年生牧草的技术》

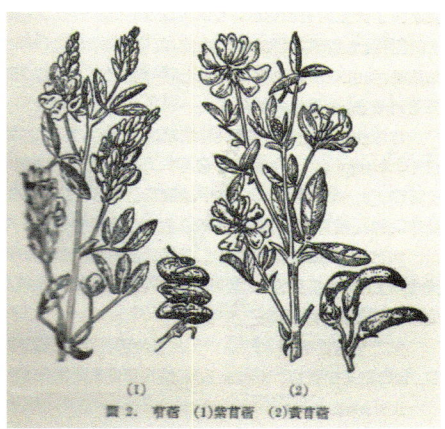

《在草田轮作中栽培多年生牧草的技术》中的苜蓿图（中央人民政府农业部国营农场管理局，1952）

13.《牧草大田轮作的理论与技术》

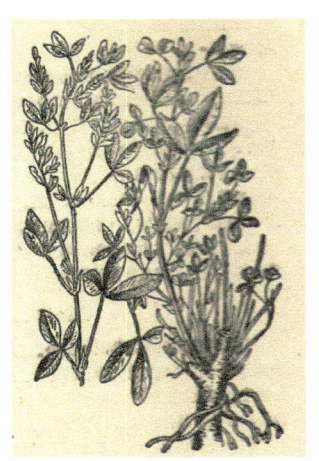

《牧草大田轮作的理论与技术》中的苜蓿图（中央人民政府农业部国营农场管理局，1952）

14.《农业科学通讯》

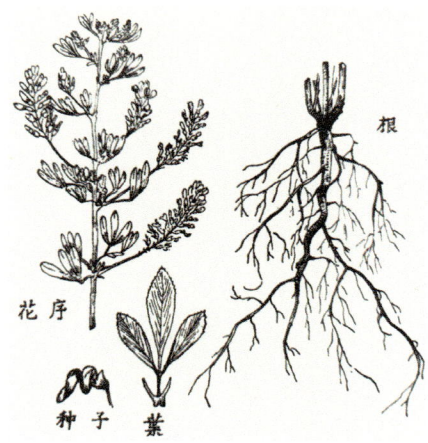

《农业科学通讯·苜蓿的栽培管理》中的苜蓿图（唐乾若，1953）

15.《苜蓿》

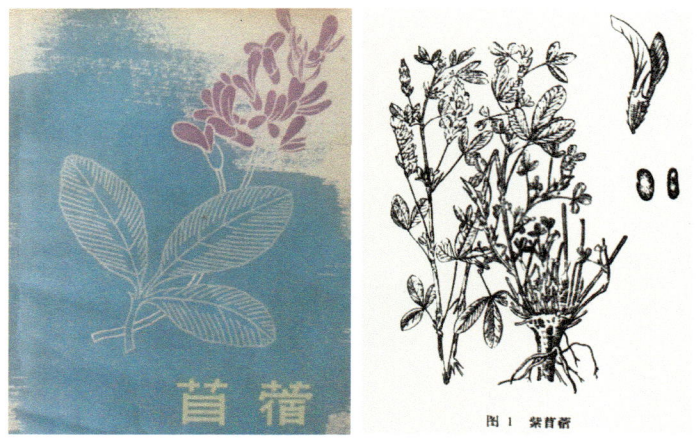

《苜蓿》中的苜蓿图（裕载勋，1957）

16.《几种主要绿肥牧草的栽培与利用》

《几种主要绿肥牧草的栽培与利用》中的苜蓿图（陈维真，1957）

17.《紫花苜蓿种植法》

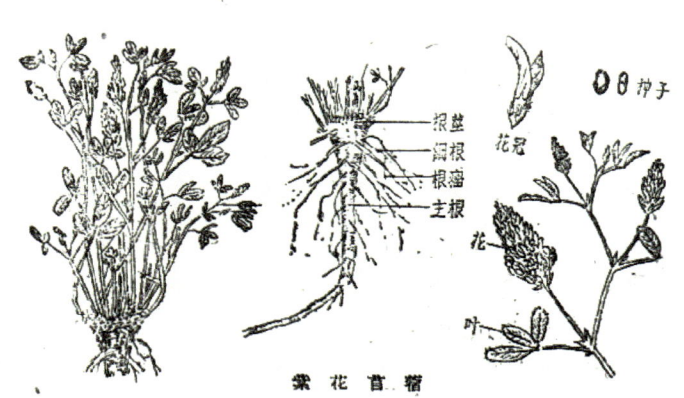

《紫花苜蓿种植法》中的苜蓿图（江苏省农林厅种子处，1958）

18.《牧草及绿肥作物》

《牧草及绿肥作物》中的苜蓿图（孙醒东，1959）

19.《牧草栽培》

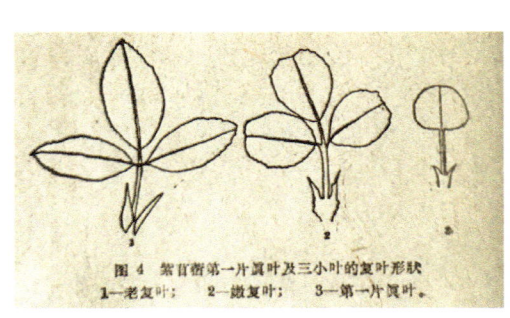

《牧草栽培》中的苜蓿图（陈布圣，1959）

《牧草栽培》中的苜蓿图（浙江省金华畜牧兽医学校，20 世纪 50 年代）

20.《西北的紫花苜蓿》

《西北的紫花苜蓿》中的苜蓿图（中国农业科学院陕西分院，1959）

21.《牧草种植》

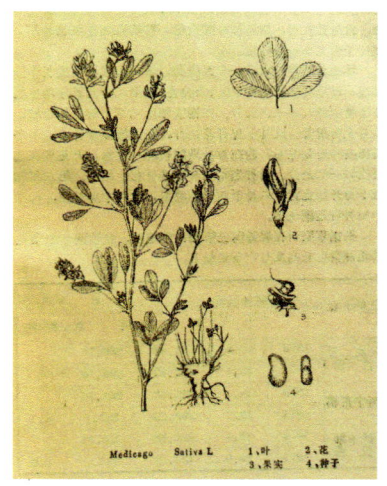

《牧草种植》中的苜蓿图（内蒙古畜牧工作站，1972）

22.《主要优良牧草介绍》

《主要优良牧草介绍》中的苜蓿图（吉林省哲里木盟畜牧局，1973）

23.《牧草及饲料作物栽培学》

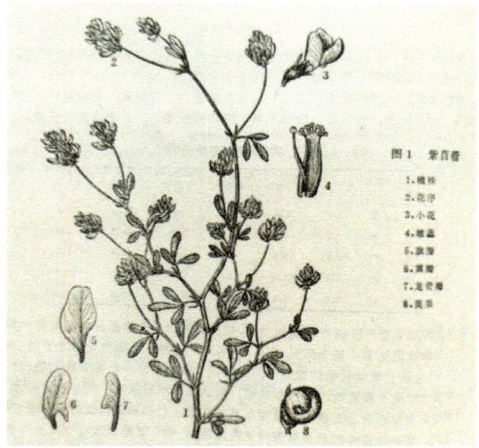

《牧草及饲料作物栽培学》中的苜蓿图（内蒙古农牧学院，1981）

24.《苜蓿》

《苜蓿》中的苜蓿图（江苏省农业科学院土壤肥料研究所，1980）

25.《优良牧草栽培技术》

《优良牧草栽培技术》中的苜蓿图（苏加楷，1982）

26.《中国绿肥》

《中国绿肥》中的苜蓿图（焦彬，1986）

27.《紫花苜蓿》

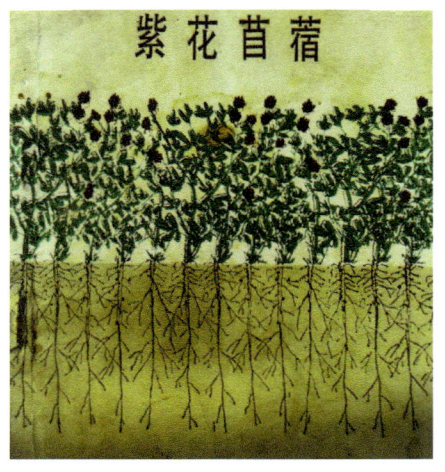

《紫花苜蓿》中的苜蓿图（肖文一，张鹏泳，1988）

28.《中国苜蓿》

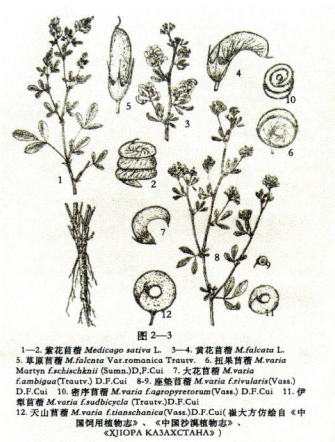

《中国苜蓿》中的苜蓿图（联华珠，1995）

29.《草地学》

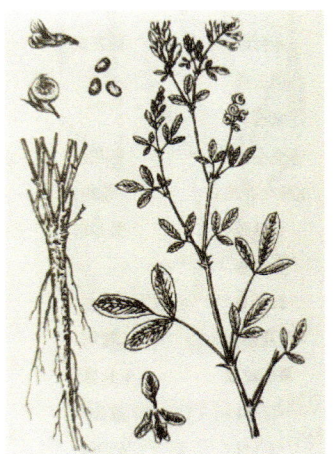

《草地学》中的苜蓿图（毛培胜，2005）

30.《牧草饲料作物栽培学》

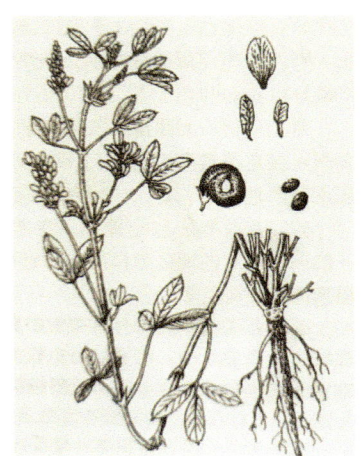

《牧草饲料作物栽培学》中的苜蓿图（王建光，2018）

31.《中国的蔬菜名称考释与文化百科》

《中国的蔬菜名称考释与文化百科》中的苜蓿图（张平真，2022）

32.《植物传奇》

《植物传奇》中的苜蓿图（沈苇，2009）

33.《优质苜蓿高质量栽培技术》

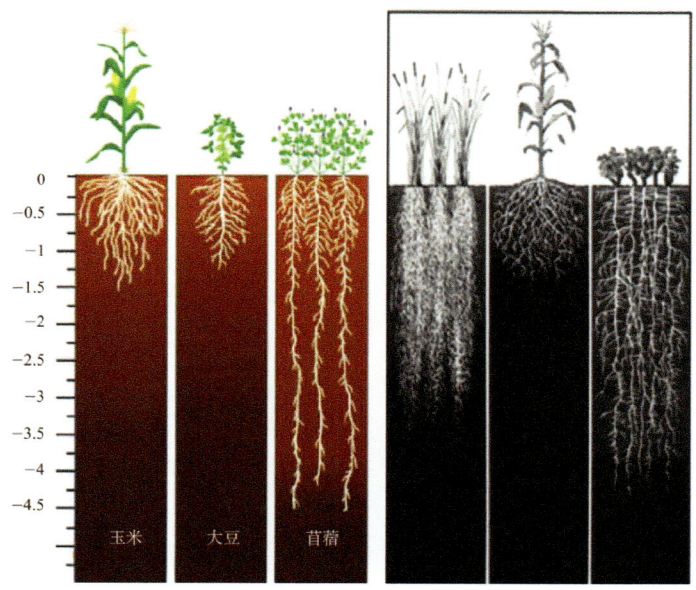

《优质苜蓿高质量栽培技术》苜蓿根系与其他作物根系比较（林克剑，陶雅，2022）

自毒对苜蓿根系生长的影响

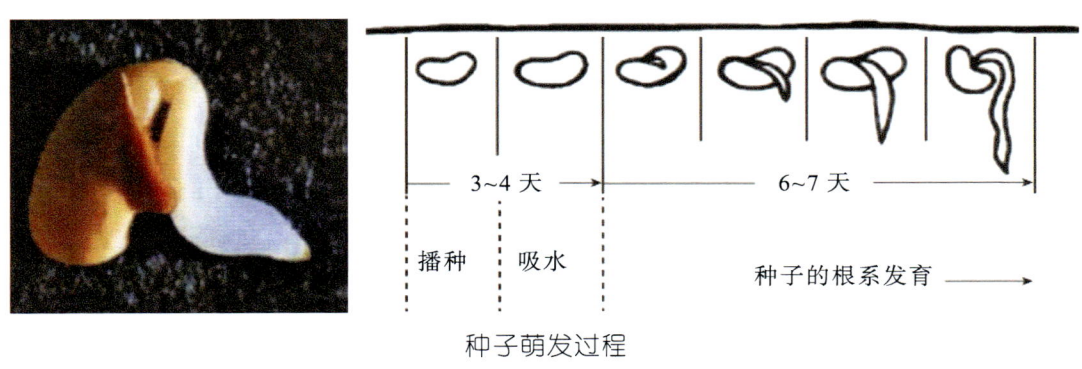

种子萌发过程　　种子的根系发育

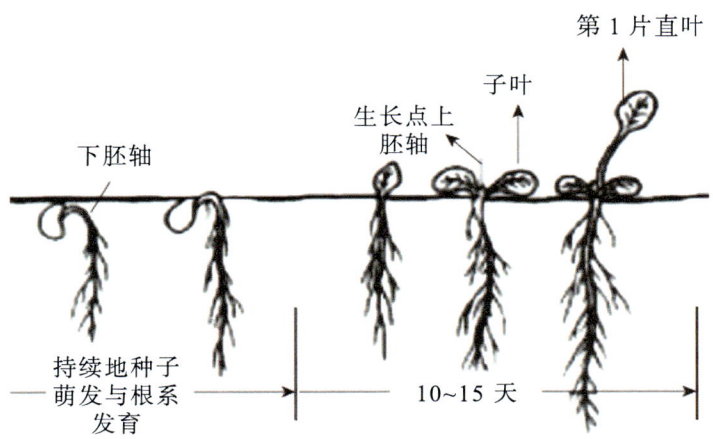

幼苗出苗经过单叶期

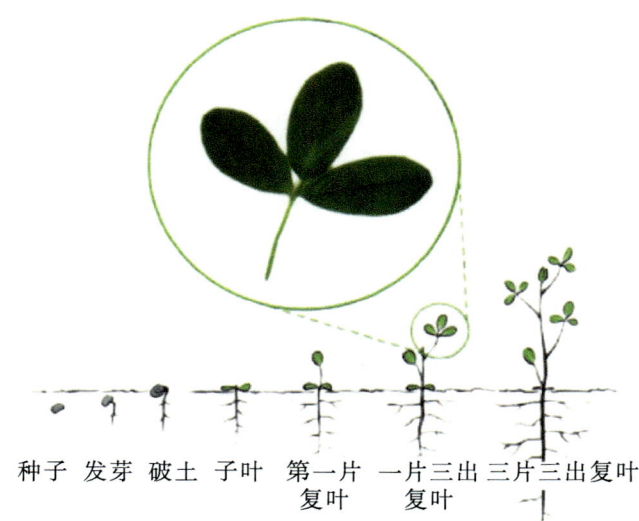

苜蓿幼苗生长发育

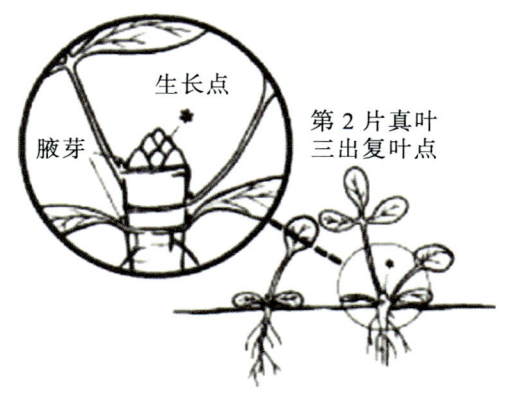

在第4叶3小叶期具一叶状图

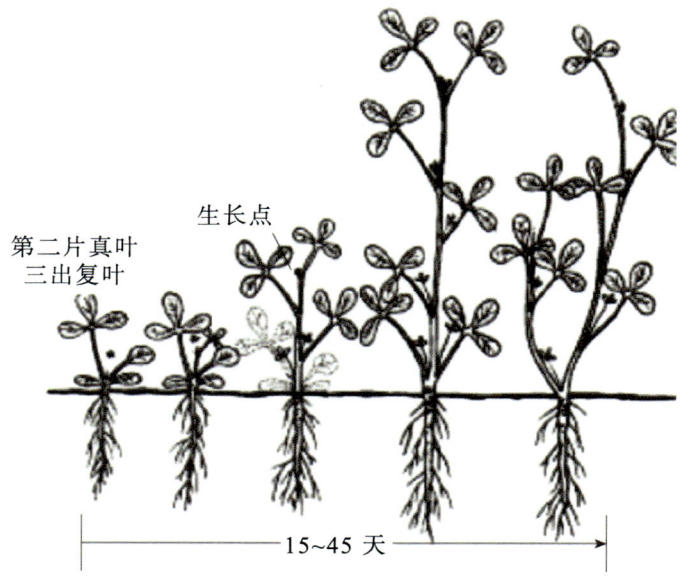

播种当年营养生长和发育

苜蓿根颈生长

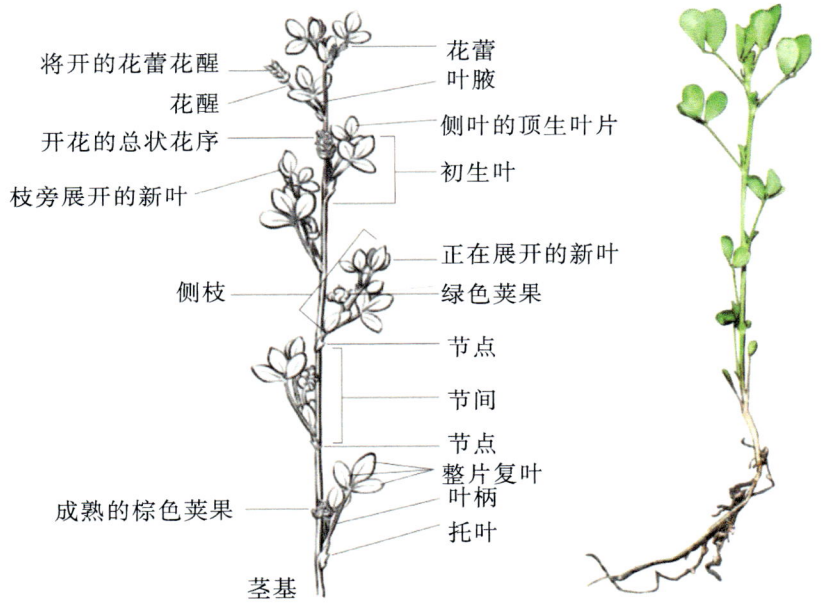

苜蓿在单茎上的发育阶段

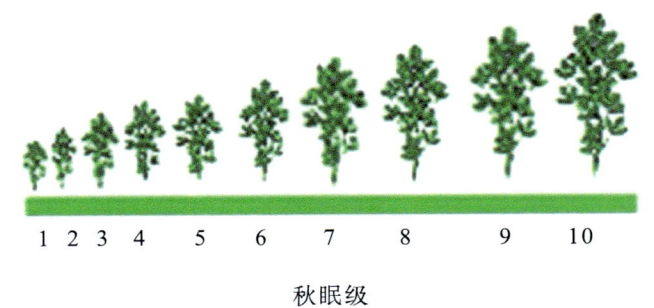

秋天刈割25天后不同秋眠级苜蓿生长模式

《优质苜蓿高质量栽培技术》（林克剑，陶雅，等，2022）

五、国外苜蓿手绘图

1. Alfalfa or Lucerne

Alfalfa or Lucerne 中的苜蓿图（Jared,1899）

2. Agricultural Extension Service（Alfalfa）

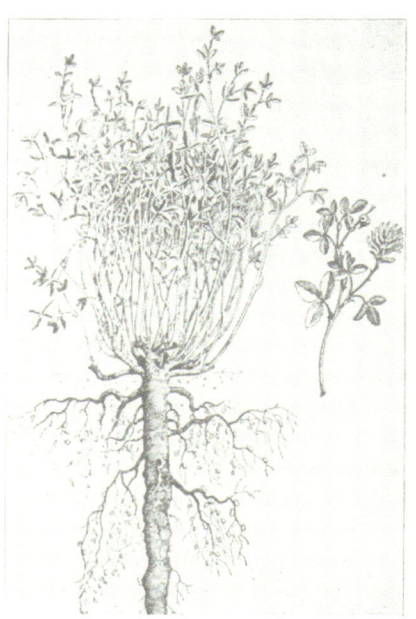

Agricultural Extension Service（Alfalfa）中的苜蓿图（Hanger,1919）

3.《试验牧草讲义》

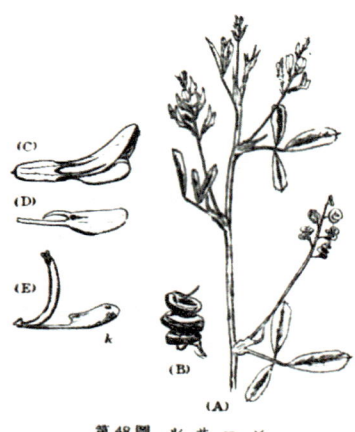
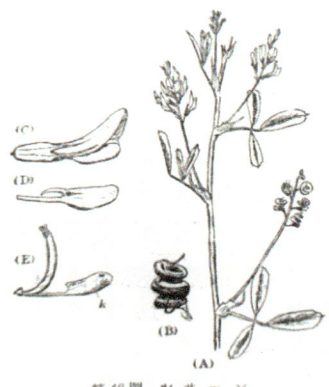

《试验牧草讲义》中的苜蓿图（川濑勇，1941）

4.《苜蓿栽培法》

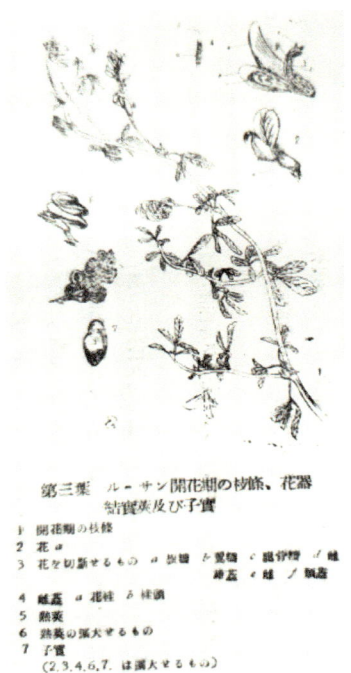

《苜蓿栽培法》中的苜蓿图（小佐井元吉，1942）

5.《青饲料轮替》

《青饲料轮替》中的苜蓿图(章祖同,译,1955)

6.《提高牧草的收获量》

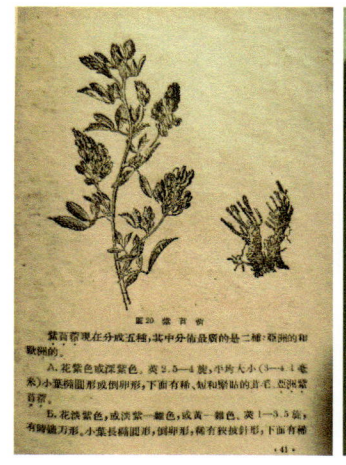 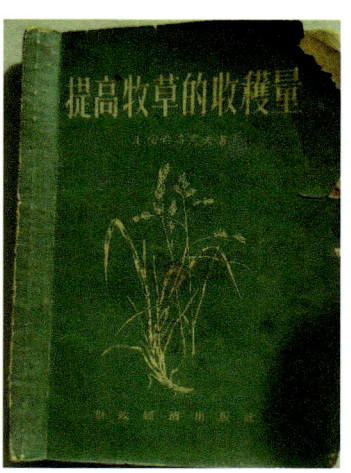

《提高牧草的收获量》中的苜蓿图(梅希略克夫,陈维真,译,1955)

7.《灌溉农业》

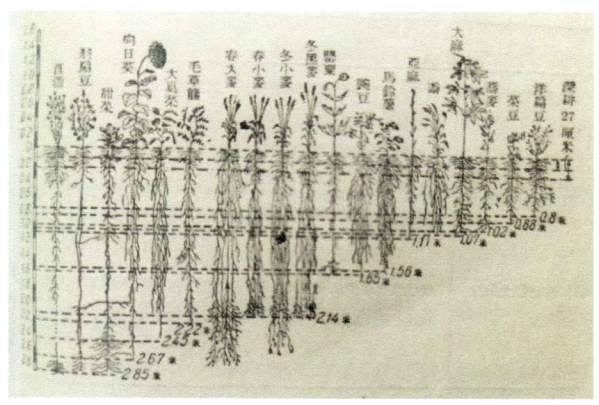

《灌溉农业》中的苜蓿图(康德拉舍夫,著,孙华东,译,1956)

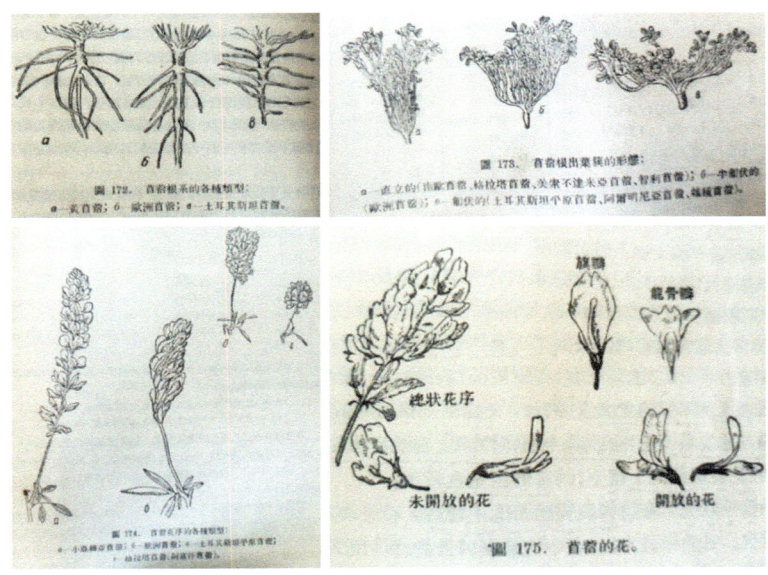

《灌溉农业（下册）》中的苜蓿图（康德拉舍夫，著，孙华东，译，1956）

8.《耕作学与植物栽培学实习指导》

《耕作学与植物栽培学实习指导》中的苜蓿图（索可洛夫，著，1959）

9.《大田作物育种学与种子繁育学实习指导》

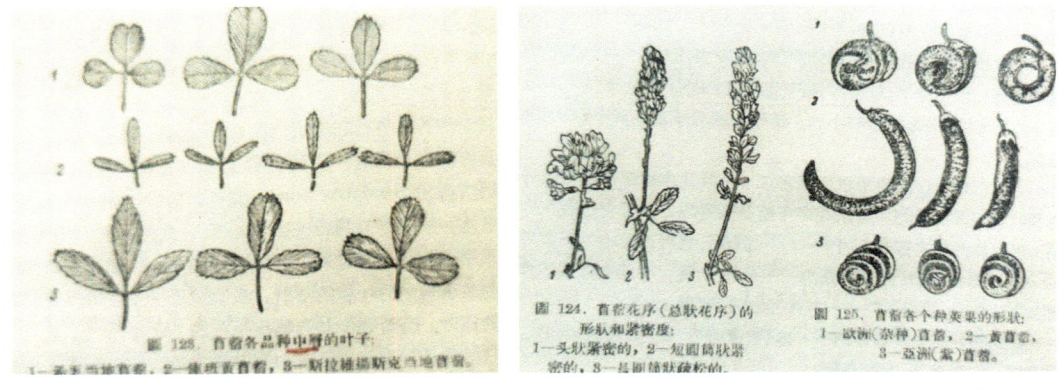

《大田作物育种学与种子繁育学实习指导》中的苜蓿图（波波娃，著，1957）

10. Alfalfal Science and Techonology

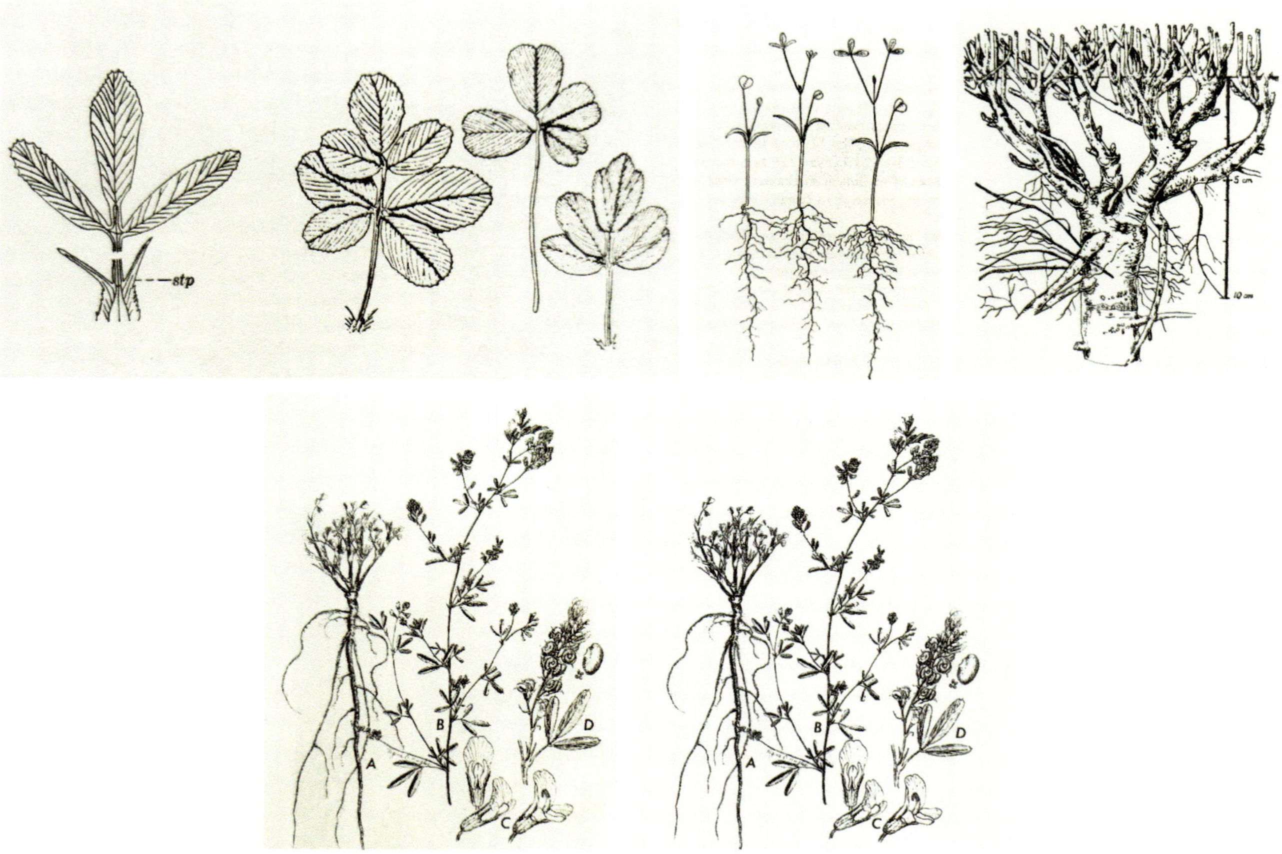

Alfalfal Science and Techonology 中的苜蓿图（Hanson，1972）

11. Alfalfa

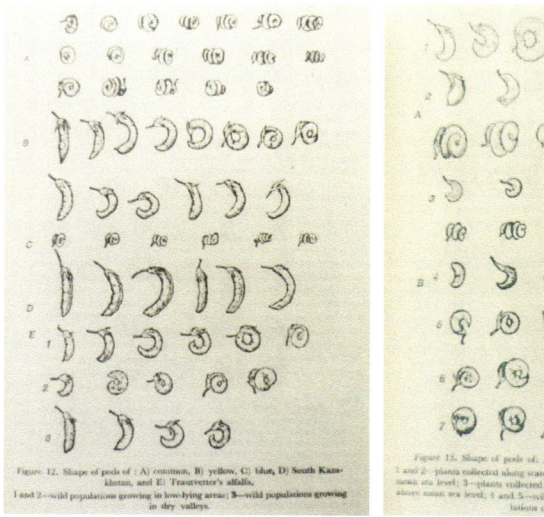
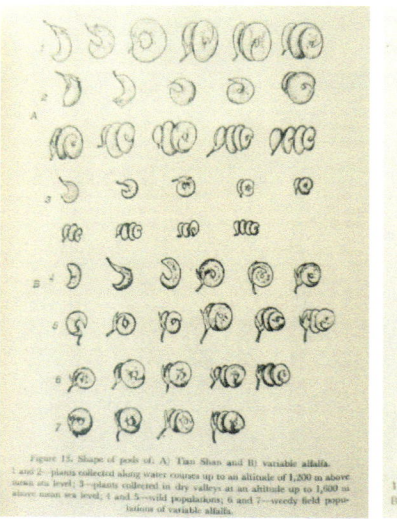
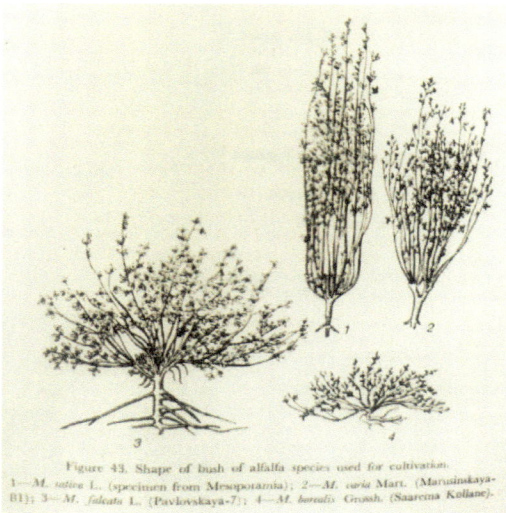

Alfalfa 中的苜蓿图（Ivanov，1980）

12.《世界大师手绘彩色植物之书》

《世界大师手绘彩色植物之书》中的苜蓿图（奥托·威廉，著，朱庆，译，2012）

13.《那朵花的名字：870多种开花植物彩色手绘图鉴》

4 | 紫苜蓿 *Medicago sativa*
蝶形花科 Fabaceae　　　　　　　　　　　　　　　30~80 厘米高，6—9 月，多年生

典型特征：球形的密集总状花序由长 8~12 毫米的蝶形花组成，叶子三出。
描述：花从蓝色到紫色。荚果有 1.5~3 回螺旋弯曲。羽状小叶长至 30 毫米，带有突出的叶尖。
生长地点：紫苜蓿最初来自西亚，从古希腊和古罗马时代起就是一种农作物。在温暖、钙质丰富、养分较少的草甸、路边和自然形成的坡地上能见到。
趣味常识：紫苜蓿可作为绿色饲料植物，同时具有收集氮素的能力，可以改善土壤。
易混物种：杂交苜蓿（Medicagoxvaria）。杂交苜蓿的花有黄色或灰色的部分。

螺旋样盘旋的荚果

《那朵花的名字：870多种开花植物彩色手绘图鉴》中的苜蓿图（玛格特·斯庞，著，王怡然，译，2017）

14.《自然的世界：博物学家的植物插图记》

《自然的世界：博物学家的植物插图记》中的苜蓿图（约瑟夫·道尔顿，著，王春玲，王春能，译，2018）

15. *Alfalfa*

Alfalfa 中的苜蓿图（Gary，1989）

16. *Reproductive Ecology of Forage Alfalfa*

Reproductive Ecology of Forage Alfalfa (*Medicago sativa* L.）: Recent Advances

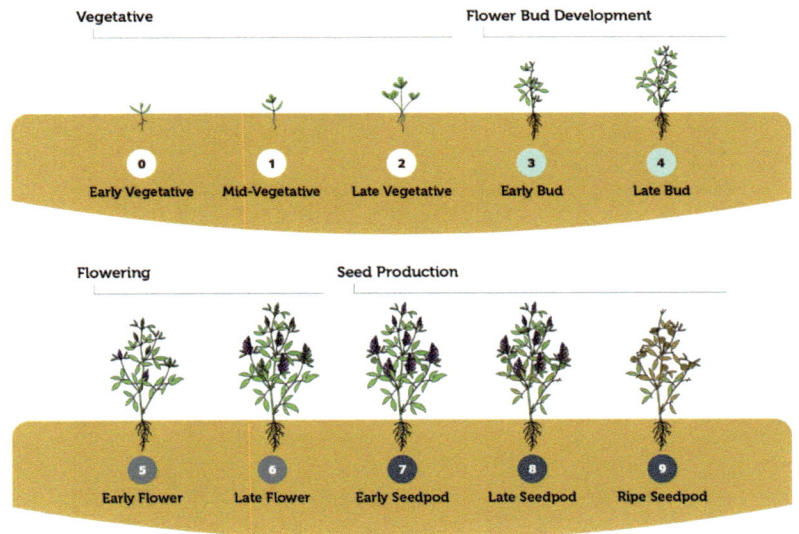

苜蓿发育进程

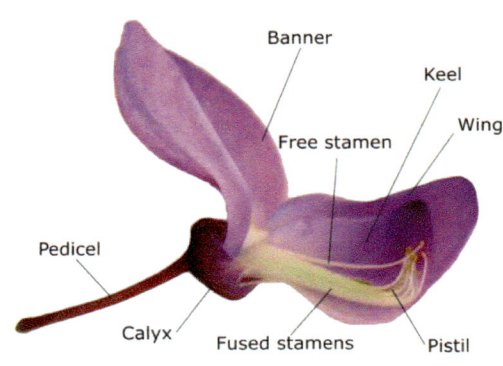

苜蓿花组分

Reproductive Ecology of Forage Alfalfa (*Medicago sativa* L.）: Recent Advances 中的苜蓿图（Hana，2021）

17. *Alfalfa—making agriculture friendly*

Blossoming treasures of biodiversity 中的苜蓿图（Small，2007）

18. *Alfalfa Production Handbook*

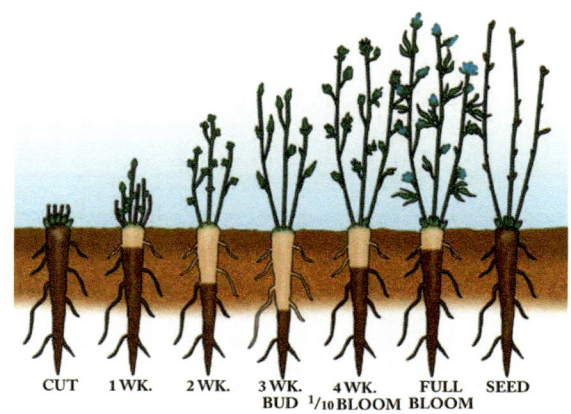

Alfalfa Production Handbook（1998）

注：根中储存的碳水化合物是快速再生、越冬和抗根腐病所必需的。这插图显示了由于切割后再生而发生的变化。主根的深色部分代表大致的碳水化合物水平。

19. *American Scientist*

American Scientist · Alfalfa 中的苜蓿图（Michael，2001）

注：苜蓿（Alfalfa）实际上包含是两个物种，即紫花苜蓿（左）和黄花苜蓿（右）。前者以其蓝色的花朵为特征，在欧洲通常被称为紫花苜蓿（Lucerne），这个词可能源于波斯语中的青金石，这是一种蓝宝石矿物天青石。黄花苜蓿的花更可能是白色或黄色的。

20. 其他

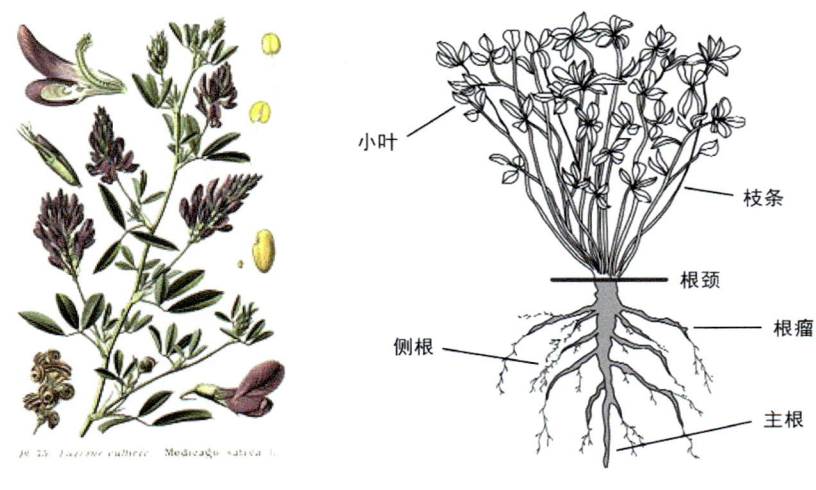

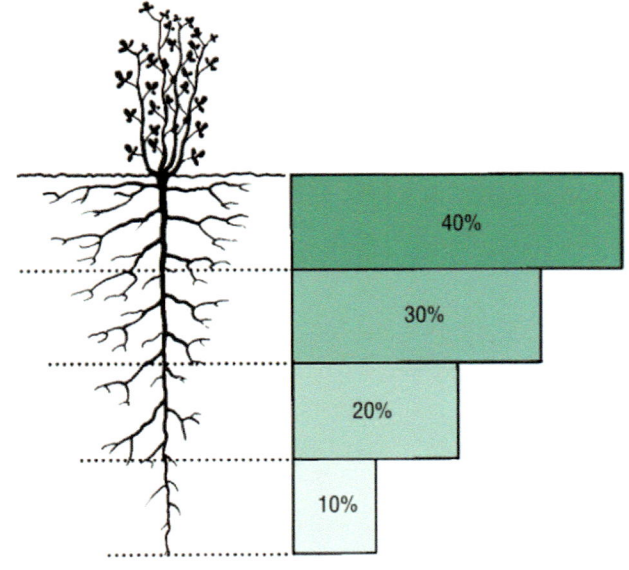

其他资料中的苜蓿

第二节　苜蓿墨迹

一、宋元苜蓿书法

1. 天马赋

《天马赋》米芾书，"宋四书家"（苏、米、黄、蔡，即苏轼、米芾、黄庭坚、唯独列于四家之末的"蔡"，究竟指谁，却历来就有争议。）之一，又首屈一指。在米芾传世的作品中，《天马赋》被康熙誉为前无古人。

截取片段释文：方唐牧之至盛，有天骨之超俊，勒四十万……蹶而致客。岂肯浪逐苜蓿之坡，盖当下视八方之骏。高标雄跨而狮子攘狞……

宋米芾《天马赋》

2. 闻捣衣

《闻捣衣》赵孟頫书。赵孟頫（1254—1322年），元代著名画家，楷书四大家之一。书法尤以楷、行书著称于世。

释文：露下碧梧秋满天，砧声不断思绵绵。北来风俗犹存古，南度衣冠不及前。苜蓿搅肥宛腰褭，琵琶曾泣汉婵娟。人生俯仰成今昔，何待他年始悯然。款识：进之提举足下以素纸澄仆近诗，漫书以应。进之知我者，幸勿计吾之工拙也。子昂。

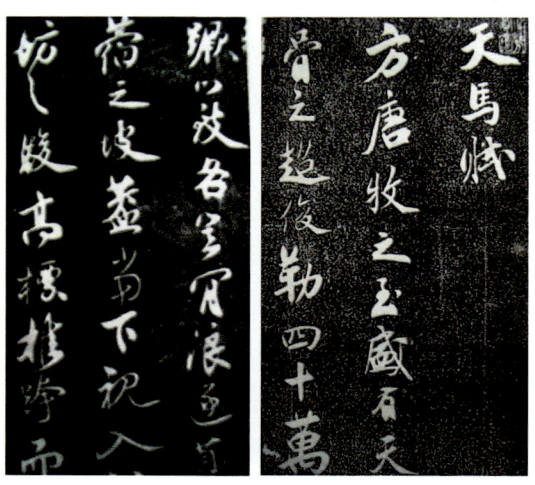

元赵孟頫《闻捣衣》

二、明清苜蓿书法

1. 草书唐人诗九首（节选）

《草书唐人诗九首》王铎（1592—1652年）书，明末清初大臣、书画王维《送刘司直往安西诗》："绝域阳关道，胡烟（沙）与塞尘。三春时有雁，万里少行人。苜蓿随天马，葡萄逐汉臣。当今外国惧，不敢觅和亲。"

释文：……万里少行人。苜蓿随天马，葡萄逐汉臣。

明末清初·王铎《草书唐人诗九首》节选

2. 麻婆苜蓿

《麻婆苜蓿》吴让之（1799—1870年）书于1818年创作。吴让之在明清流派篆刻史上具有举足轻重的地位。

释文：黄花盐豉下江皋，风味依稀万里桥。赢得杜陵诗思健，海南喜见酒帘招。雪色笔羹银有耳，灌汤白定竹生菘。山厨解道相如渴，鸡豆花能佐一尊。浅斟大曲味醇醇，绮菜平分玉版参。瘦俗不妨罗笋肉，东坡食谱已曾谙。妙手调羹细脍功，麻婆苜蓿擅巴东。欲知每饭辛酸意，忧国维应似放翁。

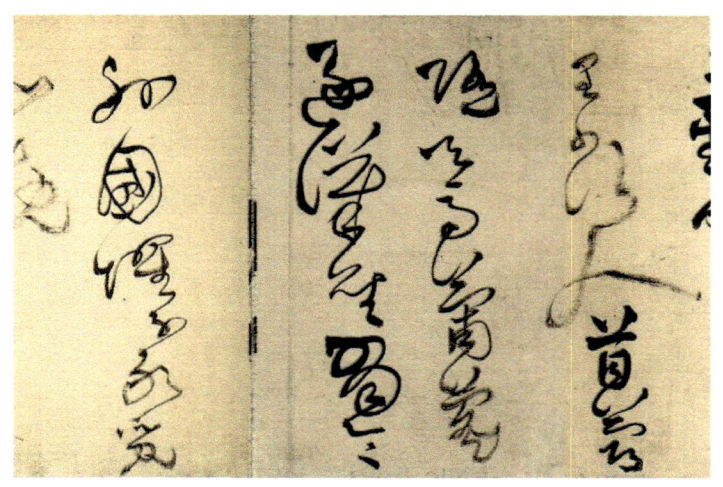

清吴让之书《麻婆苜蓿》

三、近现代苜蓿书法

1. 苜蓿桃花

《苜蓿桃花》沈曾植（1850—1922年）书，誉称"中国大儒"，精鉴赏，富收藏，书法以草书著称，碑、帖并治，清末书家。

录文：好留苜蓿长供馔；但有桃花可种田。

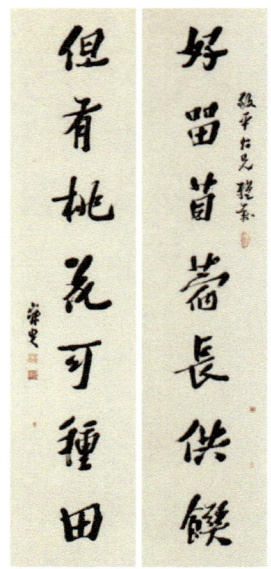

沈曾植《苜蓿桃花》

2. 苜蓿梅花

《苜蓿梅花》王文翰（1889—1941）书。

释文：苜蓿金鞭调白马，梅花铁笛奏青羌。

王文翰《苜蓿梅花》

3. 天马苜蓿

《天马苜蓿》杨度（1874—1931年）书。中国近代知名学者，著名政治活动家、宣传家。

录文：汉家天马出蒲梢，苜蓿榴花徧近郊。内苑只知含凤觜，属车无复插鸡翘。玉桃偷得怜方朔，金屋修成贮阿娇。谁料苏卿老归国，茂陵松柏雨萧萧。

杨度《天马苜蓿》

4. 王雨楼

《王雨楼》于右任（1879—1964年）书。政治家、活动家、"当代草圣"、教育家、诗人，也是中国近代高等教育奠基人之一。

释文：苜蓿阑干老广文，江南双鲤寄殷勤。论诗欲订疑年录，未必礼堂事郑君。

于右任《王雨楼》

5. 寓括州游南明山

《寓括州游南明山》沈尹默（1883—1971年）书，当代著名书法家。早年留学日本，后任北京大学教授和校长、辅仁大学教授。以书法闻名，民国初年，书坛就有"南沈北于（右任）"之称。20世纪40年代书坛有"南沈北吴（吴玉如）"之说。

释文：……消受黍醪苜蓿餐，闲行到此一凭栏。当窗飞瀑晴疑雨，满院修篁暑亦寒。树抱冬心霜后见，草含生意静中看。晚来月出东山上，客路衣襟更觉单。

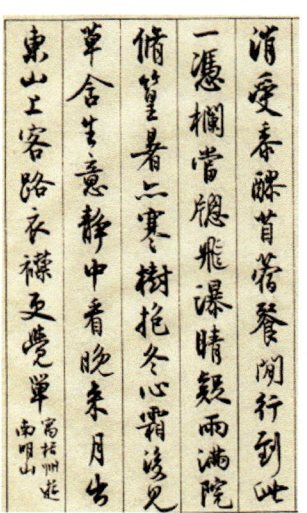

沈尹默《寓括州游南明山》

《简斋诗》沈尹默书，共有三屏，选其中一。

释文一：飞絮春犹冷，离家食更寒。能供几岁月，不办了悲惧。刺史蒲萄酒，先生苜蓿盘。一官违壮节，百虑集征鞍。斗粟淹吾驾，浮云笑此生。有诗酬岁月，无梦到功名。客里逢归雁，愁边有乱莺，杨花不解事，更作倚风轻。简斋道中寒食二首 尹默。

沈尹默《简斋诗》三屏其中一屏

6. 马诗

《马诗》溥儒（1896—1963 年）书。与张大千有"南张北溥"之誉，又与吴湖帆并称"南吴北溥"。

题识：轮台暮雪折旗头，金鼓频摧战不休。一自昭陵生宿草，朔风吹老九花虬。踏尽平沙苜蓿香，校人控御久调良。伍胥乞食过吴市，莫叹生刍引鵕鸃。花前立仗旧奚官，曾侍先朝鬃已残。此日新来西极马，青丝控御也应难。

溥儒《马诗》

7. 陆放翁诗（节选）

《陆放翁诗》柳亚子（1887—1958年）书。中国诗人，南社发起人。

录文：……十年走万里，何适不艰难。附火财须臾，揽结复慨叹。恨不以此劳，为国成玉关。天宝胡兵陷南京，北庭安西无汉营。五百年间置不闻，圣主下诏初亲征。熊罴百万从鸾驾，故地不劳传檄下。筑城绝塞进新图。排仗行宫宜大赦。冈峦极目汉山川，文书初用淳熙年。驾前六军错锦绣，秋风鼓角声满天。首蓿峰前尽停障，平安火在交河上。凉州女儿满高楼，梳头已学京都样。白首微官只自囚，青灯明灭北窗幽。五更风雪梦千里，半老江湖身百忧。

款识：陆放翁诗数首，以为寂桐先生大雅正之。二十四年暮冬，柳亚子。

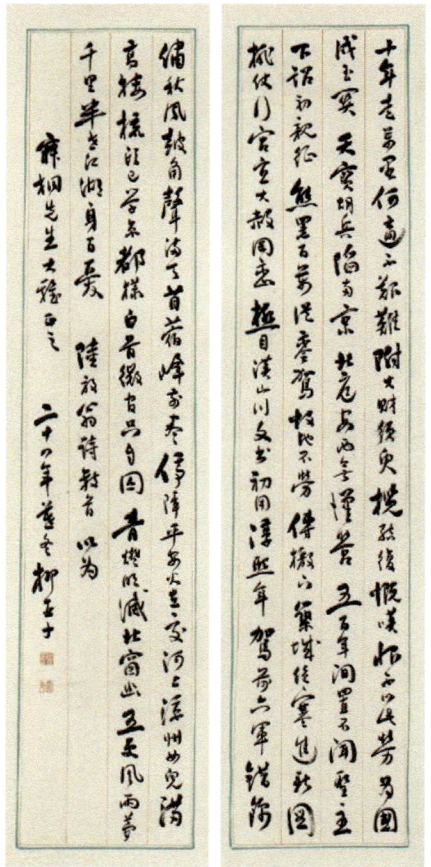

《陆放翁诗》二屏

第三节　苜蓿画香

一、元代苜蓿字画

1. 柳荫牧马

《柳荫牧马》赵孟頫（1254—1322年）创作。元代著名画家，楷书四大家之一。

款识：青青苜蓿长初齐，十二天闲望不迷，杨柳几株沙苑远，奚官来试骕骦蹄，至元癸巳秋，子昂。

元·赵孟頫《柳荫牧马》

2. 八骏图

《八骏图》赵孟頫创作。

截图选题跋其一：周家八马如飞电，凤昔传闻今始见。锐耳双分秋竹批，拳毛一片桃花旋。肉鬃叠耸高崔嵬，权奇知真龙媒。八骏朝辞扶桑底，夜露暮宿昆仑下。霜蹄试踏层冰裂，骏尾欲棹修飙回。瑶池宴罢归来早，络月羁金照京镐。紫鞯飞时逐落花，雕鞍解处眠芳草。由来骏骨健且驯，弄影骄嘶不动尘。有时渴饮天津水，五色照见波粼粼。围官骑来难久驻，饮向春流最深处。珠衔宝勒不敢疏，直恐飞腾化龙去。古来善画韦与韩，此画岂同凡马看。人间造次不可得，苜蓿秋深烟雨寒。子青张之万观识。

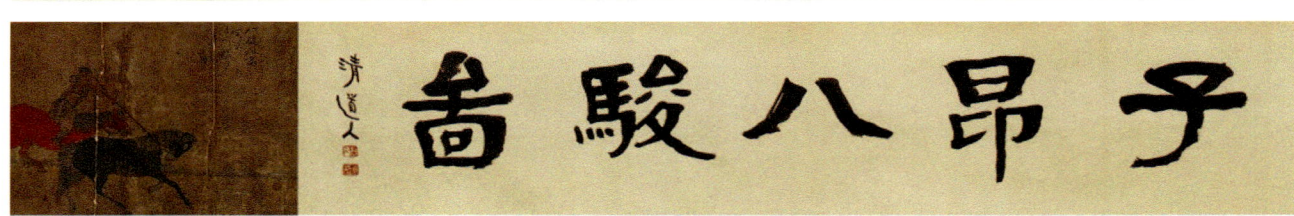

元·赵孟頫《八骏图》

3. 洗马图

《洗马图》赵麟 1365 年作。

题诗云：苜蓿花开霜叶浓。竹批两耳气何雄。承平闲却金丝络。留作观风御史听。

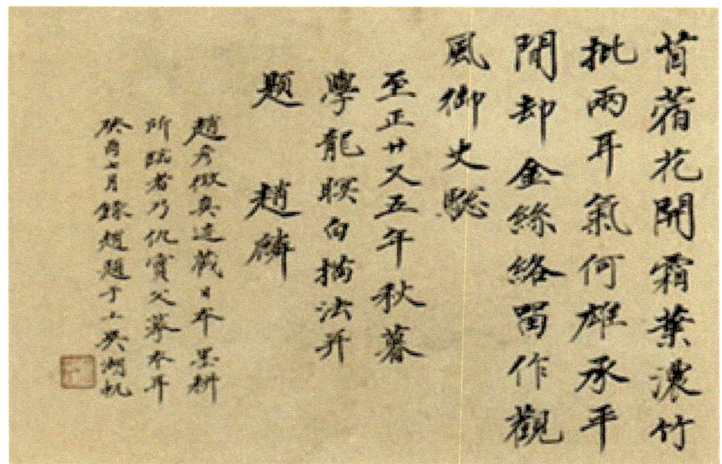

元·赵麟《洗马图》

二、清代苜蓿字画

1. 秋风归牧

《秋风归牧》石韫玉（1756—1837年）创作于1786年。

题跋：凌云笔扫千人阵，貌出骅骝自神骏。教谏旧法首周宫，诈马名王腰汉印。武皇威德镇天山，天马西来进玉关，苜蓿香中秋万里，龙媒毕竟住天闲。

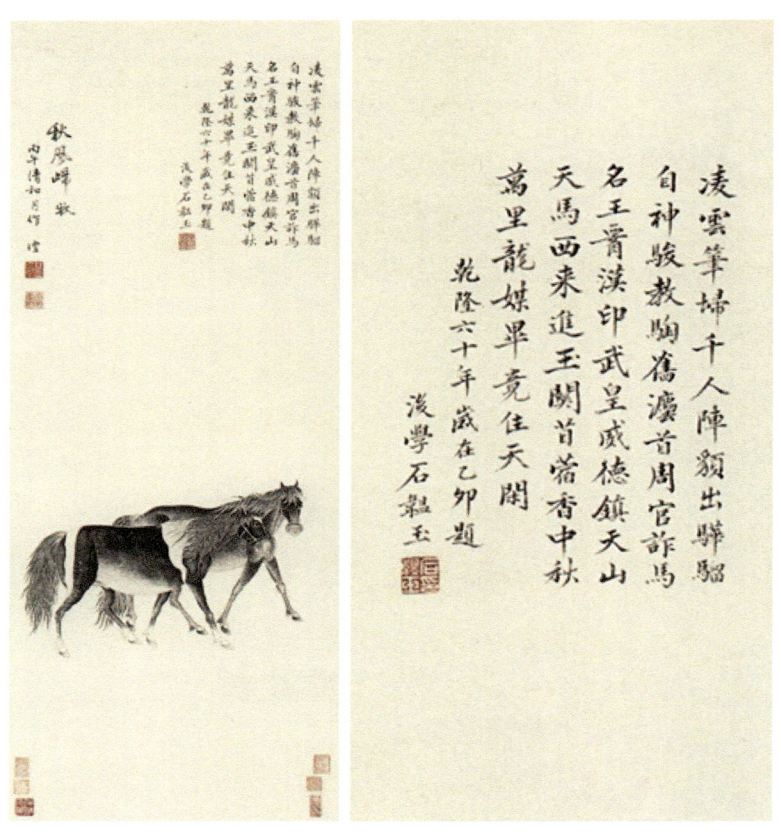

清·石韫玉《秋风归牧图》

三、近现代苜蓿字画

1. 神骏图

《神骏图》陆恢（1851—1920年）创作于1893年。陆恢清末民初著名画家，为近代六十名家之一。

款识：何处问金台，秋风苜蓿堆。人间无伯乐，骐骥亦驽骀。大泽呼鹰去，空山射虎回。摩挲三尺剑，怀抱几时开。曾为索题画马因有此律，蕴石贤弟见而爱之，属余另纸作图并书拙作于上。时癸巳五月，廉夫陆恢同客湘中即记。

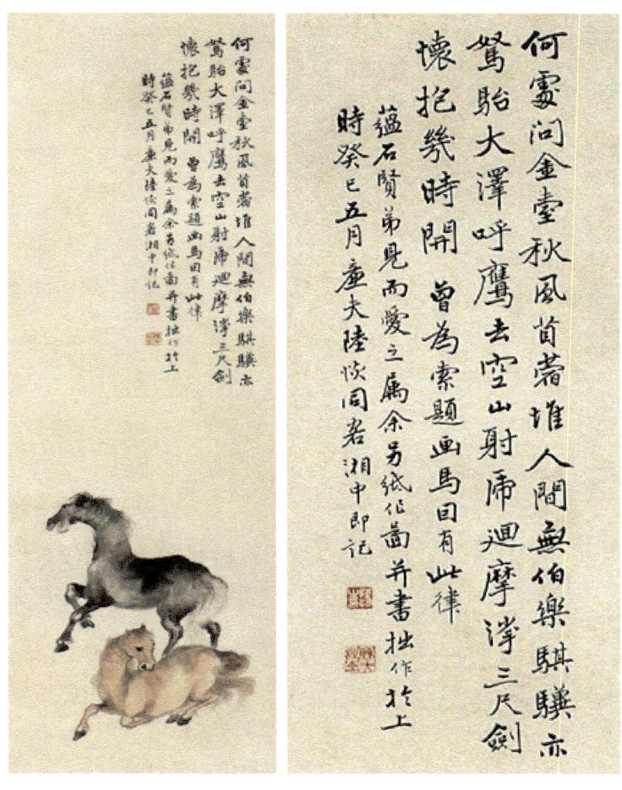

陆恢《神骏图》

2. 秋江泛舟（节选）

《秋江泛舟》由沈瀚（1862—1908年）、魏友棐共同创作于1878年。

款识：搔首风尘双短鬓，侧身天地一儒冠。中原人物思王猛，江左功名愧谢安。首蓿秋高戎马健，江湖日短白鸥寒。金尊绿蚁无钱共，安得愁中却暂欢。庶康先生正，魏友棐。

沈瀚、魏友棐《秋江泛舟》

3. 松溪八骏

《松溪八骏》赵叔孺（1874—1945年）创作于1942年。

题识：千里归来首蓿春，五花和汗袭香尘。青丝暂解从天性，多谢黄门老圉人。

赵叔孺《松溪八骏》

4. 滚马图

《滚马图》赵叔孺 1942 年作。

款识：千里归来首蓿春，五花和汗滚香尘。青丝暂解从天性，多谢黄门老圉人。

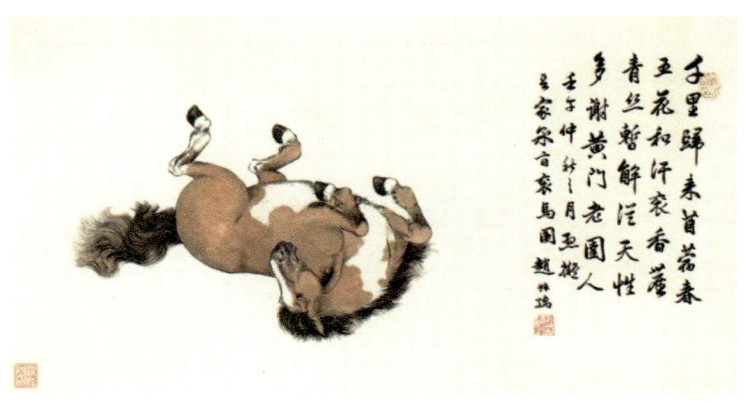

赵叔孺《滚马图》

5. 秋风归牧图

《秋风归牧图》陈曾寿（1878—1949 年）于 1937 年创作。近代宋派诗的后起名家，与陈三立、陈衍齐名，时称海内三陈。

题识：凌云笔扫千人阵，出骕骦自神骏。教駣旧法首周官，诈马名王腰汉印。武皇威德镇天山，天马西来进玉关。苜蓿香中秋万里，龙媒毕竟住天闲。丁丑仿南园先生，秋风归牧图。

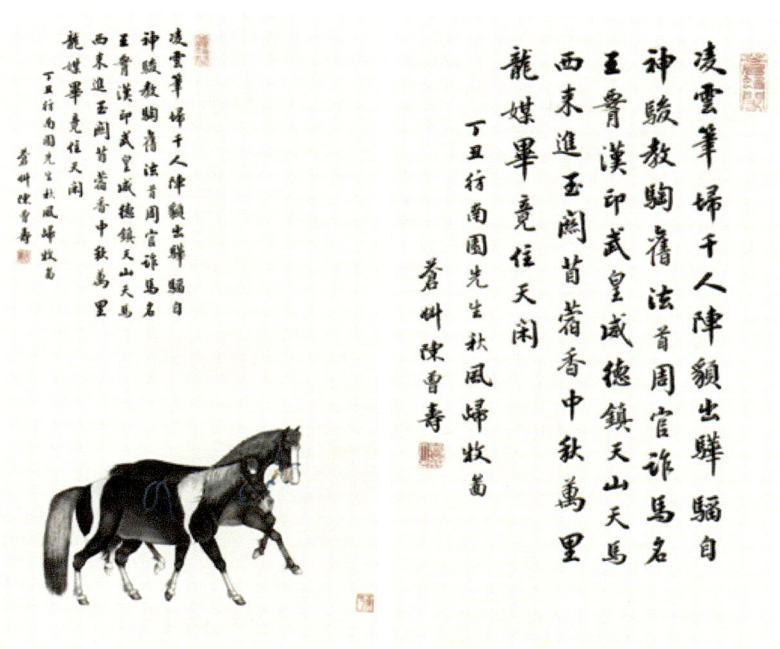

陈曾寿《秋风归牧图》

6. 八骏图（金榕）

《八骏图》金榕（1885—1928 年）创作于 1928 年。

款识：瑶池积雪与天平，西极空闻八骏名。玉殿重来人世换，萧萧苜蓿汉宫城。拟新罗山人大意。戊辰五月吴郡金榕并记。

金榕《八骏图》

7. 咬得菜根天地宽

《咬得菜根天地宽》为钱松岩（1899—1985年）指画。近现代画家，是当代中国山水画主要代表人之一。指画肇始于唐朝的张璪，大成于清代高其佩，近世潘天寿先生为指画大家，把指画推向新的境界。钱松岩先生擅指墨，且一生衷爱此艺，晚年曾创作一批指画。

自题诗曰：咬得菜根天地宽，田园风味尽加餐。坚顽合抱寒泉瓮，淡泊岂嫌嫩蓿盘。小摘清菘和雪煮，且栽赤苋当花看。无鱼休向人前诉，薄饭斋盐梦已安。

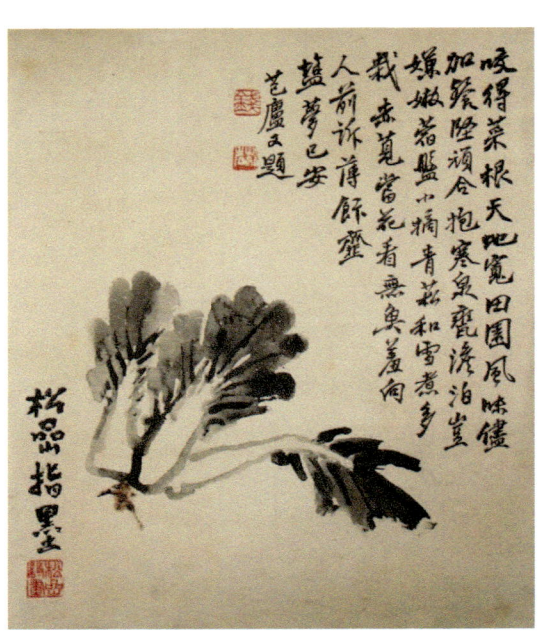

钱松岩《咬得菜根天地宽》（指画）

注："淡泊岂嫌嫩蓿盘"是反用唐薛令之《咏苜蓿》诗意（薛任右庶子时待遇菲薄，在壁上题诗："朝日正团团，照见先生盘。盘中何所有，苜蓿长阑干。饭涩匙难绾，羹稀筋易宽。只可谋朝夕，何由度岁寒"）；"无鱼休向人前诉"则是反用客孟尝君之冯谖弹剑作歌"长铗归来乎，食无鱼"之典。古人说"咬得菜根，则百事可做"。"咬得菜根"亦即淡泊名利，不慕纷华，耐得寂寞清贫，是古代读书人崇尚的一种节操。

8. 骏马图

《骏马图》爱新觉罗·载瀛（1875—1930年）创作于1928年。

在《骏马图》中载瀛书有：骏骨千金产、名王万里归。风烟辞大漠，云电赴皇畿。立仗客陪舞，从龙敢假威。此来空地类，苜蓿迫郊肥。静研先生岁贝勒春园居士画马。

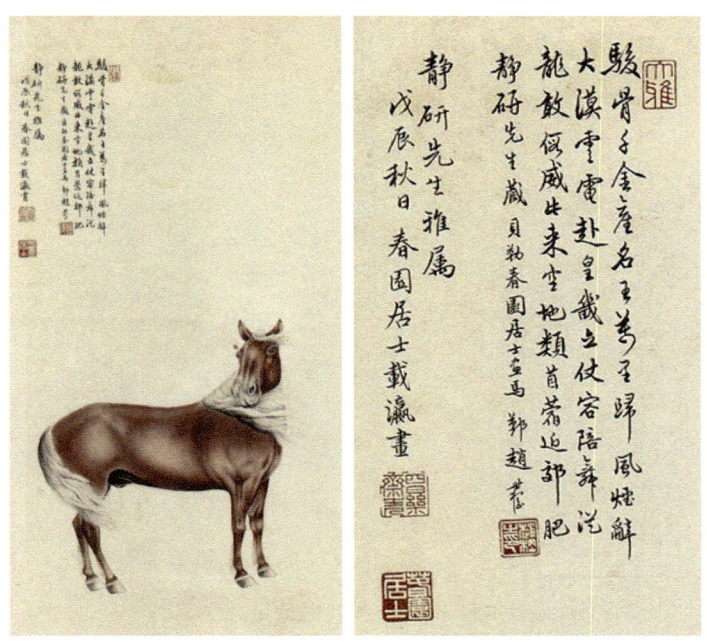

爱新觉罗·载瀛《骏马图》

9. 龙种

《龙种》爱新觉罗·溥佐（1918—2001年）创作。

款识：骁壮云连力气粗，惯看驰突暗中都。如何得此真龙种，消得千金买画图。萧条沙苑贰师还，苜蓿秋风尽日闲。白发闺人曾习御，长霓知是忆关山。西来万里气如云，便策天闲第一勋。此日登歌荐清庙，于今能得几人闻。唐时胡马入长安，下马胡儿倚马鞍，今日升平无物樽，前聊展画图看是云。

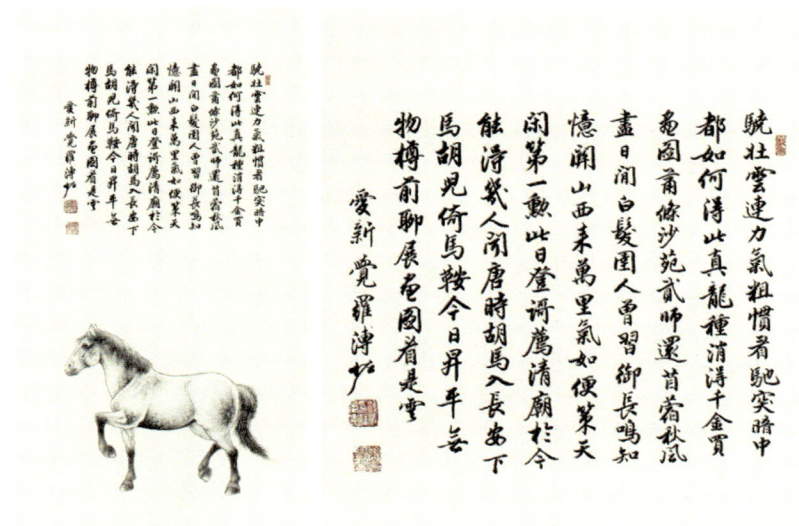

爱新觉罗·溥佐《龙种》

10. 八骏图（溥佐）

《八骏图》溥佐创作。

题识：瑶池积雪与天平，西极空闻八骏名。玉殿重来人世换，萧萧苜蓿汉宫城。

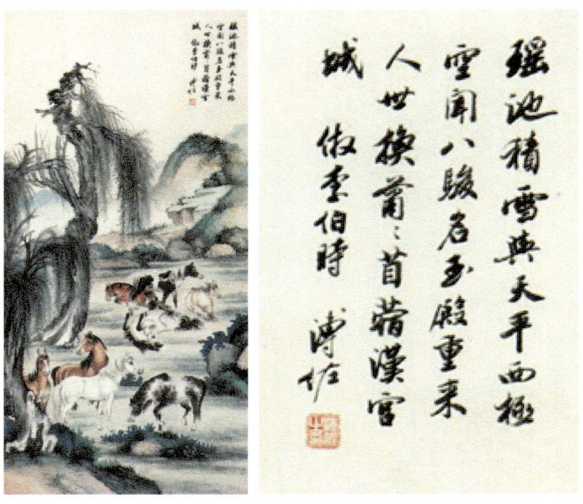

溥佐《八骏图》

11. 八骏图（赵敬予）

《八骏图》赵敬予（1921—1993年）创作。

《八骏图》赵叔孺题：瑶池积雪与天平，四极空间八骏名。玉殿重来人世换，萧萧苜蓿汉宫城。

赵敬予《八骏图》

12. 千里神驹

《千里神驹》爱新觉罗·溥儒（1896—1963年）创作。与张大千有"南张北溥"之誉，又与吴湖帆并称"南吴北溥"。

款识：画角新回马邑阑，纷纷暮雪满雕鞍，玉门雁断秋风里，万里平沙苜蓿寒。远漠寒霜拂玉花，曾随旌旆渡流沙，边云锁断秦城路，不共蒲桃入汉家。

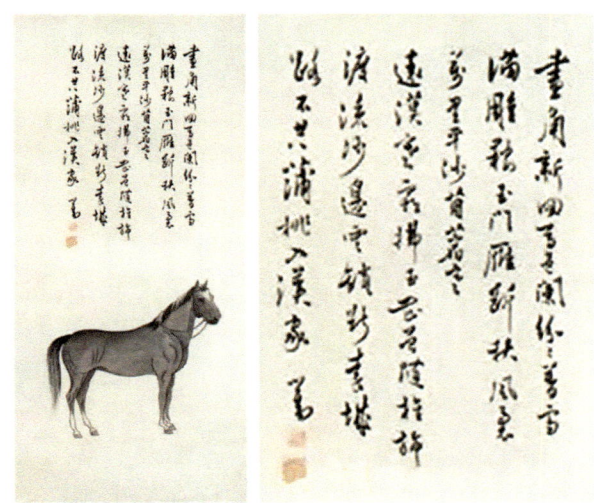

溥儒《千里神驹》

13. 控马图

《控马图》溥儒创作。

题识：画角新回马邑阑，纷纷暮雪满雕鞍。玉门雁断秋风里，万里平沙苜蓿寒。心畬画鞍马并题。

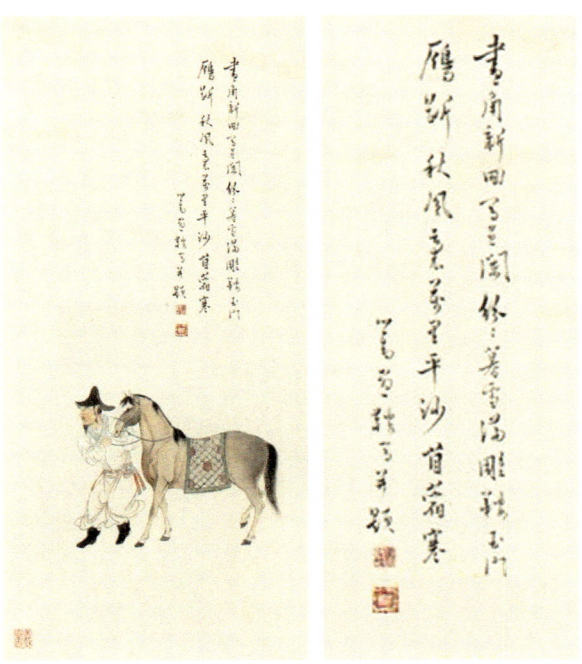

溥儒《控马图》

14. 枯木瘦马

《枯木瘦马》溥儒创作。

题识：朔云沙雁万重山，一夜西风尽入关。骏马不须愁苜蓿，轮台城北几人还。辛未中秋临钱南园渴笔瘦马并题旧作，溥儒。

溥儒《枯木瘦马》

15. 八骏图

《八骏图 四屏》由溥儒、溥佐共同创作。选其一。

题识：龙驹骋长道，随月出边庭。万里连天际，萧萧苜蓿青。溥儒题。溥佐画马。

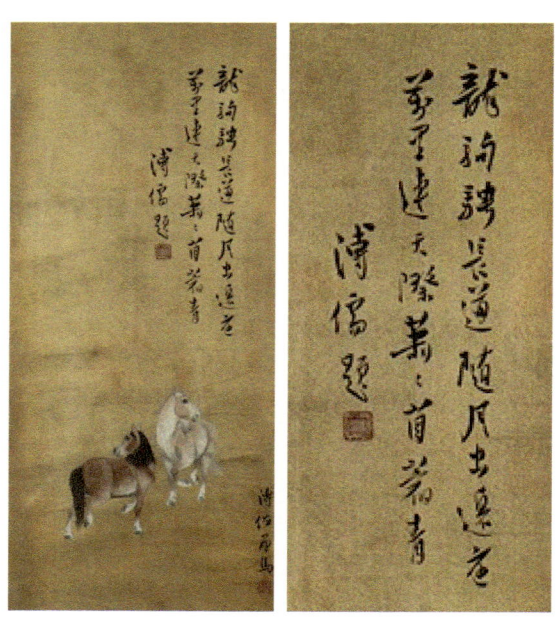

溥儒、溥佐共同创作《八骏图 四屏》

16. 双马图

《双马图》由溥忻、溥佐共同创作。

题识：千里归来苜蓿春，五花和汗袭香尘。青丝暂解从天性，多谢黄门老圉人。雾□风鬃汗血骝，也曾千里渡流沙。丝缰不受黄门控,闲向东风滚落花。雪道人溥伒题,松堪溥佐画。

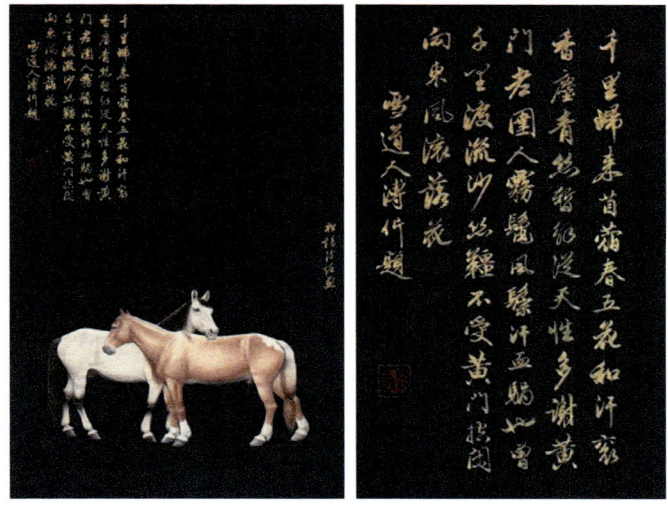

溥伒、溥佐《双马图》

17. 渥水双骏

《渥水双骏》由爱新觉罗·溥佺(1913—1991年)、邵章(1872—1953年)共同创作于1948年。溥佺近现代著名书画家,与溥伒、溥僩、溥佐兄弟四人并为书画大家,被称为一门四杰。邵章,近现代藏书家、版本目录学家、书法家,擅长行楷书、榜书、行草。

题识:正:天马初从渥水来,歌曾唱得濯龙媒。不知玉塞沙中路,苜蓿残花几处开。岁老岂能充上驷,力微当自慎前程。不知何故翻骧首,牵过关门妄一鸣。钟瑾先生雅正,松窗溥佺。反:右二阙北平戊子冬日回城作写奉钟瑾仁兄正指,邵章。

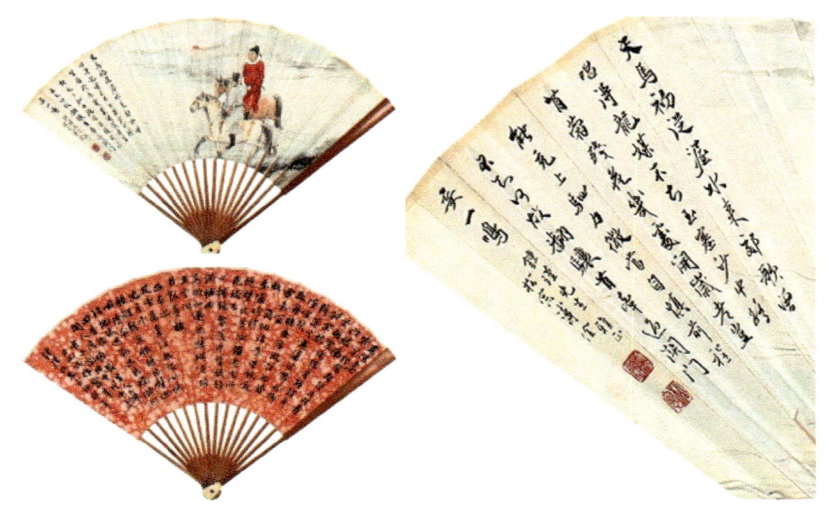

溥佺、邵章《渥水双骏》

18. 殷梓湘系列作品

殷梓湘(1909—1984年)名锡梁。精研六法,山水人物远追唐宋元明,20世纪40代以画马闻名于世。

《摹赵仲穆牵马图》创作于 1942 年。

题识：尝见赵仲穆有此本，背拟其意，未能及也。苜蓿秋高塞马肥，霜蹄轻逐快如飞。春风曾识长安路，得意泥金报早归。壬午小寒后二日，梓湘殷锡梁。

殷梓湘《摹赵仲穆牵马图》

《竹荫双驹》创作于 1942 年。

题识：苜蓿秋高塞马飞，霜蹄轻逐快如飞。春风曾识长安路，得逢金泥报早归。

殷梓湘《竹荫双驹》

《红树双骏图》创作于 1949 年。

题识：苜蓿花开霜叶浓，竹批两片气何雄，承平闲却金丝络，留作观风御史。

殷梓湘《红树双骏图》

《关山牧马图》题识：塞云沙雁万重山，一夜西风尽度关。骏马不便愁苜蓿，轮台城北几人还。

殷梓湘《关山牧马图》

《神骏图》题识：苜蓿秋高塞马肥，霜蹄轻逐快如飞。春风曾记长安路，得意泥金报早归。

殷梓湘《神骏图》

《春风得意》题识：苜宿秋高塞马肥，霜蹄轻逐快如飞。春风曾记长安路，得意泥金报早归。

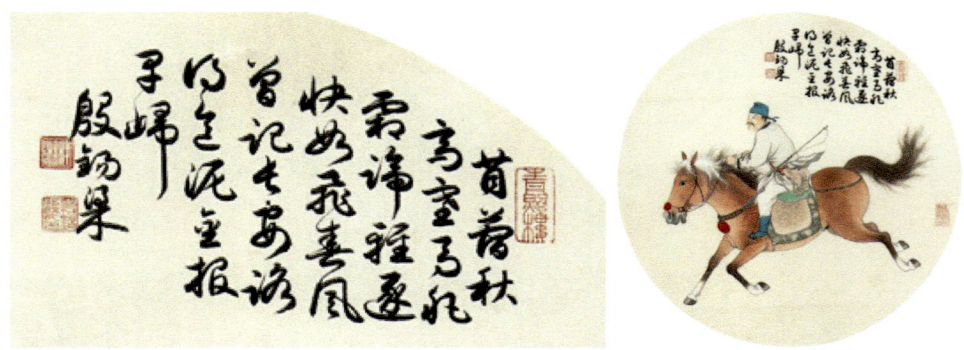

殷梓湘《春风得意》

殷梓湘《力破重围》

第四节　苜蓿青花瓷

一、元明苜蓿青花瓷

1. 元青花缠枝苜蓿纹尊

青花缠枝苜蓿纹尊

2. 明永乐青花加金彩缠枝苜蓿花纹碗

明永乐青花加金彩缠枝苜蓿花纹碗

3. 明永乐青花釉里红折枝苜蓿纹酒杯

明永乐青花釉里红折枝苜蓿纹酒杯

4. 明宣德青花苜蓿纹碗

明宣德青花苜蓿纹碗

5. 明万历青花绣球缠枝苜蓿纹盘

明万历青花绣球缠枝苜蓿纹盘

二、清苜蓿青花瓷

1. 清乾隆青花缠枝苜蓿花开光"吉祥如意"纹盘

清乾隆青花苜蓿纹盘

2. 清乾隆青花苜蓿纹碗

清乾隆青花苜蓿纹碗

3. 清雍正青花铁线描苜蓿纹盘

清雍正青花铁线描苜蓿纹盘

4. 清雍正青花苜蓿纹盘

清雍正青花苜蓿纹盘

5. 清雍正青花苜蓿花加粉彩八宝盘

清雍正青花苜蓿花加粉彩八宝盘

6. 清嘉庆青花缠枝苜蓿纹碗

清嘉庆青花缠枝苜蓿纹碗

7. 清道光青花苜蓿花卉碗

清道光青花苜蓿花卉碗

8. 清道光青花缠枝苜蓿纹碗

青花缠枝苜蓿纹碗（一对）

9. 清咸丰青花缠枝苜蓿纹盘

青花缠枝苜蓿纹盘

10. 清代青花苜蓿花盘／碟

清代景德镇民窑的青花苜蓿花盘　　晚清陈炉镇窑的青花苜蓿花盘

晚清陈炉镇窑的青花苜蓿花碗　　晚清陈炉镇窑的青花苜蓿花碟

11. 晚清青花到福苜蓿花花卉纹酒墩子

苜蓿花花卉纹酒墩子

第八章 宗教中的苜蓿

宗教文化从古至今一直是人类社会的精神支柱之一，它不仅包含对超自然力量或神圣存在的信仰，还涵盖了丰富的人文精神、艺术成就和道德规范。在宗教文化中常常可以看到苜蓿的影子，并感受到苜蓿的存在。苜蓿与宗教有很深的渊源，是宗教创造了"苜蓿"二字。苜蓿最早出现在《金光明经·大辩天品》中，在唐天竺三藏法师菩提流志译《广大宝楼阁经卷》中，有"所谓安悉、熏陆、悉必利迦者，苜蓿也。"可见苜蓿与宗教文化有着不解之缘。苜蓿是佛教经典中三十二味药之一，《最胜王经》记载："苜蓿香，塞毕力迦"。苜蓿融入宗教文化中的重要体现就是众僧，以苜蓿为意象或意境创作了许多苜蓿诗词，如宋释道举《朣庵》曰："种成苜蓿先生饭，制就芙蓉隐者衣。" 元释圆至《送建昌黄绮秀才逾淮教授》曰："莫对饭盘嗔苜蓿，桑榆虽缓易蹉跎。" 元虞集《画马》曰："萧条沙苑贰师还，苜蓿秋风尽日闲。"

明释今沼《赠莫先生》曰："对案斋心犹苜蓿，逢人变色是波澜。"

宗教文化承载着民族的历史记忆、宇宙观、价值观以及生死观等核心观念。苜蓿成为宗教文化中的重要元素，同样也发挥着宗教文化的功能和作用。正如清褚人获对苜蓿的评价："汉贵武，则以饲马；唐贱文，则以养士。一物足以观世矣。"

第一节　寺院中的苜蓿

一、禅虚寺

《洛阳伽蓝记》，北魏杨炫之作，记载洛阳佛寺园林兴废沿革，涉及大量史实，包括北魏政治兴衰及文人轶闻。

杨炫之（生卒年不详），北魏北平（今河北定州）人，担任过期城（今河南泌阳）太守、抚军府司马、秘书监等官职。

禅虚寺，在大夏门御道西。寺前有阅武场，岁终农隙，甲士习战。千乘万骑，常在于此。有羽林马僧相善抵角戏，掷戟与百尺树齐等，虎贲张车渠掷刀出楼一丈。帝亦观戏在楼，恒令二人对为角戏。中朝时，宣武场大夏门东北，今为光风园，苜蓿生焉。

> 后魏　杨炫之
> 禅虚寺在大夏门御道西寺前有阅武场岁终农隙甲士习战千乘万骑常在于此有羽林马僧相善抵角戏掷戟与百尺树齐等虎贲张车渠掷刀出楼一丈帝亦观戏在楼恒令二人对为角戏中朝时宣武场大夏门东北今为光风园苜蓿生焉

——后魏·杨炫之《洛阳伽蓝记卷五》

二、开元寺

和子由柳湖久涸，忽有水，开元寺山茶旧无花，今岁盛开二首（其二）（1072年）

宋·苏轼

长明灯下石栏干，长共松杉守岁寒。
叶厚有棱犀甲健，花深少态鹤头丹。
久陪方丈曼陀雨，羞对先生苜蓿盘。
雪里盛开知有意，明年开后更谁看。

三、水西寺

赠水西寺举老

宋·陈天麟

山前流水化平陆，溪上群山叠寒玉。
寺逢劫火一再迁，唯有浮图立于独。
江南佛法多衰谢，主张名教一夔足。
诗人江西派（此句当夺二字），更是真如旧尊宿。
我生遍参未究竟，布袜青鞋走林谷。

师言子归有余师，留饭青精盘苜蓿。
杖藜并语松林路，行听松声如度曲。
尚寒三十六峰盟，游罢同回把黄菊。

四、塔寺

送赵立道赴阙仍试春官即事感兴因成五十韵

宋·严羽

嗣圣中天日，遗氓忆汉时。一王新盛礼，万国贺重熙。
官爵沾寰宇，光明冠本支。穷冬辞老母，吉日赴京师。
祖席明斜照，寒江结暮澌。停杯愁把袂，立马语临期。
草动春前色，梅繁雪后枝。湖山饶逸兴，士友重游嬉。
菱唱工迷客，荷舟稳放维。土风珍缟带，吴馔熟莼丝。
塔寺开金碧，楼台漾淼瀰。云连句践国，江动伍员祠。
阊阖春朝早，觚棱霁景迟。柳迎仙仗软，花簇御楼敧。
苜蓿来宛马，樱桃荐寝帷。周家千岁历，汉殿万年卮。
驻跸山川远，囊弓岁月移。天俄忧杞国，日再仰咸池。
弓剑群臣泪，园陵故国悲。乾坤开帝统，雨露豁宸私。
蜂虿何为尔，豺狼欲问谁。箭流元帅幕，城立叛营旗。
国体存矜恤，皇猷务远绥。且从鹰一饱，自待虎双疲。
复说京西乱，愁连蜀道危。仓皇分队伍，指点护藩篱。
狙诈终劳驭，游魂不足羁。几年腥战血，今日痛疮痍。
宗社神灵在，邦家德泽遗。会闻淝水捷，可复雁门踦。
草诏词头切，蒲轮礼意卑。贤良多选拔，社稷在扶持。
举动新群目，经纶伫一夔。长沙何遽往，郑卜竟堪疑。
莫以朝廷重，翻令盗窃窥。稍惩鹰隼击，庶使凤凰仪。
薪胆方无倦，舆图正入披。王孙思报国，天府待忠词。
世道多为忌，波流幸勿随。从容陈古昔，感慨论边陲。
仕进虽云始，平生见在兹。青毡今可复，彩服更相宜。
漂泊微躯老，蹉跎困翮垂。樗材元自逸，正论竟焉裨。
误赏骚人作，深惭国士知。叫阍时已晚，鸣剑志空驰。
郁郁驱流俗，悠悠叹乱离。羊裘终隐去，渔钓复何之。
出处从今隔，飞腾不可追。济时须俊杰，愿睹中兴期。

五、古寺

村市
宋·宋伯仁

山暗风屯雨，溪浑水浴沙。
小桥通古寺，疏柳纳残鸦。
苜蓿重沽酒，芝麻旋点茶。
愿人长似旧，岁岁插桃花。

呈槐庭四首（其一）
晚清·林朝崧

累世万金产，到君家已贫。
训蒙能恤友，学佛不违亲。
古寺蒲牢晓，空斋苜蓿春。
扫除才子气，一任笑头巾。

六、法住寺

谢俗离山法住寺僧统惠五星合。走笔
元末明初·李穑

五星联珠光的的，六合无缝色交黑。
初疑天地始分离，五味自足人得食。
老牧病中出无马，苜蓿堆盘度朝夕。
何缘更登玳瑁筵，庇却还丹应有力。

七、吴寺

太仆吴寺丞皆山轩
元末明初·钱仲益

绕屋青山四面围，时清太仆简书稀。
烟岚晓气浮缃帙，帘幕春阴卷翠微。
落叶易迷仙客迹，夕阳长送醉翁归。
环滁胜地非沙苑，苜蓿连天万马肥。

八、鸡鸣寺

游鸡鸣寺和伍助教朝宾（其四）

明·龚敩

鸡鸣之上接清庙，画栋翚飞出林杪。
马埒风高苜蓿秋，凤台日上梧桐晓。
云消天宇山色明，潮落江堤水声小。
垂老何因乐意多，吾皇整顿乾坤了。

九、胜因寺

胜因寺在四隅头，元于金时为苜蓿苑。至中八拱亭，此亭乃金朝洒园中之芙蓉亭也。为名胜，行乐觞咏之所。惟以拱斗构架而成，既高且广，为金时诸亭之冠。今为寺中藏经之所。后殿，三佛。东方丈，东名知足天，西名利欲地。方丈东即厨库，有居众头陀之房也。四乐堂，前楹有石碑，镌瑞粟三本，金朝题赞，名瑞谷。毁前，正南西向有胜因寺碑山，西有雪庵顶像碑题赞。

胜因寺在四隅头，元与金时为苜蓿苑。至中八拱亭，此亭乃金朝洒园中之芙蓉亭也。为名胜，行乐觞咏之所。惟以拱斗构架而成，既高且广，为金时诸亭之冠。今为寺中藏经之所。后殿，三佛。东方丈，东名知足天，西名利欲地。方丈东即厨库，有居众头陀之房也。四乐堂，前楹有石碑，镌瑞粟三本，金朝题赞，名瑞谷。毁前，正南西向有胜因寺碑山，西有雪庵顶像碑题赞。

薄伽梵以贪、嗔、痴，为世之通患，须定力以摄之。头陀氏以衣、食、住，为人之甚欲，先戒行以节之。由戒入定发慧，定慧胜而贪痴远；贪痴远而佛道立矣。按释典：头陀之义，华言抖擞也。抖擞世缘若尘然。其学以慈俭为宗，真实为据，伏妄想为切务。以为饮食不可以生爱也，故宅幽以远俗；衣服不可以生爱也，故敝缊以燠体；处不可以生爱也，故宅幽以远俗。启三摩解脱之关，拔六根清净之蠹。尊经卫法，本于教；息心了性，依于禅，止于观摄，念存乎律。要哉，正觉之司南，真乘之准酌欤。

……

大头陀教胜因寺圆通玄悟大禅师溥光所造也。始祖曰纸衣和尚，立教于金之天会，示灭之后，门人嗣法，自河涧铁华、兴济义希、双桧春、燕山永安、蓬莱志满、真教猛觉、临猗觉业、普化守戒、清安练性、白溜妙，一十有一传而至溥光大禅师。师五岁出家，十九受大戒。励志精愍，克嗣先业。虽寓迹真空，雅尚儒素。游戏翰墨，所交皆当代名流。世祖皇帝尝问宗教之原，师援引经纶，应对称旨。至元辛巳，赐大禅师之号，为头陀教宗师。会诏假都城苜蓿苑，以广民居。请于有司，得地八亩。萧爽靖深，规建精蓝，为岁时祝圣颂祷之所。圣上御极之初，玺书锡命加昭文馆大学士中奉大夫，掌教如故，宠数优异，向上诸师所未尝有。士庶翕然，争相塔庙之役。前仪真三务使姚仲实，绸急尚义，实为檀施首，燕人高翔亚之。自余不祈而篇货贽，不命而献力者非一。师亦因仍众愿。为之以不为，有之以不有。

——《析津志辑佚》

十、大理寺

为大理寺丞马麟题画马（二首）

明·金幼孜

万里曾思度玉门，归来立仗卸囊鞬。
饱肥苜蓿风霜晚，未老犹思报主恩。
异种由来产渥洼，曾看入贡度流沙。
几回牵向瑶池过，新濯龙文照五花。

十一、览山川佛火

跸得览山川诸奇兹复蒙

恩命勒贞石谨序其事而记之乾隆八年六月望日奉敕恭撰并书

黄汝亨登上盘塔，一宿诗多宝重云。
护灵光落日看青，芜阡陌绕浩渺海。
潮宽烟井渔阳晚，风沙雁塞寒秋声。
闻下界月色照空，坛倦乞袈裟卧清。
分苜蓿餐荒碑明，佛火兴废一凭栏。

十二、兴善寺

游兴善寺
明·文彭

群英并辔访清幽，苜蓿堆盘一笑留。
南望宫墙飞殿宇，北来黉舍似林丘。
剧谈世事空无据，闲看浮云静不流。
陶谢诗篇公等在，惭余潦倒获同游。

十三、忠显寺

庚午秋日游忠显寺寺僧设酒殽款曲甚至临别出画马小图一幅索予赋诗予既被酒奋笔以寓所怀
明·张宁

房星夜堕渥洼水，八尺龙骧就中起。
一朝职贡入天闲，踥蹀康庄五云里。
尾长窣地香尘浮，目光夹镜寒不流。
千金之价不足数，顷刻万里能周游。
奚官牵出连钱动，仰首长鸣金勒重。
乌骓赤兔尚腾骞，骥騄乘黄伏翔踊。
玉门关外苜蓿肥，黄尘白草相依微。
何当汗血向沙漠，奋身霄汉随龙归。

十四、慈华寺

同一中夜集慈华寺
明·卢龙云

南北飘零寡所欢，驱驰空自愧微官。
秋风念旧鲈鱼脍，夜雨怜君苜蓿盘。
客路相逢乡语熟，禅房深坐漏声寒。
何时得共罗浮月，松露潇潇洒鹖冠。

十五、月河寺

与廉伯世贤同至月河寺（因饯懋衡天瑞连日至此）

明·程敏政

秋风吹雨净飞埃，十日东城两度来。
绕院绿阴留客住，一亭红艳对僧开。
芙蓉涧侧观澜去，苜蓿园西问稼回。
有约明朝更携手，望云同上雨花台。

十六、广彗寺

春日方允治李千美招余同欧桢伯黎惟敬集城西广彗寺得无字

明·徐中行

莫讶只园问酒垆，十年萍迹限江湖。
辞人并起盟仍在，计吏重来兴未孤。
僧饭且教供苜蓿，春光渐喜到蘼芜。
不知休沐登临日，曾忆尊前旧侣无。

十七、大明寺

立秋日卧病答黄希尹约游大明寺不赴

明·欧大任

苜蓿斋中一病身，井桐叶坠报萧晨。
枉期车马携尊酒，虚负烟霞笑角巾。
谢客能寻开社事，远公还待折腰人。
秋风九曲西池约，为扫隋家辇路尘。

十八、转左寺

除前一夕用韵酬秦陈朱三同僚枉集时秦有出守之命秦以恤刑使者行朱转左寺与余同署

明·欧大任

长安节序总堪怜，去住相看况别筵。
观出虫廉朝紫阁，馆开碣石傍青天。
茅柴半落屠苏后，苜蓿羞供粉荔前。
莫向路岐频击筑，酒人谁似和歌年。

十九、囧寺

问讯区用孺谪居滁阳囧寺
明·邓云霄

谁读遗骚怨谪居，风烟南望眇愁予。
怀人不隔三湘水，经岁难逢尺素书。
世往亭荒空对酒，卧中山色尽环滁。
遥怜苜蓿秋原满，天马歌残意有余。

二十、天庆寺

社集天庆寺送春
明末清初·龚鼎孳

隔岁春光换纪元，上林莺羽带愁翻。
惟闻苜蓿丛芳甸，不见樱桃荐寝园。
南望阵云迷砀泽，西来璧琬诧坚昆（时有西域入贡事）。
闲花闲草春如许，尚有吞声野老存。

二十一、长椿寺

长椿寺病马行
清·钱芳标

招提二马一马病，腕折蹄长气犹劲。
伏枥虽虚千里心，脱鞿翻适长林性。
人言此马初买时，射堂陈孔踥蹀驰。
双瞳夹镜耳批竹，青丝为络黄金羁。
孟门坂峻羊肠滑，骏足隧隤一朝蹶。
昔夸金埒云满身，今同洮水冰伤骨。
负盐驾鼓力不任，豢养却依支道林。
天晴放饮井泉白，春晚卧嘶园草深。
　　君不见，
长安城中千万骑，飞尘蹴天光照地。
长鞭短策无不施，齿老旋随敝帷弃。
　　又不见，
将军铁骊来渥洼，东行沧海西流沙。
苜蓿虽衔不遑食，功成鹊印归虎牙。
何如此马辞骖服，纵病还同塞翁福。
身闲早得华山归，害去讵劳襄野牧。
乃知不材造物怜，豫章见斫樗散全。
无用之用世罕识，达哉庄叟何其贤！

二十二、城西废寺

城西废寺
清·姚燮

阒寂重门闭网丝，我来叉手步逶迟。
廊眉烟锉茶初熟，檐角风幡柳共吹。
苜蓿场荒僧舞槊，桫椤堂古客扪碑。
谁从佛阁敲疏磬，冷照沈沈鸽影移。

二十三、萧寺

萧寺养疴焚香枯坐怀人感旧得三十篇柬锦里同人兼寄都门旧友（存廿七首）（其四）
清末民国初·缪荃孙

袁淑文辞艳，虞翻骨相寒。
依人歌剑铗，误我只儒冠。
暂别芙蓉幕，仍餐苜蓿盘。
淮云鸿雁杳，不寄尺书看。

二十四、玉佛寺

岁首侍外舅访玉佛寺震华方丈，知笑园和尚已在寒山寺示寂。震华能画竹，拟乞一幅障壁
现当代·徐燕谋

温温芋火去春寒，亹亹清言接古欢。
话到枫桥中夜泊，待寻天竺再生看。
贫居拟乞琅玕影，翠色常添苜蓿盘。
愧比东坡艰更甚，并无法供出斋安。

注：唐高僧圆泽与李源相善，同至三峡，期后世见于葛洪川畔。后十二年，如期再生，相遇于杭州天竺。又东坡得佛印画，每酬以斋安小卵石，称法供。

二十五、城西古寺

寄屈义林兄南州艺院（在我泸西关外百子图）（壬辰）
现当代·胡惠溥

城西古寺爱鸣湍，休说今年苜蓿盘。
马为恋刍犹立仗，蛇惊赴壑独凭栏。
明明如月何时掇，噎噎其阴不寐难。
闻道得春梅已放，乞君分寄一枝寒。

二十六、六和塔

昔游四首（其三）

现当代·王季思[①]

二年六和塔，苜蓿充饥肠。

夜深钟鼓歇，时闻狗肉香。

寺僧为我言：鲁达此寂灭。

"杀人须见血，救人须救彻"。

千秋铁禅杖，首打山门折。

大江仍东去，人物非南渡。

月黑闻涛声，英魂应起舞。

[①] 解放前在之江大学任教，寓居六和塔塔院，相传为鲁智深闻潮寂灭处。

第二节　宗教典籍中的苜蓿

一、金光明最胜王经

《金光明最胜王经》又名《金光明经》，由唐三藏法师义净奉制译。

《金光明最胜王经》

苜蓿香

苜蓿香（塞鼻力迦）。

> 變與初生時星屬相違疫病之苦鬬諍戰陣
> 惡夢鬼神蠱毒獸魅呪術起屍如是諸惡為
> 障難者悉令除滅諸有智者應作如是洗浴
> 之法當取香藥三十二味所謂
> 昌蒲跋　牛黄折娜瞿盧　苜蓿香塞鼻力迦

《金光明最胜王经》中的苜蓿

二、最胜心明王经一卷

金刚恐怖集会方广轨仪观自在菩萨三世

蓝青雌黄及与紫矿。此中彩色是等皆除。白色应用白檀乌始罗龙脑香等。黄色应用苜蓿香萨计捉耶（百合代）龙等。

——《最胜心明王经·一卷》

三、文镜秘府论

《文镜秘府论》，唐日本僧人遍照金刚（即弘法大师空海）作，讲述六朝至唐前期诗歌体制和声韵、对偶等方面的理论。

直置体

直置体者，谓直书其事置之于句者是。诗云："马衔苜蓿叶，剑莹鸭鹈膏。"又曰："隐隐山分地，沧沧海接天。"（此即是直置之体）

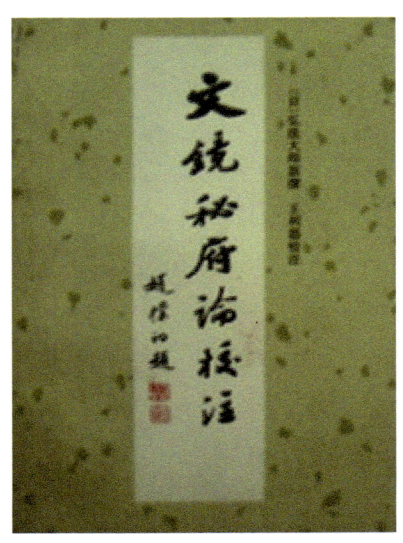

《文镜秘府论》

四、法苑珠林

《法苑珠林》，唐道世编，佛教类书、典籍，书中广引故事、传说，除佛经外还引用了大量其他资料。

道世，京兆（西安）人，俗姓韩，字玄恽。

唐殿中侍医孙回璞，济阴人也。至贞观十三年，从车驾幸九成宫三善谷，与魏太师邻家。尝夜二更闻外有人唤孙侍医声。璞起出看，谓是太师之命。既出，见两人谓璞曰："官唤。"璞曰："我不能步行。"即取璞马乘之。随二人行，乃觉天地如昼日光明。璞怪讶而不敢言。二人引璞出谷，历朝堂东，又东北行六七里，至首蓿谷。遥见有两人持韩凤方行，语所引璞二人曰："汝等错追，我所得者是。汝宜放彼人。"即放璞。璞循路而还，了了不异平生行处。既至家，系马，见婢当户眠。唤之不应。

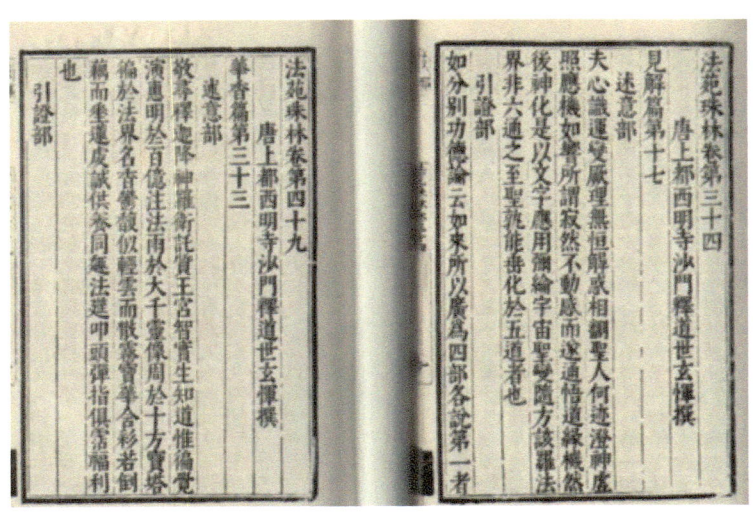

《法苑珠林·第九十四卷》

五、沙海古卷

《沙海古卷》，林梅村著，记录在新疆民丰县尼雅遗址出土的佉卢文书所记载的信息。

佉卢文书

佉卢文书（编号214底牍正面）。国王敕谕：现在朕派奥古侯阿罗耶出使于阗。为处理汝州之事，朕还嘱托奥古侯阿罗耶带去一匹马，馈赠于阗大王。务必提供该马从莎阇到精绝之饲料。由莎阇提供面粉十瓦查厘，帕利陀伽饲料十瓦查厘和紫苜蓿两份，直到累弥那为止。再由精绝提供谷物饲料十瓦查厘，帕利陀伽饲料十五瓦查厘，三叶苜蓿和紫苜蓿三份，直到扜弥为止。

——《沙海古卷·中国所出佉卢文书》

佉卢文书（编号272皮革文书正面）。国王敕谕：应征收 kuvana, tsamgina 和 koyi……谷物并……于城内。是时，若有信差因急事来皇廷，应允许彼从任何人处取一头牲畜，租金应按规定租价由国家支付。国事无论如何不得疏忽。饲料柴苜蓿亦在城内征收。camdri、kamamta、茜草和 curoma 均应日夜兼程，速送皇廷。据传闻，汝州之百姓正为旧账相互敌仇，应阻止富人纠缠负债者。

——《沙海古卷·中国所出佉卢文书》

六、龙龛手鉴

《龙龛手鉴》，辽僧人释行均撰，原名《龙龛手镜》，是为帮助人们研读、理解佛经而编撰的图书。释行均（生卒年不详），辽代著名僧人，俗姓于，字广济。

苜蓿

上音目下音宿。草名也。

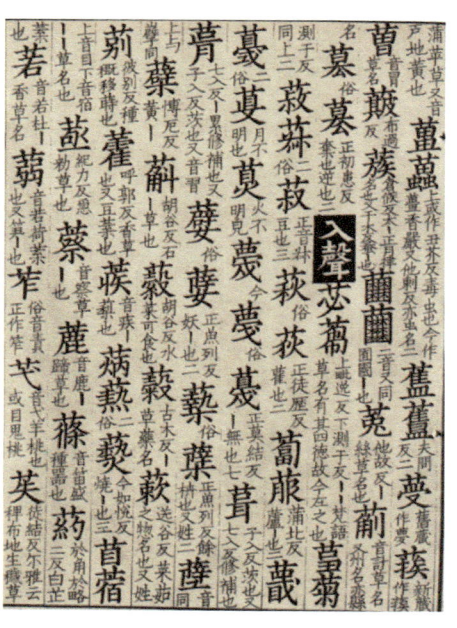

《龙龛手鉴》

七、翻译名义集

《翻译名义集》，宋僧人释法云撰写，是一部集中翻译梵文名字的著作。

释法云（1088—1158年），字天瑞，长洲（今属江苏苏州）人。

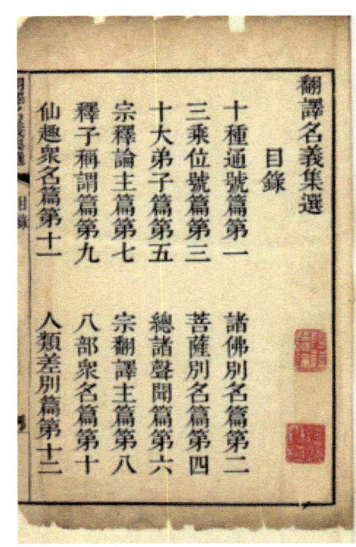
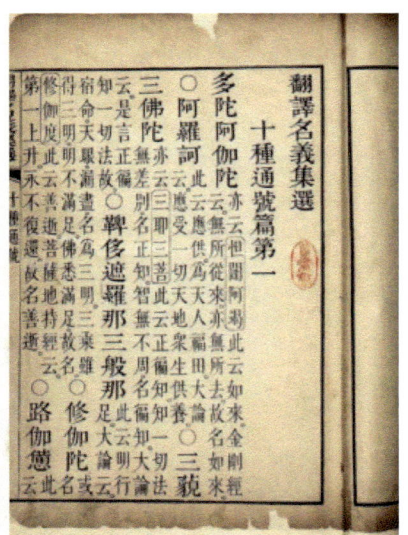

塞毕力迦

塞毕力迦，此云苜蓿。《汉书》云：罽宾国多苜蓿。

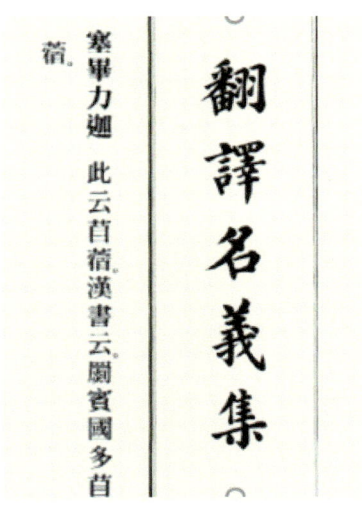

《翻译名义集》

《翻译名义集》中的苜蓿

八、云笈七签

《云笈七签》，宋张君房辑录自其所编的大型道教类书《大宋天宫宝藏》。

服紫霄法

玉珉山人《养生方论》云：病由口入，节宣方也；生劳败静，养道性也；酸咸以时，礼医具也；补泻以性，草经明也。性调乎食，命延乎药，断可知也。苽蒌害筋，蒜韭伤血，生荤损气，葱臊炙神，理生之炯戒也。白蒿、芐（音下）苗（地黄苗也）、恶实（牛蒡）、苜蓿四物，济身之要也。退与不退，寡之于思虑；进与不进，在康之常志。凡一切五辛皆害于药力，又薰人神气。凡桃李芸薹蒜韭等，不宜丈夫，妇人亦宜少食渐断。

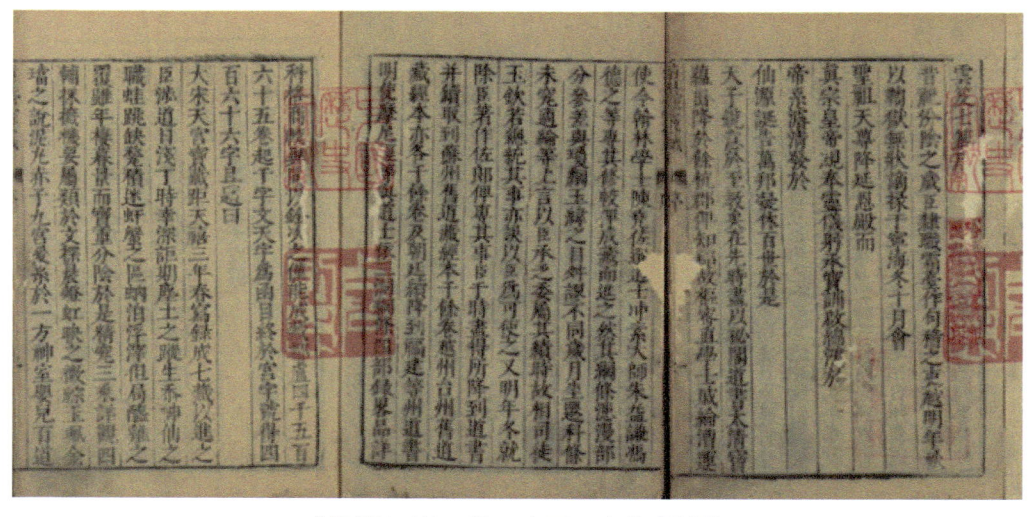

《云笈七签·卷三十五·杂修摄部》

尹真人服元气术

如能至心，三七日中，可以内视五脏，历历在目，神清形静。行之七日，其效验也，已自知之，更须专精，二十日来不食，即腹中尽。腹中尽之后，吃一两杯煮菜、苜蓿、芥菘、蔓菁及枸杞、叶葵等，并著少苏油、酱、醋取味食之，勿著米、面，所欲腹中谷气尽耳。更四五日，除菜吃汁，又三数日后，即总停之。可三十日，即自见矣，所谓不寒不热，不渴不饥，修行至此，世为神人，即吾道成矣。

——《云笈七签·卷五十八·诸家气法部三》

服气问答诀法

问曰："如何得似吃食时一种？""初学只合如此，久久即共吃食一种。""所云运气偏得从顶及四肢出，有妨碍不？"答曰："非有妨碍，始令出，任其自出耳。但运遍身即休，不假以意令出，他气自出，如行人事。气少即咽，亦不须候时。攻击病及与人疗病，久行气得通始得，如何初学即有所望？"内视肠中粪尽讫，闭目内视，即自见肠中粪极难尽，从断食二十余日始尽。初断食三七日，即须别吃一两顿煮菜，推宿粪令下。如得每顿吃一碗苜蓿、芥、姜、蔓、菁、菘、芫，在炼若苦汁，著少油酥最好，任少著盐、酱汁作味，勿著米面等。且欲肠中谷气尽，吃菜可四五日，已后即除却菜吃汁。又数日，然后总须停。每须吃少酒任性，肠中空讫，即吃一顿酒，令吐心胸中痰，极精。"

——《云笈七签·卷六十二·诸家气法部七》

九、续藏经法界圣凡水陆大斋法轮宝忏

《续藏经法界圣凡水陆大斋法轮宝忏》清咫观记。

法轮宝忏缘起

安于四面、场内用明镜利刀及箭各四。中心埋大盆，上加漏版，用药粖和汤。然后诵结坛咒（香药者、菖蒲、牛黄、苜蓿香、麝香、雄黄、合昏树、白及、芎䓖、苟杞根、松脂、松皮、香附子、沈香、栴檀、零陵香、丁子、郁金、婆律膏、苇香、竹黄、细豆蔻、甘松、藿香、茅根香、叱脂、艾纳、安息香、芥子、马芹、龙华须、白胶、青木）。

十、牟梨曼陀罗咒经

复次常烧薰陆香供养诸佛。及烧塞北哩香（苜蓿香）、栴檀香、沉水香、多伽罗香、堵噜色迦香。烧如是香以为供养。

——《年梨曼陀罗咒经·二卷》

十一、大毗卢遮那成佛神变加持经

入真言门住心品第一

采集以为鬘　敬心而供养
栴檀及青木　苜蓿香郁金
及余妙涂香　尽持以奉献

沉水及松香　薰蓝与龙脑

白檀胶香等　失利婆塞迦

——《大毗卢遮那成佛神变加持经卷·第一》

十二、大宝广博楼阁善住秘密陀罗尼经

种种末香、种种烧香、所谓薰陆香、安悉香必栗迦（苜蓿香）、白檀沉香、多孽罗香、苏合萨罗计（青胶是也），应烧五石蜜香。

——《大宝广博楼阁善住秘密陀罗尼经·三卷》

十三、佛学大辞典

《佛学大辞典》作者丁福保，1922年出版。

苜蓿：（物名）香药三十二味之一。最胜王经七曰："苜蓿香，塞毕力迦。"梵语杂名曰："苜蓿，萨止萨多。"

兜楼婆：（物名）Turuṣka，又作妒路婆。香名。楞严经七曰："坛前别安一小火炉，以兜楼婆香，煎取香水。"大日经疏七曰："妒路婆草，是西方苜蓿香，与此间苜蓿香稍异也。"婆者娑之误。

十四、古今禅藻集

《古今禅藻集》明释正勉、释性通同辑。

送静渊秀公北上应南宫札

明·洪恩（五首）

日丽莺花雪正消，绿杨新水映河桥。

支公忽下云中诏，苜蓿初肥去马骄。

——《古今禅藻集·卷二十八》

十五、五千五百佛名

《五千五百佛名》译者：阇那崛多。五千五百佛名神咒除障灭罪经，隋朝于北天竺。

如来塔中多然灯，当应烧彼多胜香，彼胜香中多种出，精最五百胜沈水，熏陆胜者十分半，十分半中妒路香，复用三两安息香，鬼甲香叶亦复尔，最好苜蓿香同上，藿香橘皮复三分，如是分数应具足，蒲黄四分取一分，应具十分石皮香，郁金华香复二分，又须二分安息香，优钵青木分亦尔。

——《五千五百佛名经·卷第五》

十六、五叶弘传

《五叶弘传》由清代智安撰写。

衢州常山奉恩怡石智惜禅师。东塔范嗣。

僧问：如何是奉恩家风？师曰：

朝有苜蓿和粟粥，晚无童子夜烧香。

僧礼拜，师曰：参堂去。

《五叶弘传》中的苜蓿

十七、清凉痴山禅师语录

《清凉痴山禅师语录》清代定月辑录。

祝中翁陆檀越寿

作者不详

金阊灵秀应无比，钟有高人陆君子。
文传彩笔梦春花，淡荡心怀似秋水。
暂屈君餐苜蓿盘，指看鹏翮风雷起。

门墙桃李植芃芃,多被春风浩荡中。
才向金陵修旧史,从从爨底赏焦桐。
持身规矩固纲正,南国衣冠推德政。
况值今当大庆年,鸾骖鹤驭满瑶天。
秋英馥馥看篱菊,玉树亭亭绕于膝。
知是峤壶山上人,笑看五岳同飞尘。
愧予山野无为祝,不说南山与海屋。
搯住广长老舌根,更须扭转撩天臭。
好把琵琶共鼓挝,进君一盏赵州茶。恒河沙寿寿河沙

《清凉痴山禅师语录》中的苢蓿

第三节 僧诗苢蓿

一、贯休

贯休(832—912年),字德隐,俗姓姜氏,兰溪人,是唐末至五代十国时期的僧人。贯休出生于诗书官宦人家,七岁时便在和安寺出家。贯休精通诗画,有诗文集《西岳集》传世。与齐己、皎然皆以诗闻名,并称为"唐三高僧",后人编纂《唐三高僧诗集》。乾化二年(915年)圆寂于前蜀。

塞上曲二首（其一）
唐·释贯休

锦袷健儿黑如漆，骑羊上冰如箭疾。
蒲萄酒白雕腊红，苜蓿根甜沙鼠出。
单于右臂何须断，天子昭昭本如日。
一握鬣髯一握丝，须知只为平边术。

古塞下曲七首（其一）
唐·贯休

万战千征地，苍茫古塞门。
阴兵为客祟，恶酒发刀痕。
风落昆仑石，河崩苜蓿根。
将军更移帐，日日近西蕃。

二、释宝昙

释宝昙（1129—1197年），字少云，俗姓许，嘉定龙游（今四川乐山）人。幼习章句业，已而弃家从一时经论老师游。后出蜀，从大慧于径山、育王，又从东林庵、蒋山应庵，遂出世，住四明仗锡山。归蜀葬亲，住无为寺。复至四明，为史浩深敬，筑橘洲使居，因自号橘洲老人。宁宗庆元三年（1197年）示寂，年六十九。昙为诗慕苏轼、黄庭坚，有《橘洲文集》十卷。《宝庆四明志》卷九有传。

又和丐祠未报
宋·释宝昙

黄金羁勒闭天闲，何似春山苜蓿间。
白接边余瓮甕蚁，乌皮几外即尘阛。
龙蛇大泽公真是，虎豹重门孰可攀。
示不忘君还有道，卧听人语趁朝班。

和李中甫知录采兰

宋·释宝昙

翳翳林莽，孰艺其兰。
东风人群，俯仰棘间。
薜荔既艾，辛夷未繁。
寂寥前修，嘘唏孔颜。
藕尔芳芷，医余国膻。
我怀斯人，碧梧紫檀。
荏苒岁月，纷兮白颠。
十步闻芗，五步不悭。
佩帏幽幽，骐骥在闲。
未春叩户，苜蓿满盘。

三、释居简

释居简（1164—1246 年），字敬叟，号北磵，潼川（今四川三台）人。俗姓龙。依邑之广福院圆澄得度，参别峯涂毒于径山，谒育王佛照德光，走江西访诸祖遗迹。历住台之般若报恩。后居杭之飞来峯北磵十年。起应雪之铁佛、西余，常之显庆、碧云，苏之慧日，湖之道场，诏迁净慈，晚居天台。理宗淳祐六年（1246 年）卒，年八十三，僧腊六十二。有《北磵文集》《北磵诗集》《外集》《续集》及《语录》等。

赠丁相士

宋·释居简

张雪湖家苜蓿盘，坐中著眼恐应难。
似华表鹤仍同姓，与华山人不两般。
客舍须寻佳处住，热官多是冷时观。
却须索我形骸外，莫作三支一等看。

下池（其二）

宋·释居简

老子随行苜蓿盘，不曾无客自开单。
更将余粒投清浅，聊为游鱼小倚阑。

伯时二马（其一）

宋·释居简

刁斗无声苜蓿秋，不知猿臂未封侯。
尚堪汗滴沙场血，花结青丝恨络头。

四、释善珍

释善珍（1194—1277年），字藏叟，泉州南安（今福建南安东）人，俗姓吕。年十三落发，十六游方，至杭，受具足戒。谒妙峰善公于灵隐，入室悟旨。历住里之光孝、承天，安吉之思溪圆觉、福之雪峰等寺。后诏移四明之育王、临安之径山。端宗景炎二年（1277年）五月示寂。有《藏叟摘稿》二卷。

送蔡秀才之漳浦
宋·释善珍

夜冷萤窗书倦看，解鞍南去路漫漫。
霜干处士梅花圃，日照先生苜蓿盘。
乞米剩堪供鹤料，钓鳌重怕坏鱼竿。
何当著意抛妻子，共入深山学养丹。

五、释道璨

释道璨（1213—1271年），字无文，俗姓陶，南昌人。游方十七年，涉足闽浙。理宗嘉熙三年（1239年），游东山。淳祐八年（1248年），自西湖至四明，复归径山。宝祐二年（1254年），住饶州荐福寺，后移住庐山开先华严寺，再住荐福。为退庵空禅师法嗣。有《柳塘外集》，又有文集《集文印》。

上安晚节丞相三首
宋·释道璨

相国归来卧旧山，功名虽好不如闲。
向来北望中原眼，送在沧波白鸟间。

清于独鹤瘦于梅，小袖春衫晋样裁。
推出柴车人不指，前身曾住洛中来。

日食何曾费万钱，只将苜蓿荐春盘。
俸余不用肥奴马，留买青山取性看。

六、释道举

释道举（生卒年不详），字季若，江西书院僧。高宗绍兴十一年（1141年），客居丹阳何氏庵，有诗名。事见《至顺镇江志》卷一九引《甘露举书记文集》。

腥庵
宋·释道举

竹里蓬茅掩棘扉，主人诗瘦带宽围。
种成苜蓿先生饭，制就芙蓉隐者衣。
柳絮春江鱼婢至，荻花秋渚雁奴归。
小溪短艇能容我，先向溪隈筑钓矶。

七、吕量

吕量，号石林道人。

题韩干马
宋·吕量

何年供奉仙，写此真乘黄。
矫矫天骨起，烂烂隅目光。
岂无万里姿，御者非王良。
青衫老奚官，肉眼空伥伥。
饮秣不以时，羁䩛无餹糠。
昂首思渥洼，浩荡充虚伤。
何来斗斛水，似是出尚方。
虽沾金井思，未效和鸾锵。
蹭蹬十二闲，何异古道傍。
回首万驽骀，饱食驰康庄。
朝饮华清流，暮垂紫游缰。
此马独弃捐，物理良可伤。
君王倘惠养，请试苜蓿长。

八、释圆至

释圆至（1256—1298年）俗姓姚，字天隐，号牧潜，又号筠溪老衲，新昌县（今江西省宜丰县）人。父文叔、叔父勉、兄云，皆南宋进士，叔父姚勉乃宝祐元年（1253年）进士第一，官至校书郎，兄于宋末累官至工部架阁，元初任抚州、建昌（治今南城）两路儒学提举。圆至少承父兄习举子业，咸淳十年（1274年）依宜春仰山慧朗禅师落发为僧。年十九为僧。入元，驻锡建昌能仁禅寺。一生远权要，遁名誉，好云游，交友朋，遍历两湖、吴越间。大德二年（1298年）卒于庐山。

送建昌黄绮秀才逾淮教授
元·释圆至

还山羞听紫芝歌，旅馆千门讲四科。
绛帐未悬知己少，黑裘渐敝阅人多。
秋风白下沾巾别，落日青淮照影过。
莫对饭盘嗔苜蓿，桑榆虽缓易蹉跎。

九、虞集

虞集（1272—1348年），字伯生，号道园，四川仁寿人，寓居崇仁（今江西崇仁）。曾为大都路儒学教授，官至翰林学士兼国子祭酒。与杨载、范梈、揭傒斯并称为"延祐四大家"。有《道园学古录》。

画马（二首）
元·虞集

萧条沙苑贰师还，苜蓿秋风尽日闲。
白发圉人曾习御，长鸣知是忆关山。

虢国夫人学画眉，宫门催入许先驰。
春风十里闻苓泽，新赐金鞍不受骑。

画马

元·虞集

萧条沙苑贰师还苜蓿,秋风尽日闲白发围人曾习御长鸣知是忆关山。虢国夫人学画眉宫门,催入许先驰春风十里闻苏,泽新赐金鞍不受骑。

画马

元·虞集

百年升平却走马,立仗天闲常见画。
萧滩滩头八十翁,却写西来大宛者。
高蹄如铁项如钩,风鬣萧萧苜蓿秋。
常见贡来骑不得,长嘶要蹴昆仑丘。

八骏图

元·虞集

瑶池积雪与天平,西极空闻八骏名。
玉殿重来人世换,萧萧苜蓿汉宫城。

秋山行旅图

元·虞集

春夏农务急，新凉事征游。饭糗既盈橐，治丝亦催裘。
升高践白石，降观索轻舟。试问将何之，结客趋神州。
珠光照连乘，宝剑珊瑚钩。乘马垂苜蓿，纵目上高丘。
策名羽林郎，谈笑觅封侯。太行何崔嵬，日暮摧回辀。
古木多悲风，长途使人愁。羸骖见木末，足倦霜雪稠。
谷口何人耕，禾麻正盈畴。出门不及里，酒馔相绸缪。
壮者酣以歌，期颐醉而休。安知万里事，有此千岁忧。

八月十五日伤感

元·虞集

宫车晓送出神州，点点霜华入敝裘。
无复文章通紫禁，空余涕泪洒清秋。
苑中苜蓿烟光合，塞外蒲萄露气浮。
最忆御前催草诏，承恩回首几星周。

今夜当同宿斋宫赋

元·虞集

学省初兼禁直稀，故人同署却相违。
食余苜蓿承朝日，坐候棠梨过夕晖。
预喜奉祠秋寺烛，定知催襆早朝衣。
今晨瘦马经门巷，想拥青绫尚掩扉。

题画马

元·虞集

房家千里马，写出渡江时。
烟雾连城起，风云六月驰。
尚方催进驭，勇士不能骑。
苜蓿成秋草，空寒太液池。

十、宗衍

宗衍，字道原，元代僧人，吴（今江苏苏州）人，主要作品是《碧山堂集》。

送乐子仪侍兄之京

元·宗衍

祖帐阊门外，送君江水滨。
关山深积雪，蛮海尚飞尘。
献策思奇士，观光得上宾。
棣花行处好，杨柳别时新，
解缆占风色，登程记月轮。
预期当到日，犹可见残春。
苜蓿能肥马，蒲萄解醉人。
衣冠云缥缈，宫殿翠嶙峋。
地接烟霄近，天垂雨露频。
如蒙前席问，先愿及吾民。

十一、释宗泐

释宗泐（1317—1391年）明僧。浙江临海人，俗姓周，字季潭，名所居室为全室。洪武中诏致有学行高僧，首应诏至，奏对称旨。诏笺释《心经》《金刚经》《楞伽》，曾奉使西域。深究胡惟庸案时，曾遭株连，太祖命免死。后在江浦石佛寺圆寂。著有《全室集》。

西极天马歌

元末明初·释宗泐

天马来，自西极。
流汗沟朱蹄踏石，眴目径度流沙碛。
天子见之心始降，九州欲省民痍疮。
宛王何人敢私有，贰师城坚亦难守。
等闲骑向瑶池前，周家八骏争垂首。
天闲饱秣玉山禾，苜蓿春来亦渐多。
感君意气为君死，一日从君行万里。

十二、释妙声

释妙声字九皋，吴县人。元末居景德寺，后居常熟慧日寺，又主平江北禅寺。洪武三年，与释万金同被召，莅天下释教。

秋兴

明·释妙声

溪上凉风吹早秋，长空澹澹水东流。
芙蓉露泣吴宫怨，苜蓿烟连汉苑愁。
贡赋未全通上国，王师近报下西州。
关山万里同明月，遍照诗人自白头。

题老马图

明·释妙声

老弃东郊道，空思冀北群。
萧条千里足，错落五花文。
苜蓿秋风远，蘼芜落日曛。
太平无一事，愁杀故将军。

> 明　释妙声
> **题老马图**
> 老弃东郊道，空思冀北
> 群萧条千里，足错落五花文
> 苜蓿秋风远，蘼芜落日曛太
> 平无一事愁，杀故将军

杂题画（其一）

明·释妙声

何人画此好头赤，绝胜天厩玉连钱。
龙媒散落在何处，苜蓿秋风生暮烟（阙）。

> 明　释妙声
> **杂题画**
> 何人画此好头赤绝
> 胜天厩玉连钱龙媒散落
> 在何处苜蓿秋风生暮烟
> 阙

十三、释函可

释函可（1611—1659年），号剩人，俗姓韩，名宗騋，广东博罗人。他是明代最后一位礼部尚书韩日缵的长子，明清之际著名诗僧。年轻时为江南名士，后剃发遁入空门。顺治二年（1645年）春，在南京写下了传记体的《再变记》。顺治四年（1647年）九月出城时被清兵截获。被押解到了北京受审。翌年被清廷流放到冰天雪地的盛京，是身陷清朝文字狱的第一人。顺治七年（1650年）九月，与同被流放的江南人士成立"冰天诗社"。是东北历史上的第一家诗社。

得张觐仲书

明·释函可

忽惊天上寄来书，火尽西园一木余。
苜蓿有根开绛帐，芙蓉无蒂碎香车。
儒门淡泊思灵鹫，芸阁荒颓泣蠹鱼。
垄草尚沾半子泪，雪中翘首几踌躇。

示老马十首（其六）

明·释函可

惠养虽勤非素愿，茭刍苜蓿总堪羞。
但能不受黄金络，雪碛荒阡亦自由。

十四、释今沼

释今沼（生卒年不详），字铁机，俗姓曾，原名帏，字自昭。

赠莫先生

明·释今沼

乱离多籍老儒冠，一宦曾经海岛寒。
对案斋心犹苜蓿，逢人变色是波澜。
诗篇遣兴多容易，世路无心不觉难。
近爱禅门好消落，拟将心境问求安。

十五、梵琦

梵琦（1296—1370年），俗姓朱，字楚石，一字昙耀，晚号西斋老人。浙江象山人。9岁出家于海盐县天宁永祚禅寺，受经于衲翁谟师。不久往湖州崇恩寺，依其从族祖晋翁询师，16岁赴杭州昭庆寺受戒。自是历览群经，学业大进。时英宗诏写金字《大藏经》，被选入京。

上都三首（其二）

明·梵琦

王畿千里近，御苑四时春。
苜蓿能肥马，葡萄不醉人。
衮衣明日月，关塞绝风尘。
古有官名谏，今无事可陈。

十六、成鹫

成鹫（1637—1719年），俗姓方，名颛恺，字趾麟。出家后法名光鹫，字即山；后易名成鹫，字迹删。广东番禺人。明举人方国骅之子。年十三补诸生。以时世苦乱，于清圣祖康熙十六年（1677年）自行落发，康熙二十年（1681年）禀受十戒。曾住会同县（今琼海）多异山海潮岩灵泉寺、香山县（今中山）东林庵、澳门普济禅院、广州河南大通寺、肇庆鼎湖山庆云寺，为当时著名遗民僧。工诗文，一时名卿巨公多与往还。论者谓其文源于《周易》，变化于《庄》《骚》，其诗在灵运、香山之间。年八十五圆寂于广州。

李广文苍水招游长乐留别山中诸子

清·成鹫

吾侪生而有志在四方，胡越秦楚同一堂。
盛年负剑去乡国，纵横八荒周五岳。
君不见，
席不暇暖突不黔，千秋万古称圣贤。
我生恨不逢二子，负书担囊随骥尾。
骐骥踢踏同驽骀，老死枥下真可哀。
故人知我爱游走，远札招邀来谷口。
谷口秋高瓜满园，思量穷老终闭门。
今朝名山兴无那，东行路打罗浮过。
罗浮仙人为葛洪，相逢别去何匆匆。
临岐赠我双白鹤，千里高飞到长乐。
到时九月秋正寒，主人苴蓿供盘餐。
饱食登高纵归目，回首故山见茅屋。
茅屋中间有阿谁，因风寄语遥相思。
嗟哉人生岂得长麇聚，白日西驰水东去。
去矣乎，去矣乎，天生我辈无贤愚，圣贤不学皆凡夫。
凡夫圣贤何所学，觉即不迷迷不觉。
一朝臭腐化神奇，典坟丘索成糟粕。
我今垂出门，安知行路难。
百里半九十，前路何漫漫。
但须另刮一双目，别来三日还相看。

送李广文远霞司训揭阳

清·成鹫

臣也师也父兄也，如鼎三足车四马。
富人贵人闲道人，如行有伴居有邻。

三者缺一均不可，一之二之成彼我。
闲道人，畴不尔，富贵贫贱皆相似。
师臣父兄谁克当，揭阳先生马山李。
东樵之友孔门徒，柱下之孙崇义子。
一朝受命作儒臣，倾城祖饯车辚辚。
白鹅潭上钓鱼叟，仰首青云识故人。
临岐欲赠无可说，笑指前车看前辙。
前涂那得有闲缘，闲到为官忙不歇。
朝逢迎，暮干谒，日接诸生苛礼节。
苜蓿阑干希送钱，冷署寒毡谁立雪。
门前桃李成畏途，望风疾走争回车。
内圣外王等糟粕，出名入利交锱铢。
前车要驾后当戒，岂效若辈徒区区。
崇义传家应不薄，两袖清风归负郭。
父肯播，子肯获，方寸良田任开拓。
清白之后大有人，天将以子为木铎。
提聋警聩振颓风，老我闲人甘寂寞。

送吴芥舟赴沅江县
清·成鹫

世涂仕宦如沸鼎，芥舟先生心独冷。
世情临别多惆怅，东樵老僧笑鼓掌。
旁人问我笑何事，欲语不语难为计。
默默谁知世外心，哓哓恐触时人讳。
请君听我款款陈，男儿出处各有真。
山林朝市总一辙，伊周巢许非两人。
两人相知畴可匹，芥舟选官吾选佛。
沅江岩邑大如拳，湖上官衙仅容膝。
强似山僧不出山，土壁茅茨蔽风日。
时人莫笑沅江小，四面湖光周八表。
时人莫笑沅江贫，龙宫鲛室罗百珍。
时人莫笑沅江僻，日近长安天咫尺。
时人莫笑沅江闲，弹琴隐几看青山。
我笑先生怀利器，错节盘根曾未试。
藏锋敛锷直至今，甘与铅刀同钝置。
我笑先生游兴高，六年两度陵波涛。
长风破浪理舟楫，春满洞庭如感劳。

我笑先生最潇洒，琴鹤轻车随上下。
吟诗一路出湘潭，闲看儿童骑竹马。
我笑先生清且廉，盘中苜蓿水晶盐。
移来粉署伴冰檗，清风拂拂吹紫髯。
先生行矣勿复道，眼中之人殊草草。
长歌一曲反归来，彭泽闻之应笑倒。
别后相思笑不休，笑到宦成人已老。

送石广文赴西粤分考

清·成鹫

香山广文石娥啸，学究谈禅穷典要。
斋珠缀领作朝珠，古调希声成别调。
麟经领荐是何年，走马金台正英妙。
抟风奋起北溟鹏，开笼放出新罗鹞。
蹉跎几度上公车，抱玉还山赋遂初。
谢公久注苍生望，陶令先回白社车。
寻师亲入圆通室，契道参同教外书。
虚空打破作明镜，窠臼掀翻擎智珠。
智珠系在儒巾角，抛却簿书徇木铎。
手握金篦入铁城，净刷嚣尘归澹薄。
苜蓿盘中谁送钱，棂星门外堪罗雀。
诸生屏迹萧生来，说有谈无差不恶。
先生本是佛仙儒，萧生自号古之愚。
师资针芥良不偶，问奇载酒徒区区。
山僧近住鹅潭上，钓得锦江双鲤鱼。
静山冷署见宾主，烟雨空林念索居。
索居室迩人不远，出岫云心自舒卷。
断科使者一纸书，撮合神交来早晚。
三生石上一相寻，半月扁舟频往返。
坐消暑气散尘襟，又赋西征趋棘院。
漫说闲官闲似僧，捧檄驱车去不停。
才经五里又千里，行过山程更水程。
临岐欲赠难为赠，一抱无弦弹月明。
曲终我亦还山去，云水茫茫空复情。

送容西渡典教饶平

清·成鹫

先生于我称世友，曾记鸡坛逐游走。
绛帐趋庭莱子衣，玄亭问字侯芭酒。
酒阑舞罢各西东，阶前老树摇悲风。
大鱼化鹏奋奇翼，鸢鸠斥鷃随飞蓬。
路旁车笠一相见，云泥惆怅何匆匆。
前年客自冈州至，闻说园林多胜事。
凿池引水种莲花，叠石为山起平地。
主人爱道不爱金，布地延僧宣妙义。
寄语能来及早来，尘世闲人闲不易。
我闻客语信还疑，琼林讵有鹡鸰枝。
山僧只合居岩谷，国士筵中实不宜。
缄书报命无可说，大笑还山弄明月。
葭苍露白正怀人，香浦秋风又离别。
琴书满载广文船，倾城祖饯车骈阗。
摩挲老眼烟霞外，新诗遥寄水云边。
我闻饶平好山水，东去潮阳方百里。
昌黎过后寂无人，八代文章凭振起。
莫道先生官秩卑，圣朝重道先尊师。
莫道先生致身晚，白首青云兴不浅。
莫道先生斋舍清，拥书万卷当百城。
莫道先生薪俸薄，苜蓿晶盐堪细嚼。
先生行矣勿复道，济溺起衰非草草。
暂时别却好园林，直向环桥采芹藻。
芹藻何如池上花，一度繁华一枯槁。
功成名遂早归来，只恐寻僧僧已老。

秋杪过新州访李方水广文兼寄潘完子

清·成鹫

野人半生但株守，虽在人间少游走。
梦里名山草草过，虾跳何曾会出斗。
因寻獦獠到新州，满眼秋光正重九。
入城不见卖柴人，直到泽宫逢好友。
先生久病不出门，闻我远来叹希有。
登堂七发愧枚生，话到深宵月当牖。
主人就枕客亦然，珍重明朝更携手。

饱餐苜蓿高兴生，登临未敢辞衰朽。
天露峰高在眼前，龙山旧路重回首。
祖庭秋晚漫淹留，笑别官衙返南亩。
故人家住官峒头，觌面相逢良不偶。
剡溪兴尽且归去，他年未卜重来否。

客夜中秋怀吴谓远广文在郡未返

清 · 成鹫

苜蓿先生久不归，西风吹叶拥柴扉。
海蟾过雨当中见，皋鹤凌秋独自飞。
远水一镫青入榻，隔花微露白侵衣。
郡斋今夜吟诗否，只恐当筵和者稀。

十七、憨休

石安原长夏遣怀 七十首（其一）

清 · 憨休

田间苜蓿长初肥，采采盈筐志不违。
郤忆西山薇蕨士，清风袭袭动人衣。

《憨休和尚敲空遗响》清 憨休诗

十八、宗鉴

崇效玉

宋·宗鉴

太平无事传边将,苜蓿烽前立信旗。
喝起阵云弥海上,一声鼙鼓挫全师。

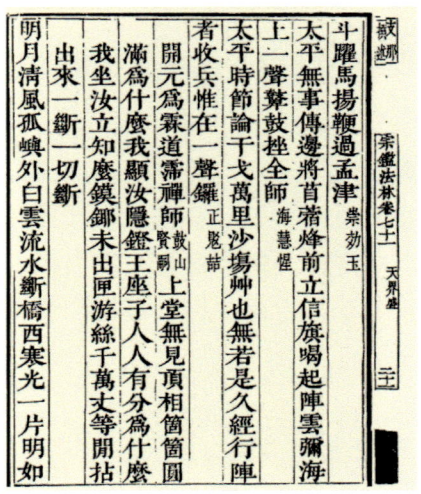

《宗鉴法林》清 集云堂诗

十九、释善住

释善住,元代高僧、诗人、释子。字无住,号云屋。是吴郡郡城报恩寺僧人。生卒年不详。往来吴淞江上,与仇远、白珽、虞集、宋无诸人唱和酬答。主要活动于元代前期,泰定年间尚在世。

马三首(其二)

元·释善住

臆若双凫首渴乌,嵯峨骏骨世间无。
天闲老我堪终惠,肠断秋风苜蓿枯。

第九章 科技文化符号中的苜蓿元素

汉武帝时期，苜蓿进入中国，对中国马匹的改良与丰富牧草的多样性无疑具有重要的现实意义和历史意义，但我们仍然不能忽视苜蓿初入中国时，具备的独特科技文化象征含义和她日后成为中国科技文化符号的重要意义。对于大宛良马与苜蓿入汉，主要"是因为帝王有德，才获得了宝马与苜蓿；它们的来归，表明大汉威名遍布天下，象征远方四夷对大汉的臣服。"二者都是汉朝"威德遍于四海"的标志性符号和象征。

2014年3月27日，习近平总书记在联合国教科文组织总部演讲中，提到了"汉代张骞于公元前138年和119年两次出使西域，向西域传播了中华文化，也引进了葡萄、苜蓿、石榴、胡麻、芝麻等西域文化成果。"习近平总书记的讲话，深刻阐明了文明交流互鉴对于世界和平发展的重要性。以文明交流互鉴筑牢情感纽带，共同构建人类命运共同体，发展科学事业、教育事业、文化事业，我们才能期待更富内涵的精神生活、更加合作共赢的和平发展远景，由此可见，苜蓿文化意蕴有多么深刻，文化价值有多么重要，文化符号特征有多么显明，她已成为一张中西科技文化交流的靓丽名片。

第一节　丝绸之路上的科技文化符号

一、中西科技文化交流的象征

2019年第9期《求是》杂志刊发了习近平总书记《文明交流互鉴是推动人类文明进步和世界和平发展的重要动力》，这是习近平总书记2014年3月27日在联合国教科文组织总部的演讲。习近平总书记在这篇文章中指出，文明交流互鉴，是推动人类文明进步和世界和平发展的重要动力。

中华文明经历了5 000多年的历史变迁，但始终一脉相承，积淀着中华民族最深层的精神追求，代表着中华民族独特的精神标识，为中华民族生生不息、发展壮大提供了丰厚滋养。中华文明是在中国大地上产生的文明，也是同其他文明不断交流互鉴而形成的文明。

张骞通西域，为中外科技文化的交流开辟了一个新纪元。苜蓿的成功引进，已成为象征汉代中西交流取得历史性进步的科技文化符号，成为丝绸之路上科技文化交流中的一颗耀眼明珠，成为"植之秦中，渐及东土"的代表性植物，标志着西域优良饲草在我国落地生根，从而改变了汉代当时的饲草结构和栽培作物种类的丰富性，亦标志着汉代引进西域先进品种与技术的开始。汉使将苜蓿与葡萄引入我国，并获得种植上的成功，劳费尔（1919年）认为，这种植物引进不仅是一项"伟大而独特的植物移植，而且也是一种文化与科技的运动。"因为，植物移植过程中要把西域植物学知识、东方学知识、语言学知识和历史知识融合在一起，是一件不容易的事情，亦是一件了不起的事情，更是一件举世无双的事情。《史记·大宛列传》称：大宛"以蒲陶为酒，……俗嗜酒，马嗜苜蓿。汉使取其实来，于是天子始种苜蓿、蒲陶肥饶地。及天马多，外国使来众，则离宫别观旁尽种蒲陶、苜蓿……"。从这两个外来词，可以窥见西汉与大宛政治上、文化上、科技上交往的一斑。同时，"苜蓿"也成为汉语中早期的外来科学技术名词。

二、历史悠久文化底蕴深厚

我国苜蓿不仅承载着2 000多年的国家记忆和草业记忆，而且亦承载着她生命的印迹和发展历程，还负载着一个一个古老的美丽传说与典故。反过来，我国苜蓿承载着灿烂文明，传承着历史文化，镌刻着科技发展历程。

我国苜蓿历史悠久，历史清晰完整。美国著名汉学家劳费尔（Laufer，1784—1934年）早在1919年就指出，"中国人对于重要植物的历史知道得比亚洲其他任何国家的人都多，我甚至大胆地说比欧洲国家的人都多"。他进一步指出，在栽培作物中，没有哪种作物的历史能比中国苜蓿的历史更可信、更完整和更准确。因为，中国可供给我们无限有用的材料，使我们能写出一部细致全面的关于人工栽培植物苜蓿的历史。台湾牧草学家王启柱指出："在亚洲，当以我国栽培牧草最早。据《史记》记载，汉武帝时（前138年）张骞出使大宛，因汗血马引进苜蓿种子。由是，自西安至黄河流域下游，即开始种植此牧草。依此，则我国栽培牧草当远较欧洲为早。惜欧美学者囿于偏见，以牧草为欧洲文明的产物，而我国亦不知继续发展，长落人后，至堪浩叹。"

三、中华科技文化符号中的重要元素

我国苜蓿承载着丰富的文化内涵和精神寓意。中国典籍、诗词歌赋和古代文学作品，许多有苜蓿的影子和印记，这些含有苜蓿的作品创作，都融入了中华民族的传统美德和文化精髓。例如对后

世史学和文学发展都产生了深远影响的《史记》、唐代四大类书《艺文类聚》《北堂书钞》《初学记》《白氏六帖》和宋代四大类书《太平御览》（百科全书）、《册府元龟》（历史）、《太平广记》（志怪）、《文苑英华》（文学），以及"世界有史以来最大的百科全书"，已经成为中国文化的一个重要符号的《永乐大典》和《古今图书集成》等都有苜蓿的记载。还有古代涉以苜蓿为意象的诗词歌赋数不胜数。

四、中华农耕文明的承载者

我国苜蓿承载着从起源到辉煌的科技印记和记忆。自公元前126年苜蓿引入长安，我国就开始了苜蓿种植与研究，最早的苜蓿农事活动和农艺技术被东汉的《四民月令》所记载。北魏时期中国农学家贾思勰所著的《齐民要术》，既是一部综合性农学著作，也是世界农学史上专著之一，更是中国现存最早的一部完整的农书。《齐民要术》系统、全面总结了苜蓿的农事活动和农艺技术，其内容被后世许多典籍征引。被誉为东方医学巨典、世界性博物学著作的《本草纲目》，对苜蓿的本草特性进行了系统、全面和科学的研究。中国古代第一部农艺官书《农桑辑要》和世界上第一部国家药典《新修本草》等都对苜蓿有详细的记载。透过这些典籍，我们可以窥见中国苜蓿的科技轨迹与历史记忆，乃至辉煌成就。"惟殷人，有册有典。"中华典籍浩如烟海，是古圣先贤的思想保障和智慧结晶，亦是中华民族的集体记忆和人类文明的重要载体。

第二节　苜蓿集文史科技为一体

一、载有苜蓿的典籍概述

我国苜蓿集历史、文化和科技为一体，承载着2 000多年的历史、文化和科技的发展，已成为我国古代农业走向世界和世界了解中国古代农业的象征，成为中西文化交流的符号，成为科技载体，成为中华民族文化的印记，并成为丝绸之路上一颗耀眼的明珠，深深印刻在人们的记忆和心灵中。因此，苜蓿常常是史书、类书、辞书、农书等我国众多典籍中的座上客、长青草和明星作物，如二十四史《史记》《汉书》《三国志》《后汉书》；四大类书《全唐文》《文苑英华》《太平御览》《册府元龟》，以及明代的《永乐大典》、清代《佩文韵府》《古今图书集成》；辞书《说文解字》《尔雅》《广韵》《康熙字典》；农书《四民月令》《齐民要术》《农桑辑要》《农政全书》等都有苜蓿专项记载。在苜蓿内容介绍上，这些典籍采取历史、文化和科技并举原则，进行苜蓿内容的叙述，形成了苜蓿独特的历史文化、科技烙印特色。

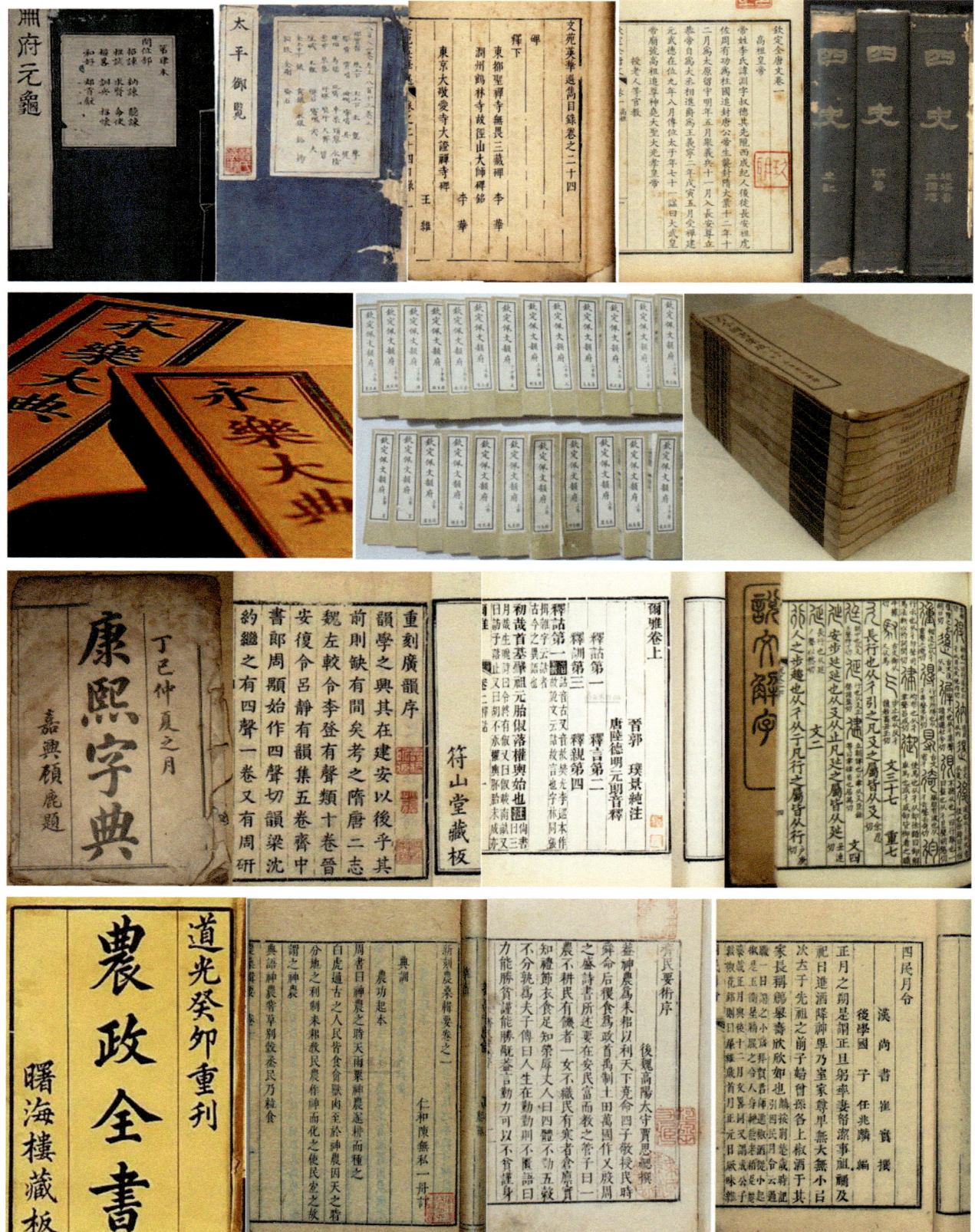

载有苴蓿的典籍

二、苜蓿最早的国家记忆

1. 苜蓿历史的最早记载

引种苜蓿是国家大事,因此被《史记》记录在册。《史记》是我国著名史学家司马迁所著的史学巨著,于征和二年(前91年)完成。这是一部"究天人之际,通古今之变,成一家之言"的辉煌巨著,列"二十四史"之首。《史记》记载了从传说中的黄帝开始到汉武帝元狩元年(公元前122年)3 000年左右的历史,是古代中华文化的浓缩,被誉为"史家之绝唱,无韵之《离骚》"。《史记》是记载我国苜蓿起源种植的第一部国家典籍,对苜蓿史的研究有着十分重要的意义。

宛左右以蒲陶为酒,富人藏酒至万余石,久者数十岁不败。俗嗜酒,马嗜苜蓿。汉使取其实来,于是天子始种苜蓿、蒲陶肥饶地。及天马多,外国使来众,则离宫别观旁尽种蒲萄、苜蓿极望。

——司马迁《史记》

2. 苜蓿历史的国家记载

除《史记》对苜蓿有记载外,二十四史中的《汉书》《后汉书》《晋书》《魏书》《北齐书》《隋书》《北史》《旧唐书》《新唐书》《宋史》《元史》《明史》等对苜蓿都有记载。继司马迁《史记》之后,东汉班固《汉书》对苜蓿也进行了记载。

宛王蝉封与汉约,岁献天马二匹。汉使采蒲陶、目宿种归。天子以天马多,又外国使来众,益种蒲陶、目宿离宫馆旁,极望焉。

——班固《汉书》

三、辞书中的苜蓿

1. 最早辞书中的苜蓿

《说文解字》是我国第一部系统地分析汉字字形和考究字源的字书,是古代汉语文字学著作,东汉许慎撰。目宿首次出现在书中。

苵草也。似目宿。从草,云声。《淮南子》说:"苵草可以死复生。"

2.《尔雅注》中的苜蓿

《尔雅》是辞书之祖。收集了比较丰富的古代汉语词汇，具有同义词典和百科词典的性质。它不仅是辞书之祖，还是中国古代的典籍——经，《十三经》的一种，是汉族传统文化的核心组成部分。《尔雅》保存了中国古代早期的丰富的生物学知识，是后人学习和研究动植物的重要著作。由于《尔雅》成书较早，文字古朴，加上长期流传，文字不免脱落舛误，早在汉代就已经有不少内容不易被人看懂。因此，从汉以后，有很多人专门研究《尔雅》，并写了许多著作。其中最重要的要数晋代郭璞的《尔雅注》。

权（郭璞注）

权，黄华。今谓牛芸草为黄华。华黄，叶似苜蓿。

——《尔雅注》

3.《康熙字典》中的苜蓿

《康熙字典》是张玉书、陈廷敬等 30 多位著名学者奉康熙圣旨编撰的一部具有深远影响的汉字辞书。该书的编撰工作始于康熙四十九年（1710 年），成书于康熙五十五年（1716 年），历时 6 年，因此书名叫《康熙字典》。

《申集上》草字部

《唐韵》《集韵》：莫六切。《正韵》：莫卜切，音牧。《本草》：苜蓿，一名牧蓿，谓其宿根自生，可饲牧牛马也。《史记·大宛列传》：马嗜苜蓿，汉使取其实来，于是天子始种苜蓿肥饶地。《西京杂记》苜蓿，一名怀风，时人谓之光风，茂陵人谓之连枝草。《述异记》：张骞苜蓿，今在洛中。《韩愈诗》葡苜从大漠。《书》作目宿。

又《博雅》：水苜，蓿也。

苜《唐韵》：莫六切，音目。《本草》：苜蓿，一名苜蓿。详见苜字注。

——《康熙字典》

4.《辞源》中的苜蓿

《辞源》是我国近代第一部大规模的语文词书。它始编于清光绪三十四年（1908 年）。1915年以甲乙丙丁戊五处版式出版。1931 年出版《辞源》续编。1939 年出版《辞源》正续篇合订本。1949 年出版《辞源》简编。中华人民共和国成立后经修订，至 1983 年出版了修订本。它凝聚了几代学者的心血，包含着全国数省几万人的辛勤劳动，工程浩繁，来之不易。《辞源》初版是我国第一部以语词为主兼及百科的综合性新型辞书，是中国现代史上第一部大型汉语语文工具书。收词以常见为主，强调实用。正文以单字编纂的基本模式。辞源以旧有的字书、韵书、类书为基础，吸收了现代词书的特点；以语词为主，兼收百科；以常见为主，强调实用；结合书证，重在溯源。这是我国现代第一部较大规模的语文词书，［苜蓿］词条被收录其中。

《辞源》

苜

见"苜蓿"

【苜蓿】植物名。又称木粟、牧宿、怀风、光风草、连枝草。也作"目宿"。原产西域，汉武帝时自大宛传入中土。为马牛等饲料及绿肥作物，也可入药，其嫩茎叶可当蔬菜。史记一二三大宛传："俗嗜酒，马嗜苜蓿。汉使取其实来，于是天子始种苜蓿、蒲陶肥饶地。及天马多，外国使来众，则离宫别观旁尽种蒲陶、苜蓿极望。"汉书九六上西域传作"目宿"。参阅政和证类本草二七苜蓿。

【苜蓿盘】五代王定保唐摭言十五闽中进士："薛令之，……累迁左庶子。时开元东宫官僚清淡，令之以诗自悼，复纪于公署曰：'朝旭上团团，照见先生盘。盘中何所有？苜蓿长阑干。饭涩匙难绾，羹稀筋易宽。只可谋朝夕，那能度岁寒！'"后因以苜蓿盘形容小官清苦冷落的生活。宋诗钞陈造江湖长翁集钞谢两知县送鹅酒羊面："不因同里兼同姓，肯念先生苜蓿盘"

——《辞源·苜蓿》

5.《辞海》中的苜蓿

我国第一部《辞海》是在中华书局陆费逵主持下于1915年启动编纂的汉语工具书，是以字带词，兼有字典、语文词典和百科词典功能的大型综合性辞典，是中国最大的综合性辞典，于1936年正式出版（二册）。1960年11月，该《辞海》二稿完成；1979年三卷本的《辞海》正式出版；以后每隔十年修订一次。现在第七版已于2020年正式发行。

1936年《辞海》第一版　　　　　2020年《辞海》第七版

苜（mu目）

苜蓿　①植物名。豆科，一年生或多年生草本。根系强大。茎直立或匍匐，光滑，多分枝。复叶，具三小叶，花紫色。由中亚西亚引入。现我国北方栽培甚广，为重要牧草和绿肥兼用作物。苜蓿，亦作苜蓿，属紫苜蓿，南苜蓿等的统称。②旧时教官清苦，常以苜蓿为蔬，因用以形容教官或学馆的生活。唐庚《除凤州教授》诗："绛纱谅无有，苜蓿聊可嚼。"

 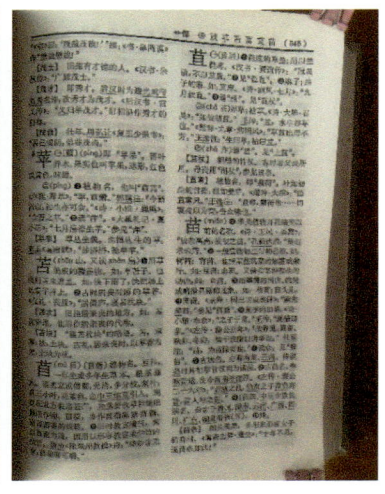

——《辞海（语词分册）》，1977

苜（mu目）见"苜蓿"

苜蓿　①古大宛语buksuk的音译。植物名。豆科。一年生或多年生草本。汉武帝元朔三年（前126年）张骞出使西域，从大宛国带回紫花苜蓿种子。古代所称苜蓿专指紫花苜蓿。《史记·大宛列传》："[大宛]俗嗜酒，马嗜苜蓿，汉使取其实来，于是天子始种苜蓿、蒲陶（即葡萄）肥饶地。现亦作苜蓿属（Medicago）紫花苜蓿、南苜蓿等的统称。

②旧时教官清苦，常以苜蓿为蔬，因用以形容教官或学馆的生活。唐庚《除凤州教授》诗："绛纱谅无有，苜蓿聊可嚼。"

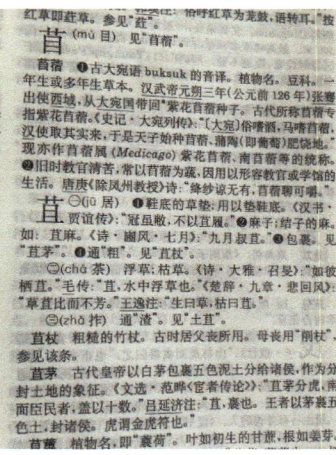

——《辞海》，2000

四、植物学类书中的苜蓿

1. 最早的植物学百科全书

《全芳备祖》是宋代花谱类著作集大成性质的著作，著名学者吴德铎先生首誉其为"世界最早的植物学辞典"。此书专辑植物（特别是栽培植物）资料，故称"芳"。据自序："独于花、果、草、木，尤全且备"，"所辑凡四百余门"，故称"全芳"；涉及有关每一植物的"事实、赋咏、乐赋，必稽其始"，故称"备祖"。从中可知全书内容轮廓和命名大意。在苜蓿内容介绍上，许多典籍采取历史、文化和科技并举原则，进行苜蓿内容的辑录。《全芳备祖》（前集后集）是宋代植物学专著，被农学界誉为第一部植物学辞典。《全芳备祖后集》辑录了苜蓿的杂记、历史、诗词类等内容，使其更像一部大型植物专题类书。书中辑录大量宋人的作品，堪称宋人文学的渊薮，具有有较高的文献学价值。

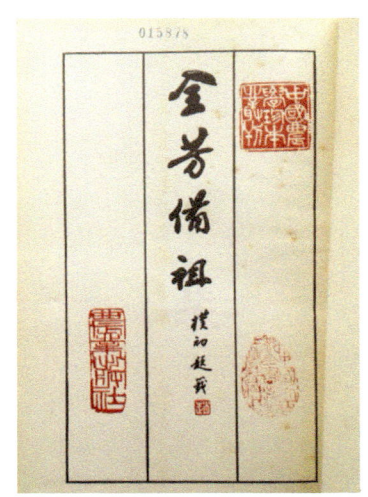

《全芳备祖》

苜蓿

事实祖　碎录

北人甚重，江南人不甚食，以其无味也（本草）

纪要

大宛马嗜苜蓿，汉使张骞因采葡萄、苜蓿种归。（博物志）闽川长溪县薛令之登第，开元中为东宫侍读官，作苜蓿诗，以自叹，玄宗至东宫见其诗，举笔续云：啄木觜距长，凤凰毛羽短，若嫌松桂寒，任逐桑榆暖。薛遂谢病归（坡诗注）

赋咏祖　五言散句

秋山苜蓿多（杜甫）七言散句

天马常衔苜蓿花（太白）

宛马总肥春苜蓿还同楚客咏江蓠（商隐）

五言古诗

朝日上团团，照见先生盘。盘中何所有，苜蓿长阑干。

饭涩匙难绾，羹稀箸觉宽，只宜谋旦夕，何由保岁寒。（薛令之）

——陈景沂《全芳备祖后集·卷二十六》

2. 植物学类书

《广群芳谱》是清圣祖玄烨命汪灏等人就王象晋《群芳谱》进行增删、改编、扩充，于康熙四十七年（1708年）成书，原名《御定佩文斋广群芳谱》，简称《广群芳谱》。《广群芳谱》中的苜蓿内容，在《群芳谱》原有基础上，更多的是扩充了历史、文化和纪事等内容，更像是一本植物学类书。

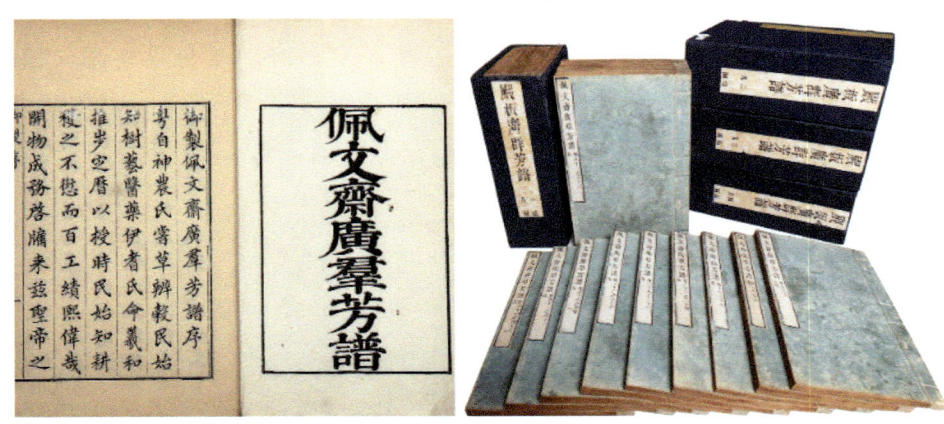

《御定佩文斋广群芳谱》

苜蓿

原苜蓿一名木粟（尔雅翼作木粟言其米，可炊饭也），一名怀风，一名光风草（西京杂记云风在其间常萧萧然，日照其花有光彩，故名怀风又名光风），一名连枝草（西京杂记云茂陵人谓之连枝草），增本草苜蓿一名牧宿（郭璞作牧宿谓其宿根自生，可饲牧牛马也），一名塞鼻力迦（见金光明经）。原张骞自大宛带种归。今处处有之，苗高尺余，细茎分义而生，叶似豌豆颇小，每三叶攒生一处，稍间开紫花，结弯角，角中有子黍，米大状如腰子。三晋为盛，秦齐鲁次之，燕赵又次之，江南人不识也。味苦平，无毒，安中利五脏，洗脾胃，闲诸恶热毒。

汇考原《史记·大宛传宛》左右以蒲萄为酒，富人藏酒至万余石，久者数十岁不败。俗嗜酒，马嗜苜蓿，汉使取其实来，于是天子始种苜蓿、蒲萄肥饶地，及天马多外国使来众则离宫别观傍尽种蒲萄苜蓿极望。增《汉书·西域传》罽宾地平温和有目宿杂草　《唐书·百官志》凡驿马给地四顷，莳以苜蓿。原《元史·食货志》至元七年颁农桑之制，令各社布种苜蓿以防饥年。《西京杂记》乐游苑自生玫瑰树，树下多苜蓿。增述异记张骞苜蓿园，今在洛中。苜蓿本塞外菜也。西使记纳商城草皆苜蓿，藩篱以柏。

集藻五言古诗原唐薛令之自悼：朝日上团团，照见先生盘，盘中何所有？苜蓿长阑干。饭涩匙难绾，羹稀箸易宽，无以谋朝夕，何由保岁寒。

五言律诗增宋梅尧臣咏苜蓿苜蓿来西域，蒲萄亦既随。蕃人初未惜，汉使始能持。宛马当求日，离宫旧种时。黄花今自发，撩乱牧牛陂。

诗散句增宋唐庚"绛纱谅无有，苜蓿聊可嚼"。原唐杜甫"宛马总肥秦苜蓿，将军只数汉嫖姚"。王维"苜蓿随天马"。杜甫"秋山苜蓿多"。宋司马光"苜蓿花犹短"。陆游"秋风枯苜蓿"。唐李白"天马常衔苜蓿花"。宋王安石"苜蓿阑干放晚花"。陆游"苜蓿堆盘莫笑贫"。元郭钰"沙苑晴烟苜蓿肥"。

别录增《妆楼记》："姑园戏作翦刀，以苜蓿根粉养之，裁衣则画成墨界，不用人手而自行。"东坡诗注"闽川长溪县薛令之登第开元中，为东宫侍读官，作苜蓿诗以自叹。玄宗至东宫见其诗举笔续之：啄木嘴距长，凤凰毛羽短。苦嫌松桂寒，任逐桑榆暖。遂谢病归。"原种植夏月取子和荞麦种，刈荞时苜蓿生根，明年自生，止可一刈。三年后便盛，每岁三刈，欲留种者止一刈。六七年后垦去根，别用子种，若效两浙种竹法，每一亩今年半去其根，至第三年去另一半，如此更换可得长生不，烦更种。若垦后次年种谷必倍收。为数年积叶坏烂垦地复深。故今三晋人刈草三年，即垦作田亟欲肥地种谷也。制用叶嫩时炸作菜，可食亦可作羹，忌同蜜食。令人下利采其叶，依蔷薇露法，蒸取馏水，甚芬香，开花时刈取喂马牛，易肥健，食不尽者晒干冬月锉喂。

苜蓿

原苜蓿一名木粟尔雅翼作木粟言其米可炊饭也一名怀风一名光风西京杂记云风在其间常萧萧然日照其花有光彩故名怀风又名光风一名连枝草西京杂记云茂陵人谓之连枝草增本草苜蓿一名牧宿郭璞作牧宿谓其宿根自生可饲牧牛马也一名塞鼻力迦见金光明经—原—张骞自大宛带种归今处处有之苗高尺余细茎分义而生叶似稍间开紫花结弯角中有子稍间开紫花结弯角为盛秦齐鲁次之燕赵又次之江南人不识也味苦平无毒安中利五脏洗脾胃闲诸恶热毒汇考—原—史记大宛传—宛左右以蒲萄为酒富人藏酒至万余石久者数十岁不败

俗嗜酒马嗜苜蓿汉使取其实来于是天子始种苜蓿、蒲萄肥饶地及天马多外国使来众则离宫别观傍尽种蒲萄苜蓿极望—增—汉书西域传—罽宾地平温和有目宿草—唐书百官志—凡驿马给地四顷莳以苜蓿—原—元史食货志—至元七年颁农桑之制令各社布种苜蓿以防饥年—西京杂记乐游苑自生玫瑰树下多苜蓿增—述异记—张骞苜蓿园今在洛中苜蓿本塞外菜也—西使记—纳商城草皆苜蓿藩篱以柏集藻—五言古诗—原唐薛令之自悼朝日上团团照见先生盘盘中何所有？苜蓿长阑干饭涩匙难绾羹稀箸易宽无以谋朝夕何由保岁寒

五言律诗—增—宋梅尧臣咏苜蓿—苜蓿来西域蒲萄亦既蕃汉人初未惜汉使始能持宛马当求日离宫旧种时黄花今自发撩乱牧牛陂诗散句—增—宋唐庚—绛纱谅无有苜蓿聊可嚼—唐杜甫—宛马总肥秦苜蓿—唐杜甫—宛马总肥秦苜蓿将军只数汉嫖姚—王维—首蓿随天马—宋司马光—苜蓿花犹短多—陆游—秋风枯苜蓿—唐李白—天马常衔苜蓿花—宋王安石—苜蓿阑干放晚花—元郭钰—沙苑晴烟苜蓿肥别录—增—妆楼记—姑园戏作翦刀以苜蓿根粉养之裁衣则画成墨界不用人手而自行—东坡诗注—闽川长溪

县薛令之登第开元中为东宫侍读官作苜蓿诗以自叹玄宗至东宫见其诗举笔续之啄木嘴距长凤凰毛羽短苦嫌松桂寒任逐桑榆暖遂谢病归—原种植—夏月取子和荞麦种刈荞时苜蓿生根明年自生止可一刈三年后便盛每岁三刈欲留种者止一刈六七年后垦去根别用子种若效两浙种竹法每一亩今年半去其根至第三年去另一半如此更换可得长生不烦更种若垦后次年种谷必倍收为数年积叶坏烂垦地复深故今三晋人刈草三年即垦作田亟欲肥地种谷亦可作姜忌同蜜食令人下利采其叶依蔷薇露法蒸取馏水甚芬香开花时刈取嫩时炸作菜可食—制用—叶喂马牛易肥健食不尽者晒干冬月锉喂

——《御定佩文斋广群芳谱·卷十四·蔬谱》

3. 类书中的苜蓿植物学

《格致镜原》是清代陈元龙所编撰的类书，广记一般博物之属。《格致镜原》共有一百卷，分乾象、坤舆等三十类，类下分目，共八百八十六目，汇辑古籍中有关博物和工艺的记载，包括天文、地理、建筑、器用、动植物等。"采撷极博"，体例井然，为研究我国古代科学技术和文化史的重要参考书。有光绪二十二年（1896年）上海共一百卷积山书局石印本。

苜蓿

《史记》：大宛国，马嗜苜蓿，汉使得之，种于离宫。《西京杂记》：苜蓿，一名怀风，一名光风，风在其间尝萧萧然，茂陵人谓之连枝草。《庶物异名疏》：苜蓿，胡中菜，张骞得之，西戎予过临济间见，其花紫而长，初枝可作羹和面，花已则刈送驴前矣，时干燥诸禾悉槁惟此独茂。何大复诗：沙寒苜蓿短，以其恶水也。《词林海错》：苜蓿，《尔雅注》作䔭蓿，《汉志》作目宿。《正字通》：苜蓿，二月生苗，一科数十茎，一枝三叶，叶似决明小如指，顶可茹。秋后结实，黑房米如稷，俗呼木粟。《本草》：苜蓿，北人甚重，江南人不甚食，以其无味也。陆深《蜀都杂抄》：古称黎杖，黎即苜蓿，养之历霜雪，经一、二岁，其本修直，生鬼面，可杖，取其轻而坚。

大学士 陈元龙
苜蓿
史记大宛国马嗜苜蓿汉使得之种于离宫西京杂记苜蓿一名怀风一名光风风在其间尝萧然茂陵苜蓿胡中菜张骞得之西戎予过临济间见其花紫而长初枝可作羹和面花已则刈送驴前矣时干燥诸禾悉槁惟此独茂何大复诗沙寒苜蓿短以其恶水也词林海错苜蓿尔雅注作䔭蓿汉志作目宿正字通苜蓿二月生苗一科数十茎一枝三叶叶似决明小如指顶可茹秋后结实黑房米如稷俗呼木粟本草苜蓿北人甚重江南人不甚食以其无味也陆深蜀都杂抄古称黎杖黎即苜蓿养之历霜雪经一二岁其本修直生鬼面可杖取其轻而坚

——大学士·陈元龙《格致镜原·卷六十二·蔬类一》

第三节 重要类书中的苜蓿

一、唐四大类书中的苜蓿

《北堂书钞》《艺文类聚》《初学记》《白氏六帖》被称为唐代四大类书，保存了大量的唐以前的遗文秘笈，而这些典籍十之八九今已不传，所以在校勘古籍、辑录佚文及查找唐以前诗文典故和文献资料等方面，其作用十分巨大，且无以替代。

1.《北堂书钞》

《北堂书钞》素以成书较早、收录资料亦较为宏富著称于世，并与欧阳询等编纂的《艺文类聚》，白居易辑、宋人孔传续辑的《白氏六帖》，徐坚等撰集的《初学记》称为唐代的"四大类书"。《北堂书钞》全书分为帝王、后妃、政术、刑法、封爵、设官、礼仪、艺文、乐、武功、衣冠、仪饰、服饰、舟、车、酒食、天、岁时、地19部，部下分类，共852类，立类略显芜杂，引文亦有断章取义、首尾不连贯处，征引材料或有不注明出处的。但由于在现存类书中，此书成书很早，辑录资料皆采自隋以前古籍，其中相当一部分本子已不传，故其文献价值颇高，尤其在辑佚、校刊古籍等功用上，更不容忽视。

奉使

周流绝域十有余年。《王逸子》云，或问："张骞可谓名使者欤？"曰："周流绝域十有余年，自京师以西，安息以东，方数万里，有余国，或逐水草，或逐城郭，骞经历之，知其习，始得大蒜、蒲萄、苜蓿。

——《北堂书钞》

《汉书》曰：武留匈奴凡十九岁，始以强壮出，及还鬓发尽白。（补）周流绝域十有余年（《王逸子》云或问：张骞可谓名使者欤？周流绝域，十有余年。自京师以西安息，以东方数万里。有余国或逐水草或逐城郭，骞经历之知其习，始得大蒜、蒲萄、苜蓿也）……

> 汉书曰武留匈奴凡十九岁始以强壮出及还鬓发尽白补周流绝域十有余年王逸子云或问张骞可谓名使者欤周流绝域十有余年自京师以西安息以东方数万里有余国或逐水草或逐城郭骞经历之知其习始得大蒜蒲萄苜蓿也

——唐·虞世南撰　明·陈禹谟补注《北堂书钞》

2.《艺文类聚》

梁刘孝仪北使还与永丰侯书曰：足践寒地，身犯朔风。暮宿客亭，晨炊谒舍。飘飘辛苦，迄届毡乡，杂种膻花，颇慕中国，兵传李绪之法，楼拟卫律所治，而毳幕难淹，酪浆易餍，王程有限，时及玉关，射鹿胡奴，乃共归国，刻龙汉节，还持入塞，马衔苜蓿，嘶立故墟，人获蒲萄种归旧里稚子，出迎善邻相劳，倦握蟹螯，亟覆虾碗，未改朱颜，略多自醉，用此终日亦以自娱。

——唐·欧阳询《艺文类聚·卷五十三》

秦州记曰秦野多葡萄

杜恕笃论曰：汉匈奴取胡麻、蒲萄、大麦、苜蓿示广地。龟兹国胡人奢侈，家有至千斛蒲萄，汉使取实来，离宫别馆傍尽种。

——唐·欧阳询《艺文类聚·卷八十七》

3.《初学记》

居处部

【蒲萄 苜蓿】《晋宫阁名》曰：洛阳宫有琼圃园、灵芝石祠园，邺有鸣鹄园、蒲萄园。郭仲产《仇池记》曰：城东有苜蓿园。

《初学记·卷二十四·居处部·园圃第十三》

【入梦 戏园】《庄子》曰：昔者庄周梦为蝴蝶，栩栩然蝴蝶，自逾适志与，不知周也。俄然觉，则蘧蘧然周也。不知周之梦为蝴蝶，与蝴蝶之梦为周欤。《古乐府》歌词：蛱蝶行，蝶游蝶遂戏东园。奈何卒逢三月养子燕，接我苜蓿间。

《初学记·卷三十·虫部·居处部·蝶第十三》

以八马列宫门之外，（飞龙厩曰：以八马列宫门之外号南衙立仗马同上）凡驿马给地四顷，莳以苜蓿（官西志驾部）风鬃霜鬣（柳宗元晋国多马四散惝恍开合万状喜者鹊厉怒者人搏决然全）。

4. 白孔六帖

霜鬣柳宗元晋国多马四散
顷莳以苜蓿官西志驾部风鬣
衙立仗马同上凡驿马给地四
龙厩曰以八马列宫门之外号南
以八马列宫门之外飞

——唐·白居易　原本　宋·孔传　续撰《白孔六帖·卷九十六》

二、宋四大类书中的苜蓿

《太平御览》（百科全书）、《册府元龟》（历史）、《太平广记》（志怪）《文苑英华》（文学）被称为宋四大类书。宋代还有一部重要的类书《太平寰宇记》，也有苜蓿记载，在此一并介绍。

1.《太平御览》

苜蓿

《史记》：大宛有苜蓿，汉使取其实来，于是天子始种苜蓿。及天马多，外国使来众，离宫别观旁尽种苜蓿，极望。《汉书西域传》曰：罽宾国有苜蓿，大宛马嗜苜蓿，武帝得其马，汉使采蒲桃、苜蓿种归。天子益种离宫别馆旁。《晋书》曰：华广免官为庶人。晋武帝登陵云台，见广苜蓿园，阡陌甚整，依然感旧。太康初大赦，乃得袭爵。

《西京杂记》曰：乐游苑中，自生玫瑰树，下多苜蓿，一名怀风。时或谓之光风在其间，常萧萧然，日照其光彩，故名苜蓿为怀风。茂陵人谓之连枝草。

《博物志》曰：张骞使西域，所得蒲陶、胡葱、苜蓿。

《述异记》曰：张骞苜蓿园，在今洛阳中，苜蓿本胡中菜，骞始于西国得之。

杨炫之《洛阳伽蓝记》曰：宣武场在大夏门东北，今为光风园，首蓿出焉。

> **首蓿**
>
> 史记大宛有首蓿汉使取其实来于是天子始种首蓿及天马多外国使来众离宫别观旁尽种首蓿极望汉书西域传曰罽宾国有首蓿大宛嗜首蓿武帝得其马汉使采蒲桃首蓿种归天子益种离宫馆旁晋书曰华广免官为庶人晋武帝登陵云台见广首蓿园阡陌甚整依然感旧太康初大赦乃得袭爵
>
> 西京杂记曰乐游苑中自生玫瑰树下多首蓿一名怀风时或谓之光风在其间常萧萧然日照其光彩故名首蓿为怀风茂陵人谓之连枝草
>
> 博物志曰张骞使西域所得蒲陶胡葱首蓿
>
> 述异记曰张骞首蓿园在今洛阳中首蓿本胡中菜骞始于西国得之
>
> 杨炫之洛阳伽蓝记曰宣武场在大夏门东北今为光风园首蓿出焉

——宋·李昉《太平御览·卷九百九十六》

2.《册府元龟》

大宛国，治贵山城。土地、风气、物类、民俗、与大月氏、安息同。大宛左右以葡萄为酒，富人藏酒至万余石，久者至数十岁不败。俗耆酒，马耆首蓿，宛别邑七十余城，多善马，马汗血，言其先天马子也（大宛国有高山，其山上有马，不可得，因取五色母马置其下与集生驹，皆汗血，因号曰天马子也）。自宛以西至安息国，虽颇异言然大同。

> 大宛国治贵山城土地风气物类民俗与大月氏安息同大宛左右以葡萄为酒富人藏酒至万余石久者至数十岁不败俗耆酒马耆首蓿宛别邑七十余城多善马马汗血言其先天马子也大宛国有高山其山上有马不可得因取五色母马置其下与集生驹皆汗血因号曰天马子也自宛以西至安息国虽颇异言然大同

——宋·王钦若《册府元龟·卷九百六十》

3.《太平广记》

山东人

山东人来京，主人每为煮菜，皆不为羹；常忆榆叶，自煮之。主人即戏云："闻山东人煮车毂汁下食，为有榆气。"答曰："闻京师人煮驴轴下食，虚实？"主人问云："此有何意？"云："为有首蓿气。"主人大惭。

——《太平广记·卷二五七》

罽宾

《汉书》曰：罽宾国王治循鲜城，去长安万二千二百里地。平温和，有苜蓿、杂草、花木、檀、櫰、柏、竹、漆、种五谷、蒲陶。有金、银、铜、锡。以金、银为钱，文为骑马，幕为人面（师古曰：即漫也）。出封牛、水牛、象、大狗、沐猴、孔雀、珠玑、珊瑚、琥珀、璧、琉璃。自武帝始通。

——宋·李昉等《太平广记·卷七九三》

大宛

《汉书》曰：大宛国王治贵山城，去长安万二千五百五十里。以蒲桃为酒，富人藏酒至万余石，久者至数十岁不败。其俗嗜酒。宛别邑七十余城，多善马，马汗血，言其先天马子也。（孟康曰：言大宛国有高山，其上有马不可得，因取五色母马置其下与集，生驹皆汗血。因天马子云）张骞始为武帝言之，上遣使持金马以请，宛王不肯。于是天子遣贰师将军李广利将兵伐宛，连四年。宛人斩其王毋寡首，献马三千匹，汉军乃还。又曰：宛王蝉封与汉约，岁献天马二匹。汉使采蒲桃、苜蓿种归。天子以天马多，益种蒲桃、苜蓿离宫馆旁，极望焉。《异物志》云：大宛马有肉角数寸，解人语，及知舞，与鼓节相应。《西域图记》曰：其青马、骝马多白耳，白马、骢马多赤耳，黄马、赤马多黑耳。

——宋·李昉等《太平广记·卷七九三》

4.《文苑英华》

洛阳美少年，朝日正开霞。细踏联镳马，傍趋苜蓿花。扬鞭却还望，春色满东家。井桃映水落，门柳杂风斜。绵蛮弄青绮，蛱蝶绕承华。欲往飞廉馆，遥驻季伦车。石榴传马脑，兰肴荐象牙，聊持自娱乐，未是斗豪奢。莫嫌龙驭晓，扶桑复浴鸦？

——宋·李昉等《文苑英华·卷一百九十四》

送刘司直赴安西

前人·王维

绝域阳关道，胡沙与塞尘。三春时有雁，万里少行人。
苜蓿随天马，蒲萄逐汉臣。当令外国惧，不敢觅和亲。

——宋·李昉等《文苑英华·卷二百九十九》编军旅一

草玄门户

刘禹锡

草玄门户少尘埃，丞相并州寄马来。
初自塞垣衔苜蓿，忽行幽径破莓苔。
寻花缓辔威迟去，带酒垂鞭跉踱回。
不与王侯与词客，知轻富贵重清才。

草玄门户

刘禹锡

草玄门户少尘埃，丞相并州寄马来。初自塞垣衔苜蓿，忽行幽径破莓苔。寻花缓辔威迟去，带酒垂鞭蹭蹬回。不与王侯与词客，知轻富贵重清才。

——宋·李昉等《文苑英华·卷二百九十九》

紫燕忽踟蹰

李燮

紫燕忽踟蹰，红尘起路隅。围人移苜蓿，骑士逐蘼芜。
三边追點虏，一鼓定强胡。安用珂为玉，自有汗成珠。

——宋·李昉等《文苑英华·卷二百九》

左骁卫郎将兼盐州刺史盐州监牧使张景遵，陇州别驾修武县男东宫监牧使韦衡，都使判官果毅齐琛，总监韦绩。及五使长户三万一千人，佥曰：自开府庇我十三年矣。畜有娩息，人无乏匮。克厌帝心，莫匪嘉绩。日如停西南两使六顷人夫蕙谷计八十万功。围石，以息人约费，其政一也；纳长户隐田税三万五千石，以检私肥公，其政二也；减大仆长支乳骆马钱九千三百贯，以窒隙止散，其政三也；供军筋胶十万七千斤，以收绢缮工，其政四也；莳茼、苜蓿一千二。百顷，以茭蓄御冬，其政五也；使监官料旧给库物，新秦。置本牧分。其利，不丧正钱二万五千贯，以实府宜官，其政六也。

《文苑英华·卷八百六十九》宋·李昉等　编德政一（德政碑凡二卷英华所编失作者先后之次今正之）

5.《太平寰宇记》

陇右监牧（集作校）颂德碑一首

大宛国，汉时通焉。王理贵山城，户六万，其王姓苏色匿，字底失盘陁，积代承袭不绝。按：今王即底失盘陁之后也。始汉张骞为武帝言之，帝遣使者持千金及金马以请宛善马。宛主以汉绝远，大兵不能至，爱其宝马不肯与。遂杀汉使。于是太初元年拜李广利为贰师将军，期至贰师城取善马，率数万人至其境，攻郁成城不下，引还。往来二岁至炖煌，士卒存者十不过一二。帝怒其不克，使遮玉门，不许入。贰师因留屯炖煌，又遣贰师率六万人，私负从者不与牛十万，马三万匹，驴橐、驼以万数，天下骚然。益发戍甲卒十八万，置居延、休屠（注：今武威张掖郡是也）。

以卫酒泉。贰师至宛，宛人新王寡首献马，汉军取其善马数十四，中马以下牝牡千四，而立宛贵人昧蔡为王，约岁献天马二匹。汉使遂采葡萄、苜蓿种而归。贰师再行，往返凡四岁焉。后汉明帝时，宛又献汗血骥。至后魏文成帝和平六年，孝文太和三年，并遣使献马。隋时苏对沙郍国，即汉大宛之异名也。

——宋·乐史《太平寰宇记·卷一百八十二》

三、《永乐大典》中的苜蓿

《永乐大典》是永乐年间由明成祖朱棣先后命解缙、姚广孝等主持编纂的，1403年开始编纂，于1408年完成的一部巨型百科全书。它是中国历史上规模最大、内容最全面的百科全书之一，也是世界上最早的百科全书之一。《永乐大典》内容包括经、史、子、集，涉及天文地理、阴阳医术、占卜、释藏道经、戏剧、工艺、农艺，涵盖了中华民族数千年来的知识财富。《不列颠百科全书》称其为"世界有史以来最大的百科全书"，被称为典籍渊薮、佚书宝库，已经成为了中国文化的一个重要符号。书中数卷涉及苜蓿内容。

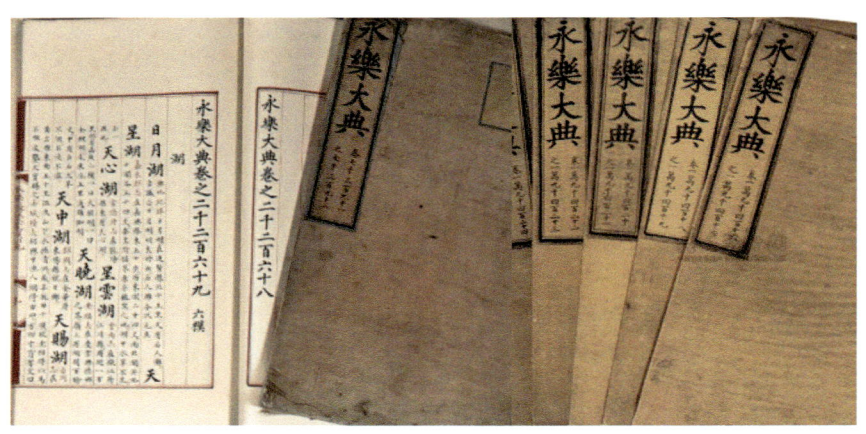

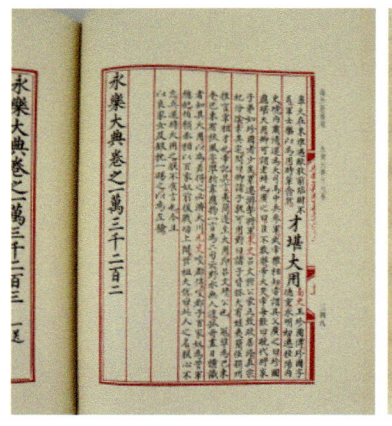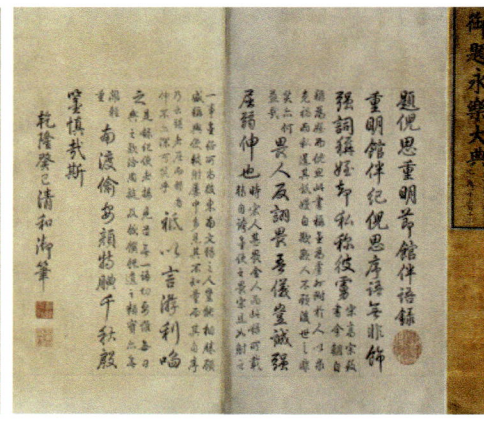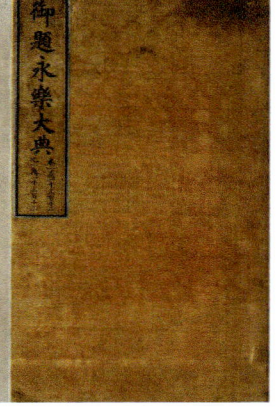

《永乐大典》

永乐大典卷之一万四千五百三十六五御

白痴宋玉恰悲秋，芙蓉花好人争醉。
苜蓿沙寒客倦游，真宰曾悬徐孺榻。
沧溟那见李膺舟，苦心难仗刘玄石。

玫瑰树 《长安志》《西京杂记曰》：乐游苑自生玫瑰树，下多苜蓿，一名怀风，时人或谓之光风。风在其间常肃然，日照其花有光采，故名苜蓿怀风。《太平御览》乐游园玫瑰树，树下多苜蓿。茂陵谓之连枝草。

——《永乐大典·卷之一万四千五百三十六五》

采撷忙

且胜堆盘供苜蓿，未言满斛进槟榔。
行迎风露衣巾爽，净洗膻荤匕箸香。
著句夸张君勿笑，故人方厌太官羊。
归来驺从亦辉光，龙沙白革望参差。
苜蓿蒲桃记种时，待诏词臣已华发。

——《永乐大典·卷之二千四百七》

行至齐眉捧，杵洼新炒香。
揉以牛羊溷，不托递炊饼。
芹美思贡奉，来牟莫我贻。
桄榔尚珍送，大宛来苜蓿。
与尔俱阇茸，中都千贵人。

——《永永乐大典·卷之二万二千一百八十二》

十九梗

王沂《伊滨集》：沙岭千层出，毡车一字齐。马衔青苜蓿，人唱白铜鞮。野旷晴烟直，天遥天遥落日低。

——《永乐大典·卷之一万一千九百八十一》

驼骑苾封入禁门，六宫匀面失妆痕。
应嗤万里通西域，只得连山苜蓿根。
再用韵呈师正谁，怜季子黑貂裘谈。

——《永乐大典·卷之八千八百四十一》

苜蓿。择肥地颣令熟。作垄种之。极益人。还须从一头剪。每剪加粪。锄土拥之。

——《永乐大典·卷之一万一千六百十九》

目宿　草名。《汉书》罽宾国多目宿。宛马所嗜。目。眼也。宿止也，别作苜蓿非。吴棫韵补叶音。莫笔切。夏侯湛。祗疑栖迟穷巷。守此困极。吝江河之流。不以跃舟船之时。

——《永乐大典·卷之一万九千六百三十六》

满箧诗章未得传,微官束缚正堪怜。
蘼芜满院又三月,苜蓿堆盘无一钱。
洛邑家书黄犬上,巴山旧业子规前。
夜听儿女青灯话,似觉朱颜老去年。

——《永乐大典·卷之一万一百十五》

寄朱环溪

贤郎肯为诸生出,不厌阑干苜蓿盘。
为我平安花竹报,斋居日日共清欢。
高堂修祀灌园翁,白发清樽见古风。
曾得遗文窥隐德,犹今视昔后人同。

——《永乐大典·卷之一万一百十五》

生类有极馋无涯,细糠火饼入健啖。
嚼成快马行深沙,美如冠玉未属厌。
乃今放饭宁非奢,雨余春韭脆无滓。
阑干苜蓿烹柔嘉,大庭遗经可久食。
故典何其盛,斯文与有荣。中州襟陕陇,上国披幽并。
麟阁将来绘,鸡坛宿昔盟。刍荛言慎择,葵藿义同倾。
契阔商参恨,栖迟畎亩耕。小斋余苜蓿,四境半芜菁。
酒忆涓涓缥,鲂炊个个頳。悲歌垂短褐,慷慨眷长缨,亲病常忧惧。

——《永乐大典·卷之一万一百十五》

蜂须白。酒坏泥头燕觜香。西边云。马衔苜蓿秋风急。人摘葡萄晓月低。春暮闲望云落花映草丹青国。带雨行云水墨天。春深云花承晓露低无语。

——《永乐大典·卷之九百九》

典刑犹在。得慈湖先生之一派。传授最亲。更阅理义之多。从容出处之际。久于补外。晚乃立朝。翻帙仙蓬。夜对青藜之杖。横经王邸。朝吟苜蓿之盘。

——《永乐大典·卷之七千五百十八》

朱晦庵集蒙恩许遂休致。陈昭远大以诗见贺。已和答之。复赋一首。阑干苜蓿久空盘。未觉清羸带眼宽。老去光华奸党籍。向来羞辱侍臣冠。极知此道无终否。且喜闲身得暂安。

——《永乐大典·卷之一万三千四百九十五》

江南岁晚水风寒，铃阁无人画掩关。
过雨楼台晚溪市，新霜松竹敬亭山。
不悲仕宦从事拙，所喜形骸绝得闲。
山妓村醪君莫笑，亦胜苜蓿蒲朝盘。

——《永乐大典·卷之一万三千四百九十五》

苏子瞻诗云。老翁七十自腰镰。惭愧春山笋蕨甜。岂是闻韶解忘味。近来三月食无盐。手扇溪蒲也自妍。宋朝徐仲平诗云。妾有一匹绢以为身上衣。自织青溪蒲。团团手中持朝携麦垅去暮汲井泉归。无人不看妾，不使见娥眉。苜蓿盘中非饱暖。唐薛令之泉州人。为东宫侍读左庶子时。官条简淡。令之以诗《自悼》云：朝日上团团，照见先生盘。盘中何所有，苜蓿长阑干。饭涩匙难绾，羹稀箸易宽。无以谋朝夕，何由保寒。

——《永乐大典·卷之九百四》

梅圣俞诗和宋中道秘丞元夕

鼓声阗阗众戏屯，百仞太华临端门。
端门两箱多结彩，公卿妇女争来奔。
接板连帘坐珠翠，帘疏不隔天妍存。
车驾适从驰道入，灯如撒星天向昏。
赭衣已御凤楼上，露台宣看簇钿辕。
山前绛绡垂雾薄，火龙矫矫红波翻。
金吾不饬六街禁，少年追逐乘大骏。
呼庖索醋斗丰美，东市憧憧西市喧。
持钱不数买歌笑，玉杓注饮琉璃盆。
落然遗俗监主簿，夜对经史多讨论。
比诸豪侠乃自苦，明日苜蓿盈盘餐。

——《永乐大典·卷之二万三百五十四》

张元干归来集次韵奉呈公泽处士

屏迹苕溪少往还，时危尤觉故人欢。
相期腊尽屠苏酒，速享春来苜蓿盘。
雪夜剧谈金贼入，风江绝欸铁衣寒。
何年天上旄头落，并灭穹庐旧契丹。

——宋·张元干《次韵奉呈公泽处士》

屏迹苕溪少往还，时危尤觉故人欢。
相期腊尽屠苏酒，速享春来首蓿盘。
雪夜剧谈金贼入，风江绝叹铁衣寒。
何年天上旄头落，并灭穹庐旧契丹。

——《永乐大典·卷之一万三千四百五十》

四、《古今图书集成》中的苜蓿

《古今图书集成》为我国最大的类书，也是我国古代文献的百科全书，初稿于清朝康熙四十五年（1706年）完成，雍正三年（1725年）定稿。苜蓿被收录其中。《古今图书集成》辑录了我国古代苜蓿的历史、文化、科技和纪事等，充分体现了我国苜蓿的历史性、文化性和科技性，使其成为我国农业传统文化的典型代表作物。

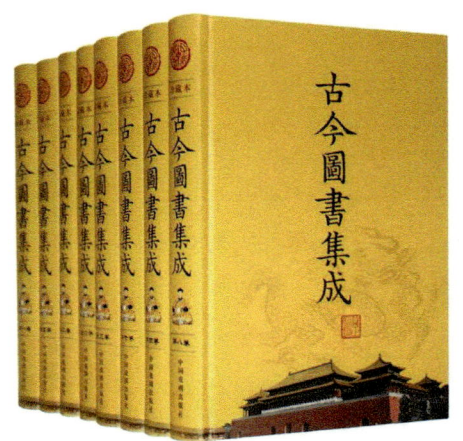

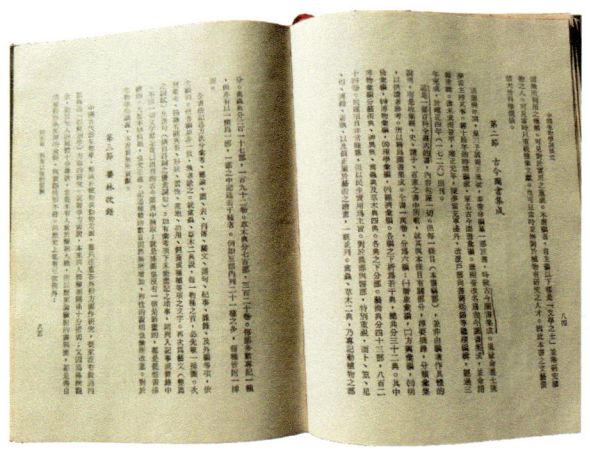

《古今图书集成》

《古今图书集成》中的苜蓿

辑录部	辑录目次
苜蓿部录考	释名《苜蓿》：（别录）《木粟》（纲目）； 光风草：（葛洪）《怀风草》：（葛洪） 连枝草：（茂陵名）塞鼻力迦。（金光明经）《牧宿》。（郭璞） 贾思勰《齐民要术》　　种苜蓿 徐光启《农政全书》　　苜蓿考 王象晋《群芳谱》　　苜蓿 李时珍《本草纲目》　　苜蓿
苜蓿部文艺录	自悼　　唐薛令之 咏苜蓿　　宋梅尧臣
苜蓿部选句	唐李白诗："天马常衔苜蓿花。" 宋杜甫诗："秋山苜蓿多。"（又）宛马总肥秦苜蓿，将军只数汉嫖姚。 王维诗。"苜蓿随天马。" 温庭筠诗。"刘公春尽芜菁色。华厩愁深苜蓿花。" 宋司马光诗。"苜蓿花犹短。" 王安石诗："苜蓿阑干放晚花。" 唐庚诗："绛纱谅无有，苜蓿聊可嚼。" 陆游诗："秋风枯苜蓿。"（又）苜蓿堆盘莫笑贫。 元郭钰诗："沙苑晴烟苜蓿肥。"
苜蓿部纪事	《史记·大宛传》 《汉书西域传》 《述异记》 《唐书百官志》 《元史食货志》
苜蓿部杂录	《西京杂记》 《洛阳伽蓝记》 《山家清供》

五、其他类书中的苜蓿

1.《御定渊鉴类函》

《御定渊鉴类函》是清代官修的大型类书，张英、王士禛、王掞等撰，共计450卷，45个部类。

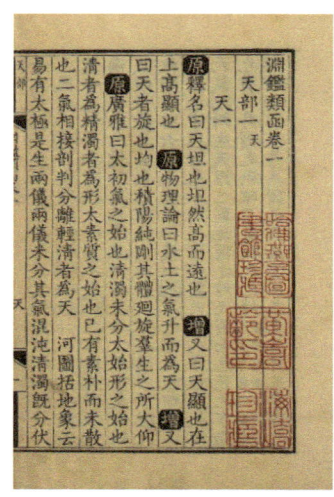

《御定渊鉴类函》

苜蓿一

增《西京杂记》曰：苜蓿一名怀风，时人或谓之光风。风在其间常肃肃然，日照其花有光彩，故曰苜蓿怀风。茂陵人谓之连枝草。《汉书·西域传》曰：罽宾国有苜蓿，大宛马嗜苜蓿。武帝得其马，汉使采蒲桃、苜蓿种归。天子益种离宫别馆旁。《述异记》曰：张骞苜蓿园。在今洛阳中，苜蓿本胡中菜，骞始于西国得之。《晋书》曰：华广免官为庶人，晋武帝登凌云台，见广苜蓿园，阡陌甚整，依然感旧。太康初大赦，乃得袭爵。《元史·食货志》曰：世祖初，令冬社种苜蓿，防饥年。《洛阳伽蓝记》曰：宣武在大夏门东北，今为光风园，苜蓿出焉。《东坡诗注》曰：闽川长溪县，薛令之登第，开元中为东宫侍读官，作苜蓿诗以自叹。明皇至东宫见其诗，举笔续之：啄木觜距长，凤凰毛羽短，若嫌松桂寒，任逐桑榆暖。薛遂谢病归去。杜甫诗曰：宛马总肥春苜蓿。

苜蓿二

增诗薛令之诗曰：朝日上团团，照见先生盘。盘中何所有？苜蓿长阑干。饭涩匙难绾，羹稀箸易宽。何以谋朝夕，何以保岁寒。

——《御定渊鉴类函·卷四百十》

> 增诗薛令之诗曰
> 朝日上团团 照见先生盘
> 盘盘中何所有 苜蓿长阑干
> 饮涩匙难绾 羹稀箸易宽
> 何以谋朝夕 何以保岁寒

苜蓿二

草部三 蒲 萍 蘋 藻 石帆 荇菜 菰 芦 苔 莎 都梁 芷 紫述香 蓼 蒿 蘘荷 苜蓿 藤 葛

草部三 蒲 萍 蘋 藻 石帆 荇菜 菰 芦 苔 莎 都梁 芷 紫述香 蓼 蒿 蘘荷 苜蓿 藤 葛

——《御定渊鉴类函·卷四百十》

2.《古今合璧事类备要》

《古今合璧事类备要》是一部廓汇事类流变的大型综合性类书。南宋谢维新、虞载应其友人书坊主刘德亨之约而纂是书。宝祐五年（1256年）成书，前集、后集、续集为谢维新，别集为虞载所编。

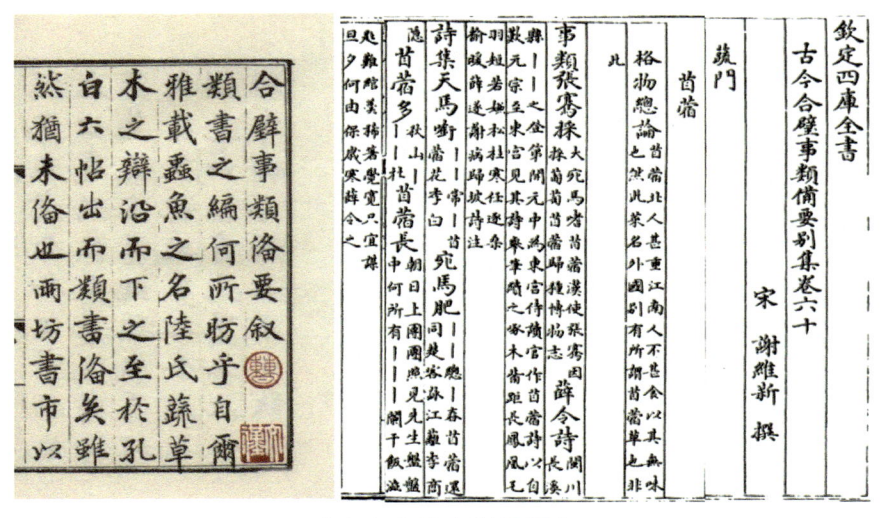

《古今合璧事类备要》

苜蓿

格物总论（苜蓿北人甚重，江南人不甚食，以其无味也。然此菜名，外国别有所谓苜蓿草也。非此）

事类 张骞采（大宛马嗜苜蓿，汉使张骞因采葡萄、苜蓿归。种博物志）**薛令诗**（闽川长溪县││薛令之登第，开元中为东宫侍读官，作苜蓿诗以自叹。玄宗至东宫见其诗，举笔续之：啄木觜距长，凤凰毛羽短，若嫌松桂寒，任逐桑榆暖。薛遂谢病归坡诗注）

诗集 天马衔（││常│苜蓿花（李白））**宛马肥**（││总│春苜蓿，还同楚客咏江蓠（李商隐））**苜蓿多**（秋山│││杜）**苜蓿长**（朝日上团团，照见先生盘。盘中何所有？││││阑干饭涩匙难绾，羹稀箸觉宽。只宜谋旦夕，何由保岁寒。薛令之）

——宋·谢维新《古今合璧事类备要别集·卷六》

第四节　重要农书中的苜蓿

一、农书概述

农业是中华古文明存在和发展的物质基础，历朝历代，上至官府，下至平民，都十分重视农业生产技术经验的总结和推广。正是在这样的文化背景下，中国古代先后出现了很多种类的农业书籍，简称农书。中国农书，是当作一个专词来使用的，其含义是没有受到西方农学影响之前，中国人所撰写的那些有关农业生产知识的著作（王毓瑚，1957；1963）。据《中国农学书录》记载，中国古代农书共有 500 多种，流传到今的有 300 多种。在这 300 多种农书中，有非常杰出、且影响深远的专著。

1. 四大农书

胡道静（1962）指出，它（即《农政全书》）是我国现在的四大农学古籍（其他三种是《氾胜之书》《齐民要术》《东鲁王氏农书》）中分量最大、内容最全面的一种。

2. 五大农书

在中国古代的农学史文献中，有五部农书被统称为中国古代的五大农书。他们就是《氾胜之书》《齐民要术》《陈旉农书》《王祯农书》（即《东鲁王氏农书》）和《农政全书》。但日本著名的中国农业史专家天野元之助（1976）将《齐民要术》《农桑辑要》《王祯农书》《农政全书》《授时通考》称为中国五大农书。

3. 八大农书

关于我国古代农业生产知识，最重要的文字记载，应当是各类农书。石声汉（1961）指出，今天我们所见到的真正农家书，最重要的有八部，即：《氾胜之书》《齐民要术》《兆民本业》《陈旉农书》《农桑辑要》《王祯农书》《农政全书》《授时通考》。石声汉的八部农书既包括了胡道静的四大农书，也囊括了统称的五大农书和天野元之助的五大农书，石先生增加了一部《兆民本业》，这有别于四大农书和五大农书之处。

这八大农书是中国农学的中坚史料，其中《齐民要术》《农桑辑要》《王祯农书》《农政全书》《授时通考》都有苜蓿记述，《氾胜之书》疑是有苜蓿记述，《兆民本业》《陈旉农书》未涉及苜蓿内容。

二、《氾胜之书》中的苜蓿

《氾胜之书》是西汉晚期的一部重要农学著作，首开农学专著之先河，是现存最早的，也是第一部个人著作的专门农书。作者是西汉后期杰出的农学家，曾经在三辅地区（西汉首都附近，即现在的陕西关中平原地区）指导农业生产。《氾胜之书》是一部杰出的农书，在当时享有很高的声誉（江苏省人民出版社，1962），原书在南北宋之间失传，现在看到的是清代洪颐煊、马国维等人分别从《齐民要术》等书中辑录引用的《氾胜之书》部分内容。

王毓瑚（1981）认为，苜蓿是张骞从西域大宛引进的牧草，在历史上很有名的。这种优良牧草用来培肥土地肥力，效果也极好，所以在北方广泛种植，《齐民要术》有专讲苜蓿的一篇，值得指出的是，那一篇后没有引《氾胜之书》。以常理推断，《氾胜之书》中所讲的，主要应当是关中地区的农业生产，而苜蓿的传播是从关中开始的。这样一种新引进的重要作物，氾氏在书里不会不讲的。幸运的是，不久东汉崔寔在《四民月令》里面讲到了牧蓿（即苜蓿）（王毓瑚，1981）。

氾胜之

氾胜之，山东曹县人，生卒年代不详，大约生于西汉末年，早年因学识渊博被举荐到长安任议郎。氾胜之在任议郎一职中对农业生产十分重视，通过研究西汉农业生产的发展历程，提出一系列提高农业生产水平的设想，后被汉成帝赏识，被西汉王朝任命为"劝农使者"负责"教田三辅"。在长期从事农业生产的实践中，氾胜之撰写了一部重要的农书《氾胜之书》，这是今天能见到的我国历史上最早的由个人独立撰写的农书。

氾胜之之像　　　　　　　　　　《西汉农书选读》

三、《齐民要术》中的苜蓿

《齐民要术》大约成书于北魏末年，系统总结了黄河中下游地区的农业经验，是北朝北魏时期我国杰出的农学家贾思勰所著。它是我国现存最早的，在当时最完整、最全面、最系统化、最丰富的一部农业科学知识集成，也是全世界最古老的农业专著之一，对后世影响深远。所以《齐民要术》不仅是我国最珍贵的遗产，也是全人类光荣伟大的成就（石声汉，1957）。

贾思勰之像

种苜蓿

《汉书西域传》曰：罽宾有苜蓿、大宛马（武帝时，得其马），汉使采苜蓿种归。

《陆机与弟书》曰：张骞使外国十八年，得苜蓿归。

《西京杂记》曰：乐游苑自生玫瑰树，上下多苜蓿。苜蓿，一名怀风，时人或谓光风，风在其间常萧萧然，日照其花有光采，故名苜蓿为怀风。茂陵人谓之连枝草。

地宜良熟，七月种之，畦种水浇，一如韭法。早（注：应为旱）种者重楼耩地，使垄深阔，窍瓠下子，批契曳之。每至正月，烧去枯叶、地液，辄耕垄，以铁齿楱楱之，更以鲁斫斸其科土，则滋茂矣；不尔则瘦。一年则三刈；留子者，一刈则止。春初既中生啖，为羹甚香；长宜饲马，马尤嗜此物。长生，种者一劳永逸。都邑负郭，所宜种之。

崔寔曰：七月八月可种苜蓿。

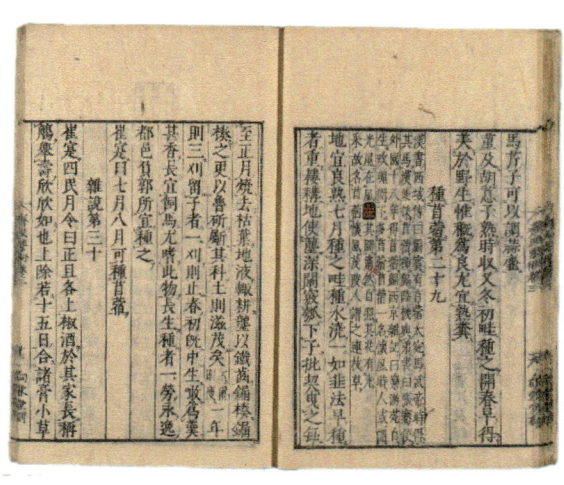

《齐民要术·种苜蓿第二十九》

四、《农桑辑要》中的苜蓿

元朝统治中国 97 年,时间虽不算很长,但却在我国农学史上留下了三部比较出色的农学著作。一是元建国初年司农司编写的《农桑辑要》,此后有《王祯农书》和《农桑衣食撮要》,其中《农桑辑要》《王祯农书》有苜蓿记述。

《农桑辑要》是元世忽必烈时政府颁行政区的一部官书,由司农司(管理农业的政府机构)编著,是影响很大、流传很广的一本书。

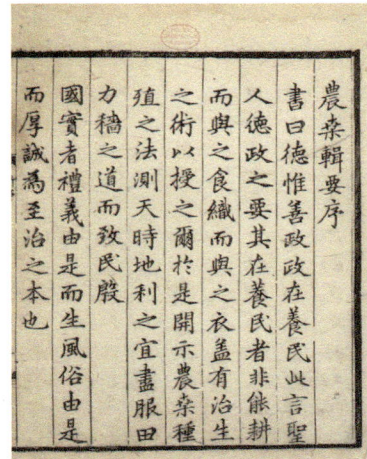

《农桑辑要》

苜蓿

《齐民要术》:地宜良熟,七月种之。畦种水浇,一如韭法。(亦一剪一上粪,铁杷耧土令起,然后下水。)一年三刈。留子者,一刈则止。春初既中生啖,为羹甚香。长宜饲马,马尤嗜之。此物长生,种者一劳永逸。都邑负郭,所宜种之。

崔寔曰:七月、八月,可种苜蓿。

《四时类要》:苜蓿,若不作畦种,即和麦种之不妨。烧苜蓿之地,十二月烧之,讫二年一度。耕垄外根,即不衰。凡苜蓿,春食,作干菜,至益人。

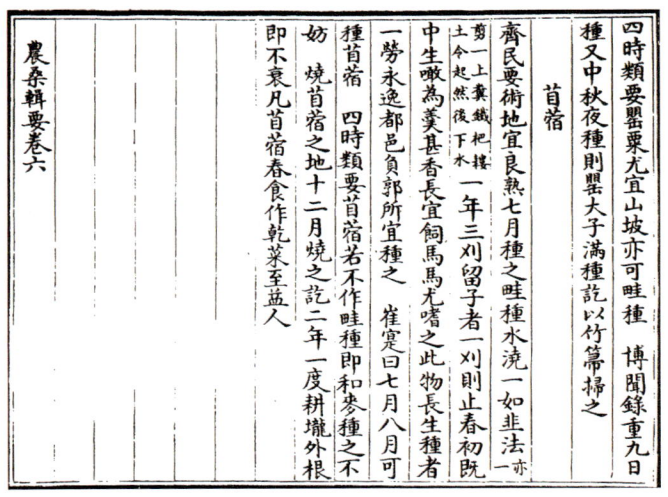

《农桑辑要·卷六药草·苜蓿》

五、《王祯农书》中的苜蓿

《王祯农书》元代时一本重要的农学著作,元朝问世的三部农书中尤以《王祯农书》影响最大,在中国古代农学遗产中占有重要地位。它兼论中国北方农业技术和中国南方农业技术。由于中国古代劳动人民积累了数千年的耕作经验,留下了丰富的农学著作。先秦诸书中多含有农学篇章,《王祯农书》在前人著作基础上,第一次对所谓的广义农业生产知识作了较全面系统的论述,提出中国农学的传统体系。

王祯(1271—1368年),字伯善,元代东平(今山东东平)人。中国古代农学家、农业机械学家。王祯从1295年起曾在长江流域旌德、永丰等地做官,对当地农业的提倡和指导很尽力,《农书》就是在这时编成的。他是北方人,在南方做官,所以书中较少的农业技术南北方兼有。

王祯《王祯农书》

授时指掌活法之图(苜蓿农事)

月份	节气	物候	农事操作
正月孟春	立春节雨水中	东风解冻、蛰虫始振、鱼上冰、獭祭鱼、候雁北、草木萌动	修农具、粪田、耕地、嫁树、烧苜蓿、烧荒、葺园庐、垄瓜田、修种诸果木、栽榆柳、织箔

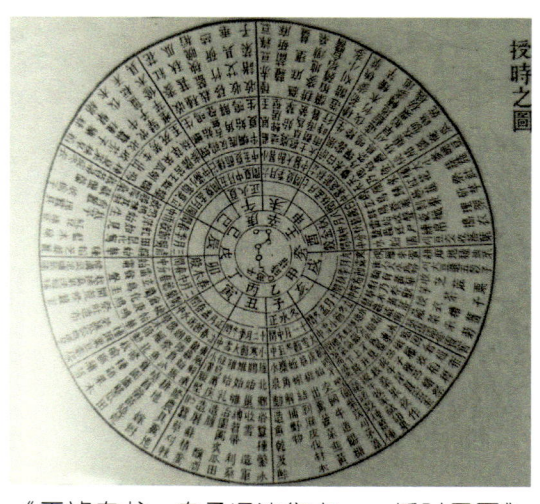

《王祯农书·农桑通诀集之一. 授时尺图》

六、《农政全书》中的苜蓿

《农政全书》成书于明朝万历年间,是一部规模宏大、内容丰富的农书。该书基本上囊括了中国明代农业生产和人民生活的各个方面,而其中又贯穿着一个基本思想,即徐光启的治国治民的"农政"思想。作者徐光启(1562—1633年)是万历年间进士,崇祯时官礼部尚书兼东阁大学士。《农政全书》未能在作者生前问世,他死后6年,由应天府巡抚张国维授命陈子龙整理后刊印。全书60卷,书中广采各家之说,集中了我国古代农书的精华(摘引的农书、文献225种),并详细记载了作者自已的见解。所以这部书是我国传统农学的总结性巨著,是研究包括苜蓿在内的我国农学史的宝贵文献。《农政全书》不仅是一部农业百科全书,还融入了西方科学知识,展现了中西农业文化的交流与融合。

 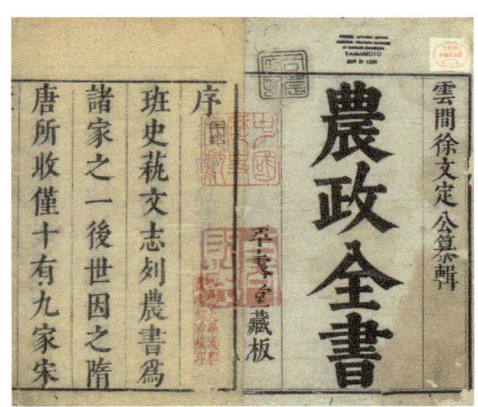

徐光启《农政全书》

苜蓿出陕西,今处处有之。苗高尺余,细茎分叉而生。叶似锦鸡儿花叶微长,又似豌豆叶颇小,每三叶攒生一处。梢间开紫花,结弯角儿,中有子如黍米大,腰子样。味苦,性平,无毒。一云微甘,淡;一云性凉。根寒。救饥:苗叶嫩时,采取炸食。江南人不甚食,多食利大小肠。玄扈先生曰:尝过。嫩叶恒蔬。

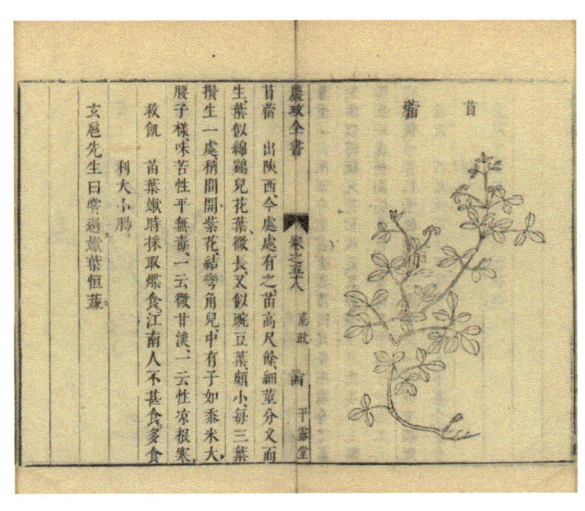

《农政全书》

七、《授时通考》中的苜蓿

《授时通考》清高宗（乾隆）敕撰的一部农书。看上去似乎比《农政全书》篇幅小些，但事实上《农政全书》中前后重复材料很多，而《授时通考》则比较精炼。因为它是官书，刊印流传较广，欧洲的自然科学家们容易接受到，所以名声颇高。

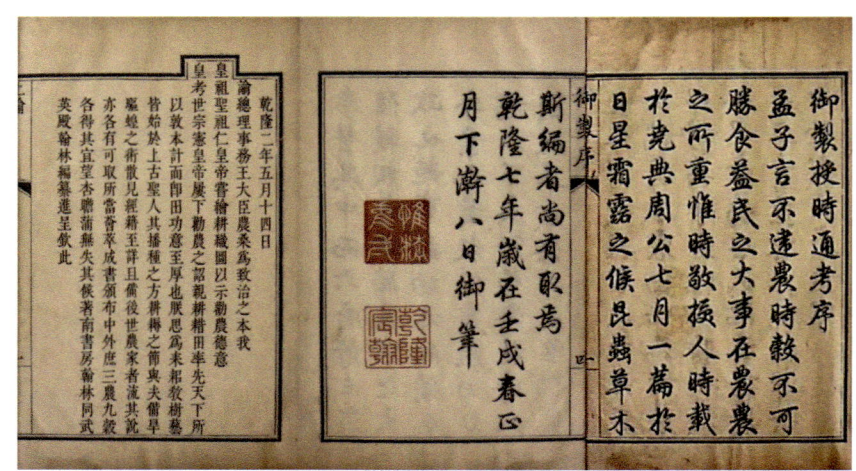

《授时通考》序

苜蓿一名木粟，《尔雅翼》作木粟，言其米可饮饭也。一名怀风，一名光风草，《西京杂记》云：风在其间常萧萧然，日照其花有光彩，故名怀风，又名光风。一名连枝草，《西京杂记》云：茂陵人谓之连枝草。一名牧宿，《本草》云：郭璞作牧宿，谓其宿根自生，可饲牧牛马也。一名塞鼻力迦，见《金光明经》。张骞自大宛带种归，今处处有之。苗高尺余，细茎分叉而生，叶似豌豆颇小，每三叶攒生一处。梢间开紫花，结弯角，角中有子，黍米大，状如腰子。三晋为盛，秦、齐、鲁次之，燕、赵又次之，江南人不识也。味苦，平，无毒，安中利五脏，洗脾胃间诸恶热毒。长宜饲马，尤嗜此物。

《元史·食货志》：至元七年，颁农桑之制，令各社布种苜蓿，以防饥年。《四月民令》：七月、八月可种苜蓿。

《齐民要术》：地宜良熟，七月种之，畦种水浇，一如韭法。春初既中生啖，为羹甚香。此物长生，种者一劳永逸。都邑负郭，所宜种之。

《群芳谱》种植：夏月取子和荞麦种。刈荞时，苜蓿生根，明年自生。止可一刈，三年后便盛。每岁三刈，欲留种者止一刈。六七年后垦去根，别用子种。若效两浙种竹法，每一亩今年半去其根，至第三年去另一半，如此更换，可得长生，不烦更种。若垦后次年种谷，必倍收，为数年积叶坏烂，垦地复深。故今三晋人刈草，三年即垦作田，丞欲肥地种谷也。

——《授时通考·卷六十二·蔬四》

八、其他农书中的苜蓿

八大农书是我国古代农学的中坚史料（石声汉，1961），其中有 6 部农书对苜蓿进行了记载，这说明苜蓿在各朝代的重要性和种植的广泛性。此外，还有不少农书对苜蓿也进行了记载。孙启忠（2024）《苜蓿史钞》收录了 40 部（含上述 6 部）记述苜蓿的农书，如《四时纂要》《群芳谱》《救荒本草》《野菜博录》《花镜》《广群芳谱》《植物名实考》《豳风广义》。

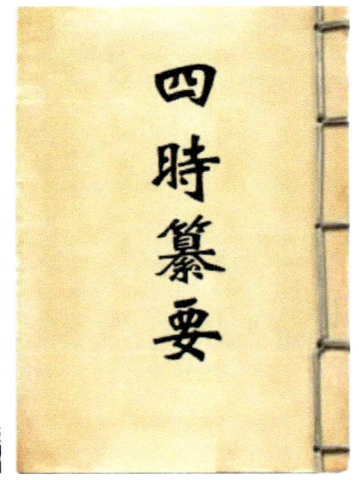

《四时纂要》中的苜蓿

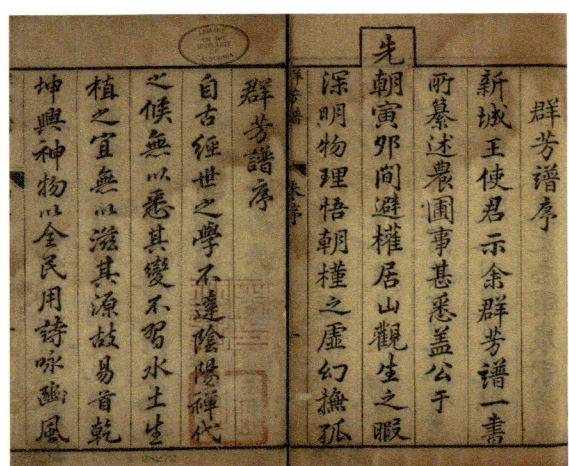

《群芳谱》与作者王象晋

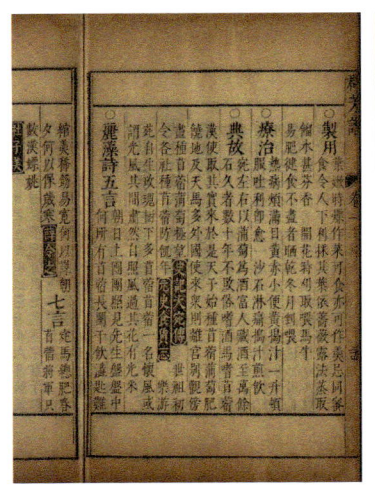
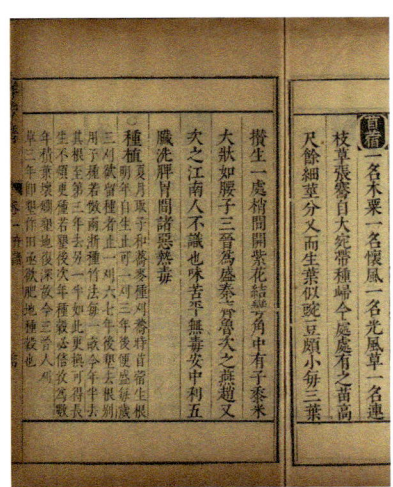

《群芳谱》中的苜蓿

朱橚与《救荒本草》

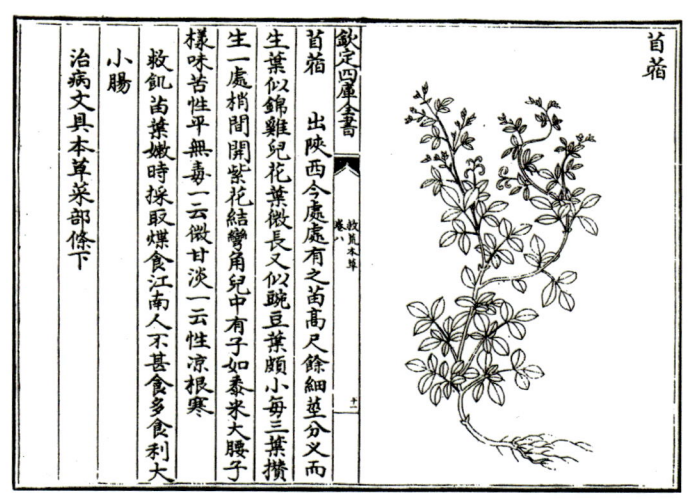

《救荒本草》中的苜蓿

　　八大农书乃至其他众多农书，犹如闪亮的明灯，照亮了我国古代苜蓿乃至农业发展的道路，其蕴含的苜蓿农业生态智慧、科技理念与人文精神，至今仍启迪着现代苜蓿农业的发展，是连接过去与未来的桥梁，是农耕文化中的瑰宝。

第五节　重要地理物产标志

　　苜蓿初入中国时，武帝"始种苜蓿、蒲陶肥饶地"，使其适应中国的风土环境。伴随着西汉与西域诸国的交通，西域各地使节云集中国，武帝命人于"离宫别观旁尽种蒲萄、苜蓿，极望"。史籍记载西汉时期的离宫别馆位于关中地区，"前乘秦岭，后越九嵕。东薄河华，西涉岐雍。宫馆所历，百有余区"。可见当时面积广大的苜蓿田地已成为一种地理文化景观。武帝在邀请使节观看葡萄、苜蓿田地的同时还带领他们巡游各地，"大都多人则过之，散财帛以赏赐，厚具以饶给之，以览示汉富厚焉……令外国客遍观各仓库府藏之积，见汉之广大，倾骇之"。武帝的这些做法，无疑是一种夸耀性的"文化展示"。此时面积广大的葡萄、苜蓿地作为汉朝对外展示中国土地包容西域物种的文化象征符号，使西域使节产生"中国有一独特之处，宇宙间一切有用的植物，在那里都有种植"的心理与文化认知。苜蓿引进后，汉武帝将其种植于"离宫别观"的行为具有特殊的文化科技象征意义，它实际已成为华夏农业文明包容西域文化的象征符号，接纳西域物种科技文明的标志，以强化中国在与西域互动交流中的核心地位和重要作用。

一、方志中的苜蓿

编修方志是中国悠久的文化传统。如梁启超说："最古之史，实为方志。"

方志，是指记述地方情况的史志。有全国性的总志和地方性的州郡府县志两类。总志如《山海经》、《大清一统志》。以省为单位的方志称"通志"，如《山西通志》，元以后著名的乡镇、寺观、山川也多有志，如《南浔志》《灵隐寺志》。方志分门别类，取材宏富，是研究历史及历史地理的重要资料。

《西京杂记》是最早记录苜蓿的地方志，由汉代刘歆撰，东晋葛洪辑抄。

《嘉泰会稽志》是南宋时期的地方志。施宿等撰，嘉泰元年（1201年）成书。会稽，南宋为绍兴府，治所在今浙江绍兴。书中对苜蓿有记载。

释文：乐游苑自生玫瑰树，下多苜蓿。苜蓿一名怀风，时人或谓光风。光风在其间，常肃然自照，其花有光彩，故名苜蓿为怀风。茂陵人谓之连枝草。

释文：王逸曰：张骞周流绝域城，始得大蒜、葡萄、苜蓿。

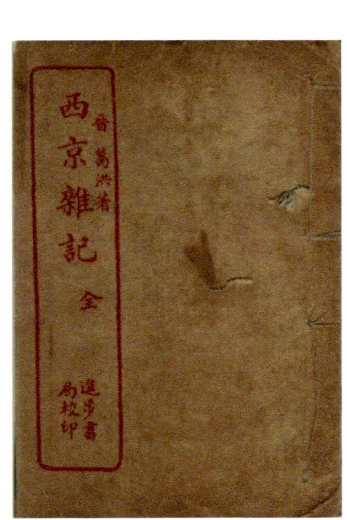

《西京杂记》《嘉泰会稽志》中的苜蓿

《陕西通志》《乾隆西安府志》对苜蓿有同样的记载：

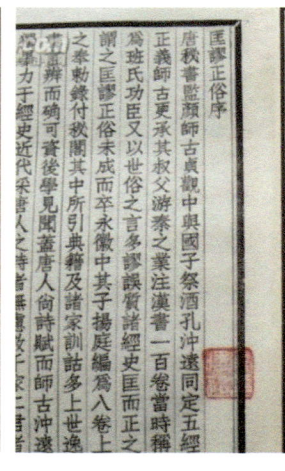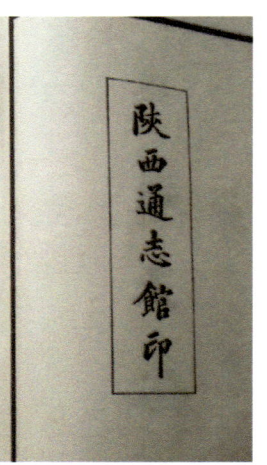

《陕西通志》

释文：【苜蓿】马嗜苜宿。汉使取其实来，于是天子始种苜蓿肥饶地，离宫别馆傍苜蓿极望（《史记·大宛传》）。乐游苑多苜蓿，一名怀风，时人或谓之光风。风在其间常萧萧然，日照其花有光采，故名茂陵人谓之连枝草（《西京杂记》：）。陶隐居云，长安中有苜蓿园，北人甚重之。寇宗奭曰：陕西甚多，用饲牛马，嫩时人兼食之（《本草纲目》）。李白诗云：天马常衔苜蓿花，是此。味甘甜，不可多食。有宿根，刘讫复生（《马志》）。民间多种以饲牛（《咸宁志》）。

——《陕西通志》

释文：【苜蓿】《史记·大宛传》：马嗜苜宿。汉使取其实来，于是天子始种苜蓿肥饶地，离宫别馆傍苜蓿极望。《西京杂记》：乐游苑多苜蓿，一名怀风，时人或谓之光风。风在其间常萧萧然，日照其花有光采，故名茂陵人谓之连枝草。《本草纲目》：陶隐居云，长安中有苜蓿园，北人甚重之。寇宗奭曰：陕西甚多，用饲牛马，嫩时人兼食之。《咸宁志》：民间多种以饲牛。

——《乾隆西安府志（己亥刻本）·卷十七》

《咸宁县志》清陈大经、杨生芝纂，黄家鼎修，康熙二十一年（1682）刻本。

苜蓿、一名怀风，时人谓之光风，风至其间，萧萧然，日照其花有光采，故名。茂陵人又谓连枝草，今民间多种，以饲牛马。

《咸宁县志》中的苜蓿

《关中胜迹图志》也有苜蓿记载。

绥德州释名通志本

东峰山，在清涧县东一里。《县志》："峰峦秀丽，为邑之胜境。"吐谷岭，在清涧县东二十里。《县志》：唐以吐谷浑部族侨治州界，故名。岭之西有苜蓿岭。

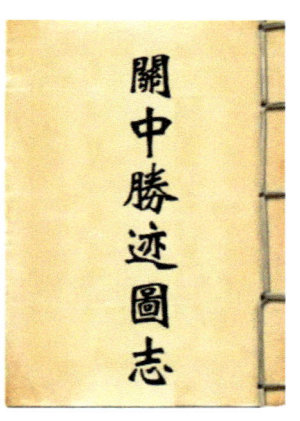

——毕沅《关中胜迹图志·卷二十九地理》

《甘肃通志》中也有不少苜蓿记载。

送蔡希曾都尉还陇右因寄高三十五书记

蔡子勇成癖，弯弓西射胡。健儿宁斗死，壮士耻为儒。
官是先锋得，材缘挑战须。身轻一鸟过，枪急万人呼。
云幕随开府，春城赴上都。马头金匼匝，驼背锦模糊。
咫尺雪山路，归飞青海隅。上公独宠锡，突将且前驱。
汉使黄河远，凉州白麦枯。因君问消息，好在阮元瑜。

赠田九判官梁丘

崆峒使节上青霄河,陇降王款圣朝。
宛马总肥春苜蓿,将军只数汉嫖姚。
陈留阮瑀谁争长,京兆田郎早见招。
麾下赖君才并入,独能无意向渔樵。

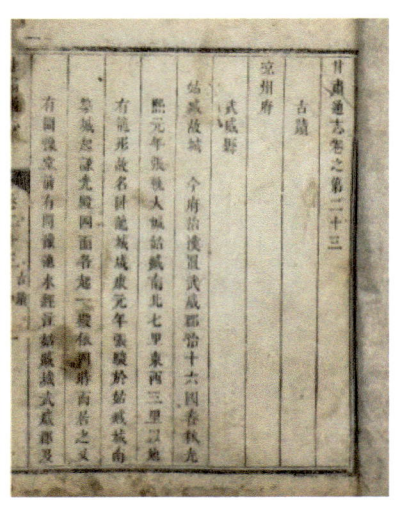

送刘司直赴安西

绝域阳关道,胡烟与塞尘。
三春时有雁,万里少行人。
苜蓿随天马,葡萄逐汉臣。
当令外国惧,不敢觅和亲。

苜蓿峰寄家人

苜蓿峰边逢立春,葫芦河上泪沾巾。闺中只是空相忆,不见沙场愁杀人。

鸿尽苜蓿秋风万马肥,圣主不教勤远略。书生敢谓识戎机,狂胡已撤穹庐遁体,国初心幸不违。

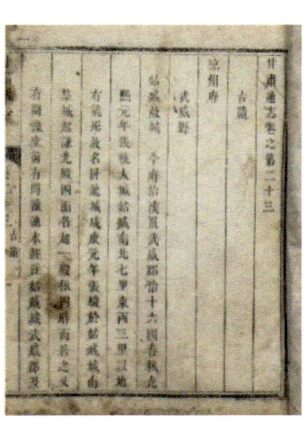

——《甘肃通志·卷四十九·艺文·诗》

明赵时春《马政论》：天有天驷，天子有牧仆之职。自轩辕以来，坟典经史不绝书，逮周始详穆。王征西戎，责以不享，在今平凉之域，而八骏皆是物也。孝王命秦非养马汧渭，大蕃息。宣王中兴，比物闲则北至太原，南平荆蛮，大蒐郑圃，皆以车马之盛为言。秦乌赢谷量牛马，即乌氏人。而汉文景时，阡陌成群，六郡良家驰射是利。马援之边郡，田牧数年，得畜产数万。唐人养马亦于泾渭，近及同华，置八坊，其地止千二百三十顷。树苜蓿、苕麦，用牧奚三千，官察无几，衣食皮毛是资，不取诸官。盖合牧而散畜之，牧专其事，不杂以耕。而太仆张万岁，王毛仲官职虽尊，身本帝围，生长北方，贯历牧事，躬驰抚阅，无点集追呼之扰，科索之烦，顺天因地，马畜滋殖。万岁至七十万六千，毛仲至六十万五千六百有奇，色别为群，号称云锦。地狭不容，增置河西。史赞其盛，图传至今，夫岂有它术哉？法简而专，诚而不二故也。元宗既以嫌诛毛仲，后遂以付安禄山。禄山统北方三道，又使兼掌京西牧马，地既隔越而职守难专，重以丐胡叛逆，覆用蹂践唐室，其余存者犹足以资肃宗之中兴。

——《甘肃通志·卷四十六·艺文·赋》

《山西通志》中也有苜蓿记述。

释文：【苜蓿】出大同天镇州，《史记·大宛传》马嗜苜蓿，汉张骞使大宛求卜葡苜蓿归因产焉。陶隐居曰：长安中有苜蓿园，今止用之以供畜乌。

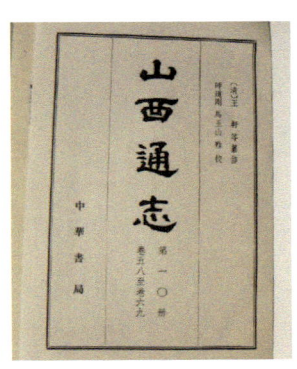

——《山西通志·卷四十七》

苜蓿菜

《广群芳谱》叶似豌豆，紫花。三晋为盛，齐鲁次之，燕赵又次之。

——《畿辅通志·卷五十六·土产》

二、西域/绝域与苜蓿

咏苜蓿

宋·梅尧臣

苜蓿来西域，蒲萄亦既随。
胡人初未惜，汉使始能持。
宛马当求日，离宫旧种时。
黄花今自发，撩乱牧牛陂。

许师正秀才游燕中得膏面碧云油见示因作二绝句（其二）

宋·刘一止

驿骑夳封入禁门，六宫匀面失妆痕。
应嗤万里通西域，只得连山苜蓿根。

建业为友生徐元明题骢马图
元末明初·梁寅

西域青骢马，名因画史传。
一龙方挺出，八骏敢争先。
晓日明金辔，春云覆锦鞯。
河源随蹀躞，阊阖望蜿蜒。
迥立梧桐外，长嘶苜蓿前。
无双空冀北，敌万踏燕然。
留影词人羡，捐金贵介怜。
他年按图索，天路复翩翩。

赠庄浪王镇抚
明·程本立

左陈书史右弓刀，谁道边城军务劳。
万马秋风肥苜蓿，一鸥春水醉葡萄。
山山部落西戎静，夜夜旌旗北斗高。
政是太平无事日，不妨诗态忆吾曹。

送祁至和郎中使高丽
明·丘浚

鸾鹊天书五色裁，中原使者下天来。
白山绿水玄菟境，玉佩琼琚绣虎才。
绝域喜沾新雨露，远人惊见古樽罍。
悬知不是乘槎客，肯带葡萄苜蓿回。

王师北征大捷凯旋恭纪（其二）
清·汤右曾

春迟苜蓿尚枯荄，竟夕丛生天马来。
九驿山川皆禹服，万灵风雨护轩台。
前军一战妖氛灭，边燧全销绝域开。
诸将不须分道入，六师争唱凯歌回。

寰海十一首（道光二十年1840）（其二）

清末·魏源

千舶东南提举使，九边茶马驭戎韬。
但须重典惩群饮，那必奇淫杜旅獒。
周礼刑书周诰法，大宛苜蓿大秦艘。
欲师夷技收夷用，上策惟当选节旄。

三、甘肃诸州苜蓿

1. 凉州苜蓿

汉唐之际，凉州是中国西北地区仅次于长安的最大古城，东晋十六国时期的前凉、后凉、南凉、北凉，唐初的大凉都曾在此建都，以后历为郡、州、府治。它还是古代中原与西域经济、文化交流的枢纽，"丝绸之路"西段的要隘，中外商人云集的都会，并一度成为中国北方的佛教中心。

凉州词

宋·陆游

垆头酒熟葡萄香，马足春深苜蓿长。
醉听古来横吹曲，雄心一片在西凉①。

注：①西凉，曾名凉州，西州。今甘肃敦煌、酒泉一带。

念归

宋·陆游

天宝边兵陷两京，北庭安西无汉营。
五百年间置不问，圣主下诏初亲征。
熊罴百万从銮驾，故地不劳传檄下。
筑城绝塞进新图，排仗行宫宣大赦。
冈峦极目汉山川，文书初用淳熙年。
驾前六军错锦绣，秋风鼓角声满天。
苜蓿峰前尽停障，平安火在交河上。
凉州女儿满高楼，梳头已学京都样。

凉州词（其一）
明·陈贽

黄沙碛迥塞云低，苜蓿秋来长作齐。
何处戍楼羌笛奏，雁行惊起日将西。

凉州词（其二）
明·毛奇龄

凉州一阕朔风高，弹成金屑紫檀槽。
出塞马衔青苜蓿，入关人载碧葡萄。

凉州乐
明·卢楠

月氐穹庐夜，秋风起暮笳。
河星没雁塞，汉月涌龙沙。
露滴葡萄酒，天寒苜蓿花。
从军莫浪谑，转战属轻车。

朴副正衡文　请题画屏（其四）
明·金宗直

一丘一壑占清幽，苜蓿同来岂汝赇。
林下辛勤谋斗酒，令人笑杀孟凉州。

得张助甫凉州书以二诗见寄时助甫已移江左二首（其二）

明·欧大任

苜蓿成花酒作泉，龙沙何似鹭洲前。
繁钦赋忆天山夜，王粲军还邺下年。
望阙星光回睥睨，渡江秋色满橐鞬。
知君不浅南楼兴，早晚烟波系客船。

凉州词（其二）

明末清初·毛奇龄

凉州一阕朔风高，弹成金屑紫檀槽。
出塞马衔青苜蓿，入关人载碧葡萄。

关山

清·陶廷珍

秦中门户瞰临洮，万仞崇冈压巨鳌。
凿险路分鹑首隘，盘空人俯陇头高。
云移绝壁开熊馆，雪满长沟设虎牢。
此去凉州风土近，马肥苜蓿酒蒲桃。

古风二首上韬庵先生用山谷上子瞻韵（其一）

清末至民国·黄浚

渥洼产神驹，矫矫传食场。
𥤮云自西极，追影生青光。
回顾天闲侣，刍秣皆清香。
金马尔何知，怒𩣡蹲岩廊。
昂嘶向苍昊，何日充乘黄。
凉州供苜蓿，千斛宁见尝。
道逢九方歅，腾跃东郊旁。
果能空冀群，鞭弭庸足伤。

2. 玉门（关）与苜蓿

唐代玉门关的关城外面，有苜蓿峰和乱山七子峰。《大唐西域记》："玉门关外有五烽，苜蓿烽其一也。"唐代著名边塞诗人岑参就是在这座苜蓿烽下，写下了《题苜蓿烽寄家人》："苜蓿烽边逢立春，葫芦河上泪沾巾。闺中只是空相忆，不见沙场愁杀人。"

题苜蓿烽寄家人

唐 岑参

苜蓿烽边逢立春
葫芦河上泪沾巾闺中
只是空相忆不见沙场
愁杀人

玉门关遗址

玉门关从汉朝时期开始，就成为驻扎军队的重要场所。

2 000多年前，西汉外交家张骞、班超等人就是从玉门关出发，率队前往西域，开展外交活动；名将霍去病、赵破奴等人也是从玉门关呼啸而过，将匈奴追赶到更加遥远的西北一带。

凉州词

唐·王之涣

黄河远上白云间，一片孤城万仞山。
羌笛何须怨杨柳，春风不度玉门关。

凉州词

唐 王之涣

黄河远上白云间一片
孤城万仞山羌笛何须怨杨
柳春风不度玉门关

咏马二首（其二）

晚唐·唐彦谦

崚嶒高耸骨如山，远放春郊苜蓿间。
百战沙场汗流血，梦魂犹在玉门关。

闺思

明·黄淳耀

苜蓿峰边明月秋，玉关长照古时愁。
男儿腰下须龟组，切莫加封定远侯。

无题

明·陈彝训

前旌遥度玉门西，万里山河入马蹄。
紫塞寒沙云漠漠，赤亭斜日草萋萋。
晨吹筚栗霜华重，夜醉葡萄月影低。
宛马归时秋正早，西风苜蓿满郊齐。

雪航侍御还朝（其一）

明末清初·龚鼎孳

青霜一夕起鸳班，有客乘骢万里还。
苜蓿夜肥西极马，葡萄秋入玉门关。
盛名博望槎同远，往事朱游槛独攀。
长为鹰隼生意气，盈廷卿相已摧颜。

送谭天水入闽中寄周还梅
明末清初·王邦畿

客情乡语路迢迢，大海邻邦隔水潮。
山色旧游凭鹤到，梅花新梦倩云招。
琵琶不速红亭别，苜蓿难驯白马骄。
为报河西桥畔月，手栽桐树不曾彫。

佘文学梅听屠生说马僧事证之随园所书者
纪以古诗属余同作为制椎埋篇一章并录佘君诗于后（节选）
清·姚燮

罢驽不足骑，隽乘蕃牧无。
戈壁横玉门，苜蓿烟摧枯。
维时青海酋，率鬼骄哮呼。

战马
清末至民国·杨圻

苜蓿满秋山，葡萄入汉关。
似闻成大业，未必是天闲。
烽火玉门道，琵琶青海湾。
四郊多战垒，尔骨岂长闲。

3. 阳关苜蓿

从古到今，到阳关的路都是一样的寂寞荒凉。这个著名的关隘，位于如今的敦煌市西南 70 公里处。阳关这个地方，长期以来代表着汉王朝的边界。2 000 多年前汉武帝为经略西域，设立武威、酒泉、张掖和敦煌四郡，同时设立阳关与玉门关，用以扼守中原和河西的大门。

阳关之名，最早见于《汉书·地理志》敦煌郡龙勒县条，班固注"（龙勒县）有阳关、玉门关，皆都尉治。"《汉书·西域传》："东则接汉，扼以玉门、阳关"。颜师古注引三国魏书中书监孟康云："二关皆在敦煌西界"。又《汉书·西域传》载："出阳关，自近者始，曰婼羌，婼羌国王号去胡来王，去阳关千八百里，去长安六千三百里"。从记载看，阳关距离古长安城大约有 4 500 里，这是汉朝对阳关较为早期的记载。

汉代之后的"阳关"，虽然也有史书记载途经此处的高僧、使者，但真正的"阳关"只是存活在文人的笔下而已。

送刘司直赴安西

唐·王维

绝域阳关道，胡沙与塞尘。
三春时有雁，万里少行人。
苜蓿随天马，葡萄逐汉臣。
当令外国惧，不敢觅和亲。

释诗词：渭城朝雨浥轻尘，客舍青青柳色新。
劝君更尽一杯酒，西出阳关无故人。

阳关故址

初伏大雨呈无咎①

北宋·张耒

初伏炎炎坐汤釜，长安行人汗沾土。
谁倾江海作清凉，玄云驾风横白雨。
普陀真人甘露手，能使渴乏厌膏乳。
且欲当风展簟眠，敢辞避漏移床苦。
清贫学士卧陶斋，壁上墨君澹无语。
翰林但解嘲苜蓿，彭宣不得窥歌舞。
联诗得句笑出省，策马涉泥归闭户。
床头余樼定何嫌，窗外石榴堪荐俎。

① 按：此诗亦收入卷二七《同文唱和诗》。

谢翟元卿诗卷见投

南宋·陈造

从君只比羊胛熟，得诗已可牛腰束。
谁言此老四壁立，襞积锦绣罗群玉。
晨兴讽诵暮编缀，未觉饥雷隐枵腹。
我生嗜学类贪夫，婪酣欲诉南山竹。
诗人到眼辄自慰，句法得君今意足。
向来玄钥笑谈启，大胜几年膏火读。
骎骎警我欲川增，前之汗漫今边幅。
颇嗟诗客千钧笔，不博长安一囊粟。
人不求君君不即，高卧穷乡数椽屋。
苦无好事问奇字，寂寞寒庖供苜蓿。
长篇短韵写不平，日使贫交得骊目。
握瑜不价自应尔，有底汲汲须圆曲。

我有鸱夷系短辕，持浇胸中三万轴。
尚恨不作多田翁，粳糯分君岁千斛。

4. 甘州苜蓿

送岳德敬提举甘肃儒学
元·赵孟頫

苦欲留君君不留，奋髯跨马走甘州。
功名到手不可避，富贵逼人那得休。
春酒蒲萄歌窈窕，秋沙苜蓿饱骅骝。
儒冠也有封侯相，万里归来尚黑头。

河西歌送崔副使屯田甘肃
明·王慎中

汉家四叶当用武，南威百粤北平虏。
候月九天出旆旌，扬尘万里鸣鞭鼓。
斥境先辟新秦中，略地还临旧幕下。
王幕以南寇不来，边臣主议开河西。
兼符使者乘轺出，两道将军插羽齐。
筑堠列亭过谷蠡，建旄授节戍渠犁。
浑耶纳款壮边卫，大宛衔恩输国质。
天马效鸣上苑骖，眩人贡伎中军戏。
乌孙乞为塞外藩，单于长失右方臂。
河南五郡富且雄，控扼媭羌攘犬戎。
生儿十岁能骑马，选士千屯皆引弓。
远却匈奴深避帐，览威诸域毕承风。
葡萄移种入兰殿，苜蓿连阴接桂宫。
博望凿空要上赏，贰师善战启侯封。

武帝居然弘茂略，秦皇不得夸奇功。
原野萧条年代改，昔时亭障依然在。
崙头田官没草莱，密须征旅愁关垒。
天骄游猎蔽阴山，诱罕邀遮蟠瀚海。
丈夫报主兼立名，慷慨辞君塞上行。
属国应瞻都护节，居延再起受降城。
归来拜手见天子，成功元是一书生。

赠仇总兵镇守甘肃
明·严嵩

出镇河西当妙选，眼中韬略似君稀。
总戎正佩新金印，平虏犹传旧铁衣。
铙鼓暗惊关月落，旌旗遥拂陇云飞。
欲知皇化今无外，苜蓿春浓战马肥。

送同年袁秋水佥事覈事毕归甘州（节选）
清·王士禛

白马黄金柑，踔躞思边疆。
河西四郡天万里，中分弱水临河湟。
汉家天子重边册，大开张掖连燉煌。
阳关以西尽亭障，属国一气通诸羌。
远求汗血历绝域，玉门使者遥相望。
轮台之悔复何补，弛刑十万空雄张。
苜蓿离宫待天马，蒲桃大郡酬伊凉。
至今祁连古边塞，控弦士马多精强。

来甘州一载矣尚未纪其风物夙昔交游问贻杂至特作六百字写怀用柬知我
清代·黎士弘

万里黄河飞一线，五州棋错东西面。大旗日落照孤城，画角声低迷故县。
秦人百二夸山河，明驼鬈马羌唱歌。硖水淙淙石齿齿，祁连千仞高嵯峨。
白头父老说前事，举边还指战场地。射残铁镞半段枪，得来换酒谋朝醉。
马兰苜蓿生沙州，荒邮短驿连古沟。四月寒山催种麦，风高六月犹披裘。
夹道鳞鳞见番族，放马满山羊满谷。天巴岁岁说防秋，未必饮河能果腹。
河西僧人著黄衣，蚁蜉经卷银字肥。吞针罗什不长见，斗室维摩仍有妻。
或云此辈便其俗，要使羁縻压荒服。时平不问燕雀安，防微深恐鼠蛇伏。

前生草地纷请求，闭关却谢诚良筹。岂可鸿沟割项羽，宁容子敬分荆州。
庙堂胜策坚壁垒，得使澄澜安弱水。曾无佛骨与仙才，来束单车结双轨。
书生落落真自豪，一斗伊凉笑尔曹。朝来起看雪山雪，夜卧贪窥星汉高。
　　甘州四山积雪，经夏不消。金瓶新摘"青稞"，万颗匀圆荐红玉。
长枪江米压囊香，听尽甘州垂手曲。曲中何曲最断肠，银笙吹月出半衔。
尊前铁石顽司马，肯教闲泪浇青衫。经年此处似差乐，土房煤瓮倾羊酪。
譬如生长作边人，那识金銮开碧阁。衙散清斋一事无，还能忆我前读书。
凿空博望出下策，欲将缯币联康居。缯币东来千万轴，单于城畔高粱肉。
　　单于城去镇百里。纵使贰师出渥洼，何如八骏追周穆。
还想子公破月支，当时壮节称魁奇。而我不烦折一矢，谈笑欲狭前人规。
几人称王几人帝，槐柯蚁蛭真儿戏。重华空上建业疏，蒙逊解乞搜神记。
不知何代何王宫，阴房鬼火遮路红。彩虹已逐瓜蔓水，尺碣挂壁夸奇功。
看乌西飞兔东走，功名富贵亦何有。巧鹳当径啄新蒲，跛羊卧路啮残柳。
监仓公子无乃愚，不算升斗量锱铢。作诗索句如追逋，胡为嘟嘟嗤古徒。
我不敢效我友逸，粗了簿书吟抱膝。虎头燕颔百不须，坐享清时懒投笔。

5. 酒泉苜蓿

辛未九月廿一日，小集壶园赏菊，同人各以诗见贻，更唱迭和勉为酬答，共得诗八章合录之，聊纪一时之兴（其一）（辛未九月廿一日）

清·刘绎

花能隐逸即花仙，酒不嫌沽当酒泉。
礼数可宽忘局促，宾朋随坐爱团圆。
题糕刚近茱萸会，对菊惟惭苜蓿筵。
但愿延年同衍算①，醉中情味最缠绵②。

自注：① 座上问年，已齐彭寿。 ② 和黄补之韵。

6. 兰州苜蓿

送查浦之兰州（其三）

清·汤右曾

送别青门侧，相思陇水头。
因风候音旨，雨雪向边州。
苜蓿连天远，琵琶出塞愁。
金城方略在，暂尔借前筹。

注：二月十三日，赵蒙泉、孙松坪、查臬亭、王令诒、查声山、王赤抒、吴西斋、史蕉饮小集寓斋。

清　汤右曾

送查浦之兰州

送别青门侧相思陇水头因
风候音旨雨雪向边州苜蓿连天
远琵琶出塞愁金城方略在暂尔
借前筹二月十三日赵蒙泉孙松坪查
臬亭王令诒查声山王赤抒吴西斋史蕉
饮小集寓斋

自兰州出关寄仲弟八首（其八）

清末民国初·裴景福

苏武山高日色阴，穷边风物昼沈沈。
孤根未识苍天意，远谪初非圣主心。
宛马春回思苜蓿，河鱼书到盼林檎。
最难白发闾门望，两字平安万笏金。

7. 陇西苜蓿

边景昭画马为刘廷器题

明·张宁

陇西边生写生者，搦得唐时紫骝马。
赤骠青骢却不前，白鼻乌骓价斯下。
想见开元全盛时，海宇无尘战争罢。
七十万匹锦成阵，十二天闲沫流赭。
从来主管张万福，底用诛求王母寡。
民间自可一缣易，官里或许儒臣假。
众中骏逸知几何，此马翻然空冀野。
天机只许九方识，骨法直须曹霸写。
未辞羁䩭欲腾骧，步入艰难便闲雅。
当时死骨亦奇货，此画千金如土苴。
眼前谁是按图人，苜蓿秋风漫盈把。

明　张宁

边景昭画马为刘廷器题

陇西边生写生者掇得唐
时紫骝马赤骠青骢却不前白
鼻乌骓价斯下想见开元全盛
时海宇无尘战争罢七十万匹
锦成阵十二天闲沫流赭从来
主管张万福底用诛求王母寡
民间自可一缣易官里或许儒
臣假众中骏逸知几何此马翻
然空冀野天机只许九方识骨
法直须曹霸写未辞羁靮欲腾
骧步入艰难便闲雅当时死骨
亦奇货此画千金如土苜蓿眼前
谁是按图人苜蓿秋风漫盈把

8. 灵州苜蓿

灵州

元·马祖常

乍入西河地，归心见梦余。
蒲萄怜酒美，苜蓿趁田居。
少妇能骑马，高年未识书。
清朝重农谷，稍稍把犁锄。

元　马祖常

灵州

乍入西河地归心见梦余
蒲萄怜酒美苜蓿趁田居少妇
能骑马高年未识书清朝重农
谷稍稍把犁锄

雪中张平叔杨汝德汪子建茅平仲诸君见过得钟字

明·欧大任

苜蓿饭不足，伊蒲馔稍供。
持经吾尚病，问字客能从。
斋后容呼酒，醒时一扣钟。
出门双树下，雪色满西峰。

途中杂咏（其三）

明·李之世

北地殊风候，兼之岁欲残。
辟尘缯覆面，冲雪革为冠。
苦水酥酥酒，腥羹苜蓿盘。
罄囊持一饭，未结主人欢。

9. 平凉苜蓿

送杨次也赴平凉太守任二首（其一）

清初·查慎行

辛苦河堤使，初停杵橐声。
三年方上计，五马遂西征。
斋酿葡萄味，沙陀苜蓿程。
勿辞乘障远，领郡际升平。

10. 庆阳苜蓿

庆阳

元·马祖常

苜蓿春原塞马肥，庆阳三月柳依依。
行人来上临川阁，读尽碑词野鸟飞。

据《庆阳地区畜牧志》记载，在旧《宁县志》中记有宋代荒年一首民诗："……饱餐苜蓿黄昏后，夜渡泾浦到宁州。"可见当时苜蓿在陇东高原种植的普遍性。

11. 祁连山于焉支山苜蓿

长歌行寄吕中甫山人
明·杨承鲲

北游归来一何晚，雪里黄精不得饭。
太行句注俱眼前，咫尺青霞梦修坂。
潞洲鲜红味辛剧，广野氁毲太缱绻。
沈殿曳裾代殿同，馆中词赋凌锦虹。
顾笑催承雪色绢，归梢骏马如旋风。
七尺丰躯三尺剑，紫貂红罽光蒙茸。
一去燕云几回首，戚家将军汝最厚。
射雕每出祁连山，走马时经古北口。
日暮归营欢宴多，黄羊白雁行紫驼。
琵琶怨发昭君曲，羌笛哀生公主歌。
帘高烛明月半白，坐对卢龙雪犹积。
北风三日吹行云，边城健儿不忍闻。
少小离家三十年，年年辛苦去防边。
春寒饮马长城窟，日落弯弧大漠天。
大漠阴沈风雪色，蒲梢苜蓿水沙黑。
亭障迢遥六千里，角干腾骧三十国。
皇家财赋盛东南，汉代咽喉重西北。
北宸北望无可期，南国南归断消息。
山人归来感慨豪，扼腕绝叹心力劳。
镇南将军奉朝贵，灵武度支忧转漕。
国家雄俊古有以，吁嗟边事加猬毛。
长镵短扒去复乐，明日种葵东废皋。

秋夜感事（其四）
清·濮文暹

鸭绿江头波又波，焉支山色近如何。
一军猿鹤秋能化，万幕牛羊惨不歌。
苜蓿虽枯仍雨露，蒲桃无税有关河。
先皇神武分明在，四纪乌孙争靖和。

四、陕西诸地苜蓿

1. 长安苜蓿

至元壬辰呈翰林院请补外（其三）
元·陈孚

索米长安市，光阴电影移。
酒尊贫不饮，药裹病相随。
愤激樱桃赋，凄凉苜蓿诗。
臣心清似水，暮夜有天知。

和赵鲁瞻海岸冬日晚归
元·宋褧

白塔高标射紫霞，乌栖宫树客投家。
烧香人拜弯弓月，穿市儿携剪彩花。
苜蓿地眠朝退马，蒲桃园隔宴回车。
人生要纵长安眼，何事能容便面遮。

天马来
明·祝允明

天马万里来，天闲口开天马入。
群马辟立视天马，长安亦有苜蓿食。
饱天子，德天马，天马在宛野。

题陈仲良所藏姚（阙）马图
明·郑真

献凯归来汗血流，将军万里已封侯。
长安新置飞龙厩，奈汝西风苜蓿秋。

同黄季主金伯韶两生过伯符宅时傅明府先在坐
明·胡应麟

残雪初回万井春，一尊官舍暮留宾。
抽毫太液多名士，击筑长安尽酒人。
惨淡骥心逢处老，飞扬龙剑合来神。
盘中苜蓿犹堪饱，莫放仙凫去紫宸。

长安梦

明末清初·邝露

乙丙之交，中都焚毁，神京危于累卵，天子下诏求贤。余方胝趼长安，羁同范、蔡，援鲜金、张，抚化感时，爰造斯作。

武帝横汾继大风，凤衔丹诏出关中。
神羊高固能升铎，金马杨庄解荐雄。
苜蓿未移沙苑雪，葡萄终引駃騠宫。
十年留滞周南客，梦入长杨看射熊。

岁暮馆阿员外宅

清·戴亨

纸田墨稼稔收难，时序催人岁复残。
压塞冻云含雪暗，失林孤雀堕风寒。
马融旧拥笙歌帐，薛令长吟苜蓿盘。
惭愧程门曾立雪，长安落魄笑儒冠。

同里诸君子邀集苏参军凤池廨舍饯别即席赋赠一首（乙卯）

清·洪亮吉

逶迤径折入琅玕，蛮府参军廨宇宽。
已觉朔风伤谢朓，不妨微雨过苏端。
群公雅称芙蓉幕，一老曾餐苜蓿盘（闻徐太守日纪亦欲入坐）。
拚得花前几回醉，马蹄应又踏长安。

长安留题

明·唐之淳

晚阁疏钟午店鸡，客途风物剩堪题。
蒲萄引蔓青缘屋，苜蓿垂花紫满畦。
雁塔雨痕迷鸟篆，龙池柳色送莺啼。
前朝冠盖多黄土，翁仲凄凉石马嘶。

> **长安留题**
> 明 唐之淳
> 晚阁疏钟午店鸡，客途风物剩堪题。
> 蒲萄引蔓青缘屋，苜蓿垂花紫满畦。
> 雁塔雨痕迷鸟篆，龙池柳色送莺啼。
> 前朝冠盖多黄土，翁仲凄凉石马嘶。

送秦用中文学

明·边贡

玉真台下三间屋，屋后有松前有竹。
广文先生双鬓秃，长对青藜夜深读。
有时不巾亦不服，独跨瘦驴携短仆。
五老峰前看秋瀑，有时芒鞋步江澳。
月落诗成江鬼哭，石底流泉手亲掬。
归来煮茗窗下宿，清梦邃邃谢粱肉。
鸟声堕枕猿挂木，红日三竿睡初熟。
食罢晓盘歌苜蓿，为剪溪云封尺牍，长安故人劳远目。

梦中诗

明末清初·许国佐

维扬病剧，梦城隍召余作诗。限百韵，至九十八韵而觉，似殿前作赋者。予不能作诗，只作梦耳。觉乃追忆之。宜乎不伦不次，非风非雅，以当梦中之呓乎。句有同前人者，有同今人者，旧作者，俱不欲改正，改正则非梦云。

竹西歌吹路，薄暮广陵天。伊昔口公平，于今二十年。
下帷掀帝度，结客赠龙渊。蓬矢知谁敌，兰桡信所牵。
嘤嘤求彼鸟，跕跕视飞鸢。自许挝铜鼓，相期傅左贤。
玉麟传信蚕，金粟注生前。捎网悲年少，射书忆鲁连。
小人能击缶，中妇解安弦。声气由侯在，门墙自邺仙。
肘方依旧好，腊屐近来穿。解带惭彭泽，从军笑仲宣。
高烟迟落照，夜雨妒荒椽。视彼骄方极，伊予力是绵。
填河疑夕七，孤注恰金千。纂纂闻歌枣，田田唱采莲。

香山人未老，南海客曾迁。仰止先鸿宝，近居谈幻玄。
峨峨姚给谏，巀巀黄经筵。蜀道惊心矣，秦廷痛哭焉。
带绳常自续，贫病岂须痊。钟响堪资步，僧装漫试肩。
流氛今已甚，荒歉又相联。臂指何其大，犬羊犹尚膻。
抗心希所尚，作事遂多邅。俱委无如奈，孰知所以然。
孔璋陈罪状，中散抒忧煎。淮水鲲鱼尽，梁山凤鸟颠。
人皆百代仰，道自六经先。传说星长晓，苌弘血正鲜。
麻生无曲直，骨傲有方圆。节度初开府，参军久备员。
须眉才觉长，涕泪已成涟。彼岸悠悠过，从头细细研。
贾生曾吊楚，苏子不居川。采石杯中物，青山望外烟。
微赀宁足道，大义实无愆。秋信停回雁，花时盼杜鹃。
外惭兼内负，昔羡与今怜。周道原如砥，人情可似弦。
催科还幸拙，补救总惟蠲。马爱随支遁，牛能附贾坚。
蝇头甘逐逐，蚁穴肯涓涓。文学来邹鲁，悲歌想赵燕。
能言鸟可赋，没字碑堪传。刺史凭无客，孝廉颇有船。
郑超宗楚楚，梁湛智翩翩。黎万诚胶漆，死生莫弃捐。
所伤犹猛虎，聒耳更哀蝉。枣栗联床戏，金焦对榻眠。
行行将辔揽，役役把裳褰。偶尔桓伊吹，遐哉祖逖鞭。
应当愁隙过，矧未绝带编。抱影吟看夜，临风酌扣舷。
飘蓬留泽国，薄业止山田。饥便呼仁祖，名曾试伯骞。
金闾又带远，铁汉一楼悬。易水冠曾指，孤山棹未过。
仍闻瓠子筑，艳说帝京篇。酬负心惟剑，击无礼则鹯。
凭高多慷慨，回首即秋千。数阕箜篌引，一团苜蓿毡。
斋心聊避俗，酒气忍通禅。不死方终幻，长年寿可延。
榻悬陈仲举，笔正柳公权。白发料难变，乌丝况欲湔。
词华徒委草，著述仅如笺。神禹分图怪，防风欠骨妍。
孔口称皎皎，邢尹并娟娟。中使皆新撤，大仓尽饷边。
时流安燕雀，交态等戈鋋。棋癖长安弈，禽空上苑畋。
高台怜北蓟，司马怅南滇。若但依公等，何妨任我便。
啸宜狂阮籍，弹不逐韩嫣。手眼轻于鹘，碑亭或是袄。
无盐偏倩粉，疑鬼却遮幰。画舫明河汉，京艎越陌阡。
遥怜桐扣石，忽望陇头泉。知我期千载，谋人必万全。
休烦庸佼佼，莫叹尾涎涎。碧玉伊偷嫁，黄金尔饰鞯。
登楼断有作，挂壁终无悛。造物应先定，神明系夙缘。
千村烟纠绕，一水夜潺湲。越鸟几千里，胡麻当一钱。
陷文辞不聿，写叶代繇拳。酒倦瓶花落，愁深短鬓偏。
要须连马射，宁惜并旗搴。仆御空零雨，衣冠半受廛。
山腰惟蔓蔓，驿路但芊芊。属国羊堪牧，羌亭豆作饘。

焚香看内美，止水见心专。吜最嫌殷浩，斋应笑郑虔。
他年招隐去，何处薄游旋。往恨消闻笛，新诗响落钿。
餐霞金柱顶，晞发玉山巅。野鹿单思草，枯鱼勿泣筌。

长安杂诗（其四）
明末·陈子龙

少年走马汉宫墙，凄栎疏钟绕夜光。
玉露自寒栽苜蓿，金沟无梦到鸳鸯。
严城时带星河动，长笛新翻殿阁凉。
不敢悲歌离凤曲，方传天子在昭阳。

天街饮马行
明末清初·邝露

汉家双阙卿云边，葳蕤玉钥青璅连。
雨露九霄长献瑞，衣冠万国更朝天。
龙盘玉柱空中见，螭纽金丝云外悬。
别有金井朱城下，七珍作收琉璃厦。
皇恩湛秽涌神瀵，王侯将相来饮马。
紫微东畔玉衡加，绛帻南楼唱蚤霞。
历落星䡖趋禁籞，招摇云盖动仙家。
俱听高阁鲸音怒，催逐长干象尾斜。
天槽元宰黄龙骑，御史中丞白鼻騧。
此时金吾摺霜刃，辘轳催转雷声震。
已看丞相入千门，祗候参军休八骏。
暂过银床绿耳嘶，旋倾朱干乘黄润。
玉陛晓鞭雷作声，金根迢递返蓬瀛。
昭容缓退双鸾度，侍从班辞万骑鸣。
柏台画省甫交揖，笑任如龙沧海吸。
青骢白马骄不前，口口拉鑲争相及。
皓腕轻笼煖玉鞍，葱佩时联翡翠袭。
各行买酒长安市，亦散寻花雒阳邑。
拂拂疏槐辇路旋，依依垂柳玉河烟。
逐客邓侯权勒辔，欢儿京兆乍停鞭。
同看珂勒骓如豹，共指犀渠人似仙。
五陵冠盖本豪雄，青虬紫燕出离宫。
一过金门委双佩，皆攀玉鬌饫飞熊。

绣镫铮铮齐乳虎，连钱喷喷乱秋鸿。
倍长精神上驰道，飞邀歌舞弄春风。
七香车盖朝还暮，百宝丝缰西复东。
意气英雄几历年，雕舆翠盖灼轩然。
侧见车中旋皓首，渐看轭下改奇权。
已袭朱轮骈骦䯅，或更赤族的卢鞯。
故相鸥夷东海水，贰师神骏渥洼泉。
再来饮马复豪奢，台上黄金底用夸。
笑牵太厩龙媒种，射夺将军狮子花。
也响井栏争日月，谁知井上旧烟霞。
买骨讵留燕郭隗，飞龙不合晋张华。
可怜当日天马来，追风蹑电响人开。
素练如惊到潮汐，芙蓉饮恨闭泉台。
九方买尽骊黄去，千里空闻汗血回。
粉面霜蹄同下泪，桑田沧海不胜哀。
玉泽萧萧遁十州，州前苜蓿几经秋。
长羊伏枥供饥渴，白骨吞声那得休。

寤兄返湘途中夜半短信与余索债

当代·张月宇

岭南秋尽日趋寒，羁泊吾曹共苦酸。
苜蓿三餐凭自惜，诗文一帙博谁欢。
难斟篱下陶卿酒，易落风前孟士冠。
毂转尘途归去夜，佳人可解忆长安。

2. 茂陵苜蓿

茂陵

唐·李商隐

汉家天马出蒲梢，苜蓿榴花遍近郊。
内苑只知衔凤觜，属车无复插鸡翘。
玉桃偷得怜方朔，金屋妆成贮阿娇。
谁料苏卿老归国，茂陵松柏雨潇潇。

茂陵

汉家天马出蒲梢，苜蓿榴花遍近郊（《西域传》赞曰：蒲梢、龙文、鱼日汗血之马。《汉书》：大宛马嗜苜蓿，张骞持千金请宛马，采苜蓿归，种之离宫别馆。二句谓帝勤远略也。）

内苑只知衔凤觜（《十州记》曰：煮麟角、凤觜为胶，可续断。《仙传拾遗》曰：武帝天汉三年北巡，西王母使使献灵胶一两。帝射虎华林苑，弩弦断，使者口濡胶一分以续之。此句谓帝好猎），属车无复插鸡翘（蔡邕《独断》曰：鸾旗者，编羽毛，列系幢傍，民或谓之鸡翘。按天子出，则鸾旗在前，属车在后。此言无复插鸡翘者，以帝好为期门，微行故云。）

玉桃偷得怜方朔（谓帝好仙），金屋妆成贮阿娇（谓帝好内）。

谁料苏卿老归国，茂陵松柏雨萧萧（苏武天汉元年（前100年）使绝域。昭帝始元六年（前81年）归至京师，诏武奉太牢谒武帝园庙。前六句盖道武帝之多欲，而结以茂陵萧条，盖谓雄心壮志都不复存，所以深致嗟惜也。）。

——宋·周弼《三体唐诗·卷三》

茂陵

明·赵崡

黄山历尽见孤城,城上楼高眼倍明。
芳树寝园今北望,暮云宫阙旧西京。
芙蓉昼冷仙翁露,苜蓿春闲宛马声。
回首长杨夸猎地,何人得似马卿名。

【注释】茂陵:陵墓名,汉武帝陵墓,在今陕西省兴平县东北。

君马黄(赠张九龄)

清·吴兆骞

君马黄,臣马苍。
君马兰筋,臣马瞳方。
络我白鼍珂,著我铁裲裆。
金堤十里春草长,鸣鞭跞踒交辉光。
君马虽不言,中心日摧伤。
自念龙媒姿,呈瑞来咸阳。
玉山有嘉禾,刈之为糇粮。
天子见我三叹息,传呼协律为歌章。
雄姿矫矫雪毛赭,肉鬃律律桃花香。
问君剪拂为谁子,安阳秅侯来相当。
须臾人事如转毂,骏雄弃置遗空谷。
伤心忽遇狭斜儿,玉鞭金络相驰逐。
君不见武帝宫中苜蓿稀,茂陵萧瑟秋风辞。
安阳既去秅侯死,衔冤伏枥空伤悲。

3. 关中苜蓿

樊山以关中景物之胜夸示同社即和其韵（辛丑）

清末民国初·易顺鼎

中原直达宛兼赊，四塞山河作帝家。
天马西来肥苜蓿，鲤鱼东去带桃花。
宫因武帝名扶荔，岳似皋陶状削瓜。
犹有郁葱佳气否，汉唐此地是京华。

4. 咸阳苜蓿

赋得养龙池送莫膳部视贵州学

明·王世贞

我闻贵竹罗施异西极，两山夹陂深莫测。
神物蜿蜒走其上，顷刻下降房星赤。
蜀王内厩五千匹，云锦丛中逞颜色。
遥将万里白玉墀，奚官执鞚不敢骑。
囊沙覆压三百日，辛苦风云国士知。
麟鬐染汗珠络惊，秋霜溃沫桃花明。
郊尘不动落日缓，六飞恍若空中行。
从此峰名号腾越，诏图真迹留神阙。
濠阳贵人凡几人，云阁勋名齐日月。
只今一百八十载，高岩大泽依然在。
房星不明五星聚，学士青衿盛文彩。
何当塞徼多驰驱，君王按图空踟蹰。
黄金筑台买死骨，骐骥碌碌悲盐车。
君不见养龙坑旁云气薄，咸阳苜蓿横秋漠。
长鸣发迹自有时，谁其驭者今伯乐。

5. 邠州苜蓿

送许少卿出守邠州

宋·韩驹

长安北走彭原路，白苇黄茆列亭戍。
山形渐险溪水流，行人可肯回车去。
岂知中有古邠州，十里沙平水漫流。
雁飞蔽野葡萄晓，马放连云苜蓿秋。
次卿卧听朝鸡久，请试从来拨烦手。

未许相如喻蜀归,且看魏尚临边守。
杂花撩乱草鲜明,二月春风卷旆旌。
燕寝凝香无一事,乐哉饮酒莫论兵。

6. 华山苜蓿

老马
明·夏原吉

风霜摇落五花妆,留得枯赢似犬羊。
幸赖邦家能惠养,满川苜蓿华山阳。

题四马图(其二)
明·程敏政

玉关初未解秋防,苜蓿春深绿更长。
好遣霜蹄空冀北,未容归老华山阳。

7. 关山苜蓿

胡马图
明·朱应登

堕地非凡种,房星已动天。
千金辞大宛,万里刷幽燕。
苜蓿花初满,关山月屡圆。
将军功□□,辛苦四蹄穿。

李文瑞自金沙穷源至
明·杨慎

使者寻源至,将军上陇回。
江流通沫若,云气自昂嵚。

古树桄榔出，残花苜蓿开。
关山有明月，今夜近香台。

从军乐四首（其三）
清·朱彝尊

金鞍宝马卧龙沙，苜蓿葡萄遍汉家。
明月当城吹玉笛，关山清夜落梅花。

塞上曲
清·程沆

出守飞狐口，旋移瀚海滨。
关山惟有月，沙碛本无春。
苜蓿能肥马，葡萄不醉人。
闻笳动心绪，归思转车轮。

五、新疆诸地苜蓿

1. 胡地库尔勒苜蓿

北庭西郊候封大夫受降回军献上
唐·岑参

胡地苜蓿美，轮台征马肥。
大夫讨匈奴，前月西出师。
甲兵未得战，降虏来如归。
橐驼何连连，穹帐亦累累。
阴山烽火灭，剑水羽书稀。
却笑霍嫖姚，区区徒尔为。
西郊候中军，平沙悬落晖。
驿马从西来，双节夹路驰。
喜鹊捧金印，蛟龙盘画旗。
如公未四十，富贵能及时。
直上排青云，傍看疾若飞。
前年斩楼兰，去岁平月支。
天子日殊宠，朝廷方见推。
何幸一书生，忽蒙国士知。
侧身佐戎幕，敛衽事边陲。
自逐定远侯，亦著短后衣。
近来能走马，不弱并州儿。

送同年袁秋水佥事觐事毕归甘州

清·王士禛

白马黄金柑，蹀躞思边疆。
河西四郡天万里，中分弱水临河湟。
汉家天子重边册，大开张掖连燉煌。
阳关以西尽亭障，属国一气通诸羌。
远求汗血历绝域，玉门使者遥相望。
轮台之悔复何补，弛刑十万空雄张。
苜蓿离宫待天马，蒲桃大郡酬伊凉。
至今祁连古边塞，控弦士马多精强。
衙帐云屯杂回鹘，部落星散延烧当。
当年武皇用兵处，传烽高并天山长。
祭酒布衣诸生耳，虎头食肉何昂藏。
红盐池边开幕府，羌女如花罗酒浆。
安西都护受成事，戊已校尉停秋防。
使君能令金作粟，使君能使马如羊。
使君今且为急装，还报天子开明堂。
特赐安车图未央，五星岁岁临东方。

库尔勒道中二首（其一）

晚清·严金清

何必封侯拥旌旄，遨游万里亦称豪。
道逢博望应相讶，身比苏卿分外劳。
雪水满肥渠苜蓿，熏风四月长葡萄。
边庭无事三军静，铁笛横吹寒月高。

2. 轮台 / 库车苜蓿

送同年袁秋水佥事觐事毕归甘州

清·王士禛

白马黄金柑，蹀躞思边疆。
河西四郡天万里，中分弱水临河湟。
汉家天子重边册，大开张掖连燉煌。
阳关以西尽亭障，属国一气通诸羌。
远求汗血历绝域，玉门使者遥相望。
轮台之悔复何补，弛刑十万空雄张。
苜蓿离宫待天马，蒲桃大郡酬伊凉。

至今祁连古边塞，控弦士马多精强。
衔帐云屯杂回鹘，部落星散延烧当。
当年武皇用兵处，传烽高并天山长。
祭酒布衣诸生耳，虎头食肉何昂藏。
红盐池边开幕府，羌女如花罗酒浆。
安西都护受成事，戊已校尉停秋防。
使君能令金作粟，使君能使马如羊。
使君今且为急装，还报天子开明堂。
特赐安车图未央，五星岁岁临东方。

和念堂库车道中韵二首（其二）

晚清·严金清

瞳瞳纯色上朝阳，睡起清风拂面凉。
不怪桃园迷钓叟，何妨蝶梦幻蒙庄。
葡萄叶似莼丝绿，苜蓿花如菊蕊黄。
他日渔樵携手去，荒郊夜雨话联床。

3. 疏勒苜蓿

题疏勒望云图

清·陶觐仪

仗剑西征久未归，登台望远白云飞。
幕庭日落龙沙起，雪窖天寒雁字稀。
万里关山余涕泪，三边风雨黯征衣。
梦醒中夜闻吹角，苜蓿秋高铁马肥。

新秋感兴十二首（其七）

晚清·毛澄

花门疏勒久逋逃，上相西征落节旄。
宛马不闻肥苜蓿，番氓几见贡葡萄。
天阴雪断交河树，风急沙翻瀚海涛。
多少征人望乡处，碛西回首月轮高。

4. 龟兹楼兰 / 于阗苜蓿

送李益斋之临洮
元·朱德润

绿阴满京畿，送子之临洮。
临洮何茫茫，流出长城壕。
长城岸阻玉关陀，于阗葱岭河凉高。
羌氏儿郎走带箭，哀笳风起斗击刀。
良人西征二三载，宝幢车马声尘遥。
如今不用酒泉郡，岂必坐使朱颜凋。
蒲萄苜蓿味虽美，异方土俗殊乡里。
避地犹当似管宁，受封应得论箕子。
愿从列骑拥旌旄，归来燕处华堂里。
却话人情翻掌难，曾浥征袍泪如洗。

题百马图为南郭诚之作（节选）
元·丁复

一马百马等马尔，百马一马势态异。
龙眠老李意脱神，代北宛西无不至。
楼兰失国龟兹墟，玉门无关但空址。
蒲萄逐月入中华，苜蓿如云覆平地。
始皇长城一万里，漠雨平添窟中水。
将军昔有李贰师，尺箠长驱万骐骥。

君马黄
明·余继登

君马黄，臣马青，二马交驰君马停。
臣骑青马间以骊，逐电横行向安西。
为君臣呼韩破郅，支斩楼兰灭龟兹。
十年踏遍阴山雪，万里归来汗流血。
马上将军成大功，闲饱苜蓿嘶秋风。

题崔拙圃太守诗集[①]
清·严遂成

少游南上红毛城，鲸波熨贴楼船行。
黄来芳竹番蒜果，入手磊落堆甲兵。

北辕一官主杀贼，山东西搜丸赤白。
弓声霹雳箭饿鸱，月黑射虎如射石。
帽檐欹侧带有余，乃公雅复治诗书。
赋出入塞气慷慨，飘飘欲封狼居胥。
有时变调宫商换，红豆相思情缱绻。
柳条攀处马蹄遥，花片飞时莺语劝。
沅有芷兮澧有兰，楚人自昔多哀怨。
秋风飞雁落汾河，我奏吴歈和楚歌。
和歌方酣拔剑舞，凯旋报道羌戎和。
　　　马蒲桃，草苜蓿。
　　　龟兹乐，于阗玉。
邛竹蒟酱通身毒，底定属国三十六。
为拓岐阳石鼓碑，载赓元狩箫铙曲。

① 名应阶，江夏人。少随广东总戎任，善骑射。同知直隶西路，以捕剧盗报最，擢汾州府。时西事甫平。

浚稽曲

清 · 吴兆骞

浚稽山色青崔嵬，翠盖香轮夹道开。
天畔银河公主第，边头金帐单于台。
乌孙千马亲呈聘，鸾雏九女争来媵。
旧匹由来缔贺兰，和亲讵是因娄敬。
筑馆王庭奉义成，葳蕤绿绶耀丹缨。
自有威仪尊凤女，特分汤沐在龙城。
蛮蛮毡幕开行殿，紫驼白豹穷欢宴。
金笳激调劣吹箫，珠帽流光罢遮扇。
从官新给羽林郎，挟弹鸣鞭绣縠傍。
旌飘兰叶银平脱，马簇桃花锦裲裆。
射生女骑何轻利，翠羽红妆映天地。
窄袖鸦青缀北珠，轻靴鸭绿装西罽。
羌管秦筝昼夜喧，貂袍三袭不知温。
自矜帝子金乡贵，不羡名王玉塞尊。
名王旧是呼韩裔，尚主中朝称爱婿。
好猎频征鸣镝儿，酣歌偏惜琵琶伎。
琵琶小伎珊瑚唇，歌舞朝朝粉态新。
祭马每陪青海月，射雕常从雪山云。
可敦娇妒还猜忍，同昌无复犀蠋忿。
帐下才惊一骑来，杯中已见双蛾殒。

短辕彳亍恨驱牛，肠断狂夫泪莫收。
自甘劈面哀红袖，不念同心叹白头。
荆棘满怀相决绝，双垂玉箸沾襟血。
龙种宁同葱薤捐，燕飞欲作东西别。
妾意君情各自流，鸳鸯文䌽掩衾裯。
却分蕃部西楼去，别是秋风北渚愁。
黄沙深碛连天色，可怜相望谁相忆。
千里金河怨别离，经年银汉无消息。
八月穹庐白雪高，玉花寒枕梦魂劳。
贩珠何处求朱仲，绿帻宁闻侍馆陶。
海西沙门术何秘，白马迎来布金地。
畏吾字译贝多经，龟兹乐奏莲花偈。
灼烁禅灯著曙明，仙梵风飘夜夜声。
黄鹄歌中思故国，青鸳塔畔忏他生。
妆殿何心理残黛，空王皈礼应憔悴。
已分猜嫌任狡童，谁怜调护劳诸妹。
弱妹盈盈隔瀚源，黄云千骑拥朱轩。
判翼每嗟鸾凤侣，回肠偏系鹡鸰原。
锦车银碛何迢递，姊娣相逢自衔涕。
为叹姮娥奔月来，却教须女骖星至。
相劝殷勤向玉真，莫将浊水怨清尘。
苦辛应忆回心院，嬿婉须谐结发人。
故人欢爱从今始，五色罗襦织连理。
重画修蛾待粉侯，休吹别凤悲箫史。
愿作流苏结不开，屠苏双劝合欢杯。
五部大人齐入贺，万年公主竟归来。
从此欢娱莫相弃，上如青天下如地。
入贡还修子婿恩，降嫔莫负先朝意。
伊昔先朝草昧年，旌旗北望阻柔然。
欲将玉女倾城色，远靖金戈绝塞天。
绝塞西来平若水，三朝屡订施襟礼。
异锦葡萄出帝家，名驹苜蓿通边市。
今上弥敦兄弟欢，迎归旌节遍长安。
龙首贵宫申绮宴，螭头中禁并雕鞍。
千秋天属恩宁歇，赐予年年下双阙。
沁水园中歌吹尘，祁连山下氍毹月。
氍毹宝幄映重重，贵主繁华乐未穷。
莫道芳菲边塞少，春风弄玉在楼中。

（从今始），原作（今从始），据粤雅堂本改。

秋日杂感（客吴中作十首）（其七）
明末·陈子龙

南台西苑柳如丝，凤辇龙舟向晚移。
春燕俄惊三月火，昏鸦空绕万年枝。
橐驼尽系明光殿，苜蓿新栽太液池。
苦忆教坊供奉伎，短箫横笛谱龟兹。

托和奈作
晚清·施补华

龟兹城东七十里，蝶飞燕语春风温。
杨柳清随一湾水，桃花红入三家村。
山童盘蹒作胡舞，野老钩辀能汉言。
苜蓿葡萄笑相献，年来渐识官人尊。

天山曲（节选）
清末至民国·杨圻

兴亡到眼清哀动，石鲸无恙铜仙重。
圣武他年纪裕陵，冰心万古埋香冢。
苜蓿离宫信有之，羌笛哀乱怨龟兹。
至今弱水悠悠恨，长向西流无尽时。

5. 交河苜蓿

五月十一日夜且半梦从大驾亲征尽复汉唐故地见城邑人物繁丽云西凉府也喜甚马上作长句未终篇而觉乃足成之（1180 年 5 月 11 日）。**天宝胡兵**

南宋·陆游

天宝胡兵陷两京，北庭安西无汉营。
五百年间置不问，圣主下诏初亲征。
熊罴百万从銮驾，故地不劳传檄下。
筑城绝塞进新图，排仗行宫宣大赦。
冈峦极目汉山川，文书初用淳熙年。
驾前六军错锦绣，秋风鼓角声满天。
苜蓿峰前尽亭[①]障，平安火在交河上。
凉州女儿满高楼，梳头已学京都样。

① 原作停，据钱校改。

秋晚杂兴十二首（其三）

宋末元初·方一夔

天涯谁道远，岭海接并幽。
马带交河种，人穿真腊裘。
梅花南国梦，苜蓿故宫秋。
安得方仙道，飘飘访十洲。

赠故大同府节判魏张公祝入祠七十韵

明·卢楠

魏博富才薮，储英断幽显。金璞无留精，虎豹澄视眄。
文章两汉际，墨迹苍颉篆。多贤信足征，特秀殊异撰。
张公真天人，弱冠负婉姿。凤毛何翩跹，孤啸绝崚嶒。
矫然云空翩，似共扶摇抟。远器讵可识，栖栖徂苍昊。
腹存五经笥，身与六艺卷。叔孙礼犹尊，毛公《诗》放衍。
桃李垂映春，芫秽屡摧揃。庭草有余姿，园葵复开展。
李膺县龙门，侯巴激绳勉。有母老且贫，负米不惮缅。
北堂或寝忧，视食脸必泫。夜坐宁解衣，晨兴忘屦悁。
仲由晚升堂，曾参力亲劢。岂不怀旷逸，所愧斯道舛。
操觚赴风檐，论议浮云卷。天地岂毫末，万物皆蝇䗪。
挥霍断鹄剑，络绎如瓮茧。九河一奔决，笔力与深浅。
贾谊魁大庭，郤生逼众选。春雨湿荷衣，秋风醉华宴。
领教即同州，文旆辞御辇。凄其燕坐毡，寂寞公堂膳。
盘中长苜蓿，衣上生苔藓。整饬文字宗，手足成宿胼。
乙科连佳士，芳声捷银牓。铨曹籍晢行，圣意亲眷缱。
制可决宸衷，衔命理东兖。淮南多宾客，河间讨坟典。
枕中鸿宝书，礼经得细阐。其王似太宗，英睿天潢演。
虬须多潇洒，虎步遗芳趼。设醴延穆生，骈罗出禁脔。
谨介控豪侠，挥金洁筐篚。王赐金字牌，旌忠古所鲜。
为擢云州判，馈运百里转。甬道达交河，军声赫桓狝。
落日单于营，秋风北马垠。漠漠黄沙碛，萧萧大旗搴。
颇似潇湘贤，关中息余喘。武宗践阼初，逆瑾恣骄蹇。
泰阿失金柄，宝鼎窃玉铉。阉奴事私谒，日请太仓廯。
公气时益振，那避祸横冒。按剑雄四视，意欲铲叠巘。
奸回沮颜色，谅直非顾遣。董卓卒燃脐，李斯叹黄犬。
乾坤扫氛翳，社稷清沈湎。解绶赋归田，衡门适游偃。
王公枉驾过，俛视若蝘蜒。骅骝宜垂耳，鸾鹤易摧殄。
汩没漳水涯，沉绝庙堂珗。凤雏翔长云，玉树落萧芫。

佳婿李光禄，乘龙笃嬿婉。后代乃贤豪，森森尽碧硬。
道盛人难忘，有司累交荐。县室列神灵，雕楹虚坛墠。
窈窕映丹青，炜煌杂黝堥。春秋恪骏奔，陟降立有覸。
玉貌虽匪殊，德音谁能戬。门墙歉分席，饱闻弟子善。
夙期侻相亲，何必同笑噱。哀赠起悲风，远怀泪若洗。
长吟薤露篇，少谢蒿里饯。久稽浔阳囚，号泣思徒跣。
伏枕缠捆拳，挺身畏戈戟。江海苟不竭，笔削太史编。

张仲老由蜀中航空西游新疆南游昆明近将飞返诗以逆之（其三）

清末至民国·杨圻

信有奇肱可御风，今看天马自乘空。
麒麟行地谁怜惜，苜蓿无由入汉宫。

6. 哈密苜蓿

哈密瓜（戊寅）

清·赵翼

甘瓜来自燉煌西，重毡裹压明驼蹄。
或长如枕大如斗，覆棚培土法未稽。
路遥价贵竞珍重，绿肤弗忍刮以鎞。
副之犹恐太暴殄，截来寸寸成方圭。
其中应有汁满腹，日久晕入红玉肌。
甘芬不数文官果，清脆欲赛哀家梨。
惜哉到京已冬节，切处先愁宝刀折。
仅堪杯酒佐解酲，未得巾帨效消热。
润肺虽同咽清露，战牙不免嚼寒雪。
　　我思，
此瓜亦熟秋夏期，邮签万里到乃迟。
色味幸非香荔变，节候已等摽梅悲。
李广本足侯万户，数奇毋乃不遇时。
古来物产可移植，曷弗试种当阳陂。
　　君不见，
蘐卜分根自大食，茉莉购种从波斯。
菠棱旧为婆罗菜，安榴故是涂林枝。
高昌葡萄上苑茂，大宛苜蓿离宫滋。
即如西瓜产回纥，胡峤出塞惊绝奇。
今已蔓延遍中土，功妙驱暑逾凉飔。
可知芸生信蕃变，迁地亦有谐土宜。

阿谁好事姑艺此，未必踰淮橘为枳。
倘同萍实结满畦，六七月间凉沁齿。
老饕斯时快大嚼，宁羡刷藕调冰水。

7. 乌鲁木齐（迪化）苜蓿

乌鲁木齐杂诗之物产（其十）
清·纪昀

配盐幽菽偶登厨，隔岭携来贵似珠。
只有山家豌豆好，不劳苜蓿秣宛驹。

春市①
清·王树枏

城上响胡笳，人声晓市哗。
山农榆荚饭，估客柳花茶。
宿酿蒲桃熟，新刍苜蓿芽。
眼中风土异，问俗到天涯。

① 王树枏主政迪化期间，经常信步出游，饱览当地名胜，常赋诗留念。光绪三十四年戊申（1908年）赋《春市》。

8. 天山苜蓿

读西京杂记十三首次渊明读山海经韵（其二）
北宋·李彭

恢恢乐游苑，游乐蠲苦颜。
怀风森苯尊，吐花耀流年。
秣骥无万里，锐气陵天山。
妙哉苜蓿盘，信矣非虚言。

题九马图（原注燕五峰参政所藏）
元·汪珍

穆王八骏日千里，曹霸九马天骐骥。
余吾渥洼谁写真，历块过都俱绝世。
风低草软沙绵绵，清江平楚开晴川。
御人释辔闲且严，神超意会驯不鞭。
耳锥卓立目镜圆，奇膺耸岳鬃连钱。

朝刷荆吴暮幽燕，三十六蹄削铁坚。
何为饮秣来江边，毋乃偃武销戈鋋。
一匹俛颈呼不旋，一匹渴赴清流渊。
垂缨照影若自爱，意岂尚忆天山泉。
其余七马各殊俊，白駵狮子毛皆拳。
长秸短豆弃若土，汉南苜蓿青连天。
不如菰蒋荒平田，饥乌落雁相后先。
锦鞍玉勒红绣鞯，何当蹴踏长楸前。
鹅溪一幅分精妍，雄姿逸德皆天全。
江都韦讽世不数，皮肉虽在意莫传。
岂惟驽骀不足骋，笔端炯炯房精悬。
王良伯乐逢何年，九马奚啻一敌千。

老将叹
元末明初·胡布

长风飞沙三万里，漠漠平原战尘里。　汉家诸将气如云，万骑饮马天山水。
天山水深寒入骨，苜蓿经霜吐花紫。　塞嶂缘云玉堞长，边秋泣月金钲起。
昔年从事将军青，寘颜山石曾刻名。　前年斩头八九万，幕南始见无王庭。
奇材剑客争交结，王公贵人皆折节。　名誉起身刀剑中，勋庸忽在王侯列。
幸逢圣治罢弓刀，得兔犹胜走狗劳。　不同曲逆游云梦，锡壤分符表威重。
画图麟阁貌生时，裹尸马革得全归。　成功受禄荣廉退，太平金玉宝耆颐。
间经五原猎禽兽，信马边场剪杨柳。　黄沙带水尚熏腥，白骨如山半摧朽。
始惭富贵在一身，万死岂尽无辜人。　不惜万死易一生，犹希百世享尊荣。
死者一一富贵心，当得瓦砾变黄金。　天地生金起争战，世上黄金不愿见。

侠客行
明·郑善夫

万里金微道，防秋世不同。秦城时借寇，汉女岁和戎。
落日吹《杨柳》，沙场恨未穷。莫收张掖北，复失酒泉东。
天子遄推毂，将军誓挂弓。黄金装雁辔，白璧饰蛇矟。
霸气天山雪，边声瀚海风。死生惟义激，部曲总骁雄。
羌笛回青草，燕歌感白虹。营开月晕破，战胜贺兰空。
直捣阏氏北，横行沙塞中。始知魏绛怯，岂说贰师功。
洗甲蒲昌海，扬兵苜蓿峰。驰归大宛马，一一渥洼龙。
赐邑连京洛，图形列上公。男儿雪国耻，不在藁街封。

明 郑善夫

侠客行

万里金微道，防秋世不同。
秦城时借寇，汉女岁和戎。
落日吹杨柳，沙场恨未穷。
莫收张掖北，复失酒泉东。
天子遑推毂，披军誓挂弓。
黄金装雁鹙，白璧饰蛇谿。
霸气天山雪，边声瀚海风。
死生惟义激，部曲总骁雄。
羌笛回青草，燕歌感白虹。
营开月晕破，战胜贺兰空。
直捣阏氏北，横行沙塞中。
始知魏绛怯，岂说贰师功。
洗甲蒲昌海，扬兵苜蓿峰。
驰归大宛马，一渥洼龙。
赐邑连京洛，图形列上公。
男儿雪国耻，不在蕙街封。

燕京春怀八首（其八）

明·邓云霄

豺虎中原尚爪牙，氛霾飒飒惨风沙。
也知漆室能忧国，却笑荆门独忆家。
宛马天山肥苜蓿，宣房春水涨桃花。
老成南北烦筹策，翘首云边待相麻。

答方驾部潜夫书讯（其二）

明末清初·阮大铖

昭世无砭节，孤生易岁寒。
竹烟通鸟路，花水媚渔竿。
苜蓿天山火，鲸鱿瘴海澜。
野情都不系，闻尔即登坛。

塞下曲六首（其六）

明末清初·彭孙贻

雪落天山苜蓿香，胡姬解辫亦红妆。
少年夜抱芙蓉宿，不为烟花忆故乡。

义象行（节选）

明末清初·屈大均

梅销关上阵云崩，伏波祠前鼓声死。
象兮尽入橐驼群，口衔苜蓿泪纷纷。
蕃雏骑向天山道，汉使愁看黑水滨。

中间一象独不驯，天子曾封为将军。
势每奔腾踩万马，声如暗哑废千人。

王师入藏凯歌十二首（其二十一）

清 · 汤右曾

遥从葱雪望河源，苜蓿葡萄近塞垣。
伐石天山纪功德，昆仑便是国西门。

望天山作

清 · 杨炳坤

好与天山结净缘，时时相见马头前。
上留太古难消雪，长作人间不涸泉。
苜蓿春深朝牧马，䆃畬岁熟旧屯田。
边疆生计资滕六，合建灵祠祀几筵。

六、五原阴山苜蓿

1. 五原苜蓿

秋声

宋 · 陆游

人言悲秋难为情，我喜枕上闻秋声。
快鹰下韝爪觜健，壮士抚剑精神生。
我亦奋迅起衰病，唾手便有擒戎兴。
弦开雁落诗亦成，笔力未饶弓力劲。
五原草枯苜蓿空，青海萧萧风卷蓬。
草罢捷书重上马，却从銮驾下辽东。

2. 阴山苜蓿

阴山风高
明·黄省曾

阴山风高马毛缩，沙场草枯无苜蓿。
单于射雪蒙缦胡，穹庐夜炙熊羆肉。
楼烦将军来款边，云中万骑俱争先。
汉家飞将鋋櫐铦，斩得月氏头血鲜。
阵云苍苍暗紫塞，长城杀气连狼烟。
朔方孤儿不畏死，死中求生报天子。
髑髅如柴身捷轻，瀚海北去屠龙城。
归来不爱黄金印，但羡麒麟阁上名。

古意分得独字（集蔡稚含宅）
明·王禹声

蓟北多浮云，云中下双鹜。
愿言问双鹜，我征胡不复。
苜蓿青如何，蘼芜几度绿。
昨暮尺书至，将军出上谷。
生还未云期，归计焉能卜。
顾此盈尊酒，举觞当谁属。
有时梦君还，仓皇理膏沐。
梦回明月光，依然照孤独。

吴调昭君词
明末清初·毛奇龄

诏遣良家子，更衣自下朝。
征行威塞域，宠礼赉宫僚。
关吏开边驿，单于叩渭桥。
甘泉花满树，灞曲柳垂条。
玉辇看辞豹，金钿敕赐貂。
寒螗遮鬓薄，去马抱鞍娇。
沙里随鸣雁，云中逐射雕。
胭脂颜色改，烽火黛烟销。
北度逾瓯脱，南看负斗杓。
星稀通夕落，草短及春烧。
苜蓿宫名远，葡萄帐影遥。

愁逾当日侍，形减旧时标。
上舞三朝奏，闲弦七曲调。
吴声才一弄，双泪落濂濂。

衮尘骝

明·王恭

暂卸银鞍赐浴归，锦尘香扑衮龙飞。
谁怜习战阴山北，满地黄埃苜蓿归。

江山观发兵用韵

明·皇甫汸

江门选士拥旌旄，临发犹闻赠宝刀。
脱挽新承戏下命，吹箫曾授匣中韬。
月明陇水乡堪远，雪度阴山路岂劳。
铁骑经年随苜蓿，金盘何日荐葡萄。

赵承旨天闲五马图歌

明·王世贞

吾闻天子之乘有六马，五马无乃诸王侯。
飞黄一骨立天仗，兹白廿足闲清秋。
有金不敢将络头，奚官屏立气致柔。
玉毫如霜落劲刷，俶傥暂摄归优游。
银槽苜蓿露不收，绿波溢吻芬锦鞴。
悬蚕齿戛快自酬，宛如双虹笊云浮。
功成身贵人不知，奉车骖乘白玉墀。
君王纵复日三顾，此足敢忘追咸池。
吴兴学士曹韩师，写出蹀躞千金姿。
得非饮至平南时，数百万匹皆权奇。
呜呼渥洼之种悲不悲，真龙却走阴山垂。

瘦马

明末清初·黎景义

本是渥洼驹，汗血流光浥。四蹄侬木栈，七尺如壁立。
乍未亲鞭筮，苦怀在羁絷。皮粘塞泥晕，鬣渍边雪汁。
寻常经百战，八阵惯出入。阴山风似刺，朔幕电飞急。

朝连钲鼓嘶，夕绕旌旗集。艰勚实备尝，奔腾日不给。
岂知功未成，局促归原隰。骊黄任吹求，牝牡随挦拾。
王良与造父，见之当洒泣。槎牙骨尚壮，万里直呼吸。
苜蓿清溪丛，一食凡马十。明年会长征，慎勿嗟何及。

三月十九，有感甲申之变三首（其三）（辛丑）

明末清初·张煌言

汉家天仗肃仙班，一掷金椎不复还。
苜蓿祇肥秦塞外，樱桃谁荐晋陵间！
魂招蜀望花同碧，泪染姚华竹尽斑。
何处旌旗皆缟素，好传露布到阴山？

酒后大雪登辽东城有感（时与俄战，我军败绩。）（其二）

清末至民国·杨圻

盘马弯弓苜蓿肥，金汤大好启戎机。
雪花如掌阴山白，不照金樽照铁衣。

七、晋阳/雁门关苜蓿

晋阳途次所见作（其三）

明·何乔新

苜蓿花开松粉飘，贫家生计转萧条。
平原处处无牟麦，山鸟休呼婆饼焦。

过雁门关作（其二）

明·何乔新

雄关楼阁势翚飞，独倚危阑送夕晖。
万里山河归管钥，三边将校属旌麾。

鹇鹈泉竭边兵困，苜蓿烟消塞马肥。
薄暮辕门笳鼓竞，前驱擒得橐鞬归。

去年中秋晋阳试院用韩韵作诗复次原韵

清·邓琛

十年窃禄升斗微，此心已逐南云飞。
胡为蹇钝似驽马，秋来空餍苜蓿肥。
去年秋院几同舍，愁见霜皋木叶稀。
战诗徒夸出秀句，煮字那得疗朝饥。
何如此月就我饮，不待招邀来庭扉。
阴晴万里共今夕，琼楼高处烟霏霏。
飞狐古塞未解甲，射雕落日空猎围。
萤火熠耀时物变，坐见清露沾裳衣。
苍龙角尾仰不见，王良天驷谁为鞿。
惟应幽人无检束，看花步月山中归。

八、忻州邢州苜蓿

白贲二马

元·李存

良材未试相蹄啮，况复沙场苜蓿秋。
数笔写来千里意，只今惟有白忻州。

邢州叙述三首（其三）

明·归有光

为令既不卒，稍迁佐邢州。
虽称三辅近，不异湘水投。
过家葺先庐，决意返田畴。

所以泣歧路，进止不自由。
亦复恋微禄，俶装戒行舟。
行行到齐鲁，园花开石榴。
舍舟遵广陆，梨枣列道周。
始见栽苜蓿，入郡问骅骝。
维当抚彫瘵，天马不可求。
闾阎省征召，上下无怨尤。
汝南多名士，太守称贤侯。
戴星理民政，宣风达皇猷。
郡务日稀简，吾得藉余休。
闭门少将迎，古书得校雠。
自能容吏隐，退食每优游。
但负平生志，莫分圣世忧。
伫待河冰泮，税驾归林丘。

出古北口（甲戌）
清·王又曾

太行山坳七十二，西来一一奔骇浪。
中有双崖屹一门，天教北面为巨障。
极狭堪封泥一丸，探幽那破屐几緉。
百岁纵息烽烟惊，千屯自卫关河壮。
长墙忆筑胜国时，少保曾经连戍帐。
岂知今王大无外，斗绝重关开跌荡。
来牟夏熟塞翁收，苜蓿秋肥边马放。
承平士女中华风，年年豹尾瞻天仗。
离宫避暑古所规，凉亭置驲迹非创。
斜阳红挂石梁西，疏雨晴飞柳林上。
辇路驱驰杂伏飞，酸寒丛笑书生状。
橐笔聊为出塞吟，封侯终让防边将。

九、中州苜蓿

1. 洛阳苜蓿

轻薄篇
南北朝·张正见

洛阳美年少，朝日正开霞。细蹀连钱马，傍趋苜蓿花。
扬鞭还却望，春色满东家。井桃映水落，门柳杂风斜。

绵蛮弄清绮，蛱蝶绕承华。欲往飞廉馆，遥驻季伦车。
石榴传马脑，兰肴荐象牙。聊持自娱乐，未是斗豪奢。
莫嫌龙驭晚，扶桑复浴鸦。

山园

元　陈樵

洛阳池馆半桑田，断竹操觚日灌园。
春日花连小东白，暮年草创大还丹。
蕨薇自古犹长采，桃李于今竟不言。
一径桑榆随地暖，雨余苜蓿又阑干。

（一本作：断竹操瓢日灌园，洛阳池馆半桑田。蕨薇自古犹长采，桃李于今竟不言。隔水三竿花上日，去人尺五洞中天。山居亦欲知春事，刻画随宜不用妍。）

2. 中州苜蓿

送陈楚宾赴泗州学正
元末明初·贝琼

舟行入淮泗，初上广文官。
地接中州近，天连大野宽。
清时先俎豆，异俗尽衣冠。
暂别蓬莱阙，无惭苜蓿盘。

梅江送林中州归龙塘
明·王恭

清时尚不官，道在任家寒。
夜梦梅花帐，朝吟苜蓿盘。
鱼风吹鬓冷，蚌月照衣残。
归去乡林下，横塘竹万竿。

梅江送林中州归
明·王恭

不羡鱼羹饭，宁甘苜蓿香。
小斋邻蟹舍，曲几近蛟房。
别路分沙堰，行衣受海霜。
到家看旧竹，凉月满横塘。

许州书所见（1903 年）
清末至民国·黄节

霜落高原草未凋，中州人物半萧条。
战农不解虚移粟，非种当锄愧树苗。
民族尚团山水寨，国家难别宋元朝。
秋风苜蓿肥骡衮，左衽胡雏卧倚箫。

3. 谷州苜蓿

征陈至潇湘
元末明初·朱元璋

马渡沙头苜蓿香，片云片雨过潇湘。
东风吹醒英雄梦，不是咸阳是洛阳。

得谷州山芥盐菜。致谢
元末明初·李穑

肉食由来鄙,深甘苜蓿肥。
更添辛辣味,口腹养何违。
篱笋未出地,涧芹将映扉。
牧翁方致事,所欠是渔矶。

十、燕山苜蓿

1. 西苑（园）苜蓿

雨后西园即事（节选）
明·袁凯

雨后秋园苜蓿红,水边粳稻亦芃芃。
老夫衰败知无用,儿子耕耘已有功。
尽室盘飧惟任汝,暮年家事莫烦公。
勋业文章等虚妄,杖藜浊酒任（集作甚误）西东。

见宫监走马
明·袁宏道

苜蓿风高万马齐,东华门里映花嘶。
平明挟弹西园去,白日晴翻碧玉蹄。

西苑十二首（其八）（史馆修《实录》成,于此焚稿）
明·欧大任

谁道神山远,依然玄圃通。
琼瑶无隙地,苜蓿满离宫。
吹绿晴湖曲,飞霞小殿东。
史臣焚草后,莫历万年同。

西苑

明·欧大任

天开碣石筑琅琊,瑶水西通禁籞斜。
妆阁月高悬作镜,昆池风激荡成花。
麒麟献瑞来周甸,苜蓿移栽入汉家。
侍从王褒稀奏颂,独能窗里画云霞(以上《北辕集》)。

2. 怀柔苜蓿

登怀柔城(其一)

明·唐顺之

塞下孤城古白檀,半临平野半依山。
秋来亭徼无烽火,官马千家苜蓿闲。

赠来复上人四首(其二)

元·萨都剌

燕山风起急如箭,驰马萧萧苜蓿枯。
今日吾师应不念,毳袍冲雪过中都。

燕中杂诗(其十五)

明末·陈子龙

马客幽州盛,将军大宛回。
繇来驹万匹,不惜锦千堆。
苜蓿开新苑,风尘出异才。
还应空朔漠,此日号龙媒。

古意分得独字(集蔡稚舍宅)

明·王禹声

蓟北多浮云,云中下双鹜。
愿言问双鹜,我征胡不复。
苜蓿青如何,蘼芜几度绿。
昨暮尺书至,将军出上谷。
生还未云期,归计焉能卜。
顾此盈尊酒,举觞当谁属。

有时梦君还,仓皇理膏沐。
梦回明月光,依然照孤独。

北通州道中（列七律前）（其四）

清·邵济儒

欲揽皇都胜,缁尘渐浣衣。
途长惟马健,地广觉村稀。
边境风霜冷,胡天苜蓿肥。
四千悲客路,才出已思归。

十一、金陵及毗邻地区苜蓿

1. 金陵苜蓿

金陵怀古

元·宋无

宫磗卖尽雨崩墙,苜蓿秋红满夕阳。
玉树后庭花不见,北人租地种茴香。

金陵篇四十韵

明·黄鼎

一剑雄开日月清,万山涌出绿纵横。高盘暗叱风流锁,静极尝吹雨露生。
已自践华谁设险,恰从占洛遂居贞。白流鱼入先符胜,赤走蛇分忆降精。
无外远通蛮顶踵,宅中庭礼汉簪缨。天官识渺躔先定,太史推微历又成。
闾阖晨开朝玉帛,九天鸡语挂珠璎。壮连石铠犀永士,威动朱旗列宿兵。
御柳晓参青辇路,翠华春漾紫丝棚。汉宫流赭分驰道,轩后飞黄入旧城。
长乐夜深听漏永,羽林严卫立秋更。铸金凤马濡弓剑,在藻泉鱼濯澡烹。
祖德有光前树厚,河宗无瑞不知呈。侵梁锦浪翻梭室,阻面钱山积水衡。
苑树株株常带雾,岛门曲曲尽通莺。百灵变现千秋气,万马腾骧七萃营。
朝采壁寒栖凤宸,登封香暖暗搴英。屏藩上溯天潢雨,戚里遥瞻日观晴。
任则文思看博陆,茂因鸿绪得东平。才高石室门元李,誉擅铜楼种尽柽。
邺水自然陵旧长,兔园谁肯让诸盟。凉移井络千门钥,绿转帘丝九曲筝。
天厩露啼春苜蓿,石城云换夏仓庚。浣纱泪没长干雁,濯铁泉烧涧屋铛。
百尺步摇金串子,乐游诗在水花名。蘼芜旧滑青鞋迹,豆蔻重听宝璐声。
扇响夜深星个个,巷飞霜白杵丁丁。灵和线弱思娇婉,角枕更长上水晶。
怕向月中长比影,笑来烟里学吹笙。谢推雅量山俱定,江梦花齐手半惊。

我亦涉江愁问古，君先携棹慰兼程。时时沙鸟眠芦白，日日孤衷向北倾。
两掖紫云朝王气，满身荣雾识河明。高深望约非前侣，出处人将莫与京。
晓对鼓钟悲老大，醉看河汉作悲鸣。笔摇草色生楼阁，梦借湘灵结佩珩。
义只婉为谋剑口，达非容易问莼羹。怀多感激嫌歌吹，栏近秦淮记桨行。
宿昔偶携侬上渡，至今犹有绿浇苹。何当惬却从前愿，散尽千秋此夜情。

送郑茂才梁辞梅锦衣宾馆还闽 （其二）

明·王世贞

枫亭驿前荔子丹，万安桥下蛎房宽。
从教山水金陵好，总是难禁苜蓿盘。

2. 常州苜蓿

云岩相公奉使再过常州舟次趋谒敬赋（其二）

清·赵翼

菰蒲何意复瞻韩，画舫清谈竟日欢。
铅椠著书人渐老，云霄下士古犹难。
春风怕上秋千架，晚景惟思苜蓿盘。
广厦万间公素志，定应栖我一枝安（时乞公荐书院一席）。

3. 扬州苜蓿

答朱正叔六首（其五）

明·欧大任

扬州烟月老江干，楚客年年苜蓿寒。
头白游梁今已倦，赋成那得寄君看。

4. 乌聊山苜蓿

乌聊山神祠

元·张师曾

龙舟抗锦帆，天下逐隋鹿。
雄图江浙上，千里瞻左纛。
竟想虬髯姿，挈地归荒服。
英风不可泯，血食有遐福。
锡诰启王封，祈年谒州牧。
气和余沴消，云委嘉生熟。

我登乌聊山，祠宇炳绀绿。
揭虔祷灵荚，阅籞得嘉卜。
荐攀丹桂枝，似愧青苜蓿。
神意倘终惠，亲来报工祝。

焦山
明·汪道昆

初地征书在，中流法界开。
江山犹古庙，花柳自春台。
渡口潮声上，墙头海色来。
清斋分苜蓿，极目望蓬莱。

十二、西宁苜蓿

赠郑两为备兵西宁南归里门
明末清初·于琳

建牙开府黑山东，此日声名在五戎。
苜蓿花浓宛马健，蒲萄酒熟戍楼空。
风高吐鲁惊传箭，雪满蓬婆竞挽弓。
生入玉门班定远，何人重报月氏功。

十三、五河县开原县利城苜蓿

用五河县孙驿丞行简秋凉感怀诗韵（其四）
明·郑真

呼酒邻家隔竹幽，杯行到手不论筹。
蒹葭水阔汀洲暗，苜蓿凉生苑囿秋。
解佩正须归旧隐，濯缨还许向中流。
相思坐对濠梁月，千里难禁宋玉愁。

次开原县
清·杨宾

风卷平沙荐草齐，夫余城上夕阳低。
葡萄酒禁谁能醉，苜蓿场空马自嘶。
郡县未分威远北，人家多住塔山西。
明朝更出条边口，朔雪塞云处处迷。

利城杂咏（其一）

清·李宗城

平郊邮馆出，秋色满征麾。
惯作边城客，频惊物候移。
霜清苜蓿节，花忆牧丹时。
囊智输封事，宁教一算遗。

十四、长城苜蓿

宫词一百首（并序）（录五十首）（其十五）

明·王叔承

碧眼胡儿细剪毛，大宛宝马贡天槽。
殿前却奏长城曲，苜蓿秋风紫燕骄。

当气出唱五章（其一）

清·姚燮

东廊庖牛，西廊击鼓。
大珠如烛明月光，钗声隔帷众妓舞。
大海风凄，长城正雨。
军装在泥，马蹄不得举。
刁斗紧，翔雁稀。
苜蓿瘦，榆树肥。
榆树千丈，鸳鸯来飞。

登嘉峪关

清·裴景福

长城高与白云齐，一蹑危楼万堞低。
锁钥九边联漠北，丸泥四郡划安西。
雪中苜蓿绿鹰觜，天上桃花红马蹄。
飞将神兵纷出塞，圣恩可许到伊犁。

十五、九江苜蓿

九江晚眺

晚清·范当世

日刚入时月未出，群辈相看若无色。
岂无倒影射天虚，可奈低云障如墨。
前途武汉古神州，平镜相看适相直。
番船箭激动遥烟，真觉茫然入深黑。
俄焉瞥见庐山明，诚非野烧迎风生。
葡萄苜蓿皆弥望，疑是匈奴别馆成。

十六、泗州淮泗苜蓿

送陈楚宾赴泗州学正

元末明初·贝琼

舟行入淮泗，初上广文官。
地接中州近，天连大野宽。
清时先俎豆，异俗尽衣冠。
暂别蓬莱阙，无惭苜蓿盘。

画马图

明·王恭

淮泗云空苜蓿齐，围人牵出踏青泥。
金舆不恋西池赏，虚负天寒十二蹄。

十七、滁阳苜蓿

送太仆祝少卿复任

元末明初·钱仲益

奉车登太仆，考绩觐明廷。
富国岂无政，扰龙还有灵。
列卿惟皎月，天驷应房星。
试看滁阳道，连山苜蓿青。

滁阳驿
元末明初·贝琼

群山绕滁州，城郭带林壑。
岂惟居人稠，遂使游子乐。
苜蓿青满野，羊马盛幽朔。
固知英雄主，四方归大略。
回视清流关，往事殊可薄。
新花寒未开，细雪春犹落。
且持一斗酒，独与故人酌。

赠祝仲山滁阳省父还番阳
明·夏原吉

伟哉太仆起名儒，一住琅琊十载馀。
苜蓿雨肥晨考牧，梧桐月白夜观书。
达尊三备人咸羡，好句多吟我不如。
珍重问安贤孝子，古来毋惜道途迂。

失题十七首（其二）
明·张㶏

别后桃花十五春，江湖天远独情亲。
短檠还在心如旧，长剑时磨口更新。
弋木甘棠频换主，滁阳苜蓿属何人。
寄来一握清风扇，好为南荒埽热尘。

第十章 苜蓿文史研究进展

众所周知，我国苜蓿历史久远，文化丰富，古代苜蓿科技发达，栽培历史可靠、完整。在亚洲，当属我国苜蓿栽培最早，并且远较欧洲为早；在世界，当属我国苜蓿栽培历史最长，持续时间最久，从公元前126年始种植苜蓿，至今已持续栽培2 000多年。美国著名汉学家劳费尔（Laufer，1784—1934年）早在1919年就指出，"中国人对于重要植物的（如苜蓿）历史知道得比亚洲其他任何国家的人都多，我甚至大胆地说比欧洲国家的人都多"。然而，由于我国长期疏于对苜蓿历史文化的研究，欧美学者囿于偏见，以为牧草（苜蓿）为欧洲文明的产物，实际不然，中国才是苜蓿文明的创造者、传承者和弘扬者，更是赓续者。

近几年，随着国家对苜蓿发展的重视，苜蓿文史研究在国内悄然兴起。研究团队不仅有草学界的专家学者，更可贵的是畜牧、农业和农史，乃至历史等学术界的专家学者也加入其中，他们从各自的专业角度出发，对苜蓿历史文化开展研究，可谓是百花齐放，百家争鸣，苜蓿文史研究呈现空前的活跃和繁荣。

第一节　近代对古代苜蓿的研究考证

一、国内对我国苜蓿的研究考证

1. 黄以仁研究

自1911年，黄以仁教授在1911年《东方》第八卷第一号发表《苜蓿考》，开启了我国苜蓿引种、栽培历史的研究考证。

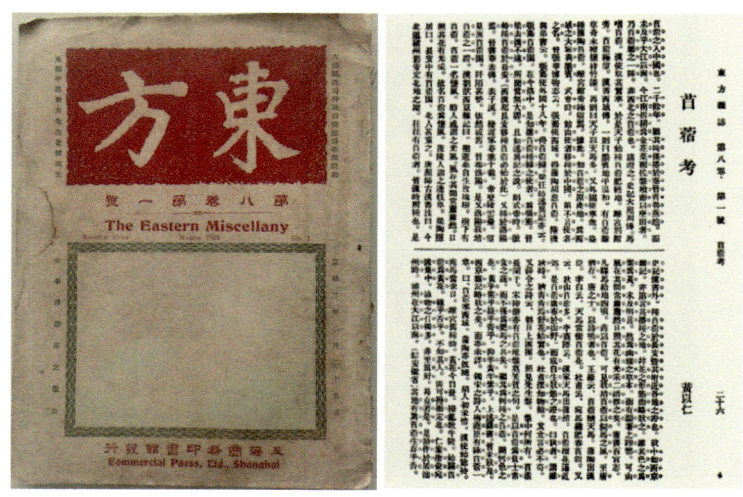

黄以仁的《苜蓿考》主要研究考证了我国古代苜蓿的起源、物种和古代苜蓿种植分布、苜蓿生态植物学研究等。

黄以仁所著举证其要点为，根据历史文献记载，在中国北部有开紫花的苜蓿（*Medicago sativa*）和黄花苜蓿（*M. falcata*），据说从西域引入进来后得到繁殖。黄花苜蓿大约与吴其濬的《植物名实图考》中的野苜蓿同种，相对于紫花苜蓿称之为黄花苜蓿。黄以仁认为，黄花者为劣，紫花者为优，凡物劣者先出，优者后生，然则紫花苜蓿为同属中最后生之种。黄以仁虽然没有明言，但推其意，黄花苜蓿古代被引入中国后产生了变种紫花苜蓿，但需要用古代记录来证明，从而没有断言，但确定了如今在中国北部的苜蓿有黄紫两种。

在1911年，黄以仁对古代苜蓿进行了详细的考证。他在考证《史记·大宛列传》《汉书·西域传》、晋张华《博物志》、晋葛洪《西京杂记》、梁任昉《述异记》、梁陶弘景《本草经集》《晋书》和唐颜师古《汉书注》，以及薛令之、杜甫、李商隐、梅尧臣等唐宋诗人中对苜蓿记述的基础上指出："据此，知苜蓿原产地为西域之大宛和罽宾。……原其为何种苜蓿，开何色之花，黄乎紫乎绿乎青乎？抑半黄乎半紫乎？上述诸书皆未状及。"黄以仁（1911）结合朱橚《救荒本草》、王象晋《群芳谱》、李时珍《本草纲目》、程瑶田《莳苜蓿纪讹兼图草木樨》和《植物名实图考》等对苜蓿生物学特性的描述认为，"据松田氏之考说，吴氏所谓苜蓿（紫苜蓿）有 *M. sativa* 之学名。……千年之前张骞采来之种。"松田定久（1907）对中国古代苜蓿种源进行了考证。通过研究《救荒本草》《本草纲目》《广群芳谱》和《庶物类纂》等典籍中对苜蓿的记载，他认为《植物名实图考》中所记述的三种苜蓿分别为：

◆ 苜蓿（即紫花品种多年生，相当于 *M. sativa*）；

◆ 野苜蓿（相当于 *M.falcata*）黄花三瓣，干则紫黑，唯拖秧铺地，不能直立；

◆ 野苜蓿另一种（相当于 *M.denticulate*）（亦即南苜蓿——作者注，下同）生江南广圃中，长蔓拖地，一枝三叶，叶圆有缺，茎际有小黄花，无摘食者，李时珍谓苜蓿黄花，常即此，非西北之苜蓿也（时珍又说荚果有刺，很明显指的是此野生品种）。

黄以仁（1911）在《苜蓿考》引用《咏苜蓿》曰："独宋之诗人梅尧臣有《咏苜蓿》一章，曰：苜蓿来西域，蒲陶亦既随。胡人初未惜，汉使始能持。宛马当求日，离宫旧种时。黄花今自发，撩乱牧牛陂。始种苜蓿为黄花，确乎，否乎？"

1911年黄以仁在《东方》杂志发表了《苜蓿考》，从苜蓿的起源、种类、栽培利用等方面，对我国古代苜蓿进行了考证。黄以仁依据典籍（如《史记》《汉书》《博物志》和《述异记》）认为，我国汉代苜蓿的原产地为西域的大宛和罽宾，携带苜蓿的汉使为张骞。他指出，在古代，我国北方既栽培有黄苜蓿（*Medicago falcata*）也栽培有紫苜蓿（*Medicago sativa*），二者合称苜蓿，来自西域，并进一步指出，《植物名实图考》中关于苜蓿的三副图，第一图即紫苜蓿，第二图即黄苜蓿，第三图为金花菜（*Medicago denticulata*）。黄以仁认为我国苜蓿属植物已知者有五种，除紫苜蓿、黄苜蓿和金花菜（亦称野苜蓿）外，还有小苜蓿（*Medicago minima*）和天蓝苜蓿（*Medicago lupulina*）。桑原鹫藏（1934）对黄以仁论述的苜蓿由张骞引入汉代有不同看法，他认为，所谓张骞以苜蓿输入汉土者，恐以西晋张华之《博物志》或传称梁代任昉所作之《述异记》等记载为嚆矢，至其后之记录，不遑一一枚举。在清末有所谓黄以仁所著《苜蓿考》中，根据《博物志》与《述异记》等，谓：晋梁去汉不远，所闻当无大谬。说苜蓿与葡萄同系张骞引入我是不赞成，根据《史记》和《汉书》中对苜蓿与葡萄（*Vitis vinifera*）的记述，可知苜蓿的引入是在张骞出使西域之后的事，其事甚明。

黄以仁《苜蓿考》征引或涉及载有苜蓿的典籍

典籍	作者	朝代
史记	司马迁	西汉
汉书	班固	东汉
博物志	张华	晋
述异记	任昉	梁
晋书	房玄龄	唐
西京杂记	刘歆	汉
汉书注	颜师古	唐
唐书	刘昫、张昭远	五代后晋
宛陵集	梅尧臣	宋
说文解字	许慎	东汉
尔雅注疏	郭璞注，邢昺疏	晋、北宋
救荒本草	朱橚	明
本草纲目	李时珍	明
群芳谱	王象晋	明
庶物类纂	（日）稻生若水	江户时代（日本历史时代）

典籍	作者	朝代
释草小记	程瑶田	清
植物名实图考	吴其濬	清
尔雅翼	罗愿	宋
庶物异名疏	陈懋仁	明
政和经史证类备用本草	唐慎微	宋
本草衍义	寇宗奭	宋
陶隐居集	陶弘景	南朝梁
唐本草注	不详	不详
中国植物目录	赫姆胥黎	不详
嘉庆松江府志	孙星衍、（清）莫晋	清
（嘉靖）上海县志	郑洛	清
太仓州志	钱肃乐	明
野菜赞	顾景星	清

2. 谢成侠研究

1945年谢成侠根据《史记·大宛列传》和《汉书·西域传》等史料汗血马和苜蓿的记载指出，第一考苜蓿传入我国的年代，可能是在张骞回国的这一年，即126年（武帝元朔三年）；第二汉代苜蓿的来源地为大宛和罽宾两国。罽宾汉时在大宛东南，当今印度西北部克什米尔地区，这些地方均有过汉使的足迹，所以可肯定地说中国的苜蓿应该是由大宛带回来的，且曾问吾亦认为，苜蓿来自大宛，由张骞或其后之汉使自西域取其实移植于中国者。谢成侠（1945，1955）进一步指出，"苜蓿"是外来语，可能是根据大宛当时的方言译音而来的，在《汉书》中称"目宿"，《尔雅注疏》称"牧宿"，《尔雅异》则称"木粟"，《西京杂记》曰："苜蓿一名怀风，时人或谓光风……茂陵人谓之连枝草。"这些都是汉以后给他取的美名，但2 000多年来的农民终究沿用了《史记》上的名称。谢成侠（1945，1955）明确指出，汉代苜蓿是紫苜蓿。不过李氏所指的苜蓿是黄花，可能是南方土生的另一种类。近至1848年（道光二十八年）清代吴其濬的《植物名实图考》，更绘出苜蓿及野苜蓿三幅写真图，其逼真的程度并不逊于西方科学书籍上所载的。

谢成侠（1945）带有批评性地指出，随着西方科学的输入，苜蓿竟然一度成为一种新的外来牧草，而且还有人说苜蓿是用新大陆和西欧的种子才开始做实验的，以致紫苜蓿和苜蓿还被人当作二物，甚至于有认为苜蓿是指野生或黄花的同种植物，好似北方最普遍的苜蓿就应该称紫苜蓿而不应称苜蓿似的。西洋的紫苜蓿和本国代表性的苜蓿由于异地所产，虽不能说毫无差别，但会有强调洋种，又不免有外国月亮更美之感了。

1945年陆军兽医学校印刷出版了谢成侠的《中国马政史》，书中介绍了西汉时代大宛马和苜蓿种子传入中国的历史，及其对我国畜牧业乃至农业所起的贡献，还考证了苜蓿传入我国的年代，苜蓿种子带归者、苜蓿的确实来源、苜蓿名词来源和汉代苜蓿是紫苜蓿，并非开黄花的苜蓿，同时也介绍了 2 000 多年来我国苜蓿的栽培利用研究。

二、国外对我国苜蓿起源传播史的研究

1. SINO-IRANICA

美国东方学者劳费尔于 1919 年出版了 SINO-IRANICA。1929 年我国史学家向达先生翻译了 SINO-IRANICA（Alfalfa）部分，并在《自然界》发表了《苜蓿考》。

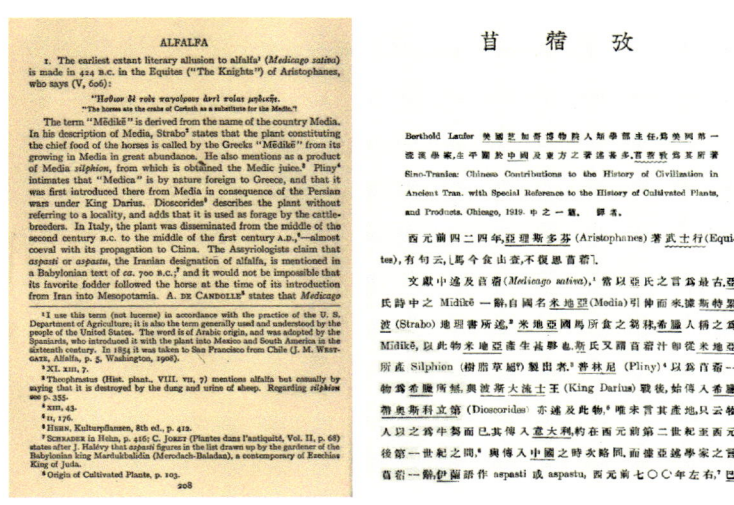

SINO-IRANICA—Alfalfa　　　　　《自然界》—苜蓿考

1964 年林筠因将其译为《中国伊朗编》由商务印书馆出版。

SINO-IRANICA　　　　　《中国伊朗编》

劳费尔（Berthold Laufer，1874—1934 年），生于德国科伦，肄业于柏林大学，1897 年在来比锡大学得博士学位。他受过德国自然科学和考据学的训练，加上法国汉学家沙畹等影响。1898—1899 年他参加了哲撒普组织北太平洋探险队，在萨哈连岛和东部西伯利亚一带工作。此后他的活动就和美国分不开了。1901—1904 年他参加了当时热衷于向中国扩张的美国资本家席福出资组织的探

查队到我国探查，1908—1910年他参加了美国布拉克司吞夫人组织的探查队到我国西藏高原一带探查。从1910年年起在美国芝加哥自然历史博物馆人类学部主任达20余年之久。他著作很多，在美国东方学界以渊博著称。SINO-IRANICA是劳费尔一生中较为重要的一部著作，也是欧美东方学很有代表性的作品。书中植物方面介绍了我国古代苜蓿和葡萄等。

劳费尔（1919）在SINO-IRANICA（Alfalfa）章节中，为考证苜蓿的来源、物种、名称和发展利用征引了我国大量古代文献。他认为，两种最早来到汉土的异国植物是伊朗的苜蓿和葡萄，其实汉使张骞从大宛只携带两种植物回中国，即苜蓿和葡萄。他指出，中国人对于重要植物的历史知道的比亚洲其他任何国家的人都多（我甚至于应该大胆地说比欧洲任何国家的人都知道得多）。中国人的经济政策有远大眼光，采纳许多有用的外国植物以为已用，并把它们并入自己完整的农业系统中，这是值得我们钦佩的。

劳费尔 SINO-IRANICA Alfalfa 征引或涉及载有苜蓿的中国典籍

典籍	作者	朝代
史记	司马迁	西汉
汉书注	颜师古	唐
名医别录	陶弘景	南朝梁
齐民要术	贾思勰	北魏
政和经史证类备用本草	唐慎微	宋
汉书	班固	东汉
本草纲目	李时珍	明
金光明经	义净	唐
翻译名义集	释法云	南宋
述异记	任昉	梁
太平御览	李昉 李穆 徐铉	北宋
西京杂记	刘歆	汉
洛阳伽蓝记	杨衒之	北魏
本草衍义	寇宗奭	宋
植物名实图考	吴其濬	清

1929年向达翻译了SINO-IRANICA（Alfalfa）部分，在《自然界》发表了"苜蓿考"，虽然是翻译发表，但亦不亚于考证，对文中内容进行了详细的考证解释，仅注释就有70余条。他主要介绍了中国在内的苜蓿的起源与传播，指出宛马食苜蓿，骞因于元朔三年（前126年，原文为前136年可能是笔误）移大宛苜蓿种归中国，张骞所携回者初名目宿，后世加草头，成为苜蓿，且对苜蓿名称的来历作了详细的论述（向达注释，苜蓿二字在《汉书》中无草头，郭注《尔雅》作䬽蓿，罗愿作《尔雅翼》又书为木粟；其音则一也。安南音作muk-tuk）。古代关于苜蓿的产地记载甚少，而《汉书》

则对此有弥补。据《汉书》所记，大宛之外，罽宾（今克什米尔）亦产苜蓿，此为古代苜蓿地理分布的重要史料。

向达"苜蓿考"中的部分注释

词条或短语	注释
文献中述及苜蓿 （Medicago sativa）	本篇根据美国农部所定，及一般人通习，以 alfalfa 为苜蓿通称。Alfalfa 的词源为阿拉伯语，西班牙人采其语，并于 16 世纪以此物传入墨西哥及南美。1854 年始自智利传入旧金山。
克什弥尔	克什米尔之产苜蓿，曾见《汉书·罽宾传》。
汗血	似涵有伊兰之神话意味，唯余至今尚未得其根据也。
Fergnu	至今 Fergnu 及其他俄属土耳其斯坦地方尚盛产苜蓿，为牧畜所依赖。苜蓿一年生四五次，以之饲牛，干鲜俱可。拔海五千尺之山地尚可种殖，野生者可生于九千尺之高地。可参看 S.Korzinski, Vegetation of Turkestan, p.51（俄文）。俄属土耳其斯坦产苜蓿子，输出甚多。
外国复别有苜蓿草，以疗目；非此类也	见《经史证类本草》卷二十七。其所云外国苜蓿草，未知何种。
张骞所携回者初名目宿，后世加草头，成为苜蓿。	苜蓿二字在《汉书》中无草头。郭璞注《尔雅》作牧蓿，罗颠作《尔雅翼》又书为木粟；其音则一也。安南音作 muk-tuk。
吾辈始知其如何遍布世界之故	康多业书中曾一及此，然康氏书中所云大都取自不勒施耐德，凡不氏长所误以为属张骞携回之诸植物，康氏俱加引用，然于言苜蓿时，未尝一考汉籍。故言及苜蓿之历史，本篇以前，述之者大都以讹传讹云。
晋武帝时（265—290 年）有苜蓿园，唐以苜蓿，饲驿马。	见 1907 年东京《植物学杂志》，第二十一卷二四三页松田定文论中国之苜蓿及苜蓿种类一文。
时或谓光风	光风者即《西京杂记》所谓风在其间，常肃肃然昭其光彩也。
茂陵	今陕西兴平地。
南苜蓿	美国曾试种此种苜蓿（参看 Oakley and Garver, Medicago falcata. U. S. Depatment of Agriculture, Bull. No, 428, 1917）。
苜蓿 （murasaki umagoyaši）	此种花作紫色（译者按日人以 M. sativa 作紫苜蓿，M.denticulata 作苜蓿，颠倒名称，今为改正，前者译作苜蓿，后者作南苜蓿）。

2.《张骞西征考》

《张骞西征考》由日本学者桑原骘藏撰写。桑原骘藏（1871—1931 年），1871 年 1 月 27 日出生于日本福井县敦贺，日本东洋史京都学派代表学者。1896 年毕业于东京帝国大学汉学科。先后任教于东京高等师范学校与京都帝国大学。长期致力于东西交通史方面的研究。主要撰述有《蒲寿庚之事迹》《东洋史说苑》《东西交通史论丛》和《东洋文明史论丛》等。

1934 年商务印书馆发行了桑原骘藏《张骞西征考》（杨炼译），他对黄以仁 1911 年在《东方杂志》发表的"苜蓿考"中提出的苜蓿由张骞输入中国的观点提出异议，并且考证了苜蓿亦称目宿、牧宿和木粟等古代别名。

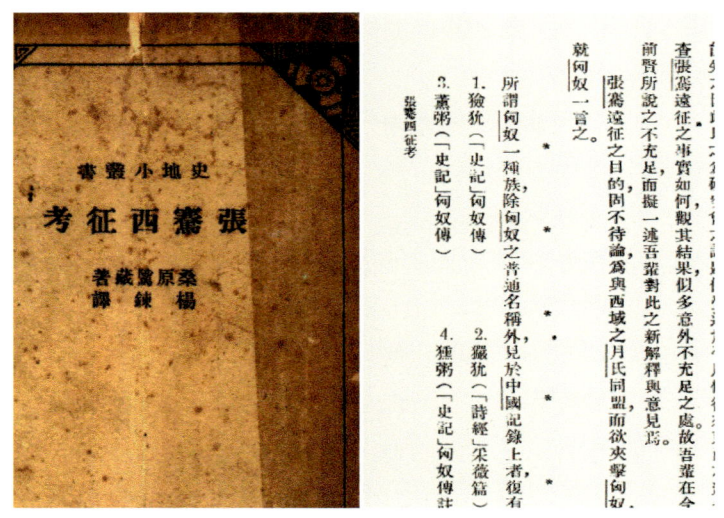

《张骞西征考》

现摘录桑原骘藏（1934）《张骞西征考》中与苜蓿相关内容如下：

◆ 籍张骞远征而明瞭西域之事情，同时，几多西域珍异之产物，煽动武帝之好奇心。武帝或求由西南夷方面经身毒向大夏之通路，或欲开乌孙与大宛大夏之途径，要皆为对中央亚细亚产物之好奇心的结果也。自与西域诸国确实媾通以来，其地产物输入中国者不少，固不待论，《汉书·西域传》之赞中，亦明记："殊方异物，四面而至"之句。惟此为张骞西征以后之事，至其自身于归朝时，果齐如何之土产乎？在今日不了然。

◆ 在Bretschneider之《中国植物学》书中，记载葡萄、石榴、红蓝Safflower、胡豆、胡瓜、苜蓿、胡荽Coriander、胡桃等，均籍张骞西征之故，始由西域移植於汉地者，固不待言，Bretschneider系根据中国之录而如是记载者，但过细调查中国之记录，即胡麻、胡葱等，亦籍张骞而由西域传于中国本地者。凡此种种传说，虽世间或学者中甚倾信之，然犹附带许多疑惑余地也。吾辈关于此点未有特别研究，姑指摘其二三注意点：

◆ 苜蓿或作目宿，亦称牧宿，木粟等。此亦似为外国语之音译。Kingsmill氏照例主张苜蓿为希腊语Medikai之音译。所谓张骞以苜蓿输入汉土者，恐以西晋张华之《博物志》或传称梁代任昉所作之《述异记》等记载为嚆矢，（一二九）至其后之记录，不遑一一枚举。在清末有所谓黄以仁者之苜蓿考，中根据右述之《博物志》与《述异记》等，谓：晋梁去汉不远。所闻当无大谬。而断定张骞为苜蓿之输入者，（一三〇）惟据《史记》《汉书》，苜蓿与葡萄，同系张骞以后所输入，其事明甚，此等怪诞之传说，吾辈不得不排斥之。

◆ （一二九）《博物志》曰："张骞使西域。所得蒲桃、胡葱、苜蓿。《太平御览》卷九百九十六所引。"《述异记》：张骞苜蓿园在今洛中，苜蓿本胡中菜，骞始于西国得之。

◆ （一三〇）宣统三年（1911年）二月发行之《东方杂志》第八卷第一号。

第二节 苜蓿文史的启航新研究

一、对"苜蓿"与"目宿"的考证

《史记·大宛列传》是最早记载苜蓿的史料，曰"宛左右以蒲陶为酒，………俗嗜酒，马嗜苜蓿，汉使取实来，于是天子始种苜蓿蒲陶肥饶地。"但汉代早期的"苜蓿"一词并非现在这个单词。台湾学者于景让（1952）认为，最初《史记·大宛列传》中的"苜蓿"一词并非是现在这样书写，应该是"目宿"或其他同音异字（如东汉《汉书》《四民月令》记载用的"目宿"和"牧宿"），之所以成为目前"苜蓿"是在唐之后的传抄过程中改写成这样的，因为，汉代还没有"苜蓿"这样的词，但有"目宿"和"牧宿"等同音异字。在司马迁《史记》（成书于征和二年（前91年）出现不久，即建初七年（82年），班固写成了《汉书》，在《汉书·西域传》中也出现了目宿："汉使采蒲陶、目宿种归。天子以天马多，又外国来使众，益种蒲陶、目宿离宫馆旁，极望焉。"这可能是汉代"目宿"的真实用词，当时也有同音异字，如东汉崔寔《四民月令》中有"牧宿"。谷衍奎《汉字源流字典》指出，苜蓿：

【本义】《本草》："苜蓿。一名牧蓿，谓其宿根自生，可饲牧牛马也。"用作"苜蓿"，本义为一种牧草，多年生草本植物。叶子长圆形，花蝶形，紫色，结荚果，故也叫紫花苜蓿。是重要的牧草和绿肥植物，也可食用。原产波斯，汉代传入中国。初期仅作饲料，叫牧蓿。后来经过培植，也可作蔬菜，逐改称苜蓿。

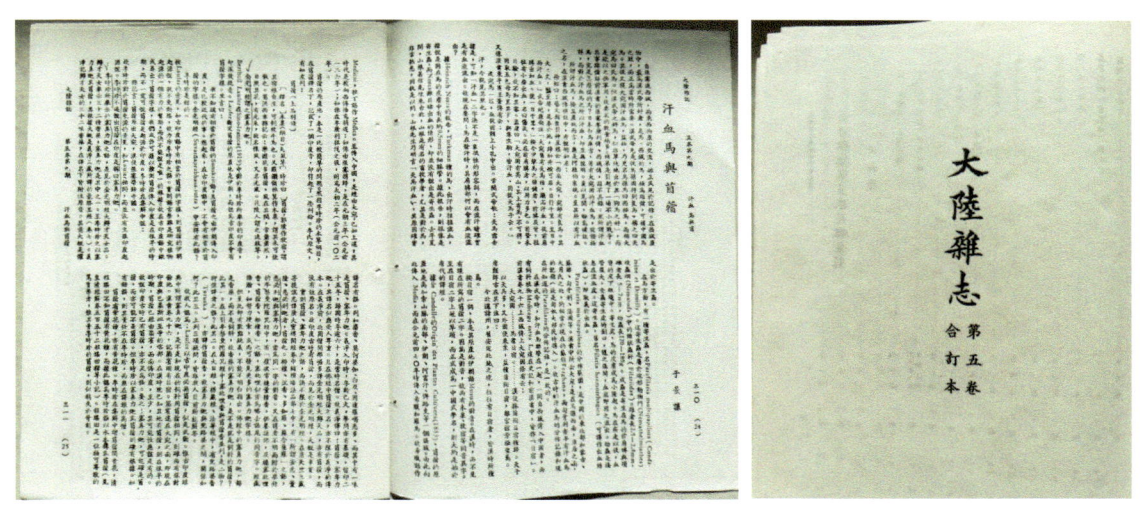

《大陆杂志》

随着许多汉简（如敦煌汉简、居延汉简、悬泉汉简）的不断出土和研究的深入，汉代目宿用词更加明晰和普遍。在汉简许多文书中都用"目宿"，如敦煌汉简中有："□十八买韭六束□□十二买目宿食马□"。这说明在汉代"目宿"是通用名称。

二、对古代苜蓿的起源物种栽培新考证

1955谢成侠在《中国畜牧兽医杂志》发表了"二千多年来大宛马（阿哈马）和苜蓿转入中国及其利用考"。对我国古代苜蓿的起源、物种、栽培进行了新的进一步考证。

《中国畜牧兽医杂志》

1. 苜蓿引入中国的时间

谢成侠（1955）认为，考证苜蓿传入的年代，史书并未确实地指出，可能是在张骞回国的这一年，即前126年（汉武帝元朔三年）。但张骞回国是很艰难的，归途还被匈奴阻留了一年多，苜蓿种子是否是他带回来的不无疑问。于景让（1952）认为，苜蓿传入中国，如系由张骞携归中国的话，是在元朔三年（前126年）；如系在李广利征伐之后引入中国的话，是在太初二年（前102年）。尽管目前对苜蓿传入我国时间的研究考证尚属少见，但随着对西域史特别是对张骞研究，乃至西域物产（如汗血马、葡萄、苜蓿、石榴）东传研究的不断深入，从中也可窥视到一些有关苜蓿传入我国的历史信息。纵观前人研究结果，目前对苜蓿传入我国的时间，孙启忠（2018）提出了四种看法：①围绕张骞两次出使西域所确定的苜蓿传入我国的时间，主要包括公元前139年/138年、前129年、前126年、前119—115年和两次出使西域的张骞带回；②围绕汗血马引入我国的时间，即公元前102年/101年；③时间不确定；④张骞死后或其他时间。由于目前在苜蓿引入我国的时间问题上，还缺乏直接的史料证据，因此，不论是哪种看法或观点都需作进一步的考证。

苜蓿是汗血宝马最喜欢吃的饲草，故史有大宛"马嗜苜蓿"之说。但由于中原地区本不产苜蓿，所以，当大宛汗血宝马不断东来之后，解决其饲草问题就逐渐凸显出来。那么，究竟是谁首先把苜蓿种子从西域带归？1955年，谢成侠研究指出，在汉使通西域的同一时期，还由他们带回了不少中国向来没有的农产品，其中苜蓿种子的传入和大宛马的传入在同一个时期。考证苜蓿传入的年代，史书并未确实地指出，但可能是在张骞回国的这一年，即前126年（武帝元朔三年），如晋代张华《博物志》曰："张骞使西域，得蒲陶、胡葱、苜蓿。"但张骞回国是艰难的，归途还被匈奴阻留了一年多，是否一定是他带回的不无疑问。《史记》既称"汉使采其实来"，这位汉使也许是和张骞同时去西域的无名英雄。或则最迟是在大宛马传入的同一年，即前101年。我们深信汉使带回苜蓿种子，决不是为了贡献给汉武帝的，而是为了给马匹及其他家畜获得更好的饲料。因此，谢成侠（1955）认为苜蓿和大宛马同时进入我国，初次传入中国约在公元前100年前。

孙醒东（1958）研究指出，在汉武帝时代张骞（前126年）使西域至大宛，带回许多中国没有的农产品和种子，其中苜蓿即 *Medicago sativa* 种子的传入和大宛马的输入在同一个时期。王栋（1956）、任继周（2008）认为，前126年张骞出使西域，将苜蓿和大宛马同时引入中国。这种观点得到许多人的认可。尽管如此，从目前的研究结果看，前 126 年张骞从西域回到汉，同时将苜蓿种子带归的可能性不大（孙启忠，2016）。故此，前 126 年苜蓿传入我国的说法还需作进一步的考证。

牧草学家王启柱（1975）指出，"在亚洲，当以我国牧草栽培最早。据《史记》记载，汉武帝时（前 138 年）张骞出使大宛，因汗血马引进苜蓿种子。由是自西安以至黄河流域下游，即开始种植此草。依此，则我国栽培牧草当远较欧洲为早。惜欧美学者囿于偏见，以牧草为欧洲文明的产物，而我国亦不知继续发展，长落人后，至堪浩叹。"

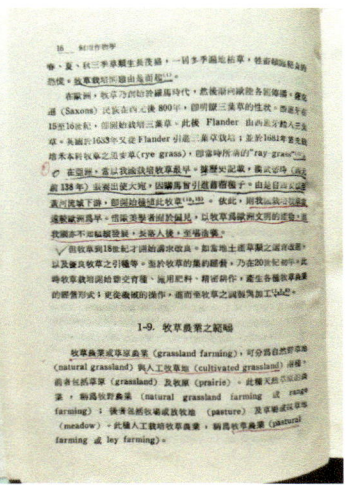

《饲用作物学》

盛城桂、张宇和（1978）指出，很早就为人们驯化的饲料作物苜蓿，于前 500 年由西亚传到希腊，公前 200 年到达意大利和北非，再经骆驼队来到中国，花了近 400 年的时间。以后途径西班牙，飘洋过海到美洲的墨西哥等地，1851 年才抵达美国，足足花了 1 300 年。

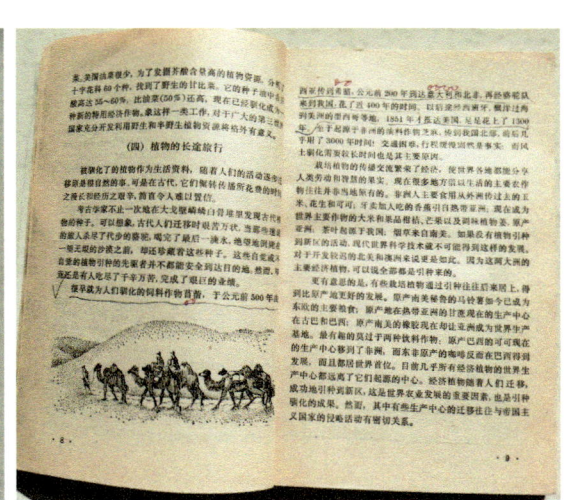

《植物的"驯服"》

2. 苜蓿引入者

谢成侠（1955）认为，《史记·大宛列传》既称"汉使采其实来，"这位汉使也许是和张骞同时去西域回国的无名英雄，或是之后由往来于中西之间的使者或者商人带回的。

石声汉（1963）考证《史记》和《汉书》认为，苜蓿是张骞死后，汉使从大宛采来的。石声汉（1963）认为，第一个将苜蓿与张骞联系起来的人不是与张骞时代相同的司马迁以及继承司马迁的班固，而是比班固（1世纪末）稍后的王逸（后汉顺帝时人，大约1世纪后半到2世纪初）；即从后汉初叶起，西域植物之称为张骞引入的，才渐渐多起来。王逸是文苑人物，在私人著作中，采取民间传说材料，来装饰自己的文章，或借此发抒个人感慨，对张骞作称颂，并不违背文学作品的通例与原则。

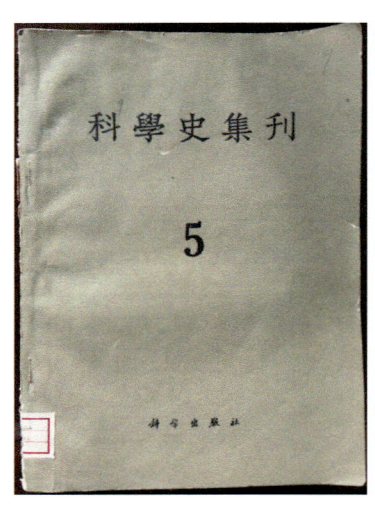
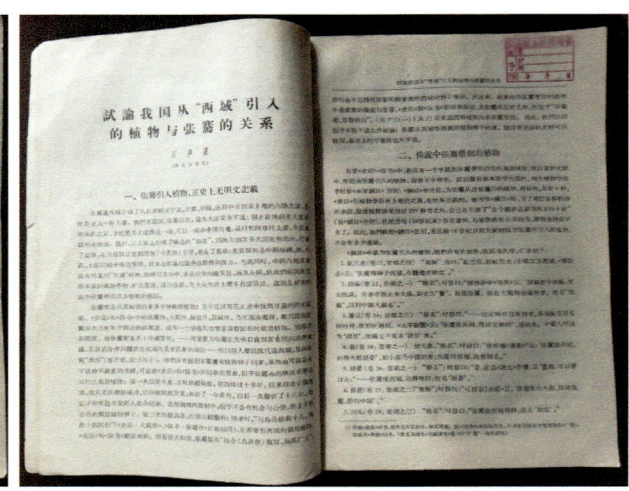

《科学史集刊》

方豪（1987）指出，《史记·大宛列传》谓：汉使取苜蓿、蒲陶实来，于是天子始种苜蓿、蒲陶。不一定为张骞或李广利传入。

3. 苜蓿原产地

谢成侠（1955）研究指出："在《史记》和《前汉书》中均指出，大宛和罽宾二国均有苜蓿。考罽宾汉时在大宛东南，当今印度西北部克什米尔地方，这些地方都有过汉使的足迹。所以可以肯定地说，中国的苜蓿应该是由大宛带回来的"从正史《史记》《汉书》《资治通鉴》和《通鉴纪事本末》的记载可看出，我国汉代苜蓿来自大宛是有明确记载的，也是千真万确的，也就是说我国汉代苜蓿原产地大宛，而并非他地，这是我国古代对世界苜蓿史的贡献。

王栋（1956）指出：苜蓿原产中亚西亚等干旱地带，以其产量高，品质好，适应性广，现在世界各国都有栽种，是分布最广的一种牧草，估计全世界种植面积达2000万公顷之多。在国内栽种苜蓿也有很久的历史，大概已有两千多年之久。据历史的记载，汉武帝时遣张骞通西域，可能苜蓿和大宛马同时输入。《史记·大宛传》："马嗜苜蓿，汉使取其实来，于是天子始种苜蓿。"可见苜蓿的栽种始于汉武，而其来源则引自大宛，即现在的中亚西亚，经由新疆、甘肃而至关中。

4. 沙苑苜蓿引种栽培

谢成侠（1959）指出，这些马坊的土地显然只是指耕种的实际面积，绝不是八马坊的全部土地。因"岐、豳、泾、宁间，地广千里，置八坊。"当时在今陕、甘两省的牧马地至少有10万顷以上，而这些地只是唐初成立马坊时为了生产饲草而开辟的。所以在八坊的地域内，划出1 230顷作为田地，募民耕种，以其收获牧草。韩茂莉（1987）指出，贞观，麟德年间唐代廷岐、豳、径、宁四州设置八马坊，自此四州收坊之地被统称为岐阳岐地。它在唐前期宫马饲养中所占地位甚重。这时坊地内除牧地外；有地1 230顷为耕种牧草（苜蓿）之用，供给京师附近闲厩所需牧草（苜蓿）。

杜甫《沙苑行》曰："龙媒昔是渥洼生，汗血今称献于此。苑中騋牝三千匹，丰草青青寒不死。"谢成侠（1955，1959）指出，杜甫的《沙苑行》这是对沙苑监养马的情形的记述，其中饲养的马为汗血马，汗血马嗜苜蓿，"丰草青青寒不死"或指苜蓿在寒冷环境中仍然没有死的景象（孙启忠，2017），从这里可看出沙苑监中应该种有苜蓿。清代魏元旷亦有《沙苑行》曰："沙苑秋风苜蓿肥，往往娇嘶思北鄙。秣饲同登监牧门，千群万匹如云屯。"沙苑确有苜蓿种植。

沙苑牧监是自唐以后，各朝代马、牛、羊重要的养殖基地（谢成侠，1959）。明代有不少诗人咏及沙苑苜蓿，如郭钰诗曰："沙苑烟晴苜蓿肥，朝回天马锦为鞿。"邝露在《长安梦》曰："苜蓿未移沙苑雪，葡萄终引婺宫。"林鸿《题桃花马》曰："灞桥浴水落花雨，沙苑追风苜蓿秋。"

谢成侠（1955）指出，晋陕300多年的养牛实践经验证明，这些地区所用饲草主要是苜蓿，足以代替豆料的营养，并证明苜蓿是养牛的理想饲草。蒲松龄《农桑经》曰："苜蓿，可种以饲畜，初生嫩苗亦可食。四月结种后，芟以喂马，冬积干者亦可喂牛驴。"《蒲松龄集》亦有同样的记述。

三、以诗证史

以诗证史，在宋代就开始了。明唐元竑《杜诗攟》曰："自宋人倡'诗史'之说，而笺杜诗者遂以刘昫、宋祁二书据为稿本。"

唐岑参《北庭郊候封大夫受降回献上》诗曰："胡地苜蓿美，轮台征马肥。""轮台"为唐庭州三县之一（《新唐书·兵志》），苜蓿作马的饲草在轮台（即今新疆轮台县）有种植。岑参另一首《题苜蓿烽寄家人》曰："苜蓿烽边逢立春，胡芦河上泪沾巾。"柴剑虹（1981）认为《题苜蓿烽寄家人》一诗当作于天宝十年（751年）立春诗人首次东归途中，诗中的胡芦河即玉门关附近的疏勒河，黄文弼（1954）（吐鲁番考古记）指出苜蓿烽为一地名，盖因种苜蓿而得名。《钦定皇舆西域图志》记载，"三陇山……有五峯其一名苜蓿峯东距敦煌县城一百五十里。按唐岑参《题苜蓿烽寄家人》诗云，苜蓿峯前逢立春注云，玉门关外有五峯苜蓿峯其一也。"

陈舜臣（2009）指出，乾元二年（759年）杜甫前往秦州（今甘肃省天水市一带）时，作了一首《寓目》诗曰："一县葡萄熟，秋山苜蓿多。"岑参和杜甫作《题苜蓿烽寄家人》和《寓目》分别距张说《大唐开元十三年陇右监牧颂德碑》[开元十三年（725年）] 26年和34年，这也验证了苜蓿已是唐西北普遍种植的饲草了。

第三节　苜蓿文史成为热点研究

进入新的历史发展时期，随着苜蓿在我国畜牧业乃至农业中地位的不断提升，作用不断增强，苜蓿的文化历史也引起了人们的高度重视，近十几年来，苜蓿文史已成为许多学者关注和研究的重点领域，苜蓿文史研究热已悄然兴起，苜蓿的文化历史受到人们的青睐。

一、张骞与苜蓿的关系

李荣华，樊志民（2017）研究认为，苜蓿和葡萄是中国最早从西域引进的两种农作物。关于域外农作物的引进，传统社会把其与张骞联系起来，认为它们是张骞从西域带回来的。这种认识是从东汉后期开始形成的。《齐民要术·卷三·种蒜第十九》引王逸语，"张骞周流绝域，始得大蒜、葡萄、苜蓿。"《太平御览·卷七百七十九·奉使部三》引王逸子语，"或问：'张骞，可谓名使者欤？'曰：'周流绝域，东西数千里。其中胡貊皆知其习俗；始得大蒜、葡萄、苜蓿等。'"《太平御览·九百七十七卷·菜茹部二》引延笃《与李文德书》曰："折张骞大宛之蒜。"文学家王逸、经学家延笃等人认为葡萄、苜蓿、大蒜等是由张骞带回来的。他们的这种认识在相当程度上代表着当时人们的观念和认知。

古代东西方交通分陆路与海陆，陆路的典型代表是张骞出使西域的途径。郑曼青与林品石（1982）所编撰的《中华医药学史》谈到张骞出使西域（汉武帝元狩元年，前122年），横贯帕米尔高原的丝路已通行，传入中国的植物有葡萄、苜蓿、胡葱、胡荽、胡瓜、胡桃、胡麻（芝麻）、石榴、无花果、红蓝等。另外，西域或是中亚地区的马，也可能透过贸易与亚洲移民迁徙，传到欧洲。此一说法并不完全正确，除了可以确定苜蓿与葡萄是张骞出使西域时引进中国，其他植物的引进有待考证。

二、"苜蓿"溯源

《汉书·西域传》纪录西域地区语言文化的特殊：

自宛以西至安息国，虽颇异言，然大同，自相晓知也。其人皆深目，多须髯。善贾市，争分铢。贵女子；女子所言，丈夫乃决正。其地皆丝漆，不知铸铁器。及汉使亡卒降，教铸作它兵器。得汉黄白金，辄以为器，不用为币。

大宛以西的地区，虽有不同的方言，但有相似的语系与文化，彼此之间可以沟通。古代安息帝国融合不同文化与民族，吸收并结合波斯文化、希腊文化与各地方文化的艺术、建筑、宗教信仰和皇室体制。劳费尔（1919）认为张骞那时候的月氏是印欧民族，讲的是北伊朗语，也推论大宛以西的区域，虽有不同的方言，但是基本上属于古代伊朗语系，所以彼此可以互通（Laufer, 1919）；从语言学角度分析，张骞当时可能把苜蓿以大宛的地方用语记下，极可能是已绝迹的地方方言。

三、具有中国文化特色的"苜蓿"名称

1. 融入中国文化的"苜蓿"名称

《史记》记载，汉朝时，张骞出使西域，引进苜蓿（张玉燕，2017）。张玉燕（2017）进一步指出，《史诗》记载，苜蓿从西域传入中国。在中国文献中，苜蓿有不同的名称，例如：目宿、木粟、怀风、连枝草等。"苜蓿"一名，很可能是外来语的音译。李时珍在《本草纲目》中引用不同出处，提到苜蓿有许多别名，整理如下：木粟、光风草、牧蓿、怀风、光风、连枝草、塞毕力迦等。佛教经典中的苜蓿，是药三十二味之一，例如，《最胜王经》记载："苜蓿香，塞毕力迦"；《梵语杂名》曰："苜蓿，萨止萨多。"刘爽，惠富平（2021）基于对中国古籍库与中国方志库中的苜蓿记载的考察，发现苜蓿名实的流变呈现出两种迥然不同的面貌。即古籍记载中苜蓿名实相对单一明了，对苜蓿花色的指向比较明晰；方志中则比较复杂，出现了大量苜蓿异名，常与其他植物相混淆。其名实的流变实际上是苜蓿在中国传播历史进程中的一个缩影。

劳费尔（Berthold Laufer）认为，中文的苜蓿二字，意思是"最好的草"，应该是古波斯语 buksuk 的译音，这个音译保留了古波斯语的发音（Laufer, 1919）。就地点而言，《史记》与《汉书》

记载的宛国，或是大宛，当时已有相当规模的城市文明与社会结构；公元前130年左右，汉朝大使张骞出使西域时抵达大宛（张玉燕，2017）。张玉燕（2017）指出，苜蓿随着中国与大宛之间的交流传入，也见证西方印欧民族文明大规模与中国文明接触的过程；从此，直到13世纪初，东方与西方世界持续交流接触，西方植物、其他伊朗与亚洲中部的其他植物也陆续输入。

1961年波兰汉学家，Chmielewski（1961）对劳费尔之说产生怀疑，在他看来，既然在伊朗语里找不到与"苜蓿"对应的词，就应另找词源。他认为我国汉代的苜蓿有可能来自罽宾（Kashmir）。罽宾也出产苜蓿，汉使在那里见到过苜蓿。当时罽宾人讲的语言是一种与梵语有关系的印度方言，虽然与"苜蓿"对应的早期罽宾语词未能找到，但苜蓿是一种产蜜植物，而梵语称蜜的词mākṣika就有可能被用作产蜜植物苜蓿的名称，因此汉语"苜蓿"就是mākṣika一词在罽宾的某种方言形式的音译。陈竺同（1957）研究认为，苜蓿或作目宿，亦称牧宿、木粟等，都是同音异译，与梵语及波斯语有关系。

蒲立本（1962）（Pulley blank）却对此表示怀疑，他主张大宛语与后之"粟特"（Sogdiana）有关，"苜蓿"一词应来自吐火罗语或伊朗语，但其原型究竟是什么，则不得而知。另外，1934年，日本学者桑原骘藏（1934）在《张骞西征考》中指出，苜蓿或作目宿亦称牧宿、木粟等，此亦似为外国语之音译。Kingsmill照例主张苜蓿为希腊语Medikai之音译。杨巨平（2007）认为，"苜蓿"一词与希腊语表示苜蓿的"ηδικόÔ"一词的谐音也似乎有关。据斯特拉波，米甸（Media）地区有一牧场，盛产苜蓿。这是马最爱吃的一种草。因产于米底，故被希腊人称为"米底草"（Medic，δικη'πóα）。

《汉语外来词词典》中"苜蓿"：源（原始）伊兰或大宛语buksuk、buxsux或Buxsuk。孙景涛（1984）指出，苜蓿来源于buksuk，buxsux在古波斯语或吐火罗语中是大宛的意思。劳费尔（1919）认为，苜蓿可能与古伊兰语的buksuk或buxsux有关。冯天瑜（2004）亦认为，苜蓿为古大宛语buksuk的音译。张平真（2006）指出，"苜蓿"的称谓源于古代引入地域的大宛语，由于当时中亚和西亚两地区交往频繁，各国的语言相通，所以大宛语和波斯语都很相近，"苜蓿"就是古伊斯兰语和大宛语buksuk或buxsux的音译名称。《汉语大词典》（1986—1993）和《辞海（农业分册）》（1978）持同样的观点，认为"苜蓿"为古大宛语buksuk的音译。许威汉（1992）认为，"目宿""苜蓿""蓿""牧宿""蔷蓿""宿"和"木粟"之类原是外来词音译后的不同写法。于景让（1952）认为，"目宿"一词是其原产地伊朗语Musu的对音。由于对"苜蓿"词源的理解不同，所持的观点也不同，徐文堪（2007）指出，在词典里解释"苜蓿"条目的词源时，似宜数说并存。汉使所携回者初名为目宿，后世加草头成为苜蓿。在敦煌汉简中提到目宿："恐牛不可用，今致卖目宿养之。目宿大贵，束三泉，留久恐舍食尽，今且寄广麦一石（后略）"。

1952年于景让指出，在汉武帝时期，和汗血马连带在一起，同时自西域传入中国者，尚有饲料植物*Medicago sativa* L.，这在《史记》和《汉书》中，皆作"目宿"。他进一步指出，《汉书·西域传》云："大宛国……马耆目宿。……汉使采蒲陶目宿种归。天子以天马多，又外国使来众，益种蒲陶目宿，离宫馆旁极望焉。"唐颜师古在其下注曰："今北道诸州，旧安定北地之境，往往有目宿者，皆汉时所种焉。"于景让（1952）认为，按目宿一词，本是其原产地伊朗语Musu的对音。在汉代，尚不见有现在所写的苜蓿二字。因为是对音，故尚有木粟、牧宿等的同音异字。至于在目宿二字上冠以草头（艹），而正式成为中国式学名，则大约是始于唐代的《译经》。唐代名僧义净（635—713年）留印度25年后，归国时年逾六十，在他翻译的佛经中有苜蓿之名。于景让（1952）指出，在义净之前，北周僧阇那崛多（522—600年）译《金光明经·大辩天品》中，亦有苜蓿。在唐天竺三藏菩提流志译《广大宝楼阁经卷》中结坛场法品中，有"所谓安悉、薰陆、悉必利迦者，苜蓿也。"李锦绣（2009）指出，《汉书·西域传》作"目宿"，《通典》改为"苜蓿"，该词沿用至今。

2. "苜蓿盘"在中国文学中的意涵与意象

苜蓿在汉朝引进中国，唐宋之后渐渐成了中国文学的重要主题之一，但同一植物，成为典故，文化意义与内涵也随着时代转变（张玉燕，2017）。

潘富俊（2011）的《中国文学植物学》指出：

汉武帝从大宛取得汗血宝马，同时引进饲料草苜蓿。苜蓿除供喂食牛马之外，嫩芽幼叶也能煮食供作菜蔬；也大量使用在农业上当绿肥植物。因此栽植普遍，到处均可采集，且"年年自生，刈苗作蔬，一年可三刈"，常作为菜蔬不足时的应急食物。诗文中多用于表示粗食淡菜，如宋代汪藻《次韵向君受感秋》："且欲相随苜蓿盘，不须多问沐猴冠。"及刘克庄《次韵实之》："向来岁月半投闲，莫叹朝朝苜蓿盘。"

原产西域，汉武帝由西域大量引进军马，张骞通西域时将苜蓿引进中国，最初当作马饲料，后来亦充作蔬菜。苏东坡《元修菜》："张骞移苜蓿，适用如葵菘。"说的就是此事，葵是冬葵，菘是白菜。但苜蓿不是常蔬，只有蔬菜供应不及或贫穷人家才会采食。譬如宋人陈造《谢两知县送鹅酒羊面》诗句："不因同里兼同姓，肯念先生苜蓿盘。"及王炎《用前韵答黄一翁》："细看苜蓿盘，岂减槟榔斛。"两者都说明"苜蓿"为穷困时的食物或穷人的粗菜。

从以上描述可以看出，苜蓿，不仅是汗血马吃的高级牧草，而且还成为贫困之际充饥的食物，而"苜蓿生涯""苜蓿盘空""苜蓿堆盘"等典故、专用词汇，意思是官小家贫，只能吃苜蓿充饥。《儒林外史》第四十八回，余大先生说道："我们老弟兄要时常屈你来谈谈，料不嫌我苜蓿风味怠慢你。"。在《搜韵》网站检索"苜蓿盘"一词，出现133次，可见此典故出现频率极高（张玉燕，2017）。苜蓿原是牛马饲料，但是后来小官或人民生活清苦，只能以苜蓿嫩芽或幼苗佐餐，苜蓿的象征意义随之转变。

苜蓿，又称作怀风草、光风草、连枝草，可做饲料，也可食用，但表示非常贫困的时候，吃和马一样的食物。例如，唐代诗人薛令之的《自悼》，更清楚点出吃苜蓿的悲惨光景：

> 朝日上团团，照见先生盘。
>
> 盘中何所有，苜蓿长阑干。
>
> 饭涩匙难绾，羹稀箸易宽。
>
> 只可谋朝夕，何由保岁寒。

胸怀大志，却命运潦倒；长安的富裕、浪费，和现在生活贫困吃苜蓿，形成强烈的对比。

苜蓿盘意味贫苦生活，也可从苜蓿收录在《救荒本草》中看出这层意义。明太祖朱元璋的儿子朱橚，动用大量人力物力，在河南开封附近，收集不同种植物样本，共采集了400多种植物种苗，并种在植物园里，详细观察植物的形态特征、成长发育与繁殖过程，并用文字记录下来，然后找画家按照

实物绘图,编辑成书《救荒本草》(1406年),收藏苜蓿一则,插图附文字说明如图:

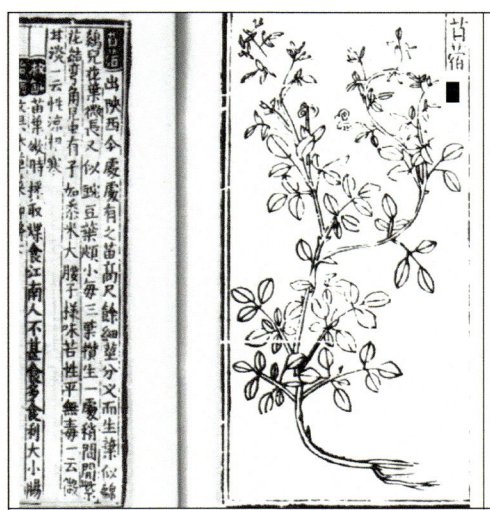

引自《救荒本草》的苜蓿图和文字说明(张玉燕,2017)

3. 苜蓿的战争意象

马是古代战争中的重要交通工具和作战工具。马嗜苜蓿,苜蓿常常成为战争意象的一部分,苜蓿甚至成了马的代称,这也是文学修辞上很特别的例子。例如,明代夏完淳《大哀赋》:"嘶风则苜蓿千群,卧野则骢骏万帐。"唐代岑参《题苜蓿峰寄家人》,开场是苜蓿,点出战争的意象:

苜蓿峰边逢立春,葫芦河上泪沾巾。
闺中只是空相忆,不见沙场愁杀人。

平定准噶尔告捷礼成恭纪一百韵

清·钱大昕

圣武恢三略,皇谟运六奇。成功惟独断,制胜在乘时。
蒲海沙重沓,葱山路险巇。从来称倔强,自古虚羁縻。
耆定先猷远,威棱祖烈垂。洗兵斡难水,饮马朮居湄。
继序思皇考,宣灵憺赫曦。电矛明煜煜,铁骑骋骙骙。
解网邀宽典,包蒙廓圣规。烟销光禄塞,戍撤拂云祠。
望气旄头暗,交争蜗角岐。控弦多不靖,鸣镝竞相持。
遂有瓜分势,真成瓦解危。五原齐纳款,百部各陈词。
赞谒呼韩服,朝正突利随。龙颜瞻咫尺,雁序列逶迤。
食葚鸮音革,迁乔莺羽蓥。感恩咸蹈舞,效力愿驱驰。
枕席过师稳,山川聚米知。贻危情正迫,待拯踬方跂。
天意诚多助,宸衷决在兹。非常承庙算,定识破群疑。
鹅鹳堂堂阵,蛟蛇正正旗。身璋咨典瑞,竹矢问工倕。
燕颔元无匹,龙骧本不羁。材官挥黑槊,都尉夹长铍。

乡导诸当户，前茅左谷蠡。指㧑驱阿跌，筹策用乌黎。
献岁旃蒙纪，中星鹑火移。初消盐泽冻，渐解雪山澌。
两路分镳进，曾峰八阻深。柳垂青冉冉，草长碧猗猗。
鼓角从天下，旌旄匝地麾。储胥云昼护，敕勒曲宵吹。
斥堠风无警，飞刍士不疲。悬梯缘崱屴，拔帜出厜㕒。
闻说王师至，还如化雨霶。市皆安帘幕，农自乐耕耘。
羌女供华鬘，伧童和竹枝。官茶尝蜡面，捆酒醉醇醨。
风定时闻柝，沙平可画锥。受降来款款，慕德舞僛僛。
自是钦威信，奚烦剖质剂。投戈胥帖伏，折箠足鞭笞。
巴罕峰回互，伊犁水渺瀰。长驱犹破竹，飞渡自浮箄。
壮士争探穴，残兵尽倒旗。何曾遗矢镞，底事缺铢锱。
空幕巢乌乐，求林班马悲。兔投徒趯趯，鹿走漫伎伎。
五技真穷矣，三军果赫斯。金牙擒贺鲁，赤谷缚昆弥。
豨突逃无地，鲸奔气已衰。渠魁施械杻，苞檗逮妻儿。
去疾真能尽，除残靡有遗。三年鬼方伐，六月太原师。
在昔犹夸大，于今况倍蓰。氛霾澄绝徼，扫荡涤纤疵。
一月闻三捷，崇朝达九逵。摧枯堪比似，压卵信如之。
寮寀群加额，君王屡额颐。如神归睿算，用命在戎绥。
异数施何涯，酬庸赏不訾。大勋惟豫顺，至德更谦㧑。
保泰恒兢业，承乾益儆咨。明禋荅苍昊，毖祀展黄祇。
列圣神灵祐，重光基绪丕。孙谋念诒厥，祖武庶绳其。
弓剑桥陵巩，球刀手泽诒。戊辰书祝册，丁巳卜神蓍。
琴抚空桑响，卮当宥坐攲。告成陈泂赉，述德溯丰邠。
重广尊亲义，还明教孝思。大安崇懿号，长乐晋纯禧。
鸾诏颁三殿，鸿恩溥八夤。康衢频击壤，编户庆含饴。
振旅军容壮，遄归士气怡。山庄亲驻跸，曲宴各扬觯。
馔出红螺碗，汤擎白雪瓷。芳醪浮凿落，救匕载留犁。
上将橐鞬服，名王熊豹姿。需云占宴乐，兑泽布含孳。
紫徼通千嶂，黄图拓四维。版章连漆齿，正朔被长𠯮。
黄赤双环极，玑衡六合仪。土圭测分寸，勾股算豪釐。
竖亥东西步，羲和昏旦推。广轮穷道里，准望定高卑。
铜柱铭勋地，桥门饮至期。摩厓镌篆籀，勒石负夔跜。
俾彼瞻云汉，昭兹拓色丝。汤盘孔鼎作，金检玉符基。
天锡仁兼勇，神符轩与羲。六韬归掌握，万里中机宜。
方略璇图炳，编摩柱史为。高文垂誓诰，钜笔染淋漓。
王会陈絺露，昆仑贡织皮。上林栽苜蓿，大予舞侏㒧。
鸿业昌而炽，明堂坐以治。铙歌拟朱鹭，愿侑万年巵。

4. 苜蓿与西域意涵

苜蓿和西域，也见证国家的兴衰。唐代杜甫的《寓目》吟咏无限的感慨：

> 一县蒲萄熟，秋山苜蓿多。
> 关云常带雨，塞水不成河。
> 羌女轻烽燧，胡儿制骆驼。
> 自伤迟暮眼，丧乱饱经过。

这首诗写作时间是 759 年，当时杜甫年近五十，曾目睹唐朝由盛到衰，特别是安史之乱后，唐帝国江河日下，失去了敦煌以西的广大西域，杜甫在路过西域时的心情写照。杜甫的另一首诗《赠田九判官》自比渔樵，提到苜蓿的典故，主要还是赞叹哥舒翰将军的座骑，基本上，大宛马、汉嫖姚等都是譬喻古代英勇的武将：

> 崆峒使节上青霄，河陇降王款圣朝。
> 宛马总肥春苜蓿，将军只数汉嫖姚。
> 陈留阮瑀谁争长，京兆田郎早见招。
> 麾下赖君才并入，独能无意向渔樵。

古代产马地区，出现不少著名的马，例如欧亚草原，有胡马（现代蒙古马）、乌孙马或天马（现代伊犁马）、汗血马（大宛马）与安息马。

汉代的文学作品也适切地反映来自西域的植物，例如，东汉蔡邕的《翠鸟诗》、张衡的《南都赋》等，均已出现石榴记载；葡萄、苜蓿亦在多首汉赋、汉诗出现。在大宛附近的罽宾国也盛产苜蓿，《汉书·西域传》指出苜蓿的产地是罽宾：

罽宾地平，温和，有目宿，杂草奇木，檀、櫰、梓、竹、漆。种五谷、蒲陶诸果，粪治园田。地下湿，生稻，冬食生菜。

5. 苜蓿与天马的意象

中国文学中，"天马"是一个比较笼统的概念，表示西域地区的好马。唐诗常用苜蓿和天马的典故，唐代王维《送刘司直赴安西》指出苜蓿与葡萄的典故来自张骞出使西域：

> 绝域阳关道，胡沙与塞尘。
> 三春时有雁，万里少行人。
> 苜蓿随天马，葡萄逐汉臣。
> 当令外国惧，不敢觅和亲。

王维送友人刘司直赴边境时写的五言律诗，前两联写景，介绍友人赴边境的道路情况，指出路途遥远，寂寞荒凉，环境恶劣。第三联中"苜蓿"对"葡萄"，"天马"对"汉臣"，并不是直接描述沿途所见丝绸之路风光，而是情感的投射，想象的时间拉到汉代，接续第四联表达内心期待刘司直出塞建功立业，弘扬国威。再回到第三联中用的动词"随"和"逐"，巧妙地点出古代的东西交流与交通，因为外交与军事的原因，"苜蓿"与"葡萄"传入中国，汉臣骑天马，引进新的农业与畜牧业。古代重视宝马，和战争息息相关，随着战争与外交等互相交错的因素，马饲料苜蓿向西传、也向东传。

此外，唐代张仲素《天马辞》之一，提到天马引起帝皇的重视，也描述了玉门关的景象：

天马初从渥水来，郊歌曾唱得龙媒。
不知玉塞沙中路，苜蓿残花几处开。

在玉门关外，绿洲的水并不是来自河，而是泉水，而附近的渥洼池，仰赖阿尔金山的雪水补给，形成的水源，提供天马饮用，就是渥水。这首诗描述点出玉门关附近苜蓿生长的特殊地理与气候。诗中的苜蓿并不是引进皇宫附近苜蓿园种植的品种，可能是玉门关附近天然长成的苜蓿。

6. 苜蓿与葡萄及羊鼠的意象

唐代贯休《塞上曲》二首其一引用的典故，仍绕着中国边境的景象，主题是外交与军事，葡萄与苜蓿在诗中平行对仗：

锦袷胡儿黑如漆，骑羊上冰如箭疾。
蒲萄酒白雕腊红，苜蓿根甜沙鼠出。
单于右臂何须断，天子昭昭本如日。
一握蟹髯一握丝，须知只为平戎术。

我们看见的是骑羊，而不是骑马的景观。此诗提到苜蓿根很甜，还引出沙鼠。苜蓿根，又称作土黄耆，中草药之一，具有清湿热，利尿之功效。治黄疸，尿路结石，夜盲。

我们可以观察到，中国从西域引进马饲料苜蓿，一方面苜蓿、马、西域、战争等文学意象紧紧相扣，苜蓿甚至成了汗血马或战马的转喻；另一方面，在贫困之际，人们会以苜蓿勉强维生，苜蓿成为清贫或是俭朴生活的比喻。但是，文学中的苜蓿，用法通常比较笼统，不一定就是指晚近科学分类中的紫花苜蓿（张玉燕，2017）。

四、苜蓿诗词歌赋的研究

孙启忠（2016）研究指出，苜蓿原本是马的饲草，小官生活清苦，只能以苜蓿嫩芽或幼苗佐餐。典出唐代薛令之的自伤诗："朝日上团团，照见先生盘。盘中何所有？苜蓿长阑干。"衍生出"苜蓿堆盘""苜蓿阑干""苜蓿空盘""苜蓿生涯"等成语。从此，开启和丰富了我国以苜蓿为意涵、意象为主的植物诗词歌赋。潘富俊（2015）指出，苏东坡《元修菜》："张骞移苜蓿，适用如葵菘。"葵是冬葵，菘是白菜，苜蓿则不是常规蔬菜，只有蔬菜供应不及或贫穷人家才会采食。不如宋陈代造《谢两知县送鹅酒羊面》诗句："不因同里兼同姓，肯念先生苜蓿盘。"及王炎《用前韵答黄一翁》："细看苜蓿盘，岂减槟榔斛。"两者都说明苜蓿为穷困时的食物或穷人的粗菜。

潘富俊（2015）认为，陆游描写苜蓿的《春残》："苜蓿苗侵官道合，芜菁花入麦畦稀。倦游自笑摧颓甚，谁记飞鹰醉打围。"该诗对后世影响深刻。潘富俊进一步指出，《全唐诗》一书中收录的鲍防《杂感》则提到："天马常衔苜蓿花，胡人岁献葡萄酒。"天马、苜蓿是唐朝盛世的象征。

孙启忠（2016）在《苜蓿经》中对苜蓿诗词联语进行了研究，分诗词、联语锦句和谚语歌谣三部分，其中苜蓿诗词按南北朝、唐朝、宋朝、元朝、明朝、清朝及晚清民国七个时期，收录了458首不同时期的诗词；联语锦句中的苜蓿又分苜蓿楹联、挽联、桥联和诗联；谚语歌谣中的苜蓿分为谚语民谣和歌谣。自此开启了我国古代苜蓿诗词歌赋研究的先河，极大丰地富了我国苜蓿文化的研究内涵。

孙启忠（2017）《苜蓿赋》在《苜蓿经》涉及的诗词歌赋的基础上，又进行了全面的研究和扩充，收录了自汉代以来有文字、书画等记载的以苜蓿为主要对象或者与苜蓿相关的诗词歌赋 1 122 首，是汉代以来我国 2 000 多年历史文化传承中扮演重要角色的诗人、词人、政治家、科学家、社会活动家等所赋苜蓿主题的系统归集。

五、汉代苜蓿的引进与适应性及明清分布

1. 汉代苜蓿的引进与种植

经过丝绸之路被引进的苜蓿，首先种植在关中地区，试种与风土适应后，逐步推广到华北和其他地区，融入到传统社会中，成为推动中华农业文明发展的重要因素之一（李荣华，樊志民，2017）。范延臣（2013）研究指出，汉代苜蓿在我国的本土化适应主要表现为，首先是自然风土的适应。我国古代大致以长城、秦岭——淮河、长江、岭南为界，从北向南依次形成不同的地域类型，也正因为我国地域辽阔、地区间差异大，从地理环境上就造成了域外引种作物的多样性，几乎每一种外来物种都能找到相似的地理环境，并且成功地繁育下来。苜蓿自西向东引入，"植之秦中，渐及东土"，其传播线路与丝绸之路大致相符合。丝绸之路沿途皆处于北半球中纬地带，彼此间有着较适宜的气候环境，适合作物引种。其次是技术改进及成熟栽培技术体系的形成。在苜蓿的引种、栽培过程中，以对其自然特性及充分认知为基础，运用我国传统精耕细作技术体系的指导理论和具体技术举措，不仅逐渐形成了一套颇为成熟的苜蓿栽培技术体系，而且也使苜蓿种植深刻融入到我国作物种植体系之中。另外是文化接纳，苜蓿在原产地与引入地中体现着不同的价值。当苜蓿传入我国，更深层次的意义也可以说是苜蓿文化逐渐融入到我国传统文化中来，表现为苜蓿命名的中国化、苜蓿融入诗歌中、苜蓿的饮食文化内涵——苜蓿盘等，乃至融入我国的本草体系中。

2. 汉唐苜蓿的推广

汉唐堪为中国历史上养马的高峰期，但伴随养马业的需求与饲料的匮乏，苜蓿作为优质牧草在西汉被引种入中国，苜蓿的引种无疑对汉唐养马起到了关键作用。苜蓿"植之秦中，渐及东土"的传播路线，与两汉之际统治中心的东移密切相关。两汉之际政治中心东移洛阳，苜蓿也随之向黄河中下游地区推广。魏晋南北朝时期苜蓿在北方的种植远盛于南方。在农牧互动、国家统一的大背景下，隋唐承袭北朝，苜蓿的种植范围打破南北界限，此或亦为南北整合的具体表征。唐代苜蓿种植的发展，则相当程度上得益于陇右 8 坊 48 监和 1296 个陆驿的设置"自贞观至麟德四十年间，马七十万六千；置八坊岐、豳、泾、宁间，地广千里……其始置四十八监也，据陇西、金城、平凉、天水，员广千里……"又"（八马）坊之占地千二百三十顷，以给刍秣"（欧阳修，《新唐书·兵志》卷五十）。唐初专门开辟了生产饲草的基地，据《大唐开元十三年陇右监牧颂德碑》："蒔茼麦、苜蓿一千九百顷，以茭蓄御冬。"仅陇右牧场一地，苜蓿种植面积就有如此之大（刘啸虎，2023）。

3. 明清苜蓿在中国的分布

刘爽，惠富平（2021）对各地方志中的苜蓿记载次数进行计量分析，可以直观地看到，明清时期的苜蓿主要分布于西北、华北、江淮等地，在长江中下游、东南沿海、西南边疆等地也有一定分布。结合明清时期的社会经济因素分析分布格局的成因：首先，明清卫所的设置与变迁使得苜蓿作为军

马草料成为卫所屯田中不可或缺的经营项目，在边疆地区、漕运沿线深入传播；其次，明清灾区社会的形成促发了苜蓿的广植与利用，苜蓿成为贫苦农家的"救荒奇菜"和贫困城邑的"备荒良品"；最后，苜蓿栽培技术的简易与传统蔬类成法的套用，使得苜蓿能够持续、长久、便捷地在中国传播。在清中叶后，采用苜蓿治理盐碱地已经在河北、山东普遍实施，其与其他作物的轮作原理与方法也已经颇为成熟。总之，与苜蓿相关的农艺技术已经形成体系，苜蓿的本土化、区域化和农耕化在明清时期进一步加深。

第四节 苜蓿文史创新性系统研究

一、对古代苜蓿的创新研究

2016—2020年，孙启忠苜蓿创新团队对我国2 000多年苜蓿的起源、传播、栽培、利用及生物特性研究等分17个专题进行了深入、系统的研究。从2016年在《草业学报》第一期发表"我国古代苜蓿引入者考"开始，至2019年《草业学报》第六期发表"苜蓿的起源与传播考述"，先后发表了17篇有影响的论文（其中1篇发表在《草地学报》）。

目前所见的苜蓿史研究成果以孙启忠团队的系列论文最为突出，也最为全面，相关论文首先考证了我国苜蓿引入者、引入时间及分析了张骞与苜蓿传入我国的关系和贡献；其次基于苜蓿传入我国的时间与路径，也探析了世界苜蓿的起源与传播路径，第三考察了中国古代苜蓿物种的差异问题，综述了中国古代苜蓿的植物学研究以及近代苜蓿的生态学研究；第四根据古代文献对苜蓿的记载，比较详细地梳理了两汉魏晋南北朝时期、隋唐五代时期、明代以及清代乃至近代等不同历史时期的苜蓿栽培利用情况（刘爽、惠富平，2021）；第五追溯考证了苜蓿名称的来源及异名；第六系统全面收集、考证整理了我国苜蓿史料；第七深入挖掘、系统梳理了与苜蓿相关的诗词歌赋。

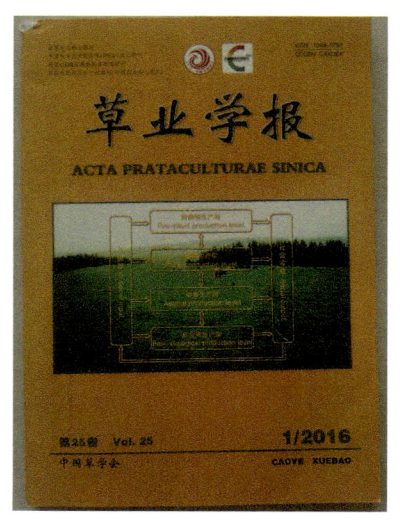
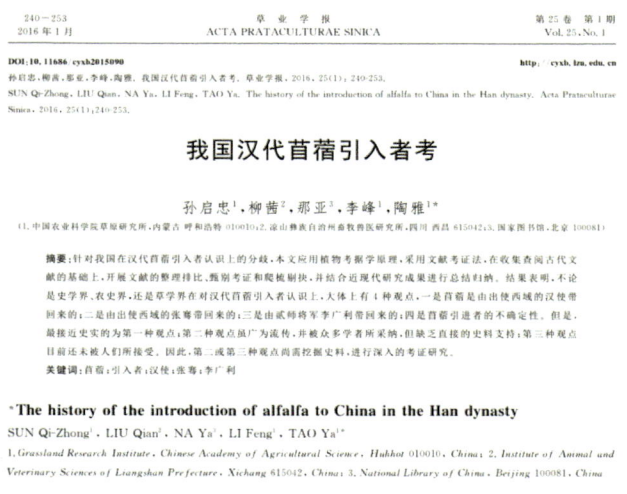

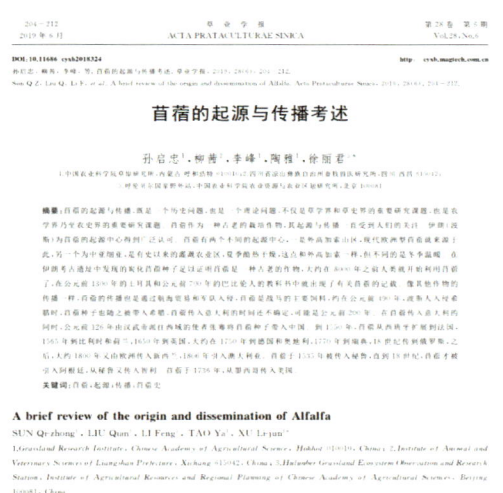

苜蓿相关文章

中国近现代苜蓿栽培史研究重要论文

作者	题目	出处
黄以仁	苜蓿考	东方杂志，1911，8（1）：26-31.
向达	苜蓿考	自然界，1929，4，（4）：324-337.
于景让	汗血马与苜蓿	大陆杂志，1952，5（9）：24-25.
谢成侠	二千多年来大宛马（阿哈马）和苜蓿转入中国及其利用考	中国畜牧兽医杂志，1955，（3）：105-109.
石声汉	试论我国从西域引入的植物与张骞的关系	科学史集刊，1963，（5）：16-33.
孙启忠，柳茜，那亚，李峰、陶雅	我国汉代苜蓿引入者考	草业学报，2016，25（1）：240-253.
孙启忠，柳茜，李峰，陶雅	我国古代苜蓿的植物学研究考	草业学报，2016，25（5）：202-213.
孙启忠，柳茜，陶雅，徐丽君	张骞与汉代苜蓿引入考述	草业学报，2016，25（10）：180-190.
孙启忠，柳茜，陶雅，徐丽君	汉代苜蓿传入我国的时间考述	草业学报，2016，25（12）：194-205.
孙启忠，柳茜，陶雅，李峰、徐丽君	我国近代苜蓿栽培利用技术考述	草业学报，2017，26（1）：178-186.
孙启忠，柳茜，陶雅，徐丽君	我国近代苜蓿生物学研究考述	草业学报，2017，26（2）：208-214.
孙启忠，柳茜，李峰，陶雅	明清时期方志中的苜蓿考	草业学报，2017，26（9）：176-188.
孙启忠，柳茜，陶雅，徐丽君	民国时期方志中的苜蓿考	草业学报，2017，26（10）：219-226.
孙启忠，柳茜，陶雅，徐丽君	两汉魏晋南北朝时期苜蓿种植利用刍考	草业学报，2017，26（11）：185-195.
孙启忠，柳茜，陶雅，李峰，徐丽君	民国时期西北地区苜蓿栽培利用刍考	草业学报，2018，27（07）：187-195
孙启忠，柳茜，李峰，陶雅，徐丽君	我国古代苜蓿物种考	草业学报，2018，27（8）：155-174.
孙启忠，柳茜，陶雅，李峰，徐丽君	隋唐五代时期苜蓿栽培利用刍考	草业学报，2018，27（9）：183-193.
孙启忠，柳茜，李峰，徐丽君，陶雅	我国明代苜蓿栽培利用刍考	草业学报，2018，27（10）：204-214.
孙启忠，柳茜，陶雅，李峰，徐丽君	我国清代苜蓿栽培利用刍考	草业学报，2019，28（4）：168-191.

作者	题目	出处
孙启忠，柳茜，陶雅，李峰，徐丽君	华北及毗邻地区近代苜蓿栽培利用考述	草业学报，2019，28（5）：143-150.
孙启忠，柳茜，李峰，陶雅，徐丽君	苜蓿的起源与传播考述	草业学报，2019，28（6）：204-212.
孙启忠，柳茜，徐丽君	苜蓿名称小考	草地学报，2017，25（6）：1186-1189.
李鑫鑫，王欣，何红中	紫花苜蓿引种中国的若干历史问题论考	中国农史，2019，6：17-28.
刘爽，惠富平	明清时期苜蓿的地域分布及影响因素	草业学报，2021，30（2）：178-189.

忆往昔，苜蓿多沧桑；看今朝，苜蓿花烂漫。我国"振兴奶业苜蓿发展行动"业已起航，加快苜蓿产业发展的号角已吹响，国家之使命落在苜蓿肩上，读懂苜蓿史，绸缪未来，不忘初衷，牢记使命，不违国家之重托；赓续苜蓿文化，坚持苜蓿文化自信，坚持苜蓿自主创新，走具有中国特色的苜蓿产业发展道路，在振兴奶业的伟业、推进我国现代苜蓿产业中，展现苜蓿担当，奉献苜蓿力量，发挥苜蓿作用，再现苜蓿辉煌，绽放千年苜蓿魅力。

二、苜蓿文史专著

孙启忠主编的《苜蓿科学研究文丛》（以下简称《文丛》）2016—2024年由科学出版社出版。《文丛》由《苜蓿经》《苜蓿赋》《苜蓿考》《苜蓿史钞》《苜蓿简史稿》《苜蓿通史稿》组成，是作者历经20余载对我国古代、近代苜蓿历史文化研究成果的集中体现，也是我国第一套苜蓿历史文化的系列专著，开创了我国苜蓿历史文化研究的先河，为我国今后苜蓿历史文化的研究奠定了基础。

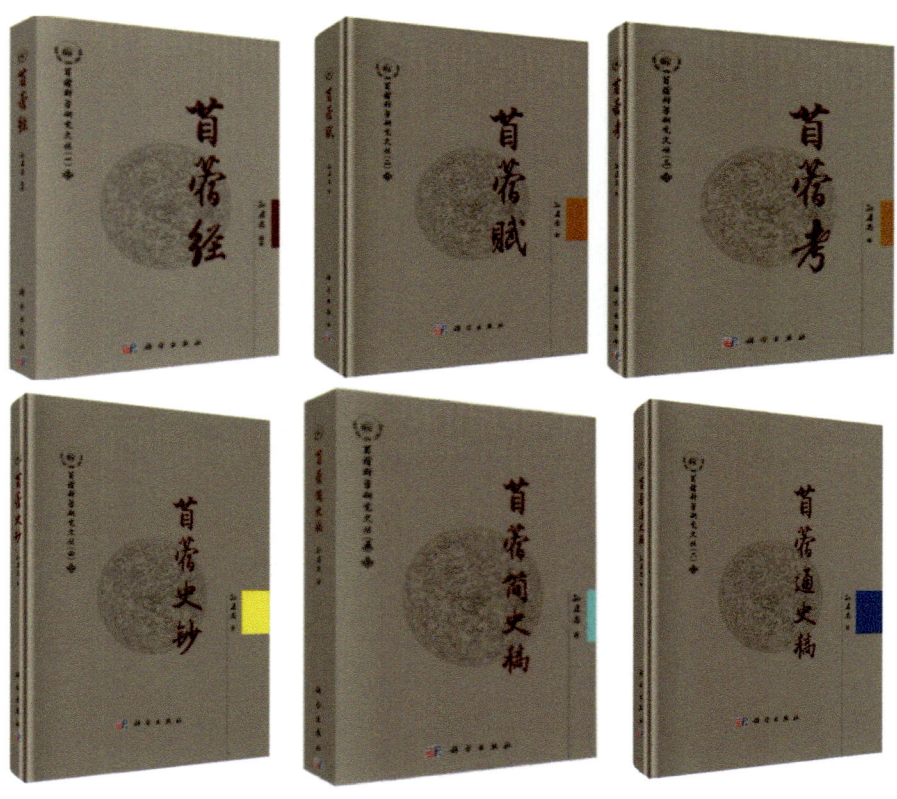

《苜蓿科学研究文丛》

1.《苜蓿经》

《苜蓿经》为《文丛》的首册，可谓是"文丛"的纲。全书共分六章，从我国苜蓿起源传播开始、分别对我国种源考证、物种名实和栽培利用，以及苜蓿典故、趣闻轶事、苜蓿诗词、楹联、锦句、谚语和精美墨宝等进行了论述。

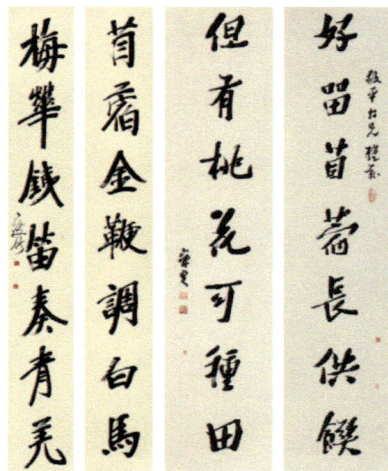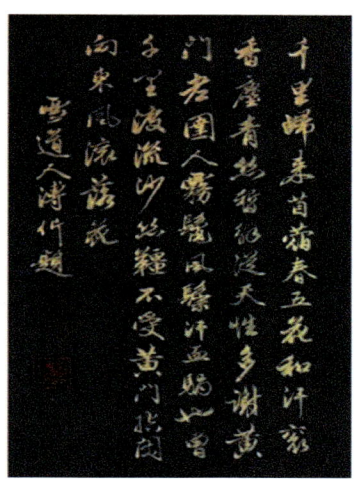

《苜蓿经》摘录（翰墨）

2.《苜蓿赋》

《苜蓿赋》是《苜蓿经》的延伸扩展，为《文丛》的第二册。《苜蓿赋》特别精选了两汉、魏晋南北朝、唐、宋、元、明、清和民国时期的700多位文人雅士或达官显贵的1 100余首与苜蓿相关的诗词或歌咏。充分展示了我国苜蓿诗词的多样性、丰富性和包容性。

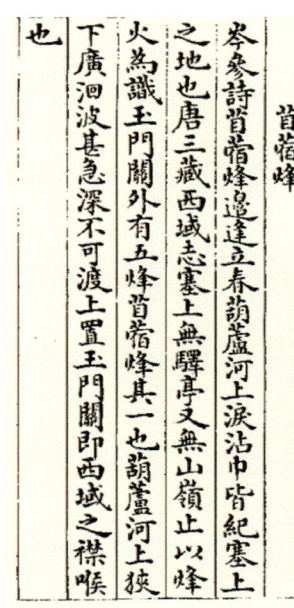

《苜蓿赋》摘录（苜蓿烽）

注：唐岑参《苜蓿烽》：苜蓿烽边逢立春，葫芦河上泪沾巾。皆纪塞上之地也，唐三藏西域志。塞上无驿亭，又无山岭，止以烽火为识，玉门关外有五烽，苜蓿烽其一也，葫芦河上狭下广，洄波甚急，深不可渡，上置玉门关，即西域之襟喉也。

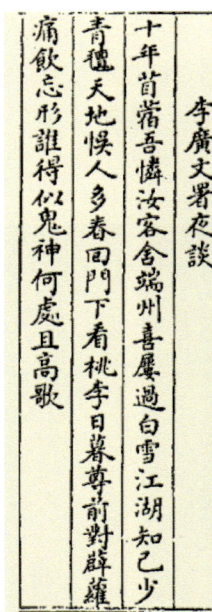

《苜蓿赋》摘录（李广文署夜谈）

注：明叶春及《李广文署夜谈》：十年苜蓿吾怜汝，客舍端州喜屡过。白雪江湖知己少，青毡天地误人多。春回门下看桃李，日暮尊前对薜萝。痛饮忘形谁得似，鬼神何处且高歌。

3.《苜蓿考》

《苜蓿考》为《文丛》第三册。作者采用植物考据学的原理与方法，博考载籍，严谨选材，将文献记载和考古发掘中所涉及的苜蓿内容梳理成20余个重大历史问题，进行了研究考证或对关键技术进行了深入挖掘，以缜密的考证，对苜蓿的几个重大历史问题、疑难问题提出了自己的研判与观点。

《苜蓿考》摘录（张骞出使西域）

4.《苜蓿史钞》

《苜蓿史钞》为《文丛》第四册，孙启忠研究员将20余年收集、整理、输录的史料，经过研究考证、梳理，从史书、方志、辞书、类书、农书、本草、考古和论著及其他（以民国时期的论著为主）等中，精选近480多部典籍，从中钞录出与苜蓿相关的重要史实或重大事件，是对苜蓿史实的系统、客观、真实反映和再现，为我国苜蓿史的研究提供了基础性资料。是苜蓿史研究的一大突破。《苜蓿史钞》也可谓是反映我国古代苜蓿的百科全书，也是到目前为止我国对苜蓿史料最系统、最全面、最详尽的一次收集整理，可谓是开创了我国苜蓿史料整理的先河。此项研究把上千年的苜蓿史料贯穿起来，做出了常人难以做到的工作。

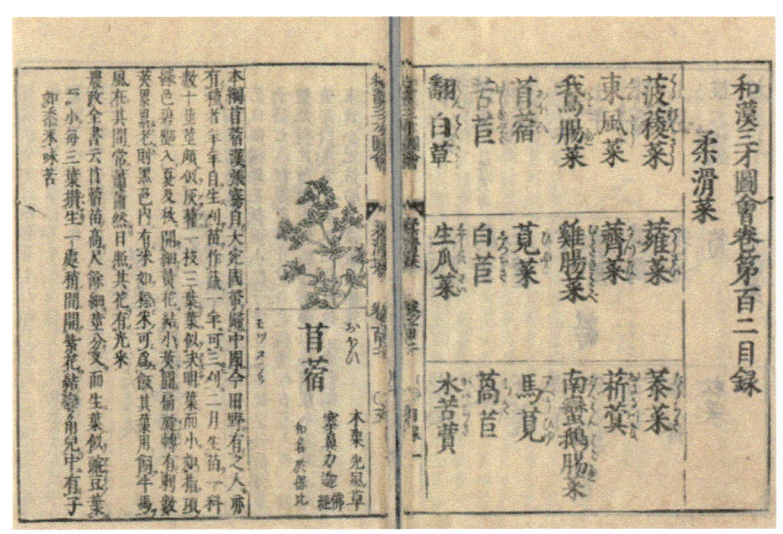

《苜蓿史钞》摘录（《三才图会·卷第百二·柔滑菜·苜蓿》）

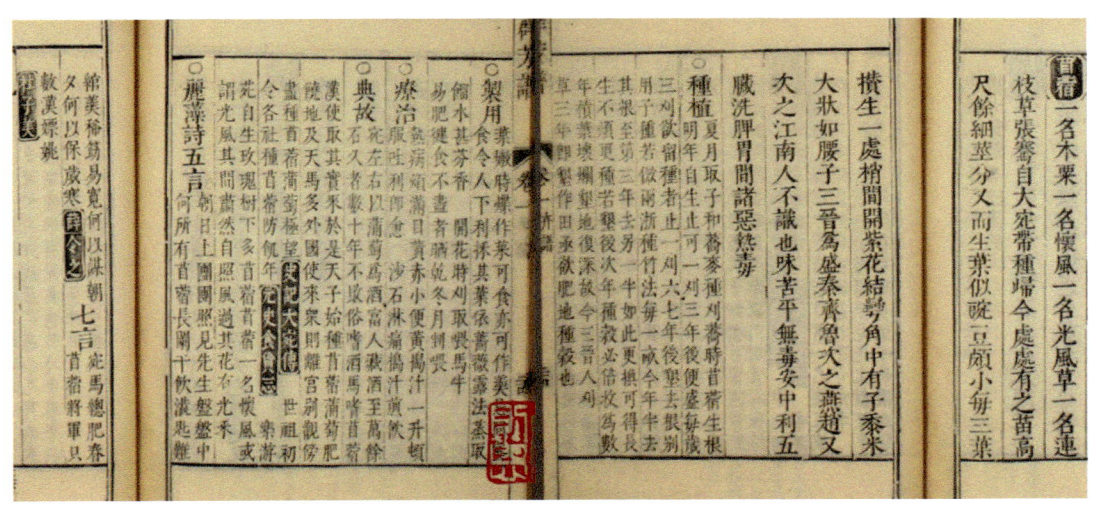

《苜蓿史钞》摘录（《群芳谱·第五册·卉谱·苜蓿》）

5.《苜蓿简史稿》《苜蓿通史稿》

《苜蓿简史稿》《苜蓿通史稿》是《文丛》的第五册和第六册，为姊妹篇。《苜蓿简史稿》是以苜蓿起源、发展与种植分布、栽培管理、加工利用、政策与经济、科技及苜蓿史料资源等为纬，从横向探寻和凝练我国古代苜蓿的重大问题、关键技术和重要作用，从而展示我国苜蓿宽广深厚的历史、文化和科技，重点揭示我国苜蓿的发展成就、主要经验及深刻启示；而《苜蓿通史稿》则是以两汉魏晋南北朝、隋唐五代、宋元、明清和近代为经，从纵向追踪与梳理我国2 000多年苜蓿的发展历程、历史轨迹和主要特点，从而探究历代对苜蓿的发现、研究、创新、试验和生产，重点揭示我国苜蓿的发展根脉、基本规律及根本路径与发展轨迹，填补了我国苜蓿史研究的空白。

参考文献

[年代不详] 神农氏, 1997. 神农本草经 [M]. 北京: 蓝天出版社.

[汉] 班固, 2007. 汉书 [M]. 北京: 中华书局.

[汉] 班固, 1998. 汉书 [M]. [唐] 颜师古, 注. 北京: 中华书局.

[汉] 崔寔, 1981. 四民月令 [M]. 缪启愉, 辑释. 北京: 农业出版社.

[汉] 刘安, 1995. 淮南子 [M]. 许匡一, 译. 贵阳: 贵州人民出版社.

[汉] 司马迁, 1959. 史记 [M]. 北京: 中华书局.

[汉] 许慎, 2013. 说文解字 [M]. [宋] 徐铉, 校定. 北京: 中华书局.

[汉末] 刘歆, 著, [晋] 葛洪, 辑 2006. 西京杂记 [M]. 西安: 三秦出版社.

[北魏] 贾思勰, 2009. 齐民要术 [M]. 缪启愉, 校释. 上海: 上海古籍出版社.

[北魏] 贾思勰, 2009. 齐民要术 [M]. 石声汉, 译注. 石定枎, 谭光万, 补注. 北京: 中华书局.

[北魏] 贾思勰, 2009. 齐民要术译注 [M]. 缪启愉, 译注. 上海: 上海古籍出版社.

[北魏] 杨衒之, 1978. 洛阳伽蓝记 [M]. 上海: 上海古籍出版社.

[晋] 郭璞, 2010. 尔雅注疏 [M]. [宋] 邢昺, 疏. 上海: 上海古籍出版社.

[晋] 陆机, 1982. 陆机集 [M]. 北京: 中华书局.

[晋] 张华, 1985. 博物志 [M]. 北京: 中华书局.

[南朝] 任昉, 1960. 述异记 [M]. 北京: 中华书局.

[南朝] 陶弘景, 2008. 本草经集 [M]. 尚志钧, 校注. 北京: 学苑出版社.

[南朝] 陶弘景, 1955. 本草经集注 [M]. 北京: 群联出版社.

[唐] 虞世南, 1988. 北堂书钞 [M]. 孔广陶, 校注. 天津: 天津古籍出版社.

[唐] 杜佑, 1982. 通典 [M]. 北京: 中华书局.

[唐] 封演, 1956. 封氏闻见记 [M]. 上海: 商务印书馆.

[唐] 韩鄂, 1981. 四时纂要 [M]. 缪启愉, 校释. 北京: 中国农业出版社.

[唐] 李林甫, 1992. 唐六典 [M]. 北京: 中华书局.

[唐] 欧阳询, 1965. 艺文类聚 [M]. 上海: 上海古籍出版社.

[唐] 三藏法师义净, 2001. 金刚明最胜王经 [M]. 北京: 中华电子佛典学会.

[唐] 苏敬, 1985. 新修本草 [M]. 上海: 上海古籍出版社.

[唐] 韦绚, 2000. 刘宾客嘉话录 [M]. 上海：上海古籍出版社.

[唐] 徐坚, 1962. 初学记 [M]. 北京：中华书局.

[唐] 薛用弱, 1980. 集异记 [M]. 北京：中华书局.

[唐] 张说, 1936. 大唐开元十三年陇右监牧颂德碑. 张说之文集 [M]. 上海：商务印书馆.

[五代] 王定保, 1959. 唐摭言 [M]. 北京：中华书局上海编辑所.

[后晋] 刘昫, 1975. 旧唐书 [M]. 北京：中华书局.

[宋] 李昉, 1961. 广太平记 [M]. 北京：中华书局.

[宋] 李昉, 1994. 太平御览 [M]. 石家庄：河北教育出版社.

[宋] 沈括, 1998. 梦溪笔谈 [M]. 贵阳：贵州人民出版社.

[宋] 司马光, 1956. 资治通鉴 [M]. 北京：中华书局.

[宋] 苏颂, 1994. 本草图经 [M]. 合肥：安徽科学技术出版社.

[宋] 郑樵, 2006. 通志·昆虫草木略 [M]. 合肥：安徽教育出版社.

[宋] 陈景沂, 1982. 全芳备祖 [M]. 北京：中国农业出版社.

[宋] 法云, 1989. 翻译名义集 [M]. 上海：上海书店

[宋] 寇宗奭, 1990. 本草衍义 [M]. 北京：人民卫生出版社.

[宋] 李昉, 1966. 文苑英华 [M]. 北京：中华书局.

[宋] 陆游, 1985. 剑南诗稿校注 [M]. 钱仲联, 校注. 上海：上海古籍出版社.

[宋] 罗愿, 1991. 尔雅翼 [M]. 合肥：黄山书社.

[宋] 王钦若, 2006. 册府元龟 (第 06 册) [M]. 南京：凤凰出版社.

[宋] 吴怿, 1963. 种艺必用 [M]. 北京：中国农业出版社.

[宋] 高承, 1989. 事物纪原 [M]. 北京：中华书局.

[宋] 施宿, 1983. 嘉泰会稽志 [M]. 台北：成文出版社.

[宋] 袁枢, 1964. 通鉴纪事本末 [M]. 北京：中华书局.

[宋] 欧阳修, 宋祁, 1975. 新唐书 [M]. 北京：中华书局.

[元] 大司农, 1982. 农桑辑要校注 [M]. 石声汉, 校注. 北京：农业出版社.

[元] 王祯, 1982. 王祯农书 [M]. 北京：中国农业出版社.

[元] 徐光启, 1979. 农政全书 [M]. 上海：上海古籍出版社.

[明] 鲍山, 2007. 野菜博录 [M]. 济南：山东画报出版社.

[明] 程登吉, 2005. 幼学琼林 [M]. 长沙：岳麓书社.

[明] 戴羲, 1956. 养余月令 [M]. 北京：中华书局.

[明] 皇甫嵩, 2015. 本草发明 [M]. 北京：中国中医药出版社.

[明] 李时珍, 1982. 本草纲目 [M]. 北京：人民卫生出版社.

[明] 刘基, 1997. 多能鄙事 [M]. 济南：齐鲁书社出版

[明] 刘文泰, 2013. 本草品汇精要 [M]. 北京: 中国中医药出版社.

[明] 卢和, 1994. 食物本草 [M]. 北京: 人民卫生出版社.

[明] 缪希雍, 2005. 神农本草经疏 [M]. 上海: 上海人民出版.

[明] 王圻, 王思义, 2018. 三才图会 [M]. 北京: 文物出版社出版.

[明] 王三聘, 1937. 古代事物考 [M]. 上海: 商务印书馆.

[明] 王象晋, 1994. 群芳谱, 中国科学技术典籍通汇(农学卷三) [M]. 任继愈, 主编. 郑州: 河南教育出版社.

[明] 王象晋, 1991. 群芳谱 [M]. 长春: 吉林人民出版社.

[明] 徐光启, 1979. 农政全书 [M]. 上海: 上海古籍出版社.

[明] 姚可成, 1994. 食物本草 [M]. 北京: 人民卫生出版社.

[明] 负佩兰, 杨国泰, 1976. 太原县志 [M]. 台北: 成文出版社.

[明] 袁宗道, 袁宏道, 袁中道, 2008. 三袁集 [M]. 太原: 山西出版集团·三晋出版社.

[明] 张岱, 1996. 夜航船 [M]. 成都: 四川文艺出版社.

[明] 赵廷瑞, 马理, 吕柟, 2006. 陕西通志 [M]. 西安: 三秦出版社.

[明] 朱橚, 2007. 救荒本草校释 [M]. 王家葵, 校注. 北京: 中医古籍出版社.

[清] 陈淏子, 1962. 花镜 [M]. 北京: 农业出版社.

[清] 陈恢吾, 出版时间不详. 农学纂要 [M]. 上海: 伏生草堂.

[清] 陈梦雷, 2001. 古今图书集成 [M]. 北京: 北京图书馆出版社.

[清] 程瑶田, 2008. 程瑶田全集 [M]. 合肥: 黄山书社.

[清] 丁宜曾, 1957. 农圃便览 [M]. 王毓瑚, 校点. 北京: 中华书局.

[清] 鄂尔泰, [清] 张廷玉, 1991. 授时通考 [M]. 北京: 农业出版社.

[清] 龚乃保, 2014. 冶城蔬谱·续冶城蔬谱 [M]. 南京: 南京出版社.

[清] 顾景星, 出版时间不详. 野菜赞 [M]. 上海: 吴江沈氏世楷堂.

[清] 郭云升, 1995. 救荒简易书 [M]. 上海: 上海古籍出版社.

[清] 黄辅辰, 1984. 营田辑要校释 [M]. 马宗申, 校释. 北京: 中国农业出版社.

[清] 厉荃, 1991. 事物异名录 [M]. 长沙: 岳麓书社.

[清] 罗振玉, 1900. 农事私议·僻地肥田说(卷之上) [M]. 出版者不详.

[清] 闵钺, 1994. 本草详节 [M]. 上海: 上海中医药大学出版社.

[清] 彭定求, 1996. 全唐诗(上、中、下) [M]. 郑州: 中州古籍出版社.

[清] 蒲松龄, 1982. 农桑经校注 [M]. 李长年, 校注. 北京: 农业出版社.

[清] 蒲松龄, 1986. 蒲松龄集 [M]. 上海: 上海古籍出版社.

[清] 清圣祖, 1935. 广群芳谱 [M]. 上海: 商务印书馆.

[清] 盛百二, 1980. 增订教稼书 [M]. 上海: 上海古籍出版社.

[清] 谈迁, 2006. 枣林杂俎 [M]. 罗仲辉, 点校. 北京：中华书局.

[清] 王念孙, 1983. 广雅疏证 [M]. 北京：中华书局.

[清] 吴其濬, 1957. 植物名实图考 [M]. 北京：商务印书馆.

[清] 吴其濬, 1959. 植物名实图考长编 [M]. 北京：商务印书馆.

[清] 徐松, 1937. 汉书西域传补注 [M]. 上海：商务印书馆.

[清] 严如熤, 1991. 三省边防备览 [M]. 南京：江苏广陵古籍刻印社.

[清] 杨鞏, 1956. 农学合编 [M]. 北京：中华书局.

[清] 杨屾, 1962. 豳风广义 [M]. 郑辟疆, 郑宗元, 校勘. 北京：农业出版社.

[清] 杨一臣, 1989. 农言著实评注 [M]. 杨允禔, 整理. 北京：农业出版社.

[清] 张廷玉, 1974. 明史 [M]. 北京：中华书局.

[清] 张宗法, 1989. 三农纪 [M]. 北京：中国农业出版社.

[清] 龚乃保, 2009. 冶城蔬谱 [M]. 南京：南京出版社.

安汉, 李自发, 1936. 西北农业考察 [M]. 南京：正中书局.

安忠义, 强生斌, 2008. 河西汉简中的蔬菜考释 [J]. 鲁东大学学报（哲学社会科学版）, 25(6): 29-33.

奥托, 威廉, 2012. 世界大师手绘彩色植物之书 [M]. 朱庆, 译. 北京：光明日报出版社.

白册侯, 余炳元, 1949. 新修张掖县志 [M]. 1912—1949年抄本. 出版者不详.

白鹤文, 杜富全, 闽宗殿, 1995. 中国近代农业科技史稿 [M]. 北京：中国农业科技出版社.

北洋陆军兽医学校, 陆军经理学校, 1911. 牧草图谱 [M]. 东京：日本彩印社.

波波娃, 1957. 大田作物育种学与种子繁育学实习指导 [M]. 北京：高等教育出版社.

布尔努瓦, 1982. 丝绸之路 [M]. 乌鲁木齐：新疆人民出版社.

布尔努瓦, 1997. 天马和龙涎——12世纪之前丝路上的物质文化传播 [J]. 丝绸之路 (3): 11-17.

藏励和, 1921. 中国名人大辞典 [M]. 上海：商务印书馆.

曹致中, 2003. 牧草种子生产 [M]. 北京：金盾出版社.

曹致中, 2002. 优质苜蓿栽培与利用 [M]. 北京：中国农业出版社.

曾问吾, 1936. 中国经营西域史 [M]. 上海：商务印书馆.

陈宝书, 2001. 牧草饲料作物栽培学 [M]. 北京：中国农业出版社.

陈布圣, 1959. 牧草栽培 [M]. 上海：上海科学技术出版社.

陈维真, 1957. 几种主要绿肥牧草的栽培与利用 [M]. 济南：山东人民出版社.

陈舜臣（日）, 2009. 西域余闻 [M]. 吴菲, 译. 南宁：广西师范大学出版社.

陈竺同, 1957. 两汉和西域等地的经济文化交流 [M]. 上海：上海人民出版社.

程先甲, 2002. 游陇丛记. 见：顾颉刚. 西北考察日记 [M]. 兰州：甘肃人民出版.

川濑勇, 1941. 实验牧草讲义 [M]. 东京：株式会社养贤堂.

辞海编辑委员会, 1978. 辞海（修订稿）农业分册 [M]. 上海：上海辞书出版社.

崔友文, 1959. 中国北部和西北部重要饲料植物和毒害植物 [M]. 北京: 高等教育出版社.

邓诗萍, 2009. 唐诗鉴赏大典 [M]. 长春: 吉林大学出版社.

东北物资调节委员会, 1948. 东北经济小丛书-畜产 [M]. 北京: 京华印书局.

东北物资调节委员会, 1948. 东北经济小丛书-农产(生产篇) [M]. 北京: 京华印书局.

东省铁路经济调查局编印, 1928. 北满农业 [M]. 哈尔滨: 中国印刷局.

董恺忱, 范楚玉, 2000. 中国科学技术史(农学卷) [M]. 北京: 科学出版社.

董立顺, 侯甬坚, 2013. 水草与民族: 环境史视野下的西夏畜牧业 [J]. 宁夏社会科学, 177(2): 91-96.

法天, 1934. 碱土的几项改善法 [J]. 农圃 (6): 10-12.

方豪, 1987. 中西交通史 [M]. 长沙: 岳麓书社.

范文澜, 2010. 中国通史简编 [M]. 北京: 商务印书馆.

范延臣, 朱宏斌, 2013. 苜蓿引种及其在我国的功能性开发 [J]. 家畜生态学报, 34(4): 86-90.

方珊珊, 孙启忠, 闫亚飞, 2015. 45个苜蓿品种秋眠级初步评定 [J]. 草业学报, 24(11): 247-255.

冯德培, 谈家桢, 王明岐, 1983. 简明生物学词典 [M]. 上海: 上海辞书出版社.

冯其焯, 王廷昌, 1922. 亚路花花草 (Alfalfa grass) [J]. 农智 (1): 49-54.

傅德岷, 2008. 唐诗宋词鉴赏辞典 [M]. 上海: 上海科学技术出版社.

傅璇中, 倪其中, 孙钦善, 等. 1992. 全宋诗 (1-10册) [M]. 北京: 北京大学出版社.

富象乾, 1982. 中国饲用植物研究史 [J]. 内蒙古农牧学院学报 (1): 19-31.

甘肃农业大学, 1980. 牧草育种学 [M]. 北京: 中国农业出版社.

甘肃省文物考古研究所, 1991. 敦煌汉简 [M]. 北京: 中华书局.

耿华珠, 1995. 中国苜蓿 [M]. 北京: 中国农业出版社.

龚延明, 1997. 宋代官制辞典 [M]. 北京: 中华书局.

郭文韬, 1988. 中国农业科技发展史略 [M]. 北京: 中国科学技术出版社.

郭文韬, 1989. 中国近代农业科技史 [M]. 北京: 中国农业出版社.

国家中医药管理局, 1999. 中华本草 [M]. 上海: 上海科学技术出版社.

韩建国, 1997. 实用牧草种子学 [M]. 北京: 中国农业出版社.

郝兆先, 牛兆濂, 1970. 续修蓝田县志 [M]. 台北: 成文出版社.

贺新辉, 2009. 近现代诗词鉴赏辞典 [M]. 北京: 北京燕山出版社.

蘅塘退士, 2002. 唐诗三百首 [M]. 延吉: 延边大学出版社.

洪绂曾, 1956. 苜蓿 [M]. 长春: 吉林人民出版社.

洪绂曾, 1989. 中国多年生栽培草种区划 [M]. 北京: 中国农业出版社.

侯荫昌, 1925. 无棣县志 [M]. 济南: 山东商务印刷所.

胡道静, 2011. 农史论集古农书辑録 [M]. 上海: 上海人民出版社.

胡先骕, 孙醒东, 1955. 国产牧草植物 [M]. 北京: 科学出版社.

胡先骕, 1930. 植物学小史 [M]. 上海：商务印书馆.

华东区第一次农业展览会编编委员会, 1950. 介绍十种牧草 [M]. 北京：新华书店.

黄士蘅, 2000. 西汉野史（上）[M]. 北京：大众文艺出版社.

黄文惠, 朱邦长, 李琪, 1986. 主要牧草栽培及种子生产 [M]. 成都：四川科学技术出版社.

黄文惠, 1974. 苜蓿的综述 (1970—1973 年) [J]. 国外畜牧科技 (6): 1-13.

黄以仁, 1911. 苜蓿考 [J]. 东方杂志, 8(1): 26-31.

吉川佑辉, 藤田丰八, 1901. 苜蓿说 [J]. 农学报, 13 (3): 2-4.

吉林省哲里木盟畜牧局, 1973. 主要优良牧草介绍 [M]. 出版者不详.

贾祖璋, 贾祖珊, 1937. 中国植物图鉴 [M]. 上海：开明书店.

江苏省农林厅种子处, 1958. 紫花苜蓿种植法 [M]. 上海：科技文生出版社.

江苏省农业科学院土壤肥料研究所, 1980. 苜蓿 [M]. 北京：中国农业出版社.

江苏省人民出版社, 1962. 大众农业辞典 [M]. 南京：江苏省人民出版社.

江苏省植物研究所, 1977. 江苏植物志 [M]. 南京：江苏人民出版社.

姜军, 2012. 唐诗大鉴赏 [M]. 北京：外文出版社.

蒋勋, 2012. 蒋勋说宋词 [M]. 北京：中信出版社.

焦彬, 1986. 中国绿肥 [M]. 北京：中国农业出版社.

焦国理, 1970. 重修镇原县志 [M]. 台北：成文出版社.

金锋, 2002. 唐诗宋词元曲全集 (1-10 册) [M]. 伊犁：伊犁人民出版社.

金陵大学农学院农业经济系农业历史组, 1933. 农业论文索引 (1858—1931) [M]. 北平：金陵大学图书馆.

金启华, 1991. 全宋词典故考释辞典 [M]. 长春：吉林文史出版社.

康德拉舍夫 C K, 1956. 灌溉农业（上册）[M]. 孙华东, 译. 北京：高等教育出版社.

康德拉舍夫 C K, 1956. 灌溉农业（下册）[M]. 孙华东, 译. 北京：高等教育出版社.

孔庆莱, 吴德亮, 李祥麟, 等, 1918. 植物学大辞典 [M]. 上海：商务印书馆.

劳费尔, 1964. 中国伊朗编 [M]. 林筠因, 译. 北京：商务印书馆.

李安泰, 2010. 宋词鉴赏辞典 [M]. 昆明：云南出版集团.

李荣华, 樊志民, 2017. "植之秦中，渐及东土"：丝绸之路纬度同质性与域外农作物的引进 [J]. 中国农史 (6): 18-25.

李树茂, 1934. 畜产与农业 [J]. 寒圃 (3-4): 6-12.

李树茂, 1934. 土壤反应与地力之关系 [J]. 寒圃 (17-18): 27-32.

李长年, 1959. 齐民要术研究 [M]. 北京：中国农业出版社.

李烛尘, 2001. 西北的历程. 见：蒋经国. 伟大的西北 [M]. 银川：宁夏人民出版社.

梁家勉, 1989. 中国农业科学技术史稿 [M]. 北京：农业出版社.

林克剑, 陶雅, 2022. 优质苜蓿高质量栽培技术 [M]. 北京：中国农业科学技术出版社.

林克剑, 陶雅, 孙启忠, 等, 2023. 中国苜蓿科技历程 [M]. 北京: 中国农业科学技术出版社.

林语堂, 2009. 苏东坡传 [M]. 西安: 陕西师范大学出版社.

凌文之, 1926. 豆科植物之记载 [J]. 自然界, 1(1): 70-74.

刘安国, 吴廷锡, 1932. 重修咸阳县志 [M]. 影印本. 出版者不详.

刘建龙, 葛景春, 2002. 中华诗词经典 [M]. 郑州: 河南人民出版社.

刘爽, 惠富平, 2021. 明清时期苜蓿的地域分布及其影响因素 [J]. 草业学报, 30(2): 178-189.

刘荫歧, 1968. 陵县续志 [M]. 台北: 成文出版社.

刘啸虎, 陈叶群, 2023. 论汉唐时期苜蓿的推广与接纳 [J]. 农业考古 (6): 85-92.

刘运新, 廖僾苏, 1970. 大通县志 [M]. 台北: 成文出版社.

刘志鸿, 李泰芬, 1935. 阳原县志 [M]. 台北: 成文出版社.

六朝人, 1980. 三辅黄图校证 [M]. 陈直, 校证. 西安: 陕西人民出版社.

楼祖诒, 1939. 中国邮驿发达史 [M]. 上海: 中华书局.

卢得仁, 1992. 旱地牧草栽培技术 [M]. 北京: 中国农业出版社.

卢前, 任肭. 2002. 元曲三百首 [M]. 延吉: 延边大学出版社.

卢欣石, 1984. 苜蓿是怎么传入中国的 [J]. 草与畜杂志 (4): 30.

路仲乾, 1928. 爱尔华华草 (alfalfa) 之研究 (上) [J]. 农科季刊, 1(1): 9-23.

路仲乾, 1928. 爱尔华华草 (alfalfa) 之研究 (下) [J]. 农科季刊, 1(2): 63-78.

马爱华, 张俊慧, 赵仲坤, 1996. 中药苜蓿的使用考证 [J]. 时珍国药研究, 7(2): 65-66.

马大英, 1983. 汉代财政史 [M]. 北京: 中国财政出版社.

马福祥, 王之臣, 1970. 民勤县志 [M]. 台北: 成文出版社.

马鹤林, 2010. 马鹤林论文集 [M]. 北京: 气象出版社.

玛格特·斯庞, 2017. 那朵花的名字: 870 多种开花植物彩色手绘图鉴 [M]. 王怡然, 译. 北京: 电子工业出版社

满田隆一, 1945. 满洲农业研究三十年 [M]. 上海: 建国印书馆.

梅希略克夫, 1955. 提高牧草的收获量 [M]. 陈维真, 译. 北京: 财政经济出版社.

孟凡人, 2011. 丝绸之路史话 [M]. 北京: 社会科学文献出版社.

闵宗殿, 彭治富, 王潮生, 1989. 中国古代农业科技史图说 [M]. 北京: 中国农业出版社.

缪钺, 1987. 宋诗鉴赏辞典 [M]. 上海: 上海辞书出版社.

南京中医药大学, 2006. 中药大辞典 [M]. 上海: 上海科学技术出版社.

内蒙古畜牧工作站, 1972. 牧草种植 (内部资料).

内蒙古农牧学院, 1981. 牧草及饲料作物栽培学 [M]. 北京: 中国农业出版社.

内蒙古植物志编辑委员, 1989. 内蒙古植物志 (第三卷/第二版) [M]. 呼和浩特: 内蒙古人民出版社.

内蒙古植物志编辑委员, 2019. 内蒙古植物志 (第三卷/第三版) [M]. 呼和浩特: 内蒙古人民出版社.

潘富俊, 2015. 草木缘情 [M]. 北京：商务印书馆.

潘富俊, 2011. 中国文学植物学 [M]. 台北：猫头鹰出版.

彭世奖, 2012. 中国作物栽培简史 [M]. 北京：中国农业出版社.

秦含章, 1931. 苜蓿根瘤与苜蓿根瘤杆菌的形态的研究 [J]. 自然界, 7(1): 93-103.

全国畜牧总站, 2017. 中国审定草品种集 (2007—2016) [M]. 北京：农业出版社.

全国经济委员会, 1935. 全国经济委员会一年来之农业建设：向五中全会报告书 [J]. 农业周报：4(1): 1-5.

全国牧草品种审定委员会, 1992. 中国牧草登记品种集 [M]. 北京：北京农业大学出版社.

全国牧草品种审定委员会, 1999. 中国牧草登记品种集 [M]. 北京：中国农业大学出版社.

芮传明, 1998. 中国与中亚文化交流志 [M]. 上海：上海人民出版社.

桑原骘藏, 1934. 张骞西征考 [M]. 杨炼, 译. 上海：商务印书馆.

陕西省畜牧业志编委, 1992. 陕西畜牧业志 [M]. 西安：三秦出版社.

商务印书馆, 1939. 辞源正续编 (合订本) [M]. 上海：商务印书馆.

上疆村民, 2002. 宋词三百首 [M]. 延吉：延边大学出版社.

沈苇, 2009. 植物传奇 [M]. 北京：作家出版社

生本, 1944. 张清益的宣传方式 [J]. 解放日报, 2: 27.

盛诚桂, 张宇和, 1979. 植物的驯服 [M]. 上海：海科学技术出版社.

盛诚桂, 1985. 中国历代植物引种驯化梗概 [J]. 植物引种驯化集刊, 4: 85-92.

石声汉, 1957. 从《齐民要术》看中国古代的农业科学知识 [M]. 北京：科学出版社.

石声汉, 1963. 试论我国从西域引入的植物与张骞的关系 [J]. 科学史集刊 (4): 16-33.

拾録, 1952. 苜蓿 [J]. 大陆杂志, 5(10): 9.

史念海, 1988. 唐史论丛 (第 4 辑) [M] . 西安：三秦出版社.

松田定久, 1907. 关于苜蓿的称呼考定及中国产苜蓿属的种类 [J]. 植物学杂志, 21(251): 1-6.

松田定久, 1907. 苜蓿 (Medicago sativa L.) ノ稱呼ヲ考定シテ支那ニ産スル苜蓿屬ノ諸種ニ及ブ [J]. 植物学杂志, 21(251): 1-6.

松田定久, 1908. 北部ヨリ来リタル苜蓿属ノ標本 [J]. 植物学杂志, 22: 199.

松田定久, 1911. 黄以仁的苜蓿考附草木樨 [J]. 黄以仁氏ノ苜蓿考附草木樨. 植物学杂志, 25(293)：233-234.

宋伯鲁, 1934. 续修陕西通志稿 [M]. 铅印本.

宋希庠, 1936. 中国历代劝农考 [M]. 南京：正中书局.

苏加楷, 1982. 优良牧草栽培技术 [M]. 北京：中国农业出版社

苏沃洛夫 B B, 施坦科 A B, 1955. 青饲料轮替 [M]. 章祖同, 译. 南京：畜牧兽医出版社.

孙启忠, 王宗礼, 徐丽居, 2014. 旱区苜蓿 [M]. 北京. 科学出版社.

孙启忠, 张英俊, 2015. 中国栽培草地 [M]. 北京：科学出版社.

孙启忠, 2016. 苜蓿经 [M]. 北京: 科学出版社.

孙启忠, 2016. 汉代苜蓿引入者考略 [J]. 草业学报, 25(1): 240-253.

孙启忠, 柳茜, 李峰, 等, 2016. 我国古代苜蓿的植物学研究考 [J]. 草业学报, 25(5): 202-213.

孙启忠, 柳茜, 陶雅, 等, 2016. 汉代苜蓿传入我国的时间考述 [J]. 草业学报, 25(12): 194-205.

孙启忠, 柳茜, 陶雅, 等, 2016. 张骞与汉代苜蓿引入考述 [J]. 草业学报, 25(10): 180-190.

孙启忠, 2017. 苜蓿赋 [M]. 北京: 科学出版社.

孙启忠, 柳茜, 陶雅, 等, 2017. 我国近代苜蓿栽培利用技术研究考述 [J]. 草业学报, 26(2): 208-214.

孙启忠, 柳茜, 徐丽君, 2017. 苜蓿名称小考 [J]. 草地学报, 25(6): 1186-1189.

孙启忠, 柳茜, 陶雅, 等, 2017. 两汉魏晋南北朝时期苜蓿种植刍考 [J]. 草业学报, 26(11):185-195.

孙启忠, 柳茜, 陶雅, 等, 2017. 民国时期方志中的苜蓿考 [J]. 草业学报, 26(10): 219-226.

孙启忠, 柳茜, 李峰, 等, 2017. 明清时期方志中的苜蓿考 [J]. 草业学报, 26(9): 176-188.

孙启忠, 柳茜, 李峰, 等, 2018. 我国古代苜蓿物种考述 [J]. 草业学报, 27(8): 155-174.

孙启忠, 柳茜, 陶雅, 等, 2018. 民国时期西北地区苜蓿栽培利用刍考 [J]. 草业学报, 27(3): 59-62.

孙启忠, 柳茜, 陶雅, 等, 2018. 隋唐五代时期苜蓿栽培利用刍考 [J]. 草业学报, 27(9):183-193.

孙启忠, 2018. 苜蓿考 [M]. 北京: 科学出版社.

孙启忠, 2020. 苜蓿简史稿 [M]. 北京: 科学出版社.

孙启忠, 2024. 苜蓿史钞 [M]. 北京: 科学出版社.

孙醒东, 1941. 中国食用作物 [M]. 上海: 中华书局.

孙醒东, 1953. 中国几种重要牧草植物正名的商榷 [J]. 农业学报, 4(2): 210-219.

孙醒东, 1954. 重要牧草栽培 [M]. 北京: 中国科学院.

孙醒东, 1958. 重要绿肥作物栽培 [M]. 北京: 科学出版社.

孙醒东, 1959. 牧草及绿肥作物 [M]. 北京: 高等教育出版社.

索可洛夫, 1959. 耕作学与植物栽培学实习指导 [M]. 北京: 高等教育出版社.

汤文通, 1947. 农艺植物学 [M]. 台北: 新农企业股份有限公司出版.

唐圭璋, 1986. 唐宋词鉴赏辞典 (唐·五代·北宋) [M]. 上海: 上海辞书出版社.

唐乾若, 1953. 苜蓿的栽培管理 [J]. 农业科学通讯 (1):26-27.

陶雅, 孙雨坤, 柳茜, 等, 2023. 牧草史钞 [M]. 北京: 中国农业科学技术出版社.

藤田丰八, 1900. 论种苜蓿之利 [J]. 农学报, 10 (9): 1.

天野元之助, 1976. 中国五大农书考—当《中国古农书考》上梓之际 [C]. 追手门学院大学创立十周年论文集 [M]. 大阪: 出版社不详.

佟树蕃, 1934. 关于牧草 [J]. 寒圃 (3-4): 33-38.

童辉, 2012. 一生最爱古诗词 [M]. 北京: 外文出版社.

瓦维洛夫, 1982. 主要栽培植物的世界起源中心 [M]. 董玉琛, 译. 北京: 中国农业出版社.

汪受宽, 2009. 甘肃通史·秦汉卷 [M]. 兰州: 甘肃人民出版社.

王臣之, 1926. 朔方道志 [M]. 天津: 天津华泰印书馆.

王成纲, 2005. 古典诗词 [M]. 北京: 九州出版社.

王栋, 1951. 牧草 [M]. 上海: 商务印书馆.

王栋, 1952. 牧草学通论 [M]. 南京: 畜牧兽医图书出版社.

王栋, 1956. 牧草学各论 [M]. 南京: 畜牧兽医图书出版社.

王栋, 1986. 牧草学各论 [M]. 任继周, 修订. 南京: 江苏人民出版社.

王广阳, 王京阳, 王盼, 等, 2005. 王毓瑚论文集 [M]. 北京: 中国农业出版社.

王怀斌, 赵邦楹, 1968. 澄城县志 [M]. 台北: 成文出版.

王建光, 2018. 牧草饲料作物栽培学 [M]. 北京: 中国农业出版社.

王启柱, 1975. 饲用作物学 [M]. 台北: 中正书局.

王启柱, 1994. 中国农业起源与发展 (上下) [M]. 台北: 渤海堂文化公司.

王文濡, 2001. 历代诗文名篇评注读本 (古诗卷) [M]. 长沙: 岳麓书社.

王文濡, 2001. 历代诗文名篇评注读本 (近代文卷) [M]. 长沙: 岳麓书社.

王文濡, 2001. 历代诗文名篇评注读本 (南北朝文卷) [M]. 长沙: 岳麓书社.

王文濡, 2001. 历代诗文名篇评注读本 (秦汉三国文卷) [M]. 长沙: 岳麓书社.

王文濡, 2001. 历代诗文名篇评注读本 (清诗卷) [M]. 长沙: 岳麓书社.

王文濡, 2001. 历代诗文名篇评注读本 (清文卷) [M]. 长沙: 岳麓书社.

王文濡, 2001. 历代诗文名篇评注读本 (宋元明诗卷) [M]. 长沙: 岳麓书社.

王文濡, 2001. 历代诗文名篇评注读本 (唐文卷) [M]. 长沙: 岳麓书社.

王无怠, 师宗华, 1991. 甘肃省种草区划 [M]. 北京: 中国农业科技出版社.

王欣, 常婧, 2007. 鄯善王国的畜牧业 [J]. 中国历史地理论丛, 22(2): 94-100.

王毓瑚, 1957. 中国古代农业科学的成就 [M]. 北京: 科学普及出版社.

王毓瑚, 1958. 中国畜牧史资料 [M]. 北京: 科学出版社.

王毓瑚, 1964. 中国农学书录 [M]. 北京: 中国农业出版社.

王毓瑚, 1981. 我国自古以来的重要农作物 (上) [J]. 农业考古 (1): 69-79.

王毓瑚, 1981. 我国自古以来的重要农作物 (中) [J]. 农业考古 (2): 13-20.

王毓瑚, 1982. 我国自古以来的重要农作物 (下) [J]. 农业考古 (1): 42-49.

王之棠, 王植琼, 1956. 苜蓿紫穗槐种植法 [M]. 保定: 河北人民出版社

王宗礼, 孙启忠, 常秉文, 2009. 草原灾害 [M]. 北京: 中国农业出版社.

韦双龙, 2012. 敦煌汉简所见几种农作物及其相关问题研究 [J]. 金陵科技学院学报 (社会科学版), 26(4): 69-74.

卫理, 1905. 农学津梁 (第二十一章、第二十四章、第二十七、第三十章、第三十三章、第三十四章、

第三十五章) [J]. 农学报, 281: 7-11.

卫理, 1905. 农学津梁 (第九章、第十二章、第十六章) [J]. 农学报, 280: 20-25.

卫理, 1905. 农学津梁 (第六十章) [J]. 农学报, 282: 31-36.

吴青年, 1950. 东北优良牧草介绍 [J]. 农业技术通讯, 1(7):321-329.

吴仁润, 张志学, 1988. 黄土高原苜蓿科研工作的回顾与前景 [J]. 中国草业科学, 5(2): 1-6.

吴礽骧, 李永良, 马建华, 1991. 敦煌汉简释文 [M]. 兰州：甘肃人民出版社.

吴小如, 1992. 汉魏六朝诗鉴赏辞典 [M]. 上海：上海辞书出版社.

西北农业科学研究所, 1958. 西北紫花苜蓿的调查与研究 [M]. 西安：陕西人民出版社.

线装经典编委会, 2010. 宋词鉴赏辞典 [M]. 昆明：云南出版集团公司·云南教育出版社.

向达, 1929. 苜蓿考 [J]. 自然界, 4(4): 324-338.

小佐井元吉, 1942. 苜蓿栽培法 [M]. 新京：新京特别市中央通社.

肖文一, 张鹏泳, 1988. 紫花苜蓿 [M]. 哈尔滨：黑龙江人民出版社.

谢成侠, 1955. 二千多年来大宛马 (阿哈马) 和苜蓿传入中国及其利用考 [J]. 中国畜牧兽医杂志 (5): 105-109.

谢成侠, 1945. 中国马政史 [M]. 安顺：陆军兽医学校.

谢成侠, 1959. 中国养马 [M]. 北京：科学出版社.

谢成侠, 1985. 中国养牛羊史 [M]. 北京：农业出版社.

谢道安, 1968. 束鹿县志 [M]. 台北：成文出版社.

徐安凯, 2010. 吉林省农业科学院畜牧科学分院志 [M]. 长春：吉林人民出版社.

徐世昌, 傅卜棠. 2009. 晚晴簃诗话 (上下) [M]. 上海：华东师范大学出版社.

薛樹薰, 1927. 苜蓿 [J]. 养蜂报 (13): 12-13.

杨景滇, 1934. 土壤水分及其与作物之生长 [J]. 寒圃 (17-18): 17-27.

佚名, 1999. 神农本草经 [M]. 哈尔滨：哈尔滨出版社.

于景让, 1952. 汗血马与苜蓿 [J]. 大陆杂志, 5(9): 24-25.

俞平伯, 施蛰存, 钱仲联, 等. 2006. 唐诗鉴赏辞典 [M]. 2 版. 上海：上海辞书出版社.

裕载勋, 1957. 苜蓿 [M]. 上海：上海科学技术出版社.

约瑟夫·道尔顿, 2018. 自然的世界：博物学家的植物插图记 [M]. 王春玲, 王春能, 译. 沈阳：辽宁科学技术出版社.

张平真, 中国蔬菜名称考释 [M]. 北京：北京燕山出版社

张平真, 2022. 中国的蔬菜名称考释与文化百科 [M]. 北京：北京联合出版公司.

张献廷, 1968. 新疆地理志 [M]. 台北：成文出版社.

张玉书, 2002. 康熙字典 [M]. 上海：汉语大词典出版社.

张玉燕, 2017. 苜蓿的图像 [J]. 中华科技史学会学刊, 22: 37-45.

张玉燕, 2017. 荷马史诗与中国文学中的苜蓿—比较古代东西方植物 [J]. 长庚人文社会学报, 10 (1)：43-69.

张援, 1921. 大中华农业史 [M]. 上海：商务印书馆.

郑曼青, 林品石, 1982. 中华医药学史 [M]. 台北：台湾商务印书馆.

郑震谷, 幸邦隆, 1976. 华亭县志 [M]. 台北：成文出版社.

中国古代农业科技编纂组, 1980. 中国古代农业科技 [M]. 北京：中国农业出版社.

中国科学院植物研究所, 1972. 中国高等植物图鉴（第二册）[M]. 北京：科学出版社.

中国科学院植物研究所, 1955. 中国主要植物图说（豆科）[M]. 北京：科学出版社.

中国农业百科全书总编辑委员会蔬菜卷编辑委员会, 1990. 中国农业百科全书·蔬菜卷 [M]. 北京：中国农业出版社.

中国农业科学院南京农学院中国农业遗产研究室, 1959. 中国农学史（上册）[M]. 北京：科学出版社.

中国农业科学院南京农学院中国农业遗产研究室, 1984. 中国农学史（下册）[M]. 北京：科学出版社.

中国农业科学院陕西分院, 1959. 西北的紫花苜蓿 [M]. 西安：陕西人民出版社.

中国农业科学院蔬菜花卉研究所, 2010. 中国蔬菜栽培学 [M]. 2版. 北京：中国农业出版社.

中国植物学会, 1994. 中国植物学史 [M]. 北京：科学出版社.

中国植物志编辑委员会, 1998. 中国植物志 [第 42(2) 卷] [M]. 北京：科学出版社.

中国植物志编辑委员会, 1998. 中国植物志 [第 73(2) 卷] [M]. 北京：科学出版社.

中华人民共和国农业部, 1959. 中国饲料植物图谱 [M]. 北京：中国农业出版社.

中央人民政府农业部国营农场管理局, 1952. 牧草大田轮作的理论与技术 [M]. 北京：中央人民政府农业部出版.

钟广生, 1968. 新疆志稿 [M]. 台北：成文出版社.

周国祥, 2008. 陕北古代史纪略 [M]. 西安：陕西人民出版社.

周仁济, 曾令衡, 1980. 唐宋诗百首浅析 [M]. 长沙：湖南人民出版社.

周汝昌, 2006. 千秋一寸心：周汝昌讲唐诗宋词 [M]. 北京：中华书局.

周啸天, 2011. 元明清诗歌鉴赏辞典 [M]. 北京：商务印书馆.

周振甫, 1999. 唐诗宋词元曲全集 [M]. 合肥：黄山书社.

朱玉麒, 2008. 西域文史 [M]. 北京：科学出版社.

邹博, 2011. 唐诗宋词元曲鉴赏辞典 [M]. 北京：线装书局.

邹介正, 王铭农, 牛家藩, 等, 1994. 中国古代畜牧兽医史 [M]. 北京：中国农业科技出版社.

作者不详, 1902. 豆科植物之研究 [J]. 农学报, 13 (8): 6-9.

作者不详, 1902. 论栽培苜蓿之有利 [J]. 农学报, 8 (5): 1-4.

作者不详, 1903. 绿肥植物之一种 [J]. 农学报, 4 (1): 19-22.

作者不详, 1970. 神木乡土志 [M]. 台北：成文出版社.

作者不详, 2010. 民国静海县志 [M]. 上海：上海书店.

作者不详, 2014. 尔雅 [M]. 管锡华, 译注. 北京：中华书局.

Bretschneider E, 1935. 中国植物学文献评论 [M]. 石声汉, 译. 上海: 商务印书馆.

Gary W, Sharon C, 1989. Alfalfa[M]. Ithaca:Produced by Media Services.

Hana B, 2021. Reproductive Ecology of Forage Alfalfa (*Medicago sativa* L.): Recent Advances[M]. Kuwait: Kuwait Institute for Scientific Research.

Hanger W E, 1919. Alfalfa[J]. Agricultural Extension Service, 15(7): 20-22.

Hanson C H, 1972. Alfalfal science and technology[M]. Madison: American society of agronomy, Inc., Publisher.

Hanson A A, 1988. Alfalfa and alfalfa improvement[M]. Madison: American societny of agronomy, Inc. Publiser.

Summers C G, Putnam D H, 2008. Irrigated alfalfa mangement[M]. Oakland University of Calfornia agriculture and natural resource. Publication 3512.

Ivanov A I, 1980. Alfalfa[M]. Moscow: Translation of Lyutserna Kolos Publishers.

Jared G S, 1899. Alfalfa or Lucern[M].Washington: Government Printing Office.

Kansas State University Agricultural Experiment Station and Cooperative Extension Service,1998. Alfalfa Production Handbook[M]. Kansas :Publications from Kansas State University.

Michael P R, 2001. Alfalfa[J]. American Scientist, 89:252-261.

Small E, 2007. Blossoming treasures of biodiversity.24.Alfalfa—making agriculture friendly[J]. Biodiversity, 8(2):15-23.

人名索引

A

爱新觉罗·溥伒 691
爱新觉罗·溥儒 688
爱新觉罗·溥佐 687
爱新觉罗·玄烨 534
爱新觉罗·载瀛 686
安定 336
安魁 386

B

白敦仁 399
班固 31, 113, 114
白居易 752
鲍防 3, 5, 52, 595
贝琼 77, 259, 454, 828, 835
毕施奈德 124
边贡 83, 84, 207, 265, 415, 448, 801
遍照金刚 712
波波娃 665
布尔努瓦 13, 18, 96

C

蔡天启 596
曹唐 70
曹孝伋 130
曹勋 417
曹贞吉 16, 274
岑参 3, 53, 411, 424, 809, 849, 853
岑征 321
曾棨 14, 79
曾仕鉴 234
查慎行 92, 95, 324, 338, 383, 463, 513, 797
柴剑虹 849
常杰淼 589
畅师文 123
晁补之 308
陈布圣 653
陈曾寿 387, 684
陈诚 8, 404, 523
陈大经 778
陈孚 357, 575, 799
陈恭尹 226, 337
陈继儒 627
陈杰 458
陈景沂 126
陈钧 219
陈琏 91
陈履 364
陈梦雷 153
陈普 251
陈耆卿 595
陈樵 419, 554, 827
陈球 620
陈舜臣 849
陈燧 393

陈泰 437
陈堂 512
陈天麟 702
陈田 602
陈廷敬 445, 744
陈同礼 421
陈维崧 275, 337
陈维真 652, 664
陈暄 35
陈彝训 8, 788
陈镒 290
陈与义 194, 279, 409
陈豫朋 94
陈元龙 751
陈允平 419
陈造 356, 557, 791
陈振家 343
陈赞 402, 436, 785
陈竺同 851
陈子龙 8, 80, 442, 451, 815, 830
陈子升 321
成鹫 167, 733
成倪 220, 498
成石璘 177
成廷圭 257, 258, 289, 344, 358, 509, 525
程本立 460, 783
程登吉 554, 626
程恩泽 374, 460

程公许　282, 351
程沆　809
程俱　55
程敏政　85, 220, 708, 808
程洵　309
程瑶田　113, 128, 838
仇远　356
仇兆鳌　428
褚人获　427, 542, 553, 587, 628, 701
川濑勇　663
崔寔　120, 121, 122, 769
崔友文　646

D

大圭　107
戴复古　281
戴皓　146
戴亨　328, 414, 421, 514, 529, 800
戴良　203
戴璐　617
戴叔伦　461, 582
戴粟珍　226
邓琛　413, 825
邓肃　355
邓廷桢　367
邓云霄　7, 90, 318, 331, 411, 413, 709, 820
翟灏　566
丁福保　718
丁复　64, 65, 66, 67, 255, 256, 392, 812
丁绍仪　605
定月　719

董传策　512
董斯张　25
董文涣　307
董俞　339
窦光鼐　306
阇那崛多　718
杜甫　3, 37, 51, 98, 137, 427, 446, 838, 849
杜佑　138
段成己　310

F

法云　118
樊志民　849, 857
氾胜之　120
范成大　100, 107
范纯仁　425
范当世　110, 423, 835
范景文　182
梵琦　732
方道睿　283
方豪　848
方回　13, 455, 528
方仁渊　349
方一夔　458, 816
费宏　506
费锡璋　506
封演　609
冯德培　647
冯班　445
冯时行　281
冯惟敏　362
冯秀莹　241
冯誉骥　570
福庆　16

傅若金　416, 583
傅义　349
傅縡　32

G

高拱　269
高敏　569
高启　78, 79
高心夔　529
葛洪　118, 567, 777, 838
葛胜仲　199, 279, 475
葛郯　283
龚鼎孳　8, 322, 335, 395, 416, 471, 709, 788
龚敩　705
龚诩　469
顾翰　386
顾景星　318, 365
顾璘　441, 477
顾起元　427
顾野王　118
贯休　522, 720
归有光　72, 73, 74, 825
郭登　220
郭凤惠　500
郭茂倩　35
郭沫若　550
郭璞　34, 115, 125
郭翼　46, 291
郭钰　446
郭知达　429

H

憨休　737
韩鄂　126

人名索引

韩驹　430, 807
韩茂莉　848
韩日缵　266, 267, 319, 332
汉武帝　2, 10, 19, 96, 532, 567, 739,
汉宣帝　567
杭淮　265
杭世骏　347, 617
郝经　33
郝天挺　70, 71
何椿龄　341
何刚德　633
何景明　81, 82, 89, 100, 343, 463, 510, 559
何乔新　470, 824
何绍基　95, 226, 372, 397
何栻　370
何吾驺　267, 334
何逊　12
何治时　393
何致中　283, 285
弘历　12
洪恩　718
洪绂曾　650
洪亮吉　301, 306, 325, 340, 800
洪迈　417
洪弃生　520
洪适　193, 194, 502
洪颐煊　769
洪咨夔　390
侯克中　483
忽必烈　771
胡布　205, 819
胡次焱　432
胡道静　768

胡惠溥　400, 710
胡建伟　620
胡奎　292, 385
胡谧　407, 525
胡奇光　125
胡铨　250
胡天游　257, 311
胡俨　407
胡应麟　159, 161, 162, 163, 164, 165, 268, 330, 345, 378, 463, 493, 512, 564, 583, 799
胡仔　355, 596
胡震亨　586
胡直钧　41
胡只遹　204
华廙　533
华岳　482
皇甫汸　108, 273, 823
黄淳耀　788
黄鼎　831
黄公度　309
黄鹤　7
黄淮　413
黄际遇　564
黄家鼎　778
黄节　828
黄锦　364
黄景福　622
黄景仁　328, 340
黄浚　243, 461, 511, 786
黄卿　437
黄绍绪　643
黄省曾　822
黄庭坚　154, 191, 457
黄希　7

黄以仁　153, 838
黄仲昭　316
黄遵宪　184, 606
惠富平　857, 858
霍去病　6, 435

J

纪晓岚　542
纪昀　29, 95, 818
贾思勰　96, 113, 121, 122, 126, 770
江湜　307, 325, 367, 415
江源　89, 316
江韵梅　464
姜宸英　443
姜特立　175
蒋鼎文　553
蒋季琬　130
蒋家栋　329
蒋冕　8
蒋士铨　236
蒋一葵　598
蒋箸超　633
焦彬　656
金朝觐　340
金榘　562
金涓　260, 388
金孟远　552
金榕　685
金时习　4, 372
金松岑　592
金武祥　531
金幼孜　88, 89, 706, 270
金宗直　220, 785

K

康德拉舍夫　664
康熙　534, 744, 764
孔传　752
孔武仲　249
孔志约　130
寇梦碧　343
寇宗奭　126
邝露　15, 92, 365, 800, 803, 849

L

蓝智　101, 261
劳费尔　17, 18, 837, 841
乐府　34
黎伯元　357
黎简　498, 508, 517
黎景义　91, 823
黎民表　362
黎士弘　793
黎陶吾　577
李爕　758
李白　36, 37
李本　89
李壁　174, 492, 496
李传元　383
李淳风　130
李慈铭　243, 349, 398
李聪　407
李存　286, 287, 825
李道坦　405
李德　127
李东阳　86, 87, 177, 206, 213, 232, 366, 438, 462, 478, 546
李昉　547
李复　559

李谷　401
李广　435
李广利　31, 35, 46, 101
李亨　151
李洪　557
李化龙　15
李勋　130
李康成　53
李孔修　221
李奎报　217, 218
李良柱　225
李林甫　147
李麟　519
李隆基　533
李陆　402
李梦阳　271, 316, 473, 583
李攀龙　419
李彭　818, 200, 495
李荣华　849, 857
李汝珍　591
李稹　218, 219, 292, 358, 406, 408, 462, 704, 829
李商隐　479, 568, 804, 838
李石　55
李时珍　118, 131, 153
李孙宸　331
李廷龟　373
李希圣　94, 112, 460, 494
李爕　50, 144, 582, 758
李新　174, 247, 484
李学诗　211
李延兴　406
李义壮　47
李英　304
李昱　358

李云龙　334
李兆洛　229, 474
李振钧　209, 230
李之世　225, 420, 420, 797
李之仪　353
李贽　629
李鹰　247
李中丞　76
李宗城　834
厉鹗　348
连横　12
联华珠　657
练高　344
梁安世　69, 355
梁煌晰　320
梁佩兰　227
梁启超　777
梁清标　322
梁寅　783
梁章钜　633
林东愚　405
林瀚　270
林洪　549, 627
林鸿　450, 849
林季仲　301
林景熙　304
林克剑　658
林荃佩　564
林士模　400
林文俊　362
林维朝　445
林希逸　58
林熙春　319
林亦之　301, 475
林筠因　841

林则徐 579	柳亚子 678	马廷鸾 344
林占梅 239, 341	龙沐勋 634	马臻 401
凌云翰 27, 378	龙榆生 342, 387, 561, 636	马祖常 107, 434, 520, 796, 797
刘安 125	娄坚 206	买闾 401
刘攽 57, 60, 343, 417, 473	楼钥 216	毛澄 811
刘备 533	楼祖诒 139	毛滂 522
刘曾璇 209, 584	卢龙云 346, 707	毛培胜 657
刘昌 86	卢楠 221, 262, 318, 785, 816	毛奇龄 322, 332, 785, 786, 822
刘敞 99, 105	卢琦 311	毛直方 64
刘辰翁 409	陆曾禹 274, 564	梅纯 601
刘大櫆 396, 410	陆费墀 29	梅希略克夫 664
刘黻 525, 582	陆费逵 745	梅尧臣 22, 126, 152, 195, 280, 451, 477, 479, 509, 782, 838
刘光阁 278	陆恢 682	
刘蘅 387	陆机 122	梅云程 369
刘基 435	陆深 366, 504, 614	孟凡人 10
刘绩 293	陆文圭 286, 343	孟祺 123
刘家谋 367	陆锡熊 29	梦兰 608
刘晋康 230	陆以 468	米芾 42, 672
刘克庄 192, 309, 595	陆以湉 623	密璹 62
刘仁本 68, 359	陆游 152, 156, 168, 169, 170, 190, 401, 405, 429, 499, 549, 784, 815, 821	苗好谦 123
刘诜 357, 406		牟 251
刘爽 857, 858		
刘崧 231, 292	鹿佑 339	N
刘嵩 442	罗迪楚 625	缪公恩 305
刘天谊 367	罗洪先 262	缪琏 483
刘孝仪 104, 145	罗钦顺 233, 389	缪启愉 126
刘歆 777	罗兴志 634	缪荃孙 710
刘雄 400	吕蕙 420	缪征甲 341
刘一止 782	吕诚 426, 583	乃贤 259, 312
刘绎 229, 329, 337, 341, 354, 794	吕量 724	牛谅 407
	吕中本 56	牛煮 375
刘因 70		
刘应时 249	M	O
刘永之 312	马大英 135	欧必元 225, 346, 564
刘禹锡 52, 98	马国维 769	欧大仁 159, 160, 375

欧大任 4, 25, 179, 208, 233, 264, 345, 362, 394, 411, 420, 512, 573, 708, 796, 829, 832

欧阳玄 45

P

潘伯鹰 342
潘富俊 852, 856
潘受 342
潘问奇 453
庞尚鹏 224, 411
裴景福 795, 834
彭昌 93
彭大翼 23, 24, 46, 101, 102, 455, 466, 519
彭民望 546
彭孙贻 235, 445, 820
彭孙遹 227, 366
蒲立本 851
蒲松龄 849
濮文暹 798
溥儒 677, 689, 690
溥佐 688
溥佐 690

Q

祁韵士 28
钱澄之 323, 365
钱大昕 324, 327, 339, 853
钱芳标 709
钱谦益 453, 529
钱时 486
钱松岩 686
钱涛 514
钱仲益 206, 261, 448, 704, 835

乾隆 535, 538, 540, 774
乔吉 290
秦观 154
秦始皇 135
丘浚 783
丘云霄 376
邱浚 493
邱云霄 486
裘万顷 199
区大相 385, 404
区怀年 483
区益 296
屈大均 26, 346, 421, 820
瞿鸿礼 110
瞿佑 600
权韠 209
权万 414
权五福 232
阙名 85

R

饶相 294
饶宗颐 423
任昉 838
任继周 846
任士林 202
任渊 457
阮大铖 234, 320, 321, 456, 820
阮葵生 615
阮元 327
阮阅 597
芮传明 31

S

萨都剌 71, 212, 558, 258, 830

塞尔赫 95
桑原骘藏 839, 843, 851
僧义净 852
邵宝 14, 269
邵博 617
邵桂子 175
邵亨贞 406
邵济儒 831
邵祖平 112
申佳允 305
申叔舟 393
沈曾植 674
沈大成 236
沈德潜 92
沈瀚 683
沈守正 524
沈荲 658
沈孝征 377
沈雄 607
沈尹默 676
沈与求 282
沈云 560
沈周 304
盛城桂 847
盛时泰 441, 523
施补华 815
施琪 259
施宿 777
施元之 171, 185, 480
施蛰存 342
石声汉 769, 770, 774, 848
石韫玉 682
史谨 74, 75
释宝昙 721
释道璨 560, 723

人名索引

释道举　724
释法云　715
释函可　731
释今沼　701, 732
释居简　722
释妙声　730
释善珍　723, 738
释行均　714
释性　718
释圆至　725
释正勉　718
释宗泐　729
舒位　330, 341
司马光　6, 55, 195
司马迁　2, 17, 113, 743
司马炎　533
松田定久　838
宋伯仁　704
宋成勋　577
宋登春　403, 440, 476,
宋褧　261, 404, 504
宋祁　97
宋琬　299
宋无　43, 436, 831
苏过　217
苏鹤成　444
苏加楷　656
苏敬　126, 130
苏葵　86, 476
苏世让　454
苏轼　44, 58, 152, 155, 171, 185,
　　187, 456, 473, 480, 502, 557,
　　702
苏辙　152, 247, 247, 354, 468,
　　481
孙葆恬　328

孙承恩　345
孙觌　198
孙蕡　103
孙华东　664
孙继皋　404
孙瑾丞　579
孙启忠　152, 531, 575, 856, 858,
　　860
孙权　548
孙锐　563
孙士毅　29
孙醒东　648, 649, 653, 846
孙枝蔚　382
孙中山　549

T

谈家桢　647
谭瑞　301
谭嗣同　630
汤文通　643
汤贻汾　28, 366
汤胤勣　78
汤右曾　228, 347, 411, 783, 794,
　　821
汤珍　462
唐庚　389
唐梦赉　384
唐穆　271
唐乾若　652
唐顺之　830
唐文凤　450
唐玄宗　147
唐薛令　540
唐彦谦　99, 788
唐元　353, 482

唐元竑　599
唐之淳　584, 800
陶安　260, 272
陶弘景　130
陶觊仪　811
陶廷珍　9, 786
陶雅　658
滕毅　313
田狩龙　222
童轩　80, 91
屠寄　47, 94, 421
屠应埈　296

W

汪道昆　224, 265, 345, 394, 403,
　　413, 420, 443, 477, 833
汪楫　576
汪时中　532
汪元量　431
汪藻　481
汪泽民　359
汪珍　71, 72
王鉴　388, 403
王邦畿　789
王弼　82
王灿有　211
王曾翼　4
王德馨　412, 578
王定保　542
王栋　648, 848
王铎　673
王逢　108, 416, 435, 459, 461,
　　497, 510, 581
王逢元　221
王绂　344, 393

王恭 80, 295, 361, 377, 379, 452, 459, 823, 828, 835	王珣 145	吴当 313
王鹄 336	王彦行 409	吴德铎 747
王翰 23, 98, 102	王揆 49, 765	吴湖帆 688
王洪 519	王洋 106, 200	吴捷 265
王季思 711	王养端 364	吴景旭 518
王寂 357	王祎 448	吴敬夫 578
王家驹 576	王沂 203, 447, 468	吴敬梓 561, 562, 588
王家葵 127	王怡然 667	吴郡吴 118
王建光 657	王又曾 210, 329, 826	吴宽 293, 381, 415, 490, 505
王结 140	王禹声 234, 822, 830	吴莱 291
王令 61, 62	王毓瑚 120, 768, 769	吴霖起 562
王迈 467	王钺 277	吴溥 344
王冕 315, 354	王恽 67, 202, 392	吴其濬 113, 125, 129
王明 647	王祯 121, 772	吴绮 337, 621
王明君 442	王之涣 787	吴让之 673
王鹏运 417, 554	王之棠 650	吴士玮 410
王启柱 740, 847	王直 108	吴寿昌 300
王钦臣 21	王植琼 650	吴淑 119
王慎中 792	王志坚 570	吴淑玲 139
王士禛 49, 618, 765, 793, 810	王稚登 245	吴伟业 28, 235
王世贞 88, 90, 159, 166, 180, 182, 224, 296, 317, 563, 583, 612, 807, 823, 832	王佐 89, 180	吴未淳 244
	卫青 435	吴雯 299
	魏了翁 610	吴希鄂 524
	魏时敏 393, 472	吴俨 271
王叔承 834	魏秀仁 592	吴兆骞 806, 813
王树枬 818	魏学洢 293	吴征镒 126, 153
王嗣经 408	魏元旷 849	吴之振 336, 338, 386, 498
王损之 41	魏源 784	吴资生 278
王韬 625	温庭筠 496, 533	武帝 33
王天性 394	文化远 278	
王维 3, 21, 50, 246, 790, 855	文彭 205, 316, 707	**X**
王文翰 577, 674	翁方纲 370	西周生 589
王文治 237	乌斯道 295	习近平 1, 740
王无竞 532	邬仁卿 619	夏竦 60
王象晋 113, 123, 128, 748, 838	吴朝品 230	夏完淳 853

夏元吉 77, 808, 836	徐燕谋 112, 710	颜师古 851
向达 842	徐一士 577, 634	彦谦 472
项炯 218	徐祯卿 298	扬雄 135
项真 335	徐中行 224, 233, 376, 452, 708	杨宾 833
萧衶 486	徐籀 469	杨炳坤 404, 821
萧惟豫 543	许宝蘅 243	杨承鲲 798
小佐井元吉 663	许国佐 801	杨度 675
肖文一 656	许弘 130	杨冠卿 106
谢成侠 840, 845, 847	许弘直 130	杨基 523
谢薖 301	许觊 54	杨夔生 397
谢启昆 16	许景樊 436	杨圻 243, 789, 815, 817, 824
谢维新 767	许敬宗 130	杨荣 84
谢应芳 231, 261, 287, 288, 478, 610	许南英 555, 606	杨慎 501, 545, 808
谢章铤 328	许怒 69	杨生芝 778
谢榛 14, 179, 437	许彭寿 328	杨廷麟 440
邢参 303	许慎 115, 125, 743	杨巍 318
熊梦祥 611	许恕 256, 470, 521	杨炫之 702
徐贲 491	许瑶光 373	杨亿 105, 248
徐㷆 474	许有孚 503	姚鼐 209, 408
徐崇岳 184	玄宗 533	姚士麟 612
徐复祚 221	薛令之 148, 151, 308, 553, 556, 838	姚燧 290, 409, 528
徐光启 121, 773	薛师石 446, 511	姚文夑 467
徐居正 109, 219, 361, 402, 410, 501	薛时雨 398	姚燮 237, 305, 467, 511, 517, 710, 789, 834
徐珂 20, 632	薛瑄 178	姚原绶 499
徐陵 32	薛嵎 302, 381, 565	姚之骃 20
徐釚 395		耶律楚材 310
徐三重 271	**Y**	耶律铸 434
徐时栋 616	严复 399	叶昌炽 327, 423, 630
徐世昌 608	严金清 810	叶春及 335
徐嵩 303, 324	严金清 811	叶方蔼 48, 464
徐熥 273, 319	严嵩 76, 449, 793	叶炜 629
徐渭 407, 526	严遂成 16, 183, 229, 812	叶之芳 574
徐文堪 851	严羽 60, 61, 426, 430, 465, 520, 703	义净 118
		易顺鼎 17, 484, 569, 807

殷奎　360, 361
殷岳　225
殷梓湘　691
尹台　264
尹廷高　385
雍正　764
永珹　454
游朴　395
于东昶　306, 326
于景让　851, 852
于琳　9, 235, 833
于谦　219, 388
于慎行　164, 334
于石　193, 309, 391
于右任　675
余宾硕　521
余继登　812
俞德邻　254
俞好仁　361
俞鲸源　210
俞宗本　131
虞俦　281, 309
虞集　72, 452, 583, 725
虞载　767
郁达夫　308, 570
喻良能　198, 412
裕载勋　652
元德明　283
元帝　34
元好问　201
袁表　78
袁昌　524
袁崇焕　552
袁宏道　829
袁华　380

袁桷　68, 521
袁凯　231, 829
袁枚　333, 602, 621, 628
袁天麒　403
袁文揆　210
袁袠　362
袁宗道　379, 470, 563
岳珂　5, 230, 391

Z

张百熙　518
张弼　361, 388, 836
张采庵　29
张大千　550, 688
张凤翼　82
张国维　26
张恒　234
张华　838
张煌言　824
张君房　716
张克家　9
张克嶷　339
张耒　54, 154, 248, 351, 791
张穆　276, 524
张嵲　452
张宁　100, 232, 501, 707, 795
张鹏泳　656
张平真　658
张謇　1, 2, 10, 19, 153, 740, 846, 849
张师曾　832
张说　39, 40, 41, 137, 849
张廷华　616
张文潜　59
张问陶　229, 326, 570

张孝祥　250
张萱　320, 444, 494
张洵佳　386, 444
张养浩　284
张以宁　83, 244
张荫桓　508
张英　49, 347, 369, 765
张宇和　847
张玉书　744
张玉燕　850, 856
张昱　268
张元干　197, 248, 557
张元凯　439, 440, 613
张月宇　244, 804
张震　38, 425
张正见　32, 146, 424, 826
张之翰　289
张仲素　38, 856
张羲　63, 204, 358
章祖同　664
长孙无忌　130
赵蕃　330, 350
赵公豫　352
赵嶙　806
赵敬予　688
赵麟　681
赵孟頫　69, 259, 471, 672, 679, 680, 792
赵叔孺　683, 684
赵体仁　360
赵希逢　391, 503
赵熙　576
赵翼　182, 183, 210, 325, 421, 489, 817, 832
赵执信　228

郑板桥　543
郑伯兴　444
郑方坤　148
郑潜　584
郑樵　126
郑善夫　819
郑学醇　14
郑元祐　258
郑真　22, 109, 231, 270, 346, 412, 476, 799, 833
智安　719
周弼　426, 805
周伯琦　567
周忱　84
周存　39
周光镐　81
周莲堂　579
周履靖　627
周权　204
周学藩　399
周紫芝　253, 499
朱诚泳　272
朱德润　812
朱棣　760
朱多炡　296
朱鹤龄　395
朱季海　561
朱寯瀛　609
朱昆田　382
朱孟德　441
朱朴　221
朱润　62, 63
朱胜非　522, 556
朱舜水　611
朱橚　113, 127, 638, 838, 852

朱彝尊　324
朱彝尊　809
朱翌　485
朱应登　808
朱右　402
朱元璋　12, 534, 828, 852
朱自清　551
诸葛亮　544
祝穆　548
祝允明　46, 87, 88, 345, 532, 567, 799, 881
庄昶　270
宗臣　208, 524
宗鉴　738
宗衍　728
邹贻诗　444
祖教　107, 500
左宗植　368

词汇索引

A

安石榴　13, 30
安西　790
案上苜蓿知吾真　247

B

八大农书　769
八骏图　680, 685, 688, 688, 690
白露苜蓿　414
白马篇　166
白日鉴我苜蓿盘　508
白头映雪须盘蓿　383
百花弹词　514
百字令　339
桮中旧馔青苜蓿　318
傍趁苜蓿花　146, 424
薄薄酒　193, 391
薄俸未能离苜蓿　337
饱餐苜蓿又何求　339
饱肥苜蓿风霜晚　88
饱秣原头春苜蓿　63
饱食谁知苜蓿肥　499
北平射虎歌　94
北山经图赞　34
闭瓮菜　26
边塞柳营多苜蓿　402
别苑场空犹苜蓿　438
邠州苜蓿　807
宾筵惟苜蓿　208

病骥图　84
病马　81
病马图　70
播种技术　122
博士平分苜蓿盘　420
博望　5
博望城　16
博望乘槎通　12
博望侯　2
博望驿　15
不比苜蓿长阑干　454
不带葡萄苜蓿归　519
不妨苜蓿对朝晖　290, 409, 528
不改常餐苜蓿盘　306
不画苜蓿画蒲萄　333
不觉一官餐苜蓿　306
不劳苜蓿秣宛驹　95
不如苜蓿盘　348
不嫌盘苜蓿　224
不学汉臣栽苜蓿　479
不厌夫家苜蓿盘　191

C

采采苜蓿枝　443
菜肥搴苜蓿　507
菜香苜蓿肥　607
惭愧阑干长苜蓿　375
惭愧先生苜蓿盘　206
草场　83

草凉驿　570
草木樨　125, 127
草玄门户　757
曾食汉苜蓿　47, 94
曾闻汉苑夸　27
曾照当年苜蓿盘　413
差幸苜蓿盘　369
禅虚寺　702
常州苜蓿　832
常馔素谙苜蓿　475
朝看苜蓿盘　362
朝盘苍苜蓿　272
朝盘堆苜蓿　220
朝盘苜蓿堆　380
朝盘苜蓿甘如饴　258
朝盘苜蓿新　312
朝日明明苜蓿盘　361
朝日苜蓿空盘　343, 463
朝日仍登苜蓿盘　458
朝日团团行苜蓿　385
朝日先生苜蓿盘　504
朝日照苜蓿　152, 154, 185, 456
朝食日照苜蓿盘　357
朝吟苜蓿盘　459
晨添苜蓿盘　151, 481, 542
称觥惭苜蓿　514
城苜蓿地　136
城蠕苜蓿地　570
城西废寺　710

城西古寺　710
敕勒川　618
敕勒歌　585
充肠自有苜蓿盘　290
酬对三人俱苜蓿　524
愁对西风苜蓿香　89
愁生苜蓿盘　281
出使西域　855
初心苜蓿盘　229
刍荛　120
刍秣　137
除夕书怀　547
厨中苜蓿稍可办　363
滁阳苜蓿　835
滁阳苜蓿属何人　388
滁阳驿　836
床趾秀苜蓿　293
炊餐惟苜蓿　304
垂老　202
春残　401
春风吹动苜蓿　339
春风苜蓿　48
春风苜蓿四郊深　14, 269
春宫苜蓿何辞长　318
春宫苜蓿馨　332
春回苜蓿地　401
春来苜蓿遍春山　55
春苜蓿　6
春盘苜蓿　560
春盘苜蓿度朝晡　292
春盘苜蓿顾应肥　320
春盘苜蓿青　269
春日苜蓿早　401
春山苜蓿马总肥　402
春生苜蓿盘　334

春夏秋冬苜蓿情　401
春雨盘飧苜蓿多　345
春雨叹　443
祠联　580
慈华寺　707
此日官仍苜蓿寒　360
此日骅骝思苜蓿　523
次韵答康郡马　107
骢马行　37
从来苜蓿供嘲笑　410
粗粝须甘苜蓿盘　350
翠被敷苜蓿　495

D
大好先生苜蓿盘　386
大理寺　706
大麻子　126
大麦新炊苜蓿盘　486
大明寺　708
大胜关西苜蓿盘　247
大蒜　30
大宛　2, 10, 18, 30, 756, 840
大宛二马　33
大宛来苜蓿　485
大宛马　31
大宛苜蓿　176
大宛苜蓿离宫滋　490
大宛苜蓿饲名驹　94
大宛之迹　2, 30
大夏　10
大月氏　10
但饱先生蓿　250
但恨苜蓿盘　159
但见墙阴苜蓿秋　405, 491
但令苜蓿遍离宫　452

但求苜蓿盘中满　362
但与马群分苜蓿　415
淡泊自甘　384
道中寒食　194
得如苜蓿与葡萄　112
地黄苜蓿美如饴　435
地锦草　127
地理相近性　133
地名中的苜蓿　572
登山马　49
滴损营前苜蓿花　293
迪化　818
雕盘堆苜蓿　106
蝶蝶行　144, 451, 585
定有香分苜蓿盘　349
东方大笑张骞哭　15
东宫官　540
东郊苜蓿添华滋　92
冬盘苜蓿　408
冬至苜蓿　415
洞仙歌　9
都城苜蓿苑　705
豆科植物　125
豆萁苜蓿亦诗题　446, 511
独尔空嘶苜蓿风　62
独好西山勇　12
独骏图　64
度关山　146
端午苜蓿　410
堆盘苜蓿淡生涯　386
堆盘苜蓿空阑干　351
堆盘苜蓿且衔杯　341
堆盘苜蓿人休笑　336
对案但苜蓿　280
对案长思苜蓿盘　468

对酒 221
对菊惟惭苜蓿筵 229
敦煌 3, 19
顿觉春生苜蓿 398

E

二年苜蓿盘 373
二十四蹄肥苜蓿 247
贰师城 31, 46
贰师将军 101, 46

F

法住寺 704
蕃马步衔青苜蓿 69
翻羡盘苜蓿 183
翻羡盘苜蓿 210
饭盘苜蓿漫阑干 304
非耽苜蓿盘 321
绯桃开小酌 157
肥雨三更横屋蓿 469
分入先生苜蓿盘 361
丰草青青寒不死 446
风生苜蓿秋 14, 437
冯翊县 137
拂几凉生苜蓿盘 361
赋咏祖 748
富人藏酒 30

G

甘此苜蓿盘 260
甘梁酒压紫蒲萄 108
甘肃 10
甘于苜蓿中难热 328
甘州苜蓿 792
敢将苜蓿咏盘蔬 283

感事 94
感述六十韵 180
高梁桥 94
根移苜蓿抽嫩刍 111
更见青盘堆苜蓿 217
更喜盘余苜蓿香 478
弓刀苜蓿峰 409
供养何妨苜蓿盘。 210
宫别观 31
共此苜蓿盘 406
共享先生苜蓿盘 248
共醉苜蓿盘 216
古词卑苜蓿 526
古寺 704
谷州苜蓿 828
关山 786, 9
关山苜蓿 808
关中苜蓿 807
官贫斋冷 626
官舍那能生苜蓿 299
官同咏苜蓿 177
官衙吟苜蓿 268
官筵苜蓿肥 460
官斋颜以冷 384
灌园亭 193
灌园亭 502
光风 25, 118
光风草 131, 749
广誉寺 708
广文歌 323
广文苜蓿潮阳津 227
广文苜蓿已知足 343
广文先生苜蓿盘 340
广文作 332
龟兹楼兰 812

闺思 788
衮尘马图 78
滚马图 684

H

哈密瓜 489
哈密苜蓿 817
哈萨克 18
还得前时苜蓿盘 360
还胜三年苜蓿盘 259, 359
还输苜蓿在斋头 412
还吟苜蓿盘 264
还忧苜蓿日堆盘 358
韩干马 44
韩干马图 59
寒深苜蓿盘 224
寒生苜蓿盘 501
汉代苜蓿 857
汉宫词 6
汉家葡萄出西域 100
汉马乘秋苜蓿肥 57
汉马骢肥秋苜蓿 70
汉南苜蓿青连天 71
汉使 2
汉使采蒲陶 17
汉使简书 4
汉使取其 30
汉唐苜蓿 857
汉威宣外域 12
汗血宝马 31, 846
汗血马 1, 2, 31
汗血马赋 41
旱日园篱苜蓿枯 476
翰林但解嘲苜蓿 351
好客难供苜蓿盘 322

何年苜蓿盘 301, 475	槐斋苜蓿斗诗肥 342	教官清苦 746
何幸一书生 53	宦况凄清苜蓿盘 319	结弯角 128
何须苜蓿与渥洼 454	宦情存苜蓿 320	今朝苜蓿诚龙眠 303, 324
何厌阑千苜蓿盘 346	宦味初尝苜蓿盘 338	今朝苜蓿盘 175
何以充苜蓿 513	荒原苜蓿肥戎马 444	今去将排苜蓿筵 308
何忧苜蓿盘 219	荒云连苜蓿 8	今日方辞苜蓿盘 271
和人爱妾换马 49	荒斋苜蓿具 574	金花菜 839
和姚子敬秋怀 69	黄花今自发 22	金陵苜蓿 831
和野菜吟 503	黄花苜蓿 126, 838	金微道 434
红日高盘苜蓿横 244	黄华 115, 125	金微山 435
红日行盘苜蓿长 265	回头苜蓿愧朝盘 385	尽耐阑干长苜蓿 329
后园看骑马 34	获大宛马赋 41	惊看苜蓿惭分饷 320
胡地苜蓿美 53		警梁苑应同苜蓿 76
胡马骄嘶衔苜蓿 417	**J**	囧寺 709
胡马图 87	饥来粝饭荐苜蓿 391, 503	九江苜蓿 835
胡马长年肥苜蓿 406	鸡鸣寺 705	九江晚眺 110
胡人岁献葡萄酒 52	极望离宫皆苜蓿 60	久甘苜蓿寒牙嚼 271
胡荽 30	蒺藜 128	酒蒲桃 9
胡桃 30	几被艾生嘲苜蓿 283	酒泉苜蓿 794
虎啸苜蓿畦 521	荠馈朝餐苜蓿盘 258	酒醉苜蓿盘 216
花开苜蓿 29	寄彭民望 206	旧说秋高苜蓿肥 534
华林苜蓿长 421	罽宾 756, 840	厩马 60
华山苜蓿 808	罽宾国 715	厩上空余干苜蓿 91
华阳亭 402	加点苜蓿盘 502	厩中苜蓿饱飞黄 420
华廙愁深苜蓿花 496	贾学 121	厩中万马归范阳 54
骅骝苜蓿肥 477	驾部郎中 571	菊花缨花 479
画马歌 75	蒹葭苜蓿秋无限 362	菊科 125
画马四绝 86	柬戴广文 321	句休吟苜蓿 257
画马图 56, 80	柬彭稚修 463	绝胜先生苜蓿盘 178
画马行 89	简牍文献 19	绝域阳关道 21
怀风 25, 118, 749	渐及东土 740	绝域与苜蓿 782
怀风花 119	讲后西斋苜蓿宽 404	君马黄 91
怀柔苜蓿 830	讲社城南苜蓿盘 372	骏马图 686
怀吴稚文 335	交河苜蓿 815	
淮泗云空苜蓿齐 80	郊原苜蓿香 91	

K

开遍沿村苜蓿　444
开遍一畦红苜蓿　445
开细黄花　131
开元寺　702
康居　10, 18
可怜苜蓿盘　347
可怜苜蓿西风夜　80
可是春盘苜蓿肥　394
可羡年年苜蓿新　230
克什米尔地区　840
客食空斋惟苜蓿　345
肯念先生苜蓿盘　356
空将苜蓿求天马　364
空愧先生苜蓿盘　309
空使饭盘堆苜蓿　268
空余苜蓿上朝盘　355
控马图　689
枯木瘦马　689
哭贾襄一　305
苦节何辞苜蓿盘　361
库车苜蓿　810
库尔勒苜蓿　809
况兜铃与苜蓿　523

L

来唊先生苜蓿盘　343
来分苜蓿供　286
兰州苜蓿　794
阑干堆苜蓿　152
阑干苜蓿尝来少　543
阑干苜蓿愁空樽　338
阑干苜蓿广文毡　300
阑干苜蓿同尝之　236
阑干深苜蓿　390
阑干长苜蓿　215
览山川佛火　706
老骥伏枥　179
老骥行　180
老将叹　819
老马　68, 77
老去仍甘苜蓿盘　344
乐游园　533
乐游苑　25, 118, 119, 131, 533, 567
离宫别观　2, 30
离宫别观旁　114
离宫别馆　70
离宫别馆苜蓿　417
离宫馆旁　17
离宫旧种时　22
离宫连苜蓿　343
离宫连苜蓿　417
离宫苜蓿参差长　494
离宫苜蓿春烟没　421
离宫苜蓿深　105
篱门膏雨一畦春　223
李广文署夜谈　335
力疾微吟苜蓿盘　393
立春逢苜蓿　411
立秋苜蓿　411
丽影遥分苜蓿栏　483
荔枝　473
栗梨木兰　467
连山苜蓿青　261
连天苜蓿青茫茫　64
连云思苜蓿　159
连枝　119
连枝草　25, 118, 591
良驹　31
凉州词　234, 784, 98
凉州乐　221, 785
凉州苜　784
两月斋头苜蓿盘　384
潦倒先生苜蓿盘　306, 326
料得寒斋供苜蓿　395
灵州　107
灵州苜蓿　796
留客春风苜蓿盘　296
留寻苜蓿盘中味　210
柳荫牧马　679
六和塔　711
六载旧毡空苜蓿　462
龙庭苜蓿与天远　77
龙种　687
陇西苜蓿　795
陇右　3
陇右监牧　137, 759
陋城东之苜蓿　433
陋室年年苜蓿盘　462
陆放翁诗　678
轮台征马肥　53
络马图　68
洛阳苜蓿　826

M

麻婆苜蓿　673
马贲牧牛图　540
马病　55
马草行　28
马渡沙头苜蓿香　534
马放连云苜蓿秋　430
马肥春苜蓿　444
马肥苜蓿　9
马肥苜蓿花千里　445

马啮苜蓿根 520	明日相看苜蓿盘 501	苜蓿春深朝牧马 404
马啮苜蓿根 85	明岁秋风苜蓿肥 78	苜蓿春深宛马肥 296
马诗 677	明月长依苜蓿村 395	苜蓿春生铁马肥 226
马食苜蓿 32	莫把蒲萄苜蓿夸 100	苜蓿辞天苑 81
马嗜苜宿 2, 6, 30, 778, 740, 846	莫叹朝朝苜蓿盘 192	苜蓿从来厌 479
马首凭陵伤苜蓿 512	莫嫌苜蓿盘无味 288	苜蓿村中卜钓矶 525
马图歌 90	莫笑盘中饶苜蓿 225	苜蓿大宛得 491
马沃市场余苜蓿 529	莫笑先生苜蓿盘 324	苜蓿得雨连山肥 56
马衔苜蓿 105	秣马仍多花苜蓿 486	苜蓿地 137
马衔苜蓿 145	木粟 117, 131, 749	苜蓿地间春早遍 436
马衔苜蓿叶 146, 522, 712	木樨地 572	苜蓿的引进 17
马衔青苜蓿 447	目宿 30, 114, 115, 117, 117, 743	苜蓿登盘 594
马政志 72	目宿草名 761	苜蓿典故 861
满川苜蓿华山阳 77	目宿种归 17	苜蓿丁 141
满川苜蓿为谁芳 54	苜蓿半蓬蒿 222, 362	苜蓿度关风渐劲 248
满川苜蓿雁来红 75	苜蓿饱撑枥下马 443	苜蓿堆春盘 388
满郊苜蓿涵青春 295	苜蓿本草 113, 130	苜蓿堆盘 152, 558
满盘朝苜蓿 315	苜蓿进地萎蒿短 498	苜蓿堆盘从野食 282
满盘苜蓿胜豚羔 483	苜蓿遍原野 441	苜蓿堆盘莫笑贫 156, 190
蔓青遗种杂苜蓿 508	苜蓿不充肠 369	苜蓿堆盘欺我吟 219, 410
茫茫苜蓿花 434	苜蓿部丞 141	苜蓿堆盘胜食肉 258
茂陵 25	苜蓿参差新雨滋 66	苜蓿堆盘胜晚菘 316
茂陵苜蓿 804	苜蓿餐自宜 28, 366	苜蓿堆盘无一钱 357
玫瑰树 118, 25	苜蓿草也 174	苜蓿堆盘也不妨 337
每来分苜蓿 323	苜蓿差小 518	苜蓿发育进程 669
美馔长挥苜蓿盘 322	苜蓿朝朝是架 194	苜蓿饭不足 222
蒙古贡马 95	苜蓿朝盘胜肉食 257	苜蓿方枯马入秦 477
梦想三年苜蓿盘 289	苜蓿趁田居 107	苜蓿风 565
梦中诗 801	苜蓿成花酒作泉 223	苜蓿风清 566
縻禄自知堪苜蓿 486	苜蓿抽芽蕨有苗 402	苜蓿峰 425, 780
妙哉苜蓿盘 200	苜蓿出西域 186	苜蓿峰边逢立春 411, 424
明代苜蓿 159	苜蓿传奇 113	苜蓿烽 3, 427, 618, 786
明到高斋分苜蓿 403	苜蓿春肥万马屯 444	苜蓿赋 861
明清苜蓿 857	苜蓿春风香 348	苜蓿歌谣 585
明日苜蓿盈盘餐 195	苜蓿春能几 444	苜蓿根甜沙鼠出 522

苜蓿谷 713	苜蓿简史稿 863	苜蓿连天万马肥 74, 448
苜蓿故宫秋 458	苜蓿荐朝盘 354	苜蓿连云马蹄健 13, 499
苜蓿官 540	苜蓿将花献 464	苜蓿廉臣 147, 150
苜蓿官地 136	苜蓿皆来自西戎 443	苜蓿凉生苑囿秋 231
苜蓿官田 136	苜蓿金鞍调白马 235	苜蓿聊可嚼 389, 560, 746
苜蓿管理机构或官职 140	苜蓿尽多聊一笑 467	苜蓿岭寄家人 402
苜蓿还嫌先生老 333	苜蓿进士 541	苜蓿榴花俱入贡 101
苜蓿含花草露班 78	苜蓿近郊肥 87	苜蓿榴花烂相照 232
苜蓿何妨日满盘 156, 190	苜蓿经春得饱尝 321	苜蓿马新肥 401
苜蓿何妨无一饱 421	苜蓿经秋嫩 205	苜蓿满宸京 58
苜蓿胡桃霜露浓 461	苜蓿久荒良骥病 442	苜蓿满城秋 341
苜蓿花 4, 5, 516, 585, 616	苜蓿久淹官舍冷 331	苜蓿满川胡马肥 430
苜蓿花残春水生 220	苜蓿局终 579	苜蓿满离宫 420
苜蓿花寒天马病 453	苜蓿开新苑 451	苜蓿满盘供饭足 381, 415
苜蓿花花卉纹酒墩子 700	苜蓿堪娱吾且老 223	苜蓿满秋山 789
苜蓿花开遍地秋 426	苜蓿考 841, 862	苜蓿满新盘 225
苜蓿花开松粉飘 470	苜蓿空肥天骥老 57	苜蓿漫山战马肥 55
苜蓿花开雁塞寒 435	苜蓿空留客 410	苜蓿梅花 674
苜蓿花开隐幕云 395	苜蓿空斋坐典坟 378	苜蓿美食 548
苜蓿花浓 9	苜蓿来宛马 466, 61	苜蓿媚春盘 388, 403
苜蓿花浓宛马健 235	苜蓿来西域 126	苜蓿靡曼莓苔满 517
苜蓿花纹碗 695	苜蓿来西域 22	苜蓿苗侵官道合 401
苜蓿花犹短 6	苜蓿阑干 211	苜蓿墨迹 672
苜蓿花组分 669	苜蓿阑干半青黑 316	苜蓿难逢大宛种 365
苜蓿怀风 174	苜蓿阑干朝饭薄 309	苜蓿能肥马 27, 729
苜蓿荒斋醉少缘 324	苜蓿阑干道亦崇 386	苜蓿农艺 113
苜蓿荒斋醉少缘 463	苜蓿阑干放晚花 492	苜蓿盘 152, 184, 540, 541, 556,
苜蓿黄花 129	苜蓿阑干满上林 417	628, 745, 852
苜蓿黄云屯万骑 456	苜蓿阑干岂无有 391	苜蓿盘边亦乱 404
苜蓿斋盐 590	苜蓿老秋风 291	苜蓿盘边与古谋 209, 408
苜蓿极望 2, 114	苜蓿冷官厨 236	苜蓿盘餐 151
苜蓿几开花 179	苜蓿冷官莫厌冷 370	苜蓿盘餐恐不胜 362
苜蓿既饱思行山 353	苜蓿冷暖人生 385	苜蓿盘供从者栽 301
苜蓿祭酒 244	苜蓿连天暮云碧 75	苜蓿盘空 559, 625
苜蓿佳肴 168	苜蓿连天鸟自飞 58	苜蓿盘空抱 395

苜蓿盘空朝日上 346	苜蓿秋荒马不肥 87, 478	苜蓿纹酒杯 695
苜蓿盘空几席埃 109	苜蓿秋空十二闲 441	苜蓿纹盘 696
苜蓿盘空莫叹嗟 451	苜蓿秋深马正肥 71	苜蓿纹碗 697
苜蓿盘空犹健饭 353, 482	苜蓿秋深尚拥毡 407	苜蓿芜菁交种处 498
苜蓿盘空照晴旭 412	苜蓿秋深万马骄 436	苜蓿下吏 562
苜蓿盘虽旧 340	苜蓿秋深烟雨寒 79	苜蓿先生到骨贫 411
苜蓿盘香第二泉 407	苜蓿人生 389	苜蓿先生馆 385
苜蓿盘中初日上 283	苜蓿日满盘 549	苜蓿先迎日 344
苜蓿盘中道味 483	苜蓿肉 551, 589	苜蓿闲开绝域花 365
苜蓿盘终虚 464	苜蓿如人生 143	苜蓿香 712
苜蓿葡萄极望深 94, 112	苜蓿如云覆平地 64	苜蓿香郁金 717
苜蓿葡萄尽拜嘉 112	苜蓿儒餐 617	苜蓿萧萧练影寒 86
苜蓿葡萄满汉宫 14	苜蓿溯源 850	苜蓿萧萧迷古宫 313
苜蓿葡萄满世间 107, 500	苜蓿三餐凭自惜 244	苜蓿潇洒君 393
苜蓿葡萄属内家 453	苜蓿三秋老 95	苜蓿潇潇映环堵 317
苜蓿蒲梢归汉阙 81	苜蓿生产经验 113	苜蓿小园秋 406
苜蓿蒲梢晚自哀 413	苜蓿生根 123	苜蓿晓登盘 498
苜蓿蒲桃记种时 468	苜蓿生涯 385	苜蓿晓连山 461
苜蓿蒲萄博望槎 423	苜蓿生涯 560, 634	苜蓿晓连山 65
苜蓿蒲萄共饮酒 230	苜蓿生涯感慨多 386	苜蓿笑阑干 301
苜蓿凄凉宦味存 369	苜蓿诗词 143, 147, 159, 861	苜蓿行杯午未停 463
苜蓿气 547	苜蓿史钞 862	苜蓿轩 381, 565
苜蓿青肥号 226	苜蓿瘦 467	苜蓿衙斋冷似年 227, 366
苜蓿青满野 454	苜蓿蔬食 168	苜蓿筵开 578
苜蓿青青供石鼎 477	苜蓿诵嘉篇 163, 330	苜蓿肴 552
苜蓿青青意自闲 445	苜蓿随汉使 4	苜蓿夜肥 8
苜蓿青如何 234	苜蓿随天马 1, 21, 246	苜蓿一盘三丈日 261, 288
苜蓿青深烦雪兔 522	苜蓿随天马葡萄逐博望 5	苜蓿一盘潇洒 398
苜蓿清风 388	苜蓿桃花 674	苜蓿一盘延大年 577
苜蓿清溪丛 91	苜蓿提领 20	苜蓿一散员 241
苜蓿穷诗味 472	苜蓿通史稿 863	苜蓿一园知不饱 335
苜蓿秋风尽日闲 72	苜蓿往事 113	苜蓿一毡青 423
苜蓿秋高 577	苜蓿惟宜塞马肥 484	苜蓿引入 846
苜蓿秋高戎马健 69, 405	苜蓿为馈 548	苜蓿楹联 575, 576
苜蓿秋高万马肥 406	苜蓿为蔬 746	苜蓿影寒千里瘦 476

苜蓿犹衔北地花　521
苜蓿犹疑马是曹　512
苜蓿友人　246
苜蓿有官无饱饭　363
苜蓿有盘谁合共　270
苜蓿有宿根　126
苜蓿有余清　267
苜蓿余空盘　278
苜蓿与葡萄　856
苜蓿与天马　855
苜蓿与西域　855
苜蓿园　20, 22, 27, 142, 571
苜蓿园荒笑汉家　92
苜蓿园开瀚海隅　95
苜蓿原产地　848
苜蓿原空雪新积　70
苜蓿苑　140
苜蓿苑中齐　452
苜蓿越千年　143
苜蓿杂青芹　177
苜蓿栽培　122
苜蓿赞　28
苜蓿斋　375, 563
苜蓿斋厨怀旧友　349
苜蓿斋记　573
苜蓿斋清海月县　376
苜蓿斋头何所适　267
苜蓿斋头逸兴长　346
苜蓿斋中读秋水　378
苜蓿斋中未萧索　274
苜蓿斋中一病身　411
苜蓿长阑　554
苜蓿长阑干　149, 185, 308, 540, 542, 627
苜蓿长园春　376

苜蓿掌故　532
苜蓿照盘官况冷　344
苜蓿正堆盘　408
苜蓿正阑干　247
苜蓿正虚盘　504
苜蓿之父　12
苜蓿知识　113
苜蓿植物学　113, 127
苜蓿种植令　138
苜蓿紫云深　416, 510
苜蓿自甘　561, 626
苜蓿自能歌　307
苜蓿总肥调宛马　440
苜蓿总肥宛騕裊　471
牧草栽培　847
牧监　137
牧马场边苜蓿香　83
牧宿　114, 115, 117
牧田　138
牧蓿　131
牧苑　30

N

乃困苜蓿俸　242
南苜蓿　126, 839
南侵苜蓿肥□厩　420
能为苜蓿羁　399
逆旅江干烹苜蓿　235
鸟啼深苜蓿　500
宁甘苜蓿香　379
宁夏　10
牛芸草　115
农桑中的苜蓿　140
农作物栽培各论　123
奴笑先生苜蓿盘　309

O

偶作　55

P

盘冰寒苜蓿　222
盘餐陈苜蓿　261
盘餐苜蓿分　394
盘充苜蓿未全贫　393
盘堆苜蓿　559
盘堆苜蓿共谁飧　344
盘堆苜蓿青毡冷　259
盘堆苜蓿未全贫　301
盘桓苜蓿风尘陡　323
盘开苜蓿先生馔　345
盘空苜蓿残　334
盘里犹余陈苜蓿　209
盘马弯弓苜蓿肥　243
盘宁嫌苜蓿　208
盘上长阑干　4
盘飧苜蓿穷　493
盘餍苜蓿衣缊袍　387
盘余苜蓿　287, 611
盘载先生苜蓿湆　345
盘中便可少苜蓿　293, 490
盘中苜蓿　322
盘中苜蓿富春蔬　401
盘中苜蓿明朝日　265
盘中苜蓿想依然　219
盘中苜蓿又阑干　393
盘中苜蓿长阑干　469
盘中苜蓿照红日　109
盘中长苜蓿　263
抛却广文新苜蓿　320
辟汗草　125
品种适应性　133

词汇索引 | 897

平凉苜蓿　797
平生苜蓿感　384
颇输苜蓿作亲盘　373
破陇斜耕苜蓿田　426
葡萄　1
葡萄不醉人　732
葡萄出大宛　101
葡萄歌　98, 232
葡萄酒　5, 102
葡萄苜蓿遍高低　105
葡萄苜蓿非吾有　109
葡萄秋入　8
葡萄图　100
葡萄叶未齐　6
葡萄亦既随　126
葡萄园　27
蒲梢天马歌　33, 96
蒲桃赋　97
蒲桃苜蓿安石榴　110
蒲桃逐汉臣　1, 246
蒲陶为酒　740
蒲萄　5
蒲萄解醉人　729
蒲萄酒熟　9
蒲萄怜酒美　107
蒲萄苜蓿朔云深　450
蒲萄亦既随　22
蒲萄逐汉臣　21

Q

祁连山　798
祁连山头堆苜蓿　437
奇石蜜食　540
旗山散牧　74
岂堪苜蓿还相忆　264

岂念苜蓿盘　154, 473
岂无苜蓿盘　282
气候与土壤相似性　133
千古苜蓿　113, 143
千里归来苜蓿春　78
千里神驹　688
千秋苜蓿归秦垒　365
汧陇马肥青苜蓿　108
潜悲苜蓿盘　302
墙隅苜蓿秋风晚　405, 491
荞麦　484
且事冰盘调苜蓿　278
且欲相随苜蓿盘　481
侵阶苜蓿荣　420
青葱苜蓿锦石榴　100
青肤苔也　25
青藜　488
青青苜蓿痕　415, 448
青青苜蓿长初齐　85
轻薄篇　146
清代苜蓿　167
清斋甘苜蓿　379
清斋苜蓿盘　228, 274
清斋苜蓿自支颐　319
苘麦倍收连苜蓿　485
庆阳苜蓿　797
秋风归牧　682
秋风归牧图　684
秋风枯苜蓿　159, 405, 492
秋风苜蓿愁　414
秋风苜蓿枯　439
秋风苜蓿盘　222
秋风苜蓿鲜　345
秋风苜蓿长　467
秋高绝塞苜蓿死　441

秋江泛舟　683
秋尽空山苜蓿长　289, 509
秋来空餍苜蓿肥　413
秋日书怀　203
秋山苜蓿多　427
秋水骅骝千里近　14
秋思　158
秋思苜蓿　405
秋夜京口　71
秋雨　405
秋雨下秋风　9
秋原苜蓿肥云屯　68
求骏图　93
去日池台生苜蓿　15
趣闻轶事　861
劝学　251
却病无过苜蓿盘　327

R

人获蒲萄　105
人开苜蓿田　434
人嗜蒲桃酒　6
仍对先生苜蓿盘　204
日本樱花歌　110
日射春盘苜蓿空　346
日厌诗人苜蓿盘　170
日照床头苜蓿盘　292
日照先生苜蓿盘　209
榕树坛开苜蓿秋　322
如云苜蓿满沙场　292
儒味聊甘苜蓿盘　328
儒学　792
入馔宁嫌苜蓿盘　316

S

卅载曾安苜蓿盘　367
塞毕力迦　715
塞马初肥苜蓿多　430, 520
塞马春深无苜蓿　425
塞马正肥秋苜蓿　407, 525
塞雁初肥苜蓿多　426
塞垣荒苜蓿　237
三春时有雁　21
三晋　128
三年苜蓿赋归与　324
散步春郊苜蓿中　62
僧诗苜蓿　720
沙边青草茸茸起　76
沙地雨肥青苜蓿　366, 439
沙寒草衰苜蓿短　518
沙寒苜蓿短　81, 510
沙平苜蓿新　108
沙平霜干苜蓿叶　285
沙苑　128, 446
沙苑春深饶苜蓿　452
沙苑监　137
沙苑苜蓿　848
沙苑秋深苜蓿　448
沙苑行　137, 446
沙苑烟晴苜蓿肥　446
沙苑追风苜蓿秋　450
山假胭脂苜蓿长　249
山南行　499
山深苜蓿肥　404, 523
山园赋　432
山中怀友　212
上林苜蓿天池水　60
上林署　141
上林苑　135

上林苑苜蓿　416
上苑犹栽苜蓿花　16
尚记先生苜蓿盘　197
烧苜蓿　772
梢间开紫花　127, 128
舍后荒苜蓿　189, 457
谁教苜蓿来天马　15
谁怜苜蓿盘　218
谁似先生苜蓿盘　271
谁知苜蓿盘　276
申王画马图　58
神骏图　682
生菜图　177
胜因寺　705
剩栽宛苜蓿　462
十年甘苜蓿　354
十年苜蓿吾怜汝　335
十载彭城苜蓿香　327
十载清风苜蓿盘　389
石榴苜蓿也封功　459
石榴竹梅　455
食罢晓盘歌苜蓿　207
食苜蓿　23
食笋　203
莳以苜蓿　134, 137, 139
史记三十六首　14
似抱苜蓿香　305
似忆春风苜蓿长　356
试上先生苜蓿盘　344
试以苜蓿余　366
适用如葵菘　13
手绘图　638
寿老饷笋　190
授儿揣剔刍苜蓿　529
瘦马　91

书带盈门苜蓿花　270
书怀　190
书田苜蓿秋　388
书味津津苜蓿盘　326
疏勒苜蓿　811
蔬菜圃山菜　502
蔬圃　503
秫田种苜蓿　183
孰厌阑干苜蓿盘　214
属和因命追作　52
蜀葵　17
薯菜行　508
双马图　690
霜凋苜蓿汉郊冷　90
霜降苜蓿　415
霜姿只饱苜蓿餐　513
水西寺　702
丝绸之路　1, 4, 9, 12, 19
思绕秋风苜蓿场　86
四大明珠　4
四大农书　768
四郊苜蓿老西风　84
饲马　23
饲苜蓿　135
泗州淮泗苜蓿　835
松桂高风苜蓿　277
松山战役　552
松溪八骏　683
送菜徐秀才　174
送丁太仆维南　91
送贾西伯　256
送刘司直赴安西　3, 21, 50, 246
送人游塞上　162
送沈钦叔屯种苜蓿　27
送文子南归　228

词汇索引 | 899

送吴使君　247
送于遵道　260
俗嗜酒　30
虽云苜蓿斋逾冷　334
岁献天马　31

T

塔寺　703
台观茫茫苜蓿肥　445
太守送酒　281
唐贡荔枝　474
唐马图　89, 89
唐马最多　134
唐马最盛　134
堂餐苜蓿盘　164
桃李春深苜蓿肥　468
桃李丛中苜蓿盘　331
桃李桑榆杏　461
题博望驿　7
题韩干马图　54
题画马　89
题画唐马　78
题九马图　71
题句犹传苜蓿盘　339
题马图　80
题蒲萄　103
题瘦马　78
题松雪画马　85
题唐马　85
题桃花马　450
天寒苜蓿短　68
天寒苜蓿花　221, 785
天骥连营　439
天街饮马行　92
天空苜蓿霜难饱　224

天蓝苜蓿　839
天马　1, 2, 30, 31, 35
天马常衔苜蓿花　52
天马词　38
天马辞　38
天马赋　33, 42, 45, 672
天马歌　33, 34, 36, 43, 47, 49
天马来　46
天马来苜蓿　473
天马苜蓿　675
天马山歌　48
天马万里来　46
天马西来　30
天马引　32
天马长衔苜蓿花　70
天马自西极　47
天庆寺　709
天山苜蓿　818
田肥苜蓿春初长　402
田野苜蓿　424
庭除生苜蓿　431
同访山家苜蓿盘　249
同音异字　845
屯田甘肃　792

W

宛马　8
宛马当求日　22
宛马骄嘶苜蓿秋　107
宛马秋肥苜蓿田　406
宛马骁腾苜蓿秋　69
宛马总肥春苜蓿　51
晚景惟思苜蓿盘　211
万里高歌苜蓿山　336
万里归来无苜蓿　250

万里少行人　21
万里使槎来苜蓿　493
万马骄嘶苜蓿风　470
万马骄嘶苜蓿天　88
王雨楼　675
往赴先生苜蓿期　342
望穿苜蓿海西头　423
威德遍于四海　739
微官冷官闲官　350
薇省犹供苜蓿盘　328
惟剩广栽西苜蓿　524
为官清贫　147
未可蒲萄苜蓿夸　107
未享苜蓿盘　495
尉迟杯　16
温倩华　445
闻捣衣　672
闻道官厨犹苜蓿　367
瓮里葡萄生绿波　109
我马肥苜蓿　103
我岂耽苜蓿　529
我士醉葡萄　103
我嫌苜蓿不救饥　325
我忆故山春苜蓿　403
我只竽吹苜蓿盘　305
渥水双骏　691
乌聊山苜蓿　832
乌鲁木齐　95, 818
乌孙　18
无惭苜蓿盘　259
无题　8, 88
毋忘苜蓿盘　318
芜菁　120
吾官亦云冷　28
吴寺　704

五大农书　769
五马图　84
五原草枯苜蓿空　429
舞马词　40
勿对空桦嗟苜蓿　383
物种名实　861

X

西北屯田　572
西风苜蓿　8
西风苜蓿花　256
西瓜园　107
西彧　782
西极　2
西极马　8
西极苜蓿得气肥　61
西极天马歌　730
西郊苜蓿宽　473
西郊苑　453
西来宛马镇相寻　94
西宁苜蓿　833
西戎得之　30
西戎乞降　105
西戎献马　39
西域　14
西域大宛　17
西域怀古杂咏　16
西域文化　739
西苑（园）苜蓿　829
西斋行马　49
昔年苜蓿充沙漠　537
昔随张博望　12
洗马图　681
侠客行　819
夏日甘苜蓿　404

先生朝盘厌苜蓿　286
先生苜蓿盘　152, 409, 517
先生苜蓿自登盘　232
先生苜蓿自阑干　342
先生盘中惟苜蓿　325
先生日照盘　152
先生时愁苜蓿清　333
先生守苜蓿　152, 279
先生虽病甘苜蓿　298
先正曾同苜蓿盘　330
闲放春堤苜蓿肥　89
咸阳苜蓿　807
羡尔江边苜蓿肥　337
香传苜蓿盘　410
香带秋风苜蓿花　358
香饭晨炊苜蓿寒　323, 332
香泽　501
想见承华春苜蓿　359
萧瑟长途苜蓿秋　305
萧寺　710
萧条沙苑贰师还　72
萧萧苜蓿广文多　317
小盘甘苜蓿　404
小市暮归　169
小斋余苜蓿　497
晓盘堆苜蓿　213
晓日光凝苜蓿盘　270
晓日休歌苜蓿　358
晓日有盘堆苜蓿　219
晓院花寒苜蓿肥　524
笑索村醪苜蓿盘　489
笑亿盘中苜蓿青　339
谢彼苜蓿盘　315
忻州邢州苜蓿　825
新疆　10

新秋客怀　69
新斋苜蓿长　163
腥羹苜蓿盘　225
醒后仍餐苜蓿盘　328
兴善寺　707
休说今年苜蓿　400
休言苜蓿含朝日　359
秀才广文先生　308
须怜苜蓿欷　55
虚吃天朝苜蓿餐　367
蓿　114, 115
煖眼安能开苜蓿　335
薛令长吟苜蓿盘　421
学古诗　12
雪后苦寒　204
雪落天山苜蓿香　445
雪山歌　81
薰风老苜蓿　303

Y

焉支山　798
奄蔡　18
厌见苜蓿堆青盘　187
雁门关苜蓿　824
燕草初齐苜蓿肥　440
燕京春怀　820
燕马春郊肥苜蓿　270
燕盘苜蓿飧　181
燕山苜蓿　829
燕山秋高苜蓿长　93
扬州苜蓿　832
阳关苜蓿　789
杨柳楼台苜蓿盘　341
肴甘苜蓿盘　244
咬得菜根天地宽　686

野决明　125
野苜蓿　129, 130
野田生葡萄　98
夜寒苜蓿山谷迥　358
夜阑人静　9
夜醉葡萄　8
一齿时崩苜蓿盘　407
一饭至今仍苜蓿　179
一官苜蓿　592, 625
一官苜蓿亦不薄　363
一官犹苜蓿　306
一劳永逸　124, 566
一盘苜蓿老英雄　329
一盘苜蓿留青署　265
一盘苜蓿已成堆　330
一盆苜蓿青毡旧　403
一入天冰苜蓿香　90
一士苜蓿肠　304
一县葡萄熟　427
一自东宫吟苜蓿　302
伊朗　17
依然苜蓿旧生涯　387
已分此生甘苜蓿　519
以诗证史　849
刈割制度　122
刈苗作蔬　131
刈讫复生　131
刈讫又生　126
忆蒲桃苜蓿　9
亦弗苜蓿食　374
亦胜苜蓿满朝盘　249
异县岂云分苜蓿　299
异种曾携苜蓿同　230
驿站　569
驿站苜蓿　454

驿站苜蓿田　138
益种蒲陶　17
阴山苜蓿　822
殷梓湘系列作品　691
吟轩饶苜蓿　364
银槽苜蓿露不收　90
饮酒八首　243
饮马长城窟　58
饮食先生苜蓿盘　204
应念冰盘苜蓿空　506
应念先生苜蓿盘　343
樱花　110
樱桃玫瑰　465
鹰犬交驰苜蓿场　525
迎养仍开苜蓿筵　318
咏马　78
咏苜蓿　21, 22, 126, 782
咏葡萄　99
咏史　12
咏张骞　14, 16
尤称先生苜蓿盘　221
犹分苜蓿盘　212
犹胜苜蓿盘　220
犹余苜蓿昔时盘　349
游来东园苜蓿中　419
有来野饷苜蓿饭　217
有苜蓿岭　779
有芸如苜蓿　126, 509
又从苜蓿寄生涯　409
又赓张翼韵　12
于阗苜蓿　812
余生未了苜蓿盘　460
与其东中餐苜蓿　326
羽扇亭　55
羽状复叶　126

雨过郊原苜蓿青　233
雨后开荒苜蓿肥　256, 470
雨后窥园苜蓿香　332
雨露滋苜蓿　255
玉佛寺　710
玉兰内外苜蓿春　95
玉门　3
玉门关　8
玉盘联句　537
玉塞沙平苜蓿繁　67
预祝薛盘餐苜蓿　397
御酒蒲桃远　105
御马监　136
寓括州游南明山　676
寓目　3
元青花缠枝苜蓿纹尊　695
元修菜　13, 155, 171
园中苜蓿初藏鸦　403, 476
原苜蓿　821
原野秋风苜宿殷　89
辕驹叹　439
远放春郊苜蓿间　78
苑分苜蓿主恩长　413
苑监朝供苜蓿肥　364
苑囿　135
苑囿苜蓿　451
苑中苜蓿空骐骥　416
月河寺　708
月冷先生苜蓿盘　309
月氏　18
云实　126
芸香　125

Z

杂感　5
栽培利用　861
再和赠故人　281
暂对先生苜蓿盘　382
早春松土　122
枣花门径苜蓿肥　511
赠李广文　163
赠刘仲宪　284
赠莫先生　732
赠田九判官　6, 51
斋厨苜蓿　562
斋居书事　376
斋盘饤苜蓿　329
斋仍苜蓿动吹蛙　319
斋头苜蓿　384
斋头苜蓿共盘桓　352
斋头苜蓿中　330
斋犹苜蓿长　165
战骨秋枯苜蓿田　440
战马　789
张骞出使西域　11
张骞归汉携苜蓿　17
张骞取经　11
张骞使西域　30
张骞西使大宛通　14
张骞移苜蓿　13, 155, 171, 502
长安留题　800
长安梦　800
长安苜蓿　799, 834
长椿寺　709
长对先生苜蓿盘　336
长乐厩丞　569
长吟苜蓿盘　407
掌种苜蓿　20

帐下谈经余苜蓿　524
镇守甘肃　793
征马饱苜蓿　437
正对先生苜蓿盘　198, 316, 412
郑虔苜蓿嗟何极　328
枝惭苜蓿长　512
知命翻怜苜蓿香　382
直待春深苜蓿肥　470
植物形态学　126
植之秦中　740
只愁苜蓿肥天马　342
只见青盘堆苜蓿　218
置之苜蓿丛　394
稚子能羞苜蓿盘　377
中国—中亚峰会　1
中秋苜蓿　412, 826, 828
忠显寺　707
种离宫　102
种苜蓿　25, 122, 770
种源考证　861
重要牧草栽培　644
州前苜蓿几经秋　93
周流绝域　752
朱碧山银槎歌　12
诸蔬　25
潴水初分苜蓿田　367
转左寺　708
酌酒不愁无苜蓿　393, 472
子昂马图　76
紫花　126
紫花苜蓿　638
紫骝马　32, 35, 37, 49, 50, 54, 144
紫苜蓿　714, 746, 838
紫燕忽踟蹰　758

滓阑干苜蓿　294
自爱苜蓿盘　350
自嘲　209
自悼　147, 540
自分蔬肠甘苜蓿　106
自飨苜蓿盘　172
纵苜蓿葡萄　16
最怜吟苜蓿　461, 582
樽前苜蓿谁成咏　243, 511
坐对先生苜蓿盘　309
坐久浑忘苜蓿盘　411
做诗容易做官难　341

典籍索引

A

艾子杂说　547
Agricultural Extension Service　662
Alfalfa or Lucerne　662
Alfalfa Production Handbook　670
Alfalfa　666, 668
Alfalfal Science and Techonology　666
Alfalfa—making agriculture friendly　670
Reproductive Ecology of Forage Alfalfa　669

B

白氏六帖　741
百官志二　569
稗史汇编　149
宝庆四明志　721
北磵诗集　722
北磵文集　722
北齐书　743
北堂书钞　741, 752
本草纲目　120, 126, 127, 131, 639, 741, 838, 839
本草品汇精要　640
本草图经　126
本草衍义　126, 840
碧山堂集　728
博物志　30, 838, 839
补注杜诗　7

C

藏书纪事诗　630
藏叟摘稿　723
草地学　657
册府元龟　134, 138, 139, 569, 741, 755
茶余客话　615
成语考　626
程瑶田全集　128, 641
赤城杂诗　595
仇池记　27
出晋宫阁名　27
出王子年拾遗记　27
初学记　741, 753
初学晬盘　619
词学季刊　636
辞海　128, 745
辞源　744
翠屏集　244

D

大宝广博楼阁善住秘密陀罗尼经　718
大藏经　732
大毗卢遮那成佛神变加持经　717
大清见闻录　622
大清一统志　777
大唐开元十三年陇右监牧颂德碑　137
大唐西域记　786
大田作物育种学与种子繁育学实习指导　665
但因草　543
道园学古录　725
订讹类编　617
东方杂志　843
冬青馆古宫词　605
洞冥宝记　593
杜诗捃　599
杜诗攟　28, 29
杜诗详注　428

E

尔雅　522, 741
尔雅翼　120, 126, 135, 840
尔雅注　744
尔雅注疏　115, 839
二刻拍案惊奇　614
二刻醒世恒言　590
二如亭群芳谱　128

F

伐檀斋集　613
法苑珠林　713
翻译名义集　120, 715

氾胜之书 120
范县诗 543
梵语杂名 118
风雨龙吟室词 636
封氏闻见记 609
佛学大辞典 117, 718
浮溪文粹 481

G

甘露举书记文集 724
甘肃通志 779
绀珠集 184
格致镜原 751
耕学斋诗集 381
耕作学与植物栽培学实习
　　指导 665
古今禅藻集 718
古今词话 607
古今合璧事类备要 767
古今文类聚别集 548
古今图书集成 741, 764
古瀛诗苑 81
故事寻源 626
关中胜迹图志 779
灌溉农业 664
广博物志 25
广大宝楼阁经卷 701, 852
广群芳谱 748
归田诗话 600
龟巢稿 610
圭斋文集 45

H

汉代财政史 135
汉律摭遗 140

汉书 30, 31, 35, 114, 741, 743, 839
汉书注 838, 839
汉语外来词词典 851
何景明诗选 559
鹤山集 610
后村诗话 595
后汉书 140, 569, 741
花月痕 592
缋英华诗 522
怀麓堂集 178
怀麓堂诗话诗 546
怀星堂集 47
皇清文颖 104
悔逸斋笔乘 624
会典 571

J

畿辅通志 782
集文印 723
几种主要绿肥牧草的栽培与
　　利用 652
寄园寄所寄 626
嘉庆松江府志 840
嘉泰会稽志 120, 777
坚瓠集 149, 587
坚瓠秘集 628
简明生物学词典 647
见只编 561, 612
江都县志 574
江宁两校官传 621
江苏植物志 646
介绍十种牧草 647
金璧故事 632
金刚经 729

金光明经 118, 120, 711
金光明最胜王经 711
金粟山房诗抄 609
锦绣万花谷后集 27
近代笔记过眼录 634
近三百年名家词选 636
晋书 743, 839
镜花缘 591
旧唐书 743
救荒本草 127, 638, 776, 838, 839
厩牧令 139
九家集注杜诗 429
橘洲文集 721

K

开卷一笑 629
开天遗事 616
康熙永定县志 564
康熙字典 741, 744
客座偶谈 633
窥园留草 555, 606
昆虫草本略 126

L

楞伽 729
冷庐杂识 623
历代帝王宅京记 453
历代诗话 488
梁园寓稿 23
林蕙堂全集 621
刘宾客嘉话 616
琉球国志略 641
柳塘外集 723
龙龛手鉴 714

M

马政志　74

马政论　781

梦溪笔谈　125

民国武胜县志　634

民权素诗话　633

名医别录　130

明诗纪事　602

明史　136, 743

明会典　571

苜蓿　650, 652, 655

苜蓿经　637

苜蓿生涯过廿年　634

苜蓿栽培法　663

苜蓿紫穗槐种植法　650

牧草大田轮作的理论与技术　651

牧草及绿肥作物　653

牧草及饲料作物栽培学　655

牧草饲料作物栽培学　657

牧草图谱　642

牧草学各论　648

牧草栽培　653

牧草种植　654

N

那朵花的名字：870多种开花植物彩色手绘图鉴　667

内蒙古植物志　645

年梨曼陀罗咒经　717

孽海花　592

农桑辑要　123, 741, 771

农业科学通讯　652

农艺植物学　643

农政全书　639, 741, 773

P

佩文韵府　741

澎湖纪略　620

Q

齐民要术　96, 120, 121, 126, 566, 741, 770

钦定热河志　111

乾隆西安府志　777

青饲料轮替　664

清稗类钞　20, 632

清江诗集　77

清凉痴山禅师语录　719

全芳备祖　747

全后周文　11

全闽诗话　149

全史宫词　608

全室集　729

全唐文　123, 126, 741, 748, 775, 838, 839

群芳谱　123, 126, 128

R

人境庐诗草　606

儒林外史　588, 852

S

三才图会　639

三国志　741

沙海古卷　714

山海经　777

山家清供　627

山谷内集诗注　458

山堂肆考　23, 24, 46, 102, 106

山西通志　781

陕西通志　777

上海县志　840

苕溪渔隐丛话　596, 597

邵氏闻见后录　617

生物学通报　648

诗话总龟　597

诗人玉屑　597

诗学禁脔　598

施注苏诗　172, 173, 185, 186, 189, 480

史记　17, 31, 35, 741, 743, 839, 850

史记·大宛列传　2, 30, 114, 532, 838

世界大师手绘彩色植物之书　667

事类赋　119

试验牧草讲义　663

释草小记　840

授时通考　124, 774

蜀都杂抄　614

述异记　30, 838, 839

庶物类纂　838, 839

庶物异名疏　840

水经注　25

说文解字　115, 125, 741, 743, 839

司牧安骥集　134

四民月令　120, 121, 741

四时纂要　123, 126, 775

淞隐漫录　625

宋史　572, 743

粟香随笔　531

隋书　743

随园随笔　628

损斋备忘录　601

T

太仓州志　840
太平广记　741
太平寰宇记　759
太平御览　120, 741, 754
谭嗣同全集　630
唐本草注　840
唐会要　141
唐六典　138, 139, 141, 571
唐三高僧诗集　720
唐书　839
唐宋名家词选　636
唐音癸签　586
唐语林校证　558
唐摭言　542, 556
陶隐居集　840
藤阴杂记　617
提高牧草的收获量　664
铁花仙史　591
听秋声馆词话　605
停琴余牍　625
通典　138
通俗编　566
通制条格　140
童林传　589

W

宛陵集　839
晚晴簃诗汇　608
王荆公诗注　174
王右丞集笺注　246
王氏谈录　21
王韬诗集　559
王祯农书　772
魏书　743

文镜秘府论　712
文苑英华　741, 757
乌鲁木齐杂诗　542
五千五百佛名　718
五叶弘传　719

X

西北的紫花苜蓿　649, 654
西北紫花苜蓿的调查及研究　650
西京杂记　25, 118, 120, 466, 496, 587, 777, 839
西域志　618
西域传　35
西岳集　720
析津志　611
析津志辑佚　705
咸宁县志　778
宪宗实录　136
香艳丛书　616
香祖笔记　618
小仓山房　602
心经　729
新唐书　137, 139
新修本草　126, 130, 741
新元史　140, 142
醒世姻缘传　589
续藏经法界圣凡水陆大斋法轮宝忏　717

Y

烟屿楼笔记　616
盐铁论　30, 135
弇州山人四部稿　612
燕山外史　620
燕堂诗稿　352

尧山堂外纪　598
野菜博录　640
野菜赞　840
夜航船　30
艺文类聚　741, 752
艺苑卮言　612
楹联丛话　633
雍正剑侠图　589
永乐大典　60, 741, 760
优良牧草栽培技术　656
优质苜蓿高质量栽培技术　658
右史院蒲桃赋　97
幼学琼林　555, 626
与孙男毓仁书　611
羽猎赋　135
玉海　569
玉篇　118
御定渊鉴类函　49, 765
御纂朱子全书　212
元典章　140
元明事类钞　20, 25
元史　25, 142, 743
云笈七签　716

Z

再变记　731
在草田轮作中栽培多年生牧草的技术　651
张骞传　35
张骞西征考　843, 851
湛园札记　443
证类本草　131
政和经史证类备用本草　840
芝峰类说　21
植物传奇　658

植物名实图考　126, 129, 838, 840
植物名实图考长编　129
植物学大辞典　128
至顺镇江志　724
中国北部和西北部重要饲料植物
　　和毒害植物　646
中国的蔬菜名称考释与文化百科
　　658
中国高等植物图鉴　643
中国绿肥　656
中国马政史　840
中国苜蓿　657
中国文学植物学　852
中国伊朗编　841
中国植物目录　840
中国植物图鉴　128, 642
中国植物志　125, 644
中国主要植物图说　643
中华本草　646
中州名贤文表　86
种药疏　131
重要牧草栽培　644
重要绿肥作物栽培　649
周易　733
周礼　72
主要优良牧草介绍　655
煮药漫抄　629
资治通鉴　137, 532
紫花苜蓿　656
自然的世界：博物学家的植物插
　　图记　668
自然界　841
最胜王经　850
作物学　643

后　记

　　《苜蓿宝典》是《苜蓿科学研究文丛》（简称《文丛》）的继续和延伸，更是补充、扩展和深化。因此，《苜蓿宝典》与《苜蓿科学研究文丛》同属姊妹篇。

　　众所周知，苜蓿在我国已有2 000多年的栽培史。苜蓿历史底蕴深厚，文化内涵丰富，科技博大精深，犹如一颗璀璨的明珠，闪耀着古老而神秘的光芒，在丝绸之路上闪闪发光发亮，在中国大地上依然耀眼无比。从2 000年的历史长河中一路走来，苜蓿科技沉淀了雄厚的基础，苜蓿文化积累了丰富的内涵，苜蓿历史源远流长延绵不断，成为世界上独一无二的科技文化遗产，其历史底蕴深不可测，文化内涵意蕴深邃，科技含量高深莫测。尽管我们自2000年开始关注并研究我国古代苜蓿的历史、文化和科技，并出版了由《苜蓿经》《苜蓿赋》《苜蓿考》《苜蓿史钞》《苜蓿简史》《苜蓿通史》组成的《文丛》拙著，但这仅仅是对我国古代苜蓿历史文化和科技的肤浅研究，还不足以反映我国苜蓿历史文化的全貌，以及苜蓿科技发展的全过程。因此为了更深入学习和深刻理解我国苜蓿科技历程与传统文化，我们在《文丛》的基础上，重点进行了我国古代乃至近现代苜蓿科技历程与传统文化的研究，形成了由《中国苜蓿科技历程》《中国苜蓿传统文化》组成的《苜蓿宝典》拙著，其初衷就是温故而知新，述往事而知未来。

　　在苜蓿科技历程与传统文化的研究中，得到许多专家学者的帮助。首先对甘肃农业大学曹致中教授的热忱无私帮助和培植后学、厚爱提携的精神，尤需铭记与铭谢。承蒙曹致中教授一直鼓励和支持我们完成《苜蓿宝典》的研究与撰写，原不敢向曹先生求助，他年事已高，岂忍加以劳累，但念书中有些地方还不能准确把握，借重曹先生在苜蓿研究的深厚学术造诣，因而请求对书稿进行审阅，经蒙先生不弃，不但欣然惠允，还逐节逐段逐句披阅，在书稿上留下了弥足珍贵的字迹，而且还提供了许多珍贵的老照片和宝贵的文字材料，一方面为《苜蓿宝典》增色不少，另一方面亦为研究提供了有力的佐证材料，充实和丰富了本书的内容，这让我们深深体会到前辈奖掖后学的热忱与精神，实令人感佩。

　　还要特别感谢甘肃西部草王牧业集团有限公司总裁刘富渊博士，刘博士为本书提供了大量的图片与配文及公司发展历程与生产现状资料，并通读了书稿全文，提出许多有建设性的修改意见和建议，为此付出大量的心力，厚情深谊，尤需感谢。必须感谢塔里木大学席琳乔教授为本书搜集图片与文字资料付出的努力，以及吉林农业科学院徐安凯研究员、中国农业科学院北京畜牧兽医研究所杨青川研究员、内蒙古农业大学石凤翎教授、中国农业科学院兰州畜牧与兽药研究所王晓力研究员等为收集老照片的不懈努力。此外，对共同参与本项研究与书稿撰写的主要同仁林克剑、陶雅、李峰、李文龙、柳茜、肖燕子、魏晓斌、那亚、张晨和王云峰等亦特此深致谢悃，书中也融入了他们的辛勤劳动和协作奉献精神。

"以史为鉴，可以知兴替。"中华苜蓿科技文化博大精深，从 2 000 年的历史长河中一路走来，犹如浩瀚星海，闪烁着古老而智慧的光芒，照亮我国苜蓿的发展道路，让人们在推动苜蓿发展中产生无限的遐想，从中汲取智慧和力量。中华苜蓿科技文化，犹如一条波澜壮阔的长河，一路奔涌、浩荡向前，历经风雨绵延不绝，饱经沧桑历久弥新，在人类文明史册上写下浓墨重彩的篇章。中华苜蓿科技文化，如同一座底蕴深厚的宝库，蕴藏着世代相传的智慧和魅力，激励着我们向苜蓿的高峰攀登；她源远流长，丰富多彩，宛如一条璀璨的文明长河，川流不息，滋润着华夏大地的沃土，浇灌出中华大地苜蓿产业乃至草业的勃勃生机。中华苜蓿科技文化，理论精深意蕴深刻，孕育了无数具有鲜明特色的文化瑰宝和科技创新，成为全人类共享的精神财富与创新源泉，成为世界上弥足珍贵的文化遗产，照亮了世界文化的进程。让我们一起走进这座宝库，领略其中无尽的魅力和无限的可能；让我们弘扬苜蓿传统文化，赓续苜蓿古代科技，创新苜蓿科技未来，培育苜蓿产业新业态，开创苜蓿产业新局面，构建苜蓿产业新格局，谱写苜蓿产业新篇章，为能达到此目标，读者若能从《苜蓿宝典》中得到一些启示，我们也感到莫大的欣慰。

孙启忠
2024 年 12 月 12 日　呼和浩特